U0207286

《现代数学基础丛书》编委会

现代数学基础丛书·典藏版 100

集值随机过程引论

张文修 李寿梅 汪振鹏 高 勇 著

科学出版社

北 京

内 容 简 介

集值随机过程是近 40 年兴起的随机过程研究新分支，它不仅丰富和深化了概率论与随机过程的研究内容，而且在数理经济、无穷维控制等学科有着深刻的应用.

本书以作者近年来的工作为线索，系统地介绍了这一理论的基础与最新发展，力图概括国内外最新成果，主要内容有 Banach 空间上的超拓扑、随机集与集值随机过程的一般理论、集值鞅与鞅型序列、集值测度以及集值 Ito 积分、集值随机包含等.

本书可供高等院校概率论与数理统计专业研究生和从事概率论与随机过程理论研究的人员阅读，对数理经济、最优化理论等学科的科研人员也有参考价值.

图书在版编目(CIP)数据

集值随机过程引论/张文修等著. —北京：科学出版社，2007
(现代数学基础丛书·典藏版；100)
ISBN 978-7-03-019569-2

I. 集… II. 张… III. 随机过程 IV. O211.6

中国版本图书馆 CIP 数据核字(2007) 第 121871 号

责任编辑：陈玉琢 莫单玉／责任校对：钟 洋
责任印制：徐晓晨／封面设计：陈 敬

科学出版社 出版
北京东黄城根北街 16 号
邮政编码：100717
http://www.sciencep.com

北京九州迅驰传媒文化有限公司 印刷

科学出版社发行 各地新华书店经销
*
2007 年 8 月第 一 版 开本：B5(720×1000)
2021 年 1 月 印 刷 印张：30
字数：571 000

定价：178.00 元
(如有印装质量问题，我社负责调换)

《现代数学基础丛书》序

对于数学研究与培养青年数学人才而言，书籍与期刊起着特殊重要的作用．许多成就卓越的数学家在青年时代都曾钻研或参考过一些优秀书籍，从中汲取营养，获得教益．

20 世纪 70 年代后期，我国的数学研究与数学书刊的出版由于文化大革命的浩劫已经破坏与中断了十余年，而在这期间国际上数学研究却在迅猛地发展着．1978 年以后，我国青年学子重新获得了学习、钻研与深造的机会．当时他们的参考书籍大多还是 50 年代甚至更早期的著述．据此，科学出版社陆续推出了多套数学丛书，其中《纯粹数学与应用数学专著》丛书与《现代数学基础丛书》更为突出，前者出版约 40 卷，后者则逾 80 卷．它们质量甚高，影响颇大，对我国数学研究、交流与人才培养发挥了显著效用．

《现代数学基础丛书》的宗旨是面向大学数学专业的高年级学生、研究生以及青年学者，针对一些重要的数学领域与研究方向，作较系统的介绍．既注意该领域的基础知识，又反映其新发展，力求深入浅出，简明扼要，注重创新．

近年来，数学在各门科学、高新技术、经济、管理等方面取得了更加广泛与深入的应用，还形成了一些交叉学科．我们希望这套丛书的内容由基础数学拓展到应用数学、计算数学以及数学交叉学科的各个领域．

这套丛书得到了许多数学家长期的大力支持，编辑人员也为其付出了艰辛的劳动．它获得了广大读者的喜爱．我们诚挚地希望大家更加关心与支持它的发展，使它越办越好，为我国数学研究与教育水平的进一步提高作出贡献．

杨　乐

2003 年 8 月

前　　言

集值随机过程是以 Banach 空间的子集为值的随机过程, 它既描述了客观事物发展过程的随机性, 又描述了事物发展过程状态的不确定性. 因此, 研究集值随机过程不仅有理论上的重要价值, 而且对于经济系统、随机控制系统等现实问题也有着重要意义.

最早研究集值随机过程的当属一批法国学者. 特别是在 1969 年 Van Custem B 发表的第一篇文章“紧凸集值鞅”(C. R. Acad. Sci., Paris. No. 269) 以后, 法国一批数学工作者陆续发表了一批文章对集值鞅进行了进一步讨论.

Van Custem B 能够讨论集值鞅主要是引进了集值条件期望的概念, 而正是所引入的集值条件期望的局限性, 影响着集值随机过程的深入研究. 比如, Neveu J, Daures J P, Coste A 的文章都局限在紧凸集值鞅的研究. 由于紧凸子集全体与某 Banach 空间的闭凸锥存在着保距对应, 使得人们对于这些成果意义的认识受到限制. 但事实上他们所引进的新思想都是很重要的. 直到 1977 年, Hiai F 发表的文章“集值映射的积分, 条件期望与集值鞅”(J. Multi. Anal. Vol. 7, No. 1) 重新定义了集值条件期望, 才为集值随机过程的深入研究奠定了一个好的基础. 从此集值随机过程的研究进入了一个新阶段, 特别是集值鞅与集值渐近鞅的研究取得了一系列漂亮的结果. 但是关于集值随机过程的一般理论、集值马氏过程、集值平稳过程、集值过程的统计分布、近代集值鞅理论研究的文章比较少见. 这就为集值随机过程的研究留下了一个宽阔的研究领域.

集值随机过程的研究有着明显的数学背景和实际背景. 在 20 世纪 40 年代就开始研究的区间分析、概率度量空间以及 60 年代开始研究的集值分析都是以不确定的现象为研究对象的. 这种不确定性反映出主观上的宽容性和客观上不可掌握的可变性, 特别在经济领域内最为明显. 1965 年, Aumann R J 关于“集值映射的积分”(J. Math. Anal. Appl. Vol. 12) 引进了集值映射的积分的定义和性质以后, 集值随机变量作为可测的集值映射自然地受到人们的重视. 同时于 1964 年, Vind K 在关于一篇经济学文章中引进了集值测度, 它是以 Banach 空间的子集为值的测度. 事实上 Aumann R J 与 Vind K 是从两种不同的观点研究经济系统的. Aumann R J 是从单个人的动因对经济分配的影响研究集值映射的. 而 Vind K 是从多个人的群体动因对经济分配的影响研究集值映射的. 1970 年, Debreu G 给出了集值映射的 Radon-Nikodym 定理, 从而建立了两种经济观点之间的联系. 1972 年 Artstein Z 系统地研究了集值测度. 1973 年, Kendall D G 用强关联函数研究了随机集, 即可测集值映射, 特别是严格证明了随机集的分布与可测集值映射的对应定理. 所有这些研究工作都为集值随机过程提供了数学基础和深入研究的动力.

集值随机过程发展的另外一个推动力是 Banach 空间值的概率论的发展, 特别是 B 值测度与 B 值鞅的深刻结果促进了集值随机过程的研究. 同时, 集值随机过程的研究也会支持近代随机过程的研究. 比如对于近 30 年兴起的无穷质点马氏过程以及近 20 年来活跃的超过程的研究都会有推动作用.

1996 年由科学出版社正式出版了由张文修、汪振鹏、高勇编著的《集值随机过程》. 十多年时间里, 集值随机过程研究继续深入, 不仅在理论上有了重要进步, 而且在信息融合等新的科学领域也得到有效的应用, 特别是集值随机微分方程在理论与应用上为各方面所重视. 本书是在《集值随机过程》基础上修订增补而成的. 北京工业大学李寿梅教授对《集值随机过程》进行了全面修订, 纠正了原稿中的某些漏洞和错误, 做了必要的补充, 另外还新增加了第七、八章, 并将部分模糊集值随机变量的极限理论写成了附录. 为了便于读者查找相关文献, 各章最后增加了内容注记. 全书增加了约 250 篇参考文献.

本书吸纳了国内外大量的研究成果, 经过归纳整理, 自成系统. 在内容上, 进行了必要的选择, 尽可能选择最重要和最深刻的结果, 同时采用了作者们认为最适当的证明方法, 使得这些内容与方法对于进一步研究有普遍意义. 本书除了重视系统性, 也注意反映当代集值随机过程的最新研究成果. 特别注意到我国学者多年来在这一领域研究中所取得的成就, 并尽量反映我国学者在集值随机过程研究中的贡献.

本书共分八章. 第一章介绍了 Banach 空间上的超空间, 引进了多种拓扑并讨论了它们的性质, 还研究了集值映射的连续性、二元集值乘积可测与连续之间的关系; 第二章研究了集值随机变量的定义与运算, 讨论了集值随机变量的积分、条件期望及其性质, 探讨了集值随机变量序列及其集值条件期望序列的收敛性; 第三章给出了集值随机过程的定义, 探讨了集值随机过程的可分性与可测性, 证明了集值随机序列的大数定律与中心极限定理; 第四章主要证明了集值鞅 (上鞅、下鞅) 的停时定理、收敛定理、集值鞅的鞅选择的存在性及鞅表示定理, 给出了集值上 (下) 鞅的 Riesz 分解与 Doob 分解定理; 第五章主要讨论了集值一致渐近鞅、集值渐近鞅、依概渐近鞅、L^1 极限鞅的收敛性; 第六章主要讨论集值测度与集值转移测度, 给出了集值测度的选择定理、表示定理、分解定理, 研究了集值测度积分的性质; 第七章讨论了连续时间参数的集值鞅、平方可积鞅、半鞅, 介绍了集值二阶矩随机过程; 第八章讨论了集值随机过程的伊藤积分与集值随机包含理论, 给出了集值随机包含的解的定义及其解的存在性问题.

李寿梅的研究工作得到了北京市自然科学基金、新世纪百千万人才工程基金、北京市属市管高等学校人才强教计划以及北京工业大学 111 人才工程基金的资助,在此一并表示感谢.

本书虽几经修改, 错误与不妥之处仍在所难免, 热忱欢迎同仁们提出批评意见.

作　者

2006 年 9 月

目　录

第一章　Banach 空间上的超空间及其超拓扑

§1.1　Banach 空间

定义 1.1.1　设 X 是某些元素的集合, 称 X 为实线性空间, 如果它满足:

(1) X 构成一个加法群, 即在 X 上定义了运算“+”, 称作加法, 使得对任给 $x,y,z \in X$, 有

(a) $x+y \in X$;

(b) $x+y=y+x$;

(c) $x+(y+z)=(x+y)+z$;

(d) 存在 $\theta \in X$, 使得任给 $x \in X, x+\theta=x$;

(e) 任给 $x \in X$, 存在 $-x \in X$, 使得 $x+(-x)=\theta$.

(2) 在 R 与 X 之间定义了一种运算 $(\alpha,x) \to \alpha x$, 称作数乘, 使得对任给 $x,y \in X, \alpha,\beta \in R$, 有

(a) $\alpha x \in X$;

(b) $\alpha(\beta x)=(\alpha\beta)x$;

(c) $1 \cdot x = x$;

(d) $(\alpha+\beta)x=\alpha x+\beta x$;

(e) $\alpha(x+y)=\alpha x+\alpha y$.

定义 1.1.2　设 X 为线性空间, 如果定义了 X 上的实值映射 $\|x\|: X \to \mathbf{R}$, 使得对任给 $x,y \in X, \alpha \in R$, 满足

(1) $\|x\| \geqslant 0, \|x\|=0$ 当且仅当 $x=\theta$;

(2) $\|x+y\| \leqslant \|x\|+\|y\|$;

(3) $\|\alpha x\|=|\alpha|\|x\|$,

则称 X 为赋范线性空间, $\|x\|$ 称作 x 的范数.

定义 1.1.3　我们假设 X 为某些元素的集合, 称实值映射 $d(x,y): X \times X \to \mathbf{R}$ 为 X 上的度量 (或距离), 如果对任给 $x,y,z \in X$, 它满足

(1) $d(x,y) \geqslant 0, d(x,y)=0$ 当且仅当 $x=y$;

(2) $d(x,y)=d(y,x)$;

(3) $d(x,y) \leqslant d(x,z)+d(z,y)$.

此时, 称 (X,d) 为度量空间 (或距离空间).

显然, 如果在赋范线性空间 X 上定义

$$d(x,y)=\|x-y\|,$$

则它是 X 上的一个度量, 而 (X,d) 就成为一个度量空间.

定义 1.1.4 设 X 为赋范线性空间, $\{x_n\}\subset X$ 为 X 中点列, $x_0\in X$, 如果 $\lim\limits_{n\to\infty}\|x_n-x_0\|=0$, 则称 $\{x_n\}$ 依范数收敛 (或强收敛) 到 x_0, 记作 $s\text{-}\lim\limits_{n\to\infty}x_n=x_0$(或 $(s)x_n\to x_0$).

定义 1.1.5 设 (X,d) 为度量空间, $\{x_n\}\subset X$, 如果任给 $\varepsilon>0$, 存在正整数 N, 使得 $m,n\geqslant N$ 时, $d(x_m,x_n)<\varepsilon$, 则称 $\{x_n\}$ 为 X 中的 Cauchy 列. 如果 X 中的任意 Cauchy 列都收敛到 X 的某一元素, 则称 X 关于 d 完备.

定义 1.1.6 称赋范线性空间 X 为 Banach 空间, 如果 X 关于度量 $d(x,y)=\|x-y\|$ 完备.

例 1.1.1 m 维欧氏空间 $\mathbf{R}^m$ 在通常的加法与数乘意义下是 Banach 空间, 范数定义为

$$\|x\|=\sqrt{\sum_{i=1}^{m}\xi_i^2},\ x=(\xi_1,\cdots,\xi_m),\ \xi_i\in R.$$

例 1.1.2 $l^p=\left\{(\xi_1,\cdots,\xi_n,\cdots):\xi_i\in\mathbf{R},\sum\limits_{i=1}^{\infty}|\xi_i|^p<\infty\right\}(1\leqslant p<+\infty)$ 是 Banach 空间, 范数定义为

$$\|x\|=\sqrt[p]{\sum_{i=1}^{\infty}|\xi_i|^p}.$$

例 1.1.3 $L^p[a,b]=\left\{x:[a,b]\to\mathbf{R},x(t)\text{ 可测且 }\int_a^b|x(t)|^p\mathrm{d}t<\infty\right\}(1\leqslant p<+\infty)$ 是 Banach 空间, 范数定义为

$$\|x(\cdot)\|_p=\sqrt[p]{\int_a^b|x(t)|^p\mathrm{d}t}.$$

例 1.1.4 设 $(\Omega,\mathbf{A},\mu)$ 为测度空间, X 为 Banach 空间, 则

$L^p[\Omega,\mathbf{A},\mu;X]=\left\{x:\Omega\to X,x(w)\text{ 可测且 }\int_\Omega\|x(w)\|^p\mathrm{d}\mu<\infty\right\}(1\leqslant p<+\infty)$ 是 Banach 空间, 范数定义为

$$\|x(\cdot)\|_p=\sqrt[p]{\int_\Omega\|x(w)\|^p\mathrm{d}\mu}.$$

例 1.1.5 设 $(\Omega,\mathbf{A},\mu)$ 是测度空间, X 为 Banach 空间, 则

$L^\infty[\Omega, \mathbf{A}, \mu; X] = \{x : \Omega \to X, x(w)$ 可测且本性有界 $\}$ 为 Banach 空间, 范数定义作

$$\|x(\cdot)\|_\infty = \inf_{E_0}\{\sup_{w\in E_0^c} \|x(w)\|, \mu(E_0) = 0\}.$$

例 1.1.6 $C_0 = \{\{\alpha_n, n \geqslant 1\} \subset \mathbf{R} : \lim \alpha_n = 0\}$ 为 Banach 空间, 范数定义作 $\|x\| = \sup\limits_n |\alpha_n|$.

定义 1.1.7 设 X 是一非空集合, $\mathbf{J}$ 为 X 的一个子集族, 如果 $\mathbf{J}$ 满足下列条件:

(1) $X, \varnothing \in \mathbf{J}$,

(2) $\mathbf{J}$ 对有限交及任意并运算封闭,

则称 $\mathbf{J}$ 为 X 的一个拓扑, 称 $(X, \mathbf{J})$ 为拓扑空间, 称 $\mathbf{J}$ 中的元素为 X 的开集.

在拓扑空间 $(X, \mathbf{J})$ 中, $U \subset X$ 称作 $x \in X$ 的邻域, 如果存在 $V \in \mathbf{J}$, 使得 $x \in V \subset U$; $x \in X$ 称作 $G \subset X$ 的内点, 如果存在 x 的邻域 U, 使得 $U \subset G$; 子集 G 的内点全体记作 $\mathrm{int}G$. 我们可以证明, G 为开集当且仅当 $G = \mathrm{int}G$. 称 $A \subset X$ 为闭集, 如果 $A^c = X \setminus A$ 为 X 中开集. 称包含 $A \subset X$ 的所有闭集的交为 A 的闭包, 记作 $\mathrm{cl}A$(或 $\overline{A}$). 易知 A 为闭集当且仅当 $A = \mathrm{cl}A$.

定义 1.1.8 称 Banach 空间 $(X, \|\cdot\|)$ 是可分的, 如果存在可数集 $D \subset X$, 使得 $\overline{D} = X$, 即 $x \in X$, 存在 $\{x_n\} \subset D$, 使 $(s)x_n \to x$.

$R^m, l^p(1 \leqslant p < +\infty), L^p[a, b](1 \leqslant p < \infty)$ 都是可分的 Banach 空间, $L^\infty[\Omega, \mathbf{A}, \mu; X]$ 不是可分的 Banach 空间. 当 X 是可分的 Banach 空间时, $L^p[\Omega, \mathbf{A}, \mu; X](1 \leqslant p < \infty)$ 是可分的当且仅当 $\mathbf{A}$ 是 μ 可分的 (即存在可分的 σ 代数 $\mathbf{A}_0$, 使得 $\mathbf{A}_0 \subset \mathbf{A} \subset \mathbf{A}_0^\mu$, 其中 $\mathbf{A}_0^\mu$ 表示 $\mathbf{A}_0$ 对 μ 的完备化, 而 σ 代数 $\mathbf{A}_0$ 可分是指存在 $\mathbf{A}_0$ 的可数子类 $\mathbf{C}$, 使 $\sigma(\mathbf{C}) = \mathbf{A}_0$).

定义 1.1.9 设 $(X, \mathbf{J})$ 为拓扑空间,

(1) 称子集族 $\mathbf{J}_0 \subset \mathbf{J}$ 为拓扑 $\mathbf{J}$ 的基, 如果任给 $x \in X$ 及 x 的邻域 U, 存在 $V \in \mathbf{J}_0$, 使得 $x \in V \subset U$;

(2) 称子集族 U_x 为 $x \in X$ 处的局部基, 如果任给 $V \in U_x, V$ 是 x 的邻域且任给 x 的邻域 U, 存在 $V \in U_x$, 使得 $x \in V \subset U$;

(3) 称子集族 $\mathbf{P} \subset \mathbf{J}$ 为拓扑 $\mathbf{J}$ 的一个子基, 如果 $\mathbf{P}$ 中元素有限交全体构成的集族为 $\mathbf{J}$ 的一个基.

在 Banach 空间 X 中, 令

$$S(x_0, r) = \{x \in X : \|x - x_0\| < r\},$$

$x_0 \in X, r > 0$, 称以子集族 $\{S(x_0, r) : r > 0\}$ 为局部基的拓扑为范数拓扑或强拓扑, 记作 $(X, \|\cdot\|)$ 或 $(X, \mathbf{J})$.

定义 1.1.10 设 X 为一 Banach 空间, 称实值映射 $f: X \to \mathbf{R}$ 为

(1) 线性泛函, 如果任给 $\alpha \in \mathbf{R}, x_1, x_2 \in X$, 它满足

$$f(x_1 + x_2) = f(x_1) + f(x_2);$$
$$f(\alpha x) = \alpha f(x).$$

(2) 连续泛函, 若 $(s)x_n \to x$ 时, 有 $f(x_n) \to f(x)$.

(3) 有界泛函, 若存在 $C > 0$, 使任给 $x \in X$, 有

$$|f(x)| \leqslant C \cdot \|x\|.$$

定义 1.1.11 设 X 为 Banach 空间, 记 X 上的有界线性泛函全体为 X^*, 在 X^* 上定义加法、数乘及范数如下:

$$\begin{aligned}&(x_1^* + x_2^*)(x) = x_1^*(x) + x_2^*(x);\\&(\alpha x^*)(x) = \alpha x^*(x);\\&\|x^*\| = \sup_{\|x\|=1} |x^*(x)|;\\&\alpha \in \mathbf{R}, x_1^*, x_2^*, x^* \in X^*,\end{aligned}$$

则 X^* 构成一个 Banach 空间, 称作 X 的共轭空间. 如果在等价的意义下有 $X = X^*$, 称 X 为自共轭空间. $x^*(x)$ 也可以记作 $\langle x^*, x\rangle$.

例 1.1.7 $\mathbf{R}^m$ 为自共轭空间.

证明 我们首先证明 $f \in (\mathbf{R}^m)^*$ 当且仅当 f 具有如下形式:

$$f(x) = \sum_{i=1}^{m} \eta_i \xi_i, \text{ 任给 } x = (\xi_1, \cdots, \xi_m) \in \mathbf{R}^m$$

其中 $(\eta_1, \cdots, \eta_m)$ 为 m 元有序数组.

充分性 若 f 具有上述形式, 则显然是 $\mathbf{R}^m$ 上的线性泛函. 又因任给 $x \in R^m, |f(x)| = |\sum_{i=1}^{m} \eta_i \xi_i| \leqslant \sqrt{\sum_{i=1}^{m} \eta_i^2}\|x\|$, 故 f 还是有界泛函, 所以 $f \in (\mathbf{R}^m)^*$.

必要性 若 $f \in (\mathbf{R}^m)^*$, 令 $e_k = (0, \cdots, \underset{\text{第 } k \text{ 位}}{1}, \cdots, 0), \eta_k = f(e_k), 1 \leqslant k \leqslant m$, 则任给 $x = (\xi_1, \cdots, \xi_k)$,

$$f(x) = f\left(\sum_{i=1}^{m} \xi_i e_i\right) = \sum_{i=1}^{m} \eta_i \xi_i.$$

由上述结构知在 $\mathbf{R}^m$ 与 $(\mathbf{R}^m)^*$ 之间存在一一对应 $\varphi: \mathbf{R}^m \to (\mathbf{R}^m)^*$. φ 显然是线性同构映射, 下面我们证明 φ 是保范的.

设 $f \in (\mathbf{R}^m)^*$, 则

$$\|f\| = \sup_{\|x\|=1} |f(x)| = \sup_{\|x\|=1} |\sum_{i=1}^{m} \eta_i \xi_i| \leqslant \sqrt{\sum_{i=1}^{m} \eta_i^2}.$$

而特别地取

$$x_0 = \left(\frac{\eta_1}{\sqrt{\sum_{i=1}^{m} \eta_i^2}}, \cdots, \frac{\eta_m}{\sqrt{\sum_{i=1}^{m} \eta_i^2}} \right)$$

时, 由于 $\|x_0\| = 1$, 故

$$\|f\| = \sup_{\|x\|=1} |f(x)| \geqslant |f(x_0)| = \sqrt{\sum_{i=1}^{m} \eta_i^2}.$$

于是知 $\|f\| = \sqrt{\sum_{i=1}^{m} \eta_i^2}$, 即 f 在 $(\mathbf{R}^m)^*$ 中的范数等于与其对应的 $(\eta_1, \cdots, \eta_m)$ 在 $\mathbf{R}^m$ 中的范数, 在等价意义下 $(\mathbf{R}^m)^* = \mathbf{R}^m$, 即 $\mathbf{R}^m$ 为自共轭空间.

定义 1.1.12 设 X 为 Banach 空间, X^* 为其共轭空间, Banach 空间 X^* 的共轭空间记作 X^{**}, 称为 X 的二次共轭空间. 若 $X = X^{**}$, 则称 X 为自反的 Banach 空间.

定义 1.1.13 设 X 为 Banach 空间, 称 X 上以

$$\overline{W}(x_0; x_1^*, \cdots, x_n^*, \varepsilon) = \{x : |x_i^*(x - x_0)| < \varepsilon, 1 \leqslant i \leqslant n\}, x_0 \in X$$

为局部基的拓扑为弱拓扑, 记作 $\sigma(X, X^*)$. 若 $\{x_n\} \subset X$ 在弱拓扑 $\sigma(X, X^*)$ 意义下收敛到 $x \in X$, 则称 $\{x_n\}$ 弱收敛到 x, 记作

$$w\text{-} \lim_{n \to \infty} x_n = x \text{ 或 } (w)x_n \to x.$$

Banach 空间的弱拓扑 $\sigma(X, X^*)$ 及弱收敛有以下性质:

(1) $(w)x_n \to x$ 当且仅当任给 $x^* \in X^*$, $x^*(x_n) \to x^*(x)$.

(2) $(s)x_n \to x \Rightarrow (w)x_n \to x$.

(3) $\sigma(X, X^*) \subset \mathbf{J}$, 其中 $\mathbf{J}$ 为 X 上的强拓扑.

定义 1.1.14 称共轭空间 X^* 上以

$$\overline{W}(x_0^*, x_1, \cdots, x_n, \varepsilon) = \{x^* \in X^* : |(x^* - x_0^*)(x_i)| < \varepsilon, 1 \leqslant i \leqslant n\}, x_0^* \in X^*$$

为局部基的拓扑为 X^* 上的弱星拓扑, 记作 $\sigma(X^*,X)$.

若 $\{x_n^*\}\subseteq X$ 在弱星拓扑 $\sigma(X^*,X)$ 意义下收敛到 x^*, 则称 $\{x_n^*\}$ 弱星收敛到 x^*, 记作 $(w^*)x_n^*\to x^*$.

X^* 上的弱星拓扑及弱星收敛有以下性质:

(1) $(w^*)x_n^*\to x^*$ 当且仅当任给 $x\in X, x_n^*(x)\to x^*(x)$.

(2) $\sigma(X^*,X)\subset\sigma(X^*,X^{**})$.

例 1.1.8 $(L^1[\Omega,\mathbf{A},\mu;X])^*=L^\infty[\Omega,\mathbf{A},\mu;X^*]$, $(L^p[a,b])^*=L^q[a,b]$, 其中 $\dfrac{1}{p}+\dfrac{1}{q}=1, 1<p<\infty$.

设 X 为 Banach 空间, 称子集 $A\subset X$ 是均衡的, 如果 $|\lambda|\leqslant 1$ 时, 必有 $\lambda A\subset A$.

定义 1.1.15 称共轭空间 X^* 上以

$$
\begin{aligned}
&\overline{W}(x_0^*,A_1,\cdots,A_n,\varepsilon)\\
&=\{x^*\in X^*:|P_{A_i}(x^*)-P_{A_i}(x_0^*)|<\varepsilon, A_i\text{为}X\text{的均衡弱紧凸集}\}\\
&P_A(x^*)=\sup\{\langle x^*,x\rangle : x\in A\}
\end{aligned}
$$

为局部基的拓扑为 Mackey 拓扑, 记作 $m(X^*,X)$.

由 Banach 空间理论, Mackey 拓扑就是在 X 的一切均衡弱紧凸集上一致收敛的拓扑, 并且 X^* 上存在着 Mackey 拓扑意义下的可数稠密子集.

定义 1.1.16 称共轭空间 X^* 上以

$$
\begin{aligned}
&\overline{W}(x_0^*,A_1,\cdots,A_n,\varepsilon)\\
&=\{x^*\in X^*:|P_{A_i}(x^*)-P_{A_i}(x_0^*)|<\varepsilon, A_i\text{为}X\text{的紧集}\}
\end{aligned}
$$

为局部基的拓扑为有界弱 * 拓扑 (bw^* 拓扑).

可知 bw^* 拓扑就是在 X 的紧集上一致收敛的拓扑, 并且 $A\subset X^*$ 是 bw^* 闭的当且仅当任给 X^* 中范有界子集 $B, A\cap B$ 是 w^* 闭的.

§1.2　Banach 空间上的超空间

从本节开始, 我们讨论 Banach 空间上的超空间 (即子集族空间) 结构. 在本书中, 除非特别声明, 我们恒设 $(X,\|\cdot\|)$ 为 Banach 空间, 记

$\mathbf{P}_0(X)=\{A\subseteq X$: A为非空子集$\}$.

$\mathbf{P}_{(b)f(c)}(X)=\{A\subseteq X$: A为非空 (有界) 闭 (凸) 子集$\}$.

$\mathbf{P}_{(w)k(c)}(X)=\{A\subseteq X$: A为非空 (弱) 紧 (凸) 子集$\}$.

$\mathbf{P}_{l(w)k(c)}(X)=\{A\subseteq X\text{: } A\cap\overline{S}(0,r)\in\mathbf{P}_{(w)k(c)}(X), r>0\}$.

定义 1.2.1 在 $\mathbf{P}_0(X)$ 上定义加法、数乘为

$$A+B=\{x+y:x\in A,y\in B\};$$
$$\alpha A=\{\alpha x:x\in A\}.$$

定理 1.2.1 $\mathbf{P}_0(X)$ 上的加法、数乘运算满足下列性质:

(1) $A+B=B+A$;

(2) $A+(B+C)=(A+B)+C$;

(3) $A+\{\theta\}=A$;

(4) $1\cdot A=A,\theta\cdot A=\{\theta\}$;

(5) $\alpha(\beta A)=(\alpha\beta)A$;

(6) $\alpha(A+B)=\alpha A+\alpha B$.

但是在上述加法与数乘运算下, $\mathbf{P}_0(X)$ 不是线性空间. 事实上它不满足定义 1.1.1 中 (1) 的 (e) 及 (2) 的 (d).

定义 1.2.2 设 $A\in\mathbf{P}_0(X)$, 定义

$$\|A\|=\sup\{\|x\|:x\in A\}.$$

定理 1.2.2 设 $A,B\in\mathbf{P}_0(X),\alpha\in\mathbf{R}$, 则有

(1) $\|A\|\geqslant 0,\|A\|=0$ 当且仅当 $A=\{\theta\}$;

(2) $\|\alpha A\|=|\alpha|\|A\|$;

(3) $\|A+B\|\leqslant\|A\|+\|B\|$.

证明 依 $\mathbf{P}_0(X)$ 上加法与数乘的定义及 X 上范数的性质易证.

定义 1.2.3 设 $x\in X,A,B\in\mathbf{P}_0(X)$, 称

$$d(x:A)=\inf_{y\in A}\|x-y\|$$

为 x 到 A 的距离, 定义

$$\delta_u(A,B)=\sup_{y\in B}d(y,A);$$
$$\delta_l(A,B)=\sup_{x\in A}d(x,B);$$
$$\delta(A,B)=\max\{\delta_u(A,B),\delta_l(A,B)\},$$

称 $\delta_u(A,B)$ 为 A,B 间的上半 Hausdorff 距离, $\delta_l(A,B)$ 为 A,B 间的下半 Hausdorff 距离, $\delta(A,B)$ 为 A,B 间的 Hausdorff 距离.

定理 1.2.3 设 $A\in\mathbf{P}_f(X)$, 则 $d(x,A)$ 是 x 的连续函数, 且

$$A=\{x:d(x,A)=0\},$$
$$A\subset B \text{ 当且仅当 } d(x,B)\leqslant d(x,A),x\in X.$$

证明　设 $x,y\in X$, 任取 $z\in A$, 有

$$\|x-z\|\leqslant\|x-y\|+\|y-z\|,$$
$$\|y-z\|\leqslant\|y-x\|+\|x-z\|.$$

由 z 的任意性及定义 1.2.3 即得

$$d(x,A)-d(y,A)\leqslant\|x-y\|,$$
$$d(y,A)-d(x,A)\leqslant\|x-y\|.$$

于是 $|d(x,A)-d(y,A)|\leqslant\|x-y\|$, 所以 $d(x,A)$ 是 x 的连续函数. 因为 $A\in\mathbf{P}_f(X)$, 所以 $A=\{x:d(x,A)=0\}$ 是显然的.

下面证明 $A\subset B$ 当且仅当 $d(x,B)\leqslant d(x,A), x\in X$.

必要性　依定义显然.

充分性　假设存在 $x\in A, x\notin B$, 则

$$d(x,A)=0,\quad d(x,B)>0,$$

但这与 $x\in X, d(x,B)\leqslant d(x,A)$ 矛盾, 故 $A\subset B$.

定理 1.2.4　$\delta(A,B)$ 为 $\mathbf{P}_{bf}(X)$ 上的度量, 且 $\delta(A,\{\theta\})=\|A\|$.

证明　(1) 任给 $A,B\in\mathbf{P}_{bf}(X), \delta(A,B)\geqslant 0$ 是显然的. 依定理 1.2.3 即可证 $\delta(A,B)=0$ 当且仅当 $A=B$.

(2) $\delta(A,B)=\delta(B,A)$ 是显然的.

(3) 设 $A,B,C\in\mathbf{P}_{bf}(X)$, 任给 $x\in A, y\in B, z\in C$ 有

$$\|x-y\|\leqslant\|x-z\|+\|z-y\|.\tag{1.2.1}$$

在 (1.2.1) 式两边先对 $y\in B$ 取下确界, 再对 $z\in C$ 取下确界可得

$$d(x,B)\leqslant d(x,C)+\inf_{z\in C}d(z,B).\tag{1.2.2}$$

考虑到 $\inf\limits_{z\in C}d(z,B)\leqslant\sup\limits_{z\in C}d(z,B)$, 在 (1.2.2) 式两边对 $x\in A$ 取上确界, 则

$$\sup_{z\in A}d(x,B)\leqslant\sup_{x\in A}d(x,C)+\sup_{z\in C}d(z,B).\tag{1.2.3}$$

同理可证

$$\sup_{y\in B}d(y,A)\leqslant\sup_{y\in B}d(y,C)+\sup_{z\in C}d(z,A).\tag{1.2.4}$$

依 (1.2.3), (1.2.4) 式及 $\delta(A,B)$ 的定义即得

$$\delta(A,B)\leqslant\delta(A,C)+\delta(C,B).$$

综合 (1), (2), (3) 知 $\delta(A,B)$ 为 $\mathbf{P}_{bf}(X)$ 上的度量, 而 $\delta(A,\{0\})=\|A\|$ 是显然的.

注 (1) 由定理 1.2.4 的证明易见 $\delta_u(A,B)$, $\delta_l(A,B)$ 均为 $\mathbf{P}_{bf}(X)$ 上的半度量, 即满足定义 1.1.3 中的 (3) 以及 (1) 的前半部分.

(2) $\delta(A,B)$ 不是 $\mathbf{P}_f(X)$ 上的度量, 因为当 A,B 为非有界闭集时, $\delta(A,B)$ 的值可能为 $+\infty$. 有些参考文献上称 $\delta(A,B)$ 为 $\mathbf{P}_f(X)$ 上的广义度量.

定理 1.2.5 设 $A,B\in\mathbf{P}_f(X)$, 则

(1) $\delta(A,B)=\max\{\inf\{\lambda: B\subset\lambda+A\},\inf\{\lambda: A\subset\lambda+B\}\}$, 其中

$$\lambda+A=\mathrm{cl}(A+S(0,\lambda))=\{x: d(x,A)\leqslant\lambda\}.$$

(2) $\delta(A,B)=\sup\limits_{x\in X}|d(x,A)-d(x,B)|$.

证明 (1) 当 $\delta(A,B)=+\infty$ 时, 结论显然成立. 当 $\delta(A,B)<\infty$ 时, 依定义 1.2.3, 对于任给 $x\in A$, 有 $d(x,B)\leqslant\sup\limits_{x\in A}d(x,B)$, 于是由 $\lambda+B$ 的意义, 对于任意 $\varepsilon>0$, 有

$$A\subset(\varepsilon+\sup_{x\in A}d(x,B))+B,$$

从而得

$$\inf\{\lambda: A\subset\lambda+B\}\leqslant\sup_{x\in A}d(x,B)+\varepsilon.$$

由 ε 的任意性即得

$$\inf\{\lambda: A\subset\lambda+B\}\leqslant\sup_{x\in A}d(x,B). \tag{1.2.5}$$

另一方面, 对于任给 $\varepsilon>0$, 必存在 $x_0\in A$, 使得

$$\sup_{x\in A}d(x,B)\leqslant d(x_0,B)+\varepsilon.$$

但由于 $A\subset\lambda+B$ 时, 必有 $d(x_0,B)<\lambda$, 从而得到

$$\sup_{x\in A}d(x,B)\leqslant\lambda+\varepsilon.$$

依 λ,ε 的任意性可得

$$\inf\{\lambda: A\subset\lambda+B\}\geqslant\sup_{x\in A}d(x,B). \tag{1.2.6}$$

综合 (1.2.5), (1.2.6) 即得

$$\inf\{\lambda: A\subset\lambda+B\}=\sup_{y\in B}d(x,B).$$

同理可证

$$\inf\{\lambda : B \subset \lambda + A\} = \sup_{y\in B} d(y, A).$$

于是有

$$\delta(A, B) = \max\{\inf\{\lambda : B \subset \lambda + A\}, \inf\{\lambda : A \subset \lambda + B\}\}.$$

(2) 由于 $x \in A$ 时有 $d(x, A) = 0$, 故

$$\begin{aligned}\sup_{x\in A} d(x, B) &= \sup_{x\in A}(d(x, B) - d(x, A)) \\ &\leqslant \sup_{x\in X}(d(x, B) - d(x, A)).\end{aligned} \tag{1.2.7}$$

对于任给 $x \in X, y \in B, z \in A$, 有

$$\|x - y\| \leqslant \|x - z\| + \|z - y\|.$$

在上式中对 $y \in B$ 取下确界, 得

$$\begin{aligned}d(x, B) &\leqslant \|x - z\| + d(z, B) \\ &\leqslant \|x - z\| + \sup_{x\in A} d(x, B).\end{aligned}$$

再对 $z \in A$ 取下确界, 得

$$d(x, B) - d(x, A) \leqslant \sup_{x\in A} d(x, B).$$

依 $x \in X$ 的任意性, 有

$$\sup_{x\in X}(d(x, B) - d(x, A)) \leqslant \sup_{x\in A} d(x, B). \tag{1.2.8}$$

于是由 (1.2.7), (1.2.8) 式可得

$$\sup_{x\in A} d(x, B) = \sup_{x\in X}(d(x, B) - d(x, A)).$$

同理可证 $\sup_{x\in B} d(x, A) = \sup_{x\in X}(d(x, A) - d(x, B))$. 故

$$\delta(A, B) = \sup_{x\in X} |d(x, A) - d(x, B)|.$$

注　在定理 1.2.5 中, 我们实际上证明了

$$\begin{aligned}\delta_u(A, B) &= \inf\{\lambda : B \subset \lambda + A\} \\ &= \sup_{x\in X}\{d(x, A) - d(x, B)\}\end{aligned}$$

及

$$\begin{aligned}\delta_l(A,B)&=\inf\{\lambda:A\subset\lambda+B\}\\&=\sup_{x\in X}\{d(x,B)-d(x,A)\}.\end{aligned}$$

定理 1.2.6 设 $\{A_n\}\subset\mathbf{P}_f(X), A\in\mathbf{P}_f(X)$ 且 $\delta(A_n,A)\to 0, n\to\infty$, 则

$$A=\bigcap_{n\geqslant 1}\overline{\bigcup_{m\geqslant n}A_m}=\bigcap_{\varepsilon>0}\bigcup_{n\geqslant 1}\bigcap_{m\geqslant n}(\varepsilon+A_m). \tag{1.2.9}$$

证明 首先对于任意非空子集列 $\{A_n\}$ 有

$$\bigcap_{\varepsilon>0}\bigcup_{n\geqslant 1}\bigcap_{m\geqslant n}(\varepsilon+A_m)\subset\bigcap_{n\geqslant 1}\overline{\bigcup_{m\geqslant n}A_m}. \tag{1.2.10}$$

由于 $\lim\limits_{n\to\infty}\delta(A_n,A)=0$, 故依定理 1.2.5. (1) 知对于任意给定的 $\varepsilon>0$, 存在 $n(\varepsilon)$, 使 $m\geqslant n(\varepsilon)$ 时有 $A\subset\varepsilon+A_m, A_m\subset\varepsilon+A$. 由 $A\subset\varepsilon+A_m(m\geqslant n(\varepsilon))$ 得 $A\subset\bigcup\limits_{n\geqslant 1}\bigcap\limits_{m\geqslant n}(\varepsilon+A_m)$, 从而依 ε 的任意性有

$$A\subset\bigcap_{\varepsilon>0}\bigcup_{n\geqslant 1}\bigcap_{m\geqslant n}(\varepsilon+A_m). \tag{1.2.11}$$

由 $A_m\subset\varepsilon+A(m\geqslant n(\varepsilon))$ 得 $\bigcup\limits_{m\geqslant n(\varepsilon)}A_m\subset\varepsilon+A$, 从而 $\overline{\bigcup\limits_{m\geqslant n(\varepsilon)}A_m}\subset 2\varepsilon+A$, 故

$$\bigcap_{n\geqslant 1}\overline{\bigcup_{m\geqslant n}A_m}\subset 2\varepsilon+A.$$

依 ε 的任意性知

$$\bigcap_{n\geqslant 1}\overline{\bigcup_{m\geqslant n}A_m}\subset A \tag{1.2.12}$$

综合 (1.2.10)~(1.2.12) 式, 即证 (1.2.9) 式成立.

定理 1.2.7 度量空间 $(\mathbf{P}_{bf}(X),\delta)$ 是完备的.

证明 仅需证明对于 $\mathbf{P}_{bf}(X)$ 中任意 Cauchy 列 $\{A_n\}$, 存在 $A\in\mathbf{P}_{bf}(X)$, 使得 $\lim\limits_{n\to\infty}\delta(A_n,A)=0$.

令 $A=\bigcap\limits_{n\geqslant 1}\overline{\bigcup\limits_{m\geqslant n}A_m}$, 显然 $A\in\mathbf{P}_f(X)$. 下面证明 $\lim\limits_{n\to\infty}\delta(A_n,A)=0$.

任给 $\varepsilon>0$, 依 Cauchy 准则, 对于任意自然数 k, 存在自然数 N_k, 使得 $m,n\geqslant N_k$ 时,

$$\delta(A_m,A_n)<\frac{\varepsilon}{2^k}. \tag{1.2.13}$$

特别地, 存在 N_0, 使 $m,n \geqslant N_0$ 时,

$$\delta(A_n, A_m) < \varepsilon. \tag{1.2.14}$$

首先, 对于任意固定的 $n_0 \geqslant N_0$ 及任意 $x_0 \in A_{n_0}$, 依 (1.2.13) 总可找到 $n_1 > \max\{N_1, n_0\}$ 及 $x_1 \in A_{n_1}$ 使得 $d(x_0,x_1) \leqslant \delta(A_{n_0}, A_{n_1}) < \varepsilon$, 而对于 $x_1 \in A_{n_1}, n_1 > N_1$, 又可找到 $n_2 > \max\{N_2, n_1\}$, 且使得 $d(x_1,x_2) \leqslant \delta(A_{n_1}, A_{n_2}) < \dfrac{\varepsilon}{2}, \cdots$, 如此下去得 X 中点列 $\{x_k\}$ 满足 $d(x_k, x_{k+1}) < \dfrac{\varepsilon}{2^k}, k \geqslant 1$, 它显然是 X 中的 Cauchy 点列. 依 Banach 空间 X 的完备性知存在 $x \in X$, 使得 $(s)x_n \to x$. 由于 $x_k \in A_{n_k}$ 而 $\{n_k\}$ 严格单调增, 故

$$x \in \bigcap_{n\geqslant 1} \overline{\bigcup_{m\geqslant n} A_m} = A,$$

且

$$d(x_0, A) \leqslant \sum_{k=0}^{\infty} d(x_k, x_{k+1}) = \sum_{k=0}^{\infty} \frac{\varepsilon}{2^k} = 2\varepsilon.$$

根据 $x_0 \in A_{n_0}$ 的任意性, 有 $\sup\limits_{x\in A_{n_0}} d(x,A) \leqslant 2\varepsilon$. 这样我们就证明了对于任给 $\varepsilon > 0$, 当 $n \geqslant N_0$ 时,

$$\sup_{x\in A_n} d(x,A) \leqslant 2\varepsilon. \tag{1.2.15}$$

另一方面, 对于任意 $x \in A$, 由于 $x \in \overline{\bigcup\limits_{m\geqslant N_0} A_m}$, 故存在 $n' > N_0, y \in A_{n'}$, 使得 $d(x,y) \leqslant \varepsilon$, 即 $d(x, A_{n'}) \leqslant \varepsilon$, 于是依 (1.2.14), 对于任给 $n > N_0$ 及 $x \in A, d(x, A_n) \leqslant d(x, A_{n'}) + \delta(A_{n'}, A_n) \leqslant 2\varepsilon$. 依 $x \in A$ 的任意性, 知对于任给 $\varepsilon > 0$, 当 $n > N_0$ 时,

$$\sup_{x\in A} d(x, A_n) \leqslant 2\varepsilon. \tag{1.2.16}$$

综合 (1.2.15) 及 (1.2.16) 得: 任给 $\varepsilon > 0$, 存在 N, 使 $n > N$ 时,

$$\delta(A_n, A) = \max\{\sup_{x\in A_n} d(x,A), \sup_{x\in A} d(x, A_n)\} \leqslant 2\varepsilon,$$

即 $\lim\limits_{n\to\infty} \delta(A_n, A) = 0$. 又因 A_n 有界, 故 A 亦有界. 从而 $A \in \mathbf{P}_{bf}(X)$.

定理 1.2.8 $(\mathbf{P}_{bfc}(X), \delta)$ 是完备的度量空间.

证明 由于 $\mathbf{P}_{bfc}(X) \subset \mathbf{P}_{bf}(X)$, 且 $(\mathbf{P}_{bf}(X), \delta)$ 是完备的, 所以我们仅需证明 $\mathbf{P}_{bfc}(X)$ 是 $(\mathbf{P}_{bf}(X), \delta)$ 中的闭集即可.

设 $\{A_n\} \subset \mathbf{P}_{bfc}(X)$, $\lim\limits_{n\to\infty} \delta(A_n, A) = 0$, 则 $A \in \mathbf{P}_{bf}(X)$. 任给 $x, y \in A, 0 \leqslant \lambda \leqslant 1$, 令 $z = \lambda x + 1(1-\lambda)y$, 易证任给 $n \geqslant 1$, 有

$$d(z, A_n) \leqslant \lambda d(x, A_n) + (1-\lambda) d(y, A_n) \leqslant \sup_{x\in A} d(x, A_n).$$

因而可知, 任给 $n \geqslant 1$ 有

$$\sup_{x \in A \bigcup \{z\}} d(x, A_n) \leqslant \sup_{x \in A} d(x, A_n). \tag{1.2.17}$$

由于 $A \subset A \cup \{z\}$, 依定理 1.2.3, 对于 $n \geqslant 1$ 有

$$\sup_{x \in A_n} d(x, A \cup \{z\}) \leqslant \sup_{x \in A_n} d(x, A). \tag{1.2.18}$$

于是由 (1.2.17), (1.2.18) 知 $\lim\limits_{n \to \infty} \delta(A_n, A \cup \{z\}) = 0$, 故 $A \cup \{z\} = A$. 既 $z \in A$. 所以 $A \in \mathbf{P}_{bfc}(X)$.

定理 1.2.9 $(\mathbf{P}_k(X), \delta)$ 是完备的度量空间.

证明 设 $\{A_n\} \subset \mathbf{P}_k(X)$, 且 $\delta(A_n, A) \to 0, n \to \infty$, 则 $A \in \mathbf{P}_{bf}(X)$. 任给 $\varepsilon > 0$, 由于存在 N_0, 当 $n \geqslant N_0$ 时, $\delta(A, A_n) < \dfrac{\varepsilon}{2}$. 特别地有 $A \subset \dfrac{\varepsilon}{2} + A_{N_0}$, 但 A_{N_0} 是紧集, 所以存在有限子集 F, 使得 $A_{N_0} \subset \dfrac{\varepsilon}{2} + F$, 从而 $A \subset F + \varepsilon$, 即 A 是完全有界的, 故 $A \in \mathbf{P}_k(X)$. 于是, 定理得证.

定理 1.2.10 $(\mathbf{P}_{kc}(X), \delta)$ 是完备的度量空间.

证明 综合定理 1.2.8, 定理 1.2.9 易证.

定理 1.2.11 $(\mathbf{P}_{wkc}(X), \delta)$ 是完备度量空间.

证明 仅需证明对于任意 $\{A_n\} \subset \mathbf{P}_{wkc}(X)$, 若

$$\lim_{n \to \infty} \delta(A_n, A) = 0, A \in \mathbf{P}_{bfc}(X),$$

必有 $A \in \mathbf{P}_{wkc}(X)$. 为此, 将 X 看作 X^{**} 的子集, 则 $\{A_n\}$ 可看作 X^{**} 中的 $\sigma(X^{**}, X^*)$ 紧凸集列, 并且 A 在以拓扑 $\sigma(X^{**}, X^*)$ 的意义下的闭包 $\overline{A}$ 也是 $\sigma(X^{**}, X^*)$ 紧集, 由于 $A \in \mathbf{P}_{bfc}(X)$, 从而 A 是弱闭的, 故仅需证明 $\overline{A} \subset X$ 即可. 对于任给 $\varepsilon > 0$, 依假设存在 $n(\varepsilon)$, 使得 $A \subset A_{n(\varepsilon)} + \varepsilon \overline{S}(0,1)$. 记 S^{**} 为 X^{**} 中的闭单位球, 由于 $A_{n(\varepsilon)}, S^{**}$ 均为 $\sigma(X^{**}, X^*)$ 紧集, 故知 $A_{n(\varepsilon)} + \varepsilon S^{**}$ 是 $\sigma(X^{**}, X^*)$ 闭的, 从而 $\overline{A} \subset A_{n(\varepsilon)} + \varepsilon S^{**}$, 于是 $\overline{A} \subset X + \varepsilon S^{**}$. 由于 X 是 X^{**} 的强闭子集, 而 $\varepsilon > 0$ 是任意的, 因此有 $\overline{A} \subset X$, 定理得证.

正如本节开始所指出的, $\mathbf{P}_0(X)$ 在定义 1.2.1 的加法与数乘运算下不能构成线性空间. 但下面的定理说明, 在一定限制下, 可以将超空间看作某一 Banach 空间的闭凸锥, 从而为某些集值问题的研究提供了方便.

记 $\mathbf{D}$ 为 $\mathbf{P}_{kc}(X)$ 上有序对全体, 即

$$\mathbf{D} = \{\langle A, B \rangle : A, B \in \mathbf{P}_{kc}(X)\}.$$

在 $\mathbf{D}$ 上定义等价关系 “$\sim$” 如下:

$\langle A,B\rangle \sim \langle C,D\rangle$ 当且仅当 $A+D=B+C$. 仍用 $\mathbf{D}$ 表示在等价关系 “$\sim$” 下的商空间, 用 $\langle A,B\rangle$ 表示 $\mathbf{D}$ 中所有与它等价的元素.

定理 1.2.12　在 $\mathbf{D}$ 中定义加法, 数乘及范数如下:

(1) $\langle A,B\rangle+\langle C,D\rangle=\langle A+C,B+D\rangle$,

(2) $\alpha\cdot\langle A,B\rangle=\begin{cases}\langle \alpha A,\alpha B\rangle, & \alpha\geqslant 0,\\ \langle |\alpha|B,|\alpha|A\rangle, & \alpha<0,\end{cases}$

(3) $\|\langle A,B\rangle\|=\delta(A,B)$.

则 $\mathbf{D}$ 为一赋范线性空间.

证明　首先容易证明 $\mathbf{D}$ 为一线性空间, 零元素的等价类为

$$\{\langle D,D\rangle : D\in \mathbf{P}_{kc}(X)\}.$$

下面证明 $\mathbf{D}$ 为赋范空间.

(1) $\|\langle A,B\rangle\|\geqslant 0$ 是显然的, 且依 Hausdorff 度量的性质知 $\|\langle A,B\rangle\|=0$ 当且仅当 $A=B$, 即 $\langle A,B\rangle$ 为 $\mathbf{D}$ 的零元素.

(2) 对于任意 $A,B,C,D\in \mathbf{P}_{kc}(X)$, 可以证明 (§1.4)

$$\delta(A+C,B+D)\leqslant \delta(A,B)+\delta(C,D).$$

所以有

$$\begin{aligned}\|\langle A,B\rangle+\langle C,D\rangle\|=\|\langle A+C,B+D\rangle\|&=\delta(A+C,B+D)\\&\leqslant \delta(A,B)+\delta(C,D)=\|\langle A,B\rangle\|+\|\langle C,D\rangle\|.\end{aligned}$$

(3) 由数乘的定义易证

$$\|\alpha\cdot\langle A,B\rangle\|=|\alpha|\cdot\|\langle A,B\rangle\|.$$

综上所述 $\mathbf{D}$ 为赋范线性空间.

定理 1.2.13　设 $\overline{\mathbf{D}}$ 为 $\mathbf{D}$ 关于范数的完备化构成的 Banach 空间, 记 $\mathbf{D}_0=\{\langle A,\theta\rangle, A\in \mathbf{P}_{kc}(X)\}$, 则 $\mathbf{D}_0$ 为 $\overline{\mathbf{D}}$ 的闭凸锥, 且存在 $\mathbf{P}_{kc}(X)$ 到 $\mathbf{D}_0$ 的映射 $j:\mathbf{P}_{kc}(X)\to\mathbf{D}_0$, 定义为

$$j(A)=\langle A,\theta\rangle, A\in \mathbf{P}_{kc}(X),$$

满足:

(1) $j:\mathbf{P}_{kc}(X)\to\mathbf{D}_0$ 是一一的映上的;

(2) 任给 $A,B\in\mathbf{P}_{kc}(X), j(A+B)=j(A)+j(B)$;

(3) 任给 $A\in\mathbf{P}_{kc}(X), \lambda\geqslant 0, j(\lambda A)=\lambda j(A)$;

(4) $j:\mathbf{P}_{kc}(X)\to\mathbf{D}_0$ 是同胚映射.

证明 显然 $\mathbf{D}_0$ 为 $\overline{\mathbf{D}}$ 的凸锥, 假设 $\{\langle A_n,\theta\rangle:n\geqslant 1\}\subset\mathbf{D}_0$, 且在 $\overline{\mathbf{D}}$ 中收敛, 则 $\{\langle A_n,\theta\rangle:n\geqslant 1\}$ 为 $\overline{\mathbf{D}}$ 中 Cauchy 列, 而由于

$$\begin{aligned}\delta(A_n,A_m)&=\|\langle A_n,A_m\rangle\|\\&=\|\langle A_n,\theta\rangle-\langle A_m,\theta\rangle\|,\end{aligned}$$

所以 $\{A_n:n\geqslant 1\}$ 为 $\mathbf{P}_{kc}(X)$ 中 Cauchy 列, 故存在 $A\in\mathbf{P}_{kc}(X)$, 使得:

$$\delta(A_n,A)\to 0.$$

因而 $\|\langle A_n,\theta\rangle-\langle A,\theta\rangle\|\to 0$ 且 $\langle A,\theta\rangle\in\mathbf{D}_0$, 即证得 $\mathbf{D}_0$ 为 $\overline{\mathbf{D}}$ 中闭凸锥.

由定义易证 $j:\mathbf{P}_{kc}(X)\to\mathbf{D}_0$ 满足 (1), (2), (3). 而由于

$$\begin{aligned}\|j(A)-j(B)\|&=\|\langle A,\theta\rangle-\langle B,\theta\rangle\|\\&=\|\langle A,B\rangle\|=\delta(A,B),\end{aligned}$$

所以 $j:\mathbf{P}_{kc}(X)\to\mathbf{D}_0$ 为同胚映射.

注 对于自反 Banach 空间, 也存在由 $\mathbf{P}_{wkc}(X)$ 到 $\overline{\mathbf{D}}$ 的嵌入映射.

§1.3 超空间上的拓扑

本节研究超空间上的拓扑结构, 为了一般性起见, 我们假设 $(X,\mathbf{J})$ 为任意拓扑空间. 记 $\mathbf{P}(X)$ 为 X 的幂集, 对于任意 $B\in\mathbf{P}(X)$, 记

$$\begin{aligned}&I^*(B)=\{A\in\mathbf{P}_0(X):A\subset B\};\\&I_*(B)=\{A\in\mathbf{P}_0(X):A\cap B\neq\varnothing\};\\&\mathbf{J}^*=\{I^*(G):G\in\mathbf{J}\};\\&\mathbf{J}_*=\{I_*(G):G\in\mathbf{J}\}.\end{aligned}$$

容易证明上述定义的 $I^*(\cdot)$ 及 $I_*(\cdot)$ 具有如下性质:

(1) $I^*(B)\subset I_*(B)$;

(2) $(I^*(B))^c=\mathbf{P}_0(X)\setminus I^*(B)=I_*(B^c)$, $(I_*(B))^c=\mathbf{P}_0(X)\setminus I_*(B)=I^*(B^c)$;

(3) 若 $B_1\subset B_2\in\mathbf{P}(X)$, 则 $I^*(B_1)\subset I^*(B_2)$ 且 $I_*(B_1)\subset I_*(B_2)$;

(4) 任给 $B_1,B_2\in\mathbf{P}(X)$, 有

$$I^*(B_1)\cup I^*(B_2)\subset I^*(B_1\cup B_2),I_*(B_1)\cap I_*(B_2)\supset I_*(B_1\cap B_2);$$

(5) $\mathbf{J}^*$ 对交运算封闭, $\mathbf{J}_*$ 对并运算封闭, 即任给 $G_1,G_2\in\mathbf{J}$, 有

$$I^*(G_1)\cap I^*(G_2)=I^*(G_1\cap G_2);$$

$$I_*(G_1) \cup I_*(G_2) = I_*(G_1 \cup G_2).$$

定义 1.3.1　称以 $\mathbf{J}^*$ 为基的拓扑为超空间 $\mathbf{P}_0(X)$ 上的上拓扑 (upper topology), 记作 $\mathbf{J}_u$. 称以 $\mathbf{J}_*$ 为子基的拓扑为超空间 $\mathbf{P}_0(X)$ 上的下拓扑 (lower topology), 记作 $\mathbf{J}_l$. 称以 $\{\mathbf{J}^*, \mathbf{J}_*\}$ 为子基的拓扑为超空间 $\mathbf{P}_0(X)$ 上的 Vietoris 拓扑, 记作 $\mathbf{J}_v$.

注 1　可以直接验证, $\mathbf{J}^*, \mathbf{J}_*$ 及 $\{\mathbf{J}^*, \mathbf{J}_*\}$ 确实为 $\mathbf{P}_0(X)$ 上某一拓扑的基或子基.

注 2　对于任给 $G_1, \cdots, G_n$, 记

$$I(G_1, \cdots, G_n) = \{A \in \mathbf{P}_0(X) : A \subset \bigcup_{i=1}^n G_i, A \cap G_i \neq \varnothing (1 \leqslant i \leqslant n)\}.$$

则由于有

$$I(G_1, \cdots, G_n) = I_*(G_1) \cap \cdots \cap I_*(G_n) \cap I^*\left(\bigcup_{i=1}^n G_i\right);$$
$$I^*(G) = I(G), I_*(G) = I(X, G),$$

所以 $\mathbf{P}_0(X)$ 上的集族

$$\{\mathbf{B} = I(G_1, \cdots, G_n) : G_i \in \mathbf{J} (1 \leqslant i \leqslant n), n \geqslant 1\}$$

是 Vietoris 拓扑 $\mathbf{J}_v$ 的子基.

注 3　有时需要考虑 $\mathbf{P}_0(X)$ 的某一子空间 (如 $\mathbf{P}_f(X)$, $\mathbf{P}_k(X)$ 等) 上的拓扑, 我们仍用 $\mathbf{J}_u, \mathbf{J}_l$ 及 $\mathbf{J}_v$ 分别表示这些子空间上的相对拓扑.

下面我们讨论超空间上的拓扑与其基本拓扑空间的关系.

定理 1.3.1　设 $i : X \to \mathbf{P}_0(X)$ 是 X 到 $\mathbf{P}_0(X)$ 上的映射, 定义作 $i(x) = \{x\}$, $\forall x \in X$, 则 i 在 $\mathbf{J}_u, \mathbf{J}_l$ 及 $\mathbf{J}_v$ 三种拓扑意义下均为连续映射.

证明　若 $G \in \mathbf{J}$, 则

$$\begin{aligned} i^{-1}(I^*(G)) &= \{x : i(x) \in I^*(G)\} \\ &= \{x : \{x\} \subset G\} = G. \end{aligned}$$

类似地, 若 $G_1, \cdots, G_n \in \mathbf{J}$, 则

$$\begin{aligned} i^{-1}(I_*(G_1) \cap \cdots \cap I_*(G_n)) &= \{x : i(x) \in \bigcap_{i=1}^n I_*(G_i)\} \\ &= \{x : \{x\} \cap G_i \neq \varnothing (1 \leqslant i \leqslant n)\} \\ &= \{x : x \in G_i, (1 \leqslant i \leqslant n)\} = \bigcap_{i=1}^n G_i. \end{aligned}$$

所以 i 在 $\mathbf{J}_u, \mathbf{J}_l$ 拓扑下连续. 由定义 1.3.1 的注 2 知 i 在 $\mathbf{J}_v$ 拓扑下也连续.

定理 1.3.2 设 $(X, \mathbf{J})$ 为拓扑空间, 用 $\mathbf{U}$ 表示 X 的有限子集的全体, 则 $\mathbf{U}$ 稠密于 $(\mathbf{P}_0(X), \mathbf{J}_v)$.

证明 设 G 为非空开集, 则 G 一定包含有限子集, 从而知 $I^*(G) \cap \mathbf{U} \neq \varnothing$. 类似地, 若 $G_1, \cdots, G_n$ 为非空开集, 取 $x_i \in G_i (1 \leqslant i \leqslant n)$, 则

$$\{x_1, \cdots, x_n\} \in I_*(G_1) \cap \cdots \cap I_*(G_n) \cap \mathbf{U}.$$

于是知 $\mathbf{U}$ 与 $\mathbf{J}_v$ 的子基 $\{\mathbf{J}^*, \mathbf{J}_*\}$ 中任一元素相交, 故 $\mathbf{U}$ 稠密于 $(\mathbf{P}_0(X), \mathbf{J}_v)$.

定理 1.3.3 若 $(X, \mathbf{J})$ 是可分的, 则 $(\mathbf{P}_0(X), \mathbf{J}_v)$ 也是可分的.

证明 取 X 的稠密可数子集 $D = \{x_n : n \geqslant 1\}$, 用 $\mathbf{U}_D$ 表示 D 的有限子集的全体, 则 $\mathbf{U}_D$ 是可数的. 由于 D 稠密于 X, 所以 D 与 X 中任一开集相交非空, 从而类似于定理 1.3.2 可证 $\mathbf{U}_D$ 稠密于 $(\mathbf{P}_0(X), \mathbf{J}_v)$, 则知 $(\mathbf{P}_0(X), \mathbf{J}_v)$ 是可分的.

定理 1.3.4 设 $(X, \mathbf{J})$ 是 T_1 拓扑空间, 则 $(\mathbf{P}_0(X), \mathbf{J}_v)$ 是 T_0 空间.

证明 设 A, B 为 $\mathbf{P}_0(X)$ 中两个不同元素, 则 $A \setminus B$ 与 $B \setminus A$ 必有一个非空, 不妨设 $A \setminus B \neq \varnothing$. 若 $x \in A \setminus B$, 由于 $(X, \mathbf{J})$ 是 T_1 空间, 故 $G_x = X \setminus \{x\}$ 为开集, 从而 $I^*(G_x)$ 为 $(\mathbf{P}_0(X), \mathbf{J}_v)$ 的开集, 但显然 $B \in I^*(G_x), A \notin I^*(G_x)$, 故 $(\mathbf{P}_0(X), \mathbf{J}_v)$ 为 T_0 空间.

定理 1.3.5 设 $(X, \mathbf{J})$ 是任意拓扑空间, 则 $(\mathbf{P}_f(X), \mathbf{J}_v)$ 是 T_0 空间.

证明 设 A, B 为 $\mathbf{P}_f(X)$ 中不同元素, 不妨设 $A \setminus B \neq \varnothing$, 则 $G = X \setminus B$ 为 X 中开集, 从而 $I_*(G)$ 为 $(\mathbf{P}_f(X), \mathbf{J}_v)$ 中开集, 但由于 $A \in I_*(G), B \notin I_*(G)$, 所以知 $(\mathbf{P}_f(X), \mathbf{J}_v)$ 为 T_0 空间.

定理 1.3.6 若 $(X, \mathbf{J})$ 是正则拓扑空间, 则 $(\mathbf{P}_f(X), \mathbf{J}_v)$ 是 Hausdorff 空间; 如果 $(X, \mathbf{J})$ 是 T_1 空间, $(\mathbf{P}_f(x), \mathbf{J}_v)$ 是 Hausdorff 空间, 则 $(X, \mathbf{J})$ 一定是正则的空间 (从而也是 T_0 空间).

证明 设 $(X, \mathbf{J})$ 是正则的, A, B 为 $\mathbf{P}_f(X)$ 中不同元素, 不妨设 $A \setminus B \neq \varnothing$. 取 $x \in A \setminus B$, 依假设存在不相交开集 G, G', 使得 $x \in G, B \subset G'$, 从而 $A \in I_*(G), B \in I^*(G')$, 但显然 $I^*(G'), I_*(G)$ 为 $(\mathbf{P}_f(X), \mathbf{J}_v)$ 中不相交开集, 所以知 $(\mathbf{P}_f(X), \mathbf{J}_v)$ 是 Hausdorff 空间.

相反地, 假设 $(\mathbf{P}_f(X), \mathbf{J}_v)$ 是 Hausdorff 空间, $(X, \mathbf{J})$ 为 T_1 空间. 任取 X 中非空闭集 F 及不属于 F 的元素 $x \in X$, 则 F 与 $F' = F \cup \{x\}$ 为 $\mathbf{P}_f(X)$ 不同元素, 从而存在 $(\mathbf{P}_f(X), \mathbf{J}_v)$ 中两个不相交的开集 $\mathbf{G}, \mathbf{G}'$ 使得 $F \in \mathbf{G}, F' \in \mathbf{G}'$. 由于任意与 F 相交的开集必然与 F' 相交, 所以 $\mathbf{G}$ 必须是某些具有形式 $I^*(G), G \in \mathbf{J}$ 的开集的并, 所以存在 $G \in \mathbf{J}$, 使 $F \in I^*(G)$, $F' \notin I^*(G)$. 另一方面, 由于任意包含 F' 的开集必然包含 F, 所以 $\mathbf{G}'$ 必须具有形式 $I_*(G')$, 即存在开集 G' 使 $x \in G'$, $F \cap G' = \varnothing$. 由于 $\mathbf{G}$ 与 $\mathbf{G}'$ 不相交, 所以必有 $G \cap G' = \varnothing$, 而 $x \in G', F \subset G$, 因此 (X, $\mathbf{J}$) 是正则的.

定理 1.3.7 对于任意拓扑空间 $(X,\mathbf{J}),(\mathbf{P}_k(X),\mathbf{J}_v)$ 是 Hausdorff 空间当且仅当 $(X,\mathbf{J})$ 是 Hausdorff 空间.

证明 **充分性** 设 $(X,\mathbf{J})$ 是 Hausdorff 空间, A,B 是 $\mathbf{P}_k(X)$ 中不同元素, 不妨设 $A\setminus B\neq\varnothing$. 任取 $x\in A\setminus B$, 由于 B 是紧的, $x\notin B$, 利用有限覆盖定理及 Hausdorff 空间的性质知存在不相交开集 G,G', 使得 $x\in G,B\subset G'$. 类似定理 1.3.6 即可证 $(\mathbf{P}_k(X),\mathbf{J}_v)$ 是 Hausdorff 空间.

必要性 设 $(\mathbf{P}_k(X),\mathbf{J}_v)$ 是 Hausdorff 空间, $a,b\in X,a\neq b$, 令 $F=\{a\},F'=\{a,b\}$, 则 $F,F'\in\mathbf{P}_k(X)$ 且 $F\subset F'$, 类似定理 1.3.6 可证存在不相交的开集 G,G', 使 $\{a\}\in I^*(G),\{a,b\}\in I_*(G')$, 于是 $a\in G,b\in G'$, 从而知 $(X,\mathbf{J})$ 为 Hausdorff 空间.

定理 1.3.8 设 $(X,\mathbf{J})$ 为正则拓扑空间, $\mathbf{C}$ 是 $(\mathbf{P}_f(X),\mathbf{J}_v)$ 中紧子集, 则 $B=\cup\{C:C\in\mathbf{C}\}$ 是闭集.

证明 只须证明对于任给 $x\in X\setminus B,x$ 为 $X\setminus B$ 内点. 对于任给 $C\in\mathbf{C}$, 有 $C\in\mathbf{P}_f(X)$ 并且 $x\notin C$. 由 $(X,\mathbf{J})$ 的正则性知, 存在 X 的不交开集 G_c,G_c', 使 $C\subset G_c,x\in G_c'$. 由于对任给 $C\in\mathbf{C}$, 有 $C\in I^*(G_c)$, 所以 $\{I^*(G_c):C\in\mathbf{C}\}$ 是 $\mathbf{C}$ 的一个开覆盖. 但 $\mathbf{C}$ 是 $(\mathbf{P}_f(X),\mathbf{J}_v)$ 的紧子集, 于是存在 $\mathbf{C}$ 的有限子覆盖 $\{I^*(G_{ck}):1\leqslant k\leqslant n\}$. 设 $G=\bigcap\limits_{i=1}^{n}G_{ck}'$, 其中 G_{ck}' 为上述与 G_{ck} 对应的开集, 则 $x\in G$, 且 $B\cap G=\varnothing$. 所以 x 为 $X\setminus B$ 的内点, 从而 B 为闭集.

定理 1.3.9 设 $(X,\mathbf{J})$ 是任意拓扑空间, $\mathbf{C}$ 是 $(\mathbf{P}_k(X),\mathbf{J}_v)$ 的紧子集, 则 $B=\cup\{C:C\in\mathbf{C}\}$ 是紧集.

证明 设 $\{G_\lambda:\lambda\in\Lambda\}$ 是 B 的一个开覆盖, 则它也是每一个 $C\in\mathbf{C}$ 的开覆盖. 由于 $C\in\mathbf{C}$ 是紧的, 所以存在 Λ 的有限子集 N_c, 使 $C\subset\cup\{G_\lambda:\lambda\in N_c\}$. 令

$$G_c=\cup\{G_\lambda:\lambda\in N_c\}(C\in\mathbf{C}),$$

则 $\{I^*(G_c):C\in\mathbf{C}\}$ 是 $\mathbf{C}$ 的开覆盖. 又由于 $\mathbf{C}$ 是 $(\mathbf{P}_k(X),\mathbf{J}_v)$ 的紧集, 故存在 $\mathbf{C}$ 的有限子覆盖 $\{I^*(G_{ck}):1\leqslant k\leqslant n\}$. 令 $N=\bigcup\limits_{k=1}^{n}N_{ck}$, 则 N 是有限集, 且 $B\subset\bigcup\limits_{\lambda\in N}G_\lambda$, 从而知 B 是紧的.

定理 1.3.10 若 $(X,\mathbf{J})$ 是紧的, 则 $(\mathbf{P}_f(X),\mathbf{J}_v)$ 是紧的. 相反地, 若 $(X,\mathbf{J})$ 是 T_1 空间, $(\mathbf{P}_f(X),\mathbf{J}_v)$ 是紧的, 则 $(X,\mathbf{J})$ 是紧的.

证明 根据 Alexander 子基定理, 若 $(\mathbf{P}_f(X),\mathbf{J}_v)$ 的任意一个由其子基元素构成的开覆盖存在有限子覆盖, 则 $(\mathbf{P}_f(X),\mathbf{J}_v)$ 是紧的. 设 $\{I^*(G_r),I_*(G_s):r\in\Lambda_1,s\in\Lambda_2\}$ 是 $\mathbf{P}_f(X)$ 的开覆盖, 记

$$G=\cup\{G_s:s\in\Lambda_2\},F_0=X\setminus G,$$

则 F_0 是闭的. 若 $F_0 \neq \varnothing$, 则 $F_0 \in \mathbf{P}_f(X)$. 而由于 $F_0 \cap G_s = \varnothing (s \in \Lambda_2)$, 所以存在 $r_0 \in \Lambda_1$, 使 $F_0 \in I^*(G_{r0})$, 于是 $\{G_{r0}, G_s : s \in \Lambda_2\}$ 为 X 的开覆盖, 依 X 的紧性, 存在有限的子覆盖 $\{G_{r0}, G_{si} : 1 \leqslant i \leqslant n\}$. 由于任给闭集 $F \in \mathbf{P}_f(X), F$ 或者包含于 G_{r0}, 或者与某一 G_{si} 相交, 故

$$\{I^*(G_{r0}), I_*(G_{si}) : 1 \leqslant i \leqslant n\}$$

是 $\mathbf{P}_f(X)$ 的有限子覆盖. 对于 $F_0 = \varnothing$ 的情形可类似证明. 所以 $(\mathbf{P}_f(X), \mathbf{J}_v)$ 是紧的.

相反地, 若 $(\mathbf{P}_f(X), \mathbf{J}_v)$ 是紧的, 则 $(\mathbf{P}_f(X), \mathbf{J}_l)$ 必是紧的. 设 $\{G_\lambda : \lambda \in \Lambda\}$ 是 X 的任一开覆盖, 由于 $\mathbf{P}_f(X)$ 中任一元素 F 必与某一 G_λ 相交, 故 $\{I_*(G_\lambda) : \lambda \in \Lambda\}$ 是 $(\mathbf{P}_f(X), \mathbf{J}_l)$ 的一个开覆盖, 从而存在有限子覆盖

$$\{I_*(G_{\lambda i}) : 1 \leqslant i \leqslant n\}.$$

由于 X 为 T_1 空间, 所以单点集 $\{x\} \in \mathbf{P}_f(X)$, 因此 $\{G_{\lambda i} : 1 \leqslant i \leqslant n\}$ 覆盖 X, 从而知 X 是紧的.

定理 1.3.11 设 $(X, \mathbf{J})$ 为拓扑空间, 则下列命题等价:

(1) X 是紧的 Hausdorff 空间;

(2) $(\mathbf{P}_f(X), \mathbf{J}_v)$ 是紧的 Hausdorff 空间且 X 是 T_1 空间;

(3) $(\mathbf{P}_k(X), \mathbf{J}_v)$ 是紧的 Hausdorff 空间.

证明 由于紧的 Hausdorff 空间是正则的, 依定理 1.3.6 及定理 1.3.10 即证 (1) 等价于 (2). 下证 (3) 与 (1) 等价.

若 (3) 成立, 取 $\mathbf{C} = \mathbf{P}_k(X)$, 则 $\mathbf{C}$ 是紧的且包含 X 中单点集, 由定理 1.3.9 知 $X = \cup\{C : C \in \mathbf{C}\}$ 是紧的, 再根据定理 1.3.7 即知 (1) 成立. 若 (1) 成立, 则 $\mathbf{P}_f(X) = \mathbf{P}_k(X)$, 而 (1) 与 (2) 等价, 从而 (3) 成立.

定理 1.3.12 若 $(X, \mathbf{J})$ 是局部紧的, 则 $\mathbf{P}_k(X)$ 是 $\mathbf{P}_f(X)$ 中的开集.

证明 设 $K \in \mathbf{P}_k(X)$, 由于 X 是局部紧的, 所以存在开集 G, 使得 $K \subset G$ 且 $\mathrm{cl}G \in \mathbf{P}_k(X)$. 因为 $I^*(G)$ 是 K 的一个开邻域, 而任给 $F \in I^*(G)$, 由于 $F \subset \mathrm{cl}G \in \mathbf{P}_k(X)$, 故 $F \in \mathbf{P}_k(X)$, 所以知 $I^*(G) \subset \mathbf{P}_k(X)$, 即 K 为 $\mathbf{P}_k(X)$ 的内点.

注 1 由于度量空间 (如 Banach 空间) 必是正则的 T_1 空间, 所以定理 1.3.1~1.3.12 对于任意度量空间 (X, d) 自然也成立.

注 2 尚未见到在 Banach 空间 X 中, 关于 $(\mathbf{P}_k(X), \mathbf{J}_v)$ 的诸如 $(\mathbf{P}_{wkc}(X), \mathbf{J}_v)$ 等一类子空间性质的讨论. 但鉴于弱紧集、凸集在 Banach 空间理论中的重要地位, 这样的讨论是有益的.

设 (X,d) 为度量空间, 对于任意 $A\in\mathbf{P}_0(X), r>0$, 记

$$S_u(A,r)=\{B\in\mathbf{P}_0(X):\delta_u(A,B)<r\};$$

$$S_l(A,r)=\{B\in\mathbf{P}_0(X):\delta_l(A,B)<r\};$$

$$S_H(A,r)=\{B\in\mathbf{P}_0(X):\delta(A,B)<r\},$$

称 S_u, S_l 及 S_H 为 δ_u, δ_l 及 δ 的球形邻域. 由定理 1.2.4 及其后面的注可知 $\delta_u(\cdot,\cdot)$, $\delta_l(\cdot,\cdot)$ 及 $\delta(\cdot,\cdot)$ 均为 $\mathbf{P}_0(X)$ 上的半度量, 从而均可在 $\mathbf{P}_0(X)$ 上产生一个拓扑, 且分别以 $\{S_u(A,r):A\in\mathbf{P}_0(X), r>0\}$, $\{S_l(A,r):A\in\mathbf{P}_0(X), r>0\}$ 及 $\{S_H(A,r):A\in\mathbf{P}_0(X), r>0\}$ 为其基 [159].

称以 δ_u 产生的拓扑为 $\mathbf{P}_0(X)$ 上的上半度量拓扑, 记作 $(\mathbf{P}_0(X),\delta_u)$; 称以 δ_l 产生的拓扑为 $\mathbf{P}_0(X)$ 上的下半度量拓扑, 记作 $(\mathbf{P}_0(X),\delta_l)$; 称以 δ 产生的拓扑为 $\mathbf{P}_0(X)$ 上的 Hausdorff 拓扑, 记作 $(\mathbf{P}_0(X),\delta)$. 这样在度量空间的超空间上就有了两种类型的拓扑. 一类是在 (X,d) 基础上建立的上拓扑、下拓扑与 Vietoris 拓扑, 另一类是在 $\mathbf{P}_0(X)$ 上直接建立的上半度量拓扑、下半度量拓扑与 Hausdorff 拓扑. 下面讨论两类拓扑的关系.

定理 1.3.13 设 $\mathbf{G}\subset\mathbf{P}_0(X)$ 是 $(\mathbf{P}_0(X),\delta_u)$ 中的开集, 则 $\mathbf{G}$ 必是 $(\mathbf{P}_0(X),\mathbf{J}_u)$ 中的开集.

证明 设 $\mathbf{G}$ 是 $(\mathbf{P}_0(X),\delta_u)$ 的开集. 若 $A\in\mathbf{G}$, 则必须存在 $r>0$, 使

$$S_u(A,r)\subset\mathbf{G}.$$

任取 $r'<r$, 若 $C\subset r'+A$, 则 $C\in S_u(A,r)$, 从而 $C\in\mathbf{G}$, 故得 $I^*(r'+A)\subset\mathbf{G}$. 但由于 $r'+A$ 是开集, 从而 $I^*(r'+A)$ 是 A 在 $(\mathbf{P}_0(X),\mathbf{J}_u)$ 中的开邻域. 因此, $\mathbf{G}$ 是 $(\mathbf{P}_0(X),\mathbf{J}_u)$ 中的开集.

例 1.3.1 定理 1.3.13 的逆命题不一定成立. 设 $(\mathbf{R}^2,d)$ 为二维欧氏空间, $G=\{(x,y):x>0,y>0\}$, 则 $I^*(G)$ 是 $(\mathbf{P}_0(\mathbf{R}^2),\mathbf{J}_u)$ 中的开集. 下面说明它不是 $(\mathbf{P}_0(\mathbf{R}^2),\delta_u)$ 中的开集. 取

$$A=\left\{(x,y):x>0,y>0,y\geqslant\frac{1}{x}\right\},$$

则 $A\in I^*(G)$. 但对于任意 $r>0, r+A$ 不包含于 G 中, 所以 A 不是上半度量拓扑 $(\mathbf{P}_0(\mathbf{R}^2),\delta_u)$ 中 $I^*(G)$ 的内点. 因此, $I^*(G)$ 不是上半度量拓扑 $(\mathbf{P}_0(\mathbf{R}^2),\delta_u)$ 中的开集.

定理 1.3.14 设 $\mathbf{G}\subset\mathbf{P}_0(X)$ 是 $(\mathbf{P}_0(X),\mathbf{J}_l)$ 中的开集, 则它必是 $(\mathbf{P}_0(X),\delta_l)$ 中的开集.

证明 仅须考虑 $(\mathbf{P}_0(X),\mathbf{J}_l)$ 的子基开集 $I_*(G)$. 设 $A\in I_*(G)$, 则 $A\cap G\neq\varnothing$, 取 $x\in A\cap G$, x 是 G 的内点, 于是存在 $r>0$, 使得 $S(x,r)\subset G$. 下面证明

$$S_l(A,r)\subset I_*(G).$$

若 $B\in S_l(A,r)$, 则 $\delta_l(A,B)<r$, 即 $A\subset r+B$. 由 $x\in A$ 知 $x\in r+B$, 从而存在 $b\in B$, 使 $d(x,b)<r$, 所以 $b\in G$, 即知 $B\cap G\neq\varnothing$, 所以 $B\in I_*(G)$. 因此 $S_l(A,r)\subset I_*(G)$, 所以 $I_*(G)$ 是 $(\mathbf{P}_0(X),\delta_l)$ 中的开集.

例 1.3.2 定理 1.3.14 逆命题并不一定成立. 设 $(\mathbf{R}^2,d)$ 为欧氏空间, $A=\{(x,y):y=0\}$, 取

$$\mathbf{G}=\{B:\delta_l(A,B)<r\}=S_l(A,r),$$

则 $\mathbf{G}$ 是 $(\mathbf{P}_0(\mathbf{R}^2),\delta_l)$ 中的开集, 且 A 是 $\mathbf{G}$ 的内点. 设 $\bigcap\limits_{i=1}^{n}I_*(G_i)$ 是 A 在 $(\mathbf{P}_0(\mathbf{R}^2),\mathbf{J}_l)$ 中的一个基本邻域, 取 $F=\{x_1,\cdots,x_n\},x_i\in G_i(1\leqslant i\leqslant n)$, 则 $F\in\bigcap\limits_{i=1}^{n}I_*(G_i)$. 但由于 F 是有限集, 从而有界, 所以 $\lambda+F$ 也是有界集, 不可能存在 $\lambda>0$, 使 $A\subset\lambda+F$, 所以 $\delta_l(A,F)=+\infty,F$ 不在 $\mathbf{G}$ 中. 因此, $\mathbf{G}$ 不是 $(\mathbf{P}_0(X),\mathbf{J}_l)$ 中的开集.

定理 1.3.15 设 (X,d) 是度量空间, 则

(1) $(\mathbf{P}_k(X),\mathbf{J}_u)=(\mathbf{P}_k(X),\delta_u)$;

(2) $(\mathbf{P}_k(X),\mathbf{J}_l)=(\mathbf{P}_k(X),\delta_l)$;

(3) $(\mathbf{P}_k(X),\mathbf{J}_v)=(\mathbf{P}_k(X),\delta)$.

证明 (1) 由定理 1.3.13, 仅须证对任意开集 G, $I^*(G)\cap\mathbf{P}_k(X)$ 是 $(\mathbf{P}_k(X),\delta_u)$ 中开集即可.

设 $K\in I^*(G)\cap\mathbf{P}_k(X)$, 则 $\delta_u(K,X\setminus G)=r>0$. 因此如果 $K'\in\mathbf{P}_k(X)$, 且 $\delta_u(K,K')<\dfrac{r}{2}$, 则 $K'\subset\dfrac{r}{2}+K\in I^*(G)$. 于是, 可知 $S_u\left(K,\dfrac{r}{2}\right)\subset I^*(G)$, 即 K 是 $I^*(G)$ 在 $(\mathbf{P}_0(X),\delta_u)$ 中的内点. 即证 $I^*(G)\cap\mathbf{P}_k(X)$ 为 $(\mathbf{P}_k(X),\delta_u)$ 中的开集.

(2) 同样, 由定理 1.3.14, 仅须证明 $(\mathbf{P}_k(X),\delta_l)$ 中的任意开集 $\mathbf{G}$ 也是 $(\mathbf{P}_k(X),\mathbf{J}_l)$ 中的开集. 任取 $K\in\mathbf{G}$, 则存在 $r>0$, 使 $S_l(K,r)\cap\mathbf{P}_k(X)\subset\mathbf{G}$, 于是若 $K\subset r+K$, 则 $K'\in\mathbf{G}$. 由于 K 是紧的, 所以存在 $\{x_1,\cdots,x_n\}\subset K$, 使得 $K\subset\bigcup\limits_{i=1}^{n}G_i$, 其中 $G_i=S\left(x_i,\dfrac{r}{2}\right)(1\leqslant i\leqslant n)$. 所以 $\bigcap\limits_{i=1}^{n}I_*(G)$ 是 $(\mathbf{P}_k(X),\mathbf{J}_l)$ 中 K 的一个基本邻域. 如果 $K'\in\bigcap\limits_{i=1}^{n}I_*(G_i)$, 则 $K'\cap G_i\neq\varnothing(1\leqslant i\leqslant n)$, 所以

$$G_i\subset r+K'(1\leqslant i\leqslant n),K\subset r+K',$$

从而 $K'\in\mathbf{G}$, 即知 $\bigcap\limits_{i=1}^{n}I_*(G)\subset\mathbf{G}$. 因此 $K\in\mathbf{G}$ 必是 $\mathbf{G}$ 在 $(\mathbf{P}_k(X),\mathbf{J}_l)$ 中的内点. 由 $K\in\mathbf{G}$ 的任意性即证.

(3) 综合 (1), (2) 即可证明.

注 一般地, 若 X 上有两个等价距离 d_1 与 d_2(即由 d_1 与 d_2 生成同一拓扑), δ_i 为 d_i $(i=1,2)$ 导出的在 $\mathbf{P}_f(X)$ 上的 Hausdorff 距离, 则 δ_1 与 δ_2 不一定等价. 这一点可从以下例看到.

例 1.3.3 设 $X=\{(\alpha,\beta)\in\mathbf{R}^2:\alpha\in N,\beta\in[0,1]\}$, d_1 为 X 作为 $\mathbf{R}^2$ 的子集的通常距离,d_2 定义如下：若 $x_1=(n_1,\beta_1)$, $x_2=(n_2,\beta_2)$,

$$d_2(x_1,x_2)=\begin{cases}|n_1-n_2|, & n_1\neq n_2,\\ \dfrac{|\beta_1-\beta_2|}{n}, & n_1=n_2=n.\end{cases}$$

易证 X 中的序列 $\{x_n\}$ 以 d_1 收敛于 x 当且仅当 $\{x_n\}$ 以 d_2 收敛于 x, 即由 d_1 与 d_2 生成同一拓扑.

现在考虑 X 中的闭集列 $A_n=\{(k,\beta_k):k\in N,\beta_k=0(k\leqslant n),\beta_k=1(k>n)\}$, $n\in N$, 与闭集 $A=\{(\alpha,\beta):\beta=0\}$. 则 $\delta_1(A_n,A)=1$, 但是 $\delta_2(A_n,A)=\dfrac{1}{n+1}\to 0$, 即 A_n 以 δ_2 收敛于 A, 但不以 δ_1 收敛于 A. 从而 δ_1 与 δ_2 不等价, 即 $(\mathbf{P}_f(X),\delta_1)\neq(\mathbf{P}_f(X),\delta_2)$.

然而, 由定理 1.3.5 可知, $(\mathbf{P}_k(X),\delta_1)=(\mathbf{P}_k(X),\mathbf{J}_v)=(\mathbf{P}_k(X),\delta_2)$. 因此我们有下面推论.

推论 1.3.1 设 (X,d) 为度量空间, 则 $(\mathbf{P}_k(X),\delta)$ 仅仅依赖于 X 上的拓扑, 而不依赖于度量.

推论 1.3.2 设 (X,d) 为可分的度量空间, 则 $(\mathbf{P}_k(X),\delta)$ 是可分的.

证明 由定理 1.3.3, 若记 D 为 X 的可数稠密子集, 则 D 的有限子集全体 $\mathbf{U}_D$ 稠密于 $(\mathbf{P}_0(X),\mathbf{J}_v)$, 但由于 X 的任意有限子集是紧的, 故 $\mathbf{U}_D$ 也是 $(\mathbf{P}_k(X),\mathbf{J}_v)$ 的可数稠密子集, 从而可证 $(\mathbf{P}_k(X),\mathbf{J}_v)$ 是可分的. 但由定理 1.3.15 知 $\mathbf{P}_k(X)$ 上的 Vietoris 拓扑与 Hausdorff 拓扑等价, 故 $(\mathbf{P}_k(X),\delta)$ 是可分的.

推论 1.3.3 (Blaschke 选择定理) 设 X 是一个 Banach 空间的紧子集, $\{K_n:n\geqslant 1\}\subset\mathbf{P}_{fc}(X)$, 则存在 $\{K_n\}$ 的子列 $\{K_{n_i}\}$ 及 $K\in\mathbf{P}_{fc}(X)$, 使得 $\delta(K_{n_i},K)\to 0$.

证明 由于 X 是紧的, 由定理 1.3.15 知 $\mathbf{P}_f(X)$ 上的 Vietoris 拓扑与 Hausdorff 拓扑等价, 利用定理 1.3.11 即得 $(\mathbf{P}_f(X),\delta)$ 是紧的度量空间. 由度量空间中紧性与序列紧的等价性即知存在子列 $\{K_{n_i}:i\geqslant 1\}$ 及 $K\in\mathbf{P}_f(X)$, 使得

$$\lim_{i\to\infty}\delta(K_{n_i},K)=0.$$

由定理 1.2.8 易知 $K\in\mathbf{P}_{fc}(X)$.

注 (1) 由于 $\mathbf{P}_k(X)$ 上的 Vietoris 拓扑与 Hausdorff 拓扑等价, 因而对于 $\mathbf{P}_k(X)$ 上的 Hausdorff 拓扑与其基本拓扑空间 (X,d) 的关系, 可完全套用定理 1.3.1~1.3.12

的结果. 对于 $\mathbf{P}_f(X)$, 也可相应地讨论 $(\mathbf{P}_f(X),\delta)$ 与其基本拓扑空间 (X,d) 的关系, 见文献 [177].

(2) 一般地, 即使 (X,d) 为可分的度量空间, 则 $(\mathbf{P}_{fc}(X),\delta)$(从而 $(\mathbf{P}_f(X),\delta)$) 不一定是可分的. 这一点可由下例看出.

例 1.3.4 设 $X=l^2$, d 为例 1.1.3 的范数导出的距离,(l^2,d) 为可分的. 设 $\{e_n\}$ 是 l^2 的正交基, 对任意 $x=(x_1,x_2,\cdots)\in\{0,1\}^N\setminus\{(0,0,\cdots)\}$, 定义

$$A(x)=\overline{\text{co}}\{e_n:x_n=1\},$$

其中 $\{0,1\}^N=\{x=(x_1,x_2,\cdots)\in l^2:x_i=0\text{ 或 }1,i=1,2,\cdots\}$, 它是一不可数集. 则显然有

$$\delta(A(x),A(y))\geqslant 1,\quad x\neq y,\quad x,y\in\{0,1\}^N.$$

因此 $(\mathbf{P}_{fc}(l^2),\delta)$ 是不可分的.

设 (X,d) 为度量空间, 用 $\mathbf{B}(\mathbf{P}_k(X))$ 表示 $(\mathbf{P}_k(X),\delta)$ 的 Borel σ 代数, 用 $\sigma(I_*(G))$, $\sigma(I^*(G))$ 分别表示 $\mathbf{P}_k(X)$ 上的集族

$$\{I_*(G)\cap\mathbf{P}_k(X):G\text{ 为开集}\},$$

$$\{I^*(G)\cap\mathbf{P}_k(X):G\text{ 为开集}\}$$

生成的 σ 代数.

定理 1.3.16 设 (X,d) 为可分的度量空间, 则

$$\mathbf{B}(\mathbf{P}_k(X))=\sigma(I_*(G))=\sigma(I^*(G)).$$

证明 分三步证明.

(1) 首先证明 $\sigma(I_*(G))\subset\sigma(I^*(G))$. 对于任意 $I_*(G)$, 由于 G 为开集, 因而可取闭集列 $\{F_n:n\geqslant 1\}$,

$$F_n=\left\{x\in X:d(x,X\setminus G)\geqslant\frac{1}{n}\right\},$$

使得 $G=\bigcup\limits_{n=1}^{\infty}F_n$, 于是有

$$I_*(G)=\bigcup_{n=1}^{\infty}(I_*(F_n)\cap\mathbf{P}_k(X))=\bigcup_{n=1}^{\infty}(\mathbf{P}_k(X)\setminus I^*(X\setminus F_n))\in\sigma(I^*(G)),$$

所以 $\sigma(I_*(G))\subset\sigma(I^*(G))$.

(2) 再证明 $\sigma(I^*(G))\subset\sigma(I_*(G))$. 对于任意 $I^*(G)$, 由于 $X\setminus G$ 为闭集, 因而可取开集列 $\{G_n:n\geqslant 1\}$,

$$G_n=\left\{x\in X:d(x,X\setminus G)<\frac{1}{n}\right\},$$

使得 $X \setminus G = \bigcap_{n=1}^{\infty} G_n$. 由于对于任意紧集 $K \subset X, K \cap (X \setminus G) \neq \varnothing$ 当且仅当 $K \cap G_n \neq \varnothing (n \geqslant 1)$, 所以有

$$\begin{aligned}\mathbf{P}_k(X) \setminus (I^*(G) \cap \mathbf{P}_k(X)) &= \{K \in \mathbf{P}_k(X) : K \cap (X \setminus G) \neq \varnothing\} \\ &= \bigcap_{n=1}^{\infty} \{K \in \mathbf{P}_k(X) : K \cap G_n \neq \varnothing\} \\ &= \bigcap_{n=1}^{\infty} (I_*(G) \cap \mathbf{P}_k(X)) \in \sigma(I_*(G)).\end{aligned}$$

于是 $\sigma(I^*(G)) \subset \sigma(I_*(G))$.

(3) 由于 $\mathbf{B}(\mathbf{P}_k(X))$ 是由 $(\mathbf{P}_k(X), \delta)$ 中开集全体生成的, 而 $I^*(G), I_*(G)$ 均为 $(\mathbf{P}_k(X), \delta)$ 中开集, 故知

$$\sigma(I^*(G)) = \sigma(I_*(G)) \subset \mathbf{B}(\mathbf{P}_k(X)).$$

下证 $\mathbf{P}_k(X)$ 中任意开集均属于 $\sigma(I^*(G)) = \sigma(I_*(G))$.

由于 $\{I^*(G), I_*(G) : G \text{ 为开集}\}$ 是 $(\mathbf{P}_k(X), \delta)$ 的一个子基, 设 $\mathbf{U}$ 为该子基元素有限交的全体, 则

$$\mathbf{U} \subset \sigma(I^*(G)) = \sigma(I_*(G)).$$

因为 X 可分, 依推论 1.3.2 知 $(\mathbf{P}_k(X), \delta)$ 可分, 从而 $(\mathbf{P}_k(X), \delta)$ 中任意开集 $\mathbf{A}$ 均可表示为 $\mathbf{U}$ 中元素的可数并, 因此 $\mathbf{A} \in \sigma(I^*(G)) = \sigma(I_*(G))$. 故

$$\mathbf{B}(\mathbf{P}_k(X)) = \sigma(I^*(G)) = \sigma(I_*(G)).$$

下面给出超空间上几种比 Vietoris 拓扑更弱的拓扑, 它们在集值随机过程的研究中很有用处.

定义 1.3.2 (闭收敛拓扑)　$(X, \mathbf{J})$ 为拓扑空间, 记 $\overline{\mathbf{P}}_f(X)$ 为 X 上闭集全体, $\overline{\mathbf{P}}_k(X)$ 为 X 上紧集全体, 记

$$\overline{I}^*(K^c) = \{F \in \overline{\mathbf{P}}_f(X) : F \cap K = \varnothing\},$$

$$\overline{I}_*(G) = \{F \in \overline{\mathbf{P}}_f(X) : F \cap G \neq \varnothing\}.$$

称 $\{\overline{I}_*(G) : \overline{I}^*(K^c), G$ 为 X 的开集, K 为 X 的紧集$\}$为子基的拓扑为 $\overline{\mathbf{P}}_f(X)$ 上的闭收敛拓扑, 记作 $(\overline{\mathbf{P}}_f(X), \mathbf{J}_c)$. 由于当 $(X, \mathbf{J})$ 是 Hausdorff 的, 任意紧集是闭的. 所以此时闭收敛拓扑比 Vietoris 拓扑更弱.

设 $(X, \mathbf{J})$ 为局部紧的 Hausdorff 空间. 考虑 X 的加一点紧化拓扑 $(X', \mathbf{J}')$:

$$X' = X \cup \{\infty\},$$

$\mathbf{J}' = \{G \subset X' : \infty \in G, X' \setminus G$ 是 X 中紧集 $\} \cup \mathbf{J}$, 则 $(X', \mathbf{J}')$ 是紧的 Hausdorff 空间. 定义映射 $\alpha : \overline{\mathbf{P}}_f(X) \to \mathbf{P}_f(X')$ 如下：

$$\alpha(F) = F \cup \{\infty\},$$

则 α 是由 $\overline{\mathbf{P}}_f(X)$ 到其值域

$$\mathbf{P}_\infty(X') = \{F \subset X' : F \in \mathbf{P}_f(X'), \infty \in F\}$$

上的一个双射 (bijection), 并且由于

$$\mathbf{P}_f(X') \setminus \mathbf{P}_\infty(X') = \{F \in \mathbf{P}_f(X') : F \subset X \text{ 且 } F \neq \varnothing\}$$

是 $(\mathbf{P}_f(X'), \mathbf{J}_v)$ 的开集, 故 $\mathbf{P}_\infty(X')$ 是 $(\mathbf{P}_f(X'), \mathbf{J}_v)$ 中闭集.

定理 1.3.17 设 $(X, \mathbf{J})$ 为局部紧的 Hausdorff 空间, 则上述定义的映射 α 是从 $(\overline{\mathbf{P}}_f(X), \mathbf{J}_c)$ 到 $(\mathbf{P}_\infty(X'), \mathbf{J}_v)$ 的同胚映射.

证明 仅需证明 α 是连续的. 任给 $\overline{I}_*(G), G$ 为 X 的开集, 则 G 为 X' 的开集. 由于对于任意 $F \in \overline{\mathbf{P}}_f(X), F \cap G \neq \varnothing$ 当且仅当 $\alpha(F) \cap G$ 在 X' 中非空, 故 $\alpha(\overline{I}_*(G)) = I_*(G)$ 是 $(\mathbf{P}_f(X'), \mathbf{J}_v)$ 中的开集. 任取 $\overline{I}^*(K^c), K$ 为 X 中紧集, 则 $G = (X \setminus K) \cup \{\infty\}$ 为 X' 中的开集. 由于对于任意 $F \in \overline{\mathbf{P}}_f(X), F \cap K = \varnothing$ 当且仅当 $\alpha(F) \subset G$, 故 $\alpha(\overline{I}^*(K^c)) = I^*(K^c)$ 为 $(\mathbf{P}_f(X'), \mathbf{J}_v)$ 中的开集.

相反地, 任给 $I^*(G'), I_*(G'), G'$ 为 X' 的开集, 则 G' 或为 X 中开集, 或存在 X 中紧集 K, 使得 $G' = (X \setminus K) \cup \{\infty\}$. 当 G' 为 X 的开集时, 有

$$\alpha^{-1}(I^*(G')) = \varnothing = \alpha(\overline{I}_*(\varnothing)),$$
$$\alpha^{-1}(I_*(G')) = \alpha(\overline{I}_*(G')) \cap \overline{\mathbf{P}}_f(X).$$

当 $G' = (X \setminus K) \cup \{\infty\}$($K$ 为 X 中紧集) 时, 有

$$\alpha^{-1}(I_*(G')) = \alpha^{-1}(\mathbf{P}_\infty(X')) = \overline{\mathbf{P}}_f(X),$$
$$\alpha^{-1}(I^*(G')) = \overline{I}^*(K^c).$$

它们均为 $(\overline{\mathbf{P}}_f(X), \mathbf{J}_c)$ 中的开集.

综上所述, $\alpha(\cdot)$ 是连续的, 因而是从 $(\overline{\mathbf{P}}_f(X), \mathbf{J}_c)$ 到 $(\mathbf{P}_f(X'), \mathbf{J}_v)$ 的同胚映射.

定理 1.3.18 如果假设 $(X, \mathbf{J})$ 是局部紧的 Hausdorff 空间, 则 $(\overline{\mathbf{P}}_f(X), \mathbf{J}_c)$ 是紧的 Hausdorff 空间, $(\mathbf{P}_f(X), \mathbf{J}_c)$ 是局部紧的 Hausdorff 空间.

证明 由于 $(X', \mathbf{J}')$ 为紧的 Hausdorff 空间, 则由定理 1.3.11 知 $(\mathbf{P}_f(X'), \mathbf{J}_v)$ 为紧的 Hausdorff 空间, 而 $\mathbf{P}_\infty(X')$ 是 $(\mathbf{P}_f(X'), \mathbf{J}_v)$ 的闭子集. 因而 $(\mathbf{P}_\infty(X'), \mathbf{J}_v)$ 是紧的 Hausdorff 空间. 于是根据定理 1.3.17, $(\overline{\mathbf{P}}_f(X), \mathbf{J}_c)$ 是紧的 Hausdorff 空间. 由于 $\overline{\mathbf{P}}_f(X) = \mathbf{P}_f(X) \cup \{\varnothing\}$, 故 $(\mathbf{P}_f(X), \mathbf{J}_c)$ 是局部紧的 Hausdorff 空间.

定理 1.3.19 设 $(X,\mathbf{J})$ 是局部紧的, 可分的度量空间, 则 $(\overline{\mathbf{P}}_f(X),\mathbf{J}_c)$ 是紧的可度量化空间.

证明 由假设知 $X' = X \cup \{\infty\}$ 是紧的可度量化空间. 依定理 1.3.15 知 $\mathbf{P}_f(X') = \mathbf{P}_k(X')$ 上的 Vietoris 拓扑与 Hausdorff 度量拓扑是等价的, 因而 $(\mathbf{P}_f(X'),\mathbf{J}_v)$ 是可度量化空间. 于是根据定理 1.3.17 知 $(\overline{\mathbf{P}}_f(X),\mathbf{J}_c)$ 是紧的可度量化空间.

注 闭收敛拓扑的重要性在于 $\mathbf{P}_f(X)$ 上闭集列在该拓扑意义下的收敛性等价于闭集列在 Kuratowski 意义下的收敛性, 见 §1.5.

定义 1.3.3 (Mosco 拓扑) 设 X 为 Banach 空间, 沿用以前记号, 称 $\mathbf{P}_{fc}(X)$ 上以 $\{I_*(G), I^*(K^c) : G$ 为 X 的强开集, K 为 X 的弱紧集$\}$为子基的拓扑为 Mosco 拓扑, 记作 $(\mathbf{P}_{fc}(X),\mathbf{J}_M)$.

设

$$I(G_1,G_2,\cdots,G_n;K) = \left(\bigcap_{i=1}^{n} I_*(G_i)\right)\bigcap I^*(K^c),$$

由于 $I^*((K_1\cup K_2)^c) = I^*(K_1^c)\cap I^*(K_2^c)$, 容易看出 $\mathbf{P}_{fc}(X)$ 上集族

$$\{I(G_1,\cdots,G_n;K) : G_i \text{ 为强开集 } (1\leqslant i\leqslant n), K \text{ 为弱紧集}, n\geqslant 1\}$$

为 Mosco 拓扑的一个基.

为了讨论 Mosco 拓扑的性质, 先给出两条引理.

引理 1.3.1 设 $\{A_n : n\geqslant 1\}\subset \mathbf{P}_{bfc}(X), A_n\downarrow$, 且 $\bigcap\limits_{n=1}^{\infty} A_n = \varnothing$. 令 $C_n = \mathrm{co}(\{\theta\}\cup A_n)(n\geqslant 1)$, 则 $\{C_n : n\geqslant 1\}\subset \mathbf{P}_{fc}(X)$, 且 $\bigcap\limits_{n=1}^{\infty} C_n = \{\theta\}$.

证明 显然 $\theta\in\bigcap\limits_{n=1}^{\infty} C_n$, 假设 $c\neq\theta, c\in\bigcap\limits_{n=1}^{\infty} C_n$, 则对任意 $n\geqslant 1$ 存在 $\lambda_n\in[0,1]$ 及 $a_n\in A_n$, 使 $\lim\limits_{n\to\infty}\lambda_n a_n = c$. 任取收敛到 λ 的子序列 $\{\lambda_{n_k} : k\geqslant 1\}$, 由于 $c\neq\theta$ 而 $\sup\limits_{n\geqslant 1}\|a_n\| < \infty$, 所以

$$\lambda = \lim_k \lambda_{n_k} \neq 0.$$

但由于 $c/\lambda = \lim\limits_{k\to\infty} c/\lambda_{n_k} = \lim\limits_{k\to\infty} a_{n_k}$, 从而 $c/\lambda\in\bigcap\limits_{n=1}^{\infty} A_n$, 这就与 $\bigcap\limits_{n=1}^{\infty} A_n = \varnothing$ 矛盾. 因此, $\bigcap\limits_{n=1}^{\infty} C_n = \{\theta\}$.

引理 1.3.2 设 X 为非自反的 Banach 空间. 对于任给的 $K\in\mathbf{P}_{wk}(X)$ 及非空强开集 $\{G_1,\cdots,G_n\}$(不必互不相同), 存在 $\{x_1,\cdots,x_n\}, x_i\in G_i(1\leqslant i\leqslant n)$, 且 x_i 互不相同, 使得

$$\mathrm{co}\{x_1,\cdots,x_n\}\cap K = \varnothing.$$

证明 任取 $\varepsilon>0$, 选择互不相同的 $\{x_1,\cdots,x_n\}$, 使得

$$\overline{S}(x_i,\varepsilon)\subset G_i(1\leqslant i\leqslant n),$$

对于任意的 $u\in\overline{S}(\theta,1)$, 记

$$P(u)=\mathrm{co}\{x_1+\varepsilon u,\cdots,x_n+\varepsilon u\}=P(\theta)+\varepsilon u.$$

我们证明存在 $u\in\overline{S}(\theta,1)$, 使 $P(u)\cap K=\varnothing$.

假设不然, 则 $u\in\overline{S}(\theta,1),P(u)\cap K\neq\varnothing$, 从而知

$$\varepsilon u\in K\setminus P(\theta),$$

即 $\overline{S}(\theta,\varepsilon)\subset K\setminus P(\theta)$. 由于 $K\in\mathbf{P}_{wk}(X)$, 由 James 定理易证 $P(\theta)$ 也是弱紧的, 所以 $K\setminus P(\theta)$ 也是弱紧集. 但由 Banach 空间理论知非自反空间中弱紧集的强内部必为空集, 从而导致矛盾. 故所证结论成立.

定理 1.3.20 设 X 为 Banach 空间, 则下列命题等价:

(1) X 是自反的;

(2) $(\mathbf{P}_{fc}(X),\mathbf{J}_M)$ 是 Hausdorff 空间.

证明 (1) $\Rightarrow$ (2) 任给 $A,C\in\mathbf{P}_{fc}(X),A\neq C$, 不妨假设 $A\setminus C\neq\varnothing$. 取 $a\in A,a\notin C$, 则存在 $\varepsilon>0$, 使 $\overline{S}(a,\varepsilon)\cap C=\varnothing$. 因而知

$$C\in I^*((\overline{S}(a,\varepsilon))^c),A\in I_*(S(a,\varepsilon)).$$

由于 X 自反, 故 $\overline{S}(a,\varepsilon)$ 是弱紧的, 从而 $I^*((\overline{S}(a,\varepsilon))^c)$ 为 C 的 $\mathbf{J}_M$ 邻域, $I_*(S(a,\varepsilon))$ 为 A 的 $\mathbf{J}_M$ 邻域. 显然 $I^*((\overline{S}(a,\varepsilon))^c)\cap I_*(S(a,\varepsilon))=\varnothing$. 因此 $(\mathbf{P}_{fc}(X),\mathbf{J}_M)$ 是 Hausdorff 空间.

(2) $\Rightarrow$ (1) 假设 X 不是自反的. 任取 $(\mathbf{P}_{fc}(X),\mathbf{J}_M)$ 的两个基本开集 $I(G_1,\cdots,G_n;K)$, $I(V_1,\cdots,V_m;K')$. 由引理 1.3.2, 存在 $x_i\in G_i,v_i\in V_i$ 使得

$$\begin{aligned}
&\mathrm{co}\{x_1,\cdots,x_n,v_1,\cdots,v_m\}\cap(K\cup K')=\varnothing,\\
&\overline{\mathrm{co}}\{x_1,\cdots,x_n,v_1,\cdots,v_m\}\in\left(\bigcap_{i=1}^{n}I_*(G_i)\right)\cap\left(\bigcap_{j=1}^{m}I_*(V_j)\right)\cap I^*((K\cup K')^c)\\
&\qquad=\left[\left(\bigcap_{i=1}^{n}I_*(G_i)\right)\cap I^*(K^c)\right]\cap\left[\left(\bigcap_{j=1}^{m}I_*(V_j)\right)\cap I^*(K'^c)\right]\\
&\qquad=I(G_1,\cdots,G_n;K)\cap I(V_1,\cdots,V_m;K').
\end{aligned}$$

这说明 $(\mathbf{P}_{fc}(X),\mathbf{J}_M)$ 中任意两个基本开集有非空交, 因而 $(\mathbf{P}_{fc}(X),\mathbf{J}_M)$ 不可能是 Hausdorff 空间, 矛盾. 因此 X 是自反的.

定理 1.3.21　设 X 为自反的 Banach 空间, 则下列命题等价

(1) $(\mathbf{P}_{fc}(X), \mathbf{J}_M)$ 是第一可数空间;

(2) X 是可分的 Banach 空间.

证明　(1) $\Rightarrow$ (2)　若 $(\mathbf{P}_{fc}(X), \mathbf{J}_M)$ 是第一可数空间, 则它具有可数局部基. 由于 $X \in \mathbf{P}_{fc}(X)$, 且 X 与任意非空子集相交非空, 故 X 的局部子基只可能为具有形式 $I_*(G)$(G 为强开集) 的集族, 因而存在可数开集列 $\{G_n : n \geqslant 1\}$, 使得 $\{I_*(G_n) : n \geqslant 1\}$ 有限交全体为 X 在 $(\mathbf{P}_{fc}(X), \mathbf{J}_M)$ 中的一个可数局部基. 取 $x_n \in G_n (n \geqslant 1)$, 令

$$D = \left\{ \sum_{k=1}^{m} \lambda_k x_{nk} : \lambda_k \in [0,1], \lambda_k \text{ 为有理数}, \sum_{k=1}^{m} \lambda_k = 1, m \geqslant 1 \right\},$$

则 D 为 X 中可数集, 下面证明 D 稠密于 X. 任取 $x \in X$ 及包含 x 的强开集 U, 则 $X \in I_*(U)$, 于是存在 $\{G_{n1}, \cdots, G_{nm}\}$ 使得

$$X \in \bigcap_{k=1}^{m} I_*(G_{nk}) \subset I_*(U).$$

但显然 $\overline{D} \in \bigcap\limits_{k=1}^{m} I_*(G_{nk}) \subset I_*(U)$, 所以 $\overline{D} \cap U \neq \varnothing$, 从而知 $D \cap U \neq \varnothing$. 因此 D 稠密于 X, 即 X 是可分的.

(2)$\Rightarrow$(1)　若X可分的, 则它必存在可数稠密子集 D. 任给 $A \in \mathbf{P}_{fc}(X), x^* \in X^*$, 令

$$H(x^*) = \{y \in X : \langle x^*, y \rangle \geqslant \sup_{x \in A} \langle x^*, x \rangle\},$$

则 $A \subset H(x^*)$ 且存在 X^* 的可数点列 $\{x_1^* : i \geqslant 1\}$ 使得 $A = \bigcap\limits_{i=1}^{\infty} H(x_i^*)$(见引理 2.1.2). 任给 $i \geqslant 1$ 及非负有理数 α, 令

$$G_{i\alpha} = S(\theta, \alpha) \cup H^c(x_i^*),$$

则由 X 的自反性知 $\mathrm{cl}(G_{i\alpha})$ 为弱紧凸集且 $A \in I^*((\mathrm{cl}G_{i\alpha})^c)$.

设 Q^+ 为非负有理数全体, 记

$$\mathbf{U}_1 = \{I_*(S(x, r)) : x \in D, r \in \mathbf{Q}^+\},$$

$$\mathbf{U}_2 = \{I^*((\mathrm{cl}G_{i\alpha})^c) : i \geqslant 1, \alpha \in \mathbf{Q}^+\},$$

则 $\mathbf{U}_1 \cup \mathbf{U}_2$ 为 $(\mathbf{P}_{fc}(X), \mathbf{J}_M)$ 中的包含 A 的可数开集族. 下面证明 $\mathbf{U}_1 \cup \mathbf{U}_2$ 中元素有限交全体构成 A 的局部基. 任给 A 的基本开集 $I(G_1, \cdots, G_n; K)$, 则

$A\cap G_i\neq\varnothing(1\leqslant i\leqslant n)$ 且 $A\subset K^c$. 取非负有理数 $r_i\in\mathbf{Q}^+$ 及 $x_i\in G_i\cap A$, 使得 $S(x_i,r_i)\subset G_i(1\leqslant i\leqslant n)$, 则知

$$A\in\bigcap_{i=1}^{n}I_*(S(x_i,r_i))\subset\bigcap_{i=1}^{n}I_*(G_i).$$

对于弱紧集 K, 由于 $A\subset K^c$, 故 $K\subset\bigcup_{i=1}^{\infty}\bigcup_{\alpha\in Q^+}G_{i\alpha}$. 取 $\alpha_1\in\mathbf{Q}^+$ 使得 $K\subset S(\theta,\alpha_1)$, 则依 K 的弱紧性知存在正整数 $n_k\geqslant 1$, 使得 $K\subset\bigcup_{i=1}^{n_k}G_{i\alpha_1}$, 从而 $K\subset\bigcup_{i=1}^{n_k}\mathrm{cl}G_{i\alpha_1}$, 因此

$$A\in\bigcap_{i=1}^{n_k}(I^*((\mathrm{cl}G_{i\alpha_1})^c))\subset I^*(K^c).$$

这就证明了 $\mathbf{U}_1\cup\mathbf{U}_2$ 中元素有限交全体构成了 A 的局部基. 因此 $(\mathbf{P}_{fc}(X),\mathbf{J}_M)$ 是第一可数的.

定义 1.3.4 (线性拓扑) 设 X 为 Banach 空间, 任给非零的 $x^*\in X^*,\alpha\in R$, 记

$$H(x^*,\alpha)=\{C\in\mathbf{P}_{fc}(X):\sup_{x\in C}\langle x^*,x\rangle<\alpha\},$$

称 $\mathbf{P}_{fc}(X)$ 以 $\{I_*(G),H(x^*,\alpha):G\subseteq X$ 为强开集, $x^*\in X^*$ 非零, $\alpha\in R\}$ 为子基的拓扑为线性拓扑, 记作 $\mathbf{J}_L$.

为研究线性拓扑的性质, 我们需要下面三个容易证明的引理. 任给非零的 $x^*\in X^*,\alpha\in\mathbf{R}$, 记 $L(x^*,\alpha)=\{x\in X:\langle x^*,x\rangle=\alpha\}$. 任给 $A,B\in\mathbf{P}_{fc}(X)$, 称 $D(A,B)=\inf\{\|a-b\|:a\in A,b\in B\}$ 为 A,B 间的分离度. 显然我们有, $A\cap B\neq\varnothing$ 当且仅当 $D(A,B)=0$.

引理 1.3.3 设 G 为 X 中强开集, $A\subseteq X$, 则 $\mathrm{cl}A\cap G\neq\varnothing$ 当且仅当 $A\cap G\neq\varnothing$.

引理 1.3.4 设 $A\in\mathbf{P}_{fc}(X),x^*\in X^*$ 非零, $\alpha\in R$, 则 $A\in H(x^*,\alpha)$ 当且仅当 $\sup_{x\in A}\langle x^*,x\rangle\leqslant\alpha$, 且 $D(A,L(x^*,\alpha))>0$. 特别地, 若 $A\in H(x^*,\alpha)$, 则

$$\begin{aligned}D(A,L(x^*,\alpha))&=\sup\{\varepsilon:(A+\varepsilon)\cap L(x^*,\varepsilon)=\varnothing\}\\&=\frac{\alpha-\sup_{x\in A}\langle x^*,x\rangle}{\|x^*\|}.\end{aligned}$$

引理 1.3.5 设 $A\in\mathbf{P}_{fc}(X),\varepsilon>0$, 记 $\mathbf{D}'(A,\varepsilon)=\{C\in\mathbf{P}_{fc}(X):D(C,A)<\varepsilon\}$, $\overline{\mathbf{D}}(A,\varepsilon)=\{C\in\mathbf{P}_{fc}(X):D(C,A)>\varepsilon\}$, 则它们有如下表示式:

$$\mathbf{D}'(A,\varepsilon)=I_*(\mathrm{int}(A+\varepsilon)),$$

$$\overline{\mathbf{D}}(A,\varepsilon)=\bigcup_{n=1}^{\infty}\left(I^*\left(\left(A+\varepsilon+\frac{1}{n}\right)^c\right)\right).$$

定理 1.3.22　设 X 为 Banach 空间, 则

$$\{\mathbf{D}'(A,\varepsilon),\overline{\mathbf{D}}(A,\varepsilon):A\in\mathbf{P}_{fc}(X),\varepsilon>0\}$$

是线性拓扑 $\mathbf{J}_L$ 的一个子基.

证明　首先, 我们证明上述形式的集族是 $(\mathbf{P}_{fc}(X),\mathbf{J}_L)$ 中的开集. 任给 $A\in\mathbf{P}_{fc}(X),\varepsilon>0$, 依引理 1.3.5 即知 $\mathbf{D}'(A,\varepsilon)$ 是 $(\mathbf{P}_{fc}(X),\mathbf{J}_L)$ 中开集. 任取 $C\in\overline{\mathbf{D}}(A,\varepsilon)$, 同样由引理 1.3.5 知存在 $n\geqslant 1$, 使得 $\left(C+\dfrac{1}{n}\right)\cap\left(A+\varepsilon+\dfrac{1}{n}\right)=\varnothing$. 由凸集分离定理, 存在非零的 $x^*\in X^*,\alpha\in\mathbf{R}$, 使得

$$\sup\left\{\langle x^*,x\rangle:x\in C+\frac{1}{n}\right\}\leqslant\alpha\leqslant\inf\left\{\langle x^*,x\rangle:x\in A+\varepsilon+\frac{1}{n}\right\},$$

则由引理 1.3.4 知 $C+\dfrac{1}{n}\in H(x^*,\alpha)$, 但依上述第二个不等式易知 $H(x^*,\alpha)\subset\overline{\mathbf{D}}(A,\varepsilon)$, 因此 C 是 $\overline{\mathbf{D}}(A,\varepsilon)$ 在线性拓扑意义下的内点. 依 C 的任意性即知 $\overline{\mathbf{D}}(A,\varepsilon)$ 是开集.

其次, 我们证明 $\{\mathbf{D}'(A,\varepsilon),\overline{\mathbf{D}}(A,\varepsilon):A\in(\mathbf{P}_{fc}(X),\varepsilon>0\}$ 确实是线性拓扑 $\mathbf{J}_L$ 的子基, 任给 $A\in\mathbf{P}_{fc}(X)$ 及开集 G, 使得 $A\cap G\neq\varnothing$, 则存在 $x\in A,\varepsilon>0$, 使得 $S(x,\varepsilon)\subset G$. 显然, 我们有

$$A\in\mathbf{D}'(\{x\},\varepsilon)\subset I_*(G).$$

另一方面, 任给 $A\in\mathbf{P}_{fc}(X)$ 及非零 $x^*\in X^*,\alpha\in R$, 使得 $A\in H(x^*,\alpha)$. 令 $\lambda=\alpha-\sup\limits_{x\in A}\langle x^*,x\rangle,\varepsilon=\dfrac{\lambda}{3}\|x^*\|$, 依引理 1.3.4 可知

$$(A+\varepsilon)\cap(L(x^*,\alpha)+\varepsilon)=\varnothing,$$

从而 $A\in\mathbf{D}'(A,\varepsilon)\cap\overline{\mathbf{D}}(L(x^*,\alpha),\varepsilon)\subset H(x^*,\alpha)$, 证毕.

定理 1.3.23　设 X 为 Banach 空间, 则 $\varphi(A,B)=\overline{\mathrm{co}}(A\cup B)$ 及 $\psi(A,B)=\mathrm{cl}(A+B)$ 均是 $(\mathbf{P}_{fc}(X),\mathbf{J}_L)\times(\mathbf{P}_{fc}(X),\mathbf{J}_L)$ 到 $(\mathbf{P}_{fc}(X),\mathbf{J}_L)$ 上的连续映射.

证明　仅证 $\varphi(\cdot,\cdot)$ 的连续性, $\psi(\cdot,\cdot)$ 的连续性类似可证. 为此, 仅需证明任给 $I_*(G),G\subseteq X$ 为强开集, 以及 $H(x^*,\alpha),x^*\in X^*$ 非零, $\alpha\in R,\varphi^{-1}(I_*(G))$ 与 $\varphi^{-1}(H(x^*,\alpha))$ 均是 $(\mathbf{P}_{fc}(X),\mathbf{J}_L)\times(\mathbf{P}_{fc}(X),\mathbf{J}_L)$ 中的开集. 任给 $(A,B)\in\varphi^{-1}(I_*(G))$, 则 $\overline{\mathrm{co}}(A\cup B)\cap G\neq\varnothing$, 从而依引理 1.3.3, $\mathrm{co}(A\cup B)\cap G\neq\varnothing$, 则存在 $a\in A,b\in B$, 以及 $\lambda\in[0,1]$, 使得 $x=\lambda a+(1-\lambda)b\in G$. 取 $\varepsilon>0$ 使得 $S(x,\varepsilon)\subset G$, 由于

$$A\in I_*(S(a,\varepsilon)),B\in I_*(S(b,\varepsilon)),$$

从而 $(A,B)\in I_*(S(a,\varepsilon))\times I_*(S(b,\varepsilon))$, 但由 $x\in G$ 的取法易证

$$\varphi(I_*(S(a,\varepsilon))\times I_*(S(b,\varepsilon)))\subset I_*(S(x,\varepsilon))\subset I_*(G).$$

则知

$$(A,B)\in I_*(S(a,\varepsilon))\times I_*(S(b,\varepsilon))\subset \varphi^{-1}(I_*(G)),$$

即 (A,B) 是 $\varphi^{-1}(I_*(G))$ 的内点. 由于 (A,B) 的任意性, 即得 $\varphi^{-1}(I_*(G))$ 为开集. 对于 $H(x^*,\alpha)$, 由于显然有

$$\varphi^{-1}(H(x^*,\alpha))=H(x^*,\alpha)\times H(x^*,\alpha),$$

即知 $\varphi^{-1}(H(x^*,\alpha))$ 是 $(\mathbf{P}_{fc}(X),\mathbf{J}_L)\times(\mathbf{P}_{fc}(X),\mathbf{J}_L)$ 中的开集, 定理得证.

注 定理 1.3.23 表明 $\mathbf{P}_{fc}(X)$ 上的线性拓扑 $\mathbf{J}_L$ 关于集合的并的闭凸包运算以及集合的加法运算是稳定的, 而这一点也是将其称作线性拓扑的主要原因. 超空间上其他类型的拓扑一般来说亦不具有这种性质, 反例请参阅文献 [40].

定理 1.3.24 设 X 为 Banach 空间, 则

$$(\mathbf{P}_{fc}(X),\mathbf{J}_c)\subset(\mathbf{P}_{fc}(X),\mathbf{J}_M)\subset(\mathbf{P}_{fc}(X),\mathbf{J}_L)\subset(\mathbf{P}_{fc}(X),\delta).$$

证明 我们分三步依次证明上述三个包含关系:

(1) 由于 Banach 空间中强紧集必是弱紧集, 由定义即可证得 $(\mathbf{P}_{fc}(X),\mathbf{J}_c)\subset(\mathbf{P}_{fc}(X),\mathbf{J}_M)$.

(2) 依定义仅需证明任给弱紧集 $K\subset X, I^*(K^c)$ 是 $(\mathbf{P}_{fc}(X),\mathbf{J}_L)$ 中的开集. 任给 $A\in I^*(K^c)$, 则 $A\cap K=\varnothing$. 对于任意 $x\in K$, 由凸集分离定理, 存在 $x^*\in X^*$ 及 $\alpha_x\in R$, 使得

$$\sup_{y\in A}\langle x^*,y\rangle<\alpha_x<\langle x^*,x\rangle.$$

令

$$M(x^*,x,\alpha_x)=\{y\in X:\langle x^*,y\rangle>\alpha_x\},$$

则 $M(x^*,x,\alpha_x)$ 是弱开集, 且

$$K\subset\bigcup_{x\in K}M(x^*,x,\alpha_x).$$

于是, 由 K 的弱紧性, 存在有限个元素 $\{x_1,\cdots,x_n\}\subset K$, 使

$$K\subset\bigcup_{i=1}^{n}M(x_i^*,x_i,\alpha_{x_i}),$$

从而知 $A \in \bigcup_{i=1}^{n} H(x_i^*, \alpha_i) \subset I^*(K^c)$, 即证 A 是 $I^*(K^c)$ 在线性拓扑 $\mathbf{J}_L$ 意义下的内点. 由 $A \in I^*(K^c)$ 的任意性即可证明.

(3) 任给开集 $G \subseteq X$, 依定理 1.3.14 知 $I_*(G)$ 是 $(\mathbf{P}_{fc}(X), \delta)$ 中的开集. 任给非零的 $x^* \in X^*, \alpha \in \mathbf{R}$, 下面证明 $H(x^*, \alpha)$ 也是 $(\mathbf{P}_{fc}(X), \delta)$ 中的开集. 设 $A \in H(x^*, \alpha)$, 依引理 1.3.4, 存在 $\varepsilon > 0$, 使得

$$D(A + \varepsilon, L(x^*, \alpha)) > \varepsilon.$$

令 $S_H(A, \varepsilon) = \{C \in \mathbf{P}_{fc}(X) : \delta(A, C) < \varepsilon\}$, 则依 Hausdorff 距离的定义及引理 1.3.4 可知

$$S_H(A, \varepsilon) \subset H(x^*, \alpha).$$

因此 $A \in S_H(A, \varepsilon)$ 是 $H(x^*, \alpha)$ 在 $(\mathbf{P}_{fc}(X), \delta)$ 中的内点, 依 $A \in H(x^*, \alpha)$ 的任意性即可证明.

§1.4　支撑函数与超空间 $\mathbf{P}_{bfc}(X)$

我们首先介绍一些有关凸函数的知识.

定义 1.4.1　设 $f : X \to \overline{\mathbf{R}}$ 为广义实函数, 记

$$\mathrm{dom} f = \{x \in X : f(x) < \infty\},$$

$$\mathrm{epi} f = \{(x, r) \in X \times \mathbf{R} : r \geqslant f(x)\} \subset X \times \mathbf{R},$$

称 $\mathrm{dom} f$ 为 f 的有效定义域, 称 $\mathrm{epi} f$ 为 f 的 epi 图 (epigraph).

定义 1.4.2　设 $f : X \to \overline{\mathbf{R}} = (-\infty, +\infty]$ 为广义实函数.

(1) 称 f 为凸函数, 如果任给 $x_1, x_2 \in X, \lambda \in [0, 1]$,

$$f(\lambda x_1 + (1 - \lambda) x_2) \leqslant \lambda f(x_1) + (1 - \lambda) f(x_2);$$

(2) 称 f 为 τ 下半连续的, 如果 $\mathrm{epi} f$ 为 $(X \times R, \tau \times \tau_1)$ 中的闭子集, 其中 τ 为 X 上的一个拓扑, $\tau \times \tau_1$ 表示 τ 与 $\mathbf{R}$ 上通常意义拓扑 τ_1 的乘积拓扑.

定理 1.4.1　设 $f : X \to \overline{\mathbf{R}}$, 则下列命题等价:

(1) f 是凸函数;

(2) $\mathrm{epi} f$ 是 $X \times R$ 中的凸集;

(3) $\mathrm{dom} f$ 是 X 中凸集且 f 限制在 $\mathrm{dom} f$ 上是凸函数.

证明　依定义易证.

定理 1.4.2 设 $f: X \to R$, 则 f 是 τ 下半连续的当且仅当任给 $x \in X$ 及 X 中定向列 (net)$\{x_\delta : \delta \in D\}, (\tau)x_\delta \to x$, 有

$$\liminf_{\delta\in D} f(x_\delta) \geqslant f(x).$$

证明 **充分性** 设 $(x,r) \in \overline{\mathrm{epi}f}^{\tau\times\tau_1}$, 则存在定向列 $\{(x_\delta, r_\delta) : \delta \in D\} \subset \mathrm{epi}f$, 使 $(\tau \times \tau_1)(x_\delta, r_\delta) \to (x,r)$. 由于任给 $\delta \in D, (x_\delta, r_\delta) \in \mathrm{epi}f$, 故 $f(x_\delta) \leqslant r_\delta$, 从而有

$$f(x) \leqslant \liminf_{\delta\in D} f(x_\delta) \leqslant \lim_{\delta\in D} r_\delta = r,$$

于是 $(x,r) \in \mathrm{epi}f$, 即证 $\mathrm{epi}f$ 为闭集, 从而 f 为 τ 下半连续的.

必要性 设 $x_0 \in X$, 任取 $\varepsilon > 0$ 及定向列 $\{x_\delta : \delta \in D\}$, $(\tau)x_\delta \to x_0$, 由于 $(\tau \times \tau_1)(x_\delta, f(x_0) - \varepsilon) \to (x_0, f(x_0) - \varepsilon)$, 而 $(x_0, f(x_0) - \varepsilon) \notin \mathrm{epi}f$, $\mathrm{epi}f$ 为闭集, 故存在 $\Delta \in D$, 使 $\delta \geqslant \Delta$ 时, $(x_\delta, f(x_0) - \varepsilon) \notin \mathrm{epi}f$, 即

$$f(x_0) - \varepsilon < f(x_\delta),$$

故有

$$\liminf_{\delta\in D} f(x_\delta) \geqslant f(x_0) - \varepsilon.$$

依 $\varepsilon > 0$ 的任意性可知 $\liminf_{\delta\in D} f(x_\delta) \geqslant f(x_0)$.

推论 1.4.1 设 $f: \Omega \to \overline{\mathbf{R}}$ 为凸函数, 则 f 是 s 下半连续的当且仅当 f 是 w 下半连续的.

证明 依 Mazur 定理, 凸集 $\mathrm{epi}f$ 是强闭的当且仅当它是弱闭的, 应用定理 1.4.2 即证.

定义 1.4.3 设 $f: X \to \overline{\mathbf{R}}$ 为广义实函数, 称由下式定义的函数 $f^*: X^* \to \overline{\mathbf{R}}$ 为 f 的极函数

$$f^*(x^*) = \sup\{\langle x^*, x\rangle - f(x) : x \in X\}, (x^* \in X^*).$$

容易证明极函数有如下性质:

(1) 若 $f \leqslant g$, 则 $f^* \geqslant g^*$;

(2) 若 f 为 $A \subset X$ 的示性函数, 即

$$f(x) = \begin{cases} 0, & x \in A \\ +\infty, & x \notin A \end{cases}$$

则 $f^*(x^*) = \sup\{\langle x^*, x\rangle : x \in A\} = \sigma(x^*, A)$(记号 $\sigma(x^*, A)$ 见定义 1.4.4).

定理 1.4.3 设 $f: X \to \overline{\mathbf{R}}$ 为凸下半连续函数, 则

$$f(x) = \sup\{g(x) : g(x) = \langle x^*, x\rangle - \alpha \text{ 且 } g \leqslant f\}.$$

证明 (1) 首先证明存在具有形式 $g(x) = \langle x^*, x\rangle - \alpha$ 的实函数使得 $g \leqslant f$.

当 $f \equiv +\infty$ 时, 是显然的. 假设存在 $x_0 \in X$, 使 $f(x_0) < \infty$. 取 $r_0 \in \mathbf{R}, r_0 < f(x_0)$, 则 $(x_0, r_0) \notin \text{epi } f$. 依定理 1.4.1 及定理 1.4.2, epi$f$ 为闭凸集, 故依凸集分离定理, 存在 $(x_0^*, \lambda_0) \in X^* \times R$, 及 $\alpha_0 \in R$ 使任给 $(x, r) \in \text{epi}f$ 有

$$\langle x_0^*, x\rangle + \lambda_0 r \geqslant \alpha_0 > \langle x_0^*, x_0\rangle + \lambda_0 r_0. \tag{1.4.1}$$

特别地对于 $(x_0, f(x_0)) \in \text{epi}f$, 依上式有 $\lambda_0 f(x_0) > \lambda_0 r_0$, 由于 $f(x_0) > r_0$, 故知 $\lambda_0 > 0$. 取 $g_1(x) = \dfrac{1}{\lambda_0}(-\langle x_0^*, x\rangle + \alpha_0)$, 依 (1.4.1) 易证 $g_1 \leqslant f$.

(2) 下面仅需证明 $x_1 \in X$ 及 $r_1 < f(x_1)$, 存在具有形式 $g(x) = \langle x^*, x\rangle + \alpha$ 的实函数, 使得 $g(x_1) > r_1$ 即可.

由于 $(x_1, r_1) \notin \text{epi}f$, 同 (1) 依凸集分离定理知存在 $\beta \in \mathbf{R}$ 及 $(x_1^*, \lambda_1) \in X^* \times R$, 使任给 $(x, r) \in \text{epi}f$, 有

$$\langle x_1^*, x\rangle + \lambda_1 r \geqslant \beta > \langle x_1^*, x_1\rangle + \lambda_1 r_1, \tag{1.4.2}$$

并且由 $\{x_1\} \times [f(x_1), +\infty) \subset \text{epi}f$ 可推得 $\lambda_1 \geqslant 0$. 依 (1.4.2), 当 $\lambda_1 > 0$ 时,

$$f(x) \geqslant \frac{1}{\lambda_1}(-\langle x_1^*, x\rangle + \beta); \tag{1.4.3}$$

当 $\lambda_1 = 0$ 时, 有

$$\langle x_1^*, x\rangle \geqslant \beta > \langle x_1^*, x_1\rangle (x \in \text{dom}f). \tag{1.4.4}$$

取 $g(x) = g_1(x) + k(\beta - \langle x_1^*, x\rangle), k \geqslant 0$, 则 $g(x) \leqslant f(x)$, 并且不论 $\lambda > 0$ 还是 $\lambda = 0$, 依 (1.4.2), (1.4.4) 总存在充分大的 $k > 0$, 使得 $g(x_1) > r_1$.

综合 (1), (2) 即证.

定理 1.4.4 设 $f: X \to \overline{\mathbf{R}}$ 为凸下半连续的, f^* 为其极函数, $f^{**}: X \to \overline{\mathbf{R}}$ 定义为

$$f^{**}(x) = \sup\{\langle x^*, x\rangle - f^*(x^*) : x^* \in X^*\},$$

则

$$f(x) = f^{**}(x).$$

证明 若 $f(x) \equiv +\infty$, 则易知 $f^*(x^*) = -\infty$, 从而 $f^{**}(x) = +\infty = f(x)$.

设至少存在一点 $x \in X$, 使 $f(x) < +\infty$, 则任给 $x^* \in X^*, f^*(x^*) > -\infty$. 对于任给 $x^* \in X^*, \alpha \in \mathbf{R}$, 易知函数 $g(x) = \langle x^*, x\rangle - \alpha \leqslant f(x)$ 当且仅当任给 $x \in X$, 有

$$\langle x^*, x\rangle - \alpha \leqslant f(x), \tag{1.4.5}$$

而 (1.4.5) 等价于 $\sup\{\langle x^*, x\rangle - f(x) : x \in X\} \leqslant \alpha$, 可以说存在 $f^*(x^*) \leqslant \alpha$, 于是

$$\begin{aligned} f(x) &= \sup\{g(x) = \langle x^*, x\rangle - \alpha : g \leqslant f\} \\ &= \sup\{\langle x^*, x\rangle - f^*(x^*) : x^* \in X^*\} \\ &= f^{**}(x). \end{aligned}$$

定义 1.4.4 设 $A \subset X$, 称由下式定义的广义实函数 $\sigma(\cdot, A) : X^* \to \overline{\mathbf{R}}$ 为 A 的支撑函数：$\forall x^* \in X^*$,

$$\sigma(x^*, A) = \begin{cases} \sup\{\langle x^*, x\rangle : x \in A\}, & A \neq \varnothing, \\ -\infty, & A = \varnothing. \end{cases}$$

定理 1.4.5 支撑函数有如下性质：

(1) $\sigma(x^*, A) = \sigma(x^*, \mathrm{cl}A), A \subset X$,

(2) $\sigma(x^*, A + B) = \sigma(x^*, A) + \sigma(x^*, B), A, B \subset X$,

(3) $\sigma(x^*, \lambda A) = \lambda\sigma(x^*, A), A \subset X, \lambda \geqslant 0$.

证明 依定义显然.

定理 1.4.6 设 $A \in \mathbf{P}_f(X)$, 则 $\sigma(x^*, A)$ 有如下性质：

(1) 正齐次性, 即任给 $\lambda \geqslant 0, \sigma(\lambda x^*, A) = \lambda\sigma(x^*, A)$,

(2) $\sigma(x^*, A)$ 是 X^* 上的凸函数,

(3) $\sigma(x^*, A)$ 是 X^* 上的 w^* 下半连续函数.

证明 (1), (2) 显然, 下证 (3) 成立. 任取

$$\{(x_\delta^*, r_\delta) : \delta \in D\} \subset \mathrm{epi}(\sigma(x^*, A)), \quad (\sigma(X^*, X) \times \tau_1)(x_\delta^*, r_\delta) \to (x_0^*, r_0).$$

由于任给 $\delta \in D, (x_\delta^*, r_\delta) \in \mathrm{epi}(\sigma(x^*, A))$, 故 $r_\delta \geqslant \sigma(x_\delta^*, A)$. 依支撑函数定义, 对于 x_0^* 及 $\varepsilon \geqslant 0$, 存在 $x \in A$, 使得

$$\sigma(x_0^*, A) - \varepsilon \leqslant \langle x_0^*, x\rangle. \tag{1.4.6}$$

因为 $(w^*)x_\delta^* \to x_0^*$, 故有

$$\langle x_0^*, x\rangle = \lim_{\delta\in D}\langle x_\delta^*, x\rangle \leqslant \lim_{\delta\in D}\inf \sigma(x_\delta^*, A) \leqslant \lim_{\delta\in D} r_\delta = r_0. \tag{1.4.7}$$

由 (1.4.6), (1.4.7) 及 $\varepsilon \geqslant 0$ 的任意性知 $\sigma(x_0^*, A) \leqslant r_0$, 即 $(x_0^*, r_0) \in \text{epi}(\sigma(x^*, A))$. 故 $\text{epi}(\sigma(x^*, A))$ 为 $X^* \times \mathbf{R}$ 上的 $\sigma(X^*, X) \times \tau_1$ 闭集, 从而 $\sigma(x^*, A)$ 是 w^* 下半连续的.

定理 1.4.7 任给 $A \in \mathbf{P}_{fc}(X)$, 有

$$A = \bigcap_{x^* \in X^*} \{x \in X : \langle x^*, x\rangle \leqslant \sigma(x^*, A)\}.$$

证明 设 $B = \bigcap_{x^* \in X^*} \{x \in X : \langle x^*, x\rangle \leqslant \sigma(x^*, A)\}$, 若 $x \in A$, 则任给 $x^* \in X^*, \langle x^*, x\rangle \leqslant \sigma(x^*, A)$, 故 $x \in B$, 从而知 $A \subset B$. 若 $x \notin A$, 因为 $A \in \mathbf{P}_{fc}(X)$, 故依凸集分离定理, 存在 $x^* \in X^*$, 使得 $\sigma(x^*, A) < \langle x^*, x\rangle$, 故 $x \notin B$, 从而有 $A \supset B$.

推论 1.4.1 (1) 设 $A, B \in \mathbf{P}_{fc}(X)$, 则 $A \subset B$ 当且仅当任给 $x^* \in X^*, \sigma(x^*, A) \leqslant \sigma(x^*, B)$,

(2) 任给 $x \in X, x = 0$ 当且仅当 $\langle x^*, x\rangle = 0 \quad (x^* \in X^*)$,

(3) 设 $A, B, C \in \mathbf{P}_{bfc}(X)$, 若 $A + B = A + C$, 则 $B = C$.

证明 依定理 1.4.7 易证 (1), (2) 成立.

(3) 因为 $A, B, C \in \mathbf{P}_{bfc}(X)$, 故 $\sigma(x^*, A), \sigma(x^*, B)$ 及 $\sigma(x^*, C)$ 均有限. 依定理 1.4.5(2), 任给 $x^* \in X^*$, 有

$$\begin{aligned}\sigma(x^*, B) &= \sigma(x^*, A + B) - \sigma(x^*, A)\\ &= \sigma(x^*, A + C) - \sigma(x^*, A)\\ &= \sigma(x^*, C).\end{aligned}$$

故依定理 1.4.7, $B = C$.

定理 1.4.8 设 $\varphi : X^* \to \overline{\mathbf{R}}$ 为正齐次凸 w^* 下半连续函数, 则存在 $A \in \mathbf{P}_{fc}(X)$, 使得任给 $x^* \in X$,

$$\sigma(x^*, A) = \varphi(x^*).$$

证明 取 $A = \bigcap_{x^* \in X^*} \{x \in X : \langle x^*, x\rangle \leqslant \varphi(x^*)\}$, 易知 $A \in \mathbf{P}_{fc}(X)$, 由于

$$\varphi^*(x) = \sup\{\langle x^*, x\rangle - \varphi(x^*) : x^* \in X^*\},$$

依 $\varphi(x^*)$ 的正齐次性,

$$\begin{aligned}2\varphi^*(x) &= \sup\{\langle 2x^*, x\rangle - \varphi(2x^*) : 2x^* \in X^*\}\\ &= \varphi^*(x).\end{aligned}$$

故 $\varphi^*(x) = 0$ 或 ∞. 因为 $\varphi^*(x) = 0$ 当且仅当任给 $x^* \in X^*$

$$\langle x^*, x\rangle \leqslant \varphi(x^*).$$

故 $A=\{x\in X:\varphi^*(x)=0\}$, 即 $\varphi^*(x)$ 为 A 的示性函数. 依极函数的性质, 有

$$\begin{aligned}\sigma(x^*,A)&=\sup\{\langle x^*,x\rangle:x\in A\}\\&=\sup\{\langle x^*,x\rangle-\varphi^*(x):x\in X\}.\end{aligned}$$

所以依定理 1.4.4 知 $\sigma(x^*,A)=\varphi(x^*)$.

定理 1.4.9 设 $A\in\mathbf{P}_{fc}(X),\sigma(\cdot,A)$ 为其支撑函数, 则

(1) 若 $A\in\mathbf{P}_{bfc}(X)$, 则任给 $x_1^*,x_2^*\in X^*$, 有

$$|\sigma(x_1^*,A)-\sigma(x_2^*,A)|\leqslant\|x_1^*-x_2^*\|\cdot\|A\|.$$

特别地, $\sigma(\cdot,A)$ 是 X^* 上的强连续函数.

(2) 若 $A\in\mathbf{P}_{wkc}(X)$, 则 $\sigma(\cdot,A)$ 是 X^* 上 $m(X^*,X)$ 连续函数.

(3) 若 $A\in\mathbf{P}_{kc}(X)$, 则 $\sigma(\cdot,A)$ 是 X^* 上 bw^* 连续函数.

证明 (1) 不妨设 $\sigma(x_1^*,A)\geqslant\sigma(x_2^*,A)$. 任给 $\varepsilon>0$, 依支撑函数的定义, 存在 $x_1\in A$, 使得 $\langle x_1^*,x_1\rangle\geqslant\sigma(x_1^*,A)-\varepsilon$, 但由于 $\langle x_2^*,x_1\rangle\leqslant\sigma(x_2^*,A)$, 因此

$$\sigma(x_1^*,A)-\sigma(x_2^*,A)\leqslant\langle x_1^*-x_2^*,x_1\rangle+\varepsilon.$$

从而

$$\begin{aligned}|\sigma(x_1^*,A)-\sigma(x_2^*,A)|&\leqslant|\langle x_1^*-x_2^*,x_1\rangle|+\varepsilon\\&\leqslant\|x_1^*-x_2^*\|\cdot\|x_1\|+\varepsilon\\&\leqslant\|x_1^*-x_2^*\|\cdot\|A\|+\varepsilon.\end{aligned}$$

依 $\varepsilon>0$ 的任意性即得.

(2) 类似于 (1), 任给 $x_1^*,x_2^*\in X^*$, 有

$$|\sigma(x_1^*,A)-\sigma(x_2^*,A)|\leqslant|\sup_{x\in A}\langle x_1^*-x_2^*,x\rangle|.$$

令 $K=\overline{\mathrm{co}}\{\lambda x:|\lambda|\leqslant1,x\in A\}$, 可证 K 为弱紧凸均衡子集. 而由于 $A\subset K$, 则有

$$|\sigma(x_1^*,A)-\sigma(x_2^*,A)|\leqslant|\sup_{x\in K}\langle x_1^*-x_2^*,x\rangle|.$$

由于 X^* 上的 Mackey 拓扑就是在弱紧凸均衡集上一致收敛的拓扑, 故知结论成立.

(3) 由于 X^* 上的 bw^* 拓扑就是在紧集上一致收敛的拓扑, 依支撑函数的定义易证.

推论 1.4.2 设 $A\in\mathbf{P}_{wkc}(X),B\in\mathbf{P}_{wkc}(X)$. 如果 $\{x_n^*:n\geqslant1\}$ 为 X^* 中 Mackey 拓扑 $m(X^*,X)$ 意义的稠密子集, 则 $A\subset B$ 当且仅当任给 $n\geqslant1,\sigma(x_n^*,A)\leqslant\sigma(x_n^*,B)$.

证明　综合定理 1.4.9(2), 推论 1.4.1(1) 易得.

定理 1.4.10　设 $x_0^* \in X^*, \alpha \in \mathbf{R}, A = \{x \in X : \langle x_0^*, x\rangle \leqslant \alpha\}$, 则

$$\sigma(x^*, A) = \begin{cases} ka, & 若\ x^* = kx_0^*,\ k \geqslant 0, \\ +\infty, & 其他. \end{cases}$$

证明　首先易证

$$\varphi(x^*, A) = \begin{cases} ka, & 若\ x^* = kx_0^*,\ k \geqslant 0, \\ +\infty, & 其他 \end{cases}$$

是 X^* 上正齐次 w^* 下半连续的凸函数, 再依定理 1.4.8 易证.

定理 1.4.11　设 $A, B \in \mathbf{P}_{bfc}(X)$, 则

$$\delta(A, B) = \sup_{\|x^*\| \leqslant 1} |\sigma(x^*, A) - \sigma(x^*, B)|.$$

证明　记 $\overline{\delta}(A, B) = \sup\limits_{\|x^*\| \leqslant 1} |\sigma(x^*, A) - \sigma(x^*, B)|$. 我们证明任给 $\varepsilon > 0, \overline{\delta}(A, B) \leqslant \varepsilon$ 当且仅当 $\delta(A, B) \leqslant \varepsilon$.

依支撑函数的正齐次性知 $\varepsilon > 0, \overline{\delta}(A, B) \leqslant \varepsilon$ 等价于

$$|\sigma(x^*, A) - \sigma(x^*, B)| \leqslant \|x^*\|\varepsilon, \quad x^* \in X^*, \tag{1.4.8}$$

但 $\|x^*\| = \sup\{\langle x^*, x\rangle : \|x\| \leqslant 1\} = \sigma(x^*, \overline{S}(\theta, 1))$, 故 (1.4.8) 等价于对任意 $x^* \in X^*$, 有

$$|\sigma(x^*, A) - \sigma(x^*, B)| \leqslant \varepsilon\sigma(x^*, \overline{S}(\theta, 1)) \tag{1.4.9}$$

依定理 1.4.5(2) 及推论 1.4.1, (1.4.9) 等价于任给 $\varepsilon > 0$,

$$A \subset B + \varepsilon\overline{S}(\theta, 1)\ 且\ B \subset A + \varepsilon\overline{S}(\theta, 1), \tag{1.4.10}$$

再依定理 1.2.5, 综合 (1.4.8)~(1.4.10) 知任给 $\varepsilon > 0$, 有

$$\overline{\delta}(A, B) \leqslant \varepsilon\ 等价于\ \delta(A, B) \leqslant \varepsilon. \tag{1.4.11}$$

由 (1.4.11) 易知 $\delta(A, B) = \overline{\delta}(A, B)$.

推论 1.4.3　设 $A, B \in \mathbf{P}_{bfc}(X)$, 则

$$\delta_u(A, B) = \sup_{\|x^*\| \leqslant 1} (\sigma(x^*, B) - \sigma(x^*, A)),$$

$$\delta_l(A, B) = \sup_{\|x^*\| \leqslant 1} (\sigma(x^*, A) - \sigma(x^*, B)).$$

证明 仅需证明第一个等式, 第二个等式类似可证.

令 $\overline{\delta}_u(A,B)=\sup\limits_{\|x^*\|\leqslant 1}(\sigma(x^*,B)-\sigma(x^*,A))$. 显然对于 X^* 的零元素 θ^*, 有 $\|\theta^*\|=0$ 且 $\sigma(\theta^*,B)=0=\sigma(\theta^*,A)$, 故 $\overline{\delta}_u(A,B)\geqslant 0$. 接下来的证明与定理 1.4.11 完全类似.

推论 1.4.4 设 $\{A,B,C,D\}\subset\mathbf{P}_{bfc}(X)$, 则

$$\delta(A+B,C+D)\leqslant\delta(A,C)+\delta(B,D).$$

证明 依定理 1.4.11 易证.

定义 1.4.5 称 $K\subset X^*$ 为等度连续集, 如果任给 $\varepsilon>0$, 存在 $\delta>0$, 使得 $\|x_1-x_2\|<\delta$ 时, 任给 $x^*\in K$, 有

$$|x^*(x_1-x_2)|<\varepsilon.$$

记 $\mathbf{H}=\{\varphi:X^*\to\mathbf{R},\varphi$ 是正齐次的, 且任给等度连续的集合 $K\subset X^*,\varphi$ 限制在 K 上连续且有界$\}$, $\mathbf{H}_0=\{\varphi\in\mathbf{H}:\varphi$ 是凸的 w^* 下半连续的$\}$.

定理 1.4.12 在 $\mathbf{H}$ 上定义加法, 数乘及范数如下:

$$\begin{aligned}(\varphi_1+\varphi_2)(x^*)&=\varphi_1(x^*)+\varphi_2(x^*),\\(\lambda\varphi)(x^*)&=\lambda\varphi(x^*),\\\|\varphi\|&=\sup\{|\varphi(x^*)|:\|x^*\|\leqslant 1\},\end{aligned}$$

则 $\mathbf{H}$ 为一 Banach 空间.

证明 易证 $\mathbf{H}$ 为一赋范线性空间. 下证 $\mathbf{H}$ 关于上述范数完备. 任给 $\{\varphi_n:n\geqslant 1\}\subset\mathbf{H}$ 为 Cauchy 列, 令

$$\varphi(x^*)=\lim_{n\to\infty}\varphi_n(x^*),$$

其中 $x^*\in X^*,\varphi_n$ 在 $\|x^*\|\leqslant 1$ 上一致收敛于 φ. 则 $\varphi(x^*)$ 显然是正齐次的. 对于任意等度连续集 $K\subset X^*$, 由于等度连续集是强有界的, 故

$$\begin{aligned}\sup\{|\varphi(x^*)|:x^*\in K\}&=\sup\left\{\|x^*\|\left|\varphi\left(\frac{x^*}{\|x^*\|}\right)\right|:x^*\in K\right\}\\&\leqslant\|K\|\sup\{\varphi(x^*):\|x^*\|\leqslant 1\}<\infty,\end{aligned}$$

故 $\varphi(x^*)$ 在 K 上有界. 由于 $x_1^*,x_2^*\in K$,

$$|\varphi(x_1^*)-\varphi(x_2^*)|\leqslant\left|\|x_1^*\|\varphi\left(\frac{x_1^*}{\|x_1^*\|}\right)-\|x_2^*\|\varphi\left(\frac{x_2^*}{\|x_2^*\|}\right)\right|,$$

所以 $\varphi(x^*)$ 在 K 上强连续. 因此, $\varphi\in\mathbf{H}$, 从而 $\mathbf{H}$ 为 Banach 空间.

定理 1.4.13 $\mathbf{H}_0$ 为 $\mathbf{H}$ 的闭凸锥, 且由 $\mathbf{P}_{bfc}(X)$ 到 $\mathbf{H}_0$ 的映射

$$i(A) = \sigma(\cdot, A), A \in \mathbf{P}_{bfc}(X),$$

满足

(1) $i : \mathbf{P}_{bfc}(X) \to \mathbf{H}_0$ 是一一的映上的;

(2) $i(A + B) = i(A) + i(B)$;

(3) $i(\lambda A) = \lambda i(A), \lambda \geqslant 0$;

(4) $i(\cdot)$ 是 $\mathbf{P}_{bfc}(X)$ 到 $\mathbf{H}_0$ 上的同胚映射.

证明 (1) 由定理 1.4.6, 定理 1.4.8 即知 $i(\cdot)$ 是一一的映上的. (2), (3) 由定理 1.4.5 即证.

(4) 由于任给 $A, B \in \mathbf{P}_{bfc}(X)$, 依定理 1.4.11 有

$$\delta(A, B) = \sup_{\|x^*\| \leqslant 1} |\sigma(x^*, A) - \sigma(x^*, B)| = \|i(A) - i(B)\|. \tag{1.4.12}$$

所以 $i : \mathbf{P}_{bfc}(X) \to \mathbf{H}_0$ 是连续的, 从而是同胚映射.

最后证明 $\mathbf{H}_0$ 是 $\mathbf{H}$ 的闭凸锥. $\mathbf{H}_0$ 显然是凸的. 假设 $\{i(A_n) : n \geqslant 1\} \subset \mathbf{H}_0$ 为 Cauchy 列, 由 (1.4.12) 知 $\{A_n : n \geqslant 1\}$ 为 $(\mathbf{P}_{bfc}(X), \delta)$Cauchy 列, 从而存在 $A \in \mathbf{P}_{bfc}(X)$, 使 $\delta(A_n, A) \to 0$, 从而知 $i(A) \in \mathbf{H}_0$, 且

$$\|i(A_n) - i(A)\| \to 0,$$

所以 $\mathbf{H}_0$ 是闭的.

注 (1) 此定理通常称为 Hörmander 嵌入定理, 满足条件 (1)~(4) 的映射称为嵌入映射.

(2) 定理 1.2.13 所得到的将 $\mathbf{P}_{kc}(X)$ 嵌入到 Banach 空间 $\overline{\mathbf{D}}$ 的闭凸锥上的结论文献上称为 Rådström 嵌入定理. 该定理也可用本定理的方法得到. 事实上, 设 $(C(E), \|\cdot\|)$ 表示拓扑空间 E 上所有有界连续函数全体所成的空间, 其拓扑为一致连续拓扑, 即 $\|f\| = \sup\{|f(x)| : x \in E\}, \forall f \in C(E)$. 设可分的 Banach 空间 X 的对偶空间 X^* 上的单位球为 S^*, S^* 关于弱星拓扑是相对紧且可距离化的. 设 $\{x_1, x_2, \cdots, x_i, \cdots\}$ 在 X 的单位球上稠密. 下面定义的 S^* 上的距离

$$d_w^*(x_1^*, x_2^*) = \sum_{i=1}^{\infty} \frac{1}{2^i} |\langle x_1^*, x_i \rangle - \langle x_2^*, x_i \rangle|$$

可将 S^* 关于弱星拓扑距离化的, 即 (S^*, d_w^*) 是距离空间. 设 $C(S^*, d_w^*)$ 是 S^* 上所有关于弱星距离 d_w^* 有界连续函数全体, 则空间 $(C(S^*, d_w^*), \|\cdot\|)$ 是可分的.

可以证明映射 $j: A \mapsto \sigma(\cdot, A)$ 是 $(\mathbf{P}_{kc}(X), \delta)$ 到 $(C(S^*, d_w^*), \|\cdot\|)$ 的闭凸锥上保距, 保运算的嵌入映射.

证明 首先证明对于任意 $A \in \mathbf{P}_{kc}(X)$, $\sigma(\cdot, A) \in C(S^*, d_w^*)$. 事实上, 取定 $A \in \mathbf{P}_{kc}(X)$, 假设 $d_w^*(x_n^*, x^*) \to 0$ 且对于某个常数 $\delta > 0$, $\sigma(x_n^*, A) > \sigma(x^*, A) + \delta$, $\forall n \in \mathbb{N}$. 注意到 A 是紧的, 故存在 $a_n \in A$ 使得 $\sigma(x_n^*, A) = \langle x_n^*, a_n \rangle$, 且可选取 $\{a_n\}$ 的子序列 $\{a_{n_j}\}$ 使得它强收敛到 A 中的某一元素 a. 这意味着 $\langle x^*, a \rangle \geqslant \sigma(x^*, A) + \delta$, 导致矛盾. 因此有 $\sigma(\cdot, A)$ 关于弱星拓扑是上半连续的. 另一方面, 由于 $\sigma(\cdot, A)$ 是连续函数 $\langle \cdot, b \rangle$, $b \in A$ 的上确界, 故它是下半连续的. 所以 $\sigma(\cdot, A) \in C(S^*, d_w^*)$.

由定理 1.4.11 知, j 是从 $\mathbf{P}_{kc}(X)$ 到 $C(S^*, d_w^*)$ 内的保距映射. 显然映射是保加、保非负数乘的, 因此 $j(\mathbf{P}_{kc}(X))$ 是 $C(S^*, d_w^*)$ 中的凸锥. 由 $(\mathbf{P}_{kc}(X), \delta)$ 的完备性知, $j(\mathbf{P}_{kc}(X))$ 是闭的. 证毕.

为了方便起见, 将 $(C(S^*, d_w^*), \|\cdot\|)$ 记成 $\overline{D}$.

§1.5 超空间上的收敛性

本节研究超空间 $\mathbf{P}_f(X)$ 上集列的各种收敛性及其关系.

定义 1.5.1 设 $\{A_n\} \subset \mathbf{P}_f(X), A \in \mathbf{P}_f(X)$.

(1) 若 $\lim\limits_{n \to \infty} \delta(A_n, A) = 0$, 则称 $\{A_n\}$Hausdorff 收敛到 A, 记作 $A_n \xrightarrow{\delta} A$ 或 $(\delta)A_n \to A$.

(2) 若任给 $r > 0, \varepsilon > 0$, 存在 $N \geqslant 1$, 使得 $n \geqslant N$ 时, 恒有 $A \cap \overline{S}(\theta, r) \subset A_n + \varepsilon$ 且 $A_n \cap \overline{S}(\theta, r) \subset A + \varepsilon$, 则称 $\{A_n\}r$ 收敛到 A, 记作 $A_n \xrightarrow{r} A$, 或 $(r)A_n \to A$.

定义 1.5.2 设 $\{A_n\} \subset \mathbf{P}_f(X), A \in \mathbf{P}_f(X)$.

(1) 若任给 $x^* \in X^*$, $\lim\limits_{n \to \infty} \sigma(x^*, A_n) = \sigma(x^*, A)$, 则称 $\{A_n\}$ 弱收敛到 A, 记作 $A_n \xrightarrow{w} A$, 或 $(w)A_n \to A$.

(2) 若任给 $x \in X$, $\lim\limits_{n \to \infty} d(x, A_n) = d(x, A)$, 则称 $\{A_n\}$Wijsman 收敛到 A, 记作 $A_n \xrightarrow{\text{Wijs}} A$, 或 $(\text{Wijs})A_n \to A$.

(3) 若同时有 $A_n \xrightarrow{w} A, A_n \xrightarrow{\text{Wijs}} A$, 则称 $\{A_n\}\mathbf{J}_L$ 收敛到 A, 记作 $A_n \xrightarrow{J_L} A$, 或 $(\mathbf{J}_L)A_n \to A$.

定理 1.5.1 设 $\{A_n, A\} \subset \mathbf{P}_f(X)$, 若 $(\delta)A_n \to A$, 则 $(r)A_n \to A$.

证明 若 $(\delta)A_n \to A$, 依定理 1.2.5(1), 任给 $\varepsilon > 0$, 存在 $N \geqslant 1$, 使得 $n \geqslant N$ 时, $A \subset A_n + \varepsilon$ 且 $A_n \subset A + \varepsilon$. 但对于任给 $r > 0$, 显然有 $A \cap \overline{S}(\theta, r) \subset A$ 及 $A_n \cap \overline{S}(\theta, r) \subset A_n$, 故知 $(r)A_n \to A$.

定理 1.5.2 设 $\{A_n, A\} \subset \mathbf{P}_f(X)$, 则 $(\delta)A_n \to A$ 当且仅当 $\{d(x, A_n) : n \geqslant 1\}$

在 $x \in X$ 上一致收敛到 $d(x, A)$, 即

$$\lim_{n\to\infty} \sup_{x\in X} |d(x, A) - d(x, A_n)| = 0.$$

证明　由定理 1.2.5(2) 即可证明.

定理 1.5.3　设 $\{A_n, A\} \subset \mathbf{P}_f(X)$, 则下列命题等价

(1) $(r)A_n \to A$;

(2) 任给有界集 $K \subset X$, $\{d(x, A_n) : n \geqslant 1\}$ 在 $x \in K$ 上一致收敛到 $d(x, A)$.

证明　(1) $\Rightarrow$ (2)　仅需证明任给 $r > 0, \{d(x, A_n) : n \geqslant 1\}$ 在 $x \in \overline{S}(\theta, r)$ 上一致收敛到 $d(x, A)$. 不失一般性, 可设 $r > d(\theta, A)$, 依 r 收敛的定义可证存在 $N_1 \geqslant 1$, 使得 $n \geqslant N_1$ 时,

$$A_n \cap \overline{S}(\theta, r) \neq \varnothing, \quad A \cap \overline{S}(\theta, r) \neq \varnothing.$$

任给 $\varepsilon > 0$, 令 $\overline{r} > 3r + \frac{\varepsilon}{2}$, 由于 $(r)A_n \to A$, 故存在 $N \geqslant N_1$, 使得 $n \geqslant N$ 时, $A \cap \overline{S}(\theta, \overline{r}) \subset A_n + \frac{\varepsilon}{2}$ 且 $A_n \cap \overline{S}(\theta, \overline{r}) \subset A + \frac{\varepsilon}{2}$. 任给 $x \in \overline{S}(\theta, r)$, 依距离函数的定义知 $n \geqslant N \geqslant N_1$ 时必有

$$d(x, A_n) \leqslant \|x\| + d(\theta, A_n) < 2r.$$

取 $y_n \in A_n$, 使得 $\|x - y_n\| < d(x, A_n) + \frac{\varepsilon}{2} (n \geqslant 1)$, 则

$$\|y_n\| \leqslant \|x\| + \|x - y_n\| < r + d(x, A_n) + \frac{\varepsilon}{2} < 3r + \frac{\varepsilon}{2} < \overline{r}.$$

但由于 $n \geqslant N$ 时, $A_n \cap \overline{S}(\theta, \overline{r}) \subset A + \frac{\varepsilon}{2}$, 因此存在 $z_n \in A$ 使得 $\|y_n - z_n\| \leqslant \frac{\varepsilon}{2}$, 从而

$$d(x, A) \leqslant \|x - z_n\| \leqslant \|x - y_n\| + \|y_n - z_n\| < d(x, A_n) + \varepsilon.$$

同理可证 $n \geqslant N$ 时, $d(x, A_n) < d(x, A) + \varepsilon$. 依 $x \in \overline{S}(\theta, r)$ 的任意性即知 $n \geqslant N$ 时有

$$\sup_{x\in\overline{S}(\theta,r)} |d(x, A_n) - d(x, A)| < \varepsilon.$$

从而 (2) 成立.

(2) $\Rightarrow$ (1)　任给 $\varepsilon > 0, r > 0$. 依 (2) 知存在 $N \geqslant 1$, 使 $n \geqslant N$ 时, $\sup_{x\in\overline{S}(\theta,r)} |d(x, A_n) - d(x, A)| < \frac{\varepsilon}{2}$. 任给 $x \in A \cap \overline{S}(\theta, r)$, 由于 $d(x, A) = 0$, 故 $d(x, A_n) < \frac{\varepsilon}{2} (n \geqslant N)$. 于是, 存在 $x_n \in A_n$ 使得

$$\|x - x_n\| < d(x, A_n) + \frac{\varepsilon}{2} < \varepsilon,$$

即 $x \in A_n + \varepsilon$, 从而知 $n \geqslant N$ 时, $A \cap \overline{S}(\theta, r) \subset A_n + \varepsilon$. 同理可证 $n \geqslant N$ 时, $A_n \cap \overline{S}(\theta, r) \subset A + \varepsilon$, 因此有 $(r)A_n \to A$.

定理 1.5.4 设 $\{A_n, A\} \subset \mathbf{P}_f(X)$, 则下列命题等价：

(1) $(r)A_n \to A$, 且存在 $N_0 \geqslant 1$, 使得 $\bigcup\limits_{n \geqslant N_0} A_n$ 有界;

(2) $(\delta)A_n \to A$, 且 A 有界.

证明 (1) $\Rightarrow$ (2) 由于 $(r)A_n \to A$, 故任给 $r > 0, \varepsilon > 0$, 存在 $N \geqslant N_0$, 使得 $n \geqslant N$ 时, $A \cap \overline{S}(\theta, r) \subset A_n + \varepsilon$, 因此

$$A = \bigcup_{r > 0} (A \cap \overline{S}(\theta, r)) \subset \Big(\bigcup_{n \geqslant N_0} A_n \Big) + \varepsilon,$$

即 A 有界. 取

$$r_1 > \max\Big(\|A\|, \Big\| \bigcup_{n \geqslant N_0} A_n \Big\|\Big),$$

则 $n \geqslant N_0$ 时, $A = A \cap \overline{S}(\theta, r_1)$ 且 $A_n = A_n \cap \overline{S}(\theta, r_1)$. 但依 r 收敛的定义知对于任意 $\varepsilon > 0$, 存在 $N_1 \geqslant N_0$, 使得 $n \geqslant N_1$ 时, 有

$$A = A \cap \overline{S}(\theta, r_1) \subset A_n + \varepsilon,$$

$$A_n = A_n \cap \overline{S}(\theta, r_1) \subset A + \varepsilon.$$

所以, $(\delta)A_n \to A$.

(2) $\Rightarrow$ (1) 若 $(\delta)A_n \to A$, 由定理 1.5.1 知 $(r)A_n \to A$. 依假设知 A 有界, 故由 Hausdorff 收敛的定义, 易证存在 $N_0 \geqslant 1$, 使得 $\bigcup\limits_{n \geqslant N_0} A_n$ 有界.

定理 1.5.5 设 $\{A_n\} \subset \mathbf{P}_{bfc}(X), A \in \mathbf{P}_{bfc}(X)$, 且 $(\delta)A_n \to A$, 则

$$(w)A_n \to A.$$

证明 任给 $x_0^* \in X^*$, 依支撑函数的性质及定理 1.4.11 有

$$\begin{aligned} |\sigma(x_0^*, A_n) - \sigma(x_0^*, A)| &= \|x_0^*\| \left| \sigma\left(\frac{x_0^*}{\|x_0^*\|}, A_n\right) - \sigma\left(\frac{x_0^*}{\|x_0^*\|}, A\right) \right| \\ &\leqslant \|x_0^*\| \sup_{\|x^*\| \leqslant 1} |\sigma(x^*, A_n) - \sigma(x^*, A)| \\ &= \|x_0^*\| \cdot \delta(A_n, A). \end{aligned}$$

由于 $\lim\limits_{n \to \infty} \delta(A_n, A) = 0$, 故 $\lim\limits_{n \to \infty} \sigma(A_0^*, A_n) = \sigma(x^*, A)$, 从而定理得证.

定理 1.5.6 设 $\{A_n\} \subset \mathbf{P}_{bfc}(X)$, 若对于任意的 $K \in \mathbf{P}_b(X^*), \{\sigma(x^*, A_n)\}$ 在 K 上一致收敛到 $\sigma(x^*, A)$, 则 $(\delta)A_n \to A$.

证明 依定理 1.4.11 知

$$\delta(A_n, A) = \sup_{\|x^*\| \leqslant 1} |\sigma(x^*, A_n) - \sigma(x^*, A)|.$$

但由于 $\{x^* : \|x^*\| \leqslant 1\} \in \mathbf{P}_b(X^*)$, 故依定理条件可得 $(\delta)A_n \to A$.

定理 1.5.7 设 $\{A_n, A\} \subset \mathbf{P}_{bfc}(X)$, 若 $(\delta)A_n \to A$, 则

$$(\mathbf{J}_L)A_n \to A.$$

证明 若 $(\delta)A_n \to A$, 由定理 1.5.2 知 $(\text{Wijs})A_n \to A$. 而由定理 1.5.5 知 $(w)A_n \to A$, 因此有 $(\mathbf{J}_L)A_n \to A$.

定理 1.5.8 设 $\{A_n, A\} \subset \mathbf{P}_{fc}(X)$, 则下列命题等价

(1) $(\mathbf{J}_L)A_n \to A$;

(2) $\{A_n\}$ 在线性拓扑 $(\mathbf{P}_{fc}(X), \mathbf{J}_L)$ 意义下收敛到 A.

证明 (1) $\Rightarrow$ (2) 仅需证明当 n 充分大时, 任意包含 A 的子基的开集也包含 A_n. 任给开集 $G \subseteq X$ 使得 $A \in I_*(G)$, 取 $x \in A \cap G$ 及 $\varepsilon > 0$, 使得 $S(x, \varepsilon) \subset G$. 由于 $(\text{Wijs})A_n \to A$, 则存在 N, 当 $n \geqslant N$ 时 $|d(x, A_n) - d(x, A)| < \varepsilon/2$. 而 $x \in A, d(x, A) = 0$. 从而 $d(x, A_n) < \varepsilon/2$. 故可取 $x_n \in A_n$, 使得 $\|x - x_n\| < \varepsilon$, 即 $x_n \in S(x, \varepsilon)$. 从而必有 $A_n \in I_*(G)(n \geqslant N)$. 任给非零的 $x^* \in X^*$ 及 $\alpha \in R$, 使得 $A \in H(x^*, \alpha)$, 则知 $\sigma(x^*, A) < \alpha$, 但由于 $\lim\limits_{n\to\infty} \sigma(x^*, A_n) = \sigma(x^*, A)$, 从而存在 $N \geqslant 1$, 使得 $n \geqslant N$ 时, $\sigma(x^*, A_n) < \alpha$, 即 $A_n \in H(x^*, \alpha)$.

(2) $\Rightarrow$ (1) 首先证明 $(\text{Wijs})A_n \to A$. 任给 $x \in X, \varepsilon > 0$, 设 $d(x, A) = \alpha$. 由于 $A \cap S(x, \alpha + \varepsilon) \neq \varnothing$, 即 $A \in I_*(S(x, \alpha + \varepsilon))$, 依 (2) 中所给定的条件可知, 存在 $N \geqslant 1$, 使得 $n \geqslant N$ 时, 我们必然有 $A_n \in I_*(S(x, \alpha + \varepsilon))$, 即 $A_n \cap S(x, \alpha + \varepsilon) \neq \varnothing$, 从而 $d(x, A_n) \leqslant \alpha + \varepsilon = d(x, A) + \varepsilon$, 由 $\varepsilon > 0$ 的任意性可得

$$\lim_{n\to\infty} \sup d(x, A_n) \leqslant d(x, A).$$

另一方面, 由于 $x \in A$ 时有 $d(x, A) = 0$, 而 $d(x, A_n) \geqslant 0 (n \geqslant 1)$, 从而必有 $\lim\limits_{n\to\infty} \inf d(x, A_n) \geqslant d(x, A)$. 因此, 不妨设 $x \notin A$, 令 $\alpha = d(x, A)$, 任取 $0 < \varepsilon < \alpha$, 则

$$\left(A + \frac{\varepsilon}{2}\right) \cap S(x, \alpha - \varepsilon) = \varnothing.$$

于是存在非零的 $x^* \in X^*$ 及 $\beta \in R$, 使得

$$\sigma\left(x^*, A + \frac{\varepsilon}{2}\right) \leqslant \beta \leqslant \inf\{\langle x^*, y\rangle : y \in S(x, \alpha - \varepsilon)\},$$

从而依引理 1.3.4 知 $A \in H(x^*, \beta)$. 依 (2) 中所给定的条件可知存在 $N \geqslant 1$. 使得 $n \geqslant N$ 时, 必有

$$A_n \in H(x^*, \beta).$$

从而有

$$d(x, A_n) > \alpha - \varepsilon = d(x, A) - \varepsilon (n \geqslant N).$$

依 $\varepsilon > 0$ 的任意性可得

$$\lim_{n\to\infty} \inf d(x, A_n) \geqslant d(x, A).$$

综上所述, 任给 $x \in X$, 恒有 $\lim\limits_{n\to\infty} d(x, A_n) = d(x, A)$, 即

$$(\text{Wijs}) A_n \to A.$$

其次, 我们证明 $(w) A_n \to A$. 若 $x^* \in X^*$ 为零元素, $\sigma(x^*, A), \sigma(x^*, A_n)(n \geqslant 1)$ 为零, 不妨设 $x^* \in X^*$ 非零. 令 $\alpha = \sigma(x^*, A)$, 对于任给 $\varepsilon > 0$, 由于 $A \in H(x^*, \alpha + \varepsilon)$, 因此, 存在 $N > 1$, 使得 $n \geqslant N$ 时 $A_n \in H(x^*, \alpha + \varepsilon)$, 即 $\sigma(x^*, A_n) \leqslant \sigma(x^*, A) + \varepsilon$, 依 $\varepsilon > 0$ 的任意性可得

$$\lim_{n\to\infty} \sup \sigma(x^*, A_n) \leqslant \sigma(x^*, A).$$

另一方面, 任给 $\varepsilon > 0$, 依支撑函数的定义, 必存在 $x \in A$, 使得 $\langle x^*, x \rangle > \alpha - \varepsilon$. 由于 $A \cap S\left(x, \dfrac{\varepsilon}{\|x^*\|}\right) \neq \varnothing$, 因此存在 $N \geqslant 1$, 使得 $n \geqslant N$ 时, $A_n \cap S\left(x, \dfrac{\varepsilon}{\|x^*\|}\right) \neq \varnothing$. 因此对于任意固定的 $n \geqslant N$, 必存在 $x_n \in A_n$, 使得

$$\|x_n - x\| \leqslant \frac{\varepsilon}{\|x^*\|}.$$

从而有

$$\begin{aligned} \sigma(x^*, A_n) &\geqslant \langle x^*, x_n \rangle \\ &= \langle x^*, x \rangle - \langle x^*, x - x_n \rangle \\ &\geqslant \langle x^*, x \rangle - \|x^*\| \cdot \|x - x_n\| \\ &> \langle x^*, x \rangle - \varepsilon \\ &> \alpha - 2\varepsilon, \end{aligned}$$

依 $\varepsilon > 0$ 的任意性可知

$$\lim_{n\to\infty} \inf \sigma(x^*, A_n) \geqslant \sigma(x^*, A).$$

因此, 任给 $x^* \in X^*$, $\lim\limits_{n\to\infty} \sigma(x^*, A_n) = \sigma(x^*, A)$, 即 $(w) A_n \to A$.

定义 1.5.3 设 $\{A_n\} \subset \mathbf{P}_f(X)$, 记

$$s\text{-}\lim_{n\to\infty}\inf A_n = \{x: \text{存在 } x_n \in A_n,\ \text{使 } (s)x_n \to x\},$$
$$w\text{-}\lim_{n\to\infty}\inf A_n = \{x: \text{存在 } x_n \in A_n,\ \text{使 } (w)x_n \to x\},$$
$$s\text{-}\lim_{n\to\infty}\sup A_n = \{x: \text{存在 } x_{n_i} \in A_{n_i},\ \text{使 } (s)x_{n_i} \to x\},$$
$$w\text{-}\lim_{n\to\infty}\sup A_n = \{x: \text{存在 } x_{n_i} \in A_{n_i},\ \text{使 } (w)x_{n_i} \to x\}.$$

定理 1.5.9 对于 $\{A_n\} \in \mathbf{P}_f(X)$, 以下性质成立

(1) $s\text{-}\lim\limits_{n\to\infty}\inf A_n \subset w\text{-}\lim\limits_{n\to\infty}\inf A_n \subset w\text{-}\lim\limits_{n\to\infty}\sup A_n$,

(2) $s\text{-}\lim\limits_{n\to\infty}\inf A_n \subset s\text{-}\lim\limits_{n\to\infty}\sup A_n \subset w\text{-}\lim\limits_{n\to\infty}\sup A_n$.

证明 依定义显然.

定义 1.5.4 设 $\{A_n\} \subset \mathbf{P}_f(X), A \in \mathbf{P}_f(X)$,

(1) 若 $s\text{-}\lim\limits_{n\to\infty}\inf A_n = s\text{-}\lim\limits_{n\to\infty}\sup A_n = A$, 则称 $\{A_n\}$Kuratowski 收敛到 A, 记作

$$(K)A_n \to A;$$

(2) 若 $w\text{-}\lim\limits_{n\to\infty}\inf A_n = w\text{-}\lim\limits_{n\to\infty}\sup A_n = A$, 那么就称 $\{A_n\}$Mosco 收敛到 A, 记作 $(M)A_n \to A$;

(3) 若 $s\text{-}\lim\limits_{n\to\infty}\inf A_n = w\text{-}\lim\limits_{n\to\infty}\sup A_n = A$, 则称 $\{A_n\}$ Kuratowski-Mosco 收敛到 A, 记作 $(\mathrm{K.M})A_n \to A$.

定理 1.5.10 设 $\{A_n, A\} \subset \mathbf{P}_f(X)$, 若 $(\mathrm{K.M})A_n \to A$, 则 $(K)A_n \to A$ 且 $(M)A_n \to A$.

证明 依定理 1.5.9 易证.

定理 1.5.11 设 $\{A_n\} \subset \mathbf{P}_f(X)$, 则

(1) $s\text{-}\lim\limits_{n\to\infty}\sup A_n = \bigcap\limits_{n\geqslant 1}\overline{\left(\bigcup\limits_{m\geqslant n} A_m\right)}$,

(2) $s\text{-}\lim\limits_{n\to\infty}\inf A_n = \bigcap\limits_{H}\overline{\left(\bigcup\limits_{m\in H} A_m\right)}$,

其中 H 表示 $\{1,2,\cdots\}$ 的任意共尾子列, 即 H 满足任给 $n \geqslant 1$, 存在 $m_n \in H$, 使得 $m_n \geqslant n$.

证明 (1) 依 $s\text{-}\lim\limits_{n\to\infty}\sup A_n$ 的定义知 $x \in s\text{-}\lim\limits_{n\to\infty}\sup A_n$ 当且仅当任给 $n \geqslant 1, x \in \overline{\bigcup\limits_{m\geqslant n} A_n}$, 故

$$s\text{-}\lim_{n\to\infty}\sup A_n = \bigcap_{n\geqslant 1}\overline{\left(\bigcup_{m\geqslant n} A_m\right)}.$$

(2) 假设 $x \in s\text{-}\lim\limits_{n\to\infty}\inf A_n$, 则存在点列 $\{x_n\}, x_n \in A_n$, 使得 $(s)x_n \to x$, 于是对 $\{1,2,\cdots\}$ 的任意共尾子列 H, 有 $(s)x_m \to x(m\in H)$, 即 $x \in \overline{(\bigcup\limits_{m\in H} A_m)}$, 故

$$s\text{-}\lim_{n\to\infty}\inf A_n \subset \bigcap_H \overline{(\bigcup_{m\in H} A_m)}.$$

反之, 若 $x \notin s\text{-}\lim\limits_{n\to\infty}\inf A_n$, 依定义知存在 $\varepsilon > 0$, 使得任给 $n \geqslant 1$, 存在 $m_n \geqslant n$, 且 $d(x, A_{m_n}) > \varepsilon$. 取 $H = \{m_n : n \geqslant 1\}$, 那么 H 为 $\{1,2,\cdots\}$ 的共尾子列, 且 $x \notin \overline{\bigcup\limits_{m\in H} A_m}$, 从而 $x \notin \bigcap\limits_H \overline{(\bigcup\limits_{m\in H} A_m)}$, 因此

$$s\text{-}\lim_{n\to\infty}\inf A_n \supset \bigcap_H \overline{\left(\bigcup_{m\in H} A_m\right)}.$$

综合上述论证即得

$$s\text{-}\lim_{n\to\infty}\inf A_n = \bigcap_H \overline{\left(\bigcup_{m\in H} A_m\right)}.$$

推论 1.5.1 设 $\{A_n\} \subset \mathbf{P}_f(X), A \in \mathbf{P}_f(X)$, 则

(1) $s\text{-}\lim\limits_{n\to\infty}\sup A_n, s\text{-}\lim\limits_{n\to\infty}\inf A_n$ 均为 X 上闭集;

(2) 若 $A_n = A(n \geqslant 1)$, 则 $(K)A_n \to A$.

由定理 1.5.11 及其推论可以看到集列的强上、下极限具有很好的性质, 但弱上、下极限相对来说就差一些, 下面我们集中讨论弱上、下极限的性质. 称集列 $\{A_n\}$ 具有有界 (弱紧, 局部弱紧) 控制, 如果存在 $H \in \mathbf{P}_{bfc}(X)$(相应地, $G \in \mathbf{P}_{wkc}(X)$, $B \in \mathbf{P}_{lwkc}(X)$), 使对 $n \geqslant 1, A_n \subset H$(相应地, $A_n \subset G, A_n \subset B$). 显然, 集列具有有界控制等价于 $\sup\limits_{n\geqslant 1}\|A_n\| < +\infty$. 当 X 为自反 Banach 空间时, 具有局部弱紧控制这一条件自然满足, 而具有弱紧控制等价于具有有界控制.

定理 1.5.12 设 $\{A_n\} \subset \mathbf{P}_{fc}(X)$, 令 $r = \lim\limits_{n\to\infty}\inf d(\theta, A_n)$,

(1) 若 $w\text{-}\lim\limits_{n\to\infty}\sup A_n \neq \varnothing$, 则 $r < +\infty$;

(2) 若 $r < +\infty$, 且 $\{A_n\}$ 具有局部弱紧控制, 则

$$w\text{-}\lim_{n\to\infty}\sup A_n \neq \varnothing.$$

证明 (1) 任取 $x \in w\text{-}\lim\limits_{n\to\infty}\sup A_n \neq \varnothing$, 存在 $x_k \in A_{n_k}(k \geqslant 1)$, 使得 $(w)x_k \to x$ $(k\to\infty)$. 由于弱收敛点列必强有界, 依距离函数的定义可知 $\sup\limits_{k\geqslant 1} d(\theta, A_{n_k}) \leqslant \sup\limits_{k\geqslant 1}\|x_k\|$ $< +\infty$, 由实数列下极限的性质易知 $r \leqslant \sup\limits_{k\geqslant 1} d(\theta, A_{n_k}) < +\infty$.

(2) 若 $r < +\infty$, 则必存在 $\{A_{n_k} : k \geqslant 1\}$, 使 $\sup\limits_{k \geqslant 1} d(\theta, A_{n_k}) \leqslant r+1$, 于是

$$A_{n_k} \cap \overline{S}(\theta, r+1) \neq \varnothing (k \geqslant 1).$$

取 $x_k \in A_{n_k} \cap \overline{S}(\theta, r+1)$, 由于 $\{A_n\}$ 具有局部弱紧控制, 则存在 $B \in \mathbf{P}_{lwkc}(X)$, 使得

$$\{x_k : k \geqslant 1\} \subset B \cap \overline{S}(\theta, r+1) \in \mathbf{P}_{wkc}(X).$$

因此存在 $\{x_{k_i} : i \geqslant 1\} \subset \{x_k : k \geqslant 1\}$ 使得 $(w)x_{k_i} \to x (i \to \infty)$, 而显然有 $x \in w\text{-}\lim\limits_{n\to\infty} \sup A_n$, 定理得证.

定理 1.5.13 设 $\{A_n\} \subset \mathbf{P}_{fc}(X), A \in \mathbf{P}_{fc}(X)$, 若任意给定 $x^* \in X^*$, $\lim\limits_{n\to\infty} \sup \sigma(x^*, A_n) \leqslant \sigma(x^*, A)$, 则

$$w\text{-}\lim_{n\to\infty} \sup A_n \subset A.$$

证明 任给 $x \in w\text{-}\lim\limits_{n\to\infty} \sup A_n$, 存在 $x_k \in A_{n_k} (k \geqslant 1)$, 使得 $(w)x_k \to x$, 从而任给 $x^* \in X^*$,

$$\langle x^*, x \rangle = \lim_{n\to\infty} \sup \langle x^*, x_n \rangle \leqslant \lim_{n\to\infty} \sup \sigma(x^*, A_n) \leqslant \sigma(x^*, A).$$

则 $x \in A$, 定理得证.

定理 1.5.14 设 $\{A_n\} \subset \mathbf{P}_{fc}(X)$, 且具有弱紧控制.

(1) $w\text{-}\lim\limits_{n\to\infty} \sup A_n \in \mathbf{P}_{wk}(X)$, 且任给 $x^* \in X^*$,

$$\lim_{n\to\infty} \sup \sigma(x^*, A_n) \leqslant \sigma(x^*, w\text{-}\lim_{n\to\infty} \sup A_n).$$

(2) 若 $w\text{-}\lim\limits_{n\to\infty} \inf A_n \neq \varnothing$, 则 $w\text{-}\lim\limits_{n\to\infty} \inf A_n \in \mathbf{P}_{wkc}(X)$, 且任给 $x^* \in X^*$, 有

$$\sigma(x^*, w\text{-}\lim_{n\to\infty} \inf A_n) \leqslant \lim_{n\to\infty} \inf \sigma(x^*, A_n).$$

证明 由于 $\{A_n\}$ 具有弱紧控制, 则存在 $G \in \mathbf{P}_{wkc}(X)$, 使得 $A_n \subset G (n \geqslant 1)$.

(1) 由定理 1.5.12 知 $w\text{-}\lim\limits_{n\to\infty} \sup A_n \neq \varnothing$. 由于 X 上的弱拓扑限制在弱紧集 G 上是可度量化的, 故类似于定理 1.5.11 的证明可知

$$w\text{-}\lim_{n\to\infty} \sup A_n = \bigcap_{n\geqslant 1} \mathrm{cl}_w\Big(\bigcup_{m\geqslant n} A_n\Big) \subset G,$$

这里 cl_w 表示弱拓扑意义下的闭包. 从而 $w\text{-}\lim\limits_{n\to\infty} \sup A_n \in \mathbf{P}_{wk}(X)$. 任给 $x^* \in X^*$, 由定理假设

$$\lim_{n\to\infty} \sup \sigma(x^*, A_n) \leqslant \sigma(x^*, G) < \infty.$$

现任给 $\{\sigma(x^*,A_n):n\geqslant 1\}$ 的收敛子列 $\{\sigma(x^*,A_{n_k}):k\geqslant 1\}$, 由于 $A_n\subset G(n\geqslant 1)$, 故存在 $x_k\in A_{n_k}$ 使得 $\sigma(x^*,A_{n_k})=\langle x^*,x_k\rangle(k\geqslant 1)$. 因为 $\{x_k:k\geqslant 1\}\subset G$, 故存在弱收敛子列 $(w)x_{k_i}\to x(i\to\infty), x\in w\text{-}\lim_{n\to\infty}\sup A_n$, 因此

$$\lim_{n\to\infty}\sigma(x^*,A_{n_k})=\lim_{n\to\infty}\langle x^*,x_{k_i}\rangle=\langle x^*,x\rangle\leqslant\sigma(x^*,w\text{-}\lim_{n\to\infty}\sup A_n).$$

由 $\{\sigma(x^*,A_{n_k}):k\geqslant 1\}$ 的任意性即知

$$\lim_{n\to\infty}\sup\sigma(x^*,A_n)\leqslant\sigma(x^*,w\text{-}\lim_{n\to\infty}\inf A_n).$$

(2) 类似于 (1) 及定理 1.5.11, 可证

$$w\text{-}\lim_{n\to\infty}\inf A_n\in\mathbf{P}_{wkc}(X).$$

任给 $x^*\in X^*$, 对于任意的 $\varepsilon>0$, 存在 $x_0\in w\text{-}\lim_{n\to\infty}\inf A_n$, 使得

$$\sigma(x^*,w\text{-}\lim_{n\to\infty}\inf A_n)-\frac{\varepsilon}{2}\leqslant\langle x^*,x_0\rangle.$$

由于存在 $x_n\in A_n(n\geqslant 1)$, 使得 $(w)x_n\to x_0$, 故存在 $N\geqslant 1$, 使得 $n\geqslant N$ 时, 有

$$\langle x^*,x_0\rangle-\frac{\varepsilon}{2}\leqslant\langle x^*,x_n\rangle\leqslant\sigma(x^*,A_n),$$

从而

$$\sigma(x^*,w\text{-}\lim_{n\to\infty}\inf A_n)-\varepsilon\leqslant\langle x^*,x_n\rangle\leqslant\sigma(x^*,A_n).$$

于是有 $\lim_{n\to\infty}\inf\sigma(x^*,A_n)\geqslant\sigma(x^*,w\text{-}\lim_{n\to\infty}\inf A_n)-\varepsilon$. 由 $\varepsilon>0$ 的任意性即得

$$\lim_{n\to\infty}\inf\sigma(x^*,A_n)\geqslant\sigma(x^*,w\text{-}\lim_{n\to\infty}\inf A_n).$$

定理 1.5.15 设 $\{A_n\}\subset\mathbf{P}_{fc}(X), A\in\mathbf{P}_{fc}(X)$, 且 $\{A_n\}$ 具有弱紧控制, 若 $(w)A_n\to A$, 则 $A=\overline{\text{co}}(w\text{-}\lim\sup A_n)$.

证明 任给 $x^*\in X^*$, 依定理 1.5.14 知

$$\sigma(x^*,A)=\lim_{n\to\infty}\sigma(x^*,A_n)\leqslant\sigma(x^*,w\text{-}\lim_{n\to\infty}\sup A_n).$$

从而 $A\subset\overline{\text{co}}(w\text{-}\lim_{n\to\infty}\sup A_n)$. 依定理 1.5.13 知 $w\text{-}\lim_{n\to\infty}\sup A_n\subset A$, 从而 $\overline{\text{co}}(w\text{-}\lim_{n\to\infty}\sup A_n)\subset A$. 定理得证.

定理 1.5.16 设 $\{A_n\},\{B_n\}\subset\mathbf{P}_{fc}(X)$ 均具有局部弱紧控制, $\lim_{n\to\infty}\inf d(\theta,A_n)<\infty$, $\lim_{n\to\infty}\inf d(\theta,B_n)<\infty$, 则

$$\delta(\text{cl}(w\text{-}\lim_{n\to\infty}\sup A_n),\text{cl}(w\text{-}\lim_{n\to\infty}\sup B_n))\leqslant\lim_{n\to\infty}\sup\delta(A_n,B_n).$$

证明　不妨设 $\lim\limits_{n\to\infty}\sup\delta(A_n,B_n)<\infty$. 由定理 1.5.12 可以证得 $w\text{-}\lim\limits_{n\to\infty}\sup A_n$, $w\text{-}\lim\limits_{n\to\infty}\sup B_n$ 均非空, 令 $B\in\mathbf{P}_{lwkc}(X)$, 使得 $A_n\subset B, B_n\subset B(n\geqslant 1)$. 对于任意 $x\in w\text{-}\lim\limits_{n\to\infty}\sup A_n$, 存在 $x_k\in A_{n_k}$, 使得 $(w)x_k\to x(k\to\infty)$, 则 $\sup\limits_{k\geqslant 1}\|x_k\|<\infty$. 对于任意的 $k\geqslant 1$, 取 $y_k\in B_{n_k}$, 使得

$$\|x_k-y_k\|\leqslant\delta(A_{n_k},B_{n_k})+\frac{1}{k},$$

则 $\sup\limits_{k\geqslant 1}\|y_k\|<\infty$. 设 $\alpha=\sup\limits_{k\geqslant 1}\|y_k\|$, 则

$$\{y_k\}\subset B\cap\overline{S}(\theta,\alpha)\in\mathbf{P}_{wkc}(X).$$

从而存在弱收敛子列 $\{y_{k_i}\}\subset\{y_k\}$, 使得

$$(w)y_{k_i}\to y\in w\text{-}\lim_{n\to\infty}\sup B_n.$$

因此依 Banach 空间中范数的弱下半连续性, 有

$$d(x,\mathrm{cl}(w\text{-}\lim_{n\to\infty}\sup B_n))\leqslant\|x-y\|\leqslant\lim_{n\to\infty}\inf\|x_{k_i}-y_{k_i}\|\leqslant\lim_{n\to\infty}\sup\delta(A_n,B_n).$$

从而

$$\delta_l(\mathrm{cl}(w\text{-}\lim_{n\to\infty}\sup A_n),\mathrm{cl}(w\text{-}\lim_{n\to\infty}\sup B_n))\leqslant\lim_{n\to\infty}\sup\delta(A_n,B_n).$$

同理可证 $\delta_u(\mathrm{cl}(w\text{-}\lim\limits_{n\to\infty}\sup A_n),\mathrm{cl}(w\text{-}\lim\limits_{n\to\infty}\sup B_n))\leqslant\lim\limits_{n\to\infty}\sup\delta(A_n,B_n)$, 即得结论.

定理 1.5.17　设 $\{A_n\}\subset\mathbf{P}_{fc}(X)$ 具有局部弱紧控制, 则

$$\lim_{n\to\infty}\sup d(x,A_n)\geqslant d(x,w\text{-}\lim_{n\to\infty}\sup A_n), x\in X.$$

证明　不妨假设 $\lim\limits_{n\to\infty}\inf d(x,A_n)<\infty$, 则依定理 1.5.12 可得 $w\text{-}\lim\limits_{n\to\infty}\sup A_n$ 非空. 任给数列 $\{d(x,A_n):n\geqslant 1\}$ 的收敛子列 $\{d(x,A_{n_k}):k\geqslant 1\}$, 取 $x_k\in A_{n_k}$, 使得

$$\|x-x_k\|<d(x,A_{n_k})+\frac{1}{k}(k\geqslant 1).$$

则 $\sup\limits_{k\geqslant 1}\|x_k\|=\alpha<\infty$, 从而 $\{x_k:k\geqslant 1\}\subset B\cap\overline{S}(\theta,\alpha)$(其中 $B\in\mathbf{P}_{lwkc}(X)$, 使得 $A_n\subset B:n\geqslant 1$). 因此, 必然存在 $\{x_{k_i}:i\geqslant 1\}\subset\{x_k:k\geqslant 1\}$, 使得

$$(w)x_{k_i}\to x_0\in w\text{-}\lim_{n\to\infty}\sup A_n(i\to\infty).$$

依范数的弱下半连续性即有

$$\begin{aligned}\lim_{k\to\infty} d(x, x_{k_i}) &\geqslant \lim_{i\to\infty}\inf \|x - x_{k_i}\| \geqslant \|x - x_0\| \\ &\geqslant d(x, w\text{-}\lim_{n\to\infty}\sup A_n)\end{aligned}$$

由子列 $\{d(x, A_{n_k}) : k \geqslant 1\}$ 的任意性可证结论成立.

定理 1.5.18 设 $\{A_n\} \subset \mathbf{P}_{fc}(X)$, 则

(1) $w\text{-}\lim\limits_{n\to\infty}\sup A_n = \bigcup\limits_{p\geqslant 1}(w\text{-}\lim\limits_{n\to\infty}\sup(A_n \cap \overline{S}(\theta, p)))$.

(2) 若进一步 $\{A_n\}$ 具有局部弱紧控制, 则

$$w\text{-}\lim_{n\to\infty}\sup A_n = \bigcup_{p\geqslant 1}\bigcap_{m\geqslant 1}\mathrm{cl}_w\Big(\bigcup_{n\geqslant m}(A_n \cap \overline{S}(\theta, p))\Big).$$

证明 (1) 显然右边包含于左边. 任给 $x \in w\text{-}\lim\limits_{n\to\infty}\sup A_n$, 存在 $x_k \in A_{n_k}(k \geqslant 1)$, 使 $(w)x_k \to x$, 因此依弱拓扑的性质可以证明 $\sup\limits_{k\geqslant 1}\|x_k\| = \alpha < \infty$. 设 r_0 为大于 α 的正整数, 则任给 $k \geqslant 1, x_k \in A_{n_k} \cap \overline{S}(\theta, r_0)$. 从而

$$x \in w\text{-}\lim_{n\to\infty}\sup(A_n \cap \overline{S}(\theta, r_0)),$$

所以左边包含于右边.

(2) 根据 (1), 仅需证明对于任意 $p \geqslant 1$,

$$w\text{-}\lim_{n\to\infty}\sup(A_n \cap \overline{S}(\theta, p)) = \bigcap_{n\geqslant 1}\Big(\mathrm{cl}_w\bigcup_{n\geqslant m}(A_n \cap \overline{S}(\theta, p))\Big).$$

但依假设知存在 $A \in \mathbf{P}_{lwkc}(X)$, 使得 $A_n \subset A(n \geqslant 1)$, 因此 $A_n \cap \overline{S}(\theta, p) \subset A \cap \overline{S}(\theta, p) \in \mathbf{P}_{wkc}(X)(n \geqslant 1)$. 由于弱拓扑限制在弱紧集 $A \cap \overline{S}(\theta, p)$ 上是可度量化的, 故类似于定理 1.5.11 可证.

推论 1.5.2 设 $\{A_n\} \subset \mathbf{P}_{fc}(X), X^*$ 是可分的, 则

$$w\text{-}\lim_{n\to\infty}\sup A_n = \bigcup_{p\geqslant 1}\bigcap_{m\geqslant 1}\mathrm{cl}_w\Big(\bigcup_{n\geqslant m}(A_n \bigcap \overline{S}(\theta, p))\Big).$$

证明 如果 X^* 是可分的, 由 Banach 空间的知识知弱拓扑限制在 $\overline{S}(\theta, p)(p \geqslant 1)$ 上是可度量化的, 故类似于定理 1.5.18(2) 可证.

注 定理 1.5.18 的证明中主要用到了弱收敛序列必强有界这一结论以及集列弱上极限的表达式. 因此, 对于集列的弱下极限, 集列的强上、下极限相应的结果同样成立.

下面, 我们讨论集列的 Kuratowski 型收敛与其他意义收敛之间的关系.

定理 1.5.19　设 $\{A_n\} \subset \mathbf{P}_f(X), (\delta)A_n \to A$, 则 $(K)A_n \to A$. 若进一步 $\{A_n\} \subset \mathbf{P}_{fc}(X)$, 则 $(\mathrm{K.M})A_n \to A$.

证明　设 $x \in A$, 则任给 $n \geqslant 1$, 存在 $x_n \in A_n$, 使得

$$\|x - x_n\| \leqslant d(x, A_n) + \frac{1}{n}.$$

由于 $\lim\limits_{n\to\infty} \delta(A_n, A) = 0$, 依定理 1.5.2 知 $\lim\limits_{n\to\infty} d(x, A_n) = 0$, 从而 $(s)x_n \to x$, 所以 $x \in s\text{-}\lim\limits_{n\to\infty}\inf A_n$, 即知

$$A \subset s\text{-}\lim_{n\to\infty}\inf A_n. \tag{1.5.1}$$

若 $x \in s\text{-}\lim\limits_{n\to\infty}\sup A_n$, 则存在 $\{x_{n_i}\}, x_{n_i} \in A_{n_i}$, 使得 $(s)x_{n_i} \to x$. 因为 $(\delta)A_n \to A$, 所以任给 $\varepsilon > 0$, 存在 $N \geqslant 1$, 使得 $n \geqslant N$ 时恒有 $A_n \subset A+\varepsilon$, 故 $x \in A+\varepsilon(\varepsilon > 0)$, 依 ε 的任意性知 $x \in A$, 从而有

$$s\text{-}\lim_{n\to\infty}\sup A_n \subset A. \tag{1.5.2}$$

若进一步 $\{A_n\} \subset \mathbf{P}_{fc}(X)$, 则依定理 1.2.8 的证明, $A \in \mathbf{P}_{fc}(X)$. 根据弱拓扑的性质, $\{A_n\}, A$ 均为弱闭集, 但由于

$$\varepsilon + A = \{x \in X : d(x, A) \leqslant \varepsilon\} \in \mathbf{P}_{fc}(X),$$

从而也是弱闭集. 同样可证若 $x \in w\text{-}\lim\limits_{n\to\infty}\sup A_n$, 则 $x \in A$, 即

$$w\text{-}\lim_{n\to\infty}\sup A_n \subset A. \tag{1.5.3}$$

结合 (1.5.1), (1.5.2), (1.5.3) 及定理 1.5.9 即证定理成立.

注　事实上定理 1.5.19 中的条件 “$(\delta)A_n \to A$” 可进一步放宽为 “$(r)A_n \to A$”, 用完全类似的方法可证结论依然成立.

定理 1.5.20　设 $\{A_n\} \subset \mathbf{P}_f(X), A \in \mathbf{P}_f(X)$, 若 $(\mathrm{Wijs})A_n \to A$, 则 $(K)A_n \to A$.

证明　任给 $x \in A$, 由于 $d(x, A) = 0$, 故由 $(\mathrm{Wijs})A_n \to A$, 知

$$\lim_{n\to\infty} d(x, A_n) = d(x, A) = 0.$$

对于任意的 $n \geqslant 1$, 取 $x_n \in A_n$, 使得

$$\|x - x_n\| \leqslant d(x, A_n) + \frac{1}{n},$$

则有 $(s)x_n \to x$, 从而 $x \in s\text{-}\lim\limits_{n\to\infty}\inf A_n$. 因此,

$$A \subset s\text{-}\lim_{n\to\infty}\inf A_n.$$

任给 $x \in s\text{-}\lim\limits_{n\to\infty}\sup A_n$, 依定义存在 $x_k \in A_{n_k}(k \geqslant 1)$, 使得 $(s)x_k \to x(k \to \infty)$, 从而

$$\lim_{n\to\infty}\sup d(x, A_{n_k}) = 0.$$

由于

$$d(x, A) = \lim_{n\to\infty} d(x, A_n) = \lim_{n\to\infty} d(x, A_{n_k}) = 0,$$

即知 $x \in A$. 因此, $s\text{-}\lim\limits_{n\to\infty}\sup A_n \subset A$. 定理得证.

引理 1.5.1 设 $\{A_n : n \geqslant 1\} \subset \mathbf{P}_{fc}(X)$ 具有局部弱紧控制 H, 则有

$$\lim_{n\to\infty}\inf d(x, A_n) \geqslant d(x, w\text{-}\lim_{n\to\infty}\sup A_n), \quad x \in X.$$

证明 用反证法, 假设结论不成立, 则存在 $x \in X$, 使得

$$a = \lim_{n\to\infty}\inf d(x, A_n) < d(x, w\text{-}\lim_{n\to\infty}\sup A_n), \quad x \in X.$$

于是存在子列 $\{A_{n_k} : k \geqslant 1\}$ 使得

$$a = \lim_{k\to\infty} d(x, A_{n_k}).$$

这时 $a < \infty$ 为显然. 取 $y_k \in A_{n_k}$, $k \geqslant 1$ 使有

$$\|x - y_k\| < d(x, A_{n_k}) + \frac{1}{k}, \quad k \geqslant 1.$$

从而有

$$\begin{aligned}\|y_k\| &\leqslant \|x\| + d(x, A_{n_k}) + \frac{1}{k} \\ &\leqslant \|x\| + \sup_{k\geqslant 1} d(x, A_{n_k}) + 1 < \infty, \quad k \geqslant 1.\end{aligned}$$

令 $b = \|x\| + \sup\limits_{k\geqslant 1} d(x, A_{n_k}) + 1$, 则上述不等式表明

$$\{y_k : k \geqslant 1\} \subset H \cap \overline{S}(\theta, b) \in \mathbf{P}_{wkc}(X).$$

由弱紧性知存在 $\{y_{k_l} : l \geqslant 1\} \subset \{y_k : k \geqslant 1\}$ 和 $y \in H \cap \overline{S}(\theta, b)$ 使得

$$(w)y_{k_l} \to y, \quad l \to \infty.$$

因此 $y \in w\text{-}\lim\limits_{n\to\infty}\sup A_n$. 但由范数的 w 下半连续性有

$$\|x-y\| \leqslant \lim_{l\to\infty}\|x-y_{k_l}\| = \lim_{l\to\infty} d(x, A_{n_{k_l}}) = a < d(x, w\text{-}\lim_{n\to\infty}\sup A_n).$$

这就有了矛盾. 故结论成立, 证毕.

定理 1.5.21 设 $\{A_n\} \subset \mathbf{P}_{fc}(X)$, 具有局部弱紧控制, $A \in \mathbf{P}_{fc}(X)$, 若 (K.M)$A_n \to A$, 则 (Wijs)$A_n \to A$.

证明 任给 $x \in X$, 引理 1.5.1 知

$$\lim_{n\to\infty}\inf d(x, A_n) \geqslant d(x, w\text{-}\lim_{n\to\infty}\sup A_n).$$

另一方面, 任给 $y \in s\text{-}\lim\limits_{n\to\infty}\inf A_n$, 存在 $y_n \in A_n (n \geqslant 1)$, 使得 $(s)y_n \to y$, 从而

$$\lim_{n\to\infty}\sup d(x, A_n) \leqslant \lim_{n\to\infty}\|x-y_n\| = \|x-y\|.$$

依 $y \in s\text{-}\lim\limits_{n\to\infty}\inf A_n$ 的任意性可得

$$\lim_{n\to\infty}\sup d(x, A_n) \leqslant d(x, s\text{-}\lim_{n\to\infty}\inf A_n).$$

但由于 (K.M)$A_n \to A$, 即 $w\text{-}\lim\limits_{n\to\infty}\sup A_n = s\text{-}\lim\limits_{n\to\infty}\inf A_n = A$, 因此

$$\lim_{n\to\infty}\inf d(x, A_n) \geqslant d(x, A) \geqslant \lim_{n\to\infty}\sup d(x, A_n).$$

于是 (Wijs)$A_n \to A$.

注 1 定理 1.5.21 中 “具有局部弱紧控制” 这一条件一般不能去掉, 请参阅定理 1.5.24.

注 2 由定理 1.5.21 的证明可以看出, 任给 $\{A_n\} \subset \mathbf{P}_{fc}(X)$, 必有 $\lim\limits_{n\to\infty}\sup d(x, A_n) \leqslant d(x, s\text{-}\lim\limits_{n\to\infty}\inf A_n)(x \in X)$.

定理 1.5.22 设 $\{A_n, A\} \subset \mathbf{P}_{fc}(X)$ 具有弱紧控制, 若 $(M)A_n \to A$, 则 $(w)A_n \to A$.

证明 由定理 1.5.14 易证.

例 1.5.1 (1) 考虑 $\mathbf{R}^2$ 上的闭凸集列

$$A_n = \{(x, y) : y \geqslant nx + n, x \leqslant 0\},$$

则有 $(K)A_n \to \{(x, y) : x \leqslant -1, y \in \mathbf{R}\}$, 但是

$$(w)A_n \to \{(x, y) : x \geqslant 0\}.$$

(2) 考虑 l^2 中的单点集列 $A_n=\{e_n\}, A=\{0\}$, 其中 $\{e_n: n\geqslant 1\}$ 为 l^2 的标准基, 0 为 l^2 中零向量. 由于 l^2 是自反的 Banach 空间, 而 $\|A_n\|=1(n\geqslant 1)$, 故 $\{A_n, A\}$ 具有弱紧控制, 显然有 $(w)A_n\to A$. 但由于 $\inf\limits_{m\neq n}\|e_m-e_n\|=\sqrt{2}>0$, 从而 $s\text{-}\lim\limits_{n\to\infty}\inf A_n$ 不存在, 于是不可能有 $(\mathrm{K.M})A_n\to A$.

例 1.5.1 的两个例子, 表明在一般的情形下集列的弱收敛推不出集列的 Kuratowski 型收敛, 为了得到肯定性的结论, 必须对集列的支撑函数族加一定条件, 这一内容将放在本节最后讨论.

定理 1.5.23 设 $\{A_n, A\}\subset \mathbf{P}_{fc}(X)$, 考虑下列三个命题:

(1) $(\mathbf{J}_L)A_n\to A$;

(2) $(w)A_n\to A$, 且 $(K)A_n\to A$;

(3) $(\mathrm{K.M})A_n\to A$.

则 (1) ⇒ (2) ⇒ (3). 若进一步 $\{A_n, A\}$ 具有弱紧控制, 则三个命题等价.

证明 (1) ⇒(2) 根据 $\mathbf{J}_L$ 收敛的定义及定理 1.5.20 易证.

(2) ⇒ (3) 若 $(w)A_n\to A$, 且 $(K)A_n\to A$, 依定理 1.5.13 知

$$w\text{-}\lim_{n\to\infty}\sup A_n\subset A.$$

而由 Kuratowski 收敛的定义, 有

$$A=s\text{-}\lim_{n\to\infty}\inf A_n=s\text{-}\lim_{n\to\infty}\sup A_n\subset w\text{-}\lim_{n\to\infty}\sup A_n.$$

因此, $(\mathrm{K.M})A_n\to A$.

若 $\{A_n, A\}$ 具有弱紧控制, 我们仅需证明

(3) ⇒ (1) 若 $(\mathrm{K.M})A_n\to A$, 则由定理 1.5.21 知 $(\mathrm{Wijs})A_n\to A$, 由定理 1.5.10, 定理 1.5.22 可知 $(w)A_n\to A$, 所以 $(\mathbf{J}_L)A_n\to A$.

从以上的讨论可以看出, 集列的 Hausdorff 收敛蕴涵着其他各种收敛; Kuratowski-Mosco 收敛蕴涵着 Kuratowski 收敛及 Mosco 收敛, 并且在一定条件下它还蕴涵着弱收敛等. 为了得到各种收敛间更为细致的蕴涵关系 (或相反的蕴涵关系). 必须要求 Banach 空间本身有更好的性质, 而这样做的同时, 也就用集列收敛的关系给出了 Banach 空间特征的刻画. 下面我们讨论这一问题.

定理 1.5.24 设 X 为 Banach 空间, 则下列命题等价

(1) X 是自反的;

(2) 任给 $\{A_n, A\}\subset \mathbf{P}_{fc}(X)$, 若 $(\mathrm{K.M})A_n\to A$, 则

$$(\mathrm{Wijs})A_n\to A.$$

证明 (1) $\Rightarrow$ (2) 由于自反 Banach 空间中任意闭凸集列均有局部弱紧控制，依定理 1.5.21 知 (2) 成立.

(2) $\Rightarrow$ (1) 用反证法，假设 X 不是自反的，取 $x \in X, \|x\| = 1$. 令 $K = \overline{S}(\theta, 1) \cap \overline{S}(x, 1/2)$，由于 $\overline{S}(3x/4, 1/4) \subset K$，故 K 不是弱紧的 (由 X 的非自反性)，因此存在点列 $\{x_n\} \subset K$，使得 $\{x_n\}$ 没有弱聚点. 令 $A = \{\theta\}$.

$$A_n = \{x \in X : x = ax_n, 0 \leqslant a \leqslant 1\} = \overline{\text{co}}\{\theta, x_n\},$$

则 $\{A_n, A\} \subset \mathbf{P}_{fc}(X)$. 任给 $y \in w\text{-}\lim\limits_{n\to\infty}\sup A_n$，存在 $a_k x_k \in A_{n_k} (k \geqslant 1)$，使得 $(w)a_k x_k \to y$. 由于 $0 \leqslant a_k \leqslant 1$，不妨假设 $\lim\limits_{k\to\infty} a_k = a$(否则取其子列). 若 $a = 0$，则 $y = 0 \in A$. 若 $a \neq 0$，必然有 $(w)x_k \to \dfrac{y}{a}$，而这是不可能的 (因为 $\{x_n\}$ 无弱聚点). 因此 $w\text{-}\lim\limits_{n\to\infty}\sup A_n \subset A$. 从而有 (K.M)$A_n \to A$.

但是，由于任给 $n \geqslant 1, d(x, A_n) \leqslant \|x - x_n\| \leqslant \dfrac{1}{2}$，而 $d(x, A) = \|x\| = 1$，因此不可能有 (Wijs)$A_n \to A$，与 (2) 所给条件矛盾，则假设不成立，故 X 是自反的 Banach 空间.

定理 1.5.25 设 $\{A_n, A\} \subset \mathbf{P}_{kc}(X)$，则下列命题等价

(1) $\dim X < \infty$;

(2) $(\delta)A_n \to A$ 当且仅当 (K.M)$A_n \to A$.

证明 (1) $\Rightarrow$ (2) 首先当 X 是有限维时，强、弱拓扑等价，从而 $w\text{-}\lim\limits_{n\to\infty}\sup A_n = s\text{-}\lim\limits_{n\to\infty}\sup A_n$，于是依定义易知

$$(\text{K.M})A_n \to A \text{ 当且仅当 } (K)A_n \to A.$$

若 $(\delta)A_n \to A$，依定理 1.5.19 知 (K.M)$A_n \to A$.

若 (K.M)$A_n \to A$，则 $(K)A_n \to A$. 下面我们将进一步证明 $(\delta)A_n \to A$. 由于 A 是紧的，所以存在 A 的有限子集 $\{x_1, \cdots, x_m\}$ 及 $\varepsilon > 0$，使得 $A \subset \bigcup\limits_{i=1}^{m} S(x_i, \varepsilon)$. 因为

$$s\text{-}\lim_{n\to\infty}\sup A_n \subset A \subset s\text{-}\lim_{n\to\infty}\inf A_n,$$

而 $x_i \in A$，故存在 $\{x_i^{(n)}\}, x_i^{(n)} \in A_n$，使 $(s)x_i^{(n)} \to x_i$，即存在 $N_i \geqslant 1$，使得 $n \geqslant N_i$ 时，$\|x_i - x_i^{(n)}\| \leqslant \varepsilon$，从而 $x_i \in A_n + \varepsilon (n \geqslant N_i)$. 取 $N = \max\{N_i, 1 \leqslant i \leqslant m\}$，则当 $n \geqslant N$ 时，

$$\{x_1, \cdots, x_m\} \subset A_n + \varepsilon.$$

于是

$$A \subset \bigcup_{i=1}^{m} S(x_i, \varepsilon) = \bigcup_{i=1}^{m} (x_i + S(\theta, \varepsilon)) \subset A_n + 2\varepsilon \tag{1.5.4}$$

另一方面对于任给 $\varepsilon > 0$, 可以证明存在 n_0, 及 $r > 0$, 使 $n \geqslant n_0$ 时 $A \subset \overline{S}(\theta, r), A_n \subset \overline{S}(\theta, r)$. 假设存在子列 $\{A_{n_i} : i \geqslant 1\}$, 使得

$$A_{n_i} \setminus (\varepsilon + A) \neq \varnothing (i \geqslant 1).$$

取 $x_{n_i} \in A_{n_i} \setminus (\varepsilon + A)$, 由于 $\{x_{n_i} : i \geqslant 1\} \subset \overline{S}(\theta, r)$, 而 $\overline{S}(\theta, r)$ 为紧集, 故存在子列, 不妨仍记为 $\{x_{n_i} : i \geqslant 1\}$, 使 $(s)x_{n_i} \to x$, 因而 $x \in s\text{-}\lim\limits_{n\to\infty} \sup A_n = A$. 但由于 $\{x_{n_i} : i \geqslant 1\}$ 的取法知 $d(x, A) = \lim\limits_{i} d(x_{n_i}, A) \geqslant \varepsilon$, 即 $x \notin \operatorname{int}(\varepsilon + A)$, 从而产生矛盾. 这就是说任给 $\varepsilon > 0$, 存在 $n_0 \geqslant 0$, 使 $n \geqslant n_0$ 时,

$$A_n \subset A + \varepsilon. \tag{1.5.5}$$

由 (1.5.4), (1.5.5) 知 $(\delta)A_n \to A$.

(2) ⇒ (1) 用反证法, 假设 $\dim X = \infty$, 以下分两种情形讨论.

(i) 若 $l^1 = \left\{(a_1, a_2, \cdots) : \sum\limits_{i=1}^{\infty} |a_i| < \infty\right\}$ 不与 X 的任何子空间同构, 则依 Rosenthal 定理, X 中任意有界序列均有一弱 Cauchy 序列.

设 $\{x_n\}$ 为 X 中有界序列, $\|x_n\| \leqslant 1 (n \geqslant 1)$ 且没有强收敛子列, 此时不妨假定 $\|x_m - x_n\| > \varepsilon_0 (m \neq n)$. 依 Rosenthal 定理, $\{x_n\}$ 有弱 Cauchy 子列 $\{x_{n_k}\}$. 令 $y_k = x_{n_k} - x_{n_{k+1}} (k \geqslant 1)$, 则易知 $\{y_k\}$ 弱收敛到 θ, 且 $\|y_k\| > \varepsilon_0 (k \geqslant 1)$. 记

$$K_k = \{\alpha y_k : \alpha \in [0, 1]\} = [0, 1] y_k, \quad k \geqslant 1,$$

$\{K_k\} \subset \mathbf{P}_{kc}(X)$, 下面证明 $(\mathrm{K.M})K_k \to \{\theta\}$, 但不可能有

$$(\delta)K_k \to \{\theta\}.$$

设 $x \in w\text{-}\lim\limits_{n\to\infty} \sup K_k$, 则必然存在 $\alpha_i y_{k_i} \in K_{k_i}, \alpha_i \in [0, 1]$, 使得 $(w)\alpha_i y_{k_i} \to x$, 即 $x^* \in X^*$ 时有

$$\lim_{i\to\infty} \langle x^*, x - \alpha_i y_{k_i} \rangle = 0.$$

但由于 $\alpha_i \in [0, 1] (i \geqslant 1), (w) y_{ki} \to \theta$, 故 $\langle x^*, x \rangle = 0 \quad (x^* \in X^*)$, 从而 $x = \theta$, 于是有

$$w\text{-}\lim_{n\to\infty} \sup K_n \subset \{\theta\}. \tag{1.5.6}$$

另一方面, 取 $z_k = \dfrac{1}{k} y_k$, 由于 $(w) y_k \to \theta$, 从而 $\sup\limits_{k\geqslant 1} \|y_k\| < \infty$, 所以 $(s) z_k \to \theta$, 于是

$$\{\theta\} \subset s\text{-}\lim_{k\to\infty} \inf K_k, \tag{1.5.7}$$

所以 (K.M)$K_k \to \{\theta\}$. 但是, 因 $\delta(K_k, \{\theta\}) = \sup\{\|x\| : x \in K_k\} = \|y_k\| > \varepsilon_0$, 故不可能有 $(\delta)K_k \to \{\theta\}$. 这样, 就得 $\mathbf{P}_{kc}(X)$ 上的集列 $\{K_k\}$, 使得 (K.M)$K_k \to \{\theta\}$, 但 $(\delta)K_k \to \{\theta\}$ 不成立, 这与 (2) 矛盾, 从而假设不成立.

(ii) 若 l^1 与 X 的某一子空间同构, 取

$$K_n = \{\alpha e_n : \alpha \in [0,1]\}, \quad n \geqslant 1,$$

其中 e_n 表示第 n 个标准基, 则

$$\delta(K_n, \{\theta\}) = 1, \quad n \geqslant 1,$$

即不可能有 $(\delta)K_n \to \{\theta\}$. 下证 (K.M)$K_n \to \{\theta\}$.

设 $x \in w\text{-}\lim\limits_{n\to\infty} \sup K_n$, 则存在 $x_{n_k} \in k_{n_k}$ 使 $(w)x_{n_k} \to x$. 如果记 $x_{n_k} \in l^1$ 的第 i 个分量为 $\xi_{n_k}^{(i)}$, 则 $(w)\xi_{n_k}^{(i)} \to \xi^{(i)}(k \to \infty)$. 但由于 $\xi_{n_k}^{(i)} = \alpha_k \delta_{n_k}^i$, 其中 $\alpha_k \in [0,1]$, 而

$$\delta_{n_k} = \begin{cases} 0, & i \neq n_k, \\ 1, & i = n_k, \end{cases}$$

故 $\xi^{(i)} = 0 (i \geqslant 1)$, 即 $x = (\xi^{(i)}, \cdots, \xi^{(i)}, \cdots) = \theta$. 于是

$$w\text{-}\lim_{n\to\infty} \sup K_n \subset \{\theta\}.$$

由于 $(s)\dfrac{1}{n}e_n \to 0$, 所以

$$\{\theta\} \subset s\text{-}\lim_{n\to\infty} \inf K_n,$$

从而 (K.M)$K_n \to K = \{\theta\}$.

由上所述, 若 l^1 与 X 某一子空间同构, 则也可找到一个紧凸集列使得它 Kuratouski-Mosco 收敛, 但不 Hausdorff 收敛, 这与 (2) 矛盾, 从而也导致假设不成立.

综合 (i), (ii) 知若 (2) 成立, 则 X 不可能是无穷维的, 即 $\dim X < \infty$.

定义 1.5.5　Banach 空间 X 称作 Schur 空间, 如果 X 中序列的弱收敛与范数收敛 (强收敛) 等价.

定理 1.5.26　设 X 为 Banach 空间, 则下列命题等价

(1) X 为 Schur 空间;

(2) X 中每一弱收敛序列都有强收敛子列;

(3) 对于 $\mathbf{P}_{kc}(X)$ 中任一集列 $\{A_n\}$, 有

$$w\text{-}\lim_{n\to\infty} \sup A_n \subset s\text{-}\lim_{n\to\infty} \sup A_n;$$

(4) 对于 $\mathbf{P}_{kc}(X)$ 中任意 Kuratowski 收敛集列 $\{A_n\}$, 有

$$w\text{-}\lim_{n\to\infty}\sup A_n \subset s\text{-}\lim_{n\to\infty}\sup A_n;$$

(5) 对于 $\mathbf{P}_{kc}(X)$ 中任意集列 $\{A_n\}$, 若 $(K)A_n \to A$, 则

$$(\mathrm{K.M})A_n \to A.$$

证明 (1) ⇒ (2), (3) ⇒ (4) 及 (4) 与 (5) 等价是显然的.

(2) ⇒ (1) 假设存在序列 $\{x_n\} \subset X, \{x_n\}$ 弱收敛, 但不强收敛, 则存在 $\varepsilon_0 > 0$ 及子列 $\{x_{n_k}\}$, 使得任给 $k, k' \geqslant 1, k \neq k'$, 有

$$\|x_{n_k} - x_{n_{k'}}\| > \varepsilon_0.$$

$\{x_{n_k}\}$ 显然没有强收敛子列, 但却弱收敛, 这与 (2) 矛盾. 因而假设不成立, 即 X 为 Schur 空间.

(2) ⇒ (3) 设 $\{A_n\} \subset \mathbf{P}_{kc}(X)$, $x \in w\text{-}\lim\limits_{n\to\infty}\sup A_n$, 则存在 $\{x_{n_k}\} \subset X$, 使得 $x_{n_k} \in A_{n_k}(k \geqslant 1)$ 且 $(w)x_{n_k} \to x$. 依据 (2), $\{x_{n_k}\}$ 存在强收敛子列 (不妨仍记作 $\{x_{n_k}\}$) 使得 $(s)x_{n_k} \to x$, 所以 $x \in s\text{-}\lim\limits_{n\to\infty}\sup A_n$, 从而 (3) 得证.

(4) ⇒ (2) 假设 (2) 不成立, 即存在 $\{x_n\} \subset X$, 使得 $(w)x_n \to x$, 但 $\{x_n\}$ 没有强收敛子列. 取 $z \in X \setminus \{x\}$, 记

$$K_n = \mathrm{co}\{z, x_n\}, n \geqslant 1,$$

下面我们证明 $(K)K_n \to \{z\}$.

显然 $\{z\} \subset s\text{-}\lim\limits_{n\to\infty}\sup K_n$. 假设 $y \in s\text{-}\lim\limits_{n\to\infty}\sup K_n$, 则必然存在 $\{y_{n_k}\}$ 使得 $y_{n_k} \in K_{n_k}$ 且 $(s)y_{n_k} \to y$. 依 K_n 的构造可知任给 $k \geqslant 1$, 存在 $\lambda_k \in [0,1]$, 使得 $y_{n_k} = \lambda_k z + (1-\lambda_k)x_{n_k}$. 现在我们设 $\{\lambda_{k_i}\}$ 为 $\{\lambda_k\}$ 的一个收敛子列, $\lim\limits_{i\to\infty}\lambda_{k_i} = \lambda$. 如果 $\lambda \neq 1$, 则

$$x_{n_k} = \frac{1}{1-\lambda_k}(y_{n_k} - \lambda_k z) \xrightarrow{s} \frac{1}{1-\lambda}(y - \lambda z) \in X.$$

这与 $\{x_n\}$ 无强收敛子列的假设矛盾, 故 $\lambda = 1$, $y = (s)\lim\limits_{k\to\infty} y_{n_k} = z$, 所以 $s\text{-}\lim\limits_{n\to\infty}\sup K_n \subset \{z\}$. 于是 $(K)K_n \to \{z\}$. 由命题 (4) 成立可知

$$w\text{-}\lim_{n\to\infty}\sup K_n \subset s\text{-}\lim_{n\to\infty}\sup K_n = \{z\}.$$

但 $x_n \in K_n(n \geqslant 1)$ 且 $(w)x_n \to x$, 故

$$x \in w\text{-}\lim_{n\to\infty}\sup K_n.$$

所以 $x=z$, 这与 $z\in X\setminus\{x\}$ 矛盾, 从而假设不成立, 即 (2) 成立.

推论 1.5.3　若 X 为自反的 Banach 空间, 则下列陈述等价

(1) $\dim X<\infty$;

(2) 对于 $\mathbf{P}_{kc}(X)$ 中任意集列 $\{A_n\}$, 若 $(K)A_n\to A$, 则

$$(\mathrm{K.M})A_n\to A.$$

证明　由于自反的 Schur 空间是有限维的, 故证明是显然的.

定理 1.5.27　设 c 为 $\mathbf{P}_k(X)$ 上的某种意义下的收敛, 且满足

(1) $(c)\{x_n\}\to\{x\}$ 当且仅当 $(s)x_n\to x, x_n\in X, n\geqslant 1$,

(2) 任给 $\{A_n\}\subset\mathbf{P}_k(X)$, 若 $(c)A_n\to A$, 则

$$A\in\mathbf{P}_k(X),\quad \overline{\bigcup_{n=1}^{\infty}A_n}\in\mathbf{P}_k(X),$$

(3) 任给 $\{A_n\}\subset\mathbf{P}_k(X)$, 若 $(\delta)A_n\to A$, 则 $(c)A_n\to A$; 若 $(c)A_n\to A$, 则 $(K)A_n\to A$.

那么对于 $\mathbf{P}_k(X)$ 中任意集列 $\{A_n\}$, $(c)A_n\to A$ 当且仅当 $(\delta)A_n\to A$.

证明　用反证法. 假设存在集列 $\{A_n\}\subset\mathbf{P}_k(X)$, 使得 $(c)A_n\to A$, 但 $(\delta)A_n\to A$ 不成立, 则只可能出现下列两种情形:

(a) 存在 $\varepsilon_1>0$ 及 $\{A_n\}$ 的子列 $\{A_{n_k}\}$ 使得 $k\geqslant 1$ 不可能有

$$A_{n_k}\subset A+\varepsilon_1;$$

或者

(b) 存在 $\varepsilon_2>0$ 及 $\{A_n\}$ 的子列 $\{A_{n_i}\}$ 使得 $i\geqslant 1$ 不可能有

$$A\subset A_{n_i}+\varepsilon_2.$$

因为 $A\in\mathbf{P}_k(X)$, 故存在 A 中的有限个点 $\{x_1,\cdots,x_N\}$, 使得

$$A\subset\bigcup_{i=1}^{N}S\left(x_i,\frac{\varepsilon_2}{2}\right).$$

但依假设 $(K)A_n\to A$, 即 $A\subset s\text{-}\lim\limits_{n\to\infty}A_n$, 故任给 $x_i\in A$, 必存在 $\{x_i^{(n)}\}, x_i^{(n)}\in A_n$, 使得 $(s)x_i^{(n)}\to x_i$, 所以存在正整数 $n(\varepsilon_2)$, 使得 $n\geqslant n(\varepsilon_2)$ 时, 有

$$d(x_i,A_n)\leqslant\frac{\varepsilon_2}{2},\quad (i\leqslant N)$$

于是可知 $S\left(x_i,\dfrac{\varepsilon_2}{2}\right)\subset A_n+\varepsilon_2(i\leqslant N)$, 即 $A\subset A_n+\varepsilon_2$. 所以情形 (b) 不可能出现.

假设情形 (a) 成立, 则存在 $\{x_k\}$, 使得 $k \geqslant 1, x_k \in A_{n_k}$, 但 $x_k \notin A+\varepsilon_1$. 不妨设 $(s)x_k \to x$, 由于 $\{x_k\} \subset \overline{\bigcup_{i=1}^{\infty} A_n}$, $x_k \notin A+\varepsilon_1 (k \geqslant 1)$, 故 $x \notin A+\dfrac{\varepsilon_1}{2}$, 从而更有 $x \notin A$, 但这与假设 $(K)A_n \to A$ 矛盾, 所以假设不成立, 从而定理得证.

定理 1.5.28 设 $\{A_n\} \subset \mathbf{P}_k(X)$, 则下列陈述等价

(1) $(\delta)A_n \to A$;

(2) $(K)A_n \to A$, 且 $A \in \mathbf{P}_k(X)$, $\overline{\bigcup_{i=1}^{\infty} A_n} \in \mathbf{P}_k(X)$.

证明 (1) $\Rightarrow$ (2) 因为 $(\delta)A_n \to A$. 故依定理 1.2.10 知 $A \in \mathbf{P}_k(X)$. 依定理 1.5.19 知 $(K)A_n \to A$. 依 Hausdorff 收敛的定义, 任给 $\varepsilon > 0$ 存在 $N \geqslant 1$, 使 $n \geqslant N$ 时,

$$A_n \subset A+\varepsilon.$$

依 A 的紧性可以证明 $\overline{\bigcup_{i=1}^{\infty} A_n}$ 是完全有界的, 从而是紧的.

(2) $\Rightarrow$ (1) 在定理 1.5.27 中取收敛意义 c 为 Kurotowski 收敛, 由于 (2) 成立, 可以验证此处的 Kurotowski 收敛满足定理 1.5.27 的三个条件, 故 $(\delta)A_n \to A$.

在本节的最后, 我们给出有限维空间中闭集列收敛更细致的结果. 以下恒设 X 为有限维 Banach 空间. 由于有限维空间中强收敛与弱收敛等价, 因此在后面叙述中我们略去定义 1.5.3 中极限号前的 $s(w)$.

定理 1.5.29 设 $\{A_n\} \subset \mathbf{P}_f(X)$. 则下列命题等价

(1) $(K)A_n \to \varnothing$, 即 $\lim\limits_{n\to\infty} \inf A_n = \lim\limits_{n\to\infty} \sup A_n = \varnothing$;

(2) 任给 $K \in \mathbf{P}_k(X)$, 存在 $N \geqslant 1$, 使得

$$A_n \cap K = \varnothing (n \geqslant N);$$

(3) 任给 $x \in X, \varepsilon > 0$, 存在 $N \geqslant 1$, 使得

$$A_n \cap \overline{S}(x,\varepsilon) = \varnothing (n \geqslant N).$$

证明 (1) $\Rightarrow$ (2) 用反证法. 假设存在 $K \in \mathbf{P}_k(X)$ 以及子序列 $\{A_{n_k}: k \geqslant 1\} \subset \{A_n: n \geqslant 1\}$ 使得 $A_{n_k} \cap K \neq \varnothing (k \geqslant 1)$. 取 $x_k \in A_{n_k}$, 则 $\{x_k, k \geqslant 1\} \subset K$, 从而存在收敛的子列 (不妨仍旧记作 $\{x_k : k \geqslant 1\}$), 使 $x_k \to x$, 则 $x \in \lim\limits_{n\to\infty} \sup A_n$. 这与 $(K)A_n \to \varnothing$ 矛盾, 故 (2) 成立.

(2) $\Rightarrow$ (3) 由于 X 是有限维的, 故任给 $x \in X, \varepsilon > 0, \overline{S}(x,\varepsilon)$ 是紧的, 所以 (3) 成立.

(3) ⇒ (1) 由于 $\lim\limits_{n\to\infty}\inf A_n \subset \lim\limits_{n\to\infty}\sup A_n$, 故仅需证明

$$\lim_{n\to\infty}\sup A_n = \varnothing.$$

用反证法, 假设 $\lim\limits_{n\to\infty}\sup A_n \neq \varnothing$, $x \in \lim\limits_{n\to\infty}\sup A_n$, 取 $x_k \in A_{n_k}, x_k \to x$, 则当 k 充分大时恒有 $x_k \in A_{nk} \cap \overline{S}(x,1) \neq \varnothing$, 这与 (3) 所给条件矛盾, 即 (1) 成立.

定理 1.5.30 设 $\{A_n, A\} \subset \mathbf{P}_f(X)$. 则下列命题等价:

(1) 任给开集 $G \subset X$, 若 $A \cap G \neq \varnothing$, 则存在 $N \geqslant 1$, 使得 $n \geqslant N$ 时, $A_n \cap G \neq \varnothing$;

(2) 任给 $x \in X, \varepsilon > 0$, 若 $A \cap S(x,\varepsilon) \neq \varnothing$, 则存在 $N \geqslant 1$, 使得 $n \geqslant N$ 时, $A_n \cap S(x,\varepsilon) \neq \varnothing$;

(3) 任给 $x \in X$, $\lim\limits_{n\to\infty}\sup d(x, A_n) \leqslant d(x, A)$;

(4) 任给 $\varepsilon > 0, (K)A \setminus (\varepsilon + A_n) \to \varnothing$;

(5) 任给 $x \in X, \varepsilon, r > 0$, 存在 $N \geqslant 1$, 使得 $n \geqslant N$ 时,

$$A \cap \overline{S}(x,r) \subset \varepsilon + A_n;$$

(6) 任给 $x \in X, A \subset \bigcup\limits_{p\geqslant 1}(\lim\limits_{n\to\infty}\inf(A_n \cap \overline{S}(x,p)))$;

(7) $A \subset \lim\limits_{n\to\infty}\inf A_n$.

证明 (7) ⇒ (6) 由定理 1.5.18 及其注即得.

(6) ⇒ (5) 固定 $x \in X, r > 0$, 由于 X 有限维, 故 $\overline{S}(x,r)$ 是紧的, 从而 $A \cap \overline{S}(x,r)$ 也是紧的, 因此对于任给 $\varepsilon > 0$, 存在有限个 $\{y_1, \cdots, y_m\} \subset A \cap \overline{S}(x,r)$, 使得 $A \cap \overline{S}(x,r) \subset \bigcup\limits_{i=1}^{m} \overline{S}\left(y_i, \dfrac{\varepsilon}{2}\right)$. 但依 (6) 的条件及定理 1.5.18 及其注, 有

$$A \subset \bigcup_{p\geqslant 1}(\lim_{n\to\infty}\inf(A_n \cap \overline{S}(x,p))) = \lim_{n\to\infty}\inf A_n,$$

则任给 $1 \leqslant i \leqslant m$, 存在 $N_i \geqslant 1$, 使得

$$d(y_i, A_n) \leqslant \frac{\varepsilon}{2}(n \geqslant N_i),$$

即 $\overline{S}\left(y_i, \dfrac{\varepsilon}{2}\right) \subset \varepsilon + A_n$, 取 $N = \max\limits_{1\leqslant i\leqslant m} N_i$, 则当 $n \geqslant N$ 时, 必有

$$A \cap \overline{S}(x,r) \subset \bigcup_{i=1}^{m} \overline{S}\left(y_i, \frac{\varepsilon}{2}\right) \subset \varepsilon + A_n.$$

(5) ⇒ (4) 对集列 $\{A \setminus (\varepsilon + A_n)\}$ 应用定理 1.5.29 即得.

(4) $\Rightarrow$ (3) 若 (3) 不成立, 则存在 $x \in X, \varepsilon > 0$, 及 $\{n_k : k \geqslant 1\}$ 使得 $d(x, A_{n_k}) > d(x, A) + \varepsilon (k \geqslant 1)$, 也就是说 $d(x, \varepsilon + A_{n_k}) > d(x, A)$. 任取 $y \in A$, 使得 $d(x, y) = d(x, A)$, 则 $y \in A \setminus (\varepsilon + A_{n_k})$, 从而有

$$y \in \lim_{n\to\infty} \sup(A \setminus (\varepsilon + A_n)) \neq \varnothing,$$

与 (4) 假设矛盾, 即 (3) 成立.

(3) $\Rightarrow$ (2) 若 $\lim\limits_{n\to\infty} \sup d(x, A_n) \leqslant d(x, A)$, 则对于任意 $\varepsilon > d(x, A)$ 时, 必存在 $N \geqslant 1$, 使得 $d(x, A_n) < \varepsilon (n \geqslant N)$. 对于任意 $x \in X, \varepsilon > 0$, 若 $A \cap S\ (x, \varepsilon) \neq \varnothing$, 则 $d(x, A) < \varepsilon$. 从而存在 $N \geqslant 1$, 使得 $n \geqslant N$ 时, $d(x, A_n) < \varepsilon$, 亦即 $A_n \cap S(x, \varepsilon) \neq \varnothing$.

(2) $\Rightarrow$ (1) 由于 X 是有限维的, 则任意开集均可表示为开球的可数并, 即 (1) 成立.

(1) $\Rightarrow$ (7) 任给 $x \in A, \varepsilon > 0, A \cap S(x, \varepsilon) \neq \varnothing$. 假设 $x \notin \lim\limits_{n\to\infty} \inf A_n$, 则必存在 $\{n_k : k \geqslant 1\}$, 使得 $d(x, A_{n_k}) > \varepsilon (k \geqslant 1)$, 从而 $A_{n_k} \cap S(x, \varepsilon) = \varnothing$. 与 (1) 矛盾, 故

$$A \subset \lim_{n\to\infty} \inf A_n.$$

定理 1.5.31 设 $\{A_n, A\} \subset \mathbf{P}_f(X)$, 则下列命题等价

(1) 任给紧集 $K \subset X$, 若 $A \cap K = \varnothing$, 则存在 $N \geqslant 1$, 使得 $n \geqslant N$ 时, $A_n \cap K = \varnothing$;

(2) 任给 $x \in X, \varepsilon > 0$, 若 $A \cap \overline{S}(x, \varepsilon) = \varnothing$, 则存在 $N \geqslant 1$, 使得 $n \geqslant N$ 时, $A_n \cap \overline{S}(x, \varepsilon) = \varnothing$;

(3) 任给 $x \in X, d(x, A) \leqslant \lim\limits_{n\to\infty} \inf d(x, A_n)$;

(4) 任给 $x \in 0, (K) A_n \setminus (\varepsilon + A) \to \varnothing$;

(5) 任给 $x \in X, \varepsilon, r > 0$, 存在 $N \geqslant 1$, 使得当 $n \geqslant N$ 时, $A_n \cap \overline{S}(x, r) \subset A + \varepsilon$;

(6) 任给 $x \in X$, $\bigcup\limits_{p\geqslant 1} (\lim\limits_{n\to\infty} \sup(A_n \cap \overline{S}(x, p))) \subset A$;

(7) $\lim\limits_{n\to\infty} \sup A_n \subset A$.

证明 (7) $\Rightarrow$ (1) 用反证法. 假设存在紧集 $K \subset X$ 以及子序列 $\{A_{n_k} : k \geqslant 1\}$, 使得 $A \cap K = \varnothing$, 而 $A_{n_k} \cap K \neq \varnothing (k \geqslant 1)$, 取 $x_{n_k} \in A_{n_k} \cap K$, 则 $\{x_k : k \geqslant 1\} \subset K$, 因而存在收敛的子列, 即可以证得 $(\lim\limits_{n\to\infty} \sup A_n) \cap K \neq \varnothing$, 从而依 (7) 有 $A \cap K \neq \varnothing$, 矛盾.

(1) $\Rightarrow$ (2) 由于 X 是有限维的, 任意闭球是紧的, 故 (2) 成立.

(2) $\Rightarrow$ (3) 若 $d(x, A) = 0$, (3) 显然成立. 设 $d(x, A) > 0$. 任取 $x \in X$, 由于 $d(x, A) > \varepsilon$ 当且仅当 $A \cap \overline{S}(x, \varepsilon) = \varnothing$, 因此由 (2) 对于任给 $x \in X$, 存在 $N \geqslant 1$, 使得 $n \geqslant N$ 时, $A_n \cap \overline{S}(x, \varepsilon) = \varnothing$, 即 $d(x, A_n) > \varepsilon$. 依实数列下极限的性质知 (3) 成立.

(3) ⇒ (4)　假设 $\lim\limits_{n\to\infty}\sup(A_n\setminus(\varepsilon+A))\neq\varnothing$, 取 $x_k\in A_{n_k}\setminus(\varepsilon+A)$, 使 $(s)x_k\to x\in\lim\limits_{n\to\infty}\sup(A_n\setminus(\varepsilon+A))$. 一方面, 任给 $k\geqslant 1$,

$$\varepsilon<d(x_k,A)\leqslant d(x,A)+\|x-x_k\|,$$

从而 $d(x,A)\geqslant\varepsilon$; 另一方面,

$$d(x,A_{n_k})\leqslant\|x_k-x\|+d(x_k,A_{n_k})=\|x_k-x\|\to 0.$$

由 (3) 可知, $d(x,A)\leqslant\lim\limits_{n\to\infty}\inf d(x,A_n)\leqslant\lim\limits_{k\to\infty}\inf d(x,A_{n_k})=0$, 矛盾.

(4) ⇒ (5)　对集列 $\{A_n\setminus(\varepsilon+A)\}$ 应用定理 1.5.29 即得.

(5) ⇒ (6)　固定 $x\in X$, 对于任给 $\varepsilon>0,p\geqslant 1$, 依 (5) 存在 $N\geqslant 1$, 使得 $n\geqslant N$ 时, $A_n\cap\overline{S}(x,p)\subset\varepsilon+A$, 从而知 $\lim\limits_{n\to\infty}\sup(A_n\cap\overline{S}(x,p))\subset\varepsilon+A$, 由 $\varepsilon>0$ 的任意性及强上极限的闭性知 (6) 成立.

(6) ⇒ (7)　由定理 1.5.18 及其注易得.

定理 1.5.32　设 $\{A_n,A\}\subset\mathbf{P}_f(X)$, 则下列命题等价

(1) $\{A_n\}$ 在闭收敛拓扑 $(\mathbf{P}_f(X),\mathbf{J}_c)$ 意义下收敛到 A;

(2) $(K)A_n\to A$;

(3) 任给 $x\in X$, $\lim\limits_{n\to\infty}d(x,A_n)=d(x,A)$;

(4) 任给 $\varepsilon>0,(K)(A\setminus(\varepsilon+A_n))\cup(A_n\setminus(\varepsilon+A))\to\varnothing$;

(5) 任给 $x\in X$,

$$A=\bigcup_{p\geqslant 1}(\lim_{n\to\infty}\sup(A_n\cap\overline{S}(x,p)))=\bigcup_{p\geqslant 1}(\lim_{n\to\infty}\inf(A_n\cap\overline{S}(x,p)));$$

(6) $(r)A_n\to A$.

证明　综合定理 1.5.30、定理 1.5.31 即得.

定理 1.5.33　设 $\{A_n,A\}\subset\mathbf{P}_{kc}(X)$, 则下列命题等价

(1) $(\delta)A_n\to A$;

(2) $(r)A_n\to A$;

(3) $(\mathrm{Wijs})A_n\to A$;

(4) $(K)A_n\to A$;

(5) $(\mathrm{K.M})A_n\to A$;

(6) $(M)A_n\to A$;

(7) $(w)A_n\to A$.

证明　(1) ⇒ (2) ⇒ (3) ⇒ (4) 对任意 Banach 空间都成立 (见本节前面部分), 由于 X 是有限维的, 故依定理 1.5.25 知 (4) ⇒ (1), 故前四个命题相互等价. 由于有

限维 Banach 空间必是 Schur 空间, 依定理 1.5.26 知 (4), (5), (6) 等价, 仅需证明 (1) 与 (7) 等价, 而 (1) ⇒ (7) 是显然的, 下面证明

(7) ⇒ (1) 由于 X 是有限维的空间, 故可取 $(e_1, \cdots, e_m)$ 为 $X^* = X$ 的一组基. 依假设知 $\lim\limits_{n\to\infty} \sigma(e_i, A_n) = \sigma(e_i, A)(1 \leqslant i \leqslant m)$, 则知 $\sup\limits_{n\geqslant 1} \sup\limits_{1\leqslant i\leqslant m} \sigma(e_i, A_n) < \infty$, 由支撑函数的凸性, 正齐次性及有限维空间特征可得

$$\sup_{n\geqslant 1} \|A_n\| = \sup_{n\geqslant 1} \sup_{\|x^*\|\leqslant 1} \sigma(x^*, A_n) < \infty.$$

则必存在 $K \in \mathbf{P}_{kc}(X)$, 使得 $A_n \subset K(n \geqslant 1)$. 由定理 1.4.9, 任给 $n \geqslant 1$, 及 $x_1^*, x_2^* \in X^*$

$$|\sigma(x_1^*, A_n) - \sigma(x_2^*, A_n)| \leqslant \|x_1^* - x_2^*\| \cdot \|K\|.$$

因此实值函数列 $\{\sigma(x^*, A_n) : n \geqslant 1\}$ 在 $\overline{S}(\theta, 1)$ 上是等度连续的, 从而由 (7) 所给条件可知它一致收敛, 依定理 1.5.6 知 (1) 成立.

定义 1.5.6 设 $\{f_n, f : n \geqslant 1\}$ 为一族 X 上的广义实值凸的下半连续函数序列, 称 $\{f_n, f : n \geqslant 1\}$ 是等度下半连续的 (equi-lower semicontinuous), 如果它满足:

(1) 任给 $a > 0$ 及 $x \in \mathrm{dom} f$, 存在 x 的邻域 U 及正整数 $N_x \geqslant 1$, 使得 $n \geqslant N_x$ 时, 对任意的 $y \in U$, 有

$$f_n(x) - a \leqslant f_n(y);$$

(2) 任给 $x \in \mathrm{dom} f$, 存在正整数 $N_x \geqslant 1$, 使得 $n \geqslant N_x$ 时恒有 $x \in \mathrm{dom} f_n$;

(3) 任给紧集 $A \subset (\mathrm{cldom} f)^c, \{f_n : n \geqslant 1\}$ 在 A 上一致趋近于 $+\infty$.

定理 1.5.34 设 $\{f_n, f : n \geqslant 1\}$ 为下半连续函数序列, 则 $(K)\mathrm{epi} f_n \to \mathrm{epi} f$ 的充要条件为

(1) 任给 $x \in X$, 存在 $\{x_n : n \geqslant 1\} \subset X, x_n \to x$, 且

$$\lim_{n\to\infty} \sup f_n(x_n) \leqslant f(x),$$

(2) 对于任意 $\{x_{n_i} : i \geqslant 1\} \subset X$, 若 $x_{n_i} \to x$, 则

$$\lim_{n\to\infty} \inf f_{n_i}(x_{n_i}) \geqslant f(x).$$

证明 首先证明 $\lim\limits_{n\to\infty} \sup \mathrm{epi} f_n \subset \mathrm{epi} f$ 当且仅当条件 (2) 满足.

假设条件 (2) 满足, 若 $(x, a) \in \lim\limits_{n\to\infty} \sup \mathrm{epi} f_n$, 则存在 $(x_{n_i}, a_{n_i}) \in \mathrm{epi} f_{n_i}(i \geqslant 1)$, 使得 $(x_{n_i}, a_{n_i}) \to (x, a)$, 于是

$$f(x) \leqslant \lim_{i\to\infty} \inf f_{n_i}(x_{n_i}) \leqslant \lim_{i\to\infty} a_{n_i} = a.$$

故 $(x,a)\in \mathrm{epi}f$. 所以有 $\lim_{n\to\infty}\sup \mathrm{epi}f_n\subset \mathrm{epi}f$.

反之, 假设 $\lim_{n\to\infty}\sup \mathrm{epi}f_n\subset \mathrm{epi}f$. 任意给定 $\{x_{n_i}: i\geqslant 1\}\subset X, x_{n_i}\to x$, 则由于 $(x_{n_i}, f_{n_i}(x_{n_i}))\in \mathrm{epi}f_{n_i}(n\geqslant 1)$, 故有

$$(x, \lim_{n\to\infty}\inf f_{n_i}(x_{n_i}))\in \mathrm{epi}f.$$

即知 $\lim_{n\to\infty}\inf f_{n_i}(x_{n_i})\geqslant f(x)$, 条件 (2) 满足.

下面证明 $\lim_{n\to\infty}\inf \mathrm{epi}f_n\supset \mathrm{epi}f$ 当且仅当条件 (1) 满足.

假设条件 (1) 成立, 若 $(x,a)\in \mathrm{epi}f$, 则 $f(x)\leqslant a$. 因此存在 $\{x_n: n\geqslant 1\}\subset X$, 使得 $\lim_{n\to\infty}x_n=x$, 且 $\lim_{n\to\infty}\sup f_n(x_n)\leqslant f(x)\leqslant a$. 任给 $\varepsilon>0$, 存在 $N\geqslant 1$, 使得 $n\geqslant N$ 时, $f_n(x_n)\leqslant a+\varepsilon$, 则 $(x_n, a+\varepsilon)\in \mathrm{epi}f_n(n\geqslant N)$. 于是有

$$(x, a+\varepsilon)\in \lim_{n\to\infty}\inf \mathrm{epi}f_n.$$

由于 $\lim_{n\to\infty}\mathrm{epi}f_n$ 是闭的, 故知 $(x,a)\in \lim_{n\to\infty}\inf \mathrm{epi}f_n$, 则

$$\mathrm{epi}f\subset \lim_{n\to\infty}\inf \mathrm{epi}f_n.$$

反之, 假设 $\mathrm{epi}f\subset \lim_{n\to\infty}\inf \mathrm{epi}f_n$. 任给 $x\in X$, 则

$$(x, f(x))\in \mathrm{epi}f,$$

故存在 $(x_n, a_n)\in \mathrm{epi}f_n(n\geqslant 1)$, 使得 $(x_n, a_n)\to (x, f(x))$, 于是

$$\lim_{n\to\infty}\sup f_n(x_n)\leqslant \lim_{n\to\infty}a_n=f(x),$$

即条件 (1) 成立.

定理 1.5.35 设 $\{f_n: f, n\geqslant 1\}$ 是 X 上一族等度下半连续凸函数, 则 $(K)\mathrm{epi}f_n\to \mathrm{epi}f$ 当且仅当 $\lim_{n\to\infty}f_n(x)=f(x)(x\in X)$.

证明 **必要性** 设 $x\in X$, 取 $x_n=x$, 由定理 1.5.34 知

$$f(x)\leqslant \lim_{n\to\infty}\inf f_n(x).$$

由于 $(x, f(x))\in \mathrm{epi}f=\lim_{n\to\infty}\inf \mathrm{epi}f_n$, 故存在 $(x_n, a_n)\in \mathrm{epi}f_n(n\geqslant 1)$, 使 $(x_n, a_n)\to (x, f(x))$. 由于 $\{f_n, f: n\geqslant 1\}$ 等度下半连续, 而 $x_n\to x$, 所以依等度下半连续的定义知, 任给 $\varepsilon>0$, 存在 $N\geqslant 1$, 使得 $n\geqslant N$ 时, 恒有 $f_n(x)\leqslant f_n(x_n)+\varepsilon\leqslant a_n+\varepsilon$, 从而

$$\lim_{n\to\infty}\sup f_n(x)\leqslant \lim_{n\to\infty}a_n+\varepsilon=f(x)+\varepsilon,$$

所以 $\lim\limits_{n\to\infty}\sup f_n(x)\leqslant f(x)$, 于是有

$$\lim_{n\to\infty} f_n(x)=f(x).$$

充分性 首先证明

$$\lim_{n\to\infty}\inf \mathrm{epi}f_n\supset \mathrm{epi}f.$$

任给 $(x,a)\in \mathrm{epi}f$. 由于 $\lim\limits_{n\to\infty} f_n(x)=f(x)\leqslant a$, 故任给 $\varepsilon>0$, 存在 $N\geqslant 1$, 使得 $n\geqslant N$ 时, $f_n(x)\leqslant a+\varepsilon$, 即 $(x,a+\varepsilon)\in \mathrm{epi}f_n(n\geqslant N)$, 所以 $(x,a+\varepsilon)\in\lim\limits_{n\to\infty}\inf \mathrm{epi}f_n$. 由 $\lim\limits_{n\to\infty}\inf \mathrm{epi}f_n$ 的闭性及 ε 任意性即得 $(x,a)\in\lim\limits_{n\to\infty}\inf \mathrm{epi}f_n$.

下面证明

$$\lim_{n\to\infty}\sup \mathrm{epi}f_n\subset \mathrm{epi}f.$$

设 $(x,a)\in\lim\limits_{n\to\infty}\sup \mathrm{epi}f_n$, 则存在 $(x_{n_i},a_{n_i})\in \mathrm{epi}f_{n_i}(i\geqslant 1)$, 使得

$$(x_{n_i},a_{n_i})\to(x,a).$$

于是由 $\{f_n,f:n\geqslant 1\}$ 的等度下半连续性可知, 对于任给 $\varepsilon>0$, 存在 $N\geqslant 1$, 使得 $i\geqslant N$ 时, 恒有

$$f_{n_i}(x)\leqslant f_{n_i}(x_{n_i})+\varepsilon.$$

从而知

$$f(x)-\varepsilon=\lim_{n\to\infty} f_{n_i}(x)-\varepsilon\leqslant\lim_{n\to\infty} f_{n_i}(x_{n_i})\leqslant\lim_{n\to\infty} a_{n_i}=a,$$

则 $f(x)\leqslant a$, 从而 $(x,a)\in \mathrm{epi}f$, 即证.

定理 1.5.36 设 $\{A_n,A:n\geqslant 1\}\subset\mathbf{P}_{fc}(X)$, 则 $(K)A_n\to A$ 当且仅当

$$(K)\mathrm{epi}\sigma(x,A_n)\to \mathrm{epi}\sigma(x,A).$$

证明 **必要性** 设 $(x,a)\in\lim\limits_{n\to\infty}\sup \mathrm{epi}\sigma(x,A_n)$, 则必然存在 $(x_{n_i},a_{n_i})\in \mathrm{epi}\sigma(x_{n_i},A_{n_i})(i\geqslant 1)$, 使得 $(x_{n_i},a_{n_i})\to(x,a)$. 任给 $y\in A$, 由于 $(K)A_n\to A$, 故存在 $y_{n_i}\in A_{n_i}, y_{n_i}\to y$. 由于对于任意给的 $i\geqslant 1, \langle x_{n_i},y_{n_i}\rangle\leqslant\sigma(x_{n_i},A_{n_i})\leqslant a_{n_i}$, 所以有 $\langle x,y\rangle\leqslant a$. 依 $y\in A$ 的任意性即知 $(x,a)\in \mathrm{epi}\sigma(x,A)$, 故

$$\lim_{n\to\infty}\sup \mathrm{epi}\sigma(x,A_n)\subset \mathrm{epi}\sigma(x,a).$$

同理可证

$$\mathrm{epi}\sigma(x,A)\subset\lim_{n\to\infty}\inf \mathrm{epi}\sigma(x,A_n).$$

充分性 设 $y \in \lim_{n\to\infty} \sup A_n$, 则存在 $y_{n_i} \in A_{n_i} (i \geqslant 1)$, 使得 $y_{n_i} \to y$, 于是对于任意 $x \in X, \langle x, y_{n_i}\rangle \leqslant \sigma(x, A_{n_i})$. 由定理 1.5.34 知存在 $x_{n_i} \to x$, 使得 $\lim_{i\to\infty} \sup \sigma(x_{n_i}, A_{n_i}) \leqslant \sigma(x, A)$. 因此, 有

$$\langle x, y\rangle = \lim_{i\to\infty} \langle x_{n_i}, y_{n_i}\rangle \leqslant \lim_{i\to\infty} \sup \sigma(x_{n_i}, A_{n_i}) \leqslant \sigma(x, A)$$

所以 $y \in A$, 即证 $\lim_{n\to\infty} \sup A_n \subset A$. 同理可证 $A \subset \lim_{n\to\infty} \inf A_n$.

推论 1.5.4 我们假设 $\{A_n, A : n \geqslant 1\} \subset \mathbf{P}_{fc}(X), \{\sigma(x, A_n), \sigma(x, A) : n \geqslant 1\}$ 等度下半连续, 则 $(K)A_n \to A$ 当且仅当任给 $x \in X$, $\lim_{n\to\infty} \sigma(x, A_n) = \sigma(x, A)$.

证明 由定理 1.5.35、定理 1.5.36 即得.

注 定理 1.5.34~1.5.36 可推广到自反的 Banach 空间, 参见文献 [234] 及 [294].

§1.6 集值映射及其连续性

定义 1.6.1 设 $T \subset R$, 称映射 $F : T \to \mathbf{P}_f(X)$ 为集值映射. 任给 $B \subset X$, 记

$$F^*(B) = \{t \in T : F(t) \in I^*(B)\} = \{t \in T : F(t) \subset B\},$$
$$F_*(B) = \{t \in T : F(t) \in I_*(B)\} = \{t \in T : F(t) \cap B \neq \varnothing\}.$$

集值映射的图定义为

$$\mathrm{Gr}F = \{(t, x) \in T \times X : x \in F(t)\}.$$

定义 1.6.2 设 $F : T \to \mathbf{P}_f(X)$ 为集值映射, 称 F 在 $t_0 \in T$ 处为

(1) 上半连续的 (记作 u.s.c.), 如果 $F : T \to \mathbf{P}_f(X)$ 在上拓扑 $\mathbf{J}_u$ 意义下是连续的;

(2) 下半连续的 (记作 l.s.c.), 如果 $F : T \to \mathbf{P}_f(X)$ 在下拓扑 $\mathbf{J}_l$ 意义下是连续的;

(3) 连续的, 如果 $F : T \to \mathbf{P}_f(X)$ 在 Vietoris 拓扑 $\mathbf{J}_v$ 意义下是连续的.

定理 1.6.1 设 $F : T \to \mathbf{P}_f(X)$ 为集值映射, 则

(1) F 在 $t_0 \in T$ 处是上半连续的当且仅当若对于任意开集 G, 满足 $F(t_0) \subset G$, 则存在 $\delta > 0$, 使得 $|t - t_0| < \delta$ 时, $F(t) \subset G$;

(2) F 在 $t_0 \in T$ 处是下半连续的当且仅当若对于任意开集 G, 满足 $F(t_0) \cap G \neq \varnothing$, 则存在 $\delta > 0$, 使得 $|t - t_0| < \delta$ 时, $F(t) \cap G \neq \varnothing$;

(3) F 在 $t_0 \in T$ 处是连续的当且仅当 F 在 $t_0 \in T$ 处既上半连续又下半连续.

证明 依上拓扑、下拓扑及 Vietoris 拓扑的定义易证.

注 上述定理当 X,Y 是 Hausdorff 拓扑空间时结论仍成立, 但由于不是距离空间, 应该叙述如下:

设 X,Y 是 Hausdorff 拓扑空间, $F:X\to\mathbf{P}_f(Y)$ 为集值映射, 则

(1) F 在 x 处是上半连续的当且仅当对于任意 X 中的收敛于 x 的网 $\{x_\alpha:\alpha\in J\}$, 任意开集 $G\subset Y$ 使得 $F(x)\subset G$, 则存在 $\alpha_0\in J$, 当 $\alpha\geqslant\alpha_0$ 时, 均有 $F(x_\alpha)\subset G$.

(2) F 在 x 处是下半连续的当且仅当对于任意 X 中的收敛于 x 的网 $\{x_\alpha:\alpha\in J\}$, 任意开集 $G\subset Y$ 使得 $F(x)\cap G\neq\varnothing$, 则存在 $\alpha_0\in J$, 当 $\alpha\geqslant\alpha_0$ 时, 均有 $F(x_\alpha)\cap G\neq\varnothing$.

定理 1.6.2 设 $F:T\to\mathbf{P}_f(X)$ 为集值映射

(1) 若 F 在 $t_0\in T$ 处上半连续, 则任给 $t_n\to t_0$, 有

$$s\text{-}\lim_{t_n\to t_0}\sup F(t_n)\subset F(t_0).$$

(2) 若存在 t_0 的邻域 V 使得 $\bigcup\limits_{t\in V}F(t)$ 是相对紧的, 且任给 $t_n\to t_0$, $s\text{-}\lim\limits_{t_n\to t_0}\sup F(t_n)\subset F(t_0)$, 则 F 在 t_0 处上半连续.

证明 (1) 假设存在 $x\in s\text{-}\lim\limits_{t_n\to t_0}\sup F(t_n)\setminus F(t_0)$, 由于 $F(t_0)\in\mathbf{P}_f(X)$, 故存在开集 G_1,G_2, 使得 $G_1\cap G_2=\varnothing, F(t_0)\subset G_1$, 且 $x\in G_2$. 但因为

$$x\in s\text{-}\lim_{t_n\to t_0}\sup F(t_n),$$

则 $\{F(t_n):n\geqslant1\}$ 必与 G_2 相交无穷多次, 也就是说 $\{F(t_n):n\geqslant1\}$ 与 $X\setminus G_1$ 相交无穷多次, 这与 F 在 $t_0\in T$ 处上半连续矛盾, 因此 (1) 成立.

(2) 假设 F 在 t_0 处不是上半连续的, 则一定存在开集 G 以及 $t_n\to t_0$, 使得 $F(t_0)\subset G$, 但 $F(t_n)\cap(X\setminus G)\neq\varnothing(n\geqslant1)$. 任取 $x_n\in F(t_n)\cap(X\setminus G)(n\geqslant1)$, 由于存在 $N\geqslant1$, 使得 $\bigcup\limits_{n\geqslant N}F(t_n)$ 相对紧, 故存在 $\{x_{n_k},k\geqslant1\}\subset\{x_n:n\geqslant1\}$, 使得 $(s)x_{n_k}\to x$, 则

$$x\in s\text{-}\lim_{t_n\to t_0}\sup F(t_n)\subset F(t_0).$$

但由于 $x_n\in F(t_n)\cap(X\setminus G)$, 而 $X\setminus G$ 为闭集, 则知 $x\in X\setminus G$, 这说明 $F(t_0)\cap G^c\neq\varnothing$, 矛盾, 故 (2) 成立.

定理 1.6.3 若设 $F:T\to\mathbf{P}_f(X)$ 为集值映射, 则下列命题等价

(1) F 在 $t_0\in T$ 处下半连续;

(2) 任给 $t_n\to t_0, F(t_0)\subset s\text{-}\lim\limits_{t_n\to t_0}\inf F(t_n)$.

证明 (1) $\Rightarrow$ (2) 假设 $t_n\to t_0$, 但存在

$$x\in F(t_0)\setminus(s\text{-}\lim_{t_n\to t_0}\inf F(t_n)),$$

则存在 $\varepsilon>0$ 及 $\{t_{n_k}:k\geqslant 1\}\subset\{t_n:n\geqslant 1\}$ 使得 $F(t_{n_k})\cap S(x,\varepsilon)=\varnothing(k\geqslant 1)$, 但 $F(t_0)\cap S(x,\varepsilon)\neq\varnothing$, 这与 F 在 t_0 处下半连续矛盾, 即可证明.

(2) $\Rightarrow$ (1) 假设存在开集 $G\subset X$ 及 $t_n\to t_0$, 使得 $F(t_0)\cap G\neq\varnothing$, 而 $F(t_n)\cap G=\varnothing(n\geqslant 1)$. 任取 $x\in F(t_0)\cap G$, 则由于 $F(t_n)\cap G=\varnothing$, 故 x 不可能属于 $s\text{-}\lim\limits_{t_n\to t_0}\inf F(t_n)$, 与 (2) 的条件矛盾, 证毕.

注 请注意定理 1.6.2 与定理 1.6.3 在形式上的差别, 由此可以提炼出闭集值映射这一概念, 即称集值映射 $F:T\to\mathbf{P}_f(X)$ 是闭的, 如果 $\mathrm{Gr}F\in P_f(T\times X)$. 易证 $F:T\to\mathbf{P}_f(X)$ 是闭的当且仅当任给 $t_0\in T$

$$s\text{-}\lim_{t_n\to t_0}\sup F(t_n)\subset F(t_0).$$

定理 1.6.4 设 $F_1,F_2:T\to\mathbf{P}_f(X)$.

(1) 若 F_1,F_2 是上半连续的, 则 $F_1\cup F_2$ 也是上半连续的;

(2) 若 F_1,F_2 是下半连续的, 则 $F_1\cup F_2$ 也是下半连续的;

(3) 若 F_1,F_2 是闭的, $F_1\cup F_2$ 也是闭的.

证明 (1) 设 $t_0\in T$, 任给开集 $G\subset X$, 使得 $F_1(t_0)\cup F_2(t_0)\subset G$. 由于 F_1,F_2 均上半连续, 故存在 $\delta_1,\delta_2>0$, 使 $|t-t_0|<\delta_i$ 时, $F_i(t)\subset G(i=1,2)$. 令 $\delta=\max(\delta_1,\delta_2)$, 则 $|t-t_0|<\delta$ 时, 必有 $F_1(t)\cup F_2(t)\subset G$.

(2) 与 (1) 的证明类似.

(3) 由于 $\mathrm{Gr}(F_1\cup F_2)=\mathrm{Gr}F_1\cup\mathrm{Gr}F_2$, 依定义知 $F_1\cup F_2$ 是闭的.

定理 1.6.5 设 $F_1:T\to\mathbf{P}_f(X),F_2:T\to\mathbf{P}_f(X)$ 为集值映射, 使得 $F_1(t)\cap F_2(t)\neq\varnothing(t\in T)$.

(1) 若 F_1,F_2 是上半连续的, 则 $F_1\cap F_2$ 也是上半连续的;

(2) 若 F_1 是闭的, F_2 是上半连续的且 $F_2(t)\in\mathbf{P}_k(X)(t\in T)$, 则 $F_1\cap F_2$ 是上半连续的;

(3) 若 F_1 是下半连续的, $F_2=\overline{S}(f(t),\beta)$, 其中 $\beta>0$ 为常数, $f:T\to X$ 是连续的, 则 $F_1\cap F_2$ 是下半连续的.

证明 (1) 设 $t_0\in T$, 任给开集 $G\subset X$ 使得 $F_1(t_0)\cap F_2(t_0)\subset G$. 由于 $F_1(t_0)$ 与 $F_2(t_0)\backslash G$ 为不相交闭集, 故存在不相交的开集 G_1 和 G' 使得 $F_1(t_0)\subset G_1,F_2(t_0)\backslash G\subset G'$. 令 $G_2=G\cup G'$, 则 $F_2(t_0)\subset G_2$. 依假设 F_1,F_2 均是上半连续的, 故存在 $\delta_i>0$. 使得 $|t-t_0|<\delta_i$ 时, $F_i(t)\subset G_i(i=1,2)$. 取 $\delta=\min(\delta_1,\delta_2)$, 则知 $|t-t_0|<\delta$ 时, 有

$$F_1(t)\cap F_2(t)\subset G_1\cap G_2\subset(X\setminus G')\cap(G\cup G')\subset G,$$

即证 $F_1\cap F_2$ 是上半连续的.

(2) 设 $t_0\in T$, 任给开集 $G\subset X$ 使得 $F_1(t_0)\cap F_2(t_0)\subset G$, 则 $F_1(t_0)$ 与 $F_2(t_0)\setminus G$ 为互不相交闭集且 $F_2(t_0)\setminus G$ 是紧的. 任给 $x\in F_2(t_0)\setminus G$, 由于 $\mathrm{Gr}F_1$ 是闭的, 而 $(t_0,x)\notin \mathrm{Gr}F_1$, 故存在 x 的邻域 U_x 及 $\delta_x>0$, 使得 $|t-t_0|<\delta_x$ 时, $F_1(t)\cap U_x=\varnothing$. 依 $F_2(t_0)\setminus G$ 的紧性知存在 $\{U_{x_i}:1\leqslant i\leqslant m\}$ 使得 $F_2(t_0)\setminus G\subset\bigcup\limits_{1\leqslant i\leqslant m}U_{x_i}$. 令 $G'=\bigcup\limits_{1\leqslant i\leqslant m}U_{x_i},\delta_1=\min(\delta_{x_i}:1\leqslant i\leqslant m)$. 则当 $|t-t_0|<\delta_1$ 时, 必然有 $F_1(t)\subset X\setminus G'$. 我们令 $G_2=G\cup G'$, 则 $F_2(t_0)\subset G_2$. 而 F_2 是上半连续的, 故存在 $\delta_2>0$, 使得 $|t-t_0|<\delta_2$ 时, $F_2(t)\subset G_2$. 最后, 取 $\delta=\min(\delta_1,\delta_2)$, 则 $|t-t_0|<\delta$ 时, 有

$$F_1(t)\cap F_2(t)\subset(X\setminus G')\cap G_2=(X\setminus G')\cap(G\cup G')\subset G.$$

因此 $F_1\cap F_2$ 是上半连续的.

(3) 设 $t_0\in T$, 任给 $t_n\to t_0$, 首先证明

$$F_1(t_0)\cap(\mathrm{int}F_2(t_0))=F_1(t_0)\cap S(f(t_0),\beta)\subset s\text{-}\lim_{t_n\to t_0}\inf(F_1(t_n)\cap F_2(t_n)).$$

任给 $x\in F_1(t_0)\cap S(f(t_0),\beta)$, 令 $\|x-f(t_0)\|=\alpha$, 而且 $\alpha<\beta,\varepsilon=\dfrac{\beta-\alpha}{2}$. 由于 F_1 下半连续, 依定理 1.6.3 知存在 $t_n\in T,t_n\to t_0$, 且存在 $x_n\in F_1(t_n)$, 使 $(s)x_n\to x$. 则存在 $N_1\geqslant1$, 使得 $n\geqslant N_1$ 时, $\|x_n-x\|\leqslant\varepsilon$. 依 $f:T\to X$ 的连续性, 存在 $N_2\geqslant1$, 使 $n\geqslant N_2$ 时, $\|f(t_n)-f(t_0)\|\leqslant\varepsilon$. 因此, 当 $n\geqslant\max(N_1,N_2)$ 时, 必有

$$\|x_n-f(t_n)\|\leqslant\|x_n-x\|+\|x-f(t_0)\|+\|f(t_0)-f(t_n)\|\leqslant\beta,$$

即 $x_n\in S(f(t_n),\beta)=F_2(t_n)$, 从而知

$$F_1(t_0)\cap(\mathrm{int}F_2(t_0))\subset s\text{-}\lim_{t_n\to t_0}\inf(F_1(t_n)\cap F_2(t_n)).$$

由强下极限的闭性必有

$$F_1(t_0)\cap F_2(t_0)\subset s\text{-}\lim_{t_n\to t_0}\inf(F_1(t_n)\cap F_2(t_n)),$$

则依定理 1.6.3 知 $F_1\cap F_2$ 是下半连续的.

定理 1.6.6 设 $T\subset\mathbf{R}$ 是紧的, $F:T\to\mathbf{P}_k(X)$ 为集值映射. 若 F 是上半连续的, 则 $t\in T$ 时 $\bigcup\limits_{t\in T}F(t)$ 是紧的.

证明 任给 $\bigcup\limits_{t\in T}F(t)$ 的一个开覆盖 $\{U_\delta:\delta\in D\}$, 则它也是 $F(t)\in\mathbf{P}_k(X)$ 的开覆盖, 故任给 $t\in T$, 存在 $\{U_\delta:\delta\in D\}$ 中有限个元素的并 V_t, 使得 $F(t)\subset V_t$. 设

$$W_t=\{s\in T:F(s)\subset V_t\},$$

则 $t\in W_t$, 且依 F 的上半连续性知 $\{W_t : t\in T\}$ 是 $T\subset\mathbf{R}$ 的开覆盖. 由于 $T\subset\mathbf{R}$ 是紧的, 则必然存在 $\{W_{t_i} : 1\leqslant i\leqslant m\}$, 使得 $T=\bigcup\limits_{1\leqslant i\leqslant m} W_{t_i}$, 从而知 $\bigcup\limits_{t\in T} F(t)\subset\bigcup\limits_{i=1}^{m} V_{t_i}$, 即 $\{U_\delta : \delta\in D\}$ 存在有限子覆盖, 定理得证.

定义 1.6.3　设 $F : T\to\mathbf{P}_f(X)$ 为集值映射, 称 F 在 $t_0\in T$ 处为

(1) h 上半连续的 (记作 h.u.s.c.), 如果 $\varepsilon>0$, 存在 $\delta>0$, 使得 $|t-t_0|<\delta$ 时, $F(t)\subset\varepsilon+F(t_0)$;

(2) h 下半连续的 (记作 h.l.s.c.), 如果 $\varepsilon>0$, 存在 $\delta>0$, 使得 $|t-t_0|<\delta$ 时, $F(t_0)\subset\varepsilon+F(t)$;

(3) h 连续的, 如果 F 在 $t_0\in T$ 处既 h 上半连续又 h 下半连续.

定理 1.6.7　设 $F(t)$ 为集值映射, 若 F 在 $t_0\in T$ 处为 u.s.c., 则 F 在 $t_0\in T$ 处为 h.u.s.c..

证明　对于任给 $\varepsilon>0$, 由于 $F(t_0)\subset F(t_0)+\varepsilon$, 而

$$F(t_0)+\varepsilon=\{x\in X : d(x,F(t_0))<\varepsilon\}$$

为开集, 故依据 F 在 t_0 处的上半连续性可知存在 $\delta>0$, 使得 $|t-t_0|<\delta$ 时, $F(t)\subset F(t_0)+\varepsilon$. 于是 F 在 t_0 处为 h.u.s.c..

定理 1.6.8　设 $F(t)$ 为集值映射, 若 F 在 $t_0\in T$ 处为 h.l.s.c, 则 F 在 $t_0\in T$ 处为 l.s.c..

证明　设任给开集 G, 满足 $F(t_0)\cap G\neq\varnothing$, 取 $x_0\in F(t_0)\cap G$, 则存在 $\varepsilon>0$, 使 $S(x_0,\varepsilon)\subset G$. 由于 F 在 $t_0\in T$ 处为 h.l.s.c., 故存在 $\delta>0$, 使得 $|t-t_0|<\delta$ 时, $F(t_0)\subset F(t)+\dfrac{\varepsilon}{2}$, 从而 $x_0\in F(t)+\dfrac{\varepsilon}{2}$. 依 $F(t)+\dfrac{\varepsilon}{2}$ 的意义知存在 $a\in F(t)$, 使 $d(x_0,a)<\varepsilon$, 故 $a\in S(x_0,\varepsilon)\subset G$. 于是 $F(t)\cap G\neq\varnothing$, 故 F 在 $t_0\in T$ 处为 l.s.c..

定理 1.6.9　设 $F : T\to\mathbf{P}_k(X)$ 为集值映射, 则

(1) F 在 $t_0\in T$ 处为 u.s.c. 当且仅当 F 在 $t_0\in T$ 处为 h.u.s.c.;

(2) F 在 $t_0\in T$ 处为 l.s.c. 当且仅当 F 在 $t_0\in T$ 处为 h.l.s.c.;

(3) F 在 $t_0\in T$ 处是连续的当且仅当 F 在 $t_0\in T$ 处是 h 连续的.

证明　依定理 1.3.15 即得.

定理 1.6.10　设 $F : T\to\mathbf{P}_{fc}(X)$, 且任给 $t_0\in T$, 存在 t_0 的邻域 V, 使得 $\bigcup\limits_{t\in V} F(t)$ 为相对紧集. 若任给 $x^*\in X^*, \sigma(x^*,F(t))$ 关于 $t\in T$ 连续, 则 F 是 h 连续的.

证明　设 $t_0\in T$, $K\in\mathbf{P}_{kc}(X)$, 使得 $\bigcup\limits_{t\in V} F(t)\subset K$. 由定理 1.4.9 知任给 $t\in V, \sigma(x^*,F(t))$ 关于 $x^*\in X^*$ 是 bw^* 连续的, 下面证明 X^* 上的函数族 $\{\sigma(x^*,F(t)) : t\in V\}$ 是等度 bw^* 连续的. 任给 $t\in V, x_1^*, x_2^*\in X^*$, 由 $F(t)\in\mathbf{P}_{kc}(X)$, 故存在

$x_1 \in F(t) \subset K$, 使得 $\langle x_1^*, x_1\rangle = \sigma(x_1^*, F(t))$, 于是

$$\begin{aligned}\sigma(x_1^*, F(t)) - \sigma(x_2^*, F(t)) &= \langle x_1^*, x_1\rangle - \sup\{\langle x_2^*, x\rangle : x \in F(t)\}\\ &\leqslant \langle x_1^*, x_1\rangle - \langle x_2^*, x_1\rangle = \langle x_1^* - x_2^*, x_1\rangle\\ &\leqslant \sigma(x_1^* - x_2^*, F(t)) \leqslant \sigma(x_1^* - x_2, K).\end{aligned}$$

同理可得

$$\sigma(x_2^*, F(t)) - \sigma(x_1^*, F(t)) \leqslant \sigma(x_2^* - x_1^*, K).$$

由于 $K \in \mathbf{P}_{kc}(X), \sigma(x^*, K)$ 关于 $x^* \in X^*$ 是 bw^* 连续的, 因此 $\{\sigma(x^*, F(t)) : t \in V\}$ 是 X^* 上的等度 bw^* 连续函数族.

由于 $\sigma(x^*, F(t))$ 在 $t_0 \in T$ 处连续, $\{x^* \in X^* : \|x^*\| \leqslant 1\}$ 是 bw^* 紧的, 而 X^* 上函数族 $\{\sigma(x^*, F(t)) : t \in V\}$ 等度 bw^* 连续, 因此对于任给 $t_n \to t_0, \sigma(x^*, F(t_n))$ 关于 $x^* \in \{x^* \in X^* : \|x^*\| \leqslant 1\}$ 一致收敛到 $\sigma(x^*, F(t_0))$, 从而由前面定理知 $(\delta)F(t_n) \to F(t_0)$, 即 F 在 t_0 处是 h 连续的.

定理 1.6.11 设 $F : T \to \mathbf{P}_{kc}(\mathbf{R}^n)$, 若任给 $x^* \in X^*, \sigma(x^*, F(t))$ 关于 $t \in T$ 连续, 则 F 是 h 连续的.

证明 依定理 1.5.33 即得.

在下面的三个定理中, 我们研究集值映射关于 Banach 空间 X 上的弱拓扑 $\sigma(X, X^*)$ 的连续性. 因此, 定理的叙述与证明中所言及的连续, 开集和闭集等概念意味着 X 上弱拓扑意义下的相应概念.

定理 1.6.12 设 $T \subset \mathbf{R}$ 是紧的, $F : T \to \mathbf{P}_{wk}(X)$ 为集值映射. 若 F 在弱拓扑 $\sigma(X, X^*)$ 意义下是上半连续的. 则 $\bigcup\limits_{t \in T} F(t)$ 是弱紧的.

证明 完全类似于定理 1.6.6 的证明.

定理 1.6.13 设 $F : T \to \mathbf{P}_{fc}(X), F(t_0) \in \mathbf{P}_{wkc}(X)$, 则 $F(t)$ 在 $t_0 \in T$ 处关于弱拓扑 u.s.c. 当且仅当任给 $x^* \in X^*$, $\sigma(x^*, F(t))$ 在 $t_0 \in T$ 处上半连续.

证明 **必要性** 假设 $F(t)$ 在 $t_0 \in T$ 关于弱拓扑是 u.s.c., 任取 $x^* \in X^*$, 由于 $F(t_0) \in \mathbf{P}_{wkc}(X)$, 故 $\sigma(x^*, F(t_0)) < +\infty$. 对于任意 $\alpha > \sigma(x^*, F(t_0))$, 令 $U = \{x \in X : \langle x^*, x\rangle < \alpha\}$, 显然 U 为弱开集且 $F(t_0) \subset U$, 故依假设存在 $\delta > 0$, 使 $|t - t_0| < \delta$ 时, 恒有 $F(t) \subset U$, 即 $\sigma(x^*, F(t)) \leqslant \alpha$, 从而知

$$\limsup_{t \to t_0} \sigma(x^*, F(t)) \leqslant \alpha.$$

依 α 的任意性知

$$\limsup_{t \to t_0} \sigma(x^*, F(t)) \leqslant \sigma(x^*, F(t_0)),$$

所以 $\sigma(x^*, F(t))$ 在 $t_0 \in T$ 处是上半连续的.

充分性 假设任给 $x^* \in X^*, \sigma(x^*, F(t))$ 在 $t_0 \in T$ 处上半连续. 取 $x_0 \in F(t_0)$, 令 $F'(t) = F(t) - x_0$, 则 $\sigma(x^*, F'(t)) = \sigma(x^*, F(t)) - \langle x^*, x_0 \rangle$. 基于以上事实, 我们不妨假定 $\theta \in F(t_0)$. 设 U 为一包含 $F(t_0)$ 的弱开集, 则存在 θ 的闭凸邻域 V, 使得 $F(t_0) + V \subset U$, 不妨设

$$V = \bigcap_{i=1}^{k} \{x \in X : \langle x_i^*, x \rangle \leqslant 1\}$$

其中 $\{x_1^*, \cdots, x_k^*\} \subset X^*$. 由于 $F(t_0) \in \mathbf{P}_{wkc}(X)$, 故存在

$$\{x_1, \cdots, x_n\} \subset F(t_0),$$

使得

$$F(t_0) \subset \bigcup_{i=1}^{n} \left(x_i + \frac{1}{2} V \right).$$

令 $A = \mathrm{co}(x_1, \cdots, x_n) + V$, 则 A 是闭的且 $A \subset U$, 于是有

$$\sigma(x_j^*, F(t_0)) \leqslant \sup_{i \leqslant n} \sigma \left(x_j^*, x_i + \frac{1}{2} V \right) < \sigma(x_j^*, A)(j \leqslant k),$$

因 $\sigma(x^*, F(t))$ 在 $t_0 \in T$ 处为 u.s.c., 故存在 $\delta > 0$, 使得 $|t - t_0| < \delta$ 时, 对于任给 $1 \leqslant j \leqslant m$, 有

$$\sigma(x_j^*, F(t)) \leqslant \sigma(x_j^*, A),$$

所以当 $|t - t_0| < \delta$ 时, $F(t) \subset A \subset U$, 即证 $F(t)$ 在 $t_0 \in T$ 处为 u.s.c..

定理 1.6.14 设 $F : T \to \mathbf{P}_{bfc}(X)$, 且 $\bigcup_{t \in T} F(t)$ 是全有界的, 则 $F(t)$ 在 $t_0 \in T$ 处关于弱拓扑 l.s.c. 当且仅当任意给定 $x^* \in X^*, \sigma(x^*, F(t))$ 在 $t_0 \in T$ 处是下半连续的.

证明 **必要性** 假设 $F(t)$ 在 $t_0 \in T$ 处为 l.s.c.. 设 $x^* \in X^*$, 任给 $\alpha < \sigma(x^*, F(t_0))$, 令

$$U = \{x \in X : \langle x^*, x \rangle > \alpha\},$$

则 $F(t_0) \cap U \neq \varnothing$, 故存在 $\delta > 0$, 使得 $|t - t_0| < \delta$ 时, 恒有

$$F(t) \cap U \neq \varnothing,$$

即 $\sigma(x^*, F(t)) > \alpha$, 所以

$$\liminf_{t \to t_0} \sigma(x^*, F(t)) \geqslant \sigma(x^*, F(t_0)),$$

从而知 $\sigma(x^*, F(t))$ 在 $t_0 \in T$ 处是下半连续的.

充分性　假设 $\sigma(x^*, F(t))$ 在 $t_0 \in T$ 处下半连续. 任取开集 U, 使得 $F(t_0) \cap U \neq \varnothing$, 同定理 1.6.5 一样, 不妨可以假设 $\theta \in F(t_0) \cap U$, 且 U 为凸集.

假设 $F(t)$ 在 $t_0 \in T$ 处不是 l.s.c., 则存在序列 $\{t_n\} \subset T, t_n \to t_0$, 使得 $n \geqslant 1$, $F(t_n) \cap U = \varnothing$, 于是依凸集分离定理知 $n \geqslant 1$, 存在 $x_n^* \in X^*$, 使得

$$F(t_n) \subset \{x \in X : \langle x_n^*, x\rangle \leqslant -1\},$$

$$U \subset \{x \in X : \langle x_n^*, x\rangle \geqslant -1\}.$$

令 $U^0 = \{x^* \in X^* : \langle x^*, x\rangle \geqslant -1, x \in U\}$, 则 $\{x_n^*\} \subset U^0$, 且

$$\sigma(x_n^*, F(t_n)) \leqslant -1.$$

由于 U^0 为 X^* 的等度连续子集, 从而为 X^* 上的关于 X 上全有界集一致收敛的拓扑意义下的紧集, 故 $\{x_n^*\}$ 存在上述拓扑意义下的收敛子列 $\{x_{n_k}^*\}$, 极限点记为 z^*. 因为 $\bigcup\limits_{t \in T} F(t)$ 全有界, 故存在 $K \geqslant 1$, 使 $k \geqslant K$ 时, 恒有

$$\delta(z^*, F(t)) \leqslant \sigma(x_{n_k}^*, F(t)) + \frac{1}{2} \quad (t \in T),$$

也就是说存在 $\{t_{n_k}\} \subset \{t_n\}$, 使 $t_{n_k} \to t_0$, 且

$$\sigma(z^*, F(t_{n_k})) \leqslant \sigma(x_{n_k}^*, F(t_{n_k})) + \frac{1}{2} \leqslant -\frac{1}{2}. \tag{1.6.1}$$

但这与 $\sigma(z^*, F(t_0)) \geqslant 0$ 且 $\sigma(z^*, F(t))$ 在 $t_0 \in T$ 处下半连续矛盾. 所以 $F(t)$ 在 $t_0 \in T$ 处为 l.s.c..

下面给出一般拓扑空间上的集值映射是 l.s.c. 的充要条件.

定理 1.6.15　设 X 是 Hausdorff 拓扑空间, Y 是距离空间, 集值映射 $F : X \to 2^Y \setminus \{\varnothing\}$, 则 F 是 l.s.c. 的充分必要条件是对任意的 $v \in Y$, $x \mapsto \phi_v(x) = d(x, F(x))$ 是 u.s.c..

证明　**必要性**　先证明对任意 $\lambda \in \mathbf{R}$, 上水平集 $U_\lambda = \{x \in X : \phi_v(x) \geqslant \lambda\}$ 是闭的. 事实上, 设网 $\{x_\alpha : \alpha \in J\} \subset U_\lambda$, $x_\alpha \to x$, 则任意给定 $\varepsilon > 0$, 存在 $y \in F(x)$, 使得 $d(v, y) \leqslant \phi_v(x) + \varepsilon$. 由于 F 是 l.s.c. 的, 根据定理 1.6.1 的注, 存在 $\alpha_0 \in J$, 当 $\alpha \geqslant \alpha_0$ 时, 均有 $F(x_\alpha) \cap B(y, \varepsilon) \neq \varnothing$. 因此我们可以找到 $y_\alpha \in F(x_\alpha)$ 使得

$$d(v, y_\alpha) \leqslant \phi_v(x) + 2\varepsilon,$$

则 $\phi_v(x_\alpha) \leqslant \phi_v(x) + 2\varepsilon$. 故 $\lambda \leqslant \phi_v(x) + 2\varepsilon$. 令 $\varepsilon \downarrow 0$, 则 $\lambda \leqslant \phi_v(x)$, 因此 $x \in U_\lambda$, 即得 ϕ_v 是上半连续的.

充分性　只需要证明对任意开集 $V \subset Y$, $F^{-1}(V) = \{x \in X : F(x) \cap V \neq \varnothing\}$ 是 X 中的开集. 任取 $x \in F^{-1}(V)$, 则 $F(x) \cap V \neq \varnothing$. 取 $y \in F(x) \cap V$. 则存在 $\varepsilon > 0$, 使得 $B(y,\varepsilon) \subset V$. 因为 ϕ_y 是上半连续的, 所以任给 $\varepsilon > 0$, 存在 x 的邻域 U, 使得 $\phi_y(x') < \phi_y(x) + \varepsilon = \varepsilon$ $(\forall x' \in U)$. 因此对任意 $x' \in U$, $F(x') \cap B(y,\varepsilon) \neq \varnothing$. 故 $F(x') \cap V \neq \varnothing$, 从而 $U \subset F^{-1}(V)$, 即得 $F^{-1}(V)$ 是 X 中的开集, 定理证毕.

作为本节的结束, 我们讨论集值映射的连续选择问题. 设 $F : T \to \mathbf{P}_f(X)$ 为集值映射, 称 $f : T \to X$ 为 F 的连续选择, 如果 f 是连续的, 且任给 $t \in T, f(t) \in F(t)$.

定义 1.6.3　设 T 为拓扑空间, $\{G_i : i \geqslant 1\}$ 是 T 的开覆盖, 称 T 上的实值连续函数列 $\varPhi_i : T \to [0,1]$ 为 $\{G_i : i \geqslant 1\}$ 的单位从属划分, 如果任给 $i \geqslant 1, \varPhi_i(t) = 0(t \in T \setminus G_i)$, 且 $\sum_{i=1}^{\infty} \varPhi_i(t) = 1(t \in T)$.

定理 1.6.16　设 T 是正规的拓扑空间, $\{G_1, \cdots, G_n\}$ 是 T 的有限开覆盖, 则 $\{G_1, \cdots, G_n\}$ 存在单位从属划分.

证明　首先, 我们构造 T 的另一有限开覆盖 $\{V_1, \cdots, V_n\}$ 使其满足下列条件

(a) 任给 $1 \leqslant i \leqslant n, V_i \subset \mathrm{cl}V_i \subset G_i$;

(b) 任给 $1 \leqslant j \leqslant n$, 集族 $\{V_i : 1 \leqslant i \leqslant j\} \bigcup \{G_i : j < i \leqslant n\}$ 依旧是 T 的一个开覆盖.

令 $C_1 = T \setminus \left(\bigcup\limits_{i=2}^{n} G_i \right)$, 则 C_1 是闭的, 且 $C_1 \subset G_1$. 由于 T 是正规的, 故存在开集 V_1, 使得 $C_1 \subset V_1 \subset \mathrm{cl}V_1 \subset G_1$, 且显然集族 $\{V_1, G_i : 2 \leqslant i \leqslant n\}$ 仍是 X 的开覆盖. 现在假定 $\{V_1, \cdots, V_k\}(1 \leqslant k \leqslant n-1)$ 已构造出来, 且集族 $\{V_i : 1 \leqslant i \leqslant k\} \cup \{G_i : k < i \leqslant n\}$ 仍是 T 的开覆盖, 令

$$C_{k+1} = T \setminus \left(\bigcup_{i=1}^{k} V_i \bigcup_{i=k+2}^{n} G_i \right) \subset G_{k+1},$$

再次利用 T 的正规性, 存在开集 V_{k+1}, 使得

$$C_{k+1} \subset V_{k+1} \subset \mathrm{cl}V_{k+1} \subset G_{k+1},$$

并且显然集族 $\{V_i : 1 \leqslant i \leqslant k+1\} \cup \{G_i : k+1 < i \leqslant n\}$ 仍是 T 的一个开覆盖, 如此递归构造下去, 即得 T 的开覆盖 $\{V_1, \cdots, V_n\}$ 满足条件 (a), (b).

由于 T 是正规的, 而 $V_i \subset \mathrm{cl}V_i \subset G_i(1 \leqslant i \leqslant n)$, 故存在实值连续函数 $\psi_i : T \to [0,1]$ 使 $t \in T \setminus G_i$ 时 $\psi_i(t) = 0$, 而 $t \in V_i$ 时 $\psi_i = 1$. 令 $\varPhi_i(t) = \psi_i(t) \left(\sum\limits_{j=1}^{n} \psi_j(t) \right)^{-1}$, 则易知连续函数族 $\{\varPhi_i : 1 \leqslant i \leqslant n\}$ 为 $\{G_i : 1 \leqslant i \leqslant n\}$ 的单位从属划分.

定理 1.6.17 设 $T\subset\mathbf{R}$ 是紧的, $F:T\to\mathbf{P}_{fc}(X)$ 是下半连续的, 则任给 $\beta>0$, 存在连续函数 $f:T\to X$, 使得任给 $t\in T$,

$$f(t)\in\beta+F(t).$$

证明 任给 $x\in X$, 令 $U_x=F_*(S(x,\beta))$. 由于 F 是下半连续的, 而 $S(x,\beta)$ 为开集, 故 U_x 是 T 中的开集, 且 $\{U_x:x\in X\}$ 是 T 的开覆盖. 依 $T\subset\mathbf{R}$ 的紧性知存在有限子覆盖 $\{U_{x_i}:1\leqslant i\leqslant n\}$, 从而依定理 1.6.16 知 $\{U_{x_i}:1\leqslant i\leqslant n\}$ 具有单位从属划分 $\{\Phi_i:1\leqslant i\leqslant n\}$. 令

$$f(t)=\sum_{i=1}^{n}\Phi_i(t)x_i,(t\in T),$$

则 $f:T\to X$ 是连续的. 对于任意 $t\in T$, 由于 $\Phi_i(t)\neq 0$ 时必有 $t\in U_{x_i}$, 从而 $x_i\in\beta+F(t)$. 故知 $f(t)$ 是凸集 $\beta+F(t)$ 中某些点的凸组合, 所以

$$f(t)\in\beta+F(t).$$

定理 1.6.18 设 $T\subset\mathbf{R}$ 是紧的, $F:T\to\mathbf{P}_{fc}(X)$ 是下半连续的, 则 F 具有连续选择.

证明 我们首先递归构造满足下列条件的连续函数列 $\{f_i,i\geqslant 1\}$:

(a) $f_i\in 2^{-i+2}+f_{i-1}(t),\ t\in T,\ i\geqslant 2$;

(b) $f_i\in 2^{-i}+F(t),\ t\in T,\ i\geqslant 1$.

对于 $i=1$, 由定理 1.6.17 知存在连续函数 $f_1:T\to X$ 满足条件 (b). 假定 $\{f_1,\cdots,f_n\}$ 已构造出来, 设

$$F_{n+1}(t)=F(t)\cap(2^{-n}+f_n(t)).$$

由于 f_n 满足条件 (b), 则 $F_{n+1}(t)\in\mathbf{P}_{fc}(X)(t\in T)$, 且依定理 1.6.5 和 F_{n+1} 也是下半连续的. 对 F_{n+1} 我们可以应用定理 1.6.17(取 $\beta=2^{-n-1}$) 知存在连续函数 $f_{n+1}:T\to X$, 使得 $f_{n+1}(t)\in 2^{-n-1}+F_{n+1}(t)(t\in T)$. 因为 $F_{n+1}(t)\subset F(t)$, 故 f_{n+1} 满足条件 (b), 而由于 $F_{n+1}(t)\subset 2^{-n}+f_n(t)$, 因此 $F_{n+1}(t)\in 2^{-n}+2^{-n-1}+f_n(t)\subset 2^{-n+1}+f_n(t)$, 即 F_{n+1} 满足条件 (a). 依归纳法知存在连续函数列 $\{f_i:i\geqslant 1\}$ 满足条件 (a), (b).

对于上述 $\{f_i:i\geqslant 1\}$, 条件 (a) 意味着任给 $i\geqslant 1$,

$$\sup_{t\in T}\|f_{i+1}(t)-f_i(t)\|<2^{-i+1},$$

即 $\{f_i:i\geqslant 1\}$ 是一致 Gauchy 列, 因此存在连续函数 $f:T\to X$, 使得 $\{f_i:i\geqslant 1\}$ 一致收敛到 f. 但条件 (b) 意味着任给 $i\geqslant 1$,

$$d(f_i(t),F(t))<2^{-i},$$

由 $F(t)$ 的闭性即知 $f(t) \in F(t)(t \in T)$. 因此 f 为 F 的连续选择.

注 定理 1.6.18 中的 T 可换成一般的距离空间, 定理仍成立. 应用该结论有下述连续选择表示定理.

定理 1.6.19 设 X 是距离空间, Y 是可分的 Banach 空间, 集值映射 $F : X \to \mathbf{P}_{fc}(Y)$ 是 l.s.c., 则存在一列 F 的连续选择 $f_n : X \to Y$, $n \geqslant 1$, 使得对于任意 $x \in X$,

$$F(x) = \mathrm{cl}\{f_n(x) : n \geqslant 1\}.$$

证明 设 $D = \{y_n : n \geqslant 1\}$ 是 Y 的可数稠密子集, $V_m = S(0, 2^{-m})$. 令 $U_{nm} = F^{-1}(S(y_n, 2^{-m})) = \{x \in X : F(x) \cap S(y_n, 2^{-m}) \neq \phi\}$, 则 U_{nm} 是开集, 因此它可以写成可数个闭集 $\{C_{nmk} : k \geqslant 1\}$ 的并. 定义

$$F_{nmk}(x) = \begin{cases} F(x), & x \notin C_{nmk}, \\ F(x) \cap S(y_m, 2^{-m}), & x \in C_{nmk}. \end{cases}$$

则 $F_{nmk} : X \to \mathbf{P}_{fc}(Y)$ 是 l.s.c.. 由定理 1.6.18 及注, 可以找到 F_{nmk} 的连续选择 f_{nmk}. 则可以证明 $\{f_{nmk} : n \geqslant 1,\ m \geqslant 1,\ k \geqslant 1\}$ 即为所求. 事实上, 对任意 $y \in F(x)$ 与 $m \geqslant 1$, 取 $y_n \in y + V_{m+2}$, 则 $x \in U_{n(m+2)}$, 从而存在某个 k, 使得 $x \in C_{n(m+2)k}$. 所以

$$f_{n(m+2)k}(x) \in y_n + V_{m+2} \subset y_n + V_{m+1} \subset y + V_{m+2} + V_{m+1} \subset y + V_m,$$

定理证毕.

§1.7 集值 Caratheodory 函数

本节主要讨论二元集值乘积可测与连续之间的关系, 给出集值形式的 Scorza-Dragoni 定理, 最后给出二元集值映射的 Caratheodory 选择的表示定理. 如无特殊声明 X 是可分的 Banach 空间, $\mathbf{B}(E)$ 表示某距离空间 E 上的 Borel 域, $(\Omega, \mathbf{A}, \mu)$ 是有限测度空间.

首先给出单值 Caratheodory 函数的概念及相关结论.

定义 1.7.1 设 (X, d) 是可分的距离空间, Y 是一距离空间, 称二元函数 $f : \Omega \times X \to Y$ 为 Caratheodory 函数, 如果

(a) 对于任意给定 $x \in X$, $w \mapsto f(w, x)$ 是可测的;

(b) 对于任意给定 $w \in \Omega$, $x \mapsto f(w, x)$ 连续的.

定理 1.7.1 若 $f : \Omega \times X \to Y$ 是 Caratheodory 函数, 则 $f(\cdot, \cdot)$ 是乘积可测的, 即任给 $B \in \mathbf{B}(Y)$, $f^{-1}(B) \in \mathbf{A} \times \mathbf{B}(X)$.

如果上面的条件 (b) 换成上半连续或下半连续, 一般地不能保证 $f(\cdot, \cdot)$ 的乘积可测性.

从随机分析角度看, 我们知道, 为使随机过程 $f(w,x)$ 乘积可测, 我们需要加所谓的“可分”条件. 更详细地, 设 $(\Omega,\mathbf{A},\mu)$ 是有限测度空间, X 是可分的 Banach 空间, $\{x_n : n \geqslant 1\}$ 是 X 的可数稠密子集, $\{r_k : k \geqslant 1\}$ 是全体有理数的一种排列, 设 $\mathbf{F}$ 是由 $\overline{B(x_n,r_k)}$, $B(x_n,r_k)^c$, $n,k \geqslant 1$ 及它们的有限交组成的族. $\mathbf{F}$ 是可数的.

定义 1.7.2 称函数 $f:\Omega\times X \to \mathbf{R}$ 相对于 $\mathcal{P}\subset \mathbf{B}(\mathbf{R})$ 是可分的, 如果存在可数集 $D\subset X$, 存在 $N\in\mathbf{A}$, $\mu(N)=0$, 使得对于任意的 $K\in\mathcal{P}$ 与 $A\in\mathbf{F}$, $\{w\in\Omega : f(w,x)\in K, x\in A\}\Delta\{w\in\Omega : f(w,x)\in K, x\in A\cap D\}\subset N$.

注 (1) 若取 $\mathcal{P}$ 为所有由有限个闭区间的并所成的闭集的全体所成的族, 可将“相对于 $\mathcal{P}\subset\mathbf{B}(R)$ 可分”简称为“可分”. 可数集 $D\subset X$ 称为过程 $f(w,x)$ 的可分集 (set of separable).

(2) 如果 Y 是完备可分的距离空间, $\mathcal{P}$ 取为 Y 的紧子集的全体所成的族, 上面可分的概念可推广到 Y 值随机过程.

(3) 如果 $T=[0,b]$, 我们已经熟知轨道右 (或左) 连续的随机过程 $f:\Omega\times T\to\mathbf{R}$ 是可分的.

定理 1.7.2 随机过程 $f:\Omega\times X\to\mathbf{R}$ 是可分的充分必要条件是存在数集 $D\subset X$, 存在 $N\in\mathbf{A}$, $\mu(N)=0$, 使得对于任意的 $w\in\Omega\setminus N$, 任意 $x\in X$, 存在 $\{x_n : n\geqslant 1\}\subset D$ 使得 $x_n\to x$, $f(w,x_n)\to f(w,x)$.

有了可分的概念, 可以来叙述下面的乘积可测的定理.

定理 1.7.3 设 $f:\Omega\times X\to\mathbf{R}$ 满足:

(a) 对于任意给定 $x\in X$, $w\mapsto f(w,x)$ 是可测的;

(b) 对于任意给定 $w\in\Omega$, $x\mapsto f(w,x)$ 是上半连续或下半连续的;

(c) $f(\cdot,\cdot)$ 是可分的,

则 f 是乘积可测的.

下面的定理称为 Scorza-Dragoni 定理, 它是 Lusin 定理的推广.

定理 1.7.4 设 T 是局部紧的距离空间, μ 为 T 上的 Radon 测度, X 是完备可分的距离空间, Y 是可分的距离空间, $f:\Omega\times X\to Y$ 是 Cararheordory 函数, 则对于任意给定的 $\varepsilon>0$, 存在紧集 $T_\varepsilon\subset T$, $\mu(T\setminus T_\varepsilon)<\varepsilon$, 使得 $f|_{T_\varepsilon\times X}$ 是连续的.

如果将上述定理中的 Y 换成 $\mathbf{R}\cup\{+\infty\}$, 则有下述进一步的结论.

定理 1.7.5 设 $f:T\times X\to\mathbf{R}\cup\{+\infty\}$ 关于 (w,x) 可测的, 关于 x 是下半连续的 (上半连续的), 且对于任意 $(w,x)\in T\times X$, $\theta(w,x)\leqslant f(w,x)$ $(\theta(w,x)\geqslant f(w,x))$, 其中 $\theta:T\times X\to\mathbf{R}$ 是 Caratheodory 函数, 则对任意给定 $\varepsilon>0$, 存在闭集 $T_\varepsilon\subset T$, $\mu(T\setminus T_\varepsilon)<\varepsilon$, 使得 $f|_{T_\varepsilon\times X}$ 是下半连续的 (上半连续的).

以上定义与结论可参见文献 [154]. 下面我们讨论二元集值映射的可分性与乘积可测性.

定义 1.7.3 设 Y 是完备可分的距离空间, 称映射 $F:\Omega\times X\to\mathbf{P}_f(Y)$ 是可分的, 如果存在可数集 $D\subset X$, 存在 $N\in\mathbf{A}$, $\mu(N)=0$, 使得对于任意的 $w\in\Omega\setminus N$ 与 $A\in\mathbf{F}$, 有 $\mathrm{cl}F(w,A\cap D)=\mathrm{cl}F(w,A)$, 其中 $F(w,B)=U\{F(w,x):x\in B\}(B\subset X)$. 称映射 F 是乘积可测的, 如果对任意开集 $G\subset Y, F^{-1}(G)=\{(w,x)\in\Omega\times X: F(w,x)\cap G\neq\phi\}\in\mathbf{A}\times\mathbf{B}(X)$.

注 实际上, 下一章我们将详细讨论集值映射的可测性. 但由于上节讨论的是集值映射的连续性, 而其后的一章均未涉及连续性的讨论, 所以为了保持连贯性, 这里讨论连续性与乘积可测的关系. 为此以下定理的证明中会用到部分第二章关于可测的结论.

定理 1.7.6 如果 $F:\Omega\times X\to\mathbf{P}_f(X)$ 满足:

(a) 对于任意给定的 $x\in X, w\mapsto F(w,x)$ 是可测的, 即对任意 X 的开集 $G,\{w\in\Omega:F(w,x)\cap G\neq\phi\}\in\mathbf{A}$.

(b) 对于任意给定的 $w\in\Omega$, $x\mapsto f(w,x)$ 是 u.s.c. 或 h.u.s.c. (l.s.c. 或 h.l.s.c.),

(c) $F(\cdot,\cdot)$ 是可分的,

则 $(w,x)\mapsto F(w,x)$ 是乘积可测的.

证明 任意固定 $y\in Y$, 令 $\varphi(y)(w,x)=d(y,F(w,x))$. 因为 $F(\cdot,\cdot)$ 是可分的, 所以 $\varphi(y)(\cdot,\cdot)$ 是可分的. 且由假设 (a) 和定理 2.1.6, 知 $w\mapsto\varphi(y)(w,x)$ 是可测的. 由假设 (b) 与定理 1.6.15 得 $x\mapsto\varphi(y)(w,x)$ 是下半连续的 (上半连续). 因此应用定理 1.7.3 知 $(w,x)\mapsto\varphi(y)(w,x)$ 是 $\mathbf{A}\times\mathbf{B}(X)$ 可测的. 再次应用定理 2.1.6 可知 $(w,x)\mapsto F(w,x)$ 是可测的, 定理证毕.

如果 $F(w,x)$ 是连续的或者是 h 连续的, 对 $F(w,x)$ 的可分性假设可以去掉.

定理 1.7.7 如果 $(\Omega,\mathbf{A})$ 是可分空间, X,Y 是可分距离空间, 集值映射 $F:\Omega\times X\to P_f(Y)$ 满足条件

(i) 对任意的 $x\in X,w\mapsto F(w,x)$ 可测;

(ii) 对任意的 $w\in\Omega,x\mapsto F(w,x)$ 是连续的或者关于 Hausdorff 距离 δ 是连续,

则 $(w,x)\mapsto F(w,x)$ 是乘积可测的.

证明 任意固定 $y\in Y$, 令 $\varphi(y)(w,x)=d(y,F(w,x))$. 两种情况下, $\varphi(y)(\cdot,\cdot)$ 都是 Caratheodory 函数, 于是由定理 1.7.1 知, 它是乘积可测的. 故应用定理 2.1.6 得 $(w,x)\mapsto F(w,x)$ 是乘积可测的.

注 当 $F(w,\cdot)$ 关于 δ 连续时, 人们容易认为上面的结论就是定理 1.7.1. 实际不然, 因为尽管 X 是可分的距离空间, $(P_f(X),\delta)$ 也是距离空间, $F(w,\cdot)$ 是 δ 连续的, 在 Vietoris 拓扑意义下 $F(\cdot,x)$ 也不一定是可测的 (事实上是下拓扑, 见定义 1.3.1 和 2.1.1). 回忆一般情形, 在 $P_f(Y)$ 上 Vietoris 拓扑和 Hausdorff 拓扑是不一样的. 但由定理 1.3.15 知, 在 $P_k(Y)$ 上两种拓扑是一致的. 所以对 $P_k(Y)$ 值集值函数, 定理 1.7.7 是定理 1.7.1 的推论.

现在证明集值情形的 Scorza-Dragoni 定理. 在后面的定理 1.7.8~1.7.10 中, 我们始终假定 T 是一局部紧距离空间, 其上面的 Radom 测度为 $\mu(\cdot)$, μ 可测集的 σ 域为 $\mathcal{B}$, X 是完备可分的距离空间, Y 是可分距离空间. 首先由定理 1.7.4 得到下面的定理.

定理 1.7.8 如果 $F: T\times X\to P_k(Y)$ 是一集值映射, 满足条件:

(i) 对任意 $x\in X, t\mapsto F(t,x)$ 是可测的;

(ii) 对任意 $t\in T, x\mapsto F(t,x)$ 是连续的,

则对任意的 $\varepsilon>0$, 存在紧集 $T_\varepsilon\subset T, \mu(T\setminus T_\varepsilon)<\varepsilon$, 使得 $F|_{T_\varepsilon\times X}$ 是连续的.

定理 1.7.9 如果 $F: T\times X\to 2^Y\setminus\{\varnothing\}$ 是集值映射, 满足:

(i) 对每个 $(t,x)\mapsto F(t,x)$ 是可测的;

(ii) 对每个 $t\in T, x\mapsto F(t,x)$ 是 l.s.c. 的,

则对任意的 $\varepsilon>0$, 存在紧集 $T_\varepsilon\subset T, \mu(T\setminus T_\varepsilon)<\varepsilon$, 使得 $F|_{T_\varepsilon\times X}$ 是 l.s.c. 的.

证明 固定 $y\in Y$, 考虑函数 $\varphi(y)(w,x)=d(y,F(w,x))$. 则 $\varphi(y)(\cdot,\cdot)$ 是 $\mathcal{B}\times\mathbf{B}(X)$ 可测的, 且对每个 $t\in T, \varphi(y)(t,\cdot)$ 是上半连续的, 根据定理 1.7.5 知, 存在闭集 $T_\varepsilon\subset T, \mu(T\setminus T_\varepsilon)<\varepsilon$, 使得 $\varphi(y)|_{T_\varepsilon\times X}=d(y,F(\cdot,\cdot))|_{T_\varepsilon\times X}$ 是上半连续的. 由 $y\in Y$ 的任意性以及定理 1.6.15 我们可知 $F|_{T_\varepsilon\times X}$ 是 l.s.c..

注 如果 $F(\cdot,\cdot)$ 的取值空间为 2^Y (即它可以以 $\varnothing$ 为值), 上面的结论依然成立, 这个时候令 $d(y,\phi)=+\infty$ 即可.

引理 1.7.1 设 X,Y 均是 Hausdorff 拓扑空间, 集值映射 $F:X\to\mathbf{P}_k(Y)$ 是上半连续的充分必要条件是对任意网 $\{(x_\alpha,y_\alpha):\alpha\in J\}\subset \mathrm{Gr}F$, 若在 X 中 $x_\alpha\to x$, 则 $\{y_\alpha:\alpha\in J\}$ 在 $F(x)$ 中有聚点.

证明 **必要性**(反证法) 设 $\{(x_\alpha,y_\alpha):\alpha\in J\}\subset\mathrm{Gr}F$, 在 X 中 $x_\alpha\to x$. 假设 $\{y_\alpha:\alpha\in J\}$ 在 $F(x)$ 中没有聚点, 则对任意 $y\in F(x)$, 存在 y 的一个邻域 $V(y)$, $\alpha_0(y)\in J$, 使得对任意 $\alpha\geqslant\alpha_0(y)$, $y_\alpha\notin V(y)$. 则集族 $\{V(y):y\in F(x)\}$ 是紧集 $F(x)$ 的开覆盖, 因此存在有限子覆盖 $\{V(y_k):k=1,\cdots,N\}$. 令 $V=\bigcap\limits_{k=1}^{N}V(y_k)$. 则显然存在 $\alpha_1\in J$, 使得对任意 $\alpha\geqslant\alpha_1$, $y_\alpha\notin V$.

另一方面, 由于 F 是上半连续, 存在 x 的邻域 U 使得 $F(U)\subset V$. 因为 $x_\alpha\to x$, 则存在 $\alpha_2\geqslant\alpha_1$, 使得对任意 $\alpha\geqslant\alpha_2$, $x_\alpha\in U$. 故 $y_\alpha\in V$ $(\forall\alpha\geqslant\alpha_2)$, 与前矛盾. 所以 $\{y_\alpha:\alpha\in J\}$ 在 $F(x)$ 中必有聚点.

充分性 为证 F 是上半连续的, 由定理 1.6.1 的注可知, 只需要证: 如果 $x_\alpha\to x$, $V\subset Y$ 是开集使得 $F(x)\subset V$, 存在 $\alpha_0\in J$, 使得 $\alpha\geqslant\alpha_0$ 时,$F(x_\alpha)\subset V$. 假设不然, 则可以找到子网 $\{x_\beta:\beta\in I\}\subset\{x_\alpha:\alpha\in J\}$ 使得 $F(x_\beta)\cap V^c\neq\varnothing$. 取 $y_\beta\in F(x_\beta)\cap V^c$. 由于 $x_\beta\to x$, 且 $F(x)\in\mathbf{P}_k(Y)$, 可知 $\{y_\beta:\beta\in I\}$ 有聚点 $y\in F(x)$. 因此存在子网 $\{y_\lambda:\lambda\in\varLambda\}\subset\{y_\beta:\beta\in I\}$ 使得 $y_\lambda\to y\in F(x_\beta)\cap V^c$, 这

与 V 的选择矛盾, 定理证毕.

引理 1.7.2　X,Y 均是 Hausdorff 拓扑空间, 集值映射 $F:X\to\mathbf{P}_f(Y)$ 是局部紧的 (即对于任意 $x\in X$, 存在 x 的邻域 U 使得 $\mathrm{cl}(F(U))\in\mathbf{P}_k(Y)$), 则 F 是上半连续的.

证明　设网 $\{(x_\alpha,y_\alpha):\alpha\in J\}\subset \mathrm{Gr}F$ 且在 X 中 $x_\alpha\to x$. 由引理 1.7.1, 只需证明 $\{y_\alpha:\alpha\in J\}$ 在 $F(x)$ 中有聚点. 由假设, 存在 x 的邻域 U 使得 $\mathrm{cl}(F(U))\in\mathbf{P}_k(Y)$, 故可找到子网 $\{y_\beta:\beta\in I\}\subset\{y_\alpha:\alpha\in J\}$ 使得 $y_\lambda\to y\in\mathrm{cl}(F(U))$. 由于 $(x_\alpha,y_\alpha)\in\mathrm{Gr}F$, 且 $\mathrm{Gr}F\subset X\times Y$ 是闭的, 则 $(x,y)\in\mathrm{Gr}F$, 所以 $\{y_\alpha:\alpha\in J\}$ 在 $F(x)$ 中有聚点.

定理 1.7.10　$T=[0,b],\mu=\lambda$ 表示 T 上的 Lebesgue 测度, $Y=\mathbf{R}^m$, $F:T\times X\to 2^{\mathbf{R}^m}\setminus\{\phi\}$ 是闭 (闭凸) 集值函数且满足

(i) 对任意 $x\in X, t\mapsto F(t,x)$ 是可测的;

(ii) 对任意 $t\in T, x\mapsto F(t,x)$ 是 u.s.c. 的;

(iii) $\|F(t,x)\|\leqslant a(t)$ a.e., 其中 $a(t)$ 是 T 上的非负函数且 $a(t)\in L^1(T)$,

则存在闭 (闭凸) 集值映射 $F_0:T\times X\to 2^{\mathbf{R}^m}$ 使得:

(a) 若 $u:T\to X, v:T\to\mathbf{R}^m$ 是可测映射, 满足 $v(t)\in F(t,u(t))$ $(\forall t\in T)$, 则 $v(t)\in F_0(t,u(t))$ a.e.;

(b) 对任意的 $\varepsilon>0$, 存在闭集 $T_\varepsilon\subset T$, $\lambda(T\setminus T_\varepsilon)<\varepsilon$, 使得 $F_0|_{T_\varepsilon\times X}$ 是非空的集值映射且 u.s.c..

证明　令 $\Phi(t)=\mathrm{Gr}F(t,\cdot)\in\mathbf{P}_f(X\times\mathbf{R}^m)$, $\{z_n:n\geqslant 1\}$ 是 $X\times R^m$ 中的稠密集, 定义 $\varphi_n(t)=d(z_n,\Phi(t))$, 令 $\hat\varphi_n:T\to\overline{\mathbf{R}}_+=[0,+\infty]$ 是可测的, 且满足

(a) $\varphi_n(t)\leqslant\hat\varphi_n(t)$, a.e.,

(b) 若 $\psi(\cdot)$ 是任意可测函数满足 $\varphi_n(t)\leqslant\psi(t)$, a.e., 则 $\hat\varphi_n\leqslant\psi(t), t\in T$.

这样的 $\hat\varphi_n$ 是存在的. 事实上, 令 $\{\psi_{nm}(t)\mathrm{d}t:m\geqslant 1\}$ 是一列 $L^1(T)$ 函数满足: $\varphi_n(t)\leqslant\psi_{nm}(t)$ a.e., 且

$$\int_T\psi_{nm}(t)\mathrm{d}t\downarrow\int_T\varphi_n(t)\mathrm{d}t=\inf\left\{\int_T\psi(t)\mathrm{d}t:\psi(\cdot)\text{可测且满足}\varphi_n(t)\leqslant\psi(t)\text{ a.e.}\right\},$$

即非可测函数 $\varphi_n(\cdot)$ 的外积分. 最后令 $\hat\varphi_n(t)=\inf\limits_{m\geqslant 1}\psi_{nm}(t)$ 即可.

定义 $\hat\Phi:T\to P_f(X\times\mathbf{R}^m)$ 如下

$$\hat\Phi(t)=\bigcap_{n\geqslant 1}\{z\in X\times\mathbf{R}^m:d(z_n,z)\geqslant\hat\varphi_n(t)\},$$

且定义 $F_0:T\times X\to 2^{\mathbf{R}^m}$ 为

$$F_0(t,x)=\{y\in\mathbf{R}^m:(x,y)\in\hat\Phi(t)\}.$$

注意到若 $z \in \hat{\Phi}(t)$, 则我们可以找到子序列 $\{z_m : m \geqslant 1\} \subset \{z_n : n \geqslant 1\}$ 使得 $z_m \to z$, 故

$$d(z, \hat{\Phi}(t)) = \lim_{m\to\infty} d(z_m, \Phi(t)) = \lim_{m\to\infty} \varphi_m(t) \leqslant \overline{\lim_{m\to\infty}}\, \hat{\varphi}_m(t) \leqslant \overline{\lim} d(z_m, z) = 0.$$

所以 $z \in \Phi(t)$, 因此 $F_0(t,x) \subset F(t,x)$. 进一步地 $F_0(t,x)$ 是闭集.

如果 $u : T \to X, v : T \to \mathbf{R}^m$ 是可测函数, 且 $v(t) \in F(t,u(t))$ a.e., 则 $d(z_n,(u(t),v(t))) \geqslant \varphi_n(t)$, 从而有 $d(z_n,(u(t),v(t))) \geqslant \hat{\varphi}_n(t)$, 因此对 $t \in T$, 有 $v(t) \in F_0(t,u(t))$ a.e..

现在对任意给定的 $\varepsilon > 0$, 设 $T_n \subset T$ 是闭集, 使得 $\mu(T\setminus T_n) < \dfrac{\varepsilon}{2^{n+1}}$, $a|_{T_n}$ 和 $\hat{\varphi}_n|_{T_n}$ 都是连续的. 令 $T_0 = \bigcap\limits_{n\geqslant 1} T_n$, 则 $T_0 \subset T$ 是闭集, 且 $\mu(T\setminus T_0) < \dfrac{\varepsilon}{2}$. 从 Lebesgue 稠密定理, 我们可以找到 Lebesgue 零测集 $N \subset T_0$ 使得对每个 $t \in T_0 \setminus N$ 是 T_0 的稠密集. 取 $(t,x) \in (T_0\setminus N)\times X$, 则存在 $\{t_m : m \geqslant 1\} \subset (T_0 \setminus N(x))$, $\lambda(N(x)) = 0$ 使得 $t_m \to t, y_m \in F(t_m,x)$. 不失一般性, 我们可以假设 $y_m \to y$, 则 $\hat{\varphi}_n(t_m) \leqslant d(z_n,(x,y_m))$, $m,n \geqslant 1$, 因此 $\hat{\varphi}_n(t) \leqslant d(z_n,(x,y))$, $n \geqslant 1$. 所以 $(x,y) \in \hat{\Phi}(t)$, 即 $y \in F_0(t,x)$ 在 $(T_0\setminus N)\times X$ 上成立. 设 $T_\varepsilon \subset T_0 \setminus N$ 是闭集且 $\lambda(T_0\setminus T_\varepsilon) < \varepsilon/2$. 则 $\lambda(T\setminus T_\varepsilon) < \varepsilon$. 但是 $a|_{T_\varepsilon}$ 是连续的, 所以 $a(T_\varepsilon)$ 是紧集. 由于 $F_0|_{T_\varepsilon\times X} \subset a(T_\varepsilon)$, 由引理 1.7.2, 知 $F_0|_{T_\varepsilon\times X}$ 是 u.s.c. 的. 最后如果 $F(t,x)$ 是凸的, 用 $\overline{\mathrm{co}}F_0(t,x)$ 代替 $F_0(t,x)$ 即可得到相应结论.

下面考虑集值映射的 Caratheodory 选择的存在性及表示定理.

定理 1.7.11 如果 T 是一局部紧距离空间, 其上的 Radom 测度为 $\mu(\cdot)$, X 是完备可分的距离空间, Y 是可分的自反的 Banach 空间, $F : T\times X \to P_{fc}(Y)$ 是一集值函数, 满足:

(i) $(t,x) \mapsto F(t,x)$ 可测的;

(ii) 对每个 $t \in T, x \mapsto F(t,x)$ 是 l.s.c. 的,

则存在 Caratheodory 映射 $f_m : T\times X \to Y,\ \ m \geqslant 1$, 使得对所有的 $(t,x) \in T\times X$,

$$F(t,x) = \mathrm{cl}\{f_m(t,x) : m \geqslant 1\}. \tag{1.7.1}$$

证明 根据定理 1.7.9, 对任意 $n \geqslant 1$, 存在闭集 $T_n \subset T$, $\mu(T\setminus T_n) < \dfrac{1}{n}$, 使得 $F|_{T_n\times X}$ 是 l.s.c.. 应用定理 1.6.19, 则存在连续的映射 $f_{nm} : T_n\times X \to Y, n,m \geqslant 1$, 使得对所有的 $(t,x) \in T_n\times X$, $F(t,x) = \mathrm{cl}\{f_{mn}(t,x) : m \geqslant 1\}$. 令 $f_m : T\times X \to Y$, $m \geqslant 1$ 为

$$f_m(t,x) = \begin{cases} f_{nm}(t,x), & t \in T_n, t \notin T_k, k < n, \\ 0, & t \in T \setminus \bigcup\limits_{n\geqslant 1} T_n. \end{cases}$$

则显然有 $f_m(\cdot,\cdot)$ 是 Caratheodory 映射, 且对所有的 $(t,x)\in T\times X$, 有 (1.7.1).

注 $f_m(t,x)$, $m\geqslant 1$ 称为是 $F(t,x)$ 的 Caratheodory 选择, (1.7.1) 称为 F 的 Caratheodory 选择表示.

如果 (T,μ) 换成任意一个 σ 有限测度空间 $(\Omega,\mathbf{A},\mu)$ (Ω 上没有拓扑结构) 时, 没有相应的 Scorza-Dragoni 定理可用, 上述定理的证明变得棘手. 但是我们可以借鉴 Michael 选择定理 (定理 1.6.18) 的证明, 得到下面的 Caratheodory 选择的存在性定理.

定理 1.7.12 如果 $(\Omega,\mathbf{A})$ 是完备的可测空间, X 是完备可分的距离空间, Y 是可分 Banach 的空间, 集值映射 $F:\Omega\times X\to P_{fc}(Y)$ 满足

(i) $(w,x)\mapsto F(w,x)$ 可测的;

(ii) 对任意 $w\in\Omega$, $x\mapsto F(w,x)$ 是 l.s.c. 的,

则 $F(w,x)$ 存在 Caratheodory 选择.

证明 **步骤一** 设 $\{y_n:n\geqslant 1\}$ 是 Y 中的稠密集, 对 $w\in\Omega,\varepsilon>0$, 定义

$$W_n^\varepsilon(w)=\{x\in X:y_n\in[F(w,x)+S(0,\varepsilon)]\},$$

其中 $S(0,\varepsilon)$ 是 0 为中心, ε 为半径的开球. 由于 $F(w,\cdot)$ 是 l.s.c., 则对每个 $n\geqslant 1,\varepsilon>0,w\in\Omega,W_n^\varepsilon(w)$ 是开集, 且 $\{W_n^\varepsilon(w):n\geqslant 1\}$ 是 X 的开覆盖. 由假设 (i) 可知

$$\mathrm{Gr}W_n^\varepsilon=\{(w,x)\in\Omega\times X:d(y_n,F(w,x))<\varepsilon\}\in\mathbf{A}\times\mathbf{B}(X).$$

对 $n,m\geqslant 1$, 令

$$[W_n^\varepsilon(w)]_m=\left\{x\in W_n^\varepsilon(w):d(x,X\setminus W_n^\varepsilon(w))\geqslant\frac{1}{2^m}\right\},$$

且令 $U_n^\varepsilon(w)=W_n^\varepsilon(w)\setminus\big(\bigcup\limits_{k<n}[W_k^\varepsilon(w)]_k\big)$. 容易验证 $\{U_n^\varepsilon(w):n\geqslant 1\}$ 是 X 的局部有限开覆盖, 由于 $W_n^\varepsilon(\cdot)$ 是图可测的, 所以 $U_n^\varepsilon(\cdot)$ 是可测的. 令

$$p_n^\varepsilon(w,x)=\frac{d(x,X\setminus U_n^\varepsilon(w))}{\sum\limits_{k\geqslant 1}d(x,X\setminus U_k^\varepsilon(w))}.$$

注意到 $w\mapsto X\setminus U_n^\varepsilon(w)$ 是闭集值且图可测的, 由于 $\mathbf{A}$ 是完备的, 由定理 2.1.6 知, 对每个 $n\geqslant 1,\varepsilon>0$, $w\mapsto d(x,X\setminus U_n^\varepsilon(w))$ 是可测的. 由于 $\{U_n^\varepsilon(w):n\geqslant 1\}$ 是局部有限的, 所以 $p_n^\varepsilon(\cdot,\cdot)$ 是 Caratheordory 函数, 且对每个 $(w,x)\in\Omega\times X$, $\sum\limits_{n\geqslant 1}p_n^\varepsilon(w,x)=1$.

令

$$f^\varepsilon(w,x)=\sum_{n\geqslant 1}p_n^\varepsilon(w,x)y_n,$$

则 $f^{\varepsilon}(\cdot,\cdot)$ 是 Caratheodory 函数, 且对每个 $(w,x)\in\Omega\times X$, 有 $f^{\varepsilon}(w,x)\in F(w,x)+S(0,\varepsilon)$.

步骤二 由归纳我们能得到一列函数 $f_n:\Omega\times X\to Y, n\geqslant 1$, 使得

(i) $f_n(\cdot,\cdot)$ 是 Caratheodory;

(ii) 对任意 $n\geqslant 1,(w,x)\in\Omega\times X$, 有 $f_n(w,x)\in F(w,x)+S\left(0,\dfrac{1}{2^n}\right)$;

(iii) 对任意 $n\geqslant 2,(w,x)\in\Omega\times X$, 有 $\|f_n(w,x)-f_{n-1}(w,x)\|\leqslant\dfrac{1}{2^{n-2}}$.

由第一步的证明过程知存在 $f_1(w,x)$ 满足 (i), (ii), 假设上面构造的 $f_1,\cdots,f_n$ 满足 (i)~(iii). 定义 $F_{n+1}(w,x)=F(w,x)\cap\left[f_n(w,x)+S\left(0,\dfrac{1}{2^n}\right)\right]$, 则由定理 1.6.5 知 $F_{n+1}(w,\cdot)$ 是 l.s.c.. 由于 $F(\cdot,\cdot)$ 是可测的, 因此 $F_{n+1}(\cdot,\cdot)$ 是可测的. 所以我们应用证明过程的步骤一, 知存在 $F_{n+1}(\cdot,\cdot)$ 的 Caratheodory 选择 $f_{n+1}:\Omega\times X\to Y$. 所以归纳完成. 则从 (iii) 知, 存在 $f(w,x)$, 当 $n\to\infty$ 时, $f_n(w,x)\to f(w,x)$ 关于 $x\in X$ 一致成立. 所以 $f(\cdot,\cdot)$ 是 Caratheodory 的, 且对任意 $(w,x)\in\Omega\times X$ 有 $f(w,x)\in F(w,x)$, 定理证毕.

下面给出集值映射的 Caratheodory 选择表示定理.

定理 1.7.13 设 $(\Omega,\mathbf{A})$ 是完备的可测空间, X 是完备可分的距离空间, Y 是可分的 Banach 空间, 集值映射 $F:\Omega\times X\to P_{fc}(Y)$ 满足

(i) $(w,x)\mapsto F(w,x)$ 可测的;

(ii) 对每个 $w\in\Omega, x\mapsto F(w,x)$ 是 l.s.c. 的,

则存在 $F(w,x)$ 的 Caratheodory 选择 $f_n:\Omega\times X\to Y,\ n\geqslant 1$, 使得对所有的 $(w,x)\in\Omega\times X$, 有

$$F(w,x)=\mathrm{cl}\{f_n(w,x):n\geqslant 1\}.$$

证明 令 $\{V_n:n\geqslant 1\}$ 是 Y 上生成强拓扑的凸基, 对每个 $n\geqslant 1$, 定义

$$U_n=\{(w,x)\in\Omega\times X:F(w,x)\cap V_n\neq\phi\}\in\mathbf{A}\times B(X).$$

再令 $U_n(w)=\{x\in X:(w,x)\in U_n\}$. 显然对任意 $n\geqslant 1,\ w\in\Omega,\ U_n(w)$ 是开集, 且 $w\mapsto U_n(w)$ 是图可测的. 定义

$$A_k^n(w)=\left\{x\in X:d(x,\ X\setminus U_n(w))\geqslant\frac{1}{2^k}\right\},\quad n,k\geqslant 1.$$

则 $A_k^n(w)$ 是闭集值可测的, 且 $\bigcup\limits_{k\geqslant 1}A_k^n(w)=U_n(w)$. 定义 $F_k^n:\Omega\times X\to P_{fc}(Y)$ 如下

$$F_k^n(w,x)=\begin{cases}\mathrm{cl}(F(w,x)\cap V_n), & x\in A_k^n(w),\\ F(w,x), & x\notin A_k^n(w),\end{cases}$$

则 $F_k^n(w,\cdot)$ 是 l.s.c 的, 且 $F_k^n(\cdot,\cdot)$ 是可测的, 应用定理 1.7.12 可得 $F_k^n(\cdot,\cdot)$ 的 Caratheodory 选择 $f_k^n:\Omega\times X\to Y$, 显然 $F(w,x)=\mathrm{cl}\{f_k^n(w,x):n,k\geqslant 1\}$, 定理证毕.

§1.8 第一章注记

关于超空间上的拓扑的研究可以追溯到 20 世纪初. F.Hausdorff 所著的 "Mengenlehre" 第一版由 W. de Gruyter, Beilin-Leipzig 于 1914 出版, 第二版于 1927 出版. Aumann J R 将其第二版由德文译成英文 "Set Theorey" 在 1962 年出版 [124]. 在该书中 Hausdorff 讨论了距离空间的有界闭集全体所成的超空间上的 Hausdorff 距离及其子集序列的收敛性问题. 关于 Hausdorff 距离的超空间的完备性的讨论可参见 Kuratowski 在 1966 年出版的 [187]. 另外有许多关于超拓扑空间的书出版, 有兴趣的读者可参见 [177] 和 [40], 这两本书对 Huasdorff 距离空间均有系统的研究. 将超空间 $(\mathbf{P}_{kc}(X),\delta)$ 与 $(\mathbf{P}_{bfc}(X),\delta)$ 看作是 Banach 空间的闭凸锥 (定理 1.2.13, 定理 1.4.13) 在后来的许多文献中被称 Rådström 与 Hörmander 嵌入定理. 原始思想参见 [282], [153].

Victoris 拓扑是由 Victoris[326] 首次提出的, 且在 [327] 中做了进一步的研究. 超空间上的上拓扑、下拓扑的叫法可能来自于 Michael[220]. 关于 $\mathbf{P}_0(X)$ 上的上拓扑与上半度量拓扑, 下拓扑与下半度量拓扑,Hausdorff 拓扑与 Victoris 拓扑的比较可参见 [155]. 线性拓扑可能是 Hess[129] 首次提出的. Blaschke's 选择定理可参见 [99].

关于超空间上的收敛性, Hausdorff 收敛可参见 [124] 和 [187]. Wijsman 收敛是 Wijsman 于 1966 年在 [341] 中提出的, 关于这种收敛与 Wijsman 拓扑进一步的研究可参看 [40]. 弱收敛可参见 [341], [295], [82]. 线性收敛可参见 [129]. Huasdorff 在 [124] 中将 Kuratowski 收敛的概念归功于 Painlevé, 这种收敛在 [187] 有更系统的研究. 将 Kuratowski 收敛定义中的强收敛推广成一般的拓扑空间 (X,τ) 上拓扑收敛, 作者 Francaviglia 等 [106], Baronti 与 Papini [32], Beer 等 [44], Aubin 与 Frankowska [18] 等称其为 Kuratowski-Painlevé 收敛. 从拓扑收敛角度看,Banach 空间的 Kuratowski 收敛与 Mosco 收敛只不过分别是强、弱 Kuratowski-Painleve 收敛. Kuratowski-Mosco 收敛是由 Mosco 于 1969 年在 [228] 中提出的, 更多内容可参看 [235], [52], [35]~[40]. 关于 Epi(图)Kuratowski 收敛可参见 [294]~[297], [44], [14] 等.

关于集值映射的连续性, 较早的定义是 Hill[142], Moore[233] 给出的上半、下半连续的概念, 其等价定义较早的为文献 [186], [66]. 集值映射的交、并的相关定理可参见 [49], [139]. 上半、下半连续与 h- 上半、下半连续的比较可参见 [155]. 集值映射的连续选择的讨论归功于 Michael[221~224]. 关于集值 Caratheodorg 函数的综述, 可参见 Hu 与 Papageorgiou[154].

第二章　集值随机变量及其积分

§2.1　集值随机变量的定义与运算

设 $(\Omega, \mathbf{A})$ 为可测空间, X 为度量空间. 设 $\mathbf{G}$ 为 X 中全体开集, $\mathbf{B}(X) = \sigma(\mathbf{G})$ 称作 X 上的 Borel 代数, 称 $\mathbf{A} \times \mathbf{B}(X) = \sigma\{A \times B : A \in \mathbf{A}, B \in \mathbf{B}(X)\}$ 为 $\Omega \times X$ 上的乘积 σ 代数, 而称 $(\Omega \times X, \mathbf{A} \times \mathbf{B}(X))$ 为乘积可测空间. 任给 $A \subset \Omega \times X, A$ 在 Ω 上的投影定义作

$$\mathrm{Pr}_\Omega(A) = \{w \in \Omega:\ 存在\ x \in X,\ 使得\ (w, x) \in A\}.$$

定义 2.1.1　称集值映射 $F : \Omega \to \mathbf{P}_f(X)$ 为强可测的, 若任给 $C \in \boldsymbol{P}_f(X)$ 有

$$F^{-1}(C) = \{w \in \Omega : F(w) \cap C \neq \varnothing\} \in \mathbf{A}.$$

称集值映射 $F : \Omega \to \boldsymbol{P}_f(X)$ 为可测的, 若任给开集 G 有

$$F^{-1}(G) = \{w \in \Omega : F(w) \cap G \neq \varnothing\} \in \mathbf{A}.$$

可测的集值映射称作集值随机变量或随机集.

注　事实上, 定义 2.1.1 对任意集值映射 $F : \Omega \to \mathbf{P}(X)$ 均有效, 特别地如果允许 F 取空集为其值, 则上述定义自然蕴含着 $\{w : F(w) = \varnothing\} = \{w : F(w) \cap X = \varnothing\} \in \mathbf{A}$. 但为了以后讨论问题方便, 总假定 $F(w)$ 取非空闭集.

定理 2.1.1　强可测集值映射必为集值随机变量.

证明　设 $F : \Omega \to \mathbf{P}(X)$ 是强可测的. 任给开集 $G(\neq X)$, 令

$$C_n = \left\{x \in X : d(x, G^c) \geqslant \frac{1}{n}\right\}.$$

由于 $G^c \in \mathbf{P}_f(X), d(x, G^c)$ 为 x 的连续函数, 故 C_n 为闭集, 且

$$G = \bigcup_{n=1}^{\infty} C_n.$$

从而易证

$$\begin{aligned}F^{-1}(G) &= F^{-1}\Big(\bigcup_{n=1}^{\infty} C_n\Big)\\ &= \left\{w : F \cap \left(\bigcup_{n=1}^{\infty} C_n\right) \neq \varnothing\right\}\\ &= \bigcup_{n=1}^{\infty} \{w : F(w) \cap C_n \neq \varnothing\}\\ &= \bigcup_{n=1}^{\infty} F^{-1}(C_n) \in \mathbf{A}.\end{aligned}$$

当 $G = X$ 时, 显然 $F^{-1}(G) = F^{-1}(X) = \Omega \in \mathbf{A}$, 定理得证.

定理 2.1.2　若假定 $F : \Omega \to \mathbf{P}_f(X)$ 是集值随机变量, 则 $d(x, F(w))$ 是可测的 $(x \in X)$.

证明　任给 $\alpha \in \mathbf{R}^+$, 由于

$$\{w : d(x, F(w)) < \alpha\} = \{w : F(w) \cap S(x, \alpha) \neq \varnothing\} \in \mathbf{A},$$

故 $d(x, F(w))$ 是可测的.

定理 2.1.3　若 X 为可分的度量空间, $F : \Omega \to \mathbf{P}_f(X)$ 满足 $d(x, F(w))$ 是 $\mathbf{A}$ 可测的 $(x \in X)$, 则 F 为集值随机变量.

证明　由于 X 是可分的, 故对于任意开集 $G \subset X$, 存在点列 $\{x_n\} \subset G, \alpha_n > 0$, 使得 $G = \bigcup\limits_{n=1}^{\infty} S(x_n, \alpha_n)$, 从而

$$F^{-1}(G) = \bigcup_{n=1}^{\infty} F^{-1}(S(x_n, \alpha_n)) = \bigcup_{n=1}^{\infty} \{w : d(x_n, F(w)) < \alpha_n\} \in \mathbf{A},$$

故 $F(w)$ 为集值随机变量.

定理 2.1.4　设 X 为可分的度量空间, $F : \Omega \to \mathbf{P}_f(X)$ 为集值随机变量, 则 F 的图

$$\mathrm{Gr}F = \{(w, x) \in \Omega \times X : x \in F(w)\} \in \mathbf{A} \times \mathbf{B}(X).$$

证明　设 $\{x_n : n \geqslant 1\}$ 为 X 的稠密点列, 固定 $\alpha \geqslant 1$, 定义函数 $d_\alpha(w, x) = d(x_n, F(w))$, 当

$$(w, x) \in \Omega \times \left[S\left(x_n, \frac{1}{\alpha}\right) \Big\backslash \bigcup_{m<n} S\left(x_m, \frac{1}{\alpha}\right)\right]$$

时. 由于

$$\begin{aligned}&\{(w, x) : d_\alpha(x, w) < b\}\\ =& \bigcup_{n=1}^{\infty} \{w : d(x_n, F(w)) < b\} \times \left[S\left(x_n, \frac{1}{\alpha}\right) \Big\backslash \bigcup_{m<n} S\left(x_m, \frac{1}{\alpha}\right)\right] \in \mathbf{A} \times \mathbf{B}(X),\end{aligned}$$

所以 $d_\alpha(w,x)$ 是 $\mathbf{A}\times\mathbf{B}(X)$ 可测的, 从而

$$d(x,F(w))=\lim_{\alpha\to\infty}d_\alpha(w,x)$$

是 $\mathbf{A}\times\mathbf{B}(X)$ 可测的, 故

$$\mathrm{Gr}F=\{(w,x),d(x,F(w))=0\}\in\mathbf{A}\times\mathbf{B}(X).$$

引理 2.1.1 设 $(\Omega,\mathbf{A},\mu)$ 为完备的 σ 有限测度空间, X 为完备的可分度量空间, 则任给 $G\in\mathbf{A}\times\mathbf{B}(X),\mathrm{Pr}_\Omega(G)\in\mathbf{A}$.

定理 2.1.5 设 $(\Omega,\mathbf{A},\mu)$ 为完备的测度空间, X 为完备的可分度量空间, 若 $F:\Omega\to\mathbf{P}_f(X)$ 的图 $\mathrm{Gr}F\in\mathbf{A}\times\mathbf{B}(X)$, 则任给 $B\in\mathbf{B}(X),F^{-1}(B)\in\mathbf{A}$.

证明 由于

$$\begin{aligned}F^{-1}(B)&=\{w:F(w)\cap B\neq\varnothing\}\\&=\{w:(w,x)\in\mathrm{Gr}F\cap(\Omega\times B)\}\\&=\mathrm{Pr}_\Omega(\mathrm{Gr}F\cap(\Omega\times B)),\end{aligned}$$

而 $\mathrm{Gr}F\cap(\Omega\times B)\in\mathbf{A}\times\mathbf{B}(X)$, 故 $F^{-1}(B)\in\mathbf{A}$.

综合上面的论述, 我们得到下述结论:

定理 2.1.6 设 $(\Omega,\mathbf{A})$ 为可测空间, X 为可分的度量空间. $F:\Omega\to\mathbf{P}_f(X)$ 为集值映射, 考虑下列命题:

(1) 任给 Borel 子集 $B\subseteq X,F^{-1}(B)\in\mathbf{A}$;

(2) F 是强可测的;

(3) F 是可测的;

(4) 任给 $x\in X,d(x,F)$ 是可测的;

(5) $\mathrm{Gr}F\in\mathbf{A}\times\mathbf{B}(X)$,

则 (1) $\Rightarrow$ (2) $\Rightarrow$ (3) $\Rightarrow$ (4) $\Rightarrow$ (5), 且 (3) 与 (4) 等价. 若进一步 X 是完备的, 并且存在一个 σ 有限的测度, 使得 $(\Omega,\mathbf{A},\mu)$ 为完备的测度空间, 则上述五个命题全部等价.

定理 2.1.7 设 $(\Omega,\mathbf{A})$ 为可测空间, X 为可分的度量空间, $F:\Omega\to\mathbf{P}_k(X)$ 为集值映射, 则下列命题等价:

(1) F 是 $(\Omega,\mathbf{A})$ 到度量空间 $(\mathbf{P}_k(X),\delta)$ 上的可测映射;

(2) F 是强可测的;

(3) F 是可测的.

证明　(1) ⇒ (2)　任给闭集 $C \subset X$, 则 $X \setminus C$ 为开集, 若将 F 看成 Ω 到 $(\mathbf{P}_k(X), \delta)$ 上的映射, 则有

$$\begin{aligned}\{w : F(w) \cap C \neq \varnothing\} &= \Omega \setminus \{w : F(w) \subset X \setminus C\} \\ &= \Omega \setminus F^{-1}(I^*(X \setminus C)).\end{aligned}$$

若 (1) 成立, 则依定理 1.3.16 可得 $F^{-1}(I^*(X \setminus C)) \in \mathbf{A}$, 从而知 $F^{-1}(C) \in \mathbf{A}$. 故 F 是强可测的.

(2) ⇒ (3)　由定理 2.1.1 可得.

(3) ⇒ (1)　若 F 是可测的, 则对于任意开集 $G \subset X$, 有

$$\{w : F(w) \cap G \neq \varnothing\} \in \mathbf{A}.$$

因此, 若将 F 看作 Ω 到 $(\mathbf{P}_k(X), \delta)$ 上的映射, 则对于任给开集 $G \subset X$, 必有

$$F^{-1}(I^*(G)) = \{w : F(w) \cap G \neq \varnothing\} \in \mathbf{A}.$$

故依定理 1.3.16 可知 (1) 成立.

引理 2.1.2　设 X 为可分的 Banach 空间, $C \in \mathbf{P}_{fc}(X)$, 则一定存在 X^* 中的可数点列 $\{x_n^* : n \geqslant 1\}$, 使得

$$C = \bigcap_{n \geqslant 1} \{x \in X : \langle x_n^*, x \rangle \leqslant \sigma(x_n^*, C)\}.$$

证明　依定理 1.4.7 知

$$C = \bigcap_{x^* \in X^*} \{x \in X : \langle x^*, x \rangle \leqslant \sigma(x^*, C)\}.$$

令 $H(x^*) = \{x \in X : \langle x^*, x \rangle > \sigma(x^*, C)\}$, 则 $H(x^*)$ 为强开集, 且

$$X \setminus C = \bigcup_{x^* \in X^*} H(x^*).$$

由于 X 是可分的, $X \setminus C$ 为开集, $\{H(x^*) : x^* \in X^*\}$ 为 $X \setminus C$ 的开覆盖, 故依拓扑学中 Lindelof 定理知 $X \setminus C$ 存在可数子覆盖, 即存在可数点列 $\{x_n^* : n \geqslant 1\} \subset X^*$ 使得 $X \setminus C = \bigcup\limits_{n \geqslant 1} H(x_n^*)$, 故知

$$C = \left(\bigcup_{n \geqslant 1} H(x_n^*)\right)^c = \bigcap_{n \geqslant 1} \{x \in X : \langle x_n^*, x \rangle \leqslant \sigma(x_n^*, C)\}.$$

引理 2.1.3　设 X 为可分的 Banach 空间, $C \in \mathbf{P}_{fc}(X)$, 则一定存在单调降的弱开集列 $\{V_n : n \geqslant 1\}$ 使得 $C = \bigcap\limits_{n \geqslant 1} V_n$.

证明 依引理 2.1.2 知存在可数点列 $\{x_n^*: n \geqslant 1\} \subset X^*$, 使得

$$C=\bigcap_{n\geqslant 1}\{x\in X:\langle x_n^*,x\rangle\leqslant \sigma(x_n^*,C)\}.$$

对于固定的 $n\geqslant 1, m\geqslant 1$, 令

$$H_{mn}=\left\{x\in X:\langle x_n^*,x\rangle<\sigma(x_n^*,C)+\frac{1}{m}\right\},$$

则 H_{mn} 为弱开集, 且显然有 $C=\bigcap\limits_{m,n\geqslant 1}H_{mn}$. 对可数弱开集列 $\{H_{mn}: m,n\geqslant 1\}$ 重新排列, 记作 $\{H_n: n\geqslant 1\}$. 令

$$V_n=\bigcap_{1\leqslant k\leqslant n}H_k,$$

则 V_n 为弱开集, $V_n\supset V_{n+1}$, 且 $C=\bigcap\limits_{n\geqslant 1}V_n$.

定理 2.1.8 设 $(\Omega,\mathbf{A})$ 为可测空间, X 为可分的 Banach 空间, $F:\Omega\to \mathbf{P}_{wk}(X)$ 为集值映射, 则下列命题等价:

(1) F 是可测的;

(2) 任给弱开集 $V\subseteq X, F^{-1}(V)\in\mathbf{A}$.

证明 (1) $\Rightarrow$ (2) 由于 Banach 空间中弱开集必是强开集, 因此 (1) 成立时, (2) 必成立.

(2) $\Rightarrow$ (1) 依定理 2.1.3, 仅需证明任给 $x\in X, d(x,F(w))$ 是可测的. 但由于

$$\{w:d(x,F(w))<\alpha\}=\{w:F(w)\cap\overline{S}(x,\alpha)\neq\varnothing\},$$

故仅需证明任给 $C\in\mathbf{P}_{fc}(X), F^{-1}(C)\in\mathbf{A}$. 依引理 2.1.3, 存在单调降的弱开集列 $\{V_n:n\geqslant 1\}$ 使得 $C=\bigcap\limits_{n\geqslant 1}V_n$, 而依 (2) 所给条件知 $F^{-1}(V_n)\in\mathbf{A}(n\geqslant 1)$, 下面证明

$$F^{-1}(C)=\bigcap_{n\geqslant 1}F^{-1}(V_n).$$

$F^{-1}(C)\subset\bigcap\limits_{n\geqslant 1}F^{-1}(V_n)$ 是显然的. 为证相反的包含关系, 设 $w\in\bigcap\limits_{n\geqslant 1}F^{-1}(V_n)$, 则 $F(w)\cap V_n\neq\varnothing(n\geqslant 1)$. 取 $x_n\in F(w)\cap V_n(n\geqslant 1)$, 则 $\{x_n:n\geqslant 1\}\subset F(w)\in\mathbf{P}_{wk}(X)$, 从而存在子列 $\{x_{n_k}:k\geqslant 1\}$, 使得 $(w)x_{n_k}\to x\in F(w)$. 依引理 2.1.3 中 $\{V_n:n\geqslant 1\}$ 的构造及弱收敛的定义可知 $x\in C=\bigcap\limits_{n\geqslant 1}V_n$, 因此 $F(w)\cap C\neq\varnothing$, 从而得知

$$\bigcap_{n\geqslant 1}F^{-1}(V_n)\subset F^{-1}(C),$$

定理得证.

下面讨论集值随机变量的可测选择问题. 首先, 我们给出 Banach 空间值函数可测的定义及基本性质. 设 $(\Omega, \mathbf{A}, \mu)$ 为测度空间, X 为 Banach 空间. 称 X 值函数 $f:\Omega\to X$ 是简单函数, 如果存在 $\{x_1,\cdots,x_n\}\subset X$, 以及 Ω 的 $\mathbf{A}$ 可测划分 $\{A_1,\cdots,A_n\}$ 使得 $f(w)=\sum\limits_{i=1}^{n} x_i\chi_{A_i}$, 其中 χ_{A_i} 为 A_i 的示性函数. 称 X 值函数 $f:\Omega\to X$ 是强可测的, 如果存在 X 值简单函数列 $\{f_n:n\geqslant 1\}$ 使得

$$\lim_{n\to\infty}\|f_n(w)-f(w)\|=0 \quad \text{a.e.}.$$

称 X 值函数 $f:\Omega\to X$ 是弱可测的, 如果任给 $x^*\in X^*$, 实值函数 $\langle x^*, f(w)\rangle$ 是可测的. 下面的引理给出了强可测 X 值函数常用的性质, 详细证明可参阅文献 [29] 以及 [20].

引理 2.1.4 (1) 若 $f:\Omega\to X$ 强可测的, 则 $\|f(w)\|$ 可测;

(2) $f:\Omega\to X$ 是强可测的当且仅当 f 弱可测且存在 $N\in\mathbf{A}, \mu(N)=0$, 使 $f(\Omega\setminus N)$ 是 X 中的可分子集. 特别地, 若 X 是可分的 Banach 空间, 则 $f:\Omega\to X$ 强可测当且仅当 f 弱可测;

(3) $f:\Omega\to X$ 是强可测的当且仅当存在取值于 X 的可数集的可测函数列 $\{f_n:n\geqslant 1\}$ 以及 $N\in\mathbf{A}, \mu(N)=0$, 使得在 $w\in\Omega\setminus N$ 上一致地有 $\lim\limits_{n\to\infty}\|f_n(w)-f(w)\|=0$;

(4) 若 $f:\Omega\to X$ 是强可测的, 则存在 X 值函数列 $\{f_n:n\geqslant 1\}$ 使得 $\|f_n(w)\|\leqslant 2\|f(w)\|$, 且

$$\lim_{n\to\infty}\|f_n(w)-f(w)\|=0 \quad \text{a.e.}.$$

定义 2.1.2 设 $(\Omega, \mathbf{A}, \mu)$ 为测度空间, X 为可分 Banach 空间, $F:\Omega\to\mathbf{P}_f(X)$ 为集值随机变量, $f:\Omega\to X$ 为强可测函数, 称 f 为 F 的强可测选择, 如果任给 $w\in\Omega, f(w)\in F(w)$. 称 f 为 F 的 a.e. 强可测选择, 如果 $f(w)\in F(w)$ a.e..

定理 2.1.9 设 $(\Omega, \mathbf{A})$ 为可测空间, X 为可分的 Banach 空间, $F:\Omega\to\mathbf{P}_f(X)$ 为集值随机变量, 则 F 必有强可测选择.

证明 设 $\{x_n:n\geqslant 1\}$ 为 X 的可数稠密子集, 下面我们构造一列在 $\{x_n:n\geqslant 1\}$ 上取值的强可测函数 $\{f_k:k\geqslant 1\}$, 满足下列条件:

(a) 任给 $k\geqslant 1, w\in\Omega, d(f_k(w), F(w))<2^{-k}$;

(b) 任给 $k\geqslant 1, w\in\Omega, \|f_{k+1}-f_k(w)\|<2^{-k+1}$.

首先, 令 $i(1,w)=\inf\{n:F(w)\cap S(x_n, 2^{-1})\neq\varnothing\}$, 定义

$$f_1(w)=x_{i(1,w)}=\sum_{n=1}^{\infty}x_n\chi_{(i(1,w)=n)}.$$

则由于

$$\{w : i(1,w) = n\} = F^{-1}(S(x_n, 2^{-1})) \setminus \Big(\bigcup_{1\leqslant m<n} F^{-1}(S(x_m, 2^{-1}))\Big) \in \mathbf{A},$$

故 f_1 是强可测的, 且显然有 $d(f_1(w), F(w)) < 2^{-1}$. 假定 $\{f_1, \cdots, f_k\}$ 已构造好, 令 $A_j = \{w : f_k(w) = x_j\}$, 则 $A_j \in \mathbf{A}$, $\bigcup\limits_{j\geqslant 1} A_j = \Omega$, 并且由条件 (a) 知

$$A_j \subset \{w : F(w) \cap S(x_j, 2^{-k}) \neq \varnothing\}.$$

固定 $j \geqslant 1$, 令

$$i(k,j,w) = \inf\{n : F(w) \cap S(x_j, 2^{-k}) \cap S(x_n, 2^{-(k+1)}) \neq \varnothing\}.$$

则当 $w \in A_j$ 时, $1 \leqslant i(k,j,w) < +\infty$. 定义

$$f_{k+1}(w) = \sum_{j=1}^{\infty} x_{i(k,j,w)} \chi_{A_i}.$$

则由于

$$\{w : f_{k+1}(w) = x_n\} = \bigcup_{j\geqslant 1} (A_j \cap \{w : i(k,j,w) = n\}).$$

而类似于 $\{w : f_{k+1}(w) = x_n\} \in \mathbf{A}$ 的证明可证 $\{w : i(k,j,w) = n\} \in \mathbf{A}$, 故 f_{k+1} 是强可测的. f_{k+1} 显然满足条件 (a), (b). 这就证明了存在取值于 $\{x_n : n \geqslant 1\}$ 上的 X 值强可测函数列 $\{f_k : k \geqslant 1\}$ 满足条件 (a), (b). 由条件 (b), 引理 2.1.4(3) 以及 X 的完备性知存在强可测函数 $f : \Omega \to X$ 使得 $\lim\limits_{k\to\infty} \|f(w) - f_{k+1}(w)\| = 0 (w \in \Omega)$, 而由条件 (a) 可知 $f(w) \in F(w) (w \in \Omega)$, 即 f 是 F 的强可测选择.

定理 2.1.10 设 $(\Omega, \mathbf{A})$ 为可测的空间, X 为可分的 Banach 空间, $F : \Omega \to \mathbf{P}_f(X)$ 为集值映射, 则下列命题等价:

(1) F 为集值随机变量;

(2) 存在一列 F 的强可测选择 $\{f_n : n \geqslant 1\}$ 使得

$$F(w) = \mathrm{cl}\{f_n(w) : n \geqslant 1\}, w \in \Omega.$$

证明 (1) ⇒ (2) 假定 F 为集值随机变量, 令 $\{x_n : n \geqslant 1\}$ 为 X 的可数稠密子集, 固定 $m, n \geqslant 1$, 定义新的集值函数如下:

$$F_{mn}(w) = \begin{cases} \mathrm{cl}(F(w) \cap S(x_m, 2^{-n})), & \text{若 } w \in A_{mn}, \\ F(w), & \text{若 } w \notin A_{mn}, \end{cases}$$

其中 $A_{mn}=\{w:F(w)\cap S(x_m,2^{-n})\neq\varnothing\}$. 由于 $A_{mn}\in\mathbf{A}$, 而依引理 1.3.3, 对于任意开集 $G\subseteq X$, 有

$$\begin{aligned}&A_{mn}\cap\{w:\mathrm{cl}(F(w)\cap S(x_m,2^{-n}))\cap G\neq\varnothing\}\\=&A_{mn}\cap\{w:F_{mn}(w)\cap S(x_m,2^{-n})\cap G\neq\varnothing\}\in\mathbf{A}\end{aligned}$$

因此

$$\begin{aligned}F_{mn}^{-1}(G)&=\{w:F_{mn}(w)\cap G\neq\varnothing\}\\&=(A_{mn}\cap F^{-1}(S(x_m,2^{-n})\cap G))\cup(A_{mn}^c\cap F^{-1}(G))\in\mathbf{A},\end{aligned}$$

则 F_{mn} 为集值随机变量. 于是, 依定理 2.1.9 知 F_{mn} 存在强可测选择, 记作 f_{mn}. 下面证明, 对任给 $w\in\Omega,\{f_{mn}(w):m,n\geqslant1\}$ 稠密于 $F(w)$. 任给 $x\in F(w)$ 及 $n\geqslant1$, 必存在 $x_m\in\{x_n:n\geqslant1\}$ 使得 $\|x_m-x\|<2^{-n}$, 从而 $F(w)\cap S(x_m,2^{-n})\neq\varnothing$. 于是由 F_{mn} 的定义知 $f_{mn}(w)\in\overline{S}(x_m,2^{-n})$, 从而

$$\|f_{mn}(w)-x\|\leqslant\|f_{mn}(w)-x_m\|+\|x_m-x\|<2^{-n+1},$$

故知 $\{f_{mn}(w):m,n\geqslant1\}$ 稠密于 $F(w)$, (2) 得证.

(2) ⇒ (1)　若存在 F 的一列强可测选择 $\{f_n:n\geqslant1\}$ 使得

$$F(w)=\mathrm{cl}\{f_n(w):n\geqslant1\},w\in\Omega,$$

则对于任意的 $x\in X$, 由于 $\|x-f_n(w)\|$ 均是可测的, 故

$$d(x,F(w))=\inf\{\|x-f_n(w)\|:n\geqslant1\}$$

是可测的, 从而依定理 2.1.3 知 F 为集值随机变量.

注　满足定理 2.1.10 条件的强可测 X 值函数列也称作集值随机变量 F 的 Castaing 表示, 上述定理为集值函数可测性的证明提供了非常方便的工具.

推论 2.1.1　设 F,F_1,F_2 为集值随机变量, 则

(1) $d(x,F(w))$ 可测 $(x\in X)$;

(2) $h(x,F(w))$ 可测 $(x\in X)$;

(3) $\|F(w)\|$ 可测;

(4) $\delta(F_1(w),F_2(w))$ 可测;

(5) $\sigma(x^*,F(w))$ 可测 $(x^*\in X^*)$.

其中 $h(x,A)=\sup\{d(x,y):y\in A\},(A\subset X)$.

证明 记 $F(w)=\mathrm{cl}\{f_n(w):n\geqslant 1\},F_1(w)=\mathrm{cl}\{g_n(w):n\geqslant 1\},F_2(w)=\mathrm{cl}\{h_n(w):n\geqslant 1\}$, 则有

$$\begin{aligned}
d(x,F(w))&=\inf\{d(x,y):y\in F(w)\}=\inf_{n\geqslant 1}\{d(x,f_n(w))\},\\
h(x,F(w))&=\sup\{d(x,y):y\in F(w)\}=\sup_{n\geqslant 1}\{d(x,f_n(w))\},\\
\|F(w)\|&=\sup\{\|x\|:x\in F(w)\}=\sup_{n\geqslant 1}\|f_n(w)\|,\\
\delta(F_1(w),F_2(w))&=\max\{\sup_{m\geqslant 1}\inf_{n\geqslant 1}d(g_n,h_m),\sup_{n\geqslant 1}\inf_{m\geqslant 1}d(g_n,h_m)\},\\
\sigma(x^*,F)&=\sup_{n\geqslant 1}\sigma(x^*,f_n(w)).
\end{aligned}$$

从而易证结论成立.

注 由 (2) ~ (5) 定义的实值随机变量可能取到 $+\infty$, 即它们实际上是广义实值随机变量.

推论 2.1.2 设 F,F_1,F_2 为集值随机变量, $\alpha:\Omega\to\mathbf{R}$ 为实值随机变量, 则

$$(\alpha F)(w)=\alpha(w)\cdot F(w),$$

$$(F_1+F_2)(w)=\mathrm{cl}(F_1+F_2),$$

均为集值随机变量.

证明 设 $F(w)=\mathrm{cl}\{f_n(w):n\geqslant 1\},F_1(w)=\mathrm{cl}\{g_n(w):n\geqslant 1\},F_2(w)=\mathrm{cl}\{h_n(w):n\geqslant 1\}$, 则

$$(\alpha F)(w)=\mathrm{cl}\{\alpha(w)f_n(w):n\geqslant 1\},$$

$$(F_1+F_2)(w)=\mathrm{cl}\{g_n(w)+h_m(w):m,n\geqslant 1\},$$

显然结论成立.

推论 2.1.3 若 F 是集值随机变量, 则 $\overline{\mathrm{co}}F$ 也是集值随机变量.

证明 设 $F(w)=\mathrm{cl}\{f_n(w):n\geqslant 1\}$, 令

$$U=\left\{f:f=\sum_{i=1}^{m}\alpha_i f_i,\alpha_i\text{ 为非负有理数}, \sum_{i=1}^{m}\alpha_i=1,m\geqslant 1\right\},$$

则 U 为可数集, 且显然有 $\overline{\mathrm{co}}F(w)=\mathrm{cl}\{f(w):f\in U\}$, 因此 $\overline{\mathrm{co}}F$ 是集值随机变量.

定理 2.1.11 设 $(\Omega,\mathbf{A})$ 为可测空间, X 为任意度量空间, 若 $\{F_n:n\geqslant 1\}$ 为一列集值随机变量, 则 $F(w)=\mathrm{cl}\Big(\bigcup\limits_{n=1}^{\infty}F_n(w)\Big)$ 为集值随机变量.

证明 由引理 1.3.3, 对于任意开集 $G\subseteq X$, 有

$$F^{-1}(G)=\left\{w:\mathrm{cl}\Big(\bigcup_{n=1}^{\infty}F_n(w)\Big)\cap G\neq\varnothing\right\}$$

$$= \left\{w : \left(\bigcup_{n=1}^{\infty} F_n(w)\right) \cap G \neq \varnothing\right\}$$
$$= \bigcup_{n=1}^{\infty} \{w : F_n(w) \cap G \neq \varnothing\} \in \mathbf{A}.$$

故 F 为集值随机变量.

定理 2.1.12　设 $(\Omega, \mathbf{A})$ 为可测的空间, X 为 Banach 的空间, $F_n : \Omega \to \mathbf{P}_{wk}(X)$ 为集值随机变量. 若 $F(w) = \mathrm{cl}_w\left(\bigcup\limits_{n=1}^{\infty} F_n(w)\right) \in \mathbf{P}_{wk}(X)(w \in \Omega)$, 则 F 为集值随机变量, 其中 cl_w 表示弱拓扑意义上的闭包.

证明　类似于定理 2.1.11 的证法, 只是此时要用到定理 2.1.8, 并注意到在弱拓扑上与引理 1.3.3 相应的结果依然成立.

定理 2.1.13　设 $(\Omega, \mathbf{A})$ 为可测空间, X 为可分的度量空间, $F_n : \Omega \to \mathbf{P}_f(X)$ 为集值随机变量, 则 $\mathrm{Gr}\left(\bigcap\limits_{n=1}^{\infty} F_n\right) \in \mathbf{A} \times \mathbf{B}(X)$. 若进一步 X 是完备的, 且存在 σ 有限测度, 使得 $(\Omega, \mathbf{A}, \mu)$ 为完备的测度空间, 则 $A = \left\{w : \bigcap\limits_{n=1}^{\infty} F_n(w) = \varnothing\right\} \in \mathbf{A}$, 且当 $A = \varnothing$ 时, $\bigcap\limits_{n=1}^{\infty} F_n$ 为集值随机变量.

证明　依定理 2.1.6 知 $\mathrm{Gr}(F_n) \in \mathbf{A} \times \mathbf{B}(X)(n \geqslant 1)$, 而显然有

$$\mathrm{Gr}\left(\bigcap_{n=1}^{\infty} F_n\right) = \bigcap_{n=1}^{\infty} \mathrm{Gr}(F_n).$$

故前一部分结论成立. 当 X 完备且 $(\Omega, \mathbf{A}, \mu)$ 为完备的 σ 有限测度空间时, $\left\{w : \bigcap\limits_{n=1}^{\infty} F_n(w) = \varnothing\right\} = \mathrm{Pr}_{\Omega}\left((\Omega \times X) \setminus \mathrm{Gr}\left(\bigcap\limits_{n=1}^{\infty} F_n\right)\right) \in \mathbf{A}$. 同样由定理 2.1.6 知 $\bigcap\limits_{n=1}^{\infty} F_n$ 为集值随机变量.

定理 2.1.14　设 $(\Omega, \mathbf{A})$ 为可测空间, $F_n : \Omega \to \mathbf{P}_{wk}(X)$ 为集值随机变量, 有 $F_{n+1}(w) \subset F_n(w)(w \in \Omega, n \geqslant 1)$, 且 $\bigcap\limits_{n=1}^{\infty} F_n(w) \neq \varnothing(w \in \Omega)$, 则 $\bigcap\limits_{n=1}^{\infty} F_n$ 为集值随机变量.

证明　首先证明任给 $x \in X, \alpha \in R$,

$$\left(\bigcap_{n=1}^{\infty} F_n\right)^{-1}(\overline{S}(x, \alpha)) = \bigcap_{n=1}^{\infty} F_n^{-1}(\overline{S}(x, \alpha)).$$

显然, 左边包含于右边. 假设 $w \in \bigcap\limits_{n=1}^{\infty} F_n^{-1}(\overline{S}(x, \alpha))$, 则 $F_n(w) \cap \overline{S}(x, \alpha) \neq \varnothing(n \geqslant 1)$, 从而可取 $x_n \in F_n \cap \overline{S}(x, \alpha)$. 由于 $\{x_n : n \geqslant 1\} \subset F_1(w) \in \mathbf{P}_{wk}(X)$, 故存在子列 $\{x_{n_k}, k \geqslant 1\}$, 使得 $(w)x_{n_k} \to x_0$, 从而 $x_0 \in \bigcap\limits_{n=1}^{\infty} F_n(w)$, 而且可以有 $x_0 \in \overline{S}(x, \alpha)$, 即 $\left(\bigcap\limits_{n=1}^{\infty} F_n(w)\right) \cap \overline{S}(x, \alpha) \neq \varnothing$, 故右边包含于左边. 但因 F_n 为集值随机变量, 故

$d(x,F_n)$ 可测, 从而 $F_n^{-1}(\overline{S}(x,\alpha))\in\mathbf{A}$. 进一步有 $\left(\bigcap\limits_{n=1}^{\infty}F_n\right)^{-1}(\overline{S}(x,\alpha))\in\mathbf{A}$, 也就是说 $d\left(x,\bigcap\limits_{n=1}^{\infty}F_n\right)$ 可测, 则依定理 2.1.3 知 $\bigcap\limits_{n=1}^{\infty}F_n$ 为集值随机变量.

定理 2.1.15 设 $(\Omega,\mathbf{A})$ 为可测空间, X 为可分的 Banach 空间, $\sigma:\Omega\to\mathbf{R}$ 可测, $x^*\in X^*$, 则

$$F_1(w)=\{x\in X:\langle x^*,x\rangle\leqslant\sigma(w)\},$$
$$F_2(w)=\{x\in X:\langle x^*,x\rangle\geqslant\sigma(w)\},$$

均为集值随机变量.

证明 任给 $y\in X,\alpha\in\mathbf{R}$, 令

$$r_1=\inf\{\langle x^*,x\rangle:x\in S(y,\alpha)\}.$$

下面证明

$$\{w:F_1(w)\cap S(y,\alpha)=\varnothing\}=\{w:\sigma(w)\leqslant r_1\}.$$

显然, 左边包含于右边. 假设 $w\notin\{w:F_1(w)\cap S(y,\alpha)=\varnothing\}$, 则依引理 1.3.3 知 $w\in\{w:G(w)\cap S(y,\alpha)\neq\varnothing\}$, 其中 $G(w)=\{x\in X:\langle x^*,x\rangle<\sigma(w)\}$, 故有, $x_0\in S(y,\alpha)$, 使得 $\langle x^*,x_0\rangle<\sigma(w)$, 从而 $r_1<\sigma(w)$, 即 $w\notin\{w:\sigma(w)\leqslant r_1\}$, 因此知右边包含于左边. 所以有

$$\{w:d(y,F_1(w))>\alpha\}=\{w:\sigma(w)\leqslant r_1\}\in\mathbf{A}$$

故 $d(y,F_1)$ 是可测的, 从而 F_1 为集值随机变量. 类似地可证 F_2 为集值随机变量.

定理 2.1.16 设 $(\Omega,\mathbf{A})$ 为可测空间, X 为可分的 Banach 空间, $F:\Omega\to\mathbf{P}_{bfc}(X)$ 为集值映射, 并且有任意给定 $x^*\in X^*,\sigma(x^*,F)$ 是可测的, 如果下列两条件之一满足

(1) X^* 是可分的;

(2) 任给 $w\in\Omega,F(w)\in\mathbf{P}_{wkc}(X)$,

则 F 为集值随机变量.

证明 为证 F 为集值随机变量, 仅需证明对于任给 $x\in X,d(x,F)$ 可测. 下面按定理所给两条件分别讨论:

(1) 若 X^* 为可分的, 则存在 $\{x_n^*:n\geqslant 1\}$ 为 X^* 的闭单位球的稠密点列. 依定理 1.4.11 及推论 1.4.3, 任给 $x\in X$, 必有

$$\begin{aligned}d(x,F(w))&=\delta_u(F(w),\{x\})\\&=\sup_{\|x^*\|\leqslant 1}(\langle x^*,x\rangle-\sigma(x^*,F(w)))\\&=\sup_{n\geqslant 1}(\langle x_n^*,x\rangle-\sigma(x_n^*,F(w))),\end{aligned}$$

故 $d(x,F)$ 是可测的, 则 F 为集值随机变量.

(2) 如果 $F(w)\in \mathbf{P}_{wkc}(X)(w\in\Omega)$, 则依定理 1.4.9, $\sigma(x^*,F(w))$ 存在关于 X^* 在 Mackey 拓扑 $m(X^*,X)$ 意义下的稠密点列 $\{x_n^*\}$, 依推论 1.4.3, 任给 $x\in X$, 必有

$$\begin{aligned} d(x,F(w)) &= \delta_u(F(w),\{x\}) \\ &= \sup_{\|x^*\|\leqslant 1}(\langle x^*,x\rangle-\sigma(x^*,F(w))) \\ &= \sup_{n\geqslant 1,\|x_n^*\|\leqslant 1}(\langle x_n^*,x\rangle-\sigma(x_n^*,F(w))), \end{aligned}$$

故 $d(x,F)$ 可测, 从而 F 为集值随机变量.

§2.2　集值随机变量的可积选择空间 S_F^1

在 §2.2 及 §2.3 中, 除非特别说明, 我们恒假定 $(\Omega,\mathbf{A},\mu)$ 为 σ 有限测度空间, X 为可分的 Banach 空间.

首先, 我们给出 X 值可测函数 $f:\Omega\to X$ 积分的定义及基本性质. X 值简单函数 $f(w)=\sum_{i=1}^{n}x_i\chi_{A_i}$ 的 Bochner 积分定义为

$$\int_\Omega f\mathrm{d}\mu=\sum_{i=1}^{n}x_i\mu(A_i).$$

设 $f:\Omega\to X$ 可测, 如果存在简单函数列 $\{f_n:n\geqslant 1\}$ 使得

$$\lim_{n\to\infty}\int_\Omega\|f_n-f\|\mathrm{d}\mu=0,$$

则称 f 为 Bochner 可积的, 此时定义 f 的 Bochner 积分为

$$\int_\Omega f\mathrm{d}\mu=\lim_{n\to\infty}\int_\Omega f_n\mathrm{d}\mu,$$

对于 $A\in\mathbf{A}$, 定义

$$\int_A f\mathrm{d}\mu=\int_\Omega \chi_A f\mathrm{d}\mu.$$

下面我们说明上述 Bochner 积分的定义与简单函数列 $\{f_n:n\geqslant 1\}$ 的选取无关. 假设 $\{f_n:n\geqslant 1\},\{g_n:n\geqslant 1\}$ 为简单函数列, 且满足

$$\lim_{n\to\infty}\int_\Omega\|f_n-f\|\mathrm{d}\mu=0,$$

$$\lim_{n\to\infty}\int_\Omega \|g_n - f\|\mathrm{d}\mu = 0,$$

则显然 $\left\{\int_\Omega f_n\mathrm{d}\mu : n\geqslant 1\right\}, \left\{\int_\Omega g_n\mathrm{d}\mu : n\geqslant 1\right\}$ 均为 X 中 Cauchy 列.

令

$$h_1(w) = f_1(w), \quad h_{2n}(w) = g_n(w), \quad h_{2n+1}(w) = f_n(w)(n\geqslant 1),$$

则易证 $\left\{\int_\Omega h_n\mathrm{d}\mu : n\geqslant 1\right\}$ 为 X 的 Cauchy 列. 由于 X 是完备的, 而 $\left\{\int_\Omega f_n d\mu : n\geqslant 1\right\}$, $\left\{\int_\Omega g_n\mathrm{d}\mu : n\geqslant 1\right\}$ 均为 $\left\{\int_\Omega h_n\mathrm{d}\mu : n\geqslant 1\right\}$ 的子列, 故有

$$\lim_{n\to\infty}\int_\Omega f_n\mathrm{d}\mu = \lim_{n\to\infty}\int_\Omega h_n\mathrm{d}\mu = \lim_{n\to\infty}\int_\Omega g_n\mathrm{d}\mu.$$

这就说明了如果 f 为 Bochner 可积的, 则它的 Bochner 积分唯一.

定理 2.2.1 $f:\Omega\to X$ 为 Bochner 可积的当且仅当 $\int_\Omega \|f\|\mathrm{d}\mu < \infty$.

证明 见文献 [90] 第 45 页.

关于 X 值可测函数的 Bochner 积分有以下性质:

(1) 若 $\{f_i : 1\leqslant i\leqslant n\}$ 是 Bochner 可积的, $\alpha_i\in R, i\leqslant n$, 则 $\sum_{i=1}^n \alpha_i f_i$ 是 Bochner 可积的, 且有

$$\int_\Omega \sum_{i=1}^n \alpha_i f_i\mathrm{d}\mu = \sum_{i=1}^n \alpha_i\int_\Omega f_i\mathrm{d}\mu.$$

(2) 若 f 是 Bochner 可积的, $\{A_i : 1\leqslant i\leqslant n\}$ 为 A 的可测划分, 则

$$\int_A f\mathrm{d}\mu = \sum_{i=1}^n \int_{A_i} f\mathrm{d}\mu.$$

(3) 若 f 是 Bochner 可积的, 则

$$\left\|\int_\Omega f\mathrm{d}\mu\right\| \leqslant \int_\Omega \|f\|\mathrm{d}\mu.$$

(4) 若 $u:\Omega\to\mathbf{R}$ 为一可积函数, 则对于任意 $x\in X$, 有

$$\int_\Omega u(w)x\mathrm{d}\mu = x\int_\Omega u(w)\mathrm{d}\mu.$$

设 $L^1[\Omega,\mathbf{A},\mu;X] = \{f:\Omega\to X, f$ 为 $\mathbf{A}$ 可测有 Bochner 可积$\}$, 则 $L^1[\Omega,\mathbf{A},\mu;X]$ 为 Banach 空间, 范数定义为

$$\|f\|_1 = \int_\Omega \|f(w)\|\mathrm{d}\mu.$$

在不致引起误解情形下, 简记作 $L^1[\Omega, X]$.

用 $\mu[\Omega, \mathbf{A}, \mu; X]$ 表示 $\mathbf{A}$ 可测集值随机变量全体, 在不致引起误解的情形下, 简记作 $\mu[\Omega, X]$. 沿用 §1.2 中的记号, 记

$$\mu_{(b)f(c)}[\Omega, X] = \{F \in \mu[\Omega, X] : F(w) \in \mathbf{P}_{(b)f(c)}(X) \quad \text{a.e.}\},$$

$$\mu_{(w)k(c)}[\Omega, X] = \{F \in \mu[\Omega, X] : F(w) \in \mathbf{P}_{(w)k(c)}(X) \quad \text{a.e.}\}.$$

定义 2.2.1 集值随机变量 $F \in \mu[\Omega, X]$ 的可积选择空间定义为

$$S_F^1 = \{f \in L^1[\Omega, X] : f(w) \in F(w) \quad \text{a.e.}\}. \tag{2.2.1}$$

定理 2.2.2 设 $F \in \mu[\Omega, X]$, 则 S_F^1 为 $L^1[\Omega, X]$ 的闭子集.

证明 设 $\{f_n : n \geqslant 1\} \subset S_F^1$, $\|f_n - f\|_1 \to 0$, 则 $f \in L^1[\Omega, X]$, 类似于实值情形, 任给 $\varepsilon > 0$, 有

$$\mu\{w : \|f_n - f\| \geqslant \varepsilon\} \to 0.$$

进一步存在子列 $\{f_{n_i} : i \geqslant 1\}$ 使得

$$s\text{-}\lim_{i\to\infty} f_{n_i}(w) = f(w) \quad \text{a.e.},$$

故 $f(w) \in F(w)$a.e., 所以 $f \in S_F^1$. 即证 S_F^1 为 $L^1[\Omega, X]$ 中闭子集.

定理 2.2.3 设 $F \in \mu[\Omega, X], S_F^1 \neq \varnothing$, 则存在 $\{f_n : n \geqslant 1\} \subset S_F^1$ 使得

$$F(w) = \text{cl}\{f_n(w) : n \geqslant 1\}(w \in \Omega).$$

证明 依定理 2.1.10, 存在可测函数列 $\{g_n : n \geqslant 1\}$ 使得

$$F(w) = \text{cl}\{g_n(w) : n \geqslant 1\}(w \in \Omega).$$

由于 μ 是 σ 有限的, 故存在 Ω 的可数可测划分 $\{A_n : n \geqslant 1\}$, 使得 $\mu(A_n) < \infty$. 又因 $S_F^1 \neq \varnothing$, 可取 $f \in S_F^1$, 令

$$B_{jmk} = \{w : m - 1 \leqslant \|g_j(w)\| < m\} \cap A_k,$$
$$f_{jmk}(w) = \chi_{B_{jmk}} g_j(w) + \chi_{\Omega \setminus B_{jmk}} f(w)(j, m, k \geqslant 1),$$

则易证 $\{f_{jmk} : j, m, k \geqslant 1\} \subset S_F^1$, 且

$$F(w) = \text{cl}\{f_{jmk}(w) : j, m, k \geqslant 1\}.$$

推论 2.2.1 设 $F_1, F_2 \in \mu[\Omega, X], S_{F_1}^1 \neq \varnothing, S_{F_2}^1 \neq \varnothing$, 则 $F_1(w) = F_2(w)$ a.e. 当且仅当 $S_{F_1}^1 = S_{F_2}^1$.

证明 必要性 显然.

充分性 若 $S_{F_1}^1 = S_{F_2}^1 \neq \varnothing$, 则存在 $\{f_n\} \subset S_{F_1}^1, \{g_n\} \subset S_{F_2}^1$, 使

$$F_1(w) = \mathrm{cl}\{f_n(w) : n \geqslant 1\},$$
$$F_2(w) = \mathrm{cl}\{g_n(w) : n \geqslant 1\},$$

所以 $F_1(w) = \mathrm{cl}\{f_n, g_n : n \geqslant 1\} = F_2(w)$.

定理 2.2.4 设 $F \in \mu[\Omega, X], \{f_n : n \geqslant 1\} \subset S_F^1$, 且

$$F(w) = \mathrm{cl}\,\{f_n(w) : n \geqslant 1\}\,(w \in \Omega),$$

则对于任给 $f \in S_F^1$ 及 $\varepsilon > 0$, 存在 Ω 的可测有限划分 $\{A_1, \cdots, A_n\}$, 使得

$$\left\| f - \sum_{i=1}^{n} \chi_{A_i} f_i \right\|_1 \leqslant \varepsilon.$$

证明 不妨假设 $f(w) \in F(w)(w \in \Omega)$. 取 $\rho : \Omega \to \mathbf{R}^+$, 使得

$$\int_\Omega \rho \mathrm{d}\mu < \frac{\varepsilon}{3}.$$

令

$$B_1 = \{w : \|f(w) - f_1(w)\| < \rho(w)\},$$
$$B_n = \{w : \|f(w) - f_n(w)\| < \rho(w)\} \setminus \Big(\bigcup_{i=1}^{n-1} B_i,\Big)$$

则 $\{B_n : n \geqslant 1\}$ 为 Ω 的可测可数划分.

由于 $\displaystyle\int_\Omega \|f\| \mathrm{d}\mu < \infty$, 故存在 n, 使

$$\sum_{i=n+1}^{\infty} \int_{B_i} \|f\| \mathrm{d}\mu < \frac{\varepsilon}{3}, \sum_{i=n+1}^{\infty} \int_{B_i} \|f_1\| \mathrm{d}\mu < \frac{\varepsilon}{3}.$$

令

$$A_1 = B_1 \bigcup \Big(\bigcup_{i=n+1}^{\infty} B_i\Big), A_j = B_j \quad (2 \leqslant j \leqslant n),$$

则 $\{A_1, \cdots, A_n\}$ 为 Ω 的可测有限划分, 且

$$\begin{aligned}
\left\| f - \sum_{i=1}^{n} \chi_{A_i} f_i \right\|_1 &= \sum_{i=1}^{n} \int_{B_i} \|f(w) - f_i(w)\| \mathrm{d}\mu + \sum_{i=n+1}^{\infty} \int_{B_i} \|f(w) - f_1(w)\| \mathrm{d}\mu \\
&\leqslant \int_\Omega \rho \mathrm{d}\mu + \sum_{i=n+1}^{\infty} \int_{B_i} (\|f(w)\| + \|f_1(w)\|) \mathrm{d}\mu \\
&\leqslant \frac{\varepsilon}{3} + \frac{\varepsilon}{3} + \frac{\varepsilon}{3} = \varepsilon.
\end{aligned}$$

定理 2.2.5　设 $F_1, F_2 \in \mu[\Omega, X], S_{F_1}^1, S_{F_2}^1 \neq \varnothing, F(w) = \mathrm{cl}(F_1(w) + F_2(w))$, 则 $S_F^1 = \mathrm{cl}(S_{F_1}^1 + S_{F_2}^1)$.

证明　因为 $S_{F_1}^1 \neq \varnothing, S_{F_2}^1 \neq \varnothing$, 故存在 $\{f_{1i} : i \geqslant 1\} \subset S_{F_1}^1$ 及 $\{f_{2j} : j \geqslant 1\} \subset S_{F_2}^1$, 使得 $F_1(w) = \mathrm{cl}\{f_{1i}(w) : i \geqslant 1\}, F_2(w) = \mathrm{cl}\{f_{2j}(w) : j \geqslant 1\}$. 于是, 有

$$F(w) = \mathrm{cl}(F_1(w) + F_2(w)) = \mathrm{cl}\{f_{1i}(w) + f_{2j}(w) : i, j \geqslant 1\}.$$

对于 $f \in S_F^1$ 及 $\varepsilon > 0$, 依定理 2.2.4, 存在 Ω 的可测有限划分 $\{A_k\}$ 及正整数 $i_1, \cdots, i_n, j_1, \cdots, j_n$ 使得

$$\left\| f - \sum_{k=1}^{n} \chi_{A_k}(f_{1i_k} + f_{2j_k}) \right\|_1 \leqslant \varepsilon.$$

故 $S_F^1 \subset \mathrm{cl}(S_{F_1}^1 + S_{F_2}^1)$, 而 $\mathrm{cl}(S_{F_1}^1 + S_{F_2}^1) \subset S_F^1$ 是显然的.

定理 2.2.6　若 $F \in \mu[\Omega, X], S_F^1 \neq \varnothing, \alpha \in \mathbf{R}$, 则

$$S_{\alpha F}^1 = \alpha S_F^1. \tag{2.2.2}$$

证明　显然.

定理 2.2.7　若 $F \in \mu[\Omega, X], S_F^1 \neq \varnothing, \xi : \Omega \to \mathbf{R}$ 可测且一致有界, 则

$$S_{\xi F}^1 = \xi S_F^1. \tag{2.2.3}$$

证明　不妨假设 $\mu(\Omega) < \infty$. 若 $f \in S_F^1$, 则 $g = \xi f \in S_{\xi F}^1$, 故知 $\xi S_F^1 \subset S_{\xi F}^1$. 反之, 若 $g \in S_{\xi F}^1$, 令 $A_n = \left\{ w : |\xi(w)| > \dfrac{1}{n} \right\}$, $A = \{w : \xi(w) \neq 0\}$. 取 $f(w) \in S_F^1$, 定义

$$f_n(w) = \begin{cases} g(w)/\xi(w), & w \in A_n, \\ f(w), & w \notin A_n, \end{cases} \quad (n \geqslant 1)$$

则任给 $n \geqslant 1, f_n \in S_F^1$, 且

$$\xi f_n(w) = \begin{cases} g(w), & w \in A_n, \\ \xi f(w), & w \notin A_n. \end{cases}$$

由于 $w \notin A$ 时, $g(w) = \xi(w) f_n(w) = 0$, 所以

$$\{w : \|\xi f_n(w) - g(w)\| \neq 0\} \subset A_n^c \setminus A^c.$$

但因为 $\bigcup\limits_{n=1}^{\infty} A_n = A, A_n$ 单调增, 则知

$$\mu\{w : \|\xi f_n(w) - g(w)\| \neq 0\} \leqslant \mu(A_n^c \setminus A^c) \to 0.$$

由于 $\|\xi f_n(w)-g(w)\|\leqslant|\xi(w)|\|f(w)\|\in L^1$, 所以

$$\int_\Omega\|\xi f_n(w)-g(w)\|\mathrm{d}\mu\to 0,$$

即 $\|\xi f_n-g\|_1\to 0$. 但由于 $\xi f_n\in\xi S_F^1$, 而 ξS_F^1 为闭集, 故知 $g\in\xi S_F^1$.

定理 2.2.8 设 $F\in\mu[\Omega,X],(\overline{\mathrm{co}}F)(w)=\overline{\mathrm{co}}F(w)$, 则 $\overline{\mathrm{co}}F\in\mu[\Omega,X]$. 若 $S_F^1\neq\varnothing$, 则

$$S_{\overline{\mathrm{co}}F}^1=\overline{\mathrm{co}}S_F^1. \tag{2.2.4}$$

其中 $\overline{\mathrm{co}}S_F^1$ 表示在 $L^1[\Omega,X]$ 中的闭凸包.

证明 记 $G(w)=\overline{\mathrm{co}}F(w)$, 由于 $F\in\mu[\Omega,X]$, 故存在 $\{f_n:n\geqslant 1\}$ 使得 $F(w)=\mathrm{cl}\{f_n(w):n\geqslant 1\}$. 令

$$U=\left\{g:g=\sum_{i=1}^m\alpha_i f_i,\alpha_i\geqslant 0\text{ 有理数, }\sum_{i=1}^m\alpha_i=1,m\geqslant 1\right\},$$

则 $G(w)=\mathrm{cl}\{g(w):g\in U\}$, 因为 U 中元素个数可数, 所以知 $G\in\mu[\Omega,X]$.

依定理 2.2.3, 取上述 $\{f_n:n\geqslant 1\}\subset S_F^1$, 则知 $U\subset S_G^1$. 任给 $f\in S_{\overline{\mathrm{co}}F}^1=S_G^1$ 及 $\varepsilon>0$, 依定理 2.2.4, 存在 Ω 的可测有限划分 $\{A_1,\cdots,A_n\}$ 及 $\{g_1,\cdots,g_n\}\subset U$, 使

$$\left\|f-\sum_{k=1}^n\chi_{A_k}g_k\right\|_1<\varepsilon.$$

依 U 的结构可知: 存在正整数 m, 使得 $g_k=\sum_{i=1}^m\alpha_{k_i}f_i\ (1\leqslant k\leqslant n)$, 其中 $\alpha_{k_i}\geqslant 0$, $\sum_{i=1}^m\alpha_{k_i}=1$. 于是

$$\begin{aligned}\sum_{k=1}^n\chi_{A_k}g_k&=\sum_{k=1}^n\chi_{A_k}\Big(\sum_{i=1}^m\alpha_{k_i}f_i\Big)\\&=\sum_{k=1}^n\sum_{i=1}^m\alpha_{k_i}\chi_{A_k}f_i\in\mathrm{co}S_F^1.\end{aligned}$$

所以 $f\in\overline{\mathrm{co}}S_F^1$, 即知 $S_{\overline{\mathrm{co}}F}^1\subset\overline{\mathrm{co}}S_F^1$. 由于 $S_F^1\subset S_{\overline{\mathrm{co}}F}^1$, 而 $S_{\overline{\mathrm{co}}F}^1$ 为闭凸集, 故 $\overline{\mathrm{co}}S_F^1\subset S_{\overline{\mathrm{co}}F}^1$. 定理得证.

推论 2.2.2 设 $F\in\mu[\Omega,X],S_F^1\neq\varnothing$, 则 S_F^1 是凸的当且仅当 F 几乎处处凸.

证明 依定 2.2.8 可知, S_F^1 是凸的等价于 $S_{\overline{\mathrm{co}}F}^1=S_F^1$, 从而依推论 2.2.1 知 S_F^1 是凸的当且仅当 $\overline{\mathrm{co}}F=F$ a.e., 即 F 几乎处处凸.

定义 2.2.2 子集 $M \subset L^1[\Omega, X]$ 称作可分解的, 若任给 $f_1, f_2 \in M$ 及 $A \in \mathbf{A}$, $\chi_A f_1 + \chi_{A^c} f_2 \in M$.

定理 2.2.9 设 M 为 $L^1[\Omega, X]$ 中非空闭子集, 则 M 是可分解的当且仅当存在 $F \in \mu[\Omega, X]$, 使 $M = S_F^1$.

证明 **充分性** 显然.

必要性 设 M 为 $L^1[\Omega, X]$ 中可分解的非空闭集. 首先由 X 的可分性, 存在 $\{f_n : n \geqslant 1\} \subset L^1[\Omega, X]$, 使得 $X = \mathrm{cl}\{f_n(w) : n \geqslant 1\}$. 令

$$\alpha_i = \inf\{\|f_i - g\|_1 : g \in M\},$$

选择 $\{g_{ij} : j \geqslant 1\} \subset M$, 使 $\|f_i - g_{ij}\|_1 \to \alpha_i$, 记

$$F(w) = \mathrm{cl}\{g_{ij}(w) : i, j \geqslant 1\},$$

则 $F \in \mu[\Omega, X]$, 下证 $S_F^1 = M$.

任给 $f \in S_F^1$, 依定理 2.2.4, 存在 Ω 的可测划分 $\{A_1, \cdots, A_n\}$ 及 $\{h_1, \cdots, h_n\} \subset \{g_{ij} : i, j \geqslant 1\}$, 使

$$\left\| f - \sum_{k=1}^{n} \chi_{A_k} h_k \right\|_1 < \varepsilon.$$

而 M 是可分解的闭集, 故 $\sum\limits_{k=1}^{n} \chi_{A_k} h_k \in M$, 从而 $f \in M$, 所以 $S_F^1 \subset M$.

假设 $S_F^1 \neq M$, 则存在 $f \in M, A \in \mathbf{A}, \mu(A) > 0$ 及 $\delta > 0$, 使得 $w \in A$ 时

$$\inf_{i,j} \|f(w) - g_{ij}(w)\| \geqslant \delta.$$

取 i 使得 $\mu(B) > 0$, 其中

$$B = A \cap \left\{ w : \|f(w) - f_i(w)\| < \frac{\delta}{3} \right\}.$$

令

$$g_j' = \chi_B f + \chi_{B^c} g_{ij}, \quad j \geqslant 1.$$

则 $\{g_j'\} \subset M$, 且 $w \in B$ 时

$$\|f_i(w) - g_{ij}(w)\| \geqslant \|f(w) - g_{ij}\| - \|f(w) - f_i(w)\| > \frac{2\delta}{3}.$$

所以

$$\begin{aligned}\|f_i - g_{ij}\|_1 - \alpha_i &\geqslant \|f_i - g_{ij}\|_1 - \|f_i - g_j'\|_1 \\ &= \int_B \|f_i(w) - g_{ij}(w)\|\mathrm{d}\mu - \int_B \|f_i(w) - g_j'(w)\|\mathrm{d}\mu \\ &\geqslant \frac{\delta}{3}\cdot\mu(B) > 0, \quad j \geqslant 1\end{aligned}$$

从而 $\lim\limits_{j\to\infty}\|f_i - g_{ij}\|_1 > \alpha_i$, 这与 $\{g_{ij}\}$ 的取法矛盾, 故 $S_F^1 = M$.

定理 2.2.10 设 $\mathbf{P}_{bfc}(L^1[\Omega, X])$ 表示 $L^1[\Omega, X]$ 中可分解的非空有界闭集凸全体, 则它在 Hausdorff 度量意义下完备. 特别地若 $\{F_n : n \geqslant 1\} \subset \mu[\Omega, X]$, $\{S_{F_n}^1 : n \geqslant 1\}$ 为 Cauchy 列, 则存在 $F \in \mu[\Omega, X]$, 使

$$\delta(S_{F_n}^1, S_F^1) \to 0.$$

证明 设 $\{M_n : n \geqslant 1\}$ 为 $\mathbf{P}_{bfc}(L^1[\Omega, X])$ 中 Cauchy 列. 由于

$$\mathbf{P}_{bfc}(L^1[\Omega, X]) \subset \mathbf{P}_{bf}(L^1[\Omega, X]).$$

而 $\mathbf{P}_{bf}(L^1[\Omega, X])$ 在 Hausdorff 度量意义下完备, 故存在 $M \in \mathbf{P}_{bf}(L^1[\Omega, X])$, 使得 $\delta(M_n, M) \to 0$. 依定理 1.2.6 知,

$$M = \bigcap_{n\geqslant 1}\overline{\bigcup_{m\geqslant n} M_m}.$$

所以 $M \in \mathbf{P}_{bfc}(L^1[\Omega, X])$, 即证 $\mathbf{P}_{bfc}(L^1[\Omega, X])$ 的完备性.

特别地, 若取 $M_n = S_{F_n}^1$, 则依定理 2.2.7, 存在 $F \in \mu[\Omega, X]$, 使得 $M = S_F^1$, 而且有 $\delta(S_{F_n}^1, S_F^1) \to 0$.

定义 2.2.3 设 F 是集值随机变量, 若 $S_F^1 \neq \varnothing$, 则称 F 是可积的; 若 $\int_\Omega \|F(w)\|\mathrm{d}\mu < \infty$, 则称 F 是可积有界的.

关于可积有界的更深一层的意义将在下节看到. 下面我们讨论可积与可积有界的充要条件.

定理 2.2.11 $F \in \mu[\Omega, X]$ 可积当且仅当 $d(\theta, F(w)) \in L_+^1(\Omega)$(非负实值可积随机变量的全体).

证明 **必要性** 若 F 可积, 则 $S_F^1 \neq \varnothing$. 设 $f \in S_F^1$, 则

$$d(\theta, F(w)) \leqslant d(\theta, f(w)) = \|f(w)\| \in L_+^1(\Omega).$$

充分性 令 $g(w) = d(\theta, F(w))$, $F(w) = \mathrm{cl}\{f_n(w) : n \geqslant 1\}$, f_n 可测, 则

$$g(w) = \inf_{n\geqslant 1}\|f_n(w)\|.$$

取正值随机变量 $\delta(w)$ 使 $\int_\Omega \delta \mathrm{d}\mu = \varepsilon > 0$. 令

$$A_1 = \{w : \|f_1(w)\| < g(w) + \delta(w)\},$$

$$A_n = \{w : \|f_n(w)\| < g(w) + \delta(w)\} \setminus \Big(\bigcup_{i=1}^{n-1} A_i\Big).$$

则 $A_n, n \geqslant 1$ 为 Ω 的可测可数划分, 令

$$f(w) = \sum_{n=1}^{\infty} \chi_{A_n}(w) f_n(w).$$

则

$$\begin{aligned}\int_\Omega \|f\|\mathrm{d}\mu &= \sum_{n=1}^{\infty} \int_{A_n} \|f_n\|\mathrm{d}\mu \\ &\leqslant \sum_{n=1}^{\infty} \int_{A_n} g\mathrm{d}\mu + \int_\Omega \delta(w)\mathrm{d}\mu \\ &= \int_\Omega g(w)\mathrm{d}\mu + \varepsilon < \infty.\end{aligned}$$

由于 $f(w) \in F(w)(w \in \Omega)$, 且 $\int_\Omega \|f\|\mathrm{d}\mu < \infty$, 故 $f \in S_F^1$, 从而知 S_F^1 非空.

定理 2.2.12　设 $F \in \mu[\Omega, X], \varphi(w,x) : \Omega \times X \to \overline{\mathbf{R}}$ 对每个固定的 $w \in \Omega$ 是 $x \in X$ 的连续函数, 对每个固定的 $x \in X$ 是 $w \in \Omega$ 的可测函数, 则

$$\xi_1(w) = \inf\{\varphi(w,x) : x \in F(w)\},$$

$$\xi_2(w) = \sup\{\varphi(w,x) : x \in F(w)\}$$

均为可测函数. 再进一步, 若存在 $f_0 \in S_F^1$, 使 $\int_\Omega \varphi(w, f_0(w))\mathrm{d}\mu < \infty$, 则有

$$\inf_{f \in S_F^1} \int_\Omega \varphi(w, f(w))\mathrm{d}\mu = \int_\Omega \inf_{x \in F(w)} \varphi(w,x)\mathrm{d}\mu, \tag{2.2.5}$$

若存在 $g_0 \in S_F^1$, 使得 $\int_\Omega \varphi(w, g_0(w))\mathrm{d}u > -\infty$, 则有

$$\sup_{f \in S_F^1} \int_\Omega \varphi(w, f(w))\mathrm{d}\mu = \int_\Omega \sup_{x \in F(w)} \varphi(w,x)\mathrm{d}\mu. \tag{2.2.6}$$

证明　由于 $F \in \mu[\Omega, X]$, 故存在 X 值可测函数到 $\{f_n : n \geqslant 1\}$ 使得 $F(w) = \mathrm{cl}\{f_n(w) : n \geqslant 1\}$. 依定理条件可得

$$\xi_1(w) = \inf_{n \geqslant 1} \varphi(w, f_n(w)),$$

$$\xi_2(w)=\sup_{n\geqslant 1}\varphi(w,f_n(w)).$$

所以 ξ_1,ξ_2 均可测.

由于 $\xi_1(w)\leqslant\varphi(w,f_0(w))$, 故 $\int_\Omega\xi_1\mathrm{d}\mu$ 存在且有限. 又因为 $\xi_1(w)\leqslant\varphi(w,f(w))$ a.e., $\forall f\in S_F^1$, 所以有

$$\int_\Omega\xi_1(w)\mathrm{d}\mu\leqslant\inf_{f\in S_F^1}\int_\Omega\varphi(w,f(w))\mathrm{d}\mu.$$

下面证明对于任取 $\beta>\int_\Omega\xi_1\mathrm{d}\mu$, 存在 $f\in S_F^1$, 使 $\int_\Omega\varphi(w,f(w))\mathrm{d}\mu<\beta$. 取 $\{A_n:n\geqslant 1\}\subset\mathbf{A},\mu(A_n)<\infty,A_n\uparrow\Omega$, 及 $\rho(w)>0,\int_\Omega\rho(w)\mathrm{d}\mu<\infty$. 任给 $n\geqslant 1$, 定义

$$B_n=A_n\cap\{w:\varphi(w,f_0(w))\geqslant -n\},$$

及

$$\xi_n(w)=\begin{cases}\xi_1(w)+\dfrac{\rho(w)}{n}, & w\in B_n\text{ 且 }\rho(w)\geqslant -n,\\[2mm] -n+\dfrac{\rho(w)}{n}, & w\in B_n\text{ 且 }\rho(w)<-n,\\[2mm] \varphi(w,f_0(w))+\dfrac{\rho(w)}{n}, & w\notin B_n,\end{cases}$$

易证 $\{\xi_n\}\subset L^1,\xi_n(w)\downarrow\xi_1(w)$ a.e.. 所以存在 n_0, 使 $\int_\Omega\xi_{n_0}\mathrm{d}\mu<\beta$. 令 $\xi(w)=\xi_{n_0}(w)$, 则 $\int_\Omega\xi(w)\mathrm{d}\mu<\beta$ 且 $\xi_1(w)<\xi(w)$ a.e..

因为 $F(w)=\mathrm{cl}\{f_n(w):n\geqslant 1\}$, 而 $\inf\limits_{n\geqslant 1}\varphi(w,f_n(w))=\xi_1(w)<\xi(w)$ a.e., 显然存在可测函数 $g(w)$, 使 $g(w)\in F(w)$ 且 $\varphi(w,g(w))\leqslant\xi(w)$ a.e.. 进一步, 我们定义:

$$C_n=A_n\cap\{w:\|g(w)\|\leqslant n\}$$

及

$$g_n(w)=\chi_{C_n}g(w)+\chi_{C_n^c}f_0(w),n\geqslant 1.$$

则 $\{g_n:n\geqslant 1\}\subset S_F^1$, 且

$$\begin{aligned}\int_\Omega\varphi(w,g_n(w))\mathrm{d}\mu&=\int_{C_n}\varphi(w,g(w))\mathrm{d}\mu+\int_{C_n^c}\varphi(w,f_0(w))\mathrm{d}\mu\\&\leqslant\int_\Omega\xi(w)\mathrm{d}\mu+\int_{C_n^c}(\varphi(w,f_0(w))-\xi(w))\mathrm{d}\mu.\end{aligned}$$

因为 $\int_\Omega \xi(w)\mathrm{d}\mu < \beta, C_n \uparrow \Omega$, 故存在某一 $n \geqslant 0$, 使得 $\int_\Omega \varphi(w, g_n(w))\mathrm{d}\mu < \beta$.

综上所述, 即有

$$\inf_{f\in S_F^1} \int_\Omega \varphi(w, f(w))\mathrm{d}\mu = \int_\Omega \inf_{x\in F(w)} \varphi(w, x)\mathrm{d}\mu.$$

同理可证关于上确界的等式也成立.

定理 2.2.13　设 $F \in \mu[\Omega, X]$, 则 F 可积有界当且仅当 S_F^1 为 $L^1[\Omega, X]$ 中非空有界闭集.

证明　由定理 2.2.12 知

$$\int_\Omega \|F(w)\|\mathrm{d}\mu = \int_\Omega \sup_{x\in F(w)} \|x\|\mathrm{d}\mu = \sup_{f\in S_F^1} \int_\Omega \|f\|\mathrm{d}\mu.$$

因而易证结论成立.

记 $\mathbf{L}_f[\Omega, X] = \{F \in \mu[\Omega, X] : F(w) \in \mathbf{P}_f(X), \forall w \in \Omega$, 且 F 是可积有界的$\}$, $\mathbf{L}_{fc}[\Omega, X] = \{F \in \mathbf{L}_f[\Omega, X] : F(w) \in \mathbf{P}_{fc}(X), \forall w \in \Omega\}$. 同样有记号 $\mathbf{L}_k[\Omega, X], \mathbf{L}_{kc}[\Omega, X]$ 等.

由于 $F_1, F_2 \in \mathbf{L}_f^1[\Omega, X]$ 时, $\delta(F_1(w), F_2(w)) \leqslant \|F_1(w)\| + \|F_2(w)\|$ a.e., 故 $\int_\Omega \delta(F_1(w), F_2(w))\mathrm{d}\mu < \infty$. 记

$$\Delta(F_1, F_2) = \int_\Omega \delta(F_1, F_2)\mathrm{d}\mu. \tag{2.2.7}$$

则易证 $\Delta(\cdot,\cdot)$ 是 $\mathbf{L}_f^1[\Omega, X]$ 上的度量, 即满足:

(1) $\Delta(F_1, F_2) \geqslant 0, \Delta(F_1, F_2) = 0$ 当且仅当 $F_1 = F_2$ a.e.;

(2) $\Delta(F_1, F_2) = \Delta(F_2, F_1)$;

(3) $\Delta(F_1, F_2) \leqslant \Delta(F_1, F_3) + \Delta(F_3, F_2)$.

定理 2.2.14　设 $F_1, F_2 \in \mathbf{L}_f^1[\Omega, X]$, 则

$$\delta(S_{F_1}^1, S_{F_2}^1) \leqslant \Delta(F_1, F_2). \tag{2.2.8}$$

证明　由于

$$\delta(S_{F_1}^1, S_{F_2}^1) = \sup\{|d(g, S_{F_1}^1) - d(g, S_{F_2}^1)| : g \in L^1[\Omega, X]\},$$

而根据定理 2.2.12, 有

$$\begin{aligned} d(g, S_{F_1}^1) &= \inf_{f\in S_{F_1}^1} \int_\Omega \|g(w) - f(w)\|\mathrm{d}\mu \\ &= \int_\Omega \inf_{x\in F_1(w)} \|g(w) - x\|\mathrm{d}\mu \\ &= \int_\Omega d(g(w), F_1(w))\mathrm{d}\mu, \end{aligned}$$

所以有

$$\begin{aligned}\delta(S_{F_1}^1, S_{F_2}^1) &= \sup_{g\in L^1[\Omega,X]}\left|\int_\Omega d(g(w),F_1(w))\mathrm{d}\mu - \int_\Omega d(g(w),F_2(w))\mathrm{d}\mu\right| \\ &\leqslant \sup_{g\in L^1[\Omega,X]}\int_\Omega |d(g(w),F_1(w)) - d(g(w),F_2(w))|\mathrm{d}\mu \\ &= \int_\Omega \sup_{x\in X}|d(x,F_1(w)) - d(x,F_2(w))|\mathrm{d}\mu \\ &= \int_\Omega \delta(F_1,F_2)\mathrm{d}\mu = \Delta(F_1,F_2).\end{aligned}$$

注 一般来说, 对于可积有界集值随机变量, 定理 2.2.14 中可取到完全的小于号, 即

$$\delta(S_{F_1}^1, S_{F_2}^1) < \Delta(F_1, F_2).$$

例 2.2.1 设 $X=\mathbf{R}, (\Omega,\mathbf{A},\mu) = ([0,1],\mathbf{B}[0,1],\mu_l)$, μ_l 为 $[0,1]$ 上 Lebesgue 测度, 令

$$F_1(x) = \left[1, \frac{1}{2}x+1\right],$$
$$F_2(x) = \left[\frac{1}{2}x, \frac{1}{2}\right].$$

则经过简单计算易得

$$\delta(F_1(x),F_2(x)) = \begin{cases} 1-\dfrac{1}{2}x, & 0\leqslant x\leqslant \dfrac{1}{2}, \\ \dfrac{1}{2}x+\dfrac{1}{2}, & \dfrac{1}{2}\leqslant x\leqslant 1,\end{cases}$$
$$\Delta(F_1,F_2) = \int_0^1 \delta(F_1(x),F_2(x))\mathrm{d}\mu_l = \frac{7}{8},$$
$$\delta(S_{F_1}^1, S_{F_2}^1) = \int_0^1 \left|\left(\frac{1}{2}x+1\right) - \frac{1}{2}\right|\mathrm{d}\mu_l = \frac{3}{4}.$$

定理 2.2.15 设 $F_1, F_2 \in \mathbf{L}_f^1[\Omega, X]$, 令

$$A = \left\{w : \sup_{x\in F_1(w)} d(x,F_2(w)) \geqslant \sup_{x\in F_2(w)} d(x,F_1(w))\right\},$$

则

$$\Delta(F_1,F_2) = \delta(S_{F_1|A}^1, S_{F_2|A}^1) + \delta(S_{F_1|A^c}^1, S_{F_2|A^c}^1).$$

当 $\mu(A)=0$ 或 $\mu(A^c)=0$ 时, $\Delta(F_1,F_2) = \delta(S_{F_1}^1, S_{F_2}^1)$. 其中 $F_1|A$ 表示 F_1 在 A 上的限制.

证明 由

$$\begin{aligned}\Delta(F_1,F_2)&=\int_\Omega \delta(F_1,F_2)\mathrm{d}\mu\\&=\int_A \delta(F_1,F_2)\mathrm{d}\mu+\int_{A^c}\delta(F_1,F_2)\mathrm{d}\mu\\&=\delta(S^1_{F_1|A},S^1_{F_2|A})+\delta(S^1_{F_1|A^c},S^1_{F_2|A^c}).\end{aligned}$$

即证第一个结论成立, 第二个结论是显然的.

定理 2.2.16 $(\mathbf{L}^1_f[\Omega,X],\Delta)$ 为完备的度量空间. $\mathbf{L}^1_{fc}[\Omega,X],\mathbf{L}^1_k[\Omega,X],\mathbf{L}^1_{kc}[\Omega,X]$ 为 $\mathbf{L}^1_f[\Omega,X]$ 的闭子集, 因而也完备.

证明 仿照 X 值 Bochner 可积函数空间 $L^1[\Omega,X]$ 的完备性证明可证 $(\mathbf{L}^1_f[\Omega,X],\Delta)$ 是完备的, 依定理 1.2.8~1.2.10 易证后一结论成立.

仿照 X 值简单函数的定义, 我们称具有如下形式的集值随机变量 F 为简单集值随机变量:

$$F(w)=\sum_{i=1}^n \chi_{A_i}(w)C_i,$$

其中 $C_i\in\mathbf{P}_{fc}(X),\{A_i:1\leqslant i\leqslant n\}\subset\mathbf{A}$ 为 Ω 的有限可测划分, 显然简单集值随机变量 $F\in\mathbf{L}^1_{fc}[\Omega,X]$, 记

$\mathbf{L}^1_s[\Omega,X]=\{F\in\mathbf{L}^1_{fc}[\Omega,X]:$ 存在简单集值随机变量列 $\{F_n:n\geqslant 1\}$, 使 $\Delta(F_n,F)\to 0\}$,

则

$$\mathbf{L}^1_{kc}[\Omega,X]\subset\mathbf{L}^1_s[\Omega,X]\subset\mathbf{L}^1_{fc}[\Omega,X]\subset\mathbf{L}^1_f[\Omega,X].$$

由于 $(\mathbf{P}_{kc}(X),\delta)$ 为可分的度量空间, 故不难证明取紧凸值的简单集值随机变量全体稠密于 $\mathbf{L}^1_{kc}[\Omega,X]$. 但下列的例子表示取闭凸值的简单集值随机变量全体并不一定稠密于 $\mathbf{L}^1_{fc}[\Omega,X]$.

例 2.2.2 设 $X=l^2$, $\{e_n\}$ 是 l^2 单位基, $(\Omega,\mathbf{A},\mu)$ 是概率空间, $\{\xi^k:k\geqslant 1\}$ 是独立同分布的随机变量序列使得 $\mu(\xi^k=0)=\mu(\xi^k=1)=\dfrac{1}{2}$. 令

$$F(w)=B\cap\prod_{k\geqslant 1}[-\xi^k(w),\xi^k(w)],$$

这里 B 是 l^2 的单位球.

首先我们证明, 若 $w_1\neq w_2$, 则 $\delta(F(w_1),F(w_2))\geqslant 1$. 事实上, 设 $\xi(w)=(\xi^1(w),\xi^2(w),\cdots)$, 则 $\xi(w_1)\neq\xi(w_2)$. 因此, 存在 n 使得 $\xi^n(w_1)\neq\xi^n(w_2)$. 不妨设 $\xi^n(w_1)=0$, $\xi^n(w_2)=1$. 由于 $e_n\in F(w_2)$, 且

$$\|e_n-x\|^2=\|e_n\|^2+\|x\|^2\geqslant 1\quad \text{对任意的}\quad x\in F(w_1)\ \text{成立},$$

所以 $\delta(F(w_1),F(w_2))\geqslant 1$.

其次我们证明 $F\in \mathbf{L}^1_{fc}[\Omega,X]$. 只需要证明 $w\to d(x,F(w))$ 是可测的 $(x\in l^2)$. 设 $x=\sum\limits_{i=1}^{\infty}x^ie_i\in l^2$, 则

$$d(x,F(w))=\lim_{n\to\infty}d\Big(\sum_{i=1}^{n}x^ie_i,F(w)\Big).$$

由于

$$d\Big(\sum_{i=1}^{n}x^ie_i,F(w)\Big)=d\Big(\sum_{i=1}^{n}x^ie_i,B\cap\prod_{k=1}^{n}[-\xi^k(w),\xi^k(w)]\Big),$$

则 $d\Big(\sum\limits_{i=1}^{n}x^ie_i,F(w)\Big)$ 是 $\sigma(\xi^1,\cdots,\xi^n)$ 可测的, 故 $w\to d(x,F(w))$ 是可测的.

最后证明 $F\notin \mathbf{L}^1_s[\Omega,X]$. 假设 $F\in\mathbf{L}^1_s[\Omega,X]$. 则任给 $0<\varepsilon<1$, 存在简单集值随机变量 $G(w)=\sum\limits_{i=1}^{n}I_{A_i}(w)B_i$, 使得

$$\mu(\delta(F(w),G(w))\geqslant 1/2)<\varepsilon,$$

这里 $\{A_i\}$ 是 Ω 的可测划分, 且 B_i 为闭凸集. 令 $A=\{w\in\Omega:\delta(F(w),G(w))<1/2\}$, 则 $\mu(A)>1-\varepsilon$. 另一方面, 对于任给 $w_1,w_2\in A\cap A_i$

$$\delta(F(w_1),G(w_2))\leqslant\delta(F(w_1),G(w_1))+\delta(G(w_1),G(w_2))<1/2.$$

因此, $\xi(w_1)=\xi(w_2)$. 这意味着 $F(w)$ 在每个 $A\cap A_i$ 上取常值. 另一方面, 由 $\mu(\bigcup\limits_{i=1}^{n}(A\cap A_i))=\mu(A)>1-\varepsilon$ 可知, 至少存在一个 i_0 使得 $\mu(A\cap A_{i_0})>0$. 因此至少存在两个不同的 $w_1,w_2\in A\cap A_{i_0}$. 此时 $\delta(F(w_1),F(w_2))\geqslant 1$, 与前面矛盾. 证毕.

根据 Rådström 嵌入定理 (定理 1.2.13), 超空间 $(\mathbf{P}_{kc}(X),\delta)$ 可以嵌入到一个实的完备可分的 Banach 空间 $\overline{\mathbf{D}}$ 中的闭凸锥 $\mathbf{D}_0$ 上. 由 Hörmander 嵌入定理 (定理 1.4.13), 超空间 $(\mathbf{P}_{bfc}(X),\delta)$ 则可以嵌入到一个实的 Banach 空间 $\mathbf{H}$ 中的闭凸锥 $\mathbf{H}_0$ 上. 并且嵌入是保距、保加法与数乘运算的. 因此我们有下面的定理.

定理 2.2.17 (1) 存在实的可分的 Banach 空间 $L^1[\Omega,\overline{\mathbf{D}}]$ 使得 $\mathbf{L}^1_{kc}[\Omega,X]$ 可以保距, 保加法与数乘运算地被嵌入到此 Banach 空间的闭凸锥体上, 该闭凸锥体记为 $L^1(D_0)$, 即: 存在一一映射 $\mathbf{i}:\mathbf{L}^1_{kc}[\Omega,X]\to L^1(D_0)$ 使得对 $\forall F,F_1,F_2\in\mathbf{L}^1_{kc}[\Omega,X]$ 有

(i) $\Delta(F_1,F_2)=\|\mathbf{i}(F_1)-\mathbf{i}(F_1)\|$;

(ii) $\mathbf{i}(F_1+F_2)=\mathbf{i}(F_1)+\mathbf{i}(F_2)$;

(iii) $\mathbf{i}(\xi F)=\xi i(F)$, 这里 ξ 是非负实值随机变量.

(2) 存在实的 Banach 空间 $L^1[\Omega,\mathbf{H}]$ 使得 $\mathbf{L}^1_s[\Omega,X]$ 可以保距, 保加法与数乘运算地被嵌入到此 Banach 空间的闭凸锥体上, 该闭凸锥体记为 $L^1(H_0)$, 即: 存在一

一映射 $\mathbf{j}:\mathbf{L}_s^1[\Omega,X]\to L^1(H_0)$ 使得 $\forall F,F_1,F_2\in\mathbf{L}_s^1[\Omega,X]$, 将 (1)(i)~(iii) $\mathbf{i}$ 换成 $\mathbf{j}$ 三式均成立.

注 从上面定理可知, $\mathbf{L}_s^1[\Omega,X]$($\mathbf{L}_{kc}^1[\Omega,X]$) 中的随机变量可以按通常的 Banach 空间值的随机变量处理.

§2.3 集值随机变量的积分

定义 2.3.1 设 $F\in\mu[\Omega,X]$, F 的积分定义为

$$\int_\Omega F\mathrm{d}\mu=\left\{\int_\Omega f\mathrm{d}\mu: f\in S_F^1\right\}, \tag{2.3.1}$$

其中 $\int_\Omega f\mathrm{d}\mu$ 为 f 的 Bochner 积分. 对于任给 $A\in\mathbf{A}$, 记

$$\int_A F\mathrm{d}\mu=\int_\Omega F\chi_A\mathrm{d}\mu=\left\{\int_A fd\mu: f\in S_F^1\right\},$$

其中

$$F\chi_A(w)=\begin{cases}F(w), & w\in A,\\ \{0\}, & w\notin A.\end{cases}$$

注 (1) 上述积分的定义是由 Aumann 在 1965 年提出的, 所以也称为 Aumann 积分. 若 $S_F^1\neq\varnothing$, 即 F 可积, 则 $\int_\Omega F\mathrm{d}\mu\neq\varnothing$. 若 F 可积有界, 则 $S_F^1\neq\varnothing$ 且

$$\left\|\int_\Omega F(w)\mathrm{d}\mu\right\|\leqslant\int_\Omega\|F(w)\|\mathrm{d}\mu<\infty.$$

这也是我们在上节中把条件 $\int_\Omega\|F(w)\|\mathrm{d}\mu<\infty$ 称为可积有界条件的原因. 若 F 可积有界, 则 $F(w)$ 几乎处处取有界闭集.

(2) 我们自然要问可积的集值随机变量的积分是不是闭集? 结论是否定的, 这可从下面的例子中看到.

例 2.3.1 设 X 是非自反可分的 Banach 空间, 则存在 X 的两个非交有界闭凸集 B_1,B_2 使得 $B_1\cap B_2=\varnothing$ 且 $d_X(B_1,B_2):=\inf_{x_1\in B_1,x_2\in B_2}\|x_1-x_2\|=0$, (见文献 [176]). 取 $A\in\mathbf{A}$ 使得 $\mu(A)=1/2$. 定义

$$F(w)=\begin{cases}B_1, & 若\ w\in A,\\ -B_2, & 若\ w\in A^c.\end{cases}$$

则

$$\int_\Omega F\mathrm{d}\mu=\left\{\int_A f\mathrm{d}\mu+\int_{A^c} f\mathrm{d}\mu : f\in S_F\right\}$$
$$=\left\{\frac{1}{2}(x_1-x_2):x_1\in B_1,\ x_2\in B_2\right\}.$$

由 $B_1\cap B_2=\varnothing$, 则 $0\notin\int_\Omega F\mathrm{d}\mu$. 但 $d_X(B_1,B_2)=0$, 故 $0\in\mathrm{cl}\int_\Omega F\mathrm{d}\mu$.

关于可积的集值随机变量的积分是闭集的充分条件将在本节稍后部分给出. 现在我们先来讨论积分的性质.

定理 2.3.1 若 $F\in\mu_{fc}[\Omega,X]$, 则 $\int_\Omega F\mathrm{d}\mu$ 是凸集.

证明 若 $F\in\mu_{fc}[\Omega,X]$, 则 S_F^1 为 $L^1[\Omega,X]$ 中凸集, 依 X 值可测函数的 Bochner 积分性质易证 $\int_\Omega F\mathrm{d}\mu$ 为凸集.

定理 2.3.2 设 F_1,F_2,F 为可积的集值随机变量, 则

(1) $\mathrm{cl}\int_\Omega \overline{\mathrm{co}}F\mathrm{d}\mu=\overline{\mathrm{co}}\int_\Omega F\mathrm{d}\mu$,

(2) $\mathrm{cl}\int_\Omega (F_1\oplus F_2)\mathrm{d}\mu=\mathrm{cl}\left(\int_\Omega F_1\mathrm{d}\mu+\int_\Omega F_2\mathrm{d}\mu\right)$, 这里 $(F_1\oplus F_2)(w)=\mathrm{cl}(F_1(w)+F_2(w))$.

证明 (1) 首先依定理 2.3.1, $\mathrm{cl}\int_\Omega\overline{\mathrm{co}}F\mathrm{d}\mu$ 为凸集, 所以

$$\overline{\mathrm{co}}\int_\Omega F\mathrm{d}\mu\subset\mathrm{cl}\int_\Omega\overline{\mathrm{co}}F\mathrm{d}\mu.$$

另一方面, 对于任给 $x\in\int_\Omega\overline{\mathrm{co}}F\mathrm{d}\mu$, 由于 $S^1_{\overline{\mathrm{co}}F}=\overline{\mathrm{co}}S_F^1$, 所以存在 $f\in\overline{\mathrm{co}}S_F^1$, 使 $x=\int_\Omega f\mathrm{d}\mu$. 若 $f\in\mathrm{co}S_F^1$, 则存在 $\{f_1,\cdots,f_n\}\subset S_F^1$, 使 $f=\sum_{i=1}^n\alpha_i f_i$, 所以 $x=\int_\Omega f\mathrm{d}\mu=\sum_{i=1}^n\alpha_i\int_\Omega f_i\mathrm{d}\mu\in\mathrm{co}\int_\Omega F\mathrm{d}\mu$. 若 $f\in\overline{\mathrm{co}}S_F^1$, 则存在 $\{f_n:n\geqslant1\}\subset\mathrm{co}S_F^1$, 使 $\|f_n-f\|_1\to0$, 所以有

$$x=\int_\Omega f\mathrm{d}\mu=\lim_{n\to\infty}\int_\Omega f_n\mathrm{d}\mu\in\overline{\mathrm{co}}\int_\Omega F\mathrm{d}\mu,$$

即证 (1) 成立.

(2) 依定理 2.2.5 知 $S^1_{F_1\oplus F_2}=\mathrm{cl}(S^1_{F_1}+S^1_{F_2})$, 从而易证 (2) 成立.

定义 2.3.2 设 $(\Omega,\mathbf{A},\mu)$ 为测度空间, 称 $A\in\mathbf{A}$ 为 μ 的原子集, 如果 $\mu(A)>0$, 且任给 $B\in\mathbf{A},B\subset A$ 时, 必有 $\mu(B)=0$ 或 $\mu(A\setminus B)=0$ 两者之一成立. 若 μ 不存在原子集, 则称 μ 为非原子的.

定理 2.3.3　设 $F\in\mu[\Omega,X]$, $S_F^1\neq\varnothing$, μ 为非原子的, 则 $\mathrm{cl}\int_\Omega F\mathrm{d}\mu$ 为凸集.

证明　设 $x_1,x_2\in\mathrm{cl}\int_\Omega F\mathrm{d}\mu$, 则对任意 $\varepsilon>0$, 存在 $f_1,f_2\in S_F^1$ 使

$$\left\|x_i-\int_\Omega f_i\mathrm{d}\mu\right\|<\frac{\varepsilon}{2}\quad(i=1,2).$$

考虑向量测度 $r:\mathbf{A}\to X\times X$

$$r(A)=\left(\int_A f_1\mathrm{d}\mu,\int_A f_2\mathrm{d}\mu\right).$$

因为 μ 是非原子的, 所以 $\mathrm{cl}\{r(A):A\in\mathbf{A}\}$ 为 $X\times X$ 中凸集 (参见文献 [102], 而 $r(\varnothing)=(0,0)$, 故对于任给 $\lambda\in(0,1)$, 存在 $A\in\mathbf{A}$, 使

$$\|r(A)-\lambda r(\Omega)\|<\frac{\varepsilon}{4},$$

从而 $\|r(A^c)-(1-\lambda)r(\Omega)\|<\dfrac{\varepsilon}{4}$, 即有

$$\left\|\int_A f_i\mathrm{d}\mu-\lambda\int_\Omega f_i\mathrm{d}\mu\right\|<\frac{\varepsilon}{4}\quad(i=1,2),$$

$$\left\|\int_{A^c} f_i\mathrm{d}\mu-(1-\lambda)\int_\Omega f_i\mathrm{d}\mu\right\|<\frac{\varepsilon}{4}\quad(i=1,2).$$

令 $f=\chi_A f_1+\chi_{A^c}f_2$, 则 $f\in S_F^1$, 且

$$\begin{aligned}\left\|\lambda x_1+(1-\lambda)x_2-\int_\Omega f\mathrm{d}\mu\right\|\leqslant&\left\|\lambda x_1-\lambda\int_\Omega f_1\mathrm{d}\mu\right\|+\left\|\lambda\int_\Omega f_1\mathrm{d}\mu-\int_A f_1\mathrm{d}\mu\right\|\\&+\left\|(1-\lambda)x_2-(1-\lambda)\int_\Omega f_2\mathrm{d}\mu\right\|\\&+\left\|(1-\lambda)\int_\Omega f_2\mathrm{d}\mu-\int_{A^c} f_2\mathrm{d}\mu\right\|\\&<\lambda\frac{\varepsilon}{2}+\frac{\varepsilon}{4}+(1-\lambda)\frac{\varepsilon}{2}+\frac{\varepsilon}{4}=\varepsilon,\end{aligned}$$

因此 $\mathrm{cl}\int_\Omega F\mathrm{d}\mu$ 为凸集.

推论 2.3.1　若 $F\in\mu[\Omega,X]$, $S_F^1\neq\varnothing$, μ 是非原子的, 则

$$\mathrm{cl}\int_\Omega F\mathrm{d}\mu=\mathrm{cl}\int_\Omega\overline{\mathrm{co}}F\mathrm{d}\mu.\tag{2.3.2}$$

证明　由定理 2.3.3 及定理 2.3.4 易证.

注 (1) 由定理 2.3.3 知, 在测度无原子的条件下, 并不一定要求集值随机变量的取值是 X 的闭凸集才能得到其集值随机变量的积分是 X 的闭凸集, 参见例 2.3.2.

(2) 定理 2.3.3 中的 "测度无原子" 的条件不能去掉, 这一点可参见例 2.3.3.

例 2.3.2 设 μ 是 $[0,1]$ 上的 Lebesgue 测度, 定义集值随机变量 $F:[0,1]\to\mathbf{P}_f(\mathbf{R})$ 为 $F(w)=\{2,3\}(w\in[0,1])$, 则 F 不是凸集值随机变量. 常函数 $f_1(w)=2, f_2(w)=3$ 是 F 的两个可测选择, 且 $\int_{[0,1]}f_1\mathrm{d}\mu=2, \int_{[0,1]}f_2\mathrm{d}\mu=3$. 而

$$S_F^1=\{f=f_1I_{A_1}+f_2I_{A_2}:A_1,A_2\text{ 是 }[0,1]\text{ 的可测划分}\},$$

且若 $f=f_1I_{A_1}+f_2I_{A_2}\in S_F^1$, 则 $\int_{[0,1]}f\mathrm{d}\mu=2\mu(A_1)+3\mu(A_2)$. 由于 μ 是无原子的, 则对任意 $\lambda\in[0,1]$, 存在可测集 A_1 使得 $\mu(A_1)=\lambda$, 因此 $\int_{[0,1]}F\mathrm{d}\mu=[2,3]$.

例 2.3.3 设 μ 是 $[0, 1)$ 上的 Lebesgue 测度, 有 $\{1\}$ 是原子, $\mu(\{1\})=5$. 又假定 F,f_1,f_2 如上例, 且对于任意 $\lambda\in[0,1]$, 令 $\{A_1,A_2,\{1\}\}$ 是 $[0, 1]$ 可测划分, $\mu(A_1)=\lambda,\mu(A_2)=1-\lambda$. 则

$$\phi_1=f_1I_{A_1}+f_2I_{A_2}+f_1I_{\{1\}},$$

$$\phi_2=f_1I_{A_1}+f_2I_{A_2}+f_2I_{\{1\}}$$

均是 F 的可测选择, 且

$$\int_\Omega\phi_1\mathrm{d}\mu=2\mu(A_1)+3\mu(A_2)+2\mu(\{1\})=2\lambda+3(1-\lambda)+10,$$

$$\int_\Omega\phi_2\mathrm{d}\mu=2\mu(A_1)+3\mu(A_2)+3\mu(\{1\})=2\lambda+3(1-\lambda)+15.$$

因此 $\int_{[0,1]}F\mathrm{d}\mu=[12,13]\cup[17,18]$, 则 $\mathrm{cl}\int_{[0,1]}F\mathrm{d}\mu$ 不是 R 的凸子集.

定义 2.3.3 设 $K\subset X,E$ 是 K 的子集. 若 $x,y\in K$, 且存在 $t\in(0,1)$ 使 $tx+(1-t)y\in E$ 时, 必有 $x,y\in E$, 则称 E 为 K 的端子集, 当 $E=\{x\}$ 为单点集时, 则称 x 为 K 的端点 (extreme point). 用 ext K 表示 K 的端点全体.

称 Banach 空间 X 具有 Krein-Milman 性质 (KMP), 如果对于任给 $A\in\mathbf{P}_{bfc}(X)$, 有

$$A=\overline{\mathrm{co}}(\mathrm{ext}\ A).\tag{2.3.3}$$

定理 2.3.4 我们假定设 X 具有 KMP, $F\in\mu_{bfc}[\Omega,X], S_F^1\neq\varnothing, S_{\mathrm{ext}F}^1\neq\varnothing,\mu$ 是非原子的, 则有

$$\mathrm{cl}\int_\Omega F\mathrm{d}\mu=\mathrm{cl}\int_\Omega\mathrm{ext}F\mathrm{d}\mu.\tag{2.3.4}$$

证明　由推论 2.3.1 知:

$$\mathrm{cl}\int_{\Omega}\mathrm{ext}F\mathrm{d}\mu=\mathrm{cl}\int_{\Omega}\overline{\mathrm{co}}(\mathrm{ext}F)\mathrm{d}\mu.$$

而 X 具有 KMP, 则 $F(w)=\overline{\mathrm{co}}(\mathrm{ext}F(w))$ $(w\in\Omega)$, 定理得证.

定理 2.3.5　设 X 具 KMP, μ 是非原子的, $F\in\mu_{bfc}[\Omega,X]$, $S_F^1\neq\varnothing$, $S_{\mathrm{ext}F}^1\neq\varnothing$, 则对于任给 $f\in S_F^1$ 及 $\varepsilon>0$, 存在 $g\in S_{\mathrm{ext}F}^1$, 使得

$$\left\|\int_{\Omega}f\mathrm{d}\mu-\int_{\Omega}g\mathrm{d}\mu\right\|<\varepsilon.$$

证明　由定理 2.3.4 知:

$$\int_{\Omega}f\mathrm{d}\mu\in\mathrm{cl}\int_{\Omega}F\mathrm{d}\mu=\mathrm{cl}\int_{\Omega}\mathrm{ext}F\mathrm{d}\mu,$$

即可证明.

定理 2.3.6　设 $F\in\mu[\Omega,X]$, $S_F^1\neq\varnothing$, 则对 $x^*\in X^*$, 有

$$\sigma\left(x^*,\int_{\Omega}F\mathrm{d}\mu\right)=\int_{\Omega}\sigma(x^*,F)\mathrm{d}\mu.$$

证明　首先由推论 2.1.1 知 $\sigma(x^*,F)$ 可测 $(x^*\in X^*)$, 依定理 2.2.12, 有

$$\begin{aligned}\int_{\Omega}\sigma(x^*,F)\mathrm{d}\mu&=\int_{\Omega}\sup_{x\in F(w)}\langle x^*,x\rangle\mathrm{d}\mu\\&=\sup_{f\in S_F^1}\int_{\Omega}\langle x^*,f(w)\rangle\mathrm{d}\mu\\&=\sup_{f\in S_F^1}\left\langle x^*,\int_{\Omega}f(w)\mathrm{d}\mu\right\rangle\\&=\sigma\left(x^*,\int_{\Omega}F\mathrm{d}\mu\right).\end{aligned}$$

定理 2.3.7　设 $F\in\mathbf{L}_f^1[\Omega,X]$, $\{A_n:n\geqslant 1\}$ 为 Ω 的可数可测划分, 则

$$\int_{\Omega}F\mathrm{d}\mu=\sum_{n=1}^{\infty}\int_{A_n}F\mathrm{d}\mu=\left\{\sum_{n=1}^{\infty}x_n:x_n\in\int_{A_n}F\mathrm{d}\mu\right\}.$$

证明　显然 $\int_{\Omega}F\mathrm{d}\mu\subset\sum_{n=1}^{\infty}\int_{A_n}F\mathrm{d}\mu\subset\left\{\sum_{n=1}^{\infty}x_n:x_n\in\int_{A_n}F\mathrm{d}\mu\right\}$. 设 $x_n\in\int_{A_n}F\mathrm{d}\mu(n\geqslant 1)$, 则存在 $\{f_n\}\subset S_F^1$, 使 $x_n=\int_{A_n}f_n\mathrm{d}\mu(n\geqslant 1)$. 令 $f(w)=$

$\sum_{n=1}^{\infty}\chi_{A_n}f_n(w)$, 则 $f(w)\in F(w)$ a.e., 且

$$\int_\Omega \|f(w)\|\mathrm{d}\mu \leqslant \int_\Omega \|F(w)\|\mathrm{d}\mu < \infty.$$

所以 $\sum_{n=1}^{\infty}x_n = \int_\Omega f(w)\mathrm{d}\mu \in \int_\Omega F\mathrm{d}\mu$, 即得

$$\left\{\sum_{n=1}^{\infty}x_n : x_n \in \int_{A_n}F_n\mathrm{d}\mu\right\} \subset \int_\Omega F\mathrm{d}\mu,$$

故结论成立, 定理得证.

定理 2.3.8 设 $F_1, F_2 \in \mathbf{L}_f^1[\Omega, X]$, 则

$$\delta\left(\mathrm{cl}\int_\Omega F_1\mathrm{d}\mu, \mathrm{cl}\int_\Omega F_2\mathrm{d}\mu\right) \leqslant \Delta(F_1, F_2). \tag{2.3.5}$$

证明 任给 $f_1 \in S_{F_1}^1$, 依定理 2.2.12 有

$$\begin{aligned}\inf_{f_2\in S_{F_2}^1}\left\|\int_\Omega f_1\mathrm{d}\mu - \int_\Omega f_2\mathrm{d}\mu\right\| &\leqslant \inf_{f\in S_{F_2}^1}\int_\Omega \|f_1 - f_2\|\mathrm{d}\mu = \int_\Omega \inf_{x\in F_2(w)}\|f_1(w) - x\|\mathrm{d}\mu \\ &= \int_\Omega d(f_1(w), F_2(w))\mathrm{d}\mu \leqslant \Delta(F_1, F_2).\end{aligned}$$

从而任给 $x \in \mathrm{cl}\int_\Omega F_1\mathrm{d}\mu$ 有

$$d\left(x, \mathrm{cl}\int_\Omega F_2\mathrm{d}\mu\right) \leqslant \Delta(F_1, F_2).$$

同理可证, 任给 $y \in \mathrm{cl}\int_\Omega F_2\mathrm{d}\mu$, 有

$$d\left(y, \mathrm{cl}\int_\Omega F_1\mathrm{d}\mu\right) \leqslant \Delta(F_1, F_2).$$

依 $\delta(\cdot,\cdot)$ 的定义知定理结论.

定理 2.3.9 设 $F_1, F_2 \in \mathbf{L}_f^1[\Omega, X]$, 则

$$\delta\left(\mathrm{cl}\int_\Omega F_1\mathrm{d}\mu, \mathrm{cl}\int_\Omega F_2\mathrm{d}\mu\right) \leqslant \delta(S_{F_1}^1, S_{F_2}^1).$$

证明 由 $\delta(\cdot,\cdot)$ 的定义及不等式

$$\left\|\int_\Omega f_1\mathrm{d}\mu - \int_\Omega f_2\mathrm{d}\mu\right\| \leqslant \int_\Omega \|f_1 - f_2\|\mathrm{d}\mu.$$

即证.

定理 2.3.10 设 $F \in \mathbf{L}_s^1[\Omega, X], f \in L^1[\Omega, X]$, 则 $f \in S_F^1$ 当且仅当 $\int_A f\mathrm{d}\mu \in \mathrm{cl}\int_A F\mathrm{d}\mu (A \in \mathbf{A})$. 若 X^* 可分, 则上述结论对任意 $F \in \mathbf{L}_{fc}^1[\Omega, X]$ 也成立.

证明 **必要性** 显然.

充分性 若 $F \in \mathbf{L}_s^1[\Omega, X]$, 则存在简单函数列 $\{F_n : n \geqslant 1\}$, 使得

$$\lim_{n\to\infty} \Delta(F_n, F) = 0.$$

因而存在 $\{F_n\}$ 的子列 (不妨仍记作 $\{F_n\}$), 使得

$$(\delta)F_n(w) \to F(w) \quad \text{a.e..}$$

所以存在 $N \in \mathbf{A}, \mu(N) = 0$, 及 $\{C_i : i \geqslant 1\} \subset \mathbf{P}_{bfc}(X)$, 使得

$$\{F(w) : w \notin N\} = \mathrm{cl}\{C_i : i \geqslant 1\},$$

其中右端闭包取 δ 拓扑意义. 由于 X 可分, 对任意 $i \geqslant 1$, 取 $\{y_{ij} : j \geqslant 1\}$ 为 C_i^c 的可数稠密子集, 依凸集分离定理, 存在 $y_{ij}^* \in X^*$, 使

$$\langle y_{ij}^*, y_{ij}\rangle > \sigma(y_{ij}^*, C_i) \quad (i, j \geqslant 1).$$

令 $\{x_n^* : n \geqslant 1\} = \{y_{ij}^* : i, j \geqslant 1\}$, 则任给 $w \notin N, x \in F(w)$ 当且仅当

$$\langle x_n^*, x\rangle \leqslant \sigma(x_n^*, F(w)) \quad (n \geqslant 1). \tag{2.3.6}$$

假设 $f \notin S_F^1$, 则存在整数 n 及 $A \in \mathbf{A}, \mu(A) > 0$, 使

$$\langle x_n^*, f(w)\rangle > \sigma(x_n^*, F(w)) \quad (w \in A).$$

于是有

$$\begin{aligned}\left\langle x_n^*, \int_A f\mathrm{d}\mu \right\rangle &= \int_A \langle x_n^*, f(w)\rangle \mathrm{d}\mu \\ &> \int_A \sigma(x_n^*, F(w))\mathrm{d}\mu \\ &= \sigma\left(x_n^*, \int_A F(w)\mathrm{d}\mu\right).\end{aligned}$$

从而 $\int_A f\mathrm{d}\mu \notin \mathrm{cl}\int_A F\mathrm{d}\mu$, 矛盾. 所以 $f \in S_F^1$.

若进一步 X^* 可分, 取 $\{x_n^*: n \geqslant 1\}$ 为 X^* 的可数稠密子集, 则 (2.3.6) 式自然对任意 $F \in \mathbf{L}_{fc}^1[\Omega, X]$ 成立.

推论 2.3.2 设 $F \in \mathbf{L}_{wkc}^1[\Omega, X], f \in L^1[\Omega, X]$, 则 $f \in S_F^1$ 当且仅当 $\int_A f\mathrm{d}\mu \in \mathrm{cl}\int_A F\mathrm{d}\mu \quad (A \in \mathbf{A})$.

证明 根据推论 1.4.2, 任给 $w \in \Omega, x \in F(w)$ 当且仅当

$$\langle x_n^*, x\rangle \leqslant \sigma(x_n^*, F(w))(n \geqslant 1),$$

其中 $\{x_n^*: n \geqslant 1\}$ 为 X^* 中 Mackey 拓扑意义下的稠密子集. 其余的证明与定理 2.3.10 完全类似.

推论 2.3.3 设 $F_1, F_2, \in \mathbf{L}_{fc}^1[\Omega, X]$, 若下列三条件之一满足:

(a) $F_1, F_2 \in \mathbf{L}_s^1[\Omega, X]$;

(b) X^* 可分;

(c) $F_1, F_2 \in \mathbf{L}_{wkc}^1[\Omega, X]$,

则 $F_1(w) = F_2(w)$ a.e. 当且仅当任给 $A \in \mathbf{A}$, 有

$$\mathrm{cl}\int_A F_1\mathrm{d}\mu = \mathrm{cl}\int_A F_2\mathrm{d}\mu.$$

证明 综合定理 2.3.10, 推论 2.3.2 及推论 2.2.1 易证.

下面给出集值随机变量的积分是闭集的充分条件. 首先是讨论紧凸集值随机变量的情形, 然后是关于闭凸集值随机变量的定理. 作为应用, 我们将证明非常重要的定理: Aumann 积分与 Debreu 积分在取值为紧凸集的情况下的等价性. 后一种积分是集值随机变量的 Bochner 积分, 其原始思想首次由 Debreu 在 1966 年就 Hausdorff 意义下的收敛性给出的, 所以称为 Debreu 积分.

定义 2.3.4 Banach 空间 X 被称为关于测度空间 $(\Omega, \mathbf{A}, \mu)$ 具有 Radon-Nikodym 性质 (简记为RNP), 如果对于任意具有有界变差的 μ 绝对连续的 X 值测度 $m: \mathbf{A} \to X$, 存在可积函数 $f: \Omega \to X$ 使得对任意 $A \in \mathbf{A}$, 有 $m(A) = \int_A f\mathrm{d}\mu$.

任意可分的 Banach 空间的可分对偶空间与任意自反空间均具有RNP [62].

定理 2.3.11 设 X 具有RNP, 且 $F \in \mathbf{L}_{kc}^1[\Omega, X]$, 则 F 的积分

$$\int_\Omega F\mathrm{d}\mu = \left\{\int_\Omega f\mathrm{d}\mu : f \in S_F\right\}$$

是闭的.

证明 **第一步** 证明存在一可数域 $\widehat{\mathbf{A}} \subset \mathbf{A}$ 使得 F 是 $\mathbf{A}_1$ 可测的, 这里 $\mathbf{A}_1 = \sigma(\widehat{\mathbf{A}})$. 事实上, 由于 $F \in \mathbf{L}_{kc}^1[\Omega, X]$, 由定理 2.1.10, 存在 $\{f_n\} \subset S_F^1$ 使得 $F(w) =$

$\text{cl}\{f_n(w): n \geqslant 1\}(w \in \Omega)$. 对于每个 f_n, 存在一简单随机变量序列 $\{f_n^{(m)}\}$ 使得

$$\lim_{m\to\infty} \|f_n - f_n^{(m)}\|_1 = 0, \qquad n \geqslant 1.$$

令

$$\mathbf{A} = \{(f_n^{(m)})^{-1}(x_0) : x_0 \in f_n^{(m)}(\Omega), m, n \geqslant 1\},$$

则 $\mathbf{A}$ 是可数的. 因此由 $\mathbf{A}$ 生成的域 $\widehat{\mathbf{A}}$ 也是可数的 [93]. 显然 F 是 $\mathbf{A}_1$ 可测的, 这里 $\mathbf{A}_1 = \sigma(\widehat{\mathbf{A}})(= \sigma(\mathbf{A}))$.

第二步　证明

$$\text{cl}\int_A F\text{d}\mu = \text{cl}\left\{\int_A f\text{d}\mu : f \in S_F^1\right\}$$

是 X 中的紧子集 $(A \in \mathbf{A})$. 事实上, 如果 F 是简单集值随机变量, 即 $F(w) = \sum_{i=1}^n K_i I_{A_i}(w)$, $K_i \in \mathbf{P}_{kc}(X)$, 则

$$\begin{aligned}\text{cl}\int_A F\text{d}\mu &= \text{cl}\left\{\sum_{i=1}^n x_i\mu(A\cap A_i) : x_i \in K_i\right\}\\ &= \text{cl}\left(\sum_{i=1}^n K_i\mu(A\cap A_i)\right) \in \mathbf{P}_{kc}(X).\end{aligned}$$

若 $F \in \mathbf{L}_{kc}^1[\Omega, X]$, 则存在一列简单集值随机变量 $\{F_n\}$ 使得

$$\lim_{n\to\infty} \Delta(F_n\chi_A, F\chi_A) = 0 \ (A \in \mathbf{A}).$$

由定理 2.3.8 可知,

$$\delta\left(\text{cl}\int_A F_n\text{d}\mu, \text{cl}\int_A F\text{d}\mu\right) \leqslant \Delta(F_n\chi_A, F\chi_A) \to 0.$$

又由于 $(\mathbf{P}_{kc}(X), \delta)$ 是完备的距离空间, 故 $\text{cl}\int_\Omega F\text{d}\mu$ 是紧的.

第三步　任取 $x \in \text{cl}\int_\Omega F\text{d}\mu$, 则存在 $\{f_n\} \subset S_F^1$ 使得

$$\lim_{n\to\infty} \left\|x - \int_\Omega f_n\text{d}\mu\right\| = 0.$$

任给 $A \in \widehat{\mathbf{A}}$, 由于 $\left\{\int_A f_n\text{d}\mu : n \geqslant 1\right\} \subset \text{cl}\int_A F\text{d}\mu \in \mathbf{P}_{kc}(X)$, 则存在 $\{g_n\} \subset \{f_n\}$ 使得

$$\lambda(A) := \lim_{n\to\infty} \int_A g_n\text{d}\mu.$$

由 $\widehat{\mathbf{A}}$ 的可数性, 用 Cantor 对角线法, 则存在 $\{g_n\}$ 的子序列, 仍用 $\{g_n\}$ 表示, 使得

$$\lambda(A) := \lim_{n\to\infty}\int_A g_n \mathrm{d}\mu, \qquad \forall A \in \widehat{\mathbf{A}}.$$

由 $\|\int_A g_n(w)\mathrm{d}\mu\| \leqslant \int_A \|F(w)\|\mathrm{d}\mu$ $(A \in \mathbf{A})$, 可得 $\{\lambda_n(A) := \int_A g_n(w)\mathrm{d}\mu : n \geqslant 1\}$ 在 $\mathbf{A}_1$ 上是一致可数可加的, 即：对于互不相容序列 $\{A_i\} \subset \mathbf{A}_1$,

$$\sup_n \sum_{i=N}^{\infty} \|\lambda_n(A_i)\| \to 0 \quad (N \to \infty).$$

因此, 存在 $\{g_n\}$ 的子序列, 仍用 $\{g_n\}$ 表示, 使得

$$\lambda(A) = \lim_{n\to\infty}\int_A g_n \mathrm{d}\mu, \qquad \forall A \in \mathbf{A}_1$$

(参见 [93] p. 292, 引理 8.8).

第四步 注意到下列事实

(1) λ 是 μ 连续的, 即：当 $\mu(A_n) \to 0$ $(A_n \in \mathbf{A}_1)$ 时, $\lambda(A_n) \to 0$ (参见 [93] p. 158, 定理 7.2).

(2) λ 是有界变差的, 即对任意 $A \in \mathbf{A}_1$,

$$\sup_{\{A_i\}} \sum_{i=1}^{n} \|\lambda(A_i)\| < \infty,$$

这里上确界是对所有 A 的可测有限划分 $\{A_i : i = 1, \cdots, n\}$ 取的.

(3) λ 是可数可加的, 这是由 [93] p.160, 推论 7.4 得到的.

因为 X 具有RNP, 则存在 $g \in L^1[\Omega; X]$ 使得

$$\lambda(A) = \int_A g \mathrm{d}\mu, \qquad \forall A \in \mathbf{A}_1.$$

进一步有

$$\int_A g\mathrm{d}\mu = \lim_{n\to\infty}\int_A g_n \mathrm{d}\mu \in \mathrm{cl}\int_A F\mathrm{d}\mu, \qquad A \in \mathbf{A}_1.$$

从定理 2.3.10 知 $g \in S_F^1$. 特别地, 设 $A = \Omega$, 可得

$$\int_\Omega g\mathrm{d}\mu = \lim_{n\to\infty}\int_\Omega g_n \mathrm{d}\mu = x.$$

故

$$x \in \int_\Omega F\mathrm{d}\mu = \left\{\int_\Omega f\mathrm{d}\mu : f \in S_F^1\right\},$$

且 $\mathrm{cl}\int_\Omega F\mathrm{d}\mu \subset \int_\Omega F\mathrm{d}\mu$. 定理证毕.

定理 2.3.12　如果 X 是自反的 Banach 空间, 且 $F \in \mathbf{L}^1_{fc}[\Omega, X]$ 则

$$\int_\Omega F\mathrm{d}\mu = \left\{\int_\Omega f\mathrm{d}\mu : f \in S^1_F\right\}$$

是闭集.

证明　第一步　与定理 2.3.11 的证明同.

第二步　对任意 $x \in \mathrm{cl}\int_\Omega F\mathrm{d}\mu$, 存在 $\{f_n\} \subset S^1_F$ 使得

$$\lim_{n\to\infty}\left\|x - \int_\Omega f_n\mathrm{d}\mu\right\| = 0.$$

对固定的 $A \in \widehat{\mathbf{A}}$. 由于 X 是自反的且 $\left\{\int_A f_n\mathrm{d}\mu : n \geqslant 1\right\}$ 有界, 知 $\left\{\int_A f_n\mathrm{d}\mu : n \geqslant 1\right\}$ 是弱相对列紧的 (参见 [93] p. 68, 定理 3.28). 应用 Cantor 对角线方法, 可以抽出子列 $\{g_n\} \subset \{f_n\}$, 使得

$$\lambda(A) := w\text{-}\lim_{n\to\infty}\int_A g_n\mathrm{d}\mu \qquad \forall\ A \in \widehat{\mathbf{A}}.$$

对每一个固定的 $x^* \in X^*$, $\{\langle x^*, \lambda_n(A)\rangle : n \geqslant 1\}$ 在 $\mathbf{A}_1$ 上是一致可列可加的, 其中 $\lambda_n(A) = \int_A g_n\mathrm{d}\mu$. 因此存在一个子列, 仍用 $\{g_n\}$ 表示, 使得

$$\lambda(A) = w\text{-}\lim_{n\to\infty}\int_A g_n\mathrm{d}\mu, \qquad \forall\ A \in \mathbf{A}_1.$$

进一步地, 有

$$|\langle x^*, \lambda_n(A)\rangle| \leqslant \|x^*\|\int_A \|F(w)\|\mathrm{d}\mu, \quad A \in \mathbf{A}_1.$$

事实上,

$$\left|\langle x^*, \int_A g_n\mathrm{d}\mu\rangle\right| = \left|\int_A \langle x^*, g_n\rangle\mathrm{d}\mu\right| \leqslant \int_A \|g_n\|\|x^*\|\mathrm{d}\mu \leqslant \|x^*\|\int_A \|F(w)\|\mathrm{d}\mu.$$

第三步　对于每一个给定的 $x^* \in X^*$, $\langle x^*, \lambda(\cdot)\rangle$ 是 μ 绝对连续的, 有界变差的且可列可加的. 因此存在 $f(x^*) \in L^1[\Omega, \mathbf{A}_1, \mu; \mathbf{R}]$ 使得

$$\langle x^*, \lambda(A)\rangle = \int_A f(x^*)(w)\mathrm{d}\mu, \qquad A \in \mathbf{A}_1. \tag{2.3.7}$$

并且有

$$f(ax^* + by^*) = af(x^*) + bf(y^*) \quad \text{a.e.}(\mu), \quad a, b \in R, \quad x^*, y^* \in X^*,$$

$$|f(x^*)(w)| \leqslant 2\|x^*\|(\|F(w)\| \vee 1), \quad \text{a.e.}, \tag{2.3.8}$$

其中 $a \vee b = \max\{a, b\}$. 实际上, 令 $\Omega_+ = \{w : f(x^*)(w) \geqslant 0\}$, $\Omega_- = \{w : f(x^*)(w) < 0\}$. 则 $\Omega_+, \Omega_- \in \mathbf{A}_1$ 且

$$\begin{aligned}\int_A |f(x^*)|\mathrm{d}\mu &= \int_{A\cap\Omega_+} |f(x^*)|\mathrm{d}\mu - \int_{A\cap\Omega_-} |f(x^*)|\mathrm{d}\mu \\ &= \langle x^*, \lambda(A\cap\Omega_+)\rangle - \langle x^*, \lambda(A\cap\Omega_-)\rangle \\ &\leqslant 2\|x^*\| \int_A \|F(w)\|\mathrm{d}\mu, \quad A \in \mathbf{A}_1.\end{aligned}$$

对任意的 $\varepsilon > 0$, 令 $N = \{w : |f(x^*)(w)| \geqslant (2+\varepsilon)\|x^*\|(\|F(w)\| \vee 1)\}$. 则有

$$\begin{aligned}(2+\varepsilon)\|x^*\| \int_N (\|F(w)\| \vee 1)\mathrm{d}\mu &\leqslant \int_N |f(x^*)(w)|\mathrm{d}\mu \\ &\leqslant 2\|x^*\| \int_N (\|F(w)\| \vee 1)\mathrm{d}\mu.\end{aligned}$$

所以 $\int_N (\|F(w)\| \vee 1)\mathrm{d}\mu = 0$, 这就意味着 $\mu(N) = 0$. 于是有

$$|f(x^*)(w)| < (2+\varepsilon)\|x^*\|(\|F(w)\| \vee 1) \quad \text{a.e.}.$$

令 $\varepsilon \downarrow 0$ 便得 (2.3.8) 式.

令 Λ 是 X^* 的可数稠密子集, 则有

$$|f(x^*)(w)| \leqslant 2\|x^*\|(\|F(w)\| \vee 1), \quad x^* \in \Lambda, \quad \text{a.e.}. \tag{2.3.9}$$

由于 $f(x^*)$ 是线性函数, $f(x^*)$ 在 Λ 上一致连续. 因此我们能把 $f(x^*)$ 拓广到 X^* 上, 并且满足 (2.3.7) 式和 (2.3.9) 式.

从 (2.2.8) 知存在 $f(w)$ 使得

$$f(x^*)(w) = \langle x^*, f(w)\rangle, \qquad x^* \in X^*,$$

且

$$\|f(w)\| \leqslant \|F(w)\| \vee 1.$$

所以 $f \in L^1[\Omega, \mathbf{A}_1, \mu; X]$. 又因为 (2.3.7) 式成立, 故

$$\langle x^*, \lambda(A)\rangle = \int_A \langle x^*, f(w)\rangle\mathrm{d}\mu = \left\langle x^*, \int_A f\mathrm{d}\mu\right\rangle, \quad A \in \mathbf{A}_1.$$

于是对任意的 $A \in \mathbf{A}_1$, 有 $\lambda(A) = \int_A f\mathrm{d}\mu$.

第四步 要证明

$$\lambda(A)=\int_A f\mathrm{d}\mu\in \mathrm{cl}\int_A F\mathrm{d}\mu,\quad A\in \mathbf{A}_1. \tag{2.3.10}$$

事实上, 因为 $g_n\in S_F^1$, 所以

$$\left\langle x^*,\int_A g_n\mathrm{d}\mu\right\rangle\leqslant \sup_{x\in\int_A F\mathrm{d}\mu}\langle x^*,x\rangle,\qquad x^*\in X^*.$$

令 $n\to\infty$, 得

$$\langle x^*,\lambda(A)\rangle\leqslant \sup_{x\in\int_A F\mathrm{d}\mu}\langle x^*,x\rangle\leqslant \sup_{x\in \mathrm{cl}\int_A F\mathrm{d}\mu}\langle x^*,x\rangle,\quad x^*\in X^*.$$

所以 $\lambda(A)\in \mathrm{cl}\int_A F\mathrm{d}\mu$, 又由定理 2.3.10 和 (2.3.10) 式知 $f\in S_F^1$. 令 $A=\Omega$, 则有

$$\lambda(\Omega)=\int_\Omega f\mathrm{d}\mu=w\text{-}\lim_{n\to\infty}\int_\Omega g_n\mathrm{d}\mu=x.$$

因此 $x\in\int_\Omega F\mathrm{d}\mu$. 证毕.

下面集值随机变量的 Bochner 积分与 Aumann 积分的等价性.

定义 2.3.5 F 的 Bochner 积分定义如下

(1) 如果 $F\in \mathbf{L}_s^1[\Omega,X]$ 且是简单的集值随机变量, 即：存在 Ω 的一个有限的可测分割 $\{A_1,A_2,\cdots,A_n\}$ 和 X 的闭子集 $B_1,B_2,\cdots,B_n$ 使得对所有 $w\in\Omega$

$$F(w)=\sum_{i=1}^n \chi_{A_i}(w)B_i,$$

则定义 F 的 Bochner 积分为

$$(\mathrm{B})\text{-}\int_\Omega F\mathrm{d}\mu=\sum_{i=1}^n B_i\mu(A_i).$$

(2) 如果 $F\in \mathbf{L}_s^1[\Omega,X]$ 是 Bochner 可积的, 即存在一列简单集值随机变量 F_n 使得 $\Delta(F_n,F)\to 0$, 则 F 的 Bochner 积分为

$$(\mathrm{B})\text{-}\int_\Omega F\mathrm{d}\mu=\lim_{n\to\infty}(\mathrm{B})\text{-}\int_\Omega F_n\mathrm{d}\mu.$$

易证上述积分定义无歧性.

定理 2.3.13 (1) 如果 $F\in \mathbf{L}_{kc}^1[\Omega,X]$, 则

$$\mathrm{cl}\int_\Omega F\mathrm{d}\mu=(\mathrm{B})\text{-}\int_\Omega F\mathrm{d}\mu. \tag{2.3.11}$$

进一步假定 X 有RNP, 则

$$\int_\Omega F\mathrm{d}\mu = (\mathrm{B})\text{-}\int_\Omega F\mathrm{d}\mu. \tag{2.3.12}$$

(2) 如果 $F \in \mathbf{L}_s^1[\Omega, X]$, 则 (2.3.11) 成立; 进一步假设 X 是自反的, 则 (2.3.12) 成立.

证明 (1) 令 $F \in \mathbf{L}_{kc}^1[\Omega, X]$. 对于 F 是简单随机变量情形, 容易证明 $\int_\Omega F\mathrm{d}\mu =$ (B)-$\int_\Omega F\mathrm{d}\mu$. 对于一般情形, 取一列简单集值随机变量序列 $\{F_n\} \in \mathbf{L}_{kc}^1[\Omega, X]$, 使得当 $n \to \infty$ 时, $\Delta(F_n, F) \to 0$. 由定理 2.3.8 得

$$\delta\left(\mathrm{cl}\int_\Omega F_n\mathrm{d}\mu, \mathrm{cl}\int_\Omega F\mathrm{d}\mu\right) \to 0.$$

而 $\int_\Omega F_n\mathrm{d}\mu = (\mathrm{B})\text{-}\int_\Omega F_n\mathrm{d}\mu$, $n \geqslant 1$, 故

$$\mathrm{cl}\int_\Omega F\mathrm{d}\mu = (\mathrm{B})\text{-}\int_\Omega F\mathrm{d}\mu.$$

如果 X 具有 RNP, 则从定理 2.3.11 可知 $\int_\Omega F\mathrm{d}\mu$ 是闭集. 因此

$$\int_\Omega F\mathrm{d}\mu = (\mathrm{B})\text{-}\int_\Omega F\mathrm{d}\mu.$$

(2) $\mathrm{cl}\int_\Omega F\mathrm{d}\mu = (\mathrm{B})\text{-}\int_\Omega F\mathrm{d}\mu$ 的证明与 (1) 相同. 并且, 从定理 2.3.12 可以得到 $\int_\Omega F\mathrm{d}\mu$ 是闭集.

§2.4 集值随机变量的条件期望

从本节开始, 在本书中, 除非特别说明, 我们恒假定 $(\Omega, \mathbf{A}, \mu)$ 为完备的有限测度空间, X 为一可分的 Banach 空间. 首先给出 X 值 Bochner 可积函数条件期望的定义与基本性质.

设 $\mathbf{F}$ 是 $\mathbf{A}$ 的子 σ 代数, $f \in L^1[\Omega, \mathbf{A}, \mu; X]$. 如果存在 X 值可测函数 $g \in L^1[\Omega, \mathbf{F}, \mu; X]$ 使得 $A \in \mathbf{F}$,

$$\int_A f\mathrm{d}\mu = \int_A g\mathrm{d}\mu,$$

则称 g 为 f 关于 $\mathbf{F}$ 的条件期望, 记作 $E[f|\mathbf{F}] = g$. 可以证明 (参见文献 [371], 定理 2.5) 对于任意 $f \in L^1[\Omega, \mathbf{A}, \mu; X], E[f|\mathbf{F}]$ 存在且唯一.

X 值可测函数的条件期望具有以下性质

(1) $x \in X, E[x|\mathbf{F}] = x$;

(2) 若 X 为 Banach 格, $f_1, f_2 \in L^1[\Omega, \mathbf{A}, \mu; X], f_1 \geqslant f_2$ a.e., 则

$$E[f_1|\mathbf{F}] \geqslant E[f_2|\mathbf{F}] \quad \text{a.e.};$$

(3) 若 $f \in L^1[\Omega, X]$, 则 $\|E[f|\mathbf{F}]\| \leqslant E[\|f\||\mathbf{F}]$ a.e.;

(4) 若 $c_i \in \mathbf{R}(1 \leqslant i \leqslant n)$ 及 $\{f_i : 1 \leqslant i \leqslant n\} \subset L^1[\Omega, \mathbf{A}, \mu; X]$, 则

$$E\left[\sum_{i=1}^{n} c_i f_i|\mathbf{F}\right] = \sum_{i=1}^{n} c_i E[f_i|\mathbf{F}];$$

(5) 设 $\mathbf{F}_1, \mathbf{F}_2, \mathbf{F}_3$ 为 σ 代数, $\mathbf{F}_1 \subset \mathbf{F}_2 \subset \mathbf{F}_3 \subset \mathbf{A}, f \in L^1[\Omega, \mathbf{A}, \mu; X]$ 且 $E[f|\mathbf{F}_3]$ 关于 $\mathbf{F}_1$ 可测, 则

$$E[f|\mathbf{F}_1] = E[f|\mathbf{F}_2] = E[f|\mathbf{F}_3],$$

$$E[E[f|\mathbf{F}_2]|\mathbf{F}_1] = E[f|\mathbf{F}_1] = E[E[f|\mathbf{F}_1]|\mathbf{F}_2].$$

在给出集值随机变量条件期望定义之前, 先引入一些记号. 设 $\mathbf{F}$ 为 $\mathbf{A}$ 的子 σ 代数, $F \in \mu[\Omega, \mathbf{A}, \mu; X]$, $S_F^1 \neq \varnothing$, 记

$$S_F^1(\mathbf{F}) = \{f \in L^1[\Omega, \mathbf{F}, \mu; X] : f(w) \in F(w) \text{ a.e.}\}, \tag{2.4.1}$$

$$\int_\Omega^{(\mathbf{F})} F\mathrm{d}\mu = \left\{\int_\Omega f\mathrm{d}\mu : f \in S_F^1(\mathbf{F})\right\}, \tag{2.4.2}$$

显然, $S_F^1(\mathbf{F}) \subset S_F^1, \int_\Omega^{(\mathbf{F})} F\mathrm{d}\mu \subset \int_\Omega F\mathrm{d}\mu$ 且 $S_F^1(\mathbf{A}) = S_F^1, \int_\Omega^{(\mathbf{A})} F\mathrm{d}\mu = \int_\Omega F\mathrm{d}\mu$.

定理 2.4.1　设 $F \in \mu[\Omega, X], S_F^1 \neq \varnothing$, 则存在一个集值随机变量 $E[F|\mathbf{F}] \in \mu[\Omega, \mathbf{F}, \mu; X]$, 使得

$$S_{E[E|\mathbf{F}]}^1(\mathbf{F}) = \mathrm{cl}\{E[f|\mathbf{F}] : f \in S_F^1\}, \tag{2.4.3}$$

其中上式右端的闭包取 $L^1[\Omega, X]$ 范数拓扑意义.

证明　设 $M = \{E[f|\mathbf{F}] : f \in S_F^1\}$, 则 M 非空. 因为对任意 $A \in \mathbf{F}, f_1, f_2 \in S_F^1$, 有

$$\chi_A E[f_1|\mathbf{F}] + \chi_{A^c} E[f_2|\mathbf{F}] = E[\chi_A f_1 + \chi_{A^c} f_2|\mathbf{F}] \in M,$$

所以 M 关于 $\mathbf{F}$ 是可分解的, 且易证 $\mathrm{cl}M$ 也是关于 $\mathbf{F}$ 可分解的, 即 $\mathrm{cl}M$ 为 $L^1[\Omega, \mathbf{F}, \mu; X]$ 中非空可分解闭集. 依定理 2.2.9 及推论 2.2.1 即证存在唯一的 $E[F|\mathbf{F}] \in \mu[\Omega, \mathbf{F}, \mu; X]$, 使得 $S_{E[F|\mathbf{F}]}^1(\mathbf{F}) = \mathrm{cl}M$.

定义 2.4.1 设 $F \in \mu[\Omega, X], S_F^1 \neq \varnothing$, 称由

$$S^1_{E[F|\mathbf{F}]}(\mathbf{F}) = \mathrm{cl}\{E[f|\mathbf{F}] : f \in S_F^1\}$$

所唯一确定的集值随机变量 $E[F|\mathbf{F}] \in \mu[\Omega, \mathbf{F}, \mu; X]$ 为 F 关于 $\mathbf{F}$ 的集值条件期望.

注 与集值随机变量的积分不一定是闭的类似, 容易构造反例使得 $\{E[f|\mathbf{F}] : f \in S_F^1\}$ 不是闭集. 该集在怎样的条件下是闭的将在本节最后讨论. 我们先来讨论条件期望的性质.

定理 2.4.2 若 $F \in L_f^1[\Omega, \mathbf{A}, \mu; X]$, 则 $E[F|\mathbf{F}] \in \mathbf{L}_f^1[\Omega, \mathbf{F}, \mu; X]$.

证明 若 $F \in \mathbf{L}_f^1[\Omega, X]$, 则 S_F^1 非空有界. 由于任给 $f \in L^1[\Omega, X], \|E[f|\mathbf{F}]\| \leqslant E[\|f\||\mathbf{F}]$ 所以 $\mathrm{cl}M = \mathrm{cl}\{E[f|\mathbf{F}] : f \in S_F^1\}$ 有界, 即 $S^1_{E[F|\mathbf{F}]}(\mathbf{F})$ 为非空有界闭集, 所以 $E[F|\mathbf{F}] \in \mathbf{L}_f^1[\Omega, \mathbf{F}, \mu; X]$.

定理 2.4.3 若 $F \in \mathbf{L}_{fc}^1[\Omega, X]$, 则 $E[F|\mathbf{F}] \in \mathbf{L}_{fc}^1[\Omega, \mathbf{F}, \mu; X]$.

证明 因为 F 几乎处处凸, 所以 S_F^1 为凸集, 从而容易证明 $S^1_{E[F|\mathbf{F}]}(\mathbf{F})$ 也为凸集. 依推论 2.2.2 知 $E[F|\mathbf{F}] \in \mathbf{L}_{fc}^1[\Omega, \mathbf{F}, \mu; X]$.

例 2.4.1 设 $F \in \mu[\Omega, X], \mathbf{F} = \{\varnothing, \Omega\}$, 则依定义知

$$E[F|\mathbf{F}] = \frac{1}{\mu(\Omega)} \mathrm{cl} \int_\Omega F \mathrm{d}\mu.$$

定理 2.4.4 设 $F \in \mu[\Omega, X], S_F^1 \neq \varnothing$, 则任给 $x \in X$, 有

$$E[d(x, F(w))|\mathbf{F}] \geqslant d(x, E[F|\mathbf{F}](w)) \text{ a.e.}. \tag{2.4.4}$$

证明 首先由定理条件知, 不等式两端均为 $\mathbf{F}$ 可测且可积实值随机变量. 由于 $A \in \mathbf{F}$, 有

$$\begin{aligned}
\int_A d(x, F(w)) \mathrm{d}\mu &= \int_A \inf_{y \in F(w)} d(x, y) \mathrm{d}\mu \\
&= \inf_{f \in S_F^1} \int_A \|x - f(w)\| \mathrm{d}\mu \\
&= \inf_{f \in S_F^1} \int_A E[\|x - f(w)\||\mathbf{F}] \mathrm{d}\mu \\
&\geqslant \inf_{f \in S_F^1} \int_A \|x - E[f|\mathbf{F}](w)\| \mathrm{d}\mu \\
&= \int_A \inf_{y \in E[F|\mathbf{F}](w)} d(x, y) \mathrm{d}\mu \\
&= \int_A d(x, E[F|\mathbf{F}](w)) \mathrm{d}\mu,
\end{aligned}$$

所以 $E[d(x, F(w))|\mathbf{F}] \geqslant d(x, E[F|\mathbf{F}](w))$ a.e..

定理 2.4.5 设 $F_1, F_2 \in \mathbf{L}_f^1[\Omega, X]$, 则

$$\delta(E[F_1|\mathbf{F}], E[F_2|\mathbf{F}]) \leqslant E[\delta(F_1, F_2)|\mathbf{F}] \text{ a.e..}$$

证明 设 $G_1 = E[F_1|\mathbf{F}], G_2 = E[F_2|\mathbf{F}]$, 则 $\forall A \in \mathbf{F}$, 有

$$\begin{aligned}\int_A \sup_{x\in G_1(w)} d(x, G_2(w))\mathrm{d}\mu &\leqslant \int \sup_{x\in G_1(w)} E[d(x, F_2(w))|\mathbf{F}]\mathrm{d}\mu \\ &= \sup_{f\in S_{G_1}^1} \int_A E[d(f(w), F_2(w))|\mathbf{F}]\mathrm{d}\mu \\ &= \sup_{f\in S_{G_1}^1} \int_A d(f(w), F_2(w))\mathrm{d}\mu \\ &= \sup_{f\in S_{F_1}^1} \int_A d(E[f|\mathbf{F}](w), F_2(w))\mathrm{d}\mu \\ &= \int_A \sup_{x\in F_1(w)} d(x, F_2(w))\mathrm{d}\mu.\end{aligned}$$

同理可证

$$\int_A \sup_{y\in G_2(w)} d(y, G_1(w))\mathrm{d}\mu \leqslant \int_A \sup_{y\in F_2(w)} d(y, F_1(w))\mathrm{d}\mu.$$

用定理 2.2.15 同样的方法即证任给 $A \in \mathbf{F}$, 有

$$\begin{aligned}\int_A \delta(G_1(w), G_2(w))\mathrm{d}\mu &\leqslant \int_A \delta(F_1(w), F_2(w))\mathrm{d}\mu \\ &= \int_A E[\delta(F_1(w), F_2(w))|\mathbf{F}]\mathrm{d}\mu,\end{aligned}$$

所以

$$\delta(E[F_1|\mathbf{F}], E(F_2|\mathbf{F})) \leqslant E[\delta(F_1, F_2)|\mathbf{F}] \text{ a.e..}$$

推论 2.4.1 若 $F \in \mu[\Omega, X], S_F^1 \neq \varnothing$, 则任给 $x \in X$, 有

$$h(x, E[F|\mathbf{F}]) \leqslant E[h(x, F)|\mathbf{F}] \text{ a.e.,} \tag{2.4.5}$$

特别地, $\|E[F|\mathbf{F}]\| \leqslant E[\|F\||\mathbf{F}]$ a.e..

证明 $h(x, E[F|\mathbf{F}]) = \delta(E[x|\mathbf{F}], E[F|\mathbf{F}]) \leqslant E[\delta(x, F)|\mathbf{F}] = E[h(x, F)|\mathbf{F}]$ a.e.. 特别地取 $x = 0$ 时, 有

$$\begin{aligned}\|E[F|\mathbf{F}]\| &= h(0, E[F|\mathbf{F}]) \\ &\leqslant E[h(0, F)|\mathbf{F}] = E[\|F\||\mathbf{F}] \text{ a.e..}\end{aligned}$$

推论 2.4.2 若 $F_1, F_2 \in \mathbf{L}_f^1[\mathbf{\Omega}, X]$, 则

$$\Delta(E[F_1|\mathbf{F}], E[F_2|\mathbf{F}]) \leqslant \Delta(F_1, F_2). \tag{2.4.6}$$

证明 对定理 2.4.5 中不等式两边关于 Ω 积分即得.

推论 2.4.3 设 $F \in \mathbf{L}_f^1[\Omega, X]$, 则任给 $A \in \mathbf{F}$, 有

$$\int_A \|E[F|\mathbf{F}]\| \mathrm{d}\mu \leqslant \int_A \|F\| \mathrm{d}\mu. \tag{2.4.7}$$

证明 由推论 2.4.1 易证.

推论 2.4.4 若 $F \in \mathbf{L}_f^1[\Omega, X]$, 则

$$|E[F|\mathbf{F}]| \leqslant E[|F||\mathbf{F}] \quad \text{a.e.}, \tag{2.4.8}$$

其中 $|F|(w) = \inf\{\|x\| : x \in F(w)\}$.

证明 这是定理 2.4.4 取 $x = \theta$ 的特殊情形.

定理 2.4.6 设 $F_1, F_2 \in \mu[\Omega, X], S_{F_1}^1, S_{F_2}^1 \neq \varnothing$, 则

$$E[F_1 \oplus F_2|\mathbf{F}] = E[F_1|\mathbf{F}] \oplus E[F_2|\mathbf{F}].$$

证明 依集值条件期望的定义及定理 2.2.5, 有

$$\begin{aligned} S_{E[F_1 \oplus F_2|\mathbf{F}]}^1(\mathbf{F}) &= \mathrm{cl}\{E[f|\mathbf{F}] : f \in \mathrm{cl}(S_{F_1}^1 + S_{F_2}^1)\} \\ &= \mathrm{cl}\{E[f_1|\mathbf{F}] + E[f_2|\mathbf{F}] : f_1 \in S_{F_1}^1, f_2 \in S_{F_2}^1\} \\ &= \mathrm{cl}\{S_{E[F_1|\mathbf{F}]}^1(\mathbf{F}) + S_{E[F_2|\mathbf{F}]}^1(\mathbf{F})\} \\ &= S_{E[F_1|\mathbf{F}] \oplus E[F_2|\mathbf{F}]}^1(\mathbf{F}). \end{aligned}$$

由推论 2.2.1 即可证明.

定理 2.4.7 设 $F \in \mathbf{L}_f^1[\Omega, X], \xi : \mathbf{\Omega} \to \mathbf{R}$ 为 $\mathbf{F}$ 可测且一致有界, 则

$$E[\xi \cdot F|\mathbf{F}] = \xi \cdot E[F|\mathbf{F}]. \tag{2.4.9}$$

证明 由于 $S_{\xi F}^1 = \xi S_F^1$. 所以

$$\begin{aligned} S_{E[\xi F|\mathbf{F}]}^1(\mathbf{F}) &= \mathrm{cl}\{E[\xi f|\mathbf{F}] : f \in S_F^1\} \\ &= \mathrm{cl}\{\xi E[f|\mathbf{F}] : f \in S_F^1\}. \end{aligned}$$

下面我们证明

$$\mathrm{cl}\{\xi E[f|\mathbf{F}] : f \in S_F^1\} = \xi \mathrm{cl}\{E[f|\mathbf{F}] : f \in S_F^1\}. \tag{2.4.10}$$

显然左边包含右边. 设 $\{f_n : n \geqslant 1\} \subset S_F^1, f \in \mathbf{L}^1[\boldsymbol{\Omega}, X], \|\xi E[f_n|\mathbf{F}] - f\|_1 \to 0$, 那么就存在子序列 (不妨仍记作 $\{f_n\}$), 使得

$$\|\xi E[f_n|\mathbf{F}](w) - f(w)\| \to 0 \quad \text{a.e..}$$

令 $A = \{w : \xi(w) \neq 0\} \in \mathbf{F}$, 记

$$g_n = \chi_A f_n + \chi_{A^c} f_1 \quad (n \geqslant 1),$$

$$g = \chi_A \xi^{-1} f + \chi_{A^c} E[f_1|\mathbf{F}].$$

则 $\{g_n : n \geqslant 1\} \subset S_F^1$, 于是 $\|E[g_n|\mathbf{F}]\| \leqslant E[\|F\||\mathbf{F}](n \geqslant 1)$. 由于

$$\|E[g_n|\mathbf{F}] - g\| \to 0 \quad \text{a.e.,}$$

所以由 Lebesgue 控制收敛定理知 $\|E[g_n|\mathbf{F}] - g\|_1 \to 0$, 而显然有 $f = \xi g$, 故 $f = \xi g \in \xi \text{cl}\{E[f|\mathbf{F}] : f \in S_F^1\}$, 即右边包含左边. 所以 (2.4.10) 成立, 即有

$$S^1_{E[\xi F|\mathbf{F}]}(\mathbf{F}) = \xi S^1_{E[F|\mathbf{F}]}(\mathbf{F}) = S^1_{\xi E[F|\mathbf{F}]}(\mathbf{F}).$$

故 $E[\xi F|\mathbf{F}] = \xi E[F|\mathbf{F}]$.

定理 2.4.8 设 $F \in \mathbf{L}_f^1[\Omega, X]$, 则

$$E[\overline{\text{co}} F|\mathbf{F}] = \overline{\text{co}} E[F|\mathbf{F}]. \tag{2.4.11}$$

证明 由定理 2.2.8, 有

$$\begin{aligned} S^1_{E[\overline{\text{co}}F|\mathbf{F}]}(\mathbf{F}) &= \text{cl}\{E[f|\mathbf{F}] : f \in S^1_{\overline{\text{co}}F} = \overline{\text{co}} S_F^1\} \\ &= \overline{\text{co}}\{E[f|\mathbf{F}] : f \in S_F^1\} \\ &= \overline{\text{co}} S^1_{E[F|\mathbf{F}]}(\mathbf{F}) \\ &= S^1_{\overline{\text{co}} E[F|\mathbf{F}]}(\mathbf{F}), \end{aligned}$$

所以 $E[\overline{\text{co}} F|\mathbf{F}] = \overline{\text{co}} E[F|\mathbf{F}]$.

定理 2.4.9 若 $F \in \mathbf{L}_{fc}^1[\Omega, \mathbf{F}, \mu; X], \xi : \Omega \to \mathbf{R}^+$ 一致有界且可测, 则

$$E[\xi F|\mathbf{F}] = E[\xi|\mathbf{F}] \cdot F \quad \text{a.e..} \tag{2.4.12}$$

特别地 $E[F|\mathbf{F}] = F$ a.e..

证明 依定理条件知 $E[\xi|\mathbf{F}]F \in \mathbf{L}_{fc}^1[\Omega, \mathbf{F}, \mu; X]$, 仅需证明

$$S^1_{E[\xi|\mathbf{F}] \cdot F}(\mathbf{F}) = \{E[f|\mathbf{F}] : f \in S^1_{\xi F}\}. \tag{2.4.13}$$

依定理 2.2.3 知存在 $\{f_n : n \geqslant 1\} \subset S_F^1(\mathbf{F})$, 使

$$F(w) = \text{cl}\{f_n(w) : n \geqslant 1\} \quad \text{a.e..}$$

设 $g \in S^1_{E[\xi|\mathbf{F}]F}(\mathbf{F})$, 记

$$f(w) = \begin{cases} \dfrac{g(w)}{E[\xi|\mathbf{F}](w)}, & E[\xi|\mathbf{F}](w) \neq 0, \\ f_1(w), & E[\xi|\mathbf{F}](w) = 0, \end{cases}$$

则 $f \in S_F^1(\mathbf{F})$, 从而 $\xi f \in S^1_{\xi F}$ 且 $g = E[\xi|\mathbf{F}]f = E[\xi f|\mathbf{F}]$, 于是知 (2.4.13) 式右边包含左边.

设 $g \in \{E[f|\mathbf{F}] : f \in S^1_{\xi F}\}$, 则存在 $f \in S^1_F$, 使 $g = E[\xi f|\mathbf{F}]$. 由定理 2.2.4, 在给定 $\varepsilon > 0$, 存在 Ω 的 $\mathbf{A}$ 可测有限划分 $\{A_1, \cdots, A_n\}$, 使

$$\left\| f - \sum_{i=1}^{n} \chi_{A_i} f_i \right\|_1 < \varepsilon.$$

因而

$$\left\| E[\xi f|\mathbf{F}] - E\left[\xi \cdot \sum_{i=1}^{n} \chi_{A_i} f_i \Big| \mathbf{F}\right] \right\|_1 \leqslant \|\xi\|_\infty \varepsilon.$$

设 $A = \{w \in \Omega : E[\xi|\mathbf{F}] > 0\}$, 则 $A \in \mathbf{F}$, 并且

$$E\left[\xi \cdot \sum_{i=1}^{n} \chi_{A_i} f_i \Big| \mathbf{F}\right] = E[\xi|\mathbf{F}] \sum_{i=1}^{n} \chi_A \frac{E[\chi_{A_i}\xi|\mathbf{F}]}{E[\xi|\mathbf{F}]} f_i \in S^1_{E[\xi|\mathbf{F}]F}(\mathbf{F}),$$

所以

$$g = E[\xi f|\mathbf{F}] \in S^1_{E[\xi|\mathbf{F}]\cdot}F(\mathbf{F}).$$

于是 (2.4.13) 式左边包含右边, (2.4.13) 式成立, 定理得证.

例 2.4.2 定理 2.4.9 中 $\xi(w)$ 的非负性假设一般不能去掉. 设 $([0,1], \mathbf{B}, \mu)$ 为 $[0,1]$ 上的 Lebesgue 测度空间, $\mathbf{F} = \{\varnothing, [0,1]\}$, $F(w) \equiv [-1,1] \subset R$, 取

$$\xi(w) = \begin{cases} -1, & 0 \leqslant w < \dfrac{1}{2}, \\ 1, & \dfrac{1}{2} \leqslant w < 1, \end{cases}$$

则 $E[\xi F|\mathbf{F}] \equiv [-1,1]$, 而 $E[\xi|\mathbf{F}] \cdot F \equiv \{0\}$.

定理 2.4.10 设 $\mathbf{F}_1 \subset \mathbf{F} \subset \mathbf{A}$, $F \in \mathbf{L}^1_{fc}[\Omega, \mathbf{F}, \mu; X]$, 则

$$S^1_{E[F|\mathbf{F}]}(\mathbf{F}_1) = \text{cl}\{E[g|\mathbf{F}_1] : g \in S^1_F(\mathbf{F})\}. \tag{2.4.14}$$

证明　在定理 2.4.9(2.4.13) 中取 $\xi(w) \equiv 1$, 则有

$$S_F^1(\mathbf{F}) = \{E[f|\mathbf{F}] : f \in S_F^1\}.$$

于是

$$\begin{aligned} S^1_{E[F|\mathbf{F}_1]}(\mathbf{F}_1) &= \mathrm{cl}\{E[f|\mathbf{F}_1] : f \in S_F^1\} \\ &= \mathrm{cl}\{E[E[f|\mathbf{F}]|\mathbf{F}_1] : f \in S_F^1\} \\ &= \mathrm{cl}\{E[g|\mathbf{F}_1] : g \in S_F^1(\mathbf{F})\}. \end{aligned}$$

例 2.4.3　定理 2.4.10 中 $F(w)$ 的凸性假设一般不能去掉. 设 $(\Omega, \mathbf{A}, \mu)$ 为非原子概率空间, $\mathbf{F}_1 = \mathbf{F} = \{\varnothing, \Omega\}, F(w) \equiv \{0, 1\} \subset R$, 则 $S^1_{E[F|\mathbf{F}_1]}(\mathbf{F}_1) = \{f(w) : f(w) \equiv a, a \in [0, 1]\}$, 而

$$\mathrm{cl}\{E[g|\mathbf{F}_1] : g \in S_F^1(\mathbf{F})\} = \{f_1(w) \equiv 0, f_2(w) \equiv 1\}.$$

定理 2.4.11　设 $F \in \mathbf{L}^1_{fc}[\Omega; X], \mathbf{F}_1 \subset \mathbf{F} \subset \mathbf{A}$, 则

$$E[E[F|\mathbf{F}]|\mathbf{F}_1] = E[F|\mathbf{F}_1]. \tag{2.4.15}$$

证明　令 $G = E[F|\mathbf{F}]$, 则

$$\begin{aligned} S^1_{E[G|\mathbf{F}_1]}(\mathbf{F}_1) &= \mathrm{cl}\{E[g|\mathbf{F}_1] : g \in S_G^1(\mathbf{F})\} \\ &= \mathrm{cl}\{E[E[f|\mathbf{F}]|\mathbf{F}_1] : f \in S_F^1\} \\ &= \mathrm{cl}\{E[f|\mathbf{F}] : f \in S_F^1\} \\ &= S^1_{E[F|\mathbf{F}_1]}(\mathbf{F}_1). \end{aligned}$$

定理 2.4.12　若 $F \in \mathbf{L}^1_f[\Omega, X]$, 则任给 $A \in \mathbf{F}$, 有

$$\mathrm{cl}\int_A^{(\mathbf{F})} E[F|\mathbf{F}]\mathrm{d}\mu = \mathrm{cl}\int_A F\mathrm{d}\mu. \tag{2.4.16}$$

证明　设 $g \in S^1_{E[F|\mathbf{F}]}(\mathbf{F})$, 则存在 $\{f_n : n \geqslant 1\} \subset S_F^1$, 使得 $\|g - E[f_n|\mathbf{F}]\|_1 \to 0$, 所以

$$\int_A g\mathrm{d}\mu = \lim_n \int_A E[f_n|\mathbf{F}]\mathrm{d}\mu = \lim_n \int_A f_n\mathrm{d}\mu \in \mathrm{cl}\int_A F\mathrm{d}\mu,$$

即 $\mathrm{cl}\int_A^{(\mathbf{F})} E[F|\mathbf{F}]\mathrm{d}\mu \subset \mathrm{cl}\int_A F\mathrm{d}\mu$.

设 $f \in S_F^1$, 则 $E[f|\mathbf{F}] \in S^1_{E[F|\mathbf{F}]}(\mathbf{F})$, 因而有

$$\int_A f\mathrm{d}\mu = \int_A E[f|\mathbf{F}]\mathrm{d}\mu \in \mathrm{cl}\int_A^{(\mathbf{F})} E[F|\mathbf{F}]\mathrm{d}\mu,$$

所以 $\mathrm{cl}\int_A F\mathrm{d}\mu\subset \mathrm{cl}\int_A^{(\mathbf{F})}E[F|\mathbf{F}]\mathrm{d}\mu$. 定理得证.

定理 2.4.13 设 $F\in \mathbf{L}^1_{fc}[\Omega;X]$, 则

$$\mathrm{cl}\int_A E[F|\mathbf{F}]\mathrm{d}\mu=\mathrm{cl}\int_A F\mathrm{d}\mu\quad (A\in\mathbf{F}).\tag{2.4.17}$$

证明 在定理 2.4.9(2.4.13) 中用 $E[F|\mathbf{F}]$ 代替 F, 取 $\xi(w)\equiv 1$, 则有

$$S^1_{E[F|\mathbf{F}]}(\mathbf{F})=\{E[f|\mathbf{F}]:f\in S^1_{E[F|\mathbf{F}]}\}.$$

所以

$$\begin{aligned}\int_A^{(\mathbf{F})}E[F|\mathbf{F}]\mathrm{d}\mu&=\left\{\int_A E[f|\mathbf{F}]\mathrm{d}\mu:f\in S^1_{E[F|\mathbf{F}]}\right\}\\&=\left\{\int_A f\mathrm{d}\mu:f\in S^1_{E[F|\mathbf{F}]}\right\}\\&=\int_A E[F|\mathbf{F}]\mathrm{d}\mu.\end{aligned}$$

再由定理 2.4.12 即得

$$\mathrm{cl}\int_A E[F|\mathbf{F}]\mathrm{d}\mu=\mathrm{cl}\int_A F\mathrm{d}\mu.$$

定理 2.4.14 若 $F\in\mathbf{L}^1_s[\Omega,X]$, 则 $E[F|\mathbf{F}]$ 由下式唯一确定:

$$\mathrm{cl}\int_A E[F|\mathbf{F}]\mathrm{d}\mu=\mathrm{cl}\int_A F\mathrm{d}\mu\quad (A\in\mathbf{F}),\tag{2.4.18}$$

且 $E[F|\mathbf{F}]\in\mathbf{L}^1_s[\Omega,\mathbf{F},\mu;X]$.

证明 若 $F(w)=\sum_{i=1}^n\chi_{A_i}(w)C_i, C_i\in\mathbf{P}_{bfc}(X)\quad(1\leqslant i\leqslant n)$, 则

$$E[F|\mathbf{F}]=\sum_{i=1}^n E(\chi_{A_i}|\mathbf{F})C_i\in\mathbf{L}^1_s[\Omega,\mathbf{F},\mu;X].$$

设 $\{F_n\}\subset\mathbf{L}^1_s[\Omega;X]$ 为简单函数列, $F\in\mathbf{L}^1_s[\Omega,X]$ 且

$$\Delta(F_n,F)\to 0,$$

则由推论 2.4.2 知

$$\Delta(E[F_n|\mathbf{F}],E[F|\mathbf{F}])\leqslant\Delta(F_n,F)\to 0.$$

所以 $E[F|\mathbf{F}]\in\mathbf{L}^1_s[\Omega,\mathbf{F},\mu;X]$.

假设存在 $G \in \mathbf{L}_s^1[\Omega, \mathbf{F}, \mu; X]$, 使任给 $A \in \mathbf{A}$ 有

$$\mathrm{cl}\int_A G\mathrm{d}\mu = \mathrm{cl}\int_A F\mathrm{d}\mu,$$

则由定理 2.4.13 可得, 任给 $A \in \mathbf{A}$, 有

$$\mathrm{cl}\int_A E[F|\mathbf{F}]\mathrm{d}\mu = \mathrm{cl}\int_A G\mathrm{d}\mu.$$

所以依推论 2.3.3 知 $G(w) = E[F|\mathbf{F}](w)$ a.e., 唯一性得证.

定理 2.4.15　若 X^* 可分, $F \in \mathbf{L}_{fc}^1[\Omega, X]$, 则 $E[F|\mathbf{F}] \in \mathbf{L}_{fc}^1[\Omega, \mathbf{F}, \mu; X]$ 由

$$\mathrm{cl}\int_A E[F|\mathbf{F}]\mathrm{d}\mu = \mathrm{cl}\int_A F\mathrm{d}\mu \quad (A \in \mathbf{F}) \tag{2.4.19}$$

唯一确定.

证明　类似定理 2.4.14.

定理 2.4.16　若 X 为自反的, $F \in \mathbf{L}_{fc}^1[\Omega, X]$, 则任给 $A \in \mathbf{F}$,

$$\int_A^{(F)} E[F|\mathbf{F}]\mathrm{d}\mu = \int_A E[F|\mathbf{F}]\mathrm{d}\mu = \int_A F\mathrm{d}\mu. \tag{2.4.20}$$

证明　由于 X 自反, 而 $F \in \mathbf{L}_{fc}^1[\Omega, X]$, 所以由定理 2.3.12 可知, 等式中的三个积分均是闭的. 由定理 2.4.12、2.4.13 可证明三个积分相等.

推论 2.4.5　若 X 自反, X^* 可分, $F \in \mathbf{L}_{fc}^1[\Omega, X]$, 则 $E[F|\mathbf{F}] \in \mathbf{L}_{fc}^1[\Omega, \mathbf{F}, \mu; X]$ 由

$$\int_A E[F|\mathbf{F}]\mathrm{d}\mu = \int_A F\mathrm{d}\mu \quad (A \in \mathbf{F}) \tag{2.4.21}$$

唯一确定.

定理 2.4.17　设 X^* 可分, $\{x_n^* : n \geqslant 1\}$ 为 X^* 的可数稠密子集, $F \in \mathbf{L}_{fc}^1[\Omega; X]$, 则

$$E[F|\mathbf{F}] = \bigcap_{n=1}^{\infty} \{x \in X : \langle x_n^*, x\rangle \leqslant E[\sigma(x_n^*, F)|\mathbf{F}]\} \quad \text{a.e..}$$

证明　令 $\xi_n = \sigma(x_n^*, F)$, 则 $\xi_n \in \mathbf{L}^1$, 记

$$G(w) = \bigcap_{n=1}^{\infty} \{x \in X : \langle x_n^*, x\rangle \leqslant E[\xi_n|\mathbf{F}](w)\}.$$

则 $\mathrm{Gr}G \in \mathbf{F} \times \mathbf{B}(X)$, 于是依定理 2.1.6, $G \in \mu[\Omega, \mathbf{F}, \mu; X]$. 下面证明

$$S_G^1(\mathbf{F}) = \mathrm{cl}\{E[f|\mathbf{F}] : f \in S_F^1\}.$$

若 $f \in S_F^1$, 则任给 $n \geqslant 1$, 有

$$\langle x_n^*, E[f|\mathbf{F}]\rangle = E[\langle x_n^*, f\rangle|\mathbf{F}] \leqslant E[\xi_n|\mathbf{F}] \quad \text{a.e.},$$

所以 $E[f|\mathbf{F}] \in S_G^1(\mathbf{F})$.

反之, 若 $f \in S_G^1(\mathbf{F})$, 依定理 2.3.7, 对于任给 $n \geqslant 1$ 及 $A \in \mathbf{F}$, 有

$$\begin{aligned}\left\langle x_n^*, \int_A f\mathrm{d}\mu\right\rangle &= \int_A \langle x_n^*, f(w)\rangle\mathrm{d}\mu \\ &\leqslant \int_A E[\xi_n|\mathbf{F}]\mathrm{d}\mu \\ &= \int_A \xi_n\mathrm{d}\mu = \sup_{g\in S_F^1}\int_A \langle x_n^*, g\rangle\mathrm{d}\mu \\ &= \sigma\left(x_n^*, \int_A F\mathrm{d}\mu\right),\end{aligned}$$

从而可得

$$\int_A f\mathrm{d}\mu \in \mathrm{cl}\int_A F\mathrm{d}\mu = \mathrm{cl}\int_A^{(\mathbf{F})} E[F|\mathbf{F}]\mathrm{d}\mu.$$

由定理 2.3.10 知 $f \in S_{E[F|\mathbf{F}]}^1(\mathbf{F})$.

综上所述 $S_G^1(\mathbf{F}) = \mathrm{cl}\{E[f|\mathbf{F}] : f \in S_F^1\}$, 即

$$G(w) = E[F|\mathbf{F}](w) \quad \text{a.e..}$$

注　若 X^* 不可分, 对于 $F \in \mathbf{L}_s^1[\Omega, X]$, 存在依赖于 F 的可数列 $\{x_n^* : n \geqslant 1\} \subset X^*$, 使上述定理结论依然成立.

定理 2.4.18　设 $F \in \mathbf{L}_f^1[\Omega, X]$, 则任给 $x^* \in X^*$ 有

$$E[\sigma(x^*, F)|\mathbf{F}] = \sigma(x^*, E[F|\mathbf{F}]) \quad \text{a.e.}, \tag{2.4.22}$$

进一步地, 若 X^* 可分时, 则存在 $N \in \mathbf{A}, \mu(N) = 0$, 使 $w \notin N$ 时, 上面公式对于任意 $x^* \in X^*$ 成立.

证明　由于任给 $A \in \mathbf{F}$, 有

$$\begin{aligned}\int_A E[\sigma(x^*, F)|\mathbf{F}]\mathrm{d}\mu &= \int_A \sigma(x^*, F)\mathrm{d}\mu = \sup_{f\in S_F^1}\int_A \langle x^*, f\rangle\mathrm{d}\mu \\ &= \sup_{f\in S_F^1}\left\langle x^*, \int_A f\mathrm{d}\mu\right\rangle = \sigma\left(x^*, \mathrm{cl}\int_A F\mathrm{d}\mu\right).\end{aligned}$$

而

$$\begin{aligned}\int_A \sigma(x^*, E[F|\mathbf{F}])\mathrm{d}\mu &= \int_A \sup_{x\in E[F|\mathbf{F}]} \langle x^*, x\rangle \mathrm{d}\mu \\ &= \sup_{f\in S^1_{E[F|\mathbf{F}]}(\mathbf{F})} \int_A \langle x^*, f\rangle \mathrm{d}\mu \\ &= \sup_{f\in S^1_{E[F|\mathbf{F}]}(\mathbf{F})} \left\langle x^*, \int_A f\mathrm{d}\mu \right\rangle \\ &= \sup_{f\in S^1_F} \left\langle x^*, \int_A f\mathrm{d}\mu \right\rangle \\ &= \sigma\left(x^*, \mathrm{cl}\int_A F\mathrm{d}\mu\right),\end{aligned}$$

所以 $A\in\mathbf{F}$ 时, 有

$$\int_A \sigma(x^*, E[F|\mathbf{F}])\mathrm{d}\mu = \int_A E[\sigma(x^*, F)|\mathbf{F}]\mathrm{d}\mu,$$

即 $\sigma(x^*, E[F|\mathbf{F}]) = E[\sigma(x^*, F)|\mathbf{F}]$ a.e..

若 X^* 可分, 取 $\{x_n^* : n\geqslant 1\}$ 为 X^* 可数稠密子集, 则 $n\geqslant 1$, 存在 $N_n\in\mathbf{A}$, $\mu(N_n)=0$, 使 $w\notin N_n$ 时, 有

$$\sigma(x_n^*, E[F|\mathbf{F}]) = E[\sigma(x_n^*, F)|\mathbf{F}].$$

令 $N=\bigcup\limits_{n=1}^{\infty} N_n$, 则 $\mu(N)=0$, 且 $w\notin N$ 时, 对任给 $n\geqslant 1$, 有

$$\sigma(x_n^*, E[F|\mathbf{F}]) = E[\sigma(x_n^*, F)|\mathbf{F}].$$

对于任给 $x^*\in X^*$, 设 $\{x_k^* : k\geqslant 1\}\subset\{x_n^* : n\geqslant 1\}, x_k^*\to x^*$, 则 $w\notin N$ 时, 有

$$\begin{aligned}\sigma(x^*, E[F|\mathbf{F}]) &= \lim_{k\to\infty} \sigma(x_k^*, E[E|\mathbf{F}]) \\ &= \lim_{k\to\infty} E[\sigma(x_k^*, F)|\mathbf{F}] \\ &= E[\lim_{k\to\infty} \sigma(x_k^*, F)|\mathbf{F}] \\ &= E[\sigma(x^*, F)|\mathbf{F}],\end{aligned}$$

故结论成立.

定理 2.4.19 (1) 如果 X 有 RNP, $F\in\mathbf{L}^1_{kc}[\Omega, X]$, 且 $\mathbf{A}_0=\sigma(\mathbf{A})$, 其中 $\mathbf{A}$ 是可数的, 则

$$\{E[f|\mathbf{A}_0] : f\in S^1_F\} \tag{2.4.23}$$

是 $L^1[\Omega, X]$ 中的闭集.

(2) 如果 X 是自反的 Banach 空间, $F \in \mathbf{L}^1_{fc}[\Omega, X]$, 且 $\mathbf{A}_0 = \sigma(\mathbf{A})$, 其中 $\mathbf{A}$ 是可数的, 则 (2.4.23) 是 $L^1[\Omega, X]$ 中的闭集.

证明 (1) **第一步** 取 $g \in \mathrm{cl}\{E[f|\mathbf{A}_0] : f \in S^1_F\}$, 则存在一列 $\{f_n\} \subset S^1_F$ 使得

$$\lim_{n\to\infty} \int_\Omega \|g - E[f_n|\mathbf{A}_0]\| \mathrm{d}\mu = 0. \tag{2.4.24}$$

使用定理 2.3.11 中第一步的证明方法, 我们可以得到一个可数域 $\widehat{\mathbf{A}}_0$, 使得 F 是 $\mathbf{A}_1$ 可测的, 其中 $\mathbf{A}_1 := \sigma(\widehat{\mathbf{A}}_0)$. 令 $\widehat{\mathbf{A}}$ 是包含 $\mathbf{A}$ 和 $\widehat{\mathbf{A}}_0$ 的最小的域, 则 $\widehat{\mathbf{A}}$ 是可数的. 而且, 因为

$$\left\{\int_A f_n \mathrm{d}\mu\right\} \subset \mathrm{cl}\int_A F \mathrm{d}\mu \in \mathbf{P}_{kc}(X),$$

使用 Cantor 对角线方法, 可以抽出 $\{f_n\}$ 的子列 $\{g_n\}$, 使得下面的极限存在:

$$\lambda(A) := \lim_{n\to\infty} \int_A g_n \mathrm{d}\mu, \qquad \forall A \in \widehat{\mathbf{A}}.$$

应用如定理 2.3.11 中第三步所用的证明方法, 存在 $\{g_n\}$ 的子序列, 不妨还用 $\{g_n\}$ 表示, 使得

$$\lambda(A) := \lim_{n\to\infty} \int_A g_n \mathrm{d}\mu, \qquad \forall A \in \mathbf{A}_0 \vee \mathbf{A}_1.$$

从定理 2.3.11 的第四步, 可得 $f \in L^1[\Omega, \mathbf{A}_0 \vee \mathbf{A}_1, \mu; X]$ 使得

$$\lambda(A) = \int_A f \mathrm{d}\mu, \qquad A \in \mathbf{A}_0 \vee \mathbf{A}_1.$$

又从

$$\int_A f \mathrm{d}\mu = \lim_{n\to\infty} \int_A g_n \mathrm{d}\mu \in \mathrm{cl}\int_A F \mathrm{d}\mu, \qquad A \in \mathbf{A}_0 \vee \mathbf{A}_1, \tag{2.4.25}$$

和定理 2.3.10, 有 $f \in S^1_F(\mathbf{A}_0 \vee \mathbf{A}_1)$.

第二步 注意到

$$|\langle g, \phi\rangle| \leqslant \|g\|_1 \|\phi\|_\infty, \quad g \in L^1[\Omega, X], \quad \phi \in L^\infty[\Omega, X^*],$$

且 (2.4.24) 式成立, 则

$$\lim_{n\to\infty} \int_\Omega \langle \phi, E[f_n|\mathbf{A}_0]\rangle \mathrm{d}\mu = \int_\Omega \langle \phi, g\rangle \mathrm{d}\mu.$$

对任意的 $A \in \mathbf{A}_0$, $x^* \in X^*$, 令 $\phi(w) = I_A(w)x^* \in L^\infty[\Omega, X^*]$.

由于

$$\lim_{n\to\infty}\left\langle x^*,\int_\Omega E[f_n|\mathbf{A}_0]\mathrm{d}\mu\right\rangle=\left\langle x^*,\int_\Omega g\mathrm{d}\mu\right\rangle,$$

且

$$\int_A E[f_n|\mathbf{A}_0]\mathrm{d}\mu=\int_A f_n\mathrm{d}\mu,$$

所以

$$\lim_{n\to\infty}\left\langle x^*,\int_A f_n\mathrm{d}\mu\right\rangle = \left\langle x^*,\int_A g\mathrm{d}\mu\right\rangle,\quad x^*\in X^*,\quad A\in\mathbf{A}_0.$$

又因为 $\{g_n\}\subset\{f_n\}$, 所以

$$\lim_{n\to\infty}\left\langle x^*,\int_A g_n\mathrm{d}\mu\right\rangle=\left\langle x^*,\int_A g\mathrm{d}\mu\right\rangle,\quad x^*\in X^*,\quad A\in\mathbf{A}_0.$$

再结合 (2.4.25) 式, 有

$$\int_A f\mathrm{d}\mu=\int_A g\mathrm{d}\mu,\qquad A\in\mathbf{A}_0.$$

由于 g 是 $\mathbf{A}_0$ 可测的, 因此 $g=E[f|\mathbf{A}_0]$, 也就是, $g\in\{E[f|\mathbf{A}_0]:f\in S_F\}$.

(2) **第一步**　令 $\{f_n\}\subset S_F^1, g\in L^1[\Omega,\mathbf{A}_0,\mu;X]$, $\widehat{\mathbf{A}},\mathbf{A}_0$ 和 $\mathbf{A}_1$ 与 (1) 中第一步所定义的相同. 应用定理 2.3.12 中第二步的证明方法, 可知对任意的 $A\in\widehat{\mathbf{A}}$, $\left\{\int_A f_n\mathrm{d}\mu\right\}$ 是弱相对列紧的. 从定理 2.3.12 的第二步及第三步的讨论中, 可知存在一个 $f\in S_F^1(\mathbf{A}_0\vee\mathbf{A}_1)$, 并且存在子序列 $\{g_n\}\subset\{f_n\}$, 使得

$$\int_A f\mathrm{d}\mu=w\text{-}\lim_{n\to\infty}\int_A g_n\mathrm{d}\mu,\quad A\in\mathbf{A}_0\vee\mathbf{A}_1.$$

第二步　应用 (1) 中第 2 步的同样方法, 我们便可得到结论.

§2.5　集值随机变量序列的收敛性

定义 2.5.1　设 $\{F_n,n\geqslant 1\}\subset\mu[\Omega,X],F\in\mu[\Omega,X]$, 考虑以下几种收敛性, 其中 (1)~(5) 中收敛前面的记号意义与 §1.5 中相同:

(1) $(\mathrm{K.M})F_n\to F$ a.e.;

(2) $(K)F_n\to F$ a.e.;

(3) $(M)F_n\to F$ a.e.;

(4) $(\delta)F_n\to F$ a.e.;

(5) $(w)F_n\to F$ a.e.;

(6) $(\Delta)F_n\to F$ 即 $\Delta(F_n,F)\to 0$;

(7) $(L)F_n \to F$ 即 $\delta(S^1_{Fn}, S^1_F) \to 0$.

其中 (6), (7) 中假定 $\{F_n, F\} \subset \mathbf{L}^1_f[\Omega, X]$.

定理 2.5.1 若 $(\mathrm{K.M})F_n \to F$ a.e., 则

$$(K)F_n \to F, 且 (M)F_n \to F \text{ a.e.}.$$

定理 2.5.2 若 $(\delta)F_n \to F$ a.e., 那么就得到 $(\mathrm{K.M})F_n \to F$ a.e..

定理 2.5.3 在 $\mathbf{R}^n$ 中, $F \in \mu_k[\Omega, \mathbf{R}^n]$, 则 $(\delta)F_n \to F$ a.e. 当且仅当 $(K)F_n \to F$ a.e..

定理 2.5.4 设 X 为 Schur 空间. $(K)F_n \to F$ a.e. 当且仅当 $(\mathrm{K.M})F_n \to F$ a.e..

定理 2.5.5 若 $(\Delta)F_n \to F$, 则 $(L)F_n \to F$.

证明 由定理 2.2.14 知 $\delta(S^1_{F_n}, S^1_F) \leqslant \Delta(F_n, F)$, 故定理得证.

定理 2.5.6 若 $(\Delta)F_n \to F$, 则 $(\delta)\mathrm{cl}\int_\Omega F_n \mathrm{d}\mu \to \mathrm{cl}\int_\Omega F \mathrm{d}\mu$.

证明 由定理 2.3.8 知 $\delta\left(\mathrm{cl}\int_\Omega F_n \mathrm{d}\mu, \mathrm{cl}\int_\Omega F \mathrm{d}\mu\right) \leqslant \Delta(F_n, F)$, 定理得证.

定理 2.5.7 若 $(\delta)F_n \to F$ a.e., 则存在 $N \in \mathbf{A}, \mu(N) = 0$, 使 $w \notin N$ 时

$$\sigma(x^*, F_n(w)) \to \sigma(x^*, F(w))$$

在 $\{x^* \in X^*.\|x^*\| \leqslant 1\}$ 上一致成立.

证明 由 $\delta(F_n, F) = \sup\limits_{\|x^*\| \leqslant 1} |\sigma(x^*, F_n) - \sigma(x^*, F)|$ 即证.

定理 2.5.8 若 $(\Delta)F_n \to F$ a.e., 则对任意 $x \in X$, 有

$$d(x, F_n) \to d(x, F) \quad \text{a.e.}.$$

证明 由 $\delta(F_n, F) = \sup\limits_{x \in X} |d(x, F_n) - d(x, F)|$ 即可证明.

定理 2.5.9 若 $(\Delta)F_n \to F$, 则 $(\mu)\delta(F_n, F) \to 0$, 即

$$\mu\{w : \delta(F_n, F) \geqslant \varepsilon\} \to 0.$$

证明 显然.

在实值随机变量序列收敛性的研究中, 一个很重要的结论是实值随机变量序列的上、下极限均是可测的, 下面我们讨论集值随机变量序列的强 (弱) 上、下极限的可测性.

定理 2.5.10 假设 $\{F_n : n \geqslant 1\} \subset \mu[\Omega, X]$, 且对任意 $w \in \Omega$, $s\text{-}\lim\limits_{n\to\infty} \sup F_n(w) \neq \varnothing$ ($s\text{-}\lim\limits_{n\to\infty} \inf F_n(w) \neq \varnothing$). 则 $s\text{-}\lim\limits_{n\to\infty} \sup F_n$ ($s\text{-}\lim\limits_{n\to\infty} \inf F_n$) 为集值随机变量.

证明 依集列上极限的性质及定理 1.5.11 知

$$s\text{-}\lim_{n\to\infty}\sup F_n(w)=\bigcap_{m\geqslant 1}\mathrm{cl}\left(\bigcup_{n\geqslant m}F_n(w)\right).$$

故由定理 2.1.11 及定理 2.1.13 知 $s\text{-}\lim\limits_{n\to\infty}\sup F_n$ 为集值随机变量.

依集列下极限的定义, 我们有

$$s\text{-}\lim_{n\to\infty}\inf F_n(w)=\{x\in X:\lim_{n\to\infty}d(x,F_n(w))=0\}.$$

由于 $d(x,F_n(w))$ 关于 $x\in X$ 连续, $w\in\Omega$ 可测, 故它是 $\mathbf{A}\times\mathbf{B}(X)$ 可测的, 因此

$$\mathrm{Gr}(s\text{-}\lim_{n\to\infty}\inf F_n)\in\mathbf{A}\times\mathbf{B}(X).$$

于是依定理 2.1.6 可知 $s\text{-}\lim\limits_{n\to\infty}\inf F_n$ 为集值随机变量.

定理 2.5.11 设 $\{F_n:n\geqslant 1\}\subset\mu[\Omega,X]$, 且存在 $G:\Omega\to\mathbf{P}_{wkc}(X)$, 使得 $F_n(w)\subset G(w)(n\geqslant 1,w\in\Omega)$, 则 $w\text{-}\lim\limits_{n\to\infty}\sup F_n$ 为集值随机变量.

证明 首先注意到 $\forall w\in\Omega$, $\lim\limits_{n\to\infty}\inf d(\theta,F_n(w))<+\infty$, 由定理 1.5.12(2) 可知 $w\text{-}\lim\limits_{n\to\infty}\sup F_n(w)\neq\varnothing$. 任给 $w\in\Omega$, 由于 $F_n(w)\subset G(w)$, 而 X 上的弱拓扑限制在弱紧集 $G(w)$ 上是可度量化的, 故

$$w\text{-}\lim_{n\to\infty}\sup F_n(w)=\bigcap_{m\geqslant 1}\mathrm{cl}_w\left(\bigcup_{n\geqslant m}F_n(w)\right).$$

从而依定理 2.1.12 及定理 2.1.14 知 $w\text{-}\lim\limits_{n\to\infty}\sup F_n$ 为集值随机变量.

定理 2.5.12 设 $\{F_n:n\geqslant 1\}\subset\mu[\Omega,X]$, 而且存在有 $G:\Omega\to\mathbf{P}_{lwkc}(X)$, 使得 $F_n(w)\subset G(w)(n\geqslant 1,w\in\Omega)$, 且 $\lim\limits_{n\to\infty}\inf d(\theta,F_n(w))<+\infty(w\in\Omega)$, 则 $w\text{-}\lim\limits_{n\to\infty}\sup F_n$ 为集值随机变量.

证明 任给正整数 $p\geqslant 1$, 令

$$F_n^p(w)=F_n(w)\bigcap\overline{S}(0,p),$$

则 F_n^p 为集值随机变量. 由于任给 $n\geqslant 1,p\geqslant 1$ 及 $w\in\Omega$, 有

$$F_n^p(w)\subset G(w)\bigcap\overline{S}(0,p)\in\mathbf{P}_{wkc}(X).$$

故依定理 2.5.11 知 $w\text{-}\lim\limits_{n\to\infty}\sup F_n^p$ 为集值随机变量. 但由于定理 1.5.18 知

$$w\text{-}\lim_{n\to\infty}\sup F_n(w)=\bigcup_{p\geqslant 1}w\text{-}\lim_{n\to\infty}\sup F_n^p$$

为集值随机变量.

定理 2.5.13 设 X^* 是可分的, $\{F_n : n \geqslant 1\} \subset \mu[\Omega, X]$, 且假定 $w\text{-}\lim\limits_{n\to\infty}\sup F_n(w) \neq \varnothing$ $(w \in \Omega)$, 则 $w\text{-}\lim\limits_{n\to\infty}\sup F_n$ 为集值随机变量.

证明 由推论 1.5.2 知

$$w\text{-}\lim_{n\to\infty}\sup F_n(w) = \bigcup_{p\geqslant 1}\bigcap_{m\geqslant 1}\mathrm{cl}_w\left(\bigcup_{n\geqslant m}(F_n(w)\bigcap \overline{S}(0,p))\right).$$

令 $G_{mp}(w) = \mathrm{cl}_w\left(\bigcup\limits_{n\geqslant m}(F_n(w)\cap \overline{S}(0,p))\right)$, 则类似于定理 2.1.11 的证明, 对于任意弱开集 $V \subset X$, $G_{mp}^{-1}(V) \in \mathbf{A}$, 因此, $\mathrm{Gr}(G_{mp}) \in \mathbf{A}\times\mathbf{B}(X)$, 故依定理 2.1.6 知 $\bigcap\limits_{m\geqslant 1} G_{mp}$ 为集值随机变量. 因此 $w\text{-}\lim\limits_{n\to\infty}\sup F_n = \bigcup\limits_{p\geqslant 1}\bigcap\limits_{m\geqslant 1} G_{mp}$ 为集值随机变量.

定理 2.5.14 设 $\{F_n : n \geqslant 1\} \subset \mu[\Omega, X]$, $F = s\text{-}\lim\limits_{n\to\infty}\inf F_n$, 且存在 $f : \Omega \to X$ 为 F 的可测选择, 则存在 X 值可测函数列 $\{f_n : n \geqslant 1\}$, f_n 为 F_n 的可测选择, 使得 $(s)f_n(w) \to f(w)$.

证明 任给 $n \geqslant 1$, 令

$$L_n(w) = \left\{x \in F_n(w) : \|x - f(w)\| \leqslant d(f(w), F_n(w)) + \frac{1}{n}\right\}.$$

显然 $L_n(w) \in \mathbf{P}_f(X)(w \in \Omega)$. 由于 $d(x, F_n(w))$ 关于 $x \in X$ 连续, 关于 $w \in \Omega$ 可测, 因而是 $\mathbf{A}\times\mathbf{B}(X)$ 可测的, 故 $d(f(w), F_n(w))$ 是可测的, 因此二元函数

$$\varphi(w, x) = \|x - f(w)\| - d(f(w), F_n(w)),$$

关于 $x \in X$ 连续, 关于 $w \in \Omega$ 可测, 从而是 $\mathbf{A}\times\mathbf{B}(X)$ 可测的. 于是

$$\mathrm{Gr}L_n \in \mathbf{A}\times\mathbf{B}(X),$$

故 L_n 为集值随机变量. 依定理 2.1.9 知 L_n 存在可测选择 f_n, 即 $f_n(w) \in F_n(w)$ 且 $\|f_n(w) - f(w)\| \leqslant d(f(w), F_n(w)) + \dfrac{1}{n}(n \geqslant 1, w \in \Omega)$. 但由于 $f(w) \in F(w) = s\text{-}\lim\limits_{n\to\infty}\inf F_n(w)$, 故 $d(f(w), F_n(w)) \to 0$, 因此, $(s)f_n \to f$. 定理得证.

定理 2.5.15 如果我们假设 $\{F_n : n\geqslant 1\} \subset \mu[\Omega, X]$, $F = s\text{-}\lim\limits_{n\to\infty}\inf F_n$, $\{f^{(k)} : k \geqslant 1\}$ 为 F 的一个 Castaing 表示, 则存在 X 值可测函数列 $\{f_n^{(k)} : k \geqslant 1, n \geqslant 1\}$, 使得对于固定的 $n \geqslant 1$, $\{f_n^{(k)} : k \geqslant 1\}$ 为 F_n 的 Castaing 表示, 并且任给 $k \geqslant 1$, $f_n^{(k)}(w) \to f^{(k)}(w)$.

证明　任给 $k \geqslant 1$, 依定理 2.5.14, 存在 $\{g_n^{(k)} : n \geqslant 1\}, g_n^{(k)}$ 为 F_n 的可测选择, 使得 $(s)g_n^{(k)}(w) \to f^{(k)}(w)$. 对于任给 $n \geqslant 1$, 设 $\{h_n^k : k \geqslant 1\}$ 为 F_n 的一个 Castaing 表示, 定义

$$f_n^{(k)}(w) = \begin{cases} g_n^{(k)}(w), & \text{若 } k \leqslant n, \\ h_n^{(k-n)}(w), & \text{若 } k > n. \end{cases}$$

则易证对于任意固定的 $n \geqslant 1, \{f_n^{(k)} : k \geqslant 1\}$ 为 F_n 的 Castaing 表示, 并且任给 $k \geqslant 1, (s)f_n^{(k)}(w) \to f^{(k)}(w)$.

定义 2.5.2　称集值随机变量 F 是可数简单的, 如果存在 Ω 的可数可测划分 $\{A_n : n \geqslant 1\}$ 及 $\{C_n : n \geqslant 1\} \subset \mathbf{P}_f(X)$, 使得 $F(w) = \sum_{n=1}^{\infty} \chi_{A_n} C_n$.

定理 2.5.16　设 $F \in \mu_{fc}[\Omega, X]$, 则

(1) 存在可数简单集值随机变量列 $\{F_n : n \geqslant 1\} \subset \mu[\Omega, X]$, 且任给 $w \in \Omega, F_n(w)$ 为有限集, 使得

$$(\mathrm{K.M})F_n(w) \to F(w).$$

(2) 存在可数简单集随机变量列 $\{G_n\} \subset \mu_{fc}[\Omega, X]$, 使得 $(\mathrm{K.M})G_n(w) \to F(w)$.

证明　(1) 设 $\{f_k : k \geqslant 1\}$ 为 F 的 Castaing 表示, 令

$$\overline{F}_n(w) = \{f_1(w), \cdots, f_n(w)\}.$$

任给 $n \geqslant 1$, 依 X 值可测函数的性质, 存在取 X 中可数值的可测函数 $\{g_n^1, \cdots, g_n^n\}$, 使得任给 $1 \leqslant i \leqslant n$, 有

$$\sup_{w \in \Omega} \|f_i(w) - g_n^i(w)\| < \frac{1}{n}.$$

由于 $\{\overline{F}_n(w) : n \geqslant 1\}$ 为单调增的, 故

$$s\text{-}\liminf_{n \to \infty} \overline{F}_n(w) = F(w).$$

由于任给 $n \geqslant 1, \overline{F}_n(w) \subset F(w)(w \in \Omega)$, 而 $F(w)$ 为闭凸集, 从而也是弱闭集, 所以 $w\text{-}\limsup_{n \to \infty} \overline{F}_n(w) \subset F(w)$. 于是

$$(\mathrm{K.M})\overline{F}_n(w) \to F(w).$$

定义 $F_n(w) = \{g_n^1(w), \cdots, g_n^n(w)\}$, 显然 F_n 为集值随机变量, 且 $F_n(w)$ 为有限集. 下面证明 $(\mathrm{K.M})F_n(w) \to F(w)$.

任给 $x \in F(w)$, 必存在 $y_n \in \overline{F}_n(w)$, 使得 $(s)y_n \to x$. 依 $\overline{F}_n(w)$ 的定义, 存在 $1 \leqslant i(n) \leqslant n$, 使得 $y_n = f_{i(n)}(w)$. 设 $x_n = g_n^{i(n)}(w)$, 则知 $(s)x_n \to x$, 从而 $x \in s\text{-}\liminf_{n \to \infty} F_n(w)$, 故 $F(w) \subset s\text{-}\liminf_{n \to \infty} F_n(w)$. 任取 $x \in \limsup_{n \to \infty} F_n(w)$, 则

存在 $x_{n_k} \in F_{n_k}(w)$ 使得 $(w)x_{n_k} \to x$. 由 $F_{n_k}(w)$ 的定义知, 存在 $i(k) \leqslant n_k$ 使得 $x_{n_k} = g_{n_k}^{i(k)}(w)$. 但依 $\{g_n^k : n \geqslant 1, k \geqslant 1\}$ 的取法, $\|f_{i(k)}(w) - g_{n_k}^{i(k)}(w)\| < \dfrac{1}{n_k}$, 因此 $(w)f_{i(k)}(w) \to x$. 因此 $f_{i(k)}(w) \in F(w)(k \geqslant 1)$, 而 $F(w)$ 为闭凸集, 从而也是弱闭的, 故知 $x \in F(w)$, 因此, $w\text{-}\lim\limits_{n\to\infty} \sup F_n(w) \subset F(w)$. 综合所述, 即得

$$(\text{K.M})F_n(w) \to F(w).$$

(2) 令 $G_n(w) = \overline{\text{co}}F_n(w)$, 其中 F_n 如 (1) 中所给, 则 $G_n \in \mu_{fc}[\Omega, X]$, 下面证明 $(\text{K.M})G_n(w) \to F(w)$. 由于 $G_n(w) \supset F_n(w)$, 而依 (1) 所证结论知

$$F(w) \subset s\text{-}\lim_{n\to\infty} \inf F_n(w) \subset s\text{-}\lim_{n\to\infty} \inf G_n(w).$$

另一方面, 任给 $x \in w\text{-}\lim\limits_{n\to\infty} \sup G_n(w)$, 存在 $x_k \in G_{n_k}(w)$, 使得 $(w)x_k \to x$. 任给 $k \geqslant 1$, 我们有 $x_k = \sum\limits_{j=1}^{n_k} \lambda_j z_j$, 其中

$$z_j \in F_{n_k}(w), 0 \leqslant \lambda_j \leqslant 1, \sum_{j=1}^{n_k} \lambda_j = 1.$$

因此存在 $f_j(w) \in \overline{F_{n_k}}(w), \|z_j - f_j(w)\| < \dfrac{1}{n_k}(1 \leqslant j \leqslant n_k)$, 使得

$$x_k = \sum_{j=1}^{n_k} \lambda_j (z_j - f_j(w)) + \sum_{j=1}^{n_k} \lambda_j f_j(w) = \mu_k + w_k.$$

由于 $(s)\mu_k \to 0$, 故 $w_k = x_k - \mu_k$ 弱收敛到 x, 但由于任给 $k \geqslant 1, w_k = \sum\limits_{j=1}^{n_k} \lambda_j f_j(w) \in F(w)$, 所以 $x \in F(w)$, 从而可以证明 $w\text{-}\lim\limits_{n\to\infty} \sup G_n(w) \subset F(w)$. 综合所述即得 $(\text{K.M})G_n(w) \to F(w)$.

定理 2.5.17 设 X 是自反的, $F : \Omega \to \mathbf{P}_{fc}(X)$ 为集值映射, 则下列命题等价.

(1) F 为集值随机变量;

(2) 存在可数简单集值随机变量列 $\{F_n : n \geqslant 1\} \subset \mu_{fc}[\Omega, X]$, 使得 $(\text{K.M})F_n(w) \to F(w)$.

证明 (1) ⇒ (2) 此即定理 2.5.16(2).

(2)⇒(1) 由于 F_n 为集值随机变量, 所以我们任意给定 $x \in X, d(x, F_n(w))$ 是可测的. 因为 $(\text{K.M})F_n(w) \to F(w)$, 故依定理 1.5.24 知任给 $w \in \Omega$, $\lim\limits_{n\to\infty} d(x, F_n(w)) = d(x, F(w))$, 所以 $d(x, F(w))$ 是可测的. 因此, 依定理 2.1.6 知 F 是集值随机变量.

作为本节的结束, 我们给出有限维情形下集值随机变量列几乎处处 Kuratowski 收敛的等价条件, 并由此导出集值随机变量列依测度收敛的一个合理的定义及基本性质. 以下恒设 X 为有限维 Banach 空间.

定理 2.5.18　设 $\{F_n : n \geqslant 1\} \subset \mu[\Omega, X], F \in \mu[\Omega, X]$, 则下列命题等价

(1) $(K)F_n \to F$ a.e.;

(2) 任给 $x \in X, \lim\limits_{n\to\infty} d(x, F_n(w)) = d(x, F(w))$ a.e.;

(3) 任给 $x \in X, \varepsilon > 0$ 及 $r > 0$, 有

$$\lim_{n\to\infty} \mu\left(\bigcup_{m\geqslant n}((F_m\backslash\varepsilon F)\cup(F\backslash\varepsilon F_m))^{-1}(\overline{S}(x,r))\right) = 0,$$

其中 $\varepsilon F = F + \overline{S}(\theta, \varepsilon), \varepsilon F_m = F_m + \overline{S}(\theta, \varepsilon)$.

证明　由定理 1.5.32, 定理 1.2.3 以及 X 的可分性易证 (1) 与 (2) 等价, 下面证明 (1) 与 (3) 等价.

(1)⇒(3)　若 $(K)F_n(w) \to F(w)$ a.e. , 则依定理 1.5.32 知存在零测集 $N \in \mathbf{A}$, 使得 $w \notin N$ 时, $(K)(F_n\backslash\varepsilon F) \cup (F\backslash\varepsilon F_n) \to \varnothing$. 任给 $x \in X, \varepsilon > 0, r > 0$, 令

$$W_n(\varepsilon, r, x) = \bigcup_{m\geqslant n}((F\backslash\varepsilon F_m)\cup(F_m\backslash\varepsilon F))^{-1}(\overline{S}(x,r)).$$

则 $W_n(\varepsilon, r, x) \in \mathbf{A}$, 且 $W_n(\varepsilon, r, x) \downarrow \bigcap\limits_{n=1}^{\infty} W_n(\varepsilon, r, x)$. 但依定理 1.5.29, 存在 $n_0 \geqslant 1$, 使得 $n \geqslant n_0$ 时

$$((F_n\backslash\varepsilon F)\cup(F\backslash\varepsilon F_n))\cap\overline{S}(x,r) = \varnothing,$$

故知 $w \notin W_{n_0}(\varepsilon, r, x)$. 因此, $W_{n_0}(\varepsilon, r, x) \subset N$, 从而

$$\bigcap_{n=1}^{\infty} W_n(\varepsilon, r, x) \subset N.$$

所以 $\lim\limits_{n\to\infty} \mu\{W_n(\varepsilon, r, x)\} = 0$, (3) 成立.

(3)⇒ (1)　设 $D = \{x_i : i \geqslant 1\}$ 为 X 的可数稠密子集, 令

$$N = \bigcup_{k=1}^{\infty}\bigcup_{i=1}^{\infty}\bigcap_{n=1}^{\infty} W_n\left(\frac{1}{k}, r, x_i\right).$$

由于 (3) 成立, 故

$$\mu\left(\bigcap_{n=1}^{\infty} W_n\left(\frac{1}{k}, r, x_i\right)\right) = \lim_{n\to\infty} \mu\left(W_n\left(\frac{1}{k}, r, x_i\right)\right) = 0,$$

所以 $\mu(N) = 0$. 若 $w \notin N$, 则任给 $k \geqslant 1, i \geqslant 1$, 有

$$w \notin \bigcap_{n=1}^{\infty} W_n\left(\frac{1}{k}, r, x_i\right),$$

即存在 $n_0 \geqslant 1$, 使得 $m \geqslant n_0$ 时, 有

$$((F \backslash \varepsilon F_m) \cup (F_m \backslash \varepsilon F)) \cap \overline{S}(x_i, r) = \varnothing.$$

故依 X 的可分性及定理 1.5.32 知 $(K)F_n(w) \to F(w)$. 因此

$$(K)F_n \to F \quad \text{a.e..}$$

定义 2.5.3 设 $\{F_n : n \geqslant 1\} \subset \mu[\Omega, X], F \in \mu[\Omega, X]$, 记

$$\Delta_{\varepsilon n}(w) = [(F_n \backslash \varepsilon F) \cup (F \backslash \varepsilon F_n)], \tag{2.5.1}$$

$$\Delta_{\varepsilon n}^{-1}(K) = \{w \in \Omega : \Delta_{\varepsilon n}(w) \cap K \neq \varnothing\}. \tag{2.5.2}$$

若对于任给有界闭集 $K \subset X$, 有

$$\mu(\Delta_{\varepsilon n}^{-1}(K)) \to 0,$$

则称 F_n 依测度收敛于 F, 记作 $(\mu)F_n \to F$.

定理 2.5.19 若 $(K)F_n \to F$ a.e., 则 $(\mu)F_n \to F$.

证明 由定理 2.5.18 中等价命题 (3) 即证.

定理 2.5.20 若 $(\mu)F_n \to F$, 那么必然存在 $\{F_n : n \geqslant 1\}$ 的子列 $\{F_{n_l} : l \geqslant 1\}$ 使得 $(K)F_{n_l}(w) \to F(w)$ a.e..

证明 设 $\varepsilon_l \downarrow 0$, $\sum\limits_{l=1}^{\infty} \varepsilon_l < \infty$, 取 $K_l \in \mathbf{P}_{bf}(X), K_l \uparrow X (l \geqslant 1)$. 由于 $(\mu)F_n \to F$, 则对任意 $l \geqslant 1$, 存在 $N_l, n \geqslant N_l$ 时, $\mu\{\Delta_{\varepsilon_l n}^{-1}(K_l)\} < \varepsilon_l$. 于是可取 $\{n_l : l \geqslant 1\} \subset \{n\}, n_l \uparrow$, 使得

$$\sum_{l=1}^{\infty} \mu(\Delta_{\varepsilon_l n_l}^{-1}(K_l)) < \sum_{l=1}^{\infty} \varepsilon_l < \infty.$$

考虑 $\{F_{n_l} : l \geqslant 1\} \subset \{F_n : n \geqslant 1\}$. 利用 Borel-Cantelli 引理可得

$$\mu\left\{\bigcap_{k=1}^{\infty} \bigcup_{l=k}^{\infty} \Delta_{\varepsilon_l n_l}^{-1}(K_l)\right\} = 0.$$

任给 $\varepsilon > 0, K \in \mathbf{P}_{bf}(X)$, 由于存在 $h \geqslant 1$, 使 $l \geqslant h$ 时 $\varepsilon_l < \varepsilon$ 且 $K \subset K_l$, 从而

$$\Delta_{\varepsilon n_l}^{-1}(K) \subset \Delta_{\varepsilon_l n_l}^{-1}(K_l),$$

$$\bigcup_{l=k}^{\infty} \Delta_{\varepsilon n_l}^{-1}(K) \subset \bigcup_{l=k}^{\infty} \Delta_{\varepsilon_l n_l}^{-1}(K_l).$$

于是

$$\overline{\lim_{k\to\infty}}\,\mu\left\{\bigcup_{l=k}^{\infty}\Delta_{\varepsilon n_l}^{-1}(K)\right\}\leqslant\overline{\lim_{k\to\infty}}\,\mu\left\{\bigcup_{l=k}^{\infty}\Delta_{\varepsilon_l n_l}^{-1}(K_l)\right\}$$

$$=\mu\left\{\bigcap_{k=1}^{\infty}\bigcup_{l=k}^{\infty}\Delta_{\varepsilon_l n_l}^{-1}(K_l)\right\}=0.$$

则 $\mu\left(\bigcup_{l=k}^{\infty}\Delta_{\varepsilon n_l}^{-1}(K)\right)\to 0$, 所以由定理 2.5.18 知

$$(K)F_{n_l}\to F\quad \text{a.e.}.$$

§2.6 集值条件期望序列的收敛性

本节研究集值随机变量列的条件期望, 积分以及条件期望的可积选择空间的 Fatou 引理及控制收敛定理, 以下恒设 $\mathbf{F}$ 为 $\mathbf{A}$ 的子 σ 代数.

定理 2.6.1 设 $\{F_n:n\geqslant 1\}\subset\mu[\Omega,X], F_n\uparrow$ a.e., $S_{F_1}^1\neq\varnothing$, 记

$$F(w)=\mathrm{cl}\left(\bigcup_{n=1}^{\infty}F_n(w)\right),$$

则 $F\in\mu[\Omega,X]$, 且

$$E[F|\mathbf{F}]=\mathrm{cl}\left(\bigcup_{n=1}^{\infty}E[F_n|\mathbf{F}]\right)\quad \text{a.e.}.$$

证明 令 $G(w)=\mathrm{cl}\left(\bigcup_{n=1}^{\infty}E[F_n|\mathbf{F}](w)\right)$, 则容易证明 $F\in\mu[\Omega,X], G\in\mu[\Omega,\mathbf{F},\mu;X]$. 且显然有

$$S_{F_1}^1\subset S_{F_2}^1\subset\cdots\subset S_F^1,$$

$$S_{E[F_1|\mathbf{F}]}^1(\mathbf{F})\subset S_{E[F_2|\mathbf{F}]}^1(\mathbf{F})\subset\cdots\subset S_G^1(\mathbf{F}).$$

对于任意 $f\in S_F^1$, 由于 $d(f(w),F_n(w))\downarrow 0$ a.e., 而 $d(f(w),F_n(w))\in L^1$, 因此

$$\inf_{g\in S_{F_n}^1}\|f-g\|_1=\int_{\Omega}d(f(w),F_n(w))\mathrm{d}\mu\to 0,$$

即 $f\in\mathrm{cl}\left(\bigcup_{n=1}^{\infty}S_{F_n}^1\right)$, 从而知

$$S_F^1=\mathrm{cl}\left(\bigcup_{n=1}^{\infty}S_{F_n}^1\right).$$

同理可证

$$S_G^1(\mathbf{F})=\mathrm{cl}\left(\bigcup_{n=1}^{\infty}S_{E[F_n|\mathbf{F}]}^1(\mathbf{F})\right).$$

所以

$$S^1_{E[F|\mathbf{F}]}(\mathbf{F}) = \mathrm{cl}\left(\bigcup_{n=1}^{\infty}\{E[f|\mathbf{F}] : f \in S^1_{F_n}\}\right) = S^1_G(\mathbf{F}),$$

即 $G = E[F|\mathbf{F}]$ a.e..

定理 2.6.2 设 $\{F_n : n \geqslant 1\} \subset \mathbf{L}^1_{wkc}[\Omega, X], F_n \downarrow$ a.e., 记

$$F(w) = \bigcap_{n=1}^{\infty} F_n(w) \neq \varnothing \quad (w \in \Omega),$$

则

$$E[F|\mathbf{F}] = \bigcap_{n=1}^{\infty} E[F_n|\mathbf{F}] \quad \text{a.e.}.$$

证明 我们令 $G(w) = \bigcap_{n=1}^{\infty} E[F_n|\mathbf{F}]$, 那么显然 $F \in \mathbf{L}^1_{wkc}[\Omega, X], E[F_n|\mathbf{F}] \downarrow$ a.e., 且

$$S^1_F = \bigcap_{n=1}^{\infty} S^1_{F_n}, \quad S^1_G(\mathbf{F}) = \bigcap_{n=1}^{\infty} S^1_{E[F_n|\mathbf{F}]}(\mathbf{F}).$$

对于任意 $f_0 \in S^1_G(\mathbf{F})$, 由于 $f_0 \in S^1_{E[F_n|\mathbf{F}]}(\mathbf{F})(n \geqslant 1)$, 而 $F_n \in \mathbf{L}^1_{wkc}[\Omega, X]$, 从而

$$S^1_{E[F_n|\mathbf{F}]}(\mathbf{F}) = \{E[f|\mathbf{F}] : f \in S^1_{F_n}\}.$$

所以对任意 $n \geqslant 1$, 存在 $f_n \in S^1_{F_n}$, 使得

$$E[f_n|\mathbf{F}] = f_0 \quad \text{a.e.}.$$

由于 $\{f_n : n \geqslant 1\} \subset \bigcup_{n=1}^{\infty} S^1_{F_n} \subset S^1_{F_1}$, 而 $S^1_{F_1} \in \mathbf{P}_{wkc}(L^1[\Omega, X])$, 故存在子列 $\{f_{n_i} : i \geqslant 1\}$, 使 $(w_L)f_{n_i} \to f$(其中 w_L 表示在 $L^1[\Omega, X]$ 中的弱收敛). 由 $L^1[\Omega, X]$ 中弱收敛的意义知 $E[f|\mathbf{F}] = f_0$ a.e.. 由于 $f \in \bigcap_{n=1}^{\infty} S^1_{F_n} = S^1_F$, 所以 $f_0 = E[f|\mathbf{F}] \in S^1_{E[F|\mathbf{F}]}(\mathbf{F})$, 故证

$$S^1_G(\mathbf{F}) \subset S^1_{E[F|\mathbf{F}]}(\mathbf{F}).$$

而显然可得

$$S^1_G(\mathbf{F}) \supset S^1_{E[F|\mathbf{F}]}(\mathbf{F}),$$

所以知 $G = E[F|\mathbf{F}]$ a.e..

定理 2.6.3 设 $\{F_n : n \geqslant 1\} \subset \mu[\Omega, X]$, 而且存在非负的 $\xi \in L^1$, 使得任给 $n \geqslant 1, d(\theta, F_n(w)) \leqslant \xi(w)$a.e., 若

$$F(w) = s\text{-}\lim_{n\to\infty} \inf F_n(w), \quad S_F^1 \neq \varnothing,$$

则

$$E[F|\mathbf{F}] \subset s\text{-}\lim_{n\to\infty} \inf E[F_n|\mathbf{F}] \quad \text{a.e..}$$

证明 任给 $f \in S_F^1$, 类似于定理 2.5.14, 记

$$G_n(w) = \left\{x \in F_n(w) : \|f(w) - x\| \leqslant d(f(w), F_n(w)) + \frac{1}{n}\right\},$$

则 $G_n \in \mu[\Omega, X]$, 故存在 $f_n \in S_{Gn}^1 \subset S_{Fn}^1$, 使得

$$\|f(w) - f_n(w)\| \leqslant d(f(w), F_n(w)) + \frac{1}{n} \quad \text{a.e.},$$

$$\|f(w)\| \leqslant \xi(w) + 1,$$

从而 $\lim_{n\to\infty} \|f_n(w) - f(w)\| = 0$ a.e., 依 X 值条件期望的控制收敛定理, 有

$$\begin{aligned} d(E[f|\mathbf{F}](w), E[F_n|\mathbf{F}](w)) &\leqslant \|E[f|\mathbf{F}](w) - E[f_n|\mathbf{F}](w)\| \\ &\leqslant E[\|f_n - f\||\mathbf{F}] \to 0 \quad \text{a.e.} \end{aligned}$$

故 $E[f|\mathbf{F}](w) \in s\text{-}\lim_{n\to\infty} \inf E[F_n|\mathbf{F}](w)$a.e..

对于任给 $g \in S_{E[F|\mathbf{F}]}^1(\mathbf{F})$, 存在 $\{f_i : i \geqslant 1\} \subset S_F^1$, 使得

$$\|E[f_i|\mathbf{F}] - g\|_1 \to 0.$$

从而可取其子列 $\{f_{i(k)} : k \geqslant 1\}$, 使得

$$\|E[f_{i(k)}|\mathbf{F}](w) - g(w)\| \to 0. \quad \text{a.e.}$$

故 $g(w) \in s\text{-}\lim_{n\to\infty} \inf E[F_n|\mathbf{F}](w)$ a.e.. 故 $g \in S_{s\text{-}\lim_{n\to\infty} \inf E[F_n|\mathbf{F}]}(\mathbf{F})$. 依定理 2.2.3 易证结论成立.

推论 2.6.1 设 $\{F_n : n \geqslant 1\} \subset \mu[\Omega, X], \{d(\theta, F_n(w)) : n \geqslant 1\}$ 一致可积, $F(w) = s\text{-}\lim_{n\to\infty} \inf F_n(w), S_F^1 \neq \varnothing$, 则

$$\text{cl} \int_\Omega F \text{d}\mu \subset s\text{-}\lim_{n\to\infty} \inf \text{cl} \int_\Omega F_n \text{d}\mu$$

证明 完全类似于定理 2.6.3 的证明, 只是此时应注意到积分意义下的控制收敛定理在一致可积条件下依然成立.

定理 2.6.4 设 $\{F_n : n \geqslant 1\} \subset \mathbf{L}^1_{f_c}[\Omega, X]$, 且存在 $G \in \mathbf{L}^1_{wkc}[\Omega, X]$, 使得 $F_n(w) \subset G(w)(n \geqslant 1, w \in \Omega)$, 则

$$w\text{-}\lim_{n\to\infty}\sup E[F_n|\mathbf{F}] \subset \overline{\text{co}}E[w\text{-}\lim_{n\to\infty}\sup F_n|\mathbf{F}] \text{ a.e..}$$

证明 设 $\{x_i^* : i \geqslant 1\}$ 为 X^* 中在 Mackey 拓扑 $m(X^*, X)$ 意义下的稠密子集. 由于 $F_n(w) \subset G(w)(n \geqslant 1, w \in \Omega)$, 故

$$w\text{-}\lim_{n\to\infty}\sup F_n(w) \subset G(w).$$

从而任给 $i \geqslant 1$, 有

$$\sigma(x_i^*, w\text{-}\lim_{n\to\infty}\sup F_n(w)) \leqslant \sigma(x_i^*, G(w)) \in L^1.$$

但依定理 2.4.18 知

$$\sigma(x_i^*, E[w\text{-}\lim_{n\to\infty}\sup F_n|\mathbf{F}]) = E[\sigma(x_i^*, w\text{-}\lim_{n\to\infty}\sup F_n)|\mathbf{F}],$$

$$\sigma(x_i^*, E[F_n|\mathbf{F}]) = E[\sigma(x_i^*, F_n)|\mathbf{F}] \text{ a.e.,}$$

故依实值条件期望的 Fatou 引理及定理 1.5.14(1) 可得

$$\begin{aligned}\lim_{n\to\infty}\sup\sigma(x_i^*, E[F_n|\mathbf{F}]) &\leqslant E[\lim_{n\to\infty}\sup\sigma(x_i^*, F_n)|\mathbf{F}] \text{ a.e.}\\ &\leqslant E[\sigma(x_i^*, w\text{-}\lim_{n\to\infty}\sup F_n)|\mathbf{F}]\\ &= \sigma(x_i^*, E[w\text{-}\lim_{n\to\infty}\sup F_n)|\mathbf{F}]) \text{ a.e..}\end{aligned}$$

因此, 依定理 1.4.9(2) 知存在零测集 $N \in \mathbf{A}$, 使得 $w \notin N$ 时, 任给 $x^* \in X^*$, 恒有

$$\lim_{n\to\infty}\sup\sigma(x^*, E[F_n|\mathbf{F}]) \leqslant \sigma(x^*, E[w\text{-}\lim_{n\to\infty}\sup F_n|\mathbf{F}]).$$

故依定理 1.5.13 可得

$$w\text{-}\lim_{n\to\infty}\sup E[F_n|\mathbf{F}] \subset \overline{\text{co}}E[w\text{-}\lim_{n\to\infty}\sup F_n|\mathbf{F}] \text{ a.e.,}$$

定理得证.

推论 2.6.2 设 $\{F_n : n \geqslant 1\} \subset \mathbf{L}^1_{f_c}[\Omega, X]$, 且存在 $G \in \mathbf{L}^1_{wkc}[\Omega, X]$, 使得 $F_n(w) \subset G(w)(n \geqslant 1, w \in \Omega)$, 则

$$w\text{-}\lim_{n\to\infty}\sup \text{cl}\int_\Omega F_n\text{d}\mu \subset \text{cl}\int_\Omega w\text{-}\lim_{n\to\infty}\sup F_n\text{d}\mu.$$

证明 由测度论的知识可知存在 Ω 的可数可测划分 $\{A_i, A : i \geqslant 1\}$ 使得 A_n 为 Ω 的原子集, A 不含任何原子集 (见引理 6.2.2). 依定理 2.3.3 及定理 2.6.4 知

$$w\text{-}\lim_{n\to\infty}\sup \mathrm{cl}\int_A F_n \mathrm{d}\mu \subset \mathrm{cl}\int_A w\text{-}\lim_{n\to\infty}\sup F_n \mathrm{d}\mu.$$

因此, 仅需证明

$$w\text{-}\lim_{n\to\infty}\sup \mathrm{cl}\int_B F_n \mathrm{d}\mu \subset \mathrm{cl}\int_B w\text{-}\lim_{n\to\infty}\sup F_n \mathrm{d}\mu,$$

其中 $B = \bigcup\limits_{i=1}^{\infty} A_i$. 由于 A_i 为原子集, 故存在 $C_i \in \mathbf{P}_f(X)$ 及 $C_{ni} \in \mathbf{P}_f(X)$, 使得 $w \in A_i$ 时, 恒有 $F_n(w) = C_{ni}, w\text{-}\lim\limits_{n\to\infty}\sup F_n(w) = C_i$. 因为 $\|F_n(w)\| \leqslant \|G(w)\|(n \geqslant 1)$, 故 $\{\|F_n\| : n \geqslant 1\}$ 一致可积, 因此 $\sup\limits_n \|C_{ni}\| < \infty(\forall i \geqslant 1)$ 且

$$\sup_n \delta\left(\mathrm{cl}\left(\sum_{i=1}^m \mu(A_i)C_{ni}\right), \int_B F_n \mathrm{d}u\right) \leqslant \sup_n \sum_{i>m} \mu(A_i)\|C_{ni}\| \to 0 \ (m \to \infty).$$

故依定理 1.5.16 知 $m \to \infty$ 时, 有

$$w\text{-}\lim_{n\to\infty}\sup \mathrm{cl}\left(\sum_{i=1}^m \mu(A_i)C_{ni}\right) \xrightarrow{\delta} w\text{-}\lim_{n\to\infty}\sup \mathrm{cl}\int_B F_n \mathrm{d}\mu.$$

但依 C_{ni}, C_i 的取法显然有

$$w\text{-}\lim_{n\to\infty}\sup \mathrm{cl}\sum_{i=1}^m \mu(A_i)C_{ni} \subset \mathrm{cl}\left(\sum_{i=1}^m \mu(A_i)C_i\right), (m \geqslant 1).$$

任给 $x \in \lim\limits_{n\to\infty}\sup \mathrm{cl}\int_B F_n \mathrm{d}\mu$, 必存在 $x_m \in \sum\limits_{i=1}^m \mu(A_i)C_i$, 使得 $(w)x_m \to x(m \to \infty)$. 由于 $w\text{-}\lim\limits_{n\to\infty}\sup F_n(w) \subset G(w)$, 故可以证明 $w\text{-}\lim\limits_{n\to\infty}\sup F_n$ 是可积有界的, 任取它的一个可积选择 f, 记 $B_m = \bigcup\limits_{i=m}^{\infty} A_i$, 且

$$y_m = \int_{B_m} f \mathrm{d}\mu,$$

则 $(s)y_m \to 0$, 且 $x_m + y_m \in \int_B w\text{-}\lim\limits_{n\to\infty}\sup F_n \mathrm{d}\mu$, 从而

$$x \in \mathrm{cl}\int_B w\text{-}\lim_{n\to\infty}\sup F_n \mathrm{d}\mu.$$

因此

$$w\text{-}\lim_{n\to\infty}\sup \mathrm{cl}\int_B F_n \mathrm{d}\mu \subset \mathrm{cl}\int_B w\text{-}\lim_{n\to\infty}\sup F_n \mathrm{d}\mu.$$

定理得证.

推论 2.6.3 设 $\{F_n : n \geqslant 1\} \subset \mathbf{L}^1_{fc}[\Omega, X]$, 且存在 $G \in \mathbf{L}^1_{wkc}[\Omega, X]$, 使得 $F_n(w) \subset G(w)(n \geqslant 1, w \in \Omega)$, $(\mathrm{K.M})F_n(w) \to F(w)$, 则

$$(\mathrm{K.M})\mathrm{cl}\int_\Omega F_n \mathrm{d}\mu \to \mathrm{cl}\int_\Omega F_n \mathrm{d}\mu.$$

证明 由推论 2.6.1 及推论 2.6.2 易证.

为了给出集值条件期望序列的控制收敛定理, 我们需要引入下面的概念. 设 $(\Omega, \mathbf{A}, \mu)$ 为测度空间, $\mathbf{F}$ 为 $\mathbf{A}$ 的子 σ 代数, 称 $A \in \mathbf{A}$ 为一个 $\mathbf{F}$ 原子, 如果任给 $A' \in \mathbf{A}, A' \subset A$, 存在 $B \in \mathbf{F}$, 使得

$$\mu((A\cap B)\Delta A') = \mu(((A\cap B)\setminus A')\cup(A'\setminus(A\cap B))) = 0.$$

参照定义 2.3.2, 易证下列事实:

(1) 若 $\mathbf{F} = \{\varnothing, \Omega\}$, 则 $A \in \mathbf{A}$ 是 $\mathbf{F}$ 原子当且仅当 A 是原子;

(2) 设 $\mathbf{F}_1 \subset \mathbf{F}_2$ 均为 $\mathbf{A}$ 的子 σ 代数, 若 μ 是无 $\mathbf{F}_2$ 原子的, 则 μ 必是无 $\mathbf{F}_1$ 原子的.

而且还可以证明 [104], 若 $(\Omega, \mathbf{A}, \mu)$ 无 $\mathbf{F}$ 原子, 则对于任给 $F \in \mu[\Omega, X]$, $S^1_F \neq \varnothing$, 必有 $E[\overline{\mathrm{co}}F|\mathbf{F}] = E[F|\mathbf{F}]$ a.e..

定理 2.6.5 设 $\{F_n : n \geqslant 1\} \subset \mathbf{L}^1_f[\Omega, X]$, 且存在 $G \in \mathbf{L}^1_{wkc}[\Omega, X]$, 使得 $F_n(w) \subset G(w)(n \geqslant 1, w \in \Omega)$, 且 $(\mathrm{K.M})F_n \to F$ a.e.. 又假定 $(\Omega, \mathbf{A}, \mu)$ 是无 $\mathbf{F}$ 原子的或 $F \in \mathbf{L}^1_{fc}[\Omega, X]$, 则

$$(\mathrm{K.M})E[F_n|\mathbf{F}] \to E[F|\mathbf{F}] \text{ a.e..}$$

证明 利用定理 2.6.3 及定理 2.6.4 及上述 Valadier 的结果易证.

定理 2.6.6 设 $\{F_n : n \geqslant 1\} \subset \mathbf{L}^1_f[\Omega, X]$, 且存在非负的 $\xi \in L^1$, 使得

$$\|F_n(w)\| \leqslant \xi(w) \text{ a.e.}, \quad (\delta)F_n(w) \to F(w) \text{ a.e.},$$

则

$$(\delta)E[F_n|\mathbf{F}] \to E[F|\mathbf{F}] \text{ a.e..}$$

证明 由于任给 $n \geqslant 1, \delta(F_n(w), F(w)) \leqslant 2\xi(w)$ a.e., 且依定理 2.4.5 知

$$\delta(E[F_n|\mathbf{F}], E[F|\mathbf{F}]) \leqslant E[\delta(F_n, F)|\mathbf{F}],$$

依实值条件期望的控制收敛定理即得.

推论 2.6.4 设 $\{F_n : n \geqslant 1\} \subset \mu[\Omega, X], \{\|F_n(w)\| : n \geqslant 1\}$ 一致可积, $(\delta)F_n(w) \to F(w)$ a.e., 则

$$(\delta)\mathrm{cl}\int_\Omega F_n \mathrm{d}\mu \to \mathrm{cl}\int_\Omega F_n \mathrm{d}\mu.$$

证明 完全类似于定理 2.6.6, 只是此时应注意到积分意义下的控制收敛定理在一致可积条件下依然成立.

下面, 我们研究集值条件期望条件可积选择空间的收敛性.

定理 2.6.7 设 $\{F_n : n \geqslant 1\} \subset \mu[\Omega, X]$, 且存在非负的 $\xi \in L^1$, 使得

$$d(\theta, F_n(w)) \leqslant \xi(w)(n \geqslant 1, w \in \Omega),$$

则有 $S^1_{s\text{-}\liminf E[F_n|\mathbf{F}]}(\mathbf{F}) \subset s\text{-}\lim\limits_{n\to\infty}\inf S^1_{E[F_n|\mathbf{F}]}(\mathbf{F})$.

证明 不妨设 $S^1_{s\text{-}\liminf E[F_n|\mathbf{F}]}(\mathbf{F}) \neq \varnothing$, 任给

$$g \in S^1_{s\text{-}\liminf E[F_n|\mathbf{F}]}(\mathbf{F}),$$

类似于定理 2.6.3 知存在 $g_n \in S^1_{E[F_n|\mathbf{F}]}(\mathbf{F})$, 使得

$$\begin{aligned}
\|g_n(w) - g(w)\| &\leqslant d(g(w), E[F_n|\mathbf{F}](w)) + \frac{1}{n} \\
&\leqslant \|g(w)\| + d(\theta, E[F_n|\mathbf{F}](w)) + \frac{1}{n} \\
&\leqslant \|g(w)\| + E[d(\theta, F_n)|\mathbf{F}](w) + \frac{1}{n} \\
&\leqslant \|g(w)\| + E[\xi|F] + 1.
\end{aligned}$$

故 $\{\|g_n(w) - g(w)\| : n \geqslant 1\}$ 一致可积, 而由于 $g(w) \in s\text{-}\lim\limits_{n\to\infty}\inf E[F_n|\mathbf{F}](w)$ a.e., 故知 $\lim\limits_{n\to\infty}\|g_n - g\| = 0$ a.e., 从而有

$$\|g_n - g\|_1 \to 0,$$

所以, $g \in s\text{-}\lim\limits_{n\to\infty}\inf S^1_{E[F_n|\mathbf{F}]}(\mathbf{F})$, 定理得证.

定理 2.6.8 设 $\{F_n : n \geqslant 1\} \subset \mu[\Omega, X], d(\theta, F_n) \in L^1(n \geqslant 1)$, 则

$$s\text{-}\lim_{n\to\infty}\sup S^1_{E[F_n|\mathbf{F}]}(\mathbf{F}) \subset S^1_{s\text{-}\limsup E[F_n|\mathbf{F}]}(\mathbf{F}).$$

证明 不妨设 $s\text{-}\lim\limits_{n\to\infty}\sup S^1_{E[F_n|\mathbf{F}]}(\mathbf{F}) \neq \varnothing$. 任给

$$g \in s\text{-}\lim_{n\to\infty}\sup S^1_{E[F_n|\mathbf{F}]}(\mathbf{F}),$$

则存在 $f_k \in S^1_{E[F_{n_k}|\mathbf{F}]}(\mathbf{F})$, 使得 $\|f_k - g\|_1 \to 0$. 任给 $k \geqslant 1$, 取 $g_k \in S^1_{F_{n_k}}$, 使得 $\|f_k - E[g_k|\mathbf{F}]\| \leqslant \dfrac{1}{k}$, 从而知

$$\|E[g_k|\mathbf{F}] - g\|_1 \to 0.$$

故 $g \in L^1[\Omega, X]$ 且存在 $\{g_k : k \geqslant 1\}$ 的子列 (不妨仍记作 $\{g_k : k \geqslant 1\}$), 使得 $(s)E[g_k|\mathbf{F}](w) \to g(w)$ a.e., 因此

$$g(w) \in s\text{-}\lim_{n\to\infty}\sup E[F_n|\mathbf{F}] \text{ a.e..}$$

即知 $g \in S^1_{s\text{-}\limsup E[F_n|\mathbf{F}]}(\mathbf{F})$, 证毕.

定理 2.6.9 设 $\{F_n : n \geqslant 1\} \subset \mathbf{L}^1_f[\Omega, X]$, 且存在 $G \in \mathbf{L}^1_{wkc}[\Omega, X]$, 使得 $F_n(w) \subset G(w)(n \geqslant 1, w \in \Omega)$, 则

$$w\text{-}\lim_{n\to\infty}\sup S^1_{E[F_n|\mathbf{F}]}(\mathbf{F}) \subset \overline{\text{co}}S^1_{E[w\text{-}\lim\limits_{n\to\infty}\sup F_n|\mathbf{F}]}(\mathbf{F}).$$

证明 任给 $g \in w\text{-}\lim\limits_{n\to\infty}\sup S^1_{E[F_n|\mathbf{F}]}(\mathbf{F})$, 类似于定理 2.6.8, 存在 $g_k \in S^1_{F_{n_k}}$, 使得

$$(w_L)E[g_k|\mathbf{F}] \to g.$$

因此, 由定理 2.6.4 知

$$g(w) \in \overline{\text{co}}w\text{-}\lim_{k\to\infty}\sup E[F_{n_k}|\mathbf{F}](w) \subset \overline{\text{co}}E[w\text{-}\lim_{n\to\infty}\sup F_n|\mathbf{F}](w) \text{ a.e..}$$

故依定理 2.2.8 知

$$g \in \overline{\text{co}}S^1_{E[w\text{-}\limsup F_n|\mathbf{F}]}(\mathbf{F}),$$

定理得证.

定理 2.6.10 设 $\{F_n : n \geqslant 1\} \subset \mathbf{L}^1_f[\Omega, X]$, 且存在 $G \in \mathbf{L}^1_{wkc}[\Omega, X]$ 使得 $F_n(w) \subset G(w)(n \geqslant 1, w \in \Omega)$, $(\text{K.M})F_n(w) \to F(w)$ a.e., 若 $(\Omega, \mathbf{A}, \mu)$ 是无 $\mathbf{F}$ 原子的或 $F \in \mathbf{L}^1_{fc}[\Omega, X]$, 则

$$(\text{K.M})S^1_{E[F_n|\mathbf{F}]}(\mathbf{F}) \to S^1_{E[F|\mathbf{F}]}(\mathbf{F}).$$

证明 综合定理 2.6.7 及定理 2.6.9 即得.

定理 2.6.11 设 $\{F_n : n \geqslant 1\} \subset \mathbf{L}_f[\Omega, X]$, $\{\|F_n\| : n \geqslant 1\}$ 一致可积, $(\delta)F_n(w) \to F(w)$ a.e., 则

$$(\delta)S^1_{E[F_n|\mathbf{F}]}(\mathbf{F}) \to S^1_{E[F|\mathbf{F}]}(\mathbf{F}).$$

证明 由于 $(\delta)F_n \to F$ a.e., $\{\|F_n\| : n \geqslant 1\}$ 一致可积, 故

$$\lim_{n\to\infty}\int_\Omega \delta(F_n, F)\mathrm{d}\mu = 0.$$

依定理 2.2.14 及定理 2.4.5 知

$$\delta(S^1_{E[F_n|\mathbf{F}]}(\mathbf{F}), S^1_{E(F|\mathbf{F})}(\mathbf{F})) \leqslant \Delta(E[F_n|\mathbf{F}], E[F|\mathbf{F}]) \leqslant \Delta(F_n, F) = \int_\Omega \delta(F_n, F)\mathrm{d}\mu,$$

故定理得证.

§2.7　第二章注记

集值映射在早期的文献上也被称为多值函数 (multifunctions). 集值映射的各种可测性的研究从 20 世纪 60 年代发展起来, 以后的二十多年出现了许多研究文献, 其中可重点参考文献 [63], [83], [143], [144], [154], [177] 等. 本书用的可测集值映射, 即集值随机变量在 Himmelberg 的文献上称为弱可测, 它是与强可测相对应的 (见本书定义 2.1.1 与定理 2.1.1).

可测选择是研究集值随机变量的非常重要的工具. Wagner 在文献 [333], [334] 中给出了总结, 定理 2.1.9 经常被称为 Kuratowski-Ryll Nardzewski 可测选择定理 [189], 这一结果更早一些的文献为 [292]. 定理 2.1.10 通常被称为 "Castaing" 表示定理, 因为它是首次被 Castaing[58] 在基础空间 X 是局部紧空间的假设下证明的. 但从第一章我们可以看出可列个稠密可测选择的思想在更早 1956 年的 Michael 的文章中已出现过. 集值随机变量的可积选择空间的研究可参见主要参考文献 [138].

集值随机变量的积分 (本书定义 2.3.1) 称为 Aumann 积分, 是 Aumann 于 1965 年在文献 [20] 中假设基础空间是 d- 维欧氏空间 R^d 下提出的. 当时叫做 R^d 上多值函数的积分, 而它的随机意义由 Artstein-Vitale[13] 给出. 集值随机变量的另一种常用积分称为 Debreu 积分 [83], 是基于 Rådström 嵌入定理提出的. Byrne[57] 在 1978 年比较了 Aumann 积分与 Debreu 积分. 由于在自反的 Banach 空间的假设下, $\mathbf{L}^1_s[\Omega, X]$ 可以被嵌入到一个 Banach 空间的闭凸锥体上 (参见定理 2.2.16(2)), 本书中的 Bochner 积分即为 Debreu 积分, 从而定理 2.3.13 给出了 Debreu 积分与 Aumann 积分的关系. 关于 Aumann 积分的性质可参考文献 [138] 与 [177]. 1977 年 Hiai 与 Umegaki[138] 给出了集值随机变量的条件期望的概念, 这对于后续的鞅理论的研究是非常重要的一步. Aumann 积分及其条件期望的闭或紧性的讨论可参见文献 [196].

第一个 Fatou 引理应归功于 Aumann[20], 后续的改进定理可参见文献 [299], [141], [137], [26], [353]. 关于无界闭集值随机变量的 Fatou 引理由 Balder-Hess[27] 给出. Hiai 在 [133] 中给出了控制收敛定理, 并且讨论了集值随机变量序列的条件期望的极限性质. Hess[132] 讨论了无界集值随机变量的条件期望的收敛定理.

第三章 集值随机过程的一般理论

§3.1 集值随机过程的定义与性质

设 $(\Omega, \mathbf{A}, P)$ 为完备的概率空间, T 为实数集 $\mathbf{R}$ 中的子集. X 为可分的 Banach 空间, $\mu[\Omega, X]$ 为集值随机变量全体.

定义 3.1.1 设 $F_t \in \mu[\Omega, X](t \in T)$, 即对于任意 $t \in T, F_t$ 为集值随机变量, 称 $\{F_t : t \in T\}$ 为集值随机过程. 若 $\mathbf{F}_t \subset \mathbf{A}$ 是子 σ 代数 $(t \in T)$, 且 $\mathbf{F}_t \uparrow, F_t$ 关于 $\mathbf{F}_t$ 可测, 称 $\{F_t, \mathbf{F}_t : t \in T\}$ 为适应的集值随机过程.

若 $T = [a, b] \subset R$, 称 $\{F_t : t \in T\}$ 为连续参数的集值随机过程. 若 $T = \{1, 2, 3, \cdots\}$, 称 $\{F_t : t \in T\}$ 为离散参数的集值随机过程, 或集值随机变量序列.

定理 3.1.1 $\{F_t : t \in T\}$ 是集值随机过程的充要条件为存在一列 X 值随机过程 $\{f_t^{(n)} : t \in T\}(n \geqslant 1)$, 使

$$F_t(w) = \mathrm{cl}\{f_t^{(n)}(w) : n \geqslant 1\}, \quad (t \in T). \tag{3.1.1}$$

$\{F_t, \mathbf{F}_t : t \in T\}$ 为适应的集值随机过程当且仅当存在一列 X 值适应的随机过程 $\{f_t^{(n)}, \mathbf{F}_t : t \in T\}(n \geqslant 1)$, 使 (3.1.1) 成立. 若 F_t 可积有界, 则 $f_t^{(n)}$ 可积.

证明 由定理 2.1.10, 任给 $t \in T$, 对于集值随机变量 F_t, 存在一列强可测选择 $\{f_t^{(n)} : n \geqslant 1\}$, 使 (3.1.1) 成立. 固定 $n \geqslant 1$, 则 $\{f_t^{(n)} : t \in T\}$ 为 X 值随机过程, 且 F_t 为 $\mathbf{F}_t$ 可测时, $f_t^{(n)}$ 关于 $\mathbf{F}_t$ 可测 $(n \geqslant 1)$. 则证.

若 $\forall t \in T, F_t$ 是可积的, 称 $\{F_t : t \in T\}$ 是可积集值随机过程. 若 $t \in T, F_t$ 可积有界, 称 $\{F_t : t \in T\}$ 是可积有界的集值随机过程.

定理 3.1.2 设 $\{F_t : t \in T\}$ 是集值随机过程, 则

(a) $|F_t(w)| = \inf\{\|x\| : x \in F_t(w)\}$;

(b) $\|F_t(w)\| = \sup\{\|x\| : x \in F_t(w)\}$;

(c) $d(x, F_t(w)) = \inf\{\|x - y\| : y \in F_t(w)\}(x \in X)$;

(d) $h(x, F_t(w)) = \sup\{\|x - y\| : y \in F_t(w)\}(x \in X)$;

(e) $\sigma(x^*, F_t(w)) = \sup\{\langle x^*, x\rangle : x \in F_t(w)\}(x^* \in X^*)$,

为实值随机过程, 若 $\{F_t, \mathbf{F}_t : t \in T\}$ 是适应的集值随机过程, 则以上过程也是适应的实值随机过程, 若 $\{F_t : t \in T\}$ 是可积有界的集值随机过程, 则以上过程均为可积的实值随机过程.

证明 由定理 3.1.1, 存在一列 X 值随机过程 $\{f_t^{(n)}: t \in T\}(n \geqslant 1)$, 使 (3.1.1) 成立, 从而

$$|F_t(w)| = \inf\{\|f_t^{(n)}(w)\|: n \geqslant 1\},$$

$$\|F_t(w)\| = \sup\{\|f_t^{(n)}(w)\|: n \geqslant 1\},$$

$$d(x, F_t(w)) = \inf\{\|x - f_t^{(n)}(w)\|: n \geqslant 1\},$$

$$h(x, F_t(w)) = \sup\{\|x - f_t^{(n)}(w)\|: n \geqslant 1\},$$

$$\sigma(x^*, F_t(w)) = \sup\{\langle x^*, f_t^{(n)}(w)\rangle: n \geqslant 1\},$$

且有

$$|F_t(w)| \leqslant \|F_t(w)\|,$$

$$d(x, F_t(w)) \leqslant h(x, F_t(w)) \leqslant \|x\| + \|F_t(w)\|,$$

$$\sigma(x^*, F_t(w)) \leqslant \|x^*\|\|F_t(w)\|.$$

则证.

定理 3.1.3 设 $\{F_t: t \in T\}$ 及 $\{F_t': t \in T\}$ 为两个集值随机过程, 则

(a) $\delta_u(F_t(w), F_t'(w)) = \sup\{d(y, F_t(w)): y \in F_t'(w)\}$,

(b) $\delta_l(F_t(w), F_t'(w)) = \sup\{d(x, F_t'(w)): x \in F_t(w)\}$,

(c) $\delta(F_t(w), F_t'(w)) = \max\{\delta_u(F_t(w), F_t'(w)), \delta_l(F_t(w), F_t'(w))\}$

是实值随机过程. 若 $\{F_t, \mathbf{F}_t: t \in T\}$ 及 $\{F_t', \mathbf{F}_t: t \in T\}$ 是适应的集值随机过程, 则以上过程为关于 $\mathbf{F}_t$ 同样是适应的实值随机过程. 若 $\{F_t: t \in T\}$ 及 $\{F_t': t \in T\}$ 为可积有界的集值随机过程, 则以上过程为可积的实值随机过程.

证明 由 X 可分性及

$$\delta(F_t(w), F_t'(w)) \leqslant \|F_t(w)\| + \|F_t'(w)\|,$$

利用定理 3.1.2 则证.

由于 $(\mathbf{P}_f(X), \delta)$ 为度量空间, 可以生成 $\mathbf{P}_f(X)$ 上的 Borel σ 代数, 记作 $\mathbf{B}(P_f(X))$.

注 由于 $\mathbf{P}_f(X)$ 关于 Hausdorff 距离的广义距离空间 (距离可能取到 $+\infty$) 是不可分的. 一般说来由开球全体生成的 σ 代数与由开集全体生成的 Borel σ 代数是不一致的, 但若限制在 $(\mathbf{P}_k(X), \delta)$ 上考虑, 由于它是可分的距离空间, 由开球全体生成的 σ 代数与开集生成的 Borel σ 代数一致.

$\mathbf{P}_f(X)$ 上的由下拓扑 $\mathbf{J}_l$ 生成的拓扑 σ 代数记作 $\sigma(\mathbf{J}_l)$. 由定理 1.3.14 知 $I_*(G)$ 是 $(\mathbf{P}_f(X), \delta)$ 中的开集, 从而

$$\sigma(\mathbf{J}_l) \subset \mathbf{B}(\mathbf{P}_f(X)). \tag{3.1.2}$$

对于集值随机过变量 $F \in \mu[\Omega, X]$, 及 $\mathbf{U} \in \mathbf{B}(\mathbf{P}_f(X))$, 记

$$F^{-1}(\mathbf{U}) = \{w \in \Omega : F(w) \in \mathbf{U}\},$$

$$\mathbf{A}_F = \sigma\{F^{-1}(I_*(G)) : G\text{为}X\text{中开集}\},$$

$$\mathbf{A}'_F = \sigma\{F^{-1}(\mathbf{U}) : \mathbf{U} \in \mathbf{B}(\mathbf{P}_f(X))\}.$$

显然有 $\mathbf{A}_F \subset \mathbf{A}'_F$.$\mathbf{A}_F$ 是使 F 可测的最小 σ 代数.

定义 3.1.2 设 $\{F_t : t \in T\}$ 为集值随机过程, 若 $\mathbf{A}_{F_t}(t \in T)$ 为独立事件族, 称 $\{F_t : t \in T\}$ 为独立的集值随机过程.

定理 3.1.4 $\{F_t, t \in T\}$ 为独立集值随机过程的充分必要条件为, 对于任意 $n \geqslant 2, t_i \in T(i \leqslant n)$ 及 X 中任意开集 $G_i(i \leqslant n)$, 有

$$P\{w : F_{t_i}(w) \cap G_i \neq \varnothing (i \leqslant n)\} = \prod_{i=1}^{n} P\{w : F_{t_i}(w) \cap G_i \neq \varnothing\}, \tag{3.1.3}$$

同时也等价于, 对于任意 $n \geqslant 2, t_i \in T(i \leqslant n)$ 及 X 中闭集 $C_i(i \leqslant n)$ 有

$$P\{w : F_{t_i}(w) \subset C_i(i \leqslant n)\} = \prod_{i=1}^{n} P\{w : F_{t_i}(w) \subset C_i\}. \tag{3.1.4}$$

证明 由于

$$\begin{aligned} P\{w : F_{t_i}(w) \subset C_i(i \leqslant n)\} &= P\{w : F_{t_i}(w) \cap C_i^c = \varnothing (i \leqslant n)\} \\ &= \prod_{i=1}^{n} P\{w : F_{t_i}(w) \cap C_i^c = \varnothing\} \\ &= \prod_{i=1}^{n} P\{w : F_{t_i}(w) \subset C_i\} \end{aligned}$$

则 (3.1.3) 与 (3.1.4) 等价, 又因

$$I^*(C) = I_*(C^c)^c,$$

则 $\mathbf{A}_t = \sigma(\mathbf{U}_t)$, 其中

$$\mathbf{U}_t = \{F_t^{-1}(I_*^c(C)) : C\text{为}X\text{中闭集}\}.$$

又 $\mathbf{U}_t(t \in T)$ 对交运算封闭, 即为 π 系, 从而 (3.1.4) 等价于 $\mathbf{A}_t(t \in T)$ 是独立事件类, 则证.

定理 3.1.5 若 $\{F_t : t \in T\}$ 是独立的集值随机过程, 则由定理 3.1.2 确定的实值随机过程均为独立的实值随机过程.

证明　若 φ 是 $(P_f(X),\sigma(\mathbf{J}_l))$ 到 $(\mathbf{R},\mathbf{B})$ 的可测函数, 则必然有 $\{\varphi(F_t),t\in T\}$ 是独立的实值随机过程. 由于对 $y>0$ 有

$$\{A\in\mathbf{P}_f(X):d(x,A)<y\}=\{A\in\mathbf{P}_f(X):A\cap S(x,y)\neq\varnothing\}$$
$$=I_*(S(x,y))\in\sigma(\mathbf{J}_l),$$

则 $d(X,\cdot)$ 是 $(\mathbf{P}_f(X),\sigma(\mathbf{J}_l))$ 到 $(R,\mathbf{B})$ 的可测函数, 从而 $\{d(y,F_t):t\in T\}$ 及 $\{|F_t|=d(0,F_t),t\in T\}$ 为独立的实值随机过程. 又因为

$$\{A\in\mathbf{P}_f(X):h(x,A)\leqslant y\}=\{A\in\mathbf{P}_f(X):A\subset\overline{S}(x,y)\}$$
$$=I_*(\overline{S}(x,y)^c)^c\in\sigma(\mathbf{J}_l),$$

从而 $\{h(x,F_t):t\in T\}$ 及 $\{\|F_t\|=h(\theta,F_t):t\in T\}$ 为独立的实值随机过程. 同样地, 令

$$C=\{x:\langle x^*,x\rangle\leqslant y\},$$

则 C 为 X 中的闭集. 于是

$$\{A\in\mathbf{P}_f(X):\sigma(x^*,A)\leqslant y\}=\{A:A\subset C\}=I_*(C^c)^c\in\sigma(\mathbf{J}_l),$$

从而 $\{\sigma(x^*,F_t):t\in T\}$ 也是独立的实值随机过程.

注　定义 3.1.2 中是利用下拓扑定义集值随机过程的独立性的. 同样可以利用上拓扑定义集值随机过程的独立性. 这时对于 $F\in\mu[\Omega,X]$, 记

$$\mathbf{A}_F^*=\sigma\{F^{-1}(I^*(G)):G\text{为}X\text{中开集}\}.$$

若 $\{\mathbf{A}_{F_t}^*:t\in T\}$ 是独立事件类, 称集值随机过程为独立的集值过程. 显然, 它等价于对于任意 $n\geqslant 2,t_i\in T(i\leqslant n)$, 及 X 的闭集 $C_i(i\leqslant n)$, 有

$$P\{w:F_{t_i}(w)\cap C_i\neq\varnothing(i\leqslant n)\}=\prod_{i=1}^n P\{w:F_{t_i}\cap C_i\neq\varnothing\}.$$

一般来说 $\sigma(\mathbf{J}_l)\neq\sigma(\mathbf{J}_u)$, 从而, $\mathbf{A}_F\neq\mathbf{A}_F^*$, 因此两种独立性概念是不一样的. 由定理 1.3.16 知, 对紧的集值随机过程, 两种独立性是一致的. 这时也和在 Hausdorff 度量 δ 意义下的独立性是一致的.

定义 3.1.3　设 $\{F_t:t\in T\}$ 为集值随机过程, 若对于任意 $n\geqslant 1,t_i\in T,t_i+\lambda\in T(i\leqslant n),\lambda>0$, 及 X 中的开集 $G_i(i\leqslant n)$, 有

$$P\{w:F_{t_i+\lambda}(w)\cap G_i\neq\varnothing(i\leqslant n)\}=P\{w:F_{t_i}(w)\cap G_i\neq\varnothing(i\leqslant n)\},\tag{3.1.5}$$

称 $\{F_t:t\in T\}$ 为平稳集值随机过程.

定理 3.1.6 若 $\{F_t : t \in T\}$ 是平稳的集值随机过程, 则由定理 3.1.2 确定的实值随机过程均为平稳的实值随机过程.

证明 若 φ 是 $(\mathbf{P}_f(X), \sigma(\mathbf{J}_l))$ 到 $(\mathbf{R}, \mathbf{B})$ 的实值可测函数, 则 $\{\varphi(F_t) : t \in T\}$ 为平稳实值随机过程, 由定理 3.1.5 知 $\{|F_t| : t \in T\}, \{\|F_t\| : t \in T\}, \{d(x, F_t) : t \in T\}, \{h(x, F_t) : t \in T\}, \{\sigma(x^*, F_t) : t \in T\}$ 均为平稳的实值随机过程.

定理 3.1.7 集值随机过程 $\{F_t : t \in T\}$ 是平稳的当且仅当, 对于任意整数 $n \geqslant 1, t_i \in T, t_i + \lambda \in T (i \leqslant n), \lambda > 0$, 及 X 中的闭集 $C_i (i \leqslant n)$ 有

$$P\{w : F_{t_i+\lambda}(w) \cap C_i \neq \varnothing (i \leqslant n)\} = P\{w : F_{t_i}(w) \cap C_i \neq \varnothing (i \leqslant n)\}. \tag{3.1.6}$$

证明 由于 X 是度量空间, 对于闭集 C_i, 存在开集列 $G_i^k \downarrow (k \geqslant 1)$, 使得 $C_i = \bigcap\limits_{k=1}^{\infty} G_i^k$. 同样, 对于开集 G_i, 存在闭集列 $C_i^k \uparrow (k \geqslant 1)$, 使得 $G_i = \bigcup\limits_{k=1}^{\infty} C_i^k$. 于是

$$\{w : F_{t_i}(w) \cap C_i \neq \varnothing (i \leqslant n)\} = \bigcap_{k=1}^{\infty} \{w : F_{t_i}(w) \cap G_i^k \neq \varnothing (i \leqslant n)\},$$

$$\{w : F_{t_i}(w) \cap G_i \neq \varnothing (i \leqslant n)\} = \bigcup_{k=1}^{\infty} \{w : F_{t_i}(w) \cap C_i^k \neq \varnothing (i \leqslant n)\}.$$

由概率的连续性即证 (3.1.5) 与 (3.1.6) 等价.

定理 3.1.8 若 $\{F_t : t \in T\}$ 是平稳集值随机过程, 对于任意闭集 C_0, 记

$$F_t'(w) = \begin{cases} F_t(w) \cap C_0, & F_t(w) \cap C_0 \neq \varnothing, \\ F_t(w), & F_i(w) \cap C_0 = \varnothing, \end{cases}$$

则 $\{F_t'(w) : t \in T\}$ 仍为平稳的集值随机过程.

证明 首先引进记号

$$A_t = \{w : F_t(w) \cap C_0 \neq \varnothing\}.$$

由平稳性, 对于任意给定的 $\lambda > 0$, 有 $P(A_{t+\lambda}) = P(A_t)$. 对于闭集 C_1, C_2, 以及 F_{t_1} 及 F_{t_2}, 记

$$A^{(1)}(w, t_i) = F_{t_i}^{-1}(C_0 \cap C_i) \qquad (i = 1, 2),$$

$$A^{(2)}(w, t_i) = F_{t_i}^{-1}(C_0)^c \cap F_{t_i}^{-1}(C_i) \qquad (i = 1, 2).$$

则

$$A^{(1)}(w, t_i) \cap A^{(2)}(w, t_i) = \varnothing \qquad (i = 1, 2),$$

$$A^{(1)}(w, t_i) \cup A^{(2)}(w, t_i) = \{w : F_{t_i}'(w) \cap C_i \neq \varnothing\}.$$

于是

$$\{w : F'_{t_i}(w) \cap C_i \neq \varnothing (i \leqslant 2)\} = \bigcup_{i=1}^{2} \bigcup_{j=1}^{2} [A^{(i)}(w, t_1) \cap A^{(j)}(w, t_2)].$$

由概率的可加性及 $\{F_i : t \in T\}$ 的平稳性即证

$$P\{w, F'_{t_i+\lambda}(w) \cap C_i \neq \varnothing (i \leqslant 2)\} = P\{w, F'_{t_i}(w) \cap C_i \neq \varnothing (i \leqslant 2)\}.$$

用归纳法可证对一般的 n 成立, 即 $\{F'_t : t \in T\}$ 为平稳的集值随机过程.

定理 3.1.9 若 X 是自反的, $\{F_t : t \in T\}$ 是闭凸的平稳集值随机过程, 则存在 X 值随机过程 $\{f_t : t \in T\}$, 使 $f_t(w) \in F_t(w) (w \in \Omega, t \in T)$ 且 $\{\|f_t(w)\| : t \in T\}$ 为平稳过程.

证明 任取 $x \in X$, 令

$$\pi(x, F_t(w)) = \{y : d(x, y) = d(x, F_t(w))\}.$$

由于 X 自反, 则 $\pi(x, F_t(w)) \neq \varnothing \quad (w \in \Omega, t \in T)$. 令

$$\mathrm{Gr}\pi(x, F_t) = \{(w, y) : d(x, y) = d(x, F_t(w))\},$$

则 $\mathrm{Gr}\pi(x, F_t) \in \mathbf{A} \times \mathbf{B}(X)$. 由定理 2.1.6 及定理 2.1.9, F_t 存在强可测选择 $f_t(w, x)$ $(t \in T)$. 由定理 3.1.6 知

$$\|x - f_t(w, x)\| = d(x, F_t(w))$$

是平稳的, 特别取 $x = 0$ 则证.

定理 3.1.10 若 X 是自反的, $\{F_t : t \in T\}$ 是闭凸的集值随机过程, 则存在一列 X 值随机过程 $\{f_t^k : t \in T\} (k \geqslant 1)$, 使

$$F_t(w) = \mathrm{cl}\{f_t^k(w) : k \geqslant 1\},$$

且对任意 $k \geqslant 1, \{\|f_t^k\| : t \in T\}$ 为实值平稳过程.

证明 设 $\{x_m : m \geqslant 1\}$ 为 X 的稠密子集, 令

$$F_t^{mn}(w) = \begin{cases} F_t(w) \cap \overline{S}\left(x_m, \dfrac{1}{2^n}\right), & w \in A_t^{mn}, \\ F_t(w), & w \notin A_t^{mn}, \end{cases}$$

其中

$$A_t^{mn} = \{w : F_t(w) \cap \overline{S}\left(x_m, \frac{1}{2^n}\right) \neq \varnothing\}.$$

由定理 3.1.8 知 $\{F_t^{mn} : t \in T\} (m, n \geqslant 1)$ 为平稳集值随机过程. 由定理 3.1.9, 存在 $f_t^{mn}(w) \in F_t^{mn}(w) (w \in \Omega, m, n \geqslant 1)$ 且 $\{\|f_t^{mn}\|, t \in T\}$ 为实值平稳过程, 类似定理 2.1.10 可证

$$F_t(w) = \mathrm{cl}\{f_t^{mn}(w) : m, n \geqslant 1\},$$

即证.

推论 3.1.1 对于区间值随机过程 $F_t = [\xi_t, \eta_t]$, 若 $\{F_t : t \in T\}$ 平稳, 则 $\{\xi_t : t \in T\}$ 及 $\{\eta_t : t \in T\}$ 是平稳的实值过程.

例 3.1.1 设 $\eta_n(n \geqslant 1)$ 是二维独立的正态分布序列, 且

$$\eta_n \sim N(a_1, a_2, \sigma_1, \sigma_2, r_n),$$

记它的密度函数为 $P_n(x, y)$. 令

$$\eta_n = (f_n, g_n),$$

则 $f_n \sim N(a_1, \sigma_1)$ 是独立同分布随机序列, $g_n \sim N(a_2, \sigma_2)$ 也是独立的同分布的随机序列, 因此 $\{f_n : n \geqslant 1\}$ 及 $\{g_n : n \geqslant 1\}$ 均为平稳序列. 记

$$F_n(w) = \mathrm{cl}\{f_n(w), g_n(w)\},$$

则对任意 $\alpha > 0, n \geqslant 1$ 有

$$P\{w : \|F_n(w)\| \leqslant \alpha\} = P\{w : |f_n(w)| \leqslant \alpha, |g_n(w)| \leqslant \alpha\} = \int_{-\alpha}^{\alpha}\int_{-\alpha}^{\alpha} P_n(x, y)\mathrm{d}x\mathrm{d}y$$

与 n 有关, 故 $\{\|F_n\| : n \geqslant 1\}$ 非平稳, 从而 $\{F_n : n \geqslant 1\}$ 非平稳.

定义 3.1.4 设 $\{F_t, \mathbf{F}_t : t \in T\}$ 是适应的集值随机过程, 若对于任意 $F \in \mu[\Omega, X], F$ 可积, 且关于 $A_{F_s}(s \geqslant t, s \in T)$ 可测时有

$$E[F|\mathbf{F}_t] = E[F|\mathbf{A}_{F_t}] \text{ a.e.} \tag{3.1.7}$$

称 $\{F_t, \mathbf{F}_t : t \in T\}$ 为马尔可夫集值随机过程.

定理 3.1.11 设 X^* 可分, $\{F_t, \mathbf{F}_t : t \in T\}$ 是闭凸值的适应的集值随机过程. 则下列条件等价:

(1) $\{F_t : t \in T\}$ 是马尔可夫集值随机过程;

(2) 对于任意关于 $\mathbf{A}_{F_s}(s \geqslant t, s \in T)$ 可测的实值变量 ξ 有

$$E[\xi|\mathbf{F}_t] = E[\xi|\mathbf{A}_{F_t}] \text{ a.e.} \tag{3.1.8}$$

证明 设 ξ 关于 $\mathbf{A}_{F_s}(s \geqslant t, s \in T)$ 可测. 令 $F(w) = \{\xi(w)\}$, 则 F 是可积的集值随机变量, 且关于 $\mathbf{A}_{F_s}(s \geqslant t, s \in T)$ 可测. 若 $\{F_t : t \in T\}$ 是马尔可夫集值随机过程, 则由 (3.1.7) 有 $E[\xi|\mathbf{F}_t] = E[\xi|\mathbf{A}_{F_s}]$ a.e., 即证 (3.1.8) 成立, 即证 (1)⇒(2). 下面证 (2)⇒(1).

若 F 关于 $\mathbf{A}_{F_s}(s \geqslant t, s \in T)$ 可测, 则 $\sigma(x^*, F)$ 关于 $\mathbf{A}_{F_s}$ 可测. 由 (3.1.8) 有

$$E[\sigma(x^*, F)/\mathbf{F}_t] = E[\sigma(x^*, F)/\mathbf{A}_{F_t}] \text{ a.e.},$$

由定理 2.4.18, 存在 $N \in \mathbf{A}, P(N) = 0, w \notin N$ 时, 对于所有 $w \notin N$ 有

$$\sigma(x^*, E[F/\mathbf{F}_t]) = \sigma(x^*, E[F/\mathbf{A}_{F_t}]).$$

由于 F 是闭凸的, 则 $E[F/\mathbf{F}_t]$ 及 $E[F/\mathbf{A}_{F_t}]$ 是闭凸的. 于是由 X^* 的可分性知

$$E[F/\mathbf{A}_{F_t}] = E[F/\mathbf{A}_{F_t}] \text{ a.e..}$$

则证 $\{F_t : t \in T\}$ 为马尔可夫集值随机过程.

例 3.1.2 设 $\{\xi_t : t \in T\}$ 是实值马尔可夫随机过程, 则

$$F_{1t}(w) = (-\infty, \xi_t(w)],$$
$$F_{2t}(w) = \{x, \langle x^*, x\rangle \leqslant \xi_t(w)\}$$

均为集值马尔可夫过程.

注 定义 3.1.4 中集值马尔可夫过程的定义 (3.1.7) 似乎太强. 即使 $\{\xi_t : t \in T\}$ 与 $\{\eta_t : t \in T\}$ 为实值马尔可夫过程, $F_t(w) = \mathrm{cl}\{\xi_t(w), \eta_t(w)\}$ 也未必是集值马尔可夫过程. 因此可以考虑下面较弱的定义, 即对于任意 $x^* \in X^*$, $\{\sigma(x^*, F_t(w)) : t \in T\}$ 为实值马尔可夫过程, 称 $\{F_t : t \in T\}$ 为集值马尔可夫过程.

§3.2 集值随机过程的可分性与可测性

设 $(\Omega, \mathbf{A}, P)$ 为完备的概率空间, X 是度量空间, $\{F_t(w) : t \in T\}$ 为 X 上的集值随机过程, 在许多问题中, 事件

$$A_G = \{w : F_t(w) \subset C(\forall t \in G)\} \tag{3.2.1}$$

起着重要作用, 其中 G 为 T 中开集, C 为 X 中闭集, 由于 G 一般是不可数集, 故不能断定 $A_G \in \mathbf{A}$, 为了解决这一问题, 下面研究集值随机过程的可分性. 实际上在 §1.7 我们对于二元集值函数讨论了可分性及乘积可测的关系. 集值随机过程可以看成是特殊的二元集值函数, 下面给出进一步讨论.

定义 3.2.1 称 $\{F_t : t \in T\}$ 为 δ 可分的, 若存在 T 的稠密子集 I 及 Ω 的零测度 N, 当 $w \notin N$ 时, 对于任意 $t \in T$, 存在 $t_n \in I, t_n \to t$ 及 $\delta(F_{t_n}(w), F_t(w)) \to 0$. I 称为可分集, N 称为例外集. 如果以上性质对 T 中任意稠密子集 I 均成立, 称 $\{F_t : t \in T\}$ 是 δ 完全可分的.

我们指出, 可以更换定义 3.2.1 中的收敛性而得到其他的可分性, 如 $K.M$ 可分, K 可分, w 可分等. 也可用其他拓扑得到其他可分性, 如 $\mathbf{J}_l, \mathbf{J}_u, \mathbf{J}_v, \mathbf{J}_c$ 等.

定理 3.2.1 如果 $\{F_t : t \in T\}$ 是 δ 可分的, 则 $A_G \in \mathbf{A}$.

证明 若 $\{F_t : t \in T\}$ 是 δ 可分的, 记

$$A_{GI} = \{w : F_t(w) \subset C(\forall t \in G \cap I)\}, \tag{3.2.2}$$

显然有 $A_G \subset A_{GI}$. 若 $w \notin N$, $\forall t \in G$, 存在 $t_n \in G \cap I$ 使得 $t_n \to t$ 且 $\delta(F_{t_n}(w), F_t(w)) \to 0$. 于是对于任意 $\varepsilon > 0$, 存在 N_0, 当 $n \geqslant N_0$ 时

$$F_t(w) \subset F_{t_n}(w) + \varepsilon \subset C + \varepsilon.$$

由 $\varepsilon > 0$ 的任意性及 C 的闭性, 我们容易证明 $F_t(w) \subset C$. 于是 $w \notin N$ 时 $A_G = A_{GI}$. 因此

$$(A_{GI} \setminus A_G) \subset N, \tag{3.2.3}$$

即 A_G 与 A_{GI} 只差零测度集. 由于 $A_{GI} \in \mathbf{A}$ 及 P 的完备性, 即证 $A_G \in \mathbf{A}$.

注 定理 3.2.1 证明中易见, 只要 $\{F_t(w) : t \in T\}$ 是 δ_u 可分的, 则 $A_G \in \mathbf{A}$. 由于只要 (3.2.3) 成立, 即有 $A_G \in \mathbf{A}$, 因此也可将满足 (3.2.3) 的集值随机过程称为可分的, 即存在 T 的稠密集 I 及 Ω 的零测度集 N, 对于 X 中任意闭集 C 及 T 中任意开集 G, 由 (3.2.1) 及 (3.2.2) 中定义的 A_G 与 A_{GI} 满足 (3.2.3) 时, 称 $\{F_t : t \in T\}$ 是可分的, 或者弱可分的.

定理 3.2.2 设 $\{F_t : t \in T\}$ 是 δ 可分的 (完全可分的) 且 $F_t(t \in T)$ 取有界闭集, 则下面的实值随机过程也是 δ 可分的 (完全可分的).

(a) $\{\|F_t\| : t \in T\}$;

(b) $\{d(x, F_t) : t \in T\}(x \in X)$;

(c) $\{h(x, F_t) : t \in T\}(x \in X)$;

(d) $\{|F_t| : t \in T\}$;

(e) $\{\sigma(x^*, F_t) : t \in T\}(x^* \in X^*)$.

证明 由于当 $F_t(t \in T)$ 取有界闭集时有

$$\begin{aligned}\delta(F_{t_n}(w), F_t(w)) &= \sup_{x \in X} |d(x, F_{t_n}(w)) - d(x, F_t(w))| \\ &= \sup_{\|x^*\| \leqslant 1} |\sigma(x^*, F_{t_n}(w)) - \sigma(x^*, F_t(w))|\end{aligned}$$

及 σ 关于 X^* 的正齐次性即证 (b), (e). 由于

$$\|F_t(w)\| = \delta(F_t(w), \{\theta\}),$$

$$|F_t(w)| = d(\theta, F_t(w)),$$

$$h(x, F_t, (w)) = \delta(F_t(w), \{x\}),$$

则证 (a), (c), (d). 例如, 由 $\{F_t : t \in T\}$ 可分, 存在可分集 I 及例外集 $N, w \notin N, t \in T$, 存在 $t_n \in I$, 使得 $t_n \to t$ 及 $\delta(F_{t_n}(w), F_t(w)) \to 0$. 从而

$$\begin{aligned}|h(x, F_{t_n}(w)) - h(x, F_t(w))| &= |\delta(F_{t_n}, \{x\}) - \delta(F_t(w), \{x\})| \\ &\leqslant \delta(F_{t_n}(w); F_t(w)) \to 0,\end{aligned}$$

则证 (c). 其他情形类似.

注 如果 $\{d(x, F_t) : t \in T\}(x \in X)$ 关于 x 是一致可分的, 即对稠密集 I 及例外集 $N, \forall t \in T$, 存在 $t_n \in I(n \geqslant 1)$, 使 $t_n \to t$ 时 $d(x, F_{t_n})$ 一致的收敛于 $d(x, F_t)$, 则 $\{F_t : t \in T\}$ 也是可分的. 如果 $\{\sigma(x^*, F_t) : t \in T\}(x^* \in X^*)$ 关于 x^* 在 $\|x^*\| \leqslant 1$ 上一致可分, 即 $\forall t \in T$, 存在 $t_n \in I(n \geqslant 1)$, 那么使得 $t_n \to t$ 及 $\sigma(x^*, F_{t_n})$ 在 $\|x^*\| \leqslant 1$ 上一致收敛到 $\sigma(x^*, F_t)$, 则 $\{F_t : t \in T\}$ 可分.

设 $\{F_t : t \in T\}$ 是集值随机过程, I 是 T 的稠密集, $\mathbf{S}$ 表示 T 中以两个有理数为端点的开区间 S 的全体, 对于任意开集 $G \subset T$, 记

$$A(G, w) = \mathrm{cl}\{\cup\{F_t(w) : t \in G \cap I\}\}, \tag{3.2.4}$$

$$A(t, w) = \cap\{A(S, w) : t \in S, S \in \mathbf{S}\}. \tag{3.2.5}$$

显然 $\{A(S, w) : S \in \mathbf{S}, t \in S\}$ 是集中的, 即它们中任意有限个元素的交非空. 若 X 是紧的, 则 $A(t, w) \neq \varnothing$.

定理 3.2.3 $\{F_t : t \in T\}$ 是弱可分的充要条件为 $\forall S \in \mathbf{S}$

$$F_t(w) \subset A(S, w)(t \in S, w \notin N). \tag{3.2.6}$$

若 X 是紧的, $\{F_t, t \in T\}$ 是弱可分的充要条件为

$$F_t(w) \subset A(t, w)(w \notin N). \tag{3.2.7}$$

证明 首先由于 T 中任意开集 G 可表为 $\mathbf{S}$ 中元素的并, (3.2.3) 等价于对 $S \in \mathbf{S}$ 的 (3.2.3) 成立. 若 $\{F_t : t \in T\}$ 是可分的, 由 (3.2.3) 知, $F_{t'}(w) \subset C(t' \in S \cap I, w \notin N)$ 可推出 $F_{t'}(w) \subset C(t' \in S, w \notin N)$. 由于 $F_t(w) \subset A(S, w)(t \in S \cap I, w \notin N)$, 则得 (3.2.6). 若 (3.2.6) 成立, 由 $F_{t'}(w) \subset C(t' \in S \cap I, w \notin N)$ 时 $A(S, w) \subset C$, 则 $F_t(w) \subset A(S, w) \subset C(t \in S)$, 则证 (3.2.3).

若 X 是紧的, 则 $A(t, w) \neq \varnothing$. 由于 $\{F_t : t \in T\}$ 可分当且仅当 (3.2.6) 成立, 则证 (3.2.7) 成立.

若 $\{F_t : t \in T\}$ 是 δ 可分的, 显然 (3.2.6) 成立.

注 由定理 3.2.3 可知, 定义 1.7.3 给出的可分是指弱可分. 而且定义 1.7.3 更一般. 故 §1.7 的结论可用在讨论集值随机过程中的相关问题中.

定理 3.2.4 设 X 是可分的局部紧的度量空间, 对于任意集值随机过程 $\{F'_t(w) : t \in T\}$ 存在弱可分的集值随机过程 $\{F_t(w) : t \in T\}$, 使 $\forall t \in T$

$$P\{w : F_t(w) \neq F'_t(w)\} = 0, \tag{3.2.8}$$

即与原过程随机等价.

证明 首先假定 X 是紧的度量空间, 分以下三步证明定理

(1) 对于 $B \in \mathbf{B}(X)$, 存在 $t_k(k \geqslant 1)$, 使对任意 $t \in T$, 有

$$N(t,B)=\{w: F_{t_k}(w) \subset B(k \geqslant 1), F_t(w)\text{不含于}B\}$$

为概率 0 集. 下面用递归方法构造. t_1 任取, 若 $t_1,\cdots,t_n$ 已构造出, 令

$$m_n=\sup_{t\in T} P\{w: F_{t_k}(w) \subset B(k \leqslant n), F_t(w)\text{不含于}B\}.$$

若 $m_n=0$, 已证. 若 $m_n>0$, 可取 t_{n+1} 使对集合

$$L_n=\{w: F_{t_k}(w) \subset B(k \leqslant n), F_{t_{n+1}}(w)\text{不含于}B\}, \tag{3.2.9}$$

有 $P\{L_n\} \geqslant 0$, 且 L_{n-1} 不相交, 则

$$\frac{1}{2}\sum_{k=1}^{\infty} m_k \leqslant \sum_{k=1}^{\infty} P\{L_k\} \leqslant 1.$$

故 $m_k \to 0(k\to\infty)$, 于是 $\forall t \in T$ 有

$$P\{N(t,B)\} \leqslant c\lim m_n=0.$$

(2) 设 L 是 X 的可数稠密点集, 令

$$\mathbf{M}_0=\{S(x,r)^c: x\in L, r\text{为有理数}\}.$$

则 X 中所有闭集必含在 $\mathbf{M}_0$ 中所有可能序列之交给成的集合类 $\mathbf{M}$. 按照 (1), 对于 $B \in \mathbf{M}_0$, 可构造 $t_k(k \geqslant 1)$, 使 $\forall t\in T, P\{N(t,B)\}=0$. 取 I 为以上方法构造的 $t_k(k \leqslant 1)$ 的并集, 并记

$$N(t)=\cup\{N(t,B): B\in \mathbf{M}_0\}, \tag{3.2.10}$$

则 $P\{N(t)\}=0$. 可以证明, $\forall B \in \mathbf{M}$ 有

$$\{w: F_{t_n}(w) \subset B(t_n \in I), F_t(w)\text{不含于}B\} \subset N(t). \tag{3.2.11}$$

事实上, 由于 $B' \in \mathbf{M}_0$ 时可表示为 $B'=\bigcap\limits_{k=1}^{\infty} B_k$, 其中 $B_k \in \mathbf{M}_0$. 可以证明, $\forall k \geqslant 1$ 有

$$\{w: F_{t_n}(w) \subset B'(t_n \in I), F_t(w)\text{不含于}B_k\} \subset N(t,B_t) \subset N(t),$$

则证 (3.2.11) 成立.

(3) 设 $\mathbf{S}$ 表示 T 中以有理数为端点的区间全体. 对于任意 $S \in \mathbf{S}$, 集值随机过程 $\{F_t(w) : t \in S\}$ 可以像 (2) 中一样构造出 $I(S), N_S(t)(S \in \mathbf{S})$. 记

$$J = \cup\{I(S) : S \in \mathbf{S}\},$$

$$N'(t) = \cup\{N_S(t) : S \in \mathbf{S}\}.$$

当 $t \in J$ 或 $w \notin N'(t)$ 时, 记

$$F'_t(w) = F_t(w),$$

当 $t \notin T$ 且 $w \in N'$ 时, 记 $F'_t(w) = A(t, w)$. 易证 $F'_t(w) \subset A(t, w)$ 且 $\{w, F'_t(w) \neq F_t(w)\} \subset N'(t)$. 由定理 3.2.3 则证.

最后, 若 X 是可分的局部紧的度量空间, 则它必为某一紧空间 $\widetilde{X}$ 的子集, 而且 X 中每一个闭集 F 必为 $\widetilde{X}$ 中闭集. 因为取值 X 上的集值随机过程必为 $\widetilde{X}$ 上集值随机过程, 那么我们由 (3) 则证存在 $\widetilde{X}$ 上弱可分的随机等价的集值随机过程. 由于 $P\{F'_t(w) \neq F_t(w)\}$ 的 (t, w) 只要取 $F'_t(w) \subset A(t, w)$ 即可, 所以可在 X 中取值.

注 可以仿照 (3.2.3) 定义另外一种弱可分性. 即对于 T 中开集 G 及 X 中开集 G', 记

$$B_G = \{w, F_t(w) \cap G' \neq \varnothing (\forall t \in G)\},$$

$$B_{GI} = \{w, F_t(w) \cap G' \neq \varnothing (\forall t \in G \cap I)\},$$

其中 I 为 T 中可数稠密集. 若存在 0 概率集 N, 使

$$B_{GI} \backslash B_G \subset N,$$

称为弱可分的. 显然 δ 可分时, 也是这种类型弱可分的.

可在这种弱可分意义下讨论定理 3.2.3 与定理 3.2.4.

定义 3.2.2 称集值随机过程 $\{F_t(w) : t \in T\}$ 在 t_0 随机连续, 若 $t \to t_0$ 时, $\forall \varepsilon > 0$ 有

$$P\{w : \delta(F_t(w), F_{t_0}(w)) > \varepsilon\} \to 0.$$

若在任意 $t \in T$ 随机连续, 则称 $\{F_t(w) : t \in T\}$ 随机连续.

定理 3.2.5 假设 X 是度量空间, $\{F_t(w) : t \in T\}$ 是随机连续的 δ 可分的集值随机过程, 则为完全 δ 可分的集值随机过程. 若 $\{F_t(w) : t \in T\}$ 是弱可分的集值随机过程且随机连续, 则为完全弱可分的集值随机过程.

证明 设 I 是 δ 可分集, J 为 T 的另一稠密集, $\forall t \in I$. 存在 $t_i \in J(i \geqslant 1)$, 且 $t_i \to t_0$, 于是

$$P\{w : \delta(F_{t_i}(w), F_t(w)) > \varepsilon\} \to 0.$$

从而有子列 $\{t'_i\} \subset \{t_i\}$, 使

$$P\{w : \lim \delta(F_{t'_i}(w), F_t(w)) = 0\} = 1.$$

由 I 的可数性, 存在 $N', P(N') = 0$, 当 $w \notin N', t \in I$, 存在 $t_i \in J(i \geqslant 1)$, 使 $(\delta)F_{t_i}(w) \to F_t(w)$ a.e., 利用 I 为可分集, 则证 J 也为可分集, 故 $\{F_t(w) : t \in T\}$ 完全 δ 可分.

现证定理后半部分, 设 $I = \{t_k : k \geqslant 1\}$ 为弱可分集, N 为 w 的例外集, J 为 T 中另一稠密集. $\mathbf{S}$ 是 T 中有理端点集. 记

$$B(S, w) = \mathrm{cl}\cup\{F_{t_k}(w) : t_k \in S\cap J\}(S \in \mathbf{S}),$$

$$N(S, k) = \{w : F_{t_k}(w) \subset B(S, w)\text{不成立}(t_k \in S)\}.$$

设 $t_k \in S, t'_r \in S \cap J, t'_r \to t_k(r \to \infty)$, 则

$$P\{w : F_{t_k}(w) \subset B(S, w)\text{不成立}\} \leqslant P\{w : \lim_{r\to\infty} \delta(F_{t_k}(w), F_{t'_r}(w)) > 0\}$$

$$\leqslant \lim_{r\to\infty} \lim_{n\to\infty} P\left\{w : \delta\{F_{t_k}(w), F_{t'_r}(w)) > \frac{1}{n}\right\} = 0.$$

令

$$N' = \cup\{N(S, k) : S \in \mathbf{S}, t_k \in S\},$$

则 $P(N') = 0$. 当 $w \notin N\cup N'$ 时, $S \in \mathbf{S}$ 及 $t_k \in S$ 有

$$F_{t_k}(w) \subset B(S, w).$$

由定理 3.2.3 则证 $\{F_t(w) : t \in T\}$ 是弱可分的.

设 $\mathbf{B}(T)$ 为 T 上的 Borel σ 代数, $\overline{\mathbf{B}(T)}$ 为 $\mathbf{B}(T)$ 的完备化. L 为 T 上的 Lebesgue 测度, $\mathbf{B}(T) \times \mathbf{A}$ 为乘积 σ 代数, $\overline{\mathbf{B}(T) \times \mathbf{A}}$ 为 $\mathbf{B}(T) \times A$ 的完备化.

定义 3.2.3 称集值随机过程 $\{F_t(w) : t \in T\}$ 是可测的, 若对于任意 $B \in \mathbf{B}(X)$, 有

$$\{(t, w) : F_t(w)\cap B \neq \varnothing\} \in \overline{\mathbf{B}(T) \times \mathbf{A}}.$$

称 $\{F_t(w) : t \in T\}$ 为 Borel 可测的, 若对任意 $B \in \mathbf{B}(X)$ 有

$$\{(t, w) : F_t(w)\cap B \neq \varnothing\} \in \mathbf{B}(T) \times \mathbf{A}.$$

注 在第一章最后一节给出了二元集值映射的乘积可测的定义. 这里的集值随机过程是特殊的二元集值映射, 其 Borel 可测等价于乘积可测.

定理 3.2.6 $\{F_t(w):t\in T\}$ 可测的充要条件为存在一列 X 值可测的随机过程 $\{f_t^{(n)}(w):n\geqslant 1\}$, 使得

$$F_t(w)=\mathrm{cl}\{f_t^{(n)}(w):n\geqslant 1\}(w\in\Omega,t\in T).$$

证明 若 $\{F_t(w):t\in T\}$ 可测, 记

$$F(t,w)=F_t(w)(w\in\Omega,t\in T).$$

由定理 2.1.8 知存在一列 X 值的可测的集值随机变量 $\{f^{(n)}(t,w):n\geqslant 1\}$ 使得

$$F(t,w)=\mathrm{cl}\{f^{(n)}(t,w):n\geqslant 1\}(t\in T,w\in\Omega).$$

令 $f_t^{(n)}(w)=f^{(n)}(t,w)$ 则 $\{f_t^{(n)}(w):t\in T\}(n\geqslant 1)$ 是一列 X 值可测的集值随机过程, 且

$$F_t(w)=\mathrm{cl}\{f_t^{(n)}(w):n\geqslant 1\}(t\in T,w\in\Omega).$$

相反的情形同样由定理 2.1.8 得证.

定理 3.2.7 设 $\{F_t(w):t\in T\}$ 是可测的集值随机过程, 则存在 $N\in\mathbf{A}$, $P(N)=0,w\notin N$ 时, $F_t(w)$ 关于 t 是 $\overline{\mathbf{B}(T)}$ 可测的.

证明 由定理 3.2.6 知

$$F_t(w)=\mathrm{cl}\{f_t^{(n)}(w):n\geqslant 1\}(w\in\Omega),$$

$\{f_t^{(n)}(w):t\in T\}(n\geqslant 1)$ 是一列可测的 X 值随机过程. 于是存在 $N_n\in\mathbf{A},P(N_n)=0$, $w\notin N_n$ 时, $f_t^{(n)}(w)$ 关于 t 是 $\overline{\mathbf{B}(T)}$ 可测的. 令 $N=\cup N_n,P(N)=0$. 当 $w\notin N$ 时, $n\geqslant 1,f_t^{(n)}(w)$ 关于 t 是 $\overline{\mathbf{B}(T)}$ 可测的. 由定理 2.1.8 知 $F_t(w)$ 关于 t 是 $\overline{\mathbf{B}(T)}$ 可测的.

定理 3.2.8 设 X 是可分的局部紧的度量空间, $\{F_t(w):t\in T\}$ 是随机连续的, 则存在随机等价的 $\{F_t'(w):t\in T\}$ 是弱可分可测的集值随机过程.

证明 仿照 X 值随机过程可证 (见基赫曼. 随机过程, 中文版, 第一卷: 174 ~ 176).

§3.3 集值随机过程的收敛表示定理

讨论集值随机过程的可分性, 主要涉及集值随机序列的收敛性. 本节讨论集值随机过程的收敛性与其 Castaing 表示的收敛性的关系. 仍然假定 $(\Omega,\mathbf{A})$ 是完备的可测空间, X 是可分的 Banach 空间.

定理 3.3.1 设 $\{F_n : n \geqslant 1\}$ 为集值随机序列, F 为集值随机变量, 且对于所有 $w \in \Omega$, 有

$$F(w) \subset s\text{-}\liminf F_n(w), \tag{3.3.1}$$

若 $f(w)$ 是 $F(w)$ 的可测选择, 则存在 $F_n(w)$ 的可测选择 $f_n(w)(n \geqslant 1)$, 使得

$$(s) f_n(w) \to f(w)(w \in \Omega). \tag{3.3.2}$$

证明 记

$$L_n(w) = \left\{ x \in F_n(w) : \|x - f(w)\| \leqslant d(f(w), F_n(w)) + \frac{1}{n} \right\},$$

$$\varphi(w, x) = \|x - f(w)\| - d(f(w), F_n(w)).$$

则 L_n 的图为

$$\text{Gr} L_n = \left\{ (w, x) : \varphi(w, x) \leqslant \frac{1}{n} \right\} \cap \text{Gr} F_n.$$

由于 $\varphi(w, x)$ 是 $\mathbf{A} \times \mathbf{B}(X)$ 可测的, 则 $\text{Gr} L_n \in \mathbf{A} \times \mathbf{B}(X)$. 据定理 2.1.6 及定理 2.1.9 知 L_n 有可测选择 $f_n(w)(n \geqslant 1)$. 于是

$$f_n(w) \in F_n(w)(w \in \Omega, n \geqslant 1),$$

$$\|f_n(w) - f(w)\| \leqslant d(f(w), F_n)) + \frac{1}{n}.$$

由 (3.3.1) 知, $f(w) \in s\text{-}\liminf F_n(w)(w \in \Omega)$, 则 $d(f(w), F_n(w)) \to 0$. 从而 $\|f_n(w) - f(w)\| \to 0(n \to \infty)$ 对于所有 $w \in \Omega$ 成立. (3.3.2) 得证.

定理 3.3.2 设 $\{F_n : n \geqslant 1\}$ 为集值随机序列, $F(w)$ 为集值随机变量, 且对于所有 $w \in \Omega$, 有

$$F(w) \subset s\text{-}\liminf F_n(w).$$

若 $F(w)$ 的 Castaing 表示为 $F(w) = \text{cl}\{f^{(k)}(w) : k \geqslant 1\}$, 则存在 $F_n(w)$ 的 Castaing 表示 $F_n(w) = \text{cl}\{f_n^{(k)}(w) : k \geqslant 1\}$, 使得 $k \geqslant 1$ 及 $w \in \Omega$, 有

$$(s) f_n^{(k)}(w) \to f^{(k)}(w)(n \to \infty). \tag{3.3.3}$$

证明 由定理 3.3.1, 对于任意 $k \geqslant 1$, 存在 $g_n^{(k)}(w)$ 是 F_n 的可测选择, 使 $g_n^{(k)}(w) \to f^{(k)}(w)(n \to \infty, w \in \Omega)$. 由定理 2.1.8, 对于任意 $n \geqslant 1$, 存在 F_n 的 Castaing 表示 $F_n(w) = \text{cl}\{h_n^{(k)}(w) : k \geqslant 1\}(w \in \Omega)$. 记

$$f_n^{(k)}(w) = \begin{cases} g_n^{(k)}(w), & k \leqslant n, \\ h_n^{(k-n)}(w), & k > n. \end{cases}$$

显然有 $F_n(w)=\mathrm{cl}\{f_n^{(k)}(w):k\geqslant 1\}(w\in\Omega)$, 且 (3.3.3) 成立.

推论 3.3.1　设 $\{F_n:n\geqslant 1\}$ 是集值随机序列, F 为集值随机变量. 若 $\delta_u(F_n(w), F(w))\to 0(w\in\Omega)$, 特别地, $\delta(F_n(w)),F(w)\to 0(w\in\Omega)$ 时, 定理 3.3.1 与定理 3.3.2 成立.

证明　由定理 1.2.5 的注知, 当 $\delta_u(F_n(w),F(w))\to 0(w\in\Omega)$ 时, 必有 $F(w)\subset s\text{-}\liminf\limits_n F_n(w)(w\in\Omega)$, 则证.

推论 3.3.2　设 $\{F_n:n\geqslant 1\}$ 为集值随机变量序列, $F(w)$ 为集值随机变量, $F(w)\subset s\text{-}\liminf\limits_n F_n(w)(w\in\Omega)$ 成立的充要条件为对于 $F(w)$ 的任意可测选择, 存在 $F_n(w)$ 的可测选择 $f_n(w)(n\geqslant 1)$ 使 $\|f_n(w)-f(w)\|\to 0(w\in\Omega)$.

证明　由定理 3.3.1 及定理 2.1.10 则证.

例 3.3.1　取 $X=R^1, F_n(w)=[0,1](w\in\Omega,n\geqslant 1)$, 则有

$$\delta(F_n(w),[0,1])\to 0(w\in\Omega).$$

从而 $s\text{-}\liminf\limits_n F_n(w)=[0,1](w\in\Omega)$. 由定理 3.3.2, 存在 $F_n(w)$ 的 Castaing 表示 $F_n(w)=\mathrm{cl}\{f_n^{(k)}(w):k\geqslant 1\}$, 使 $\|f_n^{(k)}-f^{(k)}(w)\|\to 0(w\in\Omega,k\geqslant 1)$, 且 $[0,1]=\mathrm{cl}\{f^k(w):k\geqslant 1\}$. 如果取

$$g_n^{(k)}(w)=\begin{cases}\dfrac{1}{2}, & k\leqslant n,\\ f_n^{(k-n)}(w), & k>n,\end{cases}$$

则 $F_n(w)=\mathrm{cl}\{g_n^{(k)}(w),k\geqslant 1\}$, 但是 $\left\|g_n^{(k)}-\dfrac{1}{2}\right\|\to 0(w\in\Omega)$. 也即不是 $F_n(w)$ 的所有 Castaing 表示都满足定理 3.3.2.

下面我们在 $\mathbf{R}^m$ 中具体构造集值随机序列收敛的 Castaing 表示.

$\mathbf{R}^m$ 中的一个子集 M 称为仿射集, 若 $x\in M,y\in M,\lambda\in\mathbf{R}$, 有 $(1-\lambda)x+\lambda y\in M$. 包含 $S(\subset\mathbf{R}^m)$ 的所有仿射集的交称为 S 的仿射包, 记为 aff$S$. 若

$$\mathrm{aff}\{b_0,b_1,\cdots,b_m\}=\mathbf{R}^m,$$

称 $\mathbf{R}^m$ 中的 $m+1$ 个向量 $b_0,b_1,\cdots,b_m$ 是仿射独立的, 记

$$b=(b_0,b_1,\cdots,b_m)$$

为一个仿射独立系, 对于 $\mathbf{R}^m$ 中非空闭集 M, 记

$$M_1=\{x\in M:d(x,b_0)=d(b_0,M)\},$$

$$M_2=\{x\in M_1:d(x,b_1)=d(b_1,M_1)\},$$

一般地, 记

$$M_k=\{x\in M_{k-1}:d(x,b_{k-1})=d(b_{k-1},M_{k-1})\}(2\leqslant k\leqslant m+1).$$

则 M_{m+1} 为单点集, 称 $P_Mb=M_{m+1}$ 为 M 关于 b 的 Castaing 投影, 记 Q 为 $\mathbf{R}^m$ 中全体有理点集, 记

$$A=\{b_k=(b_0^{(k)},b_1^{(k)},\cdots,b_m^{(k)})\},b_i^{(k)}\in Q,i=0,1,\cdots,m,$$

则 A 为可数集, 且对于 R^m 中任意非空闭集 M 有 Castaing 表示

$$M=\mathrm{cl}\{P_Mb_k:b_k\in A\}.$$

设 F 为 R^m 中集值随机变量, 则 $F(w)$ 有 Castaing 表示

$$F(w)=\mathrm{cl}\{P_{F(w)}b_k:b_k\in A\}.$$

定理 3.3.3 设 $\{F_n,n\geqslant 1\}$ 为 $\mathbf{R}^m$ 中集值随机序列, $F(w)$ 为 $\mathbf{R}^m$ 中集值随机变量. 记

$$\begin{aligned}f_n(w)&=\mathrm{cl}\{P_{F_n(w)}b_k:b_k\in A\},\\ f(w)&=\mathrm{cl}\{P_{F(w)}b_k:b_k\in A\}.\end{aligned}$$

若 $\delta(F_n(w),F(w))\to 0(w\in\Omega)$, 则 $b_k\in A$ 有

$$\|P_{F_n(w)}b_k-P_{F(w)}b_k\|\to 0(w\in\Omega).\tag{3.3.4}$$

证明 为证 (3.3.4) 式只须考虑仿射独立系

$$b=(b_0,b_1,\cdots,b_m).$$

记

$$\begin{aligned}F_n^{(0)}(w)&=\{x\in F_n(w):d(b_0,x)=d(b_0,F_n(w))\},\\ F^{(0)}(w)&=\{x\in F(w):d(b_0,x)=d(b_0,F(w))\}.\end{aligned}$$

易证

$$s\text{-}\limsup_n F_n^{(0)}(w)\subset F^{(0)}(w)\subset s\text{-}\liminf_n F_n^{(0)}(w),$$

从而 $\delta(F_n^{(0)}(w),F^{(0)}(w))\to 0(w\in\Omega)$. 一般地记

$$F_n^{(j+1)}(w)=\{x\in F_n^{(j)}(w):d(b_{j+1},x)=d(b_{j+1},F_n^{(j)}(w))\},$$

$$F^{(j+1)}(w)=\{x\in F^{(j)}(w):d(b_{j+1},x)=d(b_{j+1},F^{(j)}(w))\}.$$

同样有 $\delta(F_n^{(j+1)}(w), F^{(j+1)}(w)), \to 0(w \in \Omega)$. 特别有

$$\delta(P_{F_n(w)}b, P_{F(w)}b) = \delta(F_n^{(m)}(w), F^{(m)}(w)) \to 0.$$

则证

推论 3.3.3 设 $\{F_t : t \in T\}$ 是 $\mathbf{R}^m$ 中的 δ 可分的随机过程, 则存在 Castaing 表示

$$F_t(w) = \mathrm{cl}\{f_t^{(k)}(w) : k \geqslant 1\}(w \in \Omega),$$

使 $\forall k \geqslant 1, \{f_t^{(k)}(w) : t \in T\}$ 是可分的向量值随机过程.

证明 记

$$F_t(w) = \mathrm{cl}\{P_{F_t(w)}b_k : b_k \in A\}.$$

由于 $\{F_t : t \in T\}$ 为 δ 可分的, 则存在可分集 I 及例外集 N, 当 $w \notin N$ 时, 对于任意 $t_0 \in T$, 存在 $t_n \in I, t_n \to t_0$, 且 $\delta(F_{t_n}(w), F_{t_0}(w)) \to 0$. 于是对于任意 $b_k \in A, \|P_{F_{t_n}(w)}b_k - P_{F_{t_0}(w)}b_k\| \to 0$, 即 $\{f_t^{(k)} : t \in T\}(k \geqslant 1)$ 是可分的. 而且对于 $k \geqslant 1$ 有公共的例外集与可分集.

§3.4 集值随机序列在 Hausdorff 意义下的大数定律

在本节中, 我们首先给出集值随机变量的概率分布, 集值随机变量序列同分布的概念. 证明在 Hausdorff 意义下的紧集值随机变量序列在独立同分布条件下的强大数定律; 然后去掉同分布的条件, 给出两种不同类型的强大数定律; 其次讨论加权和的强和弱大数定律.

定义 3.4.1 设 $(\Omega, \mathbf{A}, P)$ 为概率空间, F 为集值随机变量, 称

$$P^F(\mathbf{U}) = P(F^{-1}(\mathbf{U})) = P\{w \in \Omega : F(w) \in \mathbf{U}\}, \quad \forall \mathbf{U} \in \sigma(\mathbf{J}_l) \tag{3.4.1}$$

为 F 确定的概率分布. 设 $\{F_n : n \geqslant 1\}$ 为集值随机变量序列, 若由它们确定的概率分布相同, 则称 $\{F_n : n \geqslant 1\}$ 是同分布的集值随机变量序列.

定理 3.4.1 若 F_1 和 F_2 为同分布的集值随机变量, 则对于 X 中的任意开集 G, 均有

$$P\{w \in \Omega : F_1(w) \cap G \neq \varnothing\} = P\{w \in \Omega : F_2(w) \cap G \neq \varnothing\}. \tag{3.4.2}$$

证明 若取 $\mathbf{U} = I_*(G)$, 则 $\mathbf{U} \in \sigma(\mathbf{J}_l)$, 且对 $i = 1, 2$, 有

$$\begin{aligned} F_i^{-1}(\mathbf{U}) &= \{w \in \Omega : F_i(w) \in I_*(G)\} \\ &= \{w \in \Omega : F_i(w) \cap G \neq \varnothing\}, \end{aligned}$$

由 (3.4.1) 得证.

注 1 有些文献在 $\mathbf{B}(\mathbf{P}_f(X))$ 上定义由 F 确定的概率分布. 由 (3.1.2) 可知, $\sigma(\mathbf{J}_l) \subset \mathbf{B}(\mathbf{P}_f(X))$, 因此上面给出的定义 3.4.1 要弱一些. 但由定理 1.3.16 可知对于紧集值随机变量, 两种定义是等价的.

注 2 定义 3.1.2 给出了随机变量族独立的概念. 同样有些文献在 $\mathbf{B}(\mathbf{P}_f(X))$ 上定义集值随机变量族的独立性, 我们称其为强独立性, 因为它比定义 3.1.2 给出的独立性要强. 同样对于紧集值随机变量, 两种定义是等价的.

下面我们首先给出集值随机变量序列在 Hausdorff 意义下的强大数定律. 以下集值随机变量 F 的 Aumman 积分亦称为集值随机变量的数学期望, 简称期望, 记作 $E[F]$.

定理 3.4.2 令 $\{F, F_n : n \in \mathbb{N}\}$ 是 $\mathbf{L}^1_{kc}[\Omega, X]$ 中独立同分布的随机变量, 则

$$\lim_{n\to\infty} \delta\left(\frac{1}{n}\sum_{k=1}^{n} F_k, E[F]\right) = 0 \quad \text{a.e..}$$

证明 由定理 1.4.13 及其注知

$$\delta\left(\frac{1}{n}\sum_{k=1}^{n} F_k, E[F]\right) = \sup_{\|x^*\|\leqslant 1}\left\|\frac{1}{n}\sum_{k=1}^{n}\sigma(x^*, F_k) - \sigma(x^*, \mathrm{cl}E[F])\right\|. \tag{3.4.3}$$

而且 $\sigma(\cdot, F), \sigma(\cdot, F_1), \cdots$ 是取值于 $C(S^*, d^*_w)$ 的独立同分布随机变量, 其中 S^* 是 X^* 的单位球而

$$(\mathrm{B})\text{-}E[\sigma(\cdot, F)] = \sigma(\cdot, (\mathrm{B})\text{-}E[F]) = \sigma(\cdot, E[F]) = \sigma(\cdot, \mathrm{cl}E[F]).$$

于是由可分 Banach 空间值随机变量的强大数定律 [241] 知, 当 $n \to \infty$ 时 (3.4.3) 式右边趋于 0, 于是得证.

注 由例 1.3.4 可知, $(\mathbf{P}_{fc}(X), \delta)$ 是不可分的, 所以我们不能直接得到独立同分布闭凸集值随机变量的强大数定律.

事实上, 在没有凸性的假设下我们可以证明独立同分布紧集值随机变量关于 Hausdorff 距离的强大数定律.

定理 3.4.3 令 $\{F, F_n : n \in \mathbf{N}\}$ 是 $\mathbf{L}^1_k[\Omega, X]$ 中独立同分布随机变量, 则

$$\lim_{n\to\infty} \delta\left(\frac{1}{n}\sum_{k=1}^{n} F_k, M\right) = 0 \quad \text{a.e.,}$$

其中 $M = \overline{\mathrm{co}}E[F]$.

证明这个定理之前我们先证明下面的引理.

引理 3.4.1 令 $\{C_n : n \in \mathbf{N}\}$ 是 $\mathbf{P}_k(X)$ 中的序列. 如果存在 $C \in \mathbf{P}_{kc}(X)$, 使得

$$\lim_{n\to\infty} \delta\left(\frac{1}{n}\sum_{k=1}^{n} \overline{\mathrm{co}} C_k, C\right) = 0,$$

则

$$\lim_{n\to\infty} \delta\left(\frac{1}{n}\sum_{k=1}^{n} C_k, C\right) = 0.$$

证明 **第一步** 我们首先证明当 X 是有限维时成立. 由三角不等式得

$$\delta\left(\frac{1}{n}\sum_{k=1}^{n} C_k, C\right) \leqslant \delta\left(\frac{1}{n}\sum_{k=1}^{n} C_k, \overline{\mathrm{co}}\frac{1}{n}\sum_{k=1}^{n} C_k\right) + \delta\left(\overline{\mathrm{co}}\frac{1}{n}\sum_{k=1}^{n} C_k, C\right).$$

由假设知当 n 逐渐增大时, 右边第二项趋于 0. 至于第一项, 我们注意到对于固定的 $x^* \in X^*$, 有

$$\sigma\left(x^*, \frac{1}{n}\sum_{k=1}^{n} C_k\right) = \frac{1}{n}\sum_{k=1}^{n} \sigma(x^*, C_k)$$

收敛到 $\sigma(x^*, C)$, 这意味着当 $n \to \infty$ 时 $\sigma(x^*, C_n)/n \to 0$. 因此有 $\|C_n\|/n \to 0$. 从而得到 $\max\{\|C_k\|/n : k = 1, 2, \cdots, n\} \to 0$. 因此由 Shapley-Folkman 不等式 (参见文献 [6], p.396) 得,

$$\delta\left(\frac{1}{n}\sum_{k=1}^{n} C_k, \overline{\mathrm{co}}\frac{1}{n}\sum_{k=1}^{n} C_k\right) \leqslant \sqrt{m}\max\left\{\frac{\|C_k\|}{n} : k = 1, 2, \cdots, n\right\} \to 0.$$

其中 m 为 X 的维数.

第二步 证明引理在一般情形成立. 令 $A_n = \dfrac{1}{n}\displaystyle\sum_{k=1}^{n} C_k$, $n \geqslant 1$. 由于 $\overline{\mathrm{co}} A_n = \dfrac{1}{n}\displaystyle\sum_{k=1}^{n} \overline{\mathrm{co}} C_k$, 所以当 $n \to \infty$ 时, $\delta(\overline{\mathrm{co}} A_n, C) \to 0$. 令 $A = \displaystyle\bigcup_{n=1}^{\infty} \overline{\mathrm{co}} A_n$. 则容易证明 A 是 X 中的紧集. 由于 $\{B \in \mathbf{K}_k(X) : B \subset A\}$ 是 $\mathbf{K}_k(X)$ 中的紧集 (参见文献 [124], p.172), 所以 $\{A_n\}$ 是 $\mathbf{K}_k(X)$ 中的相对紧集. 令 $B \in \mathbf{K}_k(X)$ 是 $\{A_n\}$ 中任意的一个聚点, 取 $\{A_n\}$ 中一列子列 $\{A_{n_k}\}$ 使得当 $k \to \infty$ 时, $\delta(A_{n_k}, B) \to 0$. 取 X^* 中的子列 $\{x_j^*\}$, 满足 $\|x_j^*\| \leqslant 2^{-j}$ 且将 X 中的点分离 (这样的子列可以在任何一个 Banach 空间中取得), 定义有界线性映射 $\phi, \phi_j (j \in \mathbf{N}) : X \to l^1$ 为

$$\phi(x) = (\langle x_1^*, x\rangle, \langle x_2^*, x\rangle, \cdots),$$

$$\phi_j(x) = (\langle x_1^*, x\rangle, \cdots, \langle x_j^*, x\rangle, 0, 0, \cdots), \qquad x \in X.$$

对任意固定的 j, ϕ_j 是 l^1 中有限维子空间. 由于 $\|\phi_j\|_{X\to l^1}\leqslant 1$ 且

$$\phi_j(\overline{\text{co}}A_n)=\overline{\text{co}}\phi_j(A_n)=\frac{1}{n}\sum_{k=1}^{n}\overline{\text{co}}\phi_j(C_k),\qquad n\in\mathbb{N},$$

当 $n\to\infty$ 时, 有

$$\delta\left(\frac{1}{n}\sum_{k=1}^{n}\overline{\text{co}}\phi_j(C_k),\phi_j(C)\right)\leqslant\delta(\overline{\text{co}}A_n,C)\to 0,$$

所以由第一步知, 对任意的 $j\in\mathbf{N}$, 当 $n\to\infty$ 时,

$$\delta(\phi_j(A_n),\phi_j(C))=\delta\left(\frac{1}{n}\sum_{k=1}^{n}\phi_j(C_k),\phi_j(C)\right)\to 0.$$

而且当 $k\to\infty$ 时, $\delta(\phi_j(A_{n_k}),\phi_j(B))\leqslant\delta(A_{n_k},B)\to 0$. 因此对任意的 $j\in\mathbb{N}$, $\phi_j(B)=\phi_j(C)$. 由于 $\|\phi_j-\phi\|_{X\to l^1}\to 0$, 所以当 $j\to\infty$ 时, $\delta(\phi_j(B),\phi(B))\to 0$, 所以 $\phi(B)=\phi(C)$. 因为 ϕ 是单射, 因此 $B=C$. 这说明 C 是 $\{A_n\}$ 的唯一聚点. 所以 $\lim_{n\to\infty}\delta(A_n,C)=0$. 证毕.

定理 3.4.3 的证明 由于对任意的 $A,B\in\mathbf{P}_k(X)$, $\delta(\overline{\text{co}}A,\overline{\text{co}}B)\leqslant\delta(A,B)$, 并且 $A\mapsto\overline{\text{co}}A$ 是从 $\mathbf{P}_k(X)$ 到 $\mathbf{P}_{kc}(X)$ 的 Borel 可测映射. 由定理 3.4.2, 得

$$\lim_{n\to\infty}\delta\left(\frac{1}{n}\sum_{k=1}^{n}\overline{\text{co}}F_k,M\right)=0\quad\text{a.e.}.$$

从引理 3.4.1 可知

$$\lim_{n\to\infty}\delta\left(\frac{1}{n}\sum_{k=1}^{n}F_k,M\right)=0\quad\text{a.e.}.$$

证毕.

下面将要证明一个相互独立紧集值非同分布随机变量强大数定律, 在证明之前我们先给出一些概念和准备.

定义 3.4.2 称 $\mathbf{L}_k^1[\Omega,X]$ 中随机变量列 $\{F_n:n\in\mathbf{N}\}$ 是胎紧的, 如果对任意的 $\varepsilon>0$, 存在 $\mathbf{P}_k(X)$ 的关于 Hausdorff 距离 δ 的紧子集 $\mathcal{K}_\varepsilon$, 使得对所有的 $n\in\mathbb{N}$, $\mu(F_n\notin\mathcal{K}_\varepsilon)<\varepsilon$. 称 $\mathbf{L}_k^1[\Omega,X]$ 中随机变量列 $\{F_n:n\in\mathbf{N}\}$ 是紧一致可积的, 如果对任意的 $\varepsilon>0$, 存在一个紧集 $\mathcal{K}_\varepsilon$ 使得 $E\left[\left\|F_nI_{\{F_n\notin\mathcal{K}_\varepsilon\}}\right\|\right]<\varepsilon$ 关于 n 一致成立.

注 (1) 由于 $(\mathbf{P}_k(X),\delta)$ 是可分的完备距离空间, 所以任意的随机变量 $F\in\mathbf{L}_k^1[\Omega,X]$ 都是胎紧的. 因此如果 $\{F_n\}$ 与 F 是同分布的, 则 $\{F_n\}$ 是胎紧的.

(2) 称集值机变量列 $\{F_n:n\in\mathbb{N}\}$ 是 $p(p>1)$ 阶矩一致有界性的, 如果 $\sup_{n\geqslant 1}E\|F_n\|^p<\infty$. 与 Banach 空间值随机变量序列的性质类似, 集值随机变量序

列的胎紧性和 $p(p>1)$ 阶矩一致有界性意味着紧一致可积性和 $\sum_{n=1}^{\infty}\frac{1}{n^p}E[\|F_n\|^p]<\infty$, 但是一般情况下反之不成立.

引理 3.4.2 令 $\{a_k\}$ 是取值为 0 或 1 的序列, 且 $A\in\mathbf{P}_k(X)$. 则

$$\delta\left(\frac{1}{n}\sum_{k=1}^{n}a_kA,\frac{1}{n}\sum_{k=1}^{n}a_k\overline{\text{co}}A\right)\to 0\qquad(n\to\infty).\tag{3.4.4}$$

证明 假设 $l_n=\#\{a_k=1:k=1,\cdots,n\}$, 也就是, 前 n 项中为 1 的元素个数. 则当 $l_n/n\to 0$ 时

$$\begin{aligned}\delta\left(\frac{1}{n}\sum_{k=1}^{n}a_kA,\frac{1}{n}\sum_{k=1}^{n}a_k\overline{\text{co}}A\right)&=\delta\left(\frac{\overbrace{A+\cdots+A}^{l_n\text{ 项}}}{n},\frac{\overbrace{\overline{\text{co}}A+\cdots+\overline{\text{co}}A}^{l_n\text{ 项}}}{n}\right)\\&\leqslant\frac{l_n}{n}\delta\left(\frac{A+\cdots+A}{l_n},\frac{\overline{\text{co}}A+\cdots+\overline{\text{co}}A}{l_n}\right).\end{aligned}$$

从下面的式子可得到 (3.4.4) 式

$$\delta\left(\frac{A+\cdots+A}{l_n},\frac{\overline{\text{co}}A+\cdots+\overline{\text{co}}A}{l_n}\right)\leqslant\delta(A,\overline{\text{co}}A)\leqslant 2\delta(A,\theta)<\infty.$$

否则 $\lim\limits_{n\to\infty}l_n=\infty$. 注意到

$$\begin{aligned}\frac{l_n}{n}\delta\left(\frac{A+\cdots+A}{l_n},\frac{\overline{\text{co}}A+\cdots+\overline{\text{co}}A}{l_n}\right)&\leqslant\delta\left(\frac{A+\cdots+A}{l_n},\frac{\overline{\text{co}}A+\cdots+\overline{\text{co}}A}{l_n}\right)\\&=\delta\left(\frac{A+\cdots+A}{l_n},\overline{\text{co}}A\right),\end{aligned}$$

我们仅需证明对紧子集 A, 有

$$\lim_{n\to\infty}\delta\left(\frac{A+\cdots+A}{n},\overline{\text{co}}A\right)=0.$$

给定 $\varepsilon>0$. A_ε 表示 A 的一个 ε 网, 即 $A_\varepsilon=\{x_1,\cdots,x_n\}\in A$ 且满足 $\sup\limits_{x\in A}\min\limits_{i\leqslant n}\|x-x_i\|<\varepsilon$. 则

$$\frac{1}{n}(A_\varepsilon+\cdots+A_\varepsilon)\subset\frac{1}{n}(A+\cdots+A)\subset\overline{\text{co}}A,$$

且

$$\delta\left(\frac{A+\cdots+A}{n},\overline{\text{co}}A\right)\leqslant\delta\left(\frac{A_\varepsilon+\cdots+A_\varepsilon}{n},\overline{\text{co}}A\right).$$

从有限维情形的相应结论 [68] 我们可以得到

$$\lim_{n\to\infty}\delta\left(\frac{A_\varepsilon+\cdots+A_\varepsilon}{n},\overline{\mathrm{co}}A_\varepsilon\right)=0.$$

因此

$$\lim_{n\to\infty}\delta\left(\frac{A+\cdots+A}{n},\overline{\mathrm{co}}A\right)\leqslant\delta(\overline{\mathrm{co}}A_\varepsilon,\overline{\mathrm{co}}A)=\varepsilon.$$

由 ε 的任意性, 引理证毕.

定理 3.4.4 令 $\{F_n\}$ 是一列相互独立的紧集值随机变量且满足:

(i) 存在 $1\leqslant p\leqslant 2$, 使得 $\sum\limits_{n=1}^{\infty}\frac{1}{n^p}E[\|F_n\|^p]<\infty$;

(ii) $\{F_n\}$ 是紧一致可积的.

则

$$\delta\left(\frac{1}{n}\sum_{k=1}^{n}F_k,\frac{1}{n}\sum_{k=1}^{n}E[\overline{\mathrm{co}}F_k]\right)\to 0\quad \text{a.e.}(\mu)\quad n\to\infty.$$

证明 对于给定的 $\varepsilon>0$. 由 (ii) 知, 存在一个紧集 $\mathcal{K}$ 使得 $E[\|F_nI_{\{F_n\notin\mathcal{K}\}}\|]<\varepsilon$ 对所有的 n 都成立. 由 $\mathcal{K}$ 的紧性知存在 $K_1,\cdots,K_m\in\mathcal{K}$ 使得 $\mathcal{K}\subset\bigcup\limits_{i=1}^{m}N(K_i,\varepsilon)$, 其中 $N(K_i,\varepsilon)=\{K\in\mathbf{P}_k(X):\delta(K,K_i)<\varepsilon\}$. 定义简单集值随机变量 Y_n 为

$$Y_n=Y_n'I_{\{F_n\in\mathcal{K}\}},\tag{3.4.5}$$

其中

$$Y_n'=\sum_{i=1}^{m}I_{\{[F_n\in N(K_i,\varepsilon)]\cap[\bigcup\limits_{j=1}^{i-1}\{F_n\in N(K_j,\varepsilon)\}]^c\}}K_i,\tag{3.4.6}$$

约定 $i=1$ 时, $\left[\bigcup\limits_{j=1}^{i-1}\{F_n\in N(K_j,\varepsilon)\}\right]^c=\varnothing$. 则对任意的 n, 有

$$\begin{aligned}\delta\left(\frac{1}{n}\sum_{k=1}^{n}F_k,\frac{1}{n}\sum_{k=1}^{n}E[\overline{\mathrm{co}}F_k]\right)\leqslant{}&\delta\left(\frac{1}{n}\sum_{k=1}^{n}F_k,\frac{1}{n}\sum_{k=1}^{n}F_kI_{\{F_n\in\mathcal{K}\}}\right) &\text{(I)}\\ &+\delta\left(\frac{1}{n}\sum_{k=1}^{n}F_kI_{\{F_n\in\mathcal{K}\}},\frac{1}{n}\sum_{k=1}^{n}Y_k\right) &\text{(II)}\\ &+\delta\left(\frac{1}{n}\sum_{k=1}^{n}Y_k,\frac{1}{n}\sum_{k=1}^{n}E[\overline{\mathrm{co}}Y_k]\right) &\text{(III)}\\ &+\delta\left(\frac{1}{n}\sum_{k=1}^{n}E[\overline{\mathrm{co}}Y_k],\frac{1}{n}\sum_{k=1}^{n}E\left[\overline{\mathrm{co}}F_kI_{\{\overline{\mathrm{co}}F_k\in\mathcal{K}\}}\right]\right) &\text{(IV)}\end{aligned}$$

$$+\delta\left(\frac{1}{n}\sum_{k=1}^{n}E\left[\overline{\mathrm{co}}F_kI_{\{\overline{\mathrm{co}}F_k\in\mathcal{K}\}}\right],\frac{1}{n}\sum_{k=1}^{n}E[\overline{\mathrm{co}}F_k]\right). \tag{V}$$

先看 (I), 由 (i) 知 $\left\{\left\|F_kI_{\{F_k\in\mathcal{K}\}}\right\|:k\in\mathbf{N}\right\}$ 是一列相互独立的随机变量且满足

$$\sum_{n=1}^{\infty}\frac{1}{n^p}E\left[\left\|F_nI_{\{F_n\in\mathcal{K}\}}\right\|^p\right]<\infty,$$

所以有

$$\begin{aligned}\limsup_n\delta\left(\frac{1}{n}\sum_{k=1}^{n}F_k,\frac{1}{n}\sum_{k=1}^{n}F_kI_{\{F_k\in\mathcal{K}\}}\right)&\leqslant\limsup_n\frac{1}{n}\sum_{k=1}^{n}\delta\left(F_k,F_kI_{\{F_k\in\mathcal{K}\}}\right)\\&=\limsup_n\frac{1}{n}\sum_{k=1}^{n}\left\|F_kI_{\{F_k\notin\mathcal{K}\}}\right\|\\&=\limsup_n\frac{1}{n}\sum_{k=1}^{n}E\left[\left\|F_kI_{\{F_k\notin\mathcal{K}\}}\right\|\right]\leqslant\varepsilon\quad\text{a.e.}(\mu),\end{aligned}$$

其中最后一个等式是由实值的 Chung 大数定律得到的.

再看 (II), 由 Y_n 的构造知, 对任意的 $F_k(w)\in\mathcal{K}$, 存在 $i\in\{1,\cdots,m\}$ 使得

$$F_k(w)\in N(K_i,\varepsilon)\cap\left[\bigcup_{j=1}^{i-1}N(K_j,\varepsilon)\right]^c\quad 且\quad\delta(F_k(w),K_i)<\varepsilon.$$

因此对任意的 $n\in\mathbb{N}$

$$\delta\left(\frac{1}{n}\sum_{k=1}^{n}F_kI_{\{F_k\in\mathcal{K}\}},\frac{1}{n}\sum_{k=1}^{n}Y_k\right)<\varepsilon.$$

接下来看 (III), 因为

$$\begin{aligned}\delta\left(\frac{1}{n}\sum_{k=1}^{n}Y_k,\frac{1}{n}\sum_{k=1}^{n}E[\overline{\mathrm{co}}Y_k]\right)&\leqslant\delta\left(\frac{1}{n}\sum_{k=1}^{n}Y_k,\frac{1}{n}\sum_{k=1}^{n}\overline{\mathrm{co}}Y_k\right)\\&\quad+\delta\left(\frac{1}{n}\sum_{k=1}^{n}\overline{\mathrm{co}}Y_k,\frac{1}{n}\sum_{k=1}^{n}E[\overline{\mathrm{co}}Y_k]\right).\end{aligned}\tag{3.4.7}$$

从 (3.4.5) 式, 有

$$\begin{aligned}\delta\left(\frac{1}{n}\sum_{k=1}^{n}Y_k,\frac{1}{n}\sum_{k=1}^{n}\overline{\mathrm{co}}Y_k\right)&=\delta\left(\frac{1}{n}\sum_{k=1}^{n}\sum_{j=1}^{m}K_jI_{\{Y_k=K_j\}},\frac{1}{n}\sum_{k=1}^{n}\sum_{j=1}^{m}\overline{\mathrm{co}}K_jI_{\{Y_k=K_j\}}\right)\\&\leqslant\sum_{j=1}^{m}\delta\left(\frac{1}{n}\sum_{k=1}^{n}K_jI_{\{Y_k=K_j\}},\frac{1}{n}\sum_{k=1}^{n}\overline{\mathrm{co}}K_jI_{\{Y_k=K_j\}}\right),\end{aligned}$$

由引理 3.4.2, $a_k = I_{\{Y_k=K_j\}}(w)$ 及 m 的有限性知, 当 $n\to\infty$ 时, 对任意的 $w\in\Omega$, 上式趋于 0. 下面看 (3.4.7) 式的第二部分, $\{\overline{\text{co}}Y_k\}$ 是紧凸值随机变量, 因此由定理 1.4.13 及注知其等同于取值于 Banach 空间的随机元. 由于

$$\|\overline{\text{co}}Y_k\| = \delta(Y_k,\{0\}) = \max_{1\leqslant k\leqslant m}\delta(K_j,\{0\}) < \infty,$$

由取值于 Banach 空间的随机变量强大数定律 [74] 知 (3.4.7) 式的第二部分趋于 0.

对于 (IV), 从定理 2.3.9 可以得到

$$\begin{aligned}\delta\left(\frac{1}{n}\sum_{k=1}^{n}E[\overline{\text{co}}Y_k],\frac{1}{n}\sum_{k=1}^{n}E\left[\overline{\text{co}}F_kI_{\{\overline{\text{co}}F_k\in\mathcal{K}\}}\right]\right) &\leqslant \frac{1}{n}\sum_{k=1}^{n}\delta\left(E[\overline{\text{co}}Y_k],E\left[\overline{\text{co}}F_kI_{\{\overline{\text{co}}F_k\in\mathcal{K}\}}\right]\right)\\ &\leqslant \frac{1}{n}\sum_{k=1}^{n}E\left[\delta\left(\overline{\text{co}}Y_k,\overline{\text{co}}F_kI_{\{\overline{\text{co}}F_k\in\mathcal{K}\}}\right)\right]\\ &\leqslant \frac{1}{n}\sum_{k=1}^{n}E\left[\delta\left(Y_k,F_kI_{\{\overline{\text{co}}F_k\in\mathcal{K}\}}\right)\right] < \varepsilon.\end{aligned}$$

对任意的 $n\in\mathbb{N}$ 成立.

最后看 (V),

$$\begin{aligned}\delta\left(\frac{1}{n}\sum_{k=1}^{n}E\left[\overline{\text{co}}F_kI_{\{\overline{\text{co}}F_k\in\mathcal{K}\}}\right],\frac{1}{n}\sum_{k=1}^{n}E[\overline{\text{co}}F_k]\right) &\leqslant \frac{1}{n}\sum_{k=1}^{n}E\left[\delta\left(\overline{\text{co}}F_kI_{\{\overline{\text{co}}F_k\in\mathcal{K}\}},\overline{\text{co}}F_k\right)\right]\\ &\leqslant \frac{1}{n}\sum_{k=1}^{n}E\left[\delta\left(F_kI_{\{\overline{\text{co}}F_k\in\mathcal{K}\}},F_k\right)\right] < \varepsilon.\end{aligned}$$

综上所述, 有

$$\limsup_n \delta\left(\frac{1}{n}\sum_{k=1}^{n}F_k,\frac{1}{n}\sum_{k=1}^{n}E[\overline{\text{co}}F_k]\right) < 4\varepsilon \quad \text{a.e.}(\mu),$$

定理证毕.

从定理 3.4.4, 我们立刻可以得到下面的结论.

推论 3.4.1 令 $\{F_n\}$ 是一列相互独立, 胎紧的集值随机变量, 且存在 $p>1$, 使得 $\displaystyle\sum_{n=1}^{\infty}\frac{1}{n^p}E[\|F_n\|^p]<\infty$. 则当 $n\to\infty$ 时

$$\delta\left(\frac{1}{n}\sum_{k=1}^{n}F_k,\frac{1}{n}\sum_{k=1}^{n}E[\overline{\text{co}}F_k]\right)\to 0 \quad \text{a.e.}(\mu).$$

下面给出有权重的集值随机变量序列的大数定律, 首先证明所需引理.

引理 3.4.3　设 $A \in \mathbf{P}_k(X)$ 且 $\{a_{nk}\}$ 是非负常数阵列, 满足

(i) $\sum\limits_{k=1}^{n} a_{nk} \leqslant 1$;

(ii) $\max\limits_{1 \leqslant k \leqslant n} a_{nk} \to 0, \quad n \to \infty$,

则对于任意仅由 0,1 组成的序列 $\{b_n : n \geqslant 1\}$, 有

$$\delta\left(\sum_{k=1}^{n} a_{nk} b_k A, \sum_{k=1}^{n} a_{nk} b_k \mathrm{co} A\right) \to 0. \tag{3.4.8}$$

证明　由 A 的紧性, $\sup\limits_{a \in A} \|a\| = \Gamma < \infty$. 设 $\max\limits_{1 \leqslant k \leqslant n} a_{nk} = \delta_n$, 只考虑那些满足 $m_n = \sum\limits_{k=1}^{n} a_{nk} b_k \neq 0$ 的 n. 注意到 $\sum\limits_{k=1}^{n} a_{nk} b_k \mathrm{co} A = m_n \mathrm{co} A$. 考虑具有如下形式的元素

$$b = \theta_1 a_1 + \cdots + \theta_t a_t, \quad 0 < \theta_i < 1, \quad \theta_1 + \cdots + \theta_t = 1, \quad a_i \in A. \tag{3.4.9}$$

因为 $\sum\limits_{k=1}^{n} a_{nk} b_k = m_n$ 和 $0 \leqslant a_{nk} b_k \leqslant \delta_n$ 对任意 $1 \leqslant k \leqslant n$ 成立, 所以存在整数 $s_0 = 0 < s_1 < \cdots < s_t = n$ 满足,

$$\left|\frac{\sum\limits_{k=s_{i-1}+1}^{s_i} a_{nk} b_k}{m_n} - \theta_i\right| \leqslant \frac{2\delta_n}{m_n}, \quad i = 1, \cdots, t. \tag{3.4.10}$$

则有

$$c = \frac{1}{m_n}\left(\sum_{i=1}^{t} \sum_{k=s_{i-1}+1}^{s_i} a_{nk} b_k a_i\right) \in \frac{\sum\limits_{k=1}^{n} a_{nk} b_k A}{m_n},$$

且有

$$\|c - b\| \leqslant \sum_{i=1}^{t}\left|\frac{\sum\limits_{k=s_{i-1}+1}^{s_i} a_{nk} b_k a_i}{m_n} - \theta_i\right| \|a_i\| \leqslant \frac{2t\Gamma\delta_n}{m_n}. \tag{3.4.11}$$

由于 $\mathrm{co}A$ 是紧的, 对于 $\forall \varepsilon > 0$, 存在具有形式 (3.4.9) 的 $b_1, \cdots, b_p$ 满足

$$\mathrm{co} A \subset \bigcup_{i=1}^{p} \{y : \|y - b_i\| < \varepsilon\}. \tag{3.4.12}$$

因此, 由 (3.4.11) 和 (ii), 对每个 b_i, 当 $n \to \infty$,

$$\inf\left\{m_n \|b_i - c\| : c \in \frac{\sum\limits_{k=1}^{n} a_{nk} b_k A}{m_n}\right\} \to 0. \tag{3.4.13}$$

当 n 足够大时, 由 (3.4.12) 与 (3.4.13) 有

$$\delta\left(\sum_{k=1}^{n} a_{nk} b_k A, \sum_{k=1}^{n} a_{nk} b_k \mathrm{co} A\right) < \varepsilon + \varepsilon,$$

定理证毕.

定理 3.4.5 设 $\{F_n : n \geqslant 1\}$ 是紧一致可积的紧集值随机变量序列, $\{a_{nk}\}$ 是满足引理 3.4.2 条件的非负常数阵列, 则对任意 $f \in \overline{D}^*$

$$\left|\sum_{k=1}^{n} a_{nk} f(j(\mathrm{co}F_k) - E[j(\mathrm{co}F_k)])\right| \to 0, \quad \text{in P}$$

当且仅当

$$\delta\left(\sum_{k=1}^{n} a_{nk} F_k, \sum_{k=1}^{n} a_{nk} E[\mathrm{co}F_k]\right) \to 0, \quad \text{in P}.$$

其中 "in P" 表示是依概率收敛, j 是 Rádström 嵌入定理中将 $\mathbf{P}_{kc}(X)$ 等距保运算地映射到一 Banach 空间 $\overline{D}$ 中的映射 (参见定理 1.4.13 及其注), $\overline{D}^*$ 是 $\overline{D}$ 的对偶空间.

证明 首先证必要性: 由于 j 是等矩保运算映射, 并且由 2.3.13 知 $E[j(F_k)] = j(E[F_k])$, 故对于任意 $f \in \overline{D}^*$

$$\begin{aligned}\left|\sum_{k=1}^{n} a_{nk} f(j(\mathrm{co}F_k) - E[j(\mathrm{co}F_k)])\right| &\leqslant \|f\| \cdot \left\|\sum_{k=1}^{n} a_{nk}(j(\mathrm{co}F_k) - jE[\mathrm{co}F_k])\right\| \\ &= \|f\| \delta\left(\sum_{k=1}^{n} a_{nk} \mathrm{co}F_k, \sum_{k=1}^{n} a_{nk} E[\mathrm{co}F_k]\right).\end{aligned}$$

又由于 $E[\mathrm{co}F_k] \in \mathbf{P}_{kc}(X)$, 且对于 $\alpha \in R$ 有 $\mathrm{co}(\alpha A) = \alpha \mathrm{co}A$, 则有

$$\begin{aligned}\delta\left(\sum_{k=1}^{n} a_{nk} \mathrm{co}F_k, \sum_{k=1}^{n} a_{nk} E[\mathrm{co}F_k]\right) &\leqslant \delta\left(\mathrm{co}\left(\sum_{k=1}^{n} a_{nk} F_k\right), \mathrm{co}\left(\sum_{k=1}^{n} a_{nk} E[\mathrm{co}F_k]\right)\right) \\ &\leqslant \delta\left(\sum_{k=1}^{n} a_{nk} F_k, \sum_{k=1}^{n} a_{nk} E[\mathrm{co}F_k]\right).\end{aligned}$$

因此,

$$\left|\sum_{k=1}^{n} a_{nk} f(j(\mathrm{co}F_k) - E[j(\mathrm{co}F_k)])\right| \to 0, \quad \text{in P}.$$

证明充分性: 设 $0 < \varepsilon < 1$, $0 < \varepsilon_0 < 1$ 是给定的. 由 $\{F_n\}$ 的紧一致可积性知存在 $\mathbf{P}_k(X)$ 的紧子集 $\mathcal{K}$, 对任一 n 满足

$$E\left\|F_n I_{\{F_n \notin \mathcal{K}\}}\right\| < \frac{\varepsilon\varepsilon_0}{64}.$$

设 $\varepsilon_1 = \dfrac{\varepsilon\varepsilon_0}{64}$, 则对于任意 n 有,

$$P\left(\delta\left(\sum_{k=1}^n a_{nk}F_k, \sum_{k=1}^n a_{nk}E[\text{co}F_k]\right) > \varepsilon\right) \leqslant P\left(\delta\Big(\sum_{k=1}^n a_{nk}F_k, \sum_{k=1}^n a_{nk}\text{co}F_k\Big) > \frac{\varepsilon}{2}\right)$$
$$+ P\left(\delta\left(\sum_{k=1}^n a_{nk}\text{co}F_k, \sum_{k=1}^n a_{nk}E[\text{co}F_k]\right) > \frac{\varepsilon}{2}\right) \tag{3.4.14}$$

由 $\mathcal{K}$ 的紧性, 知存在 $K_1, \cdots, K_m \in \mathcal{K}$ 使得

$$\mathcal{K} \subset \bigcup_{i=1}^m N(K_i, \varepsilon_1) = \bigcup_{i=1}^m \{A \in \mathbf{P}_k : \delta(K_i, A) < \varepsilon\}.$$

定义取值于 $K_1, \cdots, K_m$ 的随机集 Y_n

$$Y_n' = K_1 I_{\{F_n \in N(K_1, \varepsilon_1)\}} + \sum_{i=2}^m K_i I_{[F_n \in N(K_i, \varepsilon_1)] \bigcap [\bigcup_{j=1}^{i-1} [F_n \in N(K_j, \varepsilon_1)]]^c}$$

且

$$Y_n = Y_n' I_{[F_n \varepsilon \mathcal{K}]}. \tag{3.4.15}$$

(3.4.14) 不等号后第一项可以表示为:

$$P\left(\delta\left(\sum_{k=1}^n a_{nk}F_k, \sum_{k=1}^n a_{nk}\text{co}F_k\right) > \frac{\varepsilon}{2}\right)$$
$$\leqslant P\left(\delta\left(\sum_{k=1}^n a_{nk}F_k I_{[F_k \in \mathcal{K}]}, \sum_{k=1}^n a_{nk}\text{co}F_k I_{[F_k \in \mathcal{K}]}\right) > \frac{\varepsilon}{4}\right)$$
$$+ P\left(\delta\left(\sum_{k=1}^n a_{nk}F_k I_{[F_k \notin \mathcal{K}]}, \sum_{k=1}^n a_{nk}\text{co}F_k I_{[F_k \notin \mathcal{K}]}\right) > \frac{\varepsilon}{4}\right)$$
$$\leqslant P\left(\delta\left(\sum_{k=1}^n a_{nk}F_k I_{[F_k \in \mathcal{K}]}, \sum_{k=1}^n a_{nk}Y_k\right) > \frac{\varepsilon}{12}\right) \tag{I}$$
$$+ P\left(\delta\left(\sum_{k=1}^n a_{nk}Y_k, \sum_{k=1}^n a_{nk}\text{co}Y_k\right) > \frac{\varepsilon}{12}\right) \tag{II}$$
$$+ P\left(\delta\left(\sum_{k=1}^n a_{nk}\text{co}Y_k, \sum_{k=1}^n a_{nk}\text{co}F_k I_{[F_k \in \mathcal{K}]}\right) > \frac{\varepsilon}{12}\right) \tag{III}$$
$$+ P\left(\delta\left(\sum_{k=1}^n a_{nk}F_k I_{[F_k \notin \mathcal{K}]}, \sum_{k=1}^n a_{nk}\text{co}F_k I_{[F_k \notin \mathcal{K}]}\right) > \frac{\varepsilon}{4}\right) \tag{IV}$$

对于 (I), 由随机集 Y_n 的结构, 对于任一 k 有

$$\delta\left(F_k I_{[F_k\in\mathcal{K}]}, Y_k\right) < \varepsilon_1.$$

所以有

$$\delta\left(\sum_{k=1}^n a_{nk}F_k I_{[F_k\in\mathcal{K}]}, \sum_{k=1}^n a_{nk}Y_k\right) \leqslant \sum_{k=1}^n a_{nk}\delta\left(F_k I_{[F_k\in\mathcal{K}]}, Y_k\right) < \varepsilon_1,$$

进一步得到

$$P\left(\delta\left(\sum_{k=1}^n a_{nk}F_k I_{[F_k\in\mathcal{K}]}, \sum_{k=1}^n a_{nk}Y_k\right) > \frac{\varepsilon}{12}\right) = 0. \tag{3.4.16}$$

类似地, 对于 (III), 由 $\delta(\text{co}X, \text{co}Y) \leqslant \delta(X, Y)$, 则

$$P\left(\delta\left(\sum_{k=1}^n a_{nk}\text{co}Y_k, \sum_{k=1}^n a_{nk}\text{co}F_k I_{[F_k\in\mathcal{K}]}\right) > \frac{\varepsilon}{12}\right) = 0. \tag{3.4.17}$$

将 (3.4.15) 代入 (II), 得到

$$\begin{aligned}&\delta\left(\sum_{k=1}^n a_{nk}\sum_{j=1}^m K_j I_{[Y_k=K_j]}, \sum_{k=1}^n a_{nk}\sum_{j=1}^m \text{co}K_j I_{[Y_k=K_j]}\right)\\ \leqslant&\sum_{j=1}^m \delta\left(\sum_{k=1}^n a_{nk}K_j I_{[Y_k=K_j]}, \sum_{k=1}^n a_{nk}\text{co}K_j I_{[Y_k=K_j]}\right).\end{aligned}$$

由引理 3.4.3 得到, 当 $n\to\infty$, 对任意 $w\in\Omega$, 右边趋于 0. 因此, 对于 $n\geqslant N_1(\varepsilon,\varepsilon_0)$, 有

$$P\left(\delta\left(\sum_{k=1}^n a_{nk}\sum_{j=1}^m K_j I_{[Y_k=K_j]}, \sum_{k=1}^n a_{nk}\sum_{j=1}^m \text{co}K_j I_{[Y_k=K_j]}\right) > \frac{\varepsilon}{12}\right) < \frac{1}{8}\varepsilon_0. \tag{3.4.18}$$

此外, 由 $E\left\|\text{co}F_k I_{[\text{co}F_k\notin\text{co}\mathcal{K}]}\right\| = E\left\|F_k I_{[F_k\notin\mathcal{K}]}\right\| < \dfrac{\varepsilon\varepsilon_0}{64}$ 及 $\{F_k\}$ 的紧一致可积性, 则有

$$\begin{aligned}&P\left(\delta\left(\sum_{k=1}^n a_{nk}F_k I_{[F_k\notin\mathcal{K}]}, \sum_{k=1}^n a_{nk}\text{co}F_k I_{[F_k\notin\mathcal{K}]}\right) > \frac{\varepsilon}{4}\right)\\ \leqslant&\frac{4}{\varepsilon}\sum_{k=1}^n a_{nk}2E\left\|F_k I_{[F_k\notin\mathcal{K}]}\right\| \leqslant \frac{\varepsilon_0}{8}.\end{aligned} \tag{3.4.19}$$

对于 (3.4.14) 的第二部分, 由于 $\mathbf{P}_{kc}(X)$ 中的随机集的加权和与由嵌入映射 j 将其嵌入到 Banach 空间 $\overline{D}$ 中的随机元素的加权和等同, 由 $\{j\circ\mathrm{co}F_k\}$ 是紧一致可积的, 可知存在对称紧凸集 $\mathcal{M}\subset\overline{D}$ 且 $0\in\mathcal{M}$.

$$
\begin{aligned}
&P\left(\delta\left(\sum_{k=1}^{n}a_{nk}\mathrm{co}F_k,\sum_{k=1}^{n}a_{nk}E[\mathrm{co}F_k]\right)>\frac{\varepsilon}{2}\right)\\
=&P\left(\left\|\sum_{k=1}^{n}a_{nk}(j(\mathrm{co}F_k)-j(E[\mathrm{co}F_k]))\right\|>\frac{\varepsilon}{2}\right)\\
\leqslant&P\left(\left\|\sum_{k=1}^{n}a_{nk}\left(j\left(\mathrm{co}F_kI_{[j(\mathrm{co}F_k)\in\mathcal{M}]}\right)-j\left(E\left[\mathrm{co}F_kI_{[j(\mathrm{co}F_k)\in\mathcal{M}]}\right]\right)\right)\right\|>\frac{\varepsilon}{4}\right)\\
&+P\left(\left\|\sum_{k=1}^{n}a_{nk}\left(j\left(\mathrm{co}F_kI_{[j(\mathrm{co}F_k)\notin\mathcal{M}]}\right)-j\left(E\left[\mathrm{co}F_kI_{[j(\mathrm{co}F_k)\notin\mathcal{M}]}\right]\right)\right)\right\|>\frac{\varepsilon}{4}\right)
\end{aligned}
$$

由 $\mathcal{M}$ 是紧的, 则存在连续线性泛函列 $f_1,\cdots,f_t\in\overline{D}^*$, 对任一 $i,1\leqslant i\leqslant t$, f_i 满足 $\|f_i\|=1$, 且满足

$$\left\{x\in 2\mathcal{M}:\|x\|>\frac{\varepsilon}{4}\right\}=\bigcup_{j=1}^{t}\left\{x\in 2\mathcal{M}:|f_j(x)|>\frac{\varepsilon}{8}\right\}.$$

由于 $\mathcal{M}$ 是对称的, 并且 $\sum\limits_{k=1}^{n}a_{nk}\leqslant 1$, $\left\{j\left(\mathrm{co}F_kI_{[j(\mathrm{co}F_k)\in\mathcal{M}]}-E\left[\mathrm{co}F_kI_{[j(\mathrm{co}F_k)\in\mathcal{M}]}\right]\right)\right\}$ 是取值于 $2\mathcal{M}$ 的, 有

$$\sum_{k=1}^{n}a_{nk}\left\{j\left(\mathrm{co}F_kI_{[j(\mathrm{co}F_k)\in\mathcal{M}]}-E\left[\mathrm{co}F_kI_{[j(\mathrm{co}F_k)\in\mathcal{M}]}\right]\right)\right\}\in 2\mathcal{M}.$$

因此, 对于任一 n

$$
\begin{aligned}
&P\left(\left\|\sum_{k=1}^{n}a_{nk}\left(j\left(\mathrm{co}F_kI_{[j(\mathrm{co}F_k)\in\mathcal{M}]}\right)-j\left(E\left[\mathrm{co}F_kI_{[j(\mathrm{co}F_k)\in\mathcal{M}]}\right]\right)\right)\right\|>\frac{\varepsilon}{4}\right)\\
\leqslant&P\left(\bigcup_{i=1}^{t}\left(\left\|\sum_{k=1}^{n}a_{nk}f_i\left(j\left(\mathrm{co}F_kI_{[j(\mathrm{co}F_k)\in\mathcal{M}]}\right)-j\left(E\left[\mathrm{co}F_kI_{[j(\mathrm{co}F_k)\in\mathcal{M}]}\right]\right)\right)\right\|\right)>\frac{\varepsilon}{8}\right)\\
\leqslant&\sum_{i=1}^{t}P\left(\left\|\sum_{k=1}^{n}a_{nk}f_i\left(j\left(\mathrm{co}F_kI_{[j(\mathrm{co}F_k)\in\mathcal{M}]}\right)-j\left(E\left[\mathrm{co}F_kI_{[j(\mathrm{co}F_k)\in\mathcal{M}]}\right]\right)\right)\right\|\right)>\frac{\varepsilon}{8t}\right).
\end{aligned}
\tag{3.4.20}
$$

当 $n\to\infty$, 上式趋于 0. 由于 t 是有限的, 所以对于 $n\geqslant N_2(\varepsilon,\varepsilon_0)$, (3.4.20) 以 $\dfrac{\varepsilon_0}{4}$ 为

界. 此外, 由 (3.4.19)

$$
\begin{aligned}
&P\left(\left\|\sum_{k=1}^{n} a_{nk}\left(j\left(\mathrm{co}F_k I_{[j(\mathrm{co}F_k)\notin\mathcal{M}]}\right)-jE\left[\mathrm{co}F_k I_{[j(\mathrm{co}F_k)\notin\mathcal{M}]}\right]\right)\right\|>\frac{\varepsilon}{4}\right)\\
&\leqslant \frac{4}{\varepsilon}\sum_{k=1}^{n} a_{nk}2E\left\|j\left(\mathrm{co}F_k I_{[j(\mathrm{co}F_k)\notin\mathcal{M}]}\right)\right\|<\frac{\varepsilon_0}{8}.
\end{aligned}\tag{3.4.21}
$$

由 (3.4.16) 和 (3.4.21), 对于所有 $n\geqslant\max\{N_1,N_2\}$, 得到

$$
P\left(\delta\left(\sum_{k=1}^{n} a_{nk}F_k,\sum_{k=1}^{n} a_{nk}E\mathrm{co}F_k\right)>\varepsilon\right)\leqslant\frac{\varepsilon_0}{8}+\frac{\varepsilon_0}{4}+\frac{\varepsilon_0}{8}=\frac{1}{2}\varepsilon_0.
$$

定理证毕.

从定理即可得到如下推论.

推论 3.4.2 设 $\{F_n\}$ 是取值于 $\mathbf{P}_k(X)$ 中的紧一致可积随机集序列, $\{a_{nk}\}$ 是满足引理 3.4.3 中的条件的列阵. 若 $\{j(\mathrm{co}F_n)\}$ 相互独立, 则有

$$
\delta\left(\sum_{k=1}^{n} a_{nk}F_k,\sum_{k=1}^{n} a_{nk}E[\mathrm{co}F_k]\right)\to 0,\quad \text{in P}.
$$

推论 3.4.3 设 $\{F_n\}$ 是取值于 $\mathbf{P}_k(X)$ 中的紧一致可积随机集序列, $\{a_{nk}\}$ 是满足引理 3.4.3 中的条件的列阵. 若 $\{j(\mathrm{co}F_n)\}$ 弱不相关, 且 $f\in\overline{D}^*$, 存在常数 Γ_f, 使得对于所有 n, 满足 $\mathrm{Var}(f\circ j(\mathrm{co}F_n))<\Gamma_f$, 则有

$$
\delta\left(\sum_{k=1}^{n} a_{nk}F_k,\sum_{k=1}^{n} a_{nk}E[\mathrm{co}F_k]\right)\to 0\quad \text{in P}.
$$

证明 只需证明, 对任一连续线性泛函 $f\in\overline{D}^*$, 有

$$
P\left(\left|\sum_{k=1}^{n} a_{nk}(f(j(\mathrm{co}F_k)-E[j(\mathrm{co}F_k)]))\right|>\varepsilon\right)\to 0.
$$

事实上,

$$
\begin{aligned}
&P\left(\left|\sum_{k=1}^{n} a_{nk}(f(j(\mathrm{co}F_k)-E[j(\mathrm{co}F_k)]))\right|>\varepsilon\right)\\
&\leqslant\frac{1}{\varepsilon^2}\sum_{k=1}^{n} a_{nk}^2E[(f(j(\mathrm{co}F_k)-E[j(\mathrm{co}F_k)]))^2]\\
&\quad+\frac{1}{\varepsilon^2}\sum_{l=1}^{n}\sum_{k\neq l}^{n} a_{nk}a_{nl}E[f(j(\mathrm{co}F_k)-E[j(\mathrm{co}F_k)])][f(j(\mathrm{co}F_l)-E(j(\mathrm{co}F_l)))].
\end{aligned}\tag{3.4.22}
$$

由 $\{j(\text{co}F_k)\}$ 是弱不相关的, 则 (3.4.22) 的第二项为 0. 对于 (3.4.22) 的第一项, 有

$$\sum_{k=1}^{n} a_{nk}^2 E[f(j(\text{co}F_k) - E[j(\text{co}F_k)])]^2 \leqslant \left(\sum_{k=1}^{n} a_{nk}\Gamma_f\right) \max_{1\leqslant k\leqslant n} a_{nk} \to 0$$

当 $n\to\infty$. 因此, 由定理 3.4.6

$$\delta\left(\sum_{k=1}^{n} a_{nk}F_k, \sum_{k=1}^{n} a_{nk}E[\text{co}F_k]\right) \to 0 \quad \text{in P}.$$

证毕.

下面给出加权和的强大数定律.

定理 3.4.6 设 $\{F_n\}$ 是取值于 $\mathbf{P}_k(X)$ 中的相互独立的紧一致可积随机集序列, $\mathbf{P}_k(X)$ 值随机变量 F 对于 $\forall n, \forall x>0$, 满足 $P(\|F_n\|\geqslant x)\leqslant P(\|F\|\geqslant x)$, 且存在常数 $\gamma>0$ 使得 $E\left[\|F\|^{1+\frac{1}{\gamma}}\right]=\Gamma<\infty$. 若 $\{a_{nk}\}$ 是满足引理 3.4.3 的条件的列阵, 且 $\max\limits_{1\leqslant k\leqslant n} a_{nk}=o(n^{-\gamma})$, 则

$$\delta\left(\sum_{k=1}^{n} a_{nk}F_k, \sum_{k=1}^{n} a_{nk}E\text{co}F_k\right) \to 0 \ \text{ a.e.}$$

证明 对于 $\forall\varepsilon>0$, 取定 $\mathbf{P}_k(X)$ 中紧子集 $\mathcal{K}$ 对于 $\forall n$, 满足 $E\left\|F_n I_{[F_n\notin\mathcal{K}]}\right\|\leqslant\varepsilon$. 由于 $\mathcal{K}$ 是紧的, 则存在 $K_1,\cdots,K_m\in\mathcal{K}$ 使得

$$\mathcal{K}\subset\bigcup_{i=1}^{m} N(K_i,\varepsilon)=\bigcup_{i=1}^{m}\{A\in\mathbf{P}_k:\delta(K_i,A)<\varepsilon\}.$$

且有如同前面所定义的, 取值于 $K_1,\cdots,K_m$ 的随机集 Y_n

$$Y_n = Y_n' I_{[F_n\varepsilon K]}, \tag{3.4.23}$$

其中

$$Y_n' = K_1 I_{\{F_n\in N(K_1,\varepsilon)\}} + \sum_{i=2}^{m} K_i I_{[F_n\in N(K_i,\varepsilon)]\cap[\bigcup_{j=1}^{i-1}[F_n\in N(k_j,\varepsilon_1)]]^c}.$$

则对于任意给定的 n,

$$\begin{aligned}\delta\left(\sum_{k=1}^{n} a_{nk}F_k, \sum_{k=1}^{n} a_{nk}E[\text{co}F_k]\right) \leqslant{} & \delta\left(\sum_{k=1}^{n} a_{nk}F_k, \sum_{k=1}^{n} a_{nk}F_k I_{[F_k\in\mathcal{K}]}\right) & \text{(I)}\\ & + \delta\left(\sum_{k=1}^{n} a_{nk}F_k I_{[F_k\in\mathcal{K}]}, \sum_{k=1}^{n} a_{nk}Y_k\right) & \text{(II)}\\ & + \delta\left(\sum_{k=1}^{n} a_{nk}Y_k, \sum_{k=1}^{n} a_{nk}E[\text{co}Y_k]\right) & \text{(III)}\end{aligned}$$

$$+\delta\left(\sum_{k=1}^{n}a_{nk}E[\mathrm{co}Y_k],\sum_{k=1}^{n}a_{nk}E[\mathrm{co}F_k]I_{[\mathrm{co}F_k\in\mathrm{co}\mathcal{K}]}\right) \tag{IV}$$

$$+\delta\left(\sum_{k=1}^{n}a_{nk}E[\mathrm{co}F_k]I_{[\mathrm{co}F_k\in\mathrm{co}\mathcal{K}]},\sum_{k=1}^{n}a_{nk}E[\mathrm{co}F_k]\right). \tag{V}$$

对于 (I),

$$\delta\left(\sum_{k=1}^{n}a_{nk}F_k,\sum_{k=1}^{n}a_{nk}F_kI_{[F_k\in\mathcal{K}]}\right)\leqslant\sum_{k=1}^{n}a_{nk}\|F_kI_{[F_k\notin\mathcal{K}]}\|,$$

且 $\{\|F_kI_{[F_k\notin\mathcal{K}]}\|-E\|F_kI_{[F_k\notin\mathcal{K}]}\|\}$ 是相互独立的 0 均值随机变量. 进一步地, 对任意 k 及 $t>0$ 有,

$$P\left(\left|\,\left\|F_kI_{[F_k\notin\mathcal{K}]}\right\|-E\left\|F_kI_{[F_k\notin\mathcal{K}]}\right\|\,\right|\geqslant t\right)\leqslant P\left(\left\|F_kI_{[F_k\notin\mathcal{K}]}\right\|+\varepsilon\geqslant t\right)\leqslant P(\|F+\varepsilon\|\geqslant t).$$

因此,

$$\sum_{k=1}^{n}a_{nk}\left(\left\|F_kI_{[F_k\notin\mathcal{K}]}\right\|-E\left\|F_kI_{[F_k\notin\mathcal{K}]}\right\|\right)\to 0\quad\text{a.e.},$$

即

$$\limsup_{n\to\infty}\delta\left(\sum_{k=1}^{n}a_{nk}F_k,\sum_{k=1}^{n}a_{nk}F_kI_{[F_k\in\mathcal{K}]}\right)<\varepsilon\quad\text{a.e.}. \tag{3.4.24}$$

对于 (II), 根据 Y_k 的结构知

$$\delta\left(\sum_{k=1}^{n}a_{nk}F_kI_{[F_k\in\mathcal{K}]},\sum_{k=1}^{n}a_{nk}Y_k\right)\leqslant\sum_{k=1}^{n}a_{nk}\delta(F_kI_{[F_k\in\mathcal{K}]},Y_k)<\varepsilon.$$

对于 (III)

$$\delta\left(\sum_{k=1}^{n}a_{nk}Y_k,\sum_{k=1}^{n}a_{nk}E[\mathrm{co}Y_k]\right)\leqslant\delta\left(\sum_{k=1}^{n}a_{nk}Y_k,\sum_{k=1}^{n}a_{nk}\mathrm{co}Y_k\right)+\delta\left(\sum_{k=1}^{n}a_{nk}\mathrm{co}Y_k,\sum_{k=1}^{n}a_{nk}E[\mathrm{co}Y_k]\right). \tag{3.4.25}$$

将 (3.4.23) 代入 (3.4.25) 的第一部分, 得到

$$\begin{aligned}\delta\left(\sum_{k=1}^{n}a_{nk}Y_k,\sum_{k=1}^{n}a_{nk}\mathrm{co}Y_k\right)&=\delta\left(\sum_{k=1}^{n}a_{nk}\sum_{j=1}^{m}K_jI_{[Y_k=K_j]},\sum_{k=1}^{n}a_{nk}\sum_{j=1}^{m}\mathrm{co}K_jI_{[Y_k=K_j]}\right)\\&\leqslant\sum_{j=1}^{m}\delta\left(\sum_{k=1}^{n}a_{nk}K_jI_{[Y_k=K_j]},\sum_{k=1}^{n}a_{nk}\mathrm{co}K_jI_{[Y_k=K_j]}\right).\end{aligned} \tag{3.4.26}$$

由于 K_j 和 $I_{[Y_k=K_j]}$ 分别相当于引理 3.4.3 中的 A 和 b_k, 且 m 是有限的, 则对于任一 $w\in\Omega$, 当 $n\to\infty$ 时有 (3.4.26) 趋于 0. 由于 $\mathrm{co}Y_k$ 是取值于 $\mathbf{P}_{kc}(X)$ 中胎紧的相互独立随机集, 它等同于 Banach 空间 $\overline{D}$ 中胎紧的相互独立的随机元, 且 $\|Y_n\|=\|\mathrm{co}Y_n\|=\max\limits_{1\leqslant j\leqslant m}\|K_j\|<\infty$ 对于一切 n 成立, 依据 Banach 值胎紧的相互独立的随机元的结果 [313], 则有

$$\delta\left(\sum_{k=1}^{n}a_{nk}Y_k,\sum_{k=1}^{n}a_{nk}E[\mathrm{co}Y_k]\right)\to 0\quad \text{a.e.}.$$

对于 (IV), 由 $\delta(\mathrm{co}X,\mathrm{co}Y)\leqslant\delta(X,Y)$ 和 $\sum\limits_{k=1}^{n}a_{nk}\leqslant 1$

$$\begin{aligned}\delta\left(\sum_{k=1}^{n}a_{nk}E[\mathrm{co}Y_k],\sum_{k=1}^{n}a_{nk}E[\mathrm{co}F_k]I_{[\mathrm{co}F_k\in\mathrm{co}\mathcal{K}]}\right)&\leqslant\sum_{k=1}^{n}a_{nk}\delta\big(E[\mathrm{co}Y_k],E[\mathrm{co}F_k]I_{[\mathrm{co}F_k\in\mathrm{co}\mathcal{K}]}\big)\\&\leqslant\sum_{k=1}^{n}a_{nk}E\delta\left(\mathrm{co}Y_k,\mathrm{co}F_kI_{[\mathrm{co}F_k\in\mathrm{co}\mathcal{K}]}\right)\\&\leqslant\sum_{k=1}^{n}a_{nk}E\delta\left(Y_k,F_kI_{[F_k\in\mathcal{K}]}\right)<\varepsilon.\end{aligned}$$

最后, 对 (V)

$$\begin{aligned}\delta\left(\sum_{k=1}^{n}a_{nk}E[\mathrm{co}F_k]I_{[\mathrm{co}F_k\in\mathrm{co}\mathcal{K}]},\sum_{k=1}^{n}a_{nk}E[\mathrm{co}F_k]\right)&\leqslant\sum_{k=1}^{n}a_{nk}\delta\left(E[\mathrm{co}F_k]I_{[\mathrm{co}F_k\notin\mathrm{co}\mathcal{K}]},0\right)\\&\leqslant\sum_{k=1}^{n}a_{nk}E\left\|F_kI_{[F_k\notin\mathcal{K}]}\right\|<\varepsilon.\end{aligned}$$

因此,

$$\limsup_{n\to\infty}\delta\left(\sum_{k=1}^{n}a_{nk}F_k,\sum_{k=1}^{n}a_{nk}E[\mathrm{co}F_k]\right)<\varepsilon+\varepsilon+0+\varepsilon+\varepsilon=4\varepsilon\quad\text{a.e.}$$

通过选取收敛于 0 的序列 $\{\varepsilon_n\}$, 并排除相应的可数零测集, 可以完成证明.

推论 3.4.4 设 $\{F_n\}$ 是取值于 $\mathbf{P}_k(X)$ 中的相互独立的胎紧的随机集序列, 且对于 $p>1$ 满足 $\sup_n E\|F_n\|^p=\Gamma<\infty$, $\{a_{nk}\}$ 是满足引理 3.4.3 条件的列阵, 且对 $0<\dfrac{1}{s}<p-1$ 满足 $\max\limits_{a\leqslant k\leqslant n}a_{nk}=O(n^{-s})$, 则有

$$\delta\left(\sum_{k=1}^{n}a_{nk}F_k,\sum_{k=1}^{n}a_{nk}E\mathrm{co}F_k\right)\to 0\quad\text{a.e.}.$$

§3.5 集值随机序列在 Kuratowski-Mosco 意义下的强大数定律

本节主要给出取值于 $\mathbf{P}_f(X)$ 的集值随机变量序列在 Kuratowski-Mosco 意义下的强大数定律. 首先做必要的准备.

定理 3.5.1 若 F_1, F_2 是可积的同分布的集值随机变量, 对于任意 $f_1 \in S^1_{F_1}(\mathbf{A}_{F_1})$, 存在 $f_2 \in S^2_{F_2}(\mathbf{A}_{F_2})$ 使得 f_1, f_2 是同分布的, 且 F_1, F_2 独立时, f_1, f_2 也独立.

证明 由 X 的可分性, f_1 是 $\mathbf{A}_{F_1}$ 可测的, 知存在 $\phi : \mathbf{P}_f(X) \to X$ 是 $\sigma(\mathbf{J}_l)$ 到 $\mathbf{B}(X)$ 可测映射, 且 $f_1(w) = \phi(F_1(w))(w \in \Omega)$. 令

$$\begin{aligned} f_2(w) &= \phi(F_2(w)), \quad w \in \Omega, \\ \mu_i(\mathbf{U}) &= P\{F_i^{-1}(\mathbf{U})\}, \quad i = 1, 2, \end{aligned}$$

则

$$\begin{aligned} \int_\Omega \|f_2(w)\| \mathrm{d}P &= \int_{\mathbf{P}_f(X)} \|\phi(A)\| \mathrm{d}\mu_2 \\ &= \int_{\mathbf{P}_f(X)} \|\phi(A)\| \mathrm{d}\mu_1 = \int_\Omega \|f_1(w)\| \mathrm{d}P < \infty. \end{aligned}$$

于是 f_2 可积, 且 $\mathbf{A}_{F_2}$ 可测. 由于 F_1, F_2 是可积同分布的, 则 f_1, f_2 也是同分布的, 且由于 $(x, A) \mapsto d(x, A)$ 是 $(X \times \mathbf{P}_f(X), \mathbf{B}(X) \times \mathbf{B}(\mathbf{P}_f(X)))$ 到 $(R, \mathbf{B}(R))$ 上的可测映射, 从而 $d(f_1, F_1)$ 与 $d(f_2, F_2)$ 同分布. 由 $f_1 \in S^1_{F_1}(\mathbf{A}_{F_1})$ 知 $d(f_1(w), F_1(w)) = 0$, a.e., 从而 $d(f_2(w), F_2(w)) = 0$, a.e., 即 $f_2(w) \in F_2(w)$, a.e., 于是有 $f_2 \in S^2_{F_2}(\mathbf{A}_{F_2})$. 证毕.

由定理 3.5.1 知, 当 F_1, F_2 是可积的同分布的集值随机变量时, 有

$$\int_\Omega^{\mathbf{A}_{F_1}} F_1 \mathrm{d}P = \int_\Omega^{\mathbf{A}_{F_2}} F_2 \mathrm{d}P. \tag{3.5.1}$$

定理 3.5.2 设 F 是可积的集值随机变量, 则

$$\overline{\mathrm{co}} \int_\Omega F \mathrm{d}P = \overline{\mathrm{co}} \int_\Omega^{\mathbf{A}_F} F \mathrm{d}P.$$

证明 由 F 是 $\mathbf{A}_F$ 可测的, 知 $\overline{\mathrm{co}}F$ 也是 $\mathbf{A}_F$ 可测的, 于是有

$$S^1_{\overline{\mathrm{co}}F}(\mathbf{A}_F) = \mathrm{cl}\{E[f|\mathbf{A}_F] : f \in S_{\overline{\mathrm{co}}F}\}.$$

又由于 $S^1_{\overline{\text{co}}F} = \overline{\text{co}} S_F$, $S^1_{\overline{\text{co}}F}(\mathbf{A}_F) = \overline{\text{co}} S_F(\mathbf{A}_F)$, 则有

$$\overline{\text{co}} \int_\Omega F \mathrm{d}P = \text{cl} \int_\Omega \overline{\text{co}} F \mathrm{d}P = \text{cl}\{E[E[f|\mathbf{A}_F]] : f \in S_{\overline{\text{co}}F}\}$$
$$= \text{cl}\{\int_\Omega f \mathrm{d}P : f \in S_{\overline{\text{co}}F}(\mathbf{A}_F)\} = \overline{\text{co}} \int_\Omega^{\mathbf{A}_F} F \mathrm{d}P.$$

注 在定理 3.5.2 中, 若 F 是闭凸集值随机变量, 自然有

$$\text{cl} \int_\Omega F \mathrm{d}P = \text{cl} \int_\Omega^{\mathbf{A}_F} F \mathrm{d}P. \tag{3.5.2}$$

因此对于同分布的随机变量 F_1 与 F_2, 有

$$\text{cl} \int_\Omega F_1 \mathrm{d}P = \text{cl} \int_\Omega F_2 \mathrm{d}P. \tag{3.5.3}$$

一般情况下, 如果没有凸的条件, 仅对于可积的闭集值随机变量, (3.5.2) 与 (3.5.3) 未必成立. 例如取 $\Omega = \Omega_0 \cup \{w_1\}$, 其中 $P(\Omega_0) = P(\{w_1\}) = \dfrac{1}{2}$, Ω_0 是非原子的. 对于 $w \in \Omega_0$, 定义

$$F_1(w) = F_2(w_1) = \{0, 1\}, \quad F_1(w_1) = F_2(w) = \{0\}.$$

则 F_1 与 F_2 同分布. 但是 $\text{cl} \displaystyle\int_\Omega F_1 \mathrm{d}P = \left[0, \frac{1}{2}\right]$, $\text{cl} \displaystyle\int_\Omega F_2 \mathrm{d}P = \left\{0, \frac{1}{2}\right\}$.

定理 3.5.3 若 $\{F_n : n \geqslant 1\}$ 是可积的独立同分布的集值随机变量序列, 则存在一列独立同分布的 X 值随机列 $\{f_n^k : k \geqslant 1\}$ $(n \geqslant 1)$, 使得

$$F_n(w) = \text{cl}\{f_n^k(w) : k \geqslant 1\}.$$

证明 由定理 2.2.3 知, 存在一列可积的 X 值随机列 $\{g_1^k : k \geqslant 1\}$, 使得

$$F_1(w) = \text{cl}\{g_1^k(w) : k \geqslant 1\}.$$

由于 F_1 是 $(\Omega, \mathbf{A}_{F_1})$ 到 $(\mathbf{P}_f(X), \sigma(\mathbf{J}_l))$ 可测, 则存在 $(\mathbf{P}_f(X), \sigma(\mathbf{J}_l))$ 到 $(X, \mathbf{B}(X))$ 的可测映射 ϕ_k, 使得 $g_1^k(w) = \phi_k(F_1(w))$, $w \in \Omega$. 由定理 3.5.1 知, $\{\phi_k(F_n) : n \geqslant 1\}$ 是独立同分布的 X 值可积的随机序列, 且有

$$F_n(w) = \text{cl}\{\phi_k(F_n(w)) : k \geqslant 1\}, \quad w \in \Omega.$$

定理 3.5.4 设 $\{F_n : n \geqslant 1\}$ 是可积的独立同分布的集值随机变量序列, 则

$$(K.M)\frac{1}{n}\text{cl}\sum_{i=1}^n F_i(w) \to \overline{\text{co}} \int_\Omega F_1 \mathrm{d}P \text{ a.e.}. \tag{3.5.4}$$

证明 记 $A=\overline{\text{co}}E(F_1)=\overline{\text{co}}\int_\Omega F_1\text{d}P$,

$$G_n(w)=\frac{1}{n}\text{cl}\sum_{i=1}^n F_i(w)(w\in\Omega,n\geqslant 1).$$

对于任意 $x\in A$ 和 $\varepsilon>0$, 利用定理 3.5.1 和定理 3.5.2 可以选择 $f_j\in S_{F_j}^1(\mathbf{A}_{F_j})(1\leqslant j\leqslant m)$, 使得

$$\left\|\frac{1}{m}\sum_{j=1}^m E(f_j)-x\right\|<\varepsilon.$$

由于 $\{F_{(k-1)m+j}:k\geqslant 1\}(1\leqslant j\leqslant m)$ 是 m 个独立同分布的集值随机序列, 且 $f_j\in S_{F_j}^1(\mathbf{A}_{F_j})$, 利用定理 3.5.1 可证, 存在

$$f_{(k-1)m+j}\in S^1_{F_{(k-1)m+j}}(\mathbf{A}_{F_{(k-1)m+j}})(k\geqslant 1,1\leqslant j\leqslant m)$$

使得 $\{f_{(k-1)m+j}:k\geqslant 1\}(1\leqslant j\leqslant m)$ 是独立同分布的, 令 $x_j=E(f_j)(1\leqslant j\leqslant m),n=(k-1)m+l(1\leqslant l\leqslant m)$, 则

$$\begin{aligned}&\left\|\frac{1}{n}\sum_{i=1}^n f_i(w)-\frac{1}{m}\sum_{j=1}^m x_j\right\|\\=&\left\|\frac{1}{n}\sum_{j=1}^m\sum_{i=1}^k f_{(i-1)m+j(w)}-\frac{1}{n}\sum_{j=l+1}^m f_{(k-1)m+j}(w)-\frac{1}{m}\sum_{j=1}^m x_j\right\|\\\leqslant&\frac{k}{n}\sum_{j=1}^m\left\|\frac{1}{k}\sum_{i=1}^k f_{(i-1)m+j}(w)-x_j\right\|+\frac{k}{n}\sum_{j=1}^m\|f_{(k-1)m+j}(w)\|+\left(\frac{k}{n}-\frac{1}{m}\right)\left\|\sum_{j=1}^m x_j\right\|.\end{aligned}$$

对于 $1\leqslant j\leqslant m$, 由于 $\{f_{(k-1)m+j},k\geqslant 1\}$ 是独立同分布的可积的随机序列, 则由 X 值的强大数定律有

$$\left\|\frac{1}{k}\sum_{i=1}^k f_{(i-1)m+j}(w)-x_j\right\|\to 0\text{ a.e. }k\to\infty,$$

且 $\frac{1}{k}\|f_{(k-1)m+j}(w)\|\to 0$, a.e. $k\to\infty$, 从而

$$\left\|\frac{1}{n}\sum_{i=1}^n f_i(w)-\frac{1}{m}\sum_{j=1}^m x_j\right\|\to 0,\text{a.e. }n\to\infty.$$

由于 $\frac{1}{n}\sum_{i=1}^n f_i\in G_n(w)$a.e., 则 $\frac{1}{m}\sum_{j=1}^m x_j\in s\text{-}\liminf_n G_n(w)$a.e., 于是有

$$A\subset s\text{-}\liminf_n G_n(w)\text{a.e.}. \tag{3.5.5}$$

下面证明

$$w\text{-}\limsup_{n} G_n(w) \subset A \text{ a.e..} \tag{3.5.6}$$

由于 X 是可分的, 存在 A^c 的可数稠密子集 $\{x_j\}$, 利用分离定理, 存在 $x_j^* \in X^*, \|x_j^*\| = 1$, 使得

$$\langle x_j^*, x_j \rangle - d(x_j, A) \geqslant \sigma(x_j^*, A)(j \geqslant 1).$$

于是 $x \in A$ 当且仅当 $\langle x_j^*, x \rangle \leqslant \sigma(x_j^*, A)(j \geqslant 1)$. 由于

$$E(\sigma(x_j^*, F_1)) = \sigma(x_j^*, E(F_1)) = \sigma(x_j^*, A) < \infty(j \geqslant 1),$$

且 $\{\sigma(x_j^*, F_n) : n \geqslant 1\}$ 是独立同分布的可积随机序列, 则存在 $N \in \mathbf{A}, P(N) = 0, w \notin N$ 时, 对所有 $j \geqslant 1$ 有

$$\sigma(x_j^*, G_n(w)) = \frac{1}{n}\sum_{i=1}^{n} \sigma(x_j^*, F_i(w)) \to \sigma(x_j^*, A).$$

若 $x \in w\text{-}\limsup\limits_{n} G_n(w)(w \notin N)$, 则 $(w)x_k \to x, x_k \in G_{n_k}(w)$; 从而

$$\langle x_j^*, x \rangle = \lim_{k\to\infty} \langle x_j^*, x_k \rangle \leqslant \lim_{k\to\infty} \sigma(x_j^*, G_{n_k}(w)) = \sigma(x_j^*, A) \tag{3.5.7}$$

对于所有 $j \geqslant 1$ 成立. 从而 $x \in A$, 即证 (3.5.6). 联合 (3.5.5) 即证

$$(\text{K.M}) \lim_{n\to\infty} \frac{1}{n} \text{cl} \sum_{i=1}^{n} F_i(w) = \overline{\text{co}} E(F_1) \quad \text{a.e..}$$

推论 3.5.1　设 $\{F_n : n \geqslant 1\}$ 是 R^m 中的紧凸集值随机序列, 且可积, 独立同分布, 则在 K 收敛意义下均有

$$\frac{1}{n}\sum_{i=1}^{n} F_i(w) \to E(F_1) \quad \text{a.e..} \tag{3.5.8}$$

证明　由于 $\dfrac{1}{n}\sum\limits_{i=1}^{n} F_i(w)$ 是紧凸集, 由定理 3.4.5 及定理 1.5.33 可得, 在 K 收敛与 δ 收敛意义下 $\dfrac{1}{n}\sum\limits_{i=1}^{n} F_i(w) \to \overline{\text{co}} E(F_1)(\text{a.e.})$. 又由定理 2.3.11 与定理 2.3.1 知 $\overline{\text{co}} E(F_1) = E(F_1)$, 推论得证.

定义 3.5.1　X 是 B 凸的空间 (p 型, $1 \leqslant p \leqslant 2$), 当且仅当对于 $L^2(\Omega, X)(L^p(\Omega, X))$ 中的任何独立的随机变量序列, 只要 $E(f_n) = 0$ 和 $\sup E\|f_n\|^2 < \infty\left(\sum\limits_{n=1}^{\infty} n^{-p} E(\|f_n\|^p) < \infty\right)$ 成立, 必有

$$\frac{1}{n}\left\|\sum_{i=1}^{n} f_i(w)\right\| \to 0 \quad \text{a.e..} \tag{3.5.9}$$

我们指出, X 是 B 凸的当且仅当 X 是某个 $p(p>1)$ 型.

定理 3.5.5 假定 X 是 p 型 $(1<p\leqslant 2)$, 若 $\{F_n : n\geqslant 1\}$ 是独立的集值随机序列, 使得

$$\sum_{n=1}^{\infty} n^{-p} E(\|F_n\|^p) < \infty, \tag{3.5.10}$$

且存在 X 中的闭集 A 满足

$$A \subset s\text{-}\lim_{n\to\infty} \inf \mathrm{cl} E[F_n, \mathbf{A}_{F_n}], \tag{3.5.11}$$

$$\lim_{n\to\infty} \sup \sigma(x^*, \mathrm{cl}E(F_n)) \leqslant \sigma(x^*, A)(x^* \in X^*), \tag{3.5.12}$$

则有

$$\frac{1}{n}\mathrm{cl}\sum_{i=1}^{n} F_i(w) \xrightarrow{\text{K.M}} \overline{\mathrm{co}}A, \text{a.e.}, \tag{3.5.13}$$

其中

$$E[F_n, \mathbf{A}_{F_n}] = \int_{\Omega}^{\mathbf{A}_{F_n}} F_n \mathrm{d}P.$$

证明 令

$$G_n(w) = \frac{1}{n}\mathrm{cl}\sum_{i=1}^{n} F_i(w)(w \in \Omega).$$

对于任意 $x \in \overline{\mathrm{co}}A$, 和 $\varepsilon > 0$, 可选择 $x_1, \cdots, x_m \in A$, 使得

$$\left\|\frac{1}{m}\sum_{j=1}^{m} x_j - x\right\| < \varepsilon.$$

利用条件 (3.5.12), 存在独立随机序列 $\{f_n, n\geqslant 1\}, f_n \in S_{F_n}^1(\mathbf{A}_{F_n})$, 且

$$\|E(f_{(k-1)m+j}) - x_j\| \to 0(k\to\infty, j\geqslant m).$$

令 $y_n = E(f_n)(n\geqslant 1)$. 如果 $n=(k-1)m+l(1\leqslant l\leqslant m)$, 则

$$\begin{aligned}
\left\|\frac{1}{n}\sum_{i=1}^{n} f_i(w) - \frac{1}{m}\sum_{j=1}^{m} x_j\right\| &\leqslant \left\|\frac{1}{n}\sum_{i=1}^{n}(f_i(w)-y_i)\right\| + \left\|\frac{1}{n}\sum_{i=1}^{n} y_i - \frac{1}{m}\sum_{j=1}^{m} x_j\right\| \\
&\leqslant \left\|\frac{1}{n}\sum_{i=1}^{n}(f_i(w)-y_i)\right\| + \frac{k}{n}\sum_{j=1}^{m}\frac{1}{k}\sum_{i=1}^{k}\|y_{(i-1)m+j} - x_j\| \\
&\quad + \frac{1}{n}\sum_{j=1}^{m}\|y_{(k-1)m+j}\| + \left(\frac{k}{n} - \frac{1}{m}\right)\left\|\sum_{j=1}^{m} x_j\right\|.
\end{aligned} \tag{3.5.14}$$

由于 $\{f_n : n \geqslant 1\}$ 是 $L^p(\Omega, X)$ 中独立随机变量序列, 且

$$\sum_{n=1}^{\infty} n^{-p} E(\|f_n\|^p) < \infty,$$

则由 p 型 X 空间性质, 有

$$\left\| \frac{1}{n} \sum_{i=1}^{n} (f_i(w) - y_i) \right\| \to 0 \quad \text{a.e.}.$$

由 (3.5.14) 即证

$$\left\| \frac{1}{n} \sum_{i=1}^{n} f_i(w) - \frac{1}{m} \sum_{j=1}^{m} x_j \right\| \to 0 \quad \text{a.e.},$$

从而 $\frac{1}{m} \sum_{i=1}^{m} x_j \in s\text{-}\limsup_n G_n(w)$ a.e.. 于是

$$\overline{\text{co}} A \subset s\text{-}\liminf_n G_n(w) \quad \text{a.e.}. \tag{3.5.15}$$

下面再证

$$w\text{-}\limsup_n G_n(w) \subset \overline{\text{co}} A \quad \text{a.e.}. \tag{3.5.16}$$

设 $\{x_j^* : j \geqslant 1\}$ 是类似于定理 3.4.5 中相对于 $\overline{\text{co}} A$ 取的. 则 $\{\sigma(x_j^*, F_n) : n \geqslant 1\}$ 为 L^p 中独立随机变量序列, 且

$$\sum_{n=1}^{\infty} n^{-p} E\left(\left| \sigma(x_j^*, F_n) \right|^p \right) < \infty.$$

利用 (3.5.12) 及 (3.5.13) 可证对于任意 $j \geqslant 1$ 有

$$E\left(\sigma\left(x_j^*, F_n\right)\right) = \sigma\left(x_j^*, \text{cl}E(F_n)\right) \to \sigma\left(x_j^*, A\right) (n \to \infty).$$

类似定理 3.5.5 可证 (3.5.16) 成立, 联合 (3.5.15) 即证 (3.5.13).

注 如果 $(\delta)\text{cl}E[F_n, \mathbf{A}_{F_n}] \to A$, 则 (3.5.12) 与 (3.5.13) 自动满足.

§3.6 集值随机序列的中心极限定理与集值高斯分布

本节假定 $(\Omega, \mathbf{A}, \mu)$ 是完备的概率空间. 我们首先对 $X = \mathbf{R}^d$, 即 d 维欧氏空间, 取值为 R^d 的有限个集合的集值随机变量的情形给出中心极限定理, 然后应用嵌入定理给出一般紧集值随机变量的中心极限定理. 在此基础上讨论 X 是无限维的 Banach 空间的情形下的中心极限定理. 最后对 $X = \mathbf{R}^d$ 的情形讨论集值高斯分布的表现定理.

下面我们给出 $X=\mathbf{R}^d$ 时的中心极限定理.

引理 3.6.1 设 $F:\Omega\to\mathbf{P}_k(X)$ 为集值映射, 则 F 为集值随机变量当且仅当 F 是 Ω 到完备可分度量空间 $(\mathbf{P}_k(X),\delta)$ 上的随机元.

证明 **充分性** 设 F 是 $\Omega\to(\mathbf{P}_k(X),\delta)$ 上的随机元, 依定理 1.3.15 知任给开集 $G\subset X, I_*(G)$ 为 $(\mathbf{P}_k(X),\delta)$ 中的开集, 故

$$F^{-1}(G)=\{w,F(w)\in I_*(G)\}\in\mathbf{A}.$$

必要性 设 F 是集值随机变量, 依定理 1.3.16 知

$$\mathbf{B}(\mathbf{P}_k(X))=\sigma(I_*(G)).$$

用测度论经典方法可证 F 是 Ω 到 $(\mathbf{P}_k(X),\delta)$ 上的随机元.

定义 3.6.1 设 $\{F_n,F:n\geqslant 1\}$ 为紧集值变量列, P_n,P 分别是 F_n,F 在 $(\mathbf{P}_k(X),\delta)$ 上诱导的概率测度, 如果 $\{P_n:n\geqslant 1\}$ 弱收敛到 P, 则称 $\{F_n:n\geqslant 1\}$ 依发布的收敛到 F, 记作

$$(\mathbf{L})F_n\to F.$$

引理 3.6.2 设 $\{F_n,F:n\geqslant 1\}$ 为紧集值随机变量序列,

(1) 若 $(\mathbf{L})F_n\to F$, 则

$$\lim_{n\to\infty}\inf\mu\{w:F_n(w)\cap G\neq\varnothing\}\geqslant\mu\{w:F(w)\cap G\neq\varnothing\},$$

$$\lim_{n\to\infty}\inf\mu\{w:d(x,F_n(w))<r\}\geqslant\mu\{w:d(x,F(w))<r\},$$

$$\lim_{n\to\infty}\inf\mu\{w:\delta(F_n(w),K)<r\}\geqslant\mu\{w:\delta(F(w),K)<r\},$$

其中 $G\subset X$ 为开集, $K\subset X$ 为紧集, $r>0$ 为实数.

(2) $(\mathbf{L})F_n\to F$ 当且仅当任给有界连续函数

$$f:(\mathbf{P}_k(X),\delta)\to\mathbf{R},$$

$\lim\limits_{n\to\infty}Ef(F_n)=Ef(F)$ 成立.

证明 由于 $(\mathbf{P}_k(X),\delta)$ 为度量空间, 故该引理的证明可完全套用度量空间上测度弱收敛的经典结果.

设 $\{F_n:n\geqslant 1\}\subset\mathbf{L}^1_{kc}[\Omega,X]$ 独立同分布, 且 F_1 有如下表达式

$$F_1(w)=\sum_{j=1}^m\chi_{A_j}(w)C_j,\tag{3.6.1}$$

其中 $\{A_j:1\leqslant j\leqslant m\}$ 为 Ω 的可测划分, $\mu(A_j)=p_j, C_j\in\mathbf{P}_{kc}(X), 1\leqslant j\leqslant m$. 任给 $1\leqslant j\leqslant m$, 令

$$S_{jn}(w)=\sum_{i=1}^n\beta_{ji}(w),\quad Y_{jn}(w)=\frac{1}{n}S_{jn}(w)-p_j\tag{3.6.2}$$

其中

$$\beta_{ji}(w)=\begin{cases}1, & 若F_i(w)=C_j\\ 0, & 否则,\end{cases} \tag{3.6.3}$$

则 $\sum\limits_{j=1}^{m}S_{jn}(w)\equiv n$, 从而知

$$\frac{1}{n}\sum_{j=1}^{n}F_i=\sum_{j=1}^{m}\frac{1}{n}S_{ji}C_j. \tag{3.6.4}$$

定义集值随机变量如下

$$\begin{aligned}R_n&=\sum_{j=1}^{m}\left\{p_j\chi_{(Y_{jn}\geqslant 0)}+\frac{S_{jn}}{n}\chi_{(Y_{jn}\leqslant 0)}\right\}C_j,\\ V_n&=\sum_{j=1}^{m}Y_{jn}\chi_{(Y_{jn}\geqslant 0)}C_j,\\ W_n&=\sum_{j=1}^{m}|Y_{jn}|\chi_{(Y_{jn}\leqslant 0)}C_j.\end{aligned} \tag{3.6.5}$$

则显然有

$$\frac{1}{n}\sum_{i=1}^{n}F_i=V_n+R_n, \tag{3.6.6}$$

$$E(F_n)=W_n+R_n. \tag{3.6.7}$$

定理 3.6.1　设 $\{F_n:n\geqslant 1\}\subset \mathbf{L}_{kc}^1[\Omega,X]$ 独立同分布, F_1 满足 (3.6.1), S_{jn}, 及 Y_{jn},β_{ji} 定义如 (3.6.2)(3.6.3), 则

(1) 任给 $1\leqslant j\leqslant m,\{\beta_{ji}:i\geqslant 1\}$ 独立同分布;

(2) $E(Y_{jn})=0$.

证明　显然.

定理 3.6.2　设 $\{F_n:n\geqslant 1\}$ 满足定理 3.6.1 条件, V_n,W_n 定义如 (3.6.5), 则 $n\to+\infty$ 时,

$$(\mathbf{L})\sqrt{n}V_n\to\sum_{j=1}^{m}Y_j\chi_{(Y_j\geqslant 0)}C_j=V,$$

$$(\mathbf{L})\sqrt{n}W_n\to\sum_{j=1}^{m}|Y_j|\chi_{(Y_j\leqslant 0)}C_j=W,$$

其中 $Y=(Y_1,\cdots,Y_m)$ 是均值为 0 的 m 维正态随机向量, 并且协方差矩阵 $D=(d_{ij})_{m\times m}$ 为

$$d_{ij}=\begin{cases}-p_ip_j, & i\neq j\\ p_i(1-p_j), & i=j.\end{cases}$$

证明 任给 $n \geqslant 1$, 令 $\mathbf{Y}_n = (Y_{in}, \cdots, Y_{mn})$, 其中 Y_{jn} 如 (3.5.2) 式所定义, 任给有界连续函数 $g : (\mathbf{P}_{kc}(X), \delta) \to \mathbf{R}$, 定义函数 $h : \mathbf{R}^m \to \mathbf{R}$ 如下:

$$h(y) = g\left(\sum_{j=1}^{k} y_i \chi_{(y_i \geqslant 0)} C_j\right),$$

其 $y = (y_1, \cdots, y_m) \in \mathbf{R}^m$, 则 h 为有界连续函数, 依有限维随机向量的中心极限定理知 $(\mathbf{L})\sqrt{n}\mathbf{Y}_n \to \mathbf{Y}$, 故

$$Eh(\sqrt{n}\mathbf{Y}_n) \to Eh(\mathbf{Y}).$$

因此, 依 V_n, W_n 的定义知

$$Eg(\sqrt{n}V_n) \to Eg(V),$$

$$Eg(\sqrt{n}W_n) \to Eg(W).$$

依引理 3.6.2(2), 定理得证.

定理 3.6.3 设 $\{F_n : n \geqslant 1\} \subset \mathbf{L}^1_{kc}[\Omega, X]$ 满足定理 3.6.1 条件, V, W 如定理 3.6.2 所给, 则

$$(\mathbf{L})\sqrt{n}\delta\left(\sum_{i=1}^{n} \frac{1}{n} F_i, E(F_1)\right) \to \delta(V, W).$$

证明 根据 (3.6.5) 和 (3.6.6) 两式, 有

$$\begin{aligned}&\sqrt{n}\delta\left(\sum_{i=1}^{n} \frac{1}{n} F_i, EF_1\right) = \sqrt{n}\delta(V_n + R_n, W_n + R_n)\\ =& \sqrt{n}\delta(V_n, W_n) = \delta(\sqrt{n}V_n, \sqrt{n}W_n).\end{aligned}$$

由于 $\delta(\cdot, \cdot) : \mathbf{P}_{kc}(X) \times \mathbf{P}_{kc}(X) \to R$ 是连续的, 故依定理 3.6.2 知定理结论成立.

推论 3.6.1 设 $\{F_n : n \geqslant 1\}$ 满足定理 3.6.1 条件, 并且 F_1 仅取两个值 $C_1, C_2 \in \mathbf{P}_{kc}(X)$, 则

$$(\mathbf{L})\sqrt{n}\delta\left(\sum_{i=1}^{n} \frac{1}{n} F_i, E(F_1)\right) \to \sqrt{p_1(1-p_1)}|Z_1|\delta(C_1, C_2),$$

其中 Z_1 为实值标准正态分布.

下面考虑非凸紧集值随机变量列的中心极限定理, 设 $\{F_n : n \geqslant 1\} \subset \mathbf{L}^1_k[\Omega, X]$ 独立同分布, F_1 的表达式为

$$F_1(w) = \sum_{j=1}^{m} \chi_{A_j} C_j, \tag{3.6.8}$$

其中 $\{A_j : 1 \leqslant j \leqslant m\}$ 为 Ω 的可测划分, $\mu(A_j) = p_j, C_j \in \mathbf{P}_k(X), 1 \leqslant j \leqslant m$, 设

$$V = \sum_{j=1}^{m} Y_j \chi_{(Y_j \geqslant 0)} \overline{\mathrm{co}} C_j, \tag{3.6.9}$$

$$W = \sum_{j=1}^{m} |Y_j| \chi_{(Y_j \leqslant 0)} \overline{\mathrm{co}} C_j, \tag{3.6.10}$$

其中 $\mathbf{Y} = (Y_1, \cdots, Y_m)$ 如定理 3.6.2 所给.

定理 3.6.4　设 $\{F_n : n \geqslant 1\} \subset \mathbf{L}_k^1[\Omega, \mathbf{R}^d]$ 独立同分布, 并且 F_1 满足 (3.6.8), V, W 如 (3.6.9), (3.6.10) 所定义, 则

$$(\mathbf{L})\sqrt{n}\delta\left(\frac{1}{n}\sum_{i=1}^{n} F_i, \overline{\mathrm{co}} E[F_1]\right) \to \delta(V, W) \quad (n \to \infty).$$

证明　首先由定理 3.6.3 知

$$(\mathbf{L})\sqrt{n}\delta\left(\frac{1}{n}\sum_{i=1}^{n} \overline{\mathrm{co}} F_i, \overline{\mathrm{co}} E[F_1]\right) \to \delta(V, W).$$

依 Hausdorff 距离的三角不等式, 有

$$\sqrt{n}\delta\left(\frac{1}{n}\sum_{i=1}^{n} F_i, \overline{\mathrm{co}} E[F_1]\right) \leqslant \sqrt{n}\delta\left(\frac{1}{n}\sum_{i=1}^{n} F_i, \frac{1}{n}\sum_{i=1}^{n} \overline{\mathrm{co}} F_i\right) + \sqrt{n}\delta\left(\frac{1}{n}\sum_{i=1}^{n} \overline{\mathrm{co}} F_i, \overline{\mathrm{co}} E[F_1]\right).$$

令 $M = \max\{\|F_i\| : 1 \leqslant i \leqslant m\}$, 则由 Shapley-Folkman 不等式得

$$\sqrt{n}\delta\left(\frac{1}{n}\sum_{i=1}^{n} F_i, \frac{1}{n}\sum_{i=1}^{n} \overline{\mathrm{co}} F_i\right) \leqslant \frac{1}{\sqrt{n}} M\sqrt{d} \to 0,\ (n \to \infty).$$

从而定理得证.

以上研究了集值随机变量取有限个值时的中心极限定理, 下面我们用超空间的嵌入定理来研究更一般情形下的中心极限定理. 首先假定 $X = \mathbf{R}^d$ 的情形, 然后将其推广到 X 为 Banach 空间的情形. 设 $\mathbf{S}$ 为 $\mathbf{R}^d$ 的单位球面, $(C(\mathbf{S}), \|\cdot\|_{C(\mathbf{S})})$ 为 $\mathbf{S}$ 上所有有界连续函数的全体, 其上的范数 $\|\cdot\|_{C(\mathbf{S})}$ 为一致收敛范数.

定理 3.6.5　设 $F, F_1, F_2, \cdots$ 是取值于 $\mathbf{P}_k(R^d)$ 中的独立同分布随机变量, 且 $E[\|F\|^2] < \infty$. 则

$$(\mathbf{L})\sqrt{n}\delta\left(\frac{1}{n}\sum_{k=1}^{n} F_k, E[\overline{\mathrm{co}} F]\right) \to \|Z\|_{C(\mathbf{S})},$$

其中 $\{Z(x)(w) : x \in \mathbf{S}\}$ 是高斯的, 且对于任意 $x, y \in \mathbf{S}$ 满足

(a) $E[Z(x)]=0$;

(b) $E[Z(x)Z(y)]=E[(\sigma(x,\mathrm{co}F)-E[\sigma(x,\mathrm{co}F)])\times(\sigma(y,\mathrm{co}F)-E[\sigma(y,\mathrm{co}F)])]$.

这一定理的证明主要依靠 Hörmander 嵌入定理 (定理 1.4.13 及其注) 与 Jain, Marcus 证明的 $C(\mathbf{S})$ 值的中心极限定理 [159], 为此先介绍必要的记号与准备.

设 (S,ρ) 是一紧距离空间, $N(S,\rho,\varepsilon)$ 表示可以覆盖 S 的半径 $\leqslant\varepsilon$ 的球的最小数, $\mathcal{P}(C(S))$ 表示 $C(S)$ 上的所有概率测度所成的空间.

引理 3.6.3 若 $F,F_1,F_2,\cdots$ 是 $C(S)$ 值独立同分布的随机变量, 且满足

(1) $E[F(s)]=0$;

(2) $\sup\limits_{s\in S}E[F^2(s)]<\infty$;

(3) $E\left[\left(\sup\limits_{\substack{s,t\in S\\ s\neq t}}\dfrac{|F(s)-F(t)|}{\rho(s,t)}\right)^2\right]<\infty$;

(4) $\displaystyle\int_{0+}(\ln N(S,\rho,\varepsilon))^{1/2}\mathrm{d}\varepsilon<\infty$.

则 $\left\{\dfrac{1}{\sqrt{n}}\sum\limits_{k=1}^{n}F_k\right\}$ 的分布在 $\mathcal{P}(C(S))$ 中弱收敛于 Z, 其中 Z 是 $C(S)$ 值 Gaussian 随机系统, 其均值为 0, 协方差为 $E[F(s)F(t)]$.

注 本引理的相关概念与证明方法参见本章最后附录 A.

定理 3.6.5 的证明 **第一步** 由 Shapley-Folkman 不等式得

$$\delta\left(\frac{1}{n}\sum_{k=1}^{n}F_k,\frac{1}{n}\sum_{k=1}^{n}\overline{\mathrm{co}}F_k\right)\leqslant\frac{1}{n}\sqrt{d}\max_{1\leqslant k\leqslant n}\|F_k\|.$$

因此对于任意给定的 $\varepsilon>0$

$$\mu\left(\sqrt{n}\delta\left(\frac{1}{n}\sum_{k=1}^{n}F_k,\frac{1}{n}\sum_{k=1}^{n}\overline{\mathrm{co}}F_k\right)>\varepsilon\right)\leqslant\mu\left(\max_{1\leqslant k\leqslant n}\frac{1}{\sqrt{n}}\|F_k\|>\frac{\varepsilon}{\sqrt{d}}\right).$$

上式右端弱收敛于 0[50]. 故 $\sqrt{n}\delta\left(\dfrac{1}{n}\sum\limits_{k=1}^{n}F_k,\dfrac{1}{n}\sum\limits_{k=1}^{n}\overline{\mathrm{co}}F_k\right)$ 的分布当 $n\to\infty$ 时是退化的. 因此可以假定 $F,F_1,F_2,\cdots$ 是 $\mathbf{P}_{kc}(\mathbf{R}^d)$ 值随机变量序列.

第二步 设 $F,F_1,F_2,\cdots$ 是取值于 $\mathbf{P}_{kc}(\mathbf{R}^d)$ 的随机变量, 且 $E[\|F\|^2]<\infty$. 则 $\sigma(\cdot,F)$, $\sigma(\cdot,F_1)$, $\sigma(\cdot,F_2)$, $\cdots$ 是 $C(\mathbf{S})$ 值独立同分布的随机元且 $E[\|\sigma(\cdot,F)\|^2_{C(\mathbf{S})}]<\infty$. 记

$$Y(\cdot)=\sigma(\cdot,F)-\sigma(\cdot,E[F]),$$

$$Y_k(\cdot)=\sigma(\cdot,F_k)-\sigma(\cdot,E[F_k]),\quad k=1,2,\cdots,$$

则 $Y, Y_1, Y_2, \cdots$ 是 $C(\mathbf{S})$ 值独立同分布的随机变量且 $E[Y(x)] = 0\ (x \in \mathbf{S})$. 由

$$|Y(x) - Y(y)| \leqslant \|x - y\|(\|F\| + \|E[F]\|), \quad x, y \in \mathbf{S},$$

知 $\sup\limits_{x \in \mathbf{S}} E[Y(x)] < \infty$ 且

$$E\left[\left(\sup_{\substack{x,y\in\mathbf{S}\\ x\neq y}} \frac{|Y(x) - Y(y)|}{\|x - y\|}\right)^2\right] < \infty.$$

另一方面, 存在常数 $L > 0$, 使得

$$N(\mathbf{S}, \|\cdot\|, \varepsilon) \leqslant L\varepsilon^{-d},$$

故

$$\int_{0+} (\ln N(\mathbf{S}, \|\cdot\|, \varepsilon))^{1/2}\, \mathrm{d}\varepsilon < \infty.$$

由引理 3.6.3 知 $\left\{\dfrac{1}{\sqrt{n}} \sum\limits_{k=1}^{n} Y_k\right\}$ 的分布在 $\mathcal{P}(C(\mathbf{S}))$ 上弱收敛于 Z 的分布, 其中 Z 是 $C(\mathbf{S})$ 值 Gaussian 随机系统, 且满足 (a) 与 (b).

对于任意 $\phi \in C(R)$, 定义 $C(\mathbf{S})$ 上的泛函

$$f(x) = \phi(\|x\|_{C(\mathbf{S})}),$$

则 $f \in C(C(\mathbf{S}), \|\cdot\|_{C(\mathbf{S})})$. 因此 $\left\|\left(\dfrac{1}{\sqrt{n}}\right) \sum\limits_{k=1}^{n} Y_k\right\|_{C(\mathbf{S})}$ 的分布在 $\mathcal{P}(R)$ 中弱收敛于 $\|Z\|_{C(\mathbf{S})}$ 的分布, 其中 $\mathcal{P}(R)$ 是 R 上的概率测度的全体所成的空间. 又由嵌入的保距性, 有

$$\sqrt{n}\delta\left(\frac{1}{n}\sum_{k=1}^{n} F_k, E[\overline{\mathrm{co}}F]\right) = \left\|\frac{1}{\sqrt{n}}\sum_{k=1}^{n} Y_k\right\|_{C(\mathbf{S})},$$

定理证毕.

现在讨论 X 是无限维的情形. 但是, 这里我们仅讨论 $\mathbf{P}_f(X_K)$ 值随机变量, 其中 $X_K = \bigcup\limits_{n=1}^{\infty} nK$ 且 $K \subset X$ 是紧凸对称的. 对于固定的这样的 K, 定义

$$\|x\|_K = \inf\{\lambda > 0 : x \in \lambda K\},$$

$$\|A\|_K = \sup_{x \in A} \|x\|_K = \inf\{\lambda > 0 : A \subset \lambda K\},$$

$$d_K(x, y) = \|x - y\|_K, \text{ for } x, y \in X,$$

$$K^\circ = \left\{x^* \in X^* : \sup_{x \in K} |\langle x^*, x\rangle| \leqslant 1\right\},$$

$$\|x^*\|_{K^\circ} = \inf\{\lambda > 0 : x^* \in \lambda K^\circ\} = \sup_{x \in K} |\langle x^*, x\rangle|,$$

$$d_{K^\circ}(x^*, y^*) = \|x^* - y^*\|_{K^\circ}.$$

注意到 K 是有界的, 且 $\|x-y\| \leqslant \|K\| d_K(x,y)$. 集合 $K^\circ \subset X^*$ 被称为是 K 的极集 (polar). 它是一凸对称集. 记 X^* 的单位球面为 $\mathbf{S}^*$, 则 $(\mathbf{S}^*, d_{K^\circ})$ 是相对紧的距离空间, 这是由于 K 上的函数族 $\{\langle x^*, \cdot\rangle : x^* \in \mathbf{S}^*\}$ 是一致有界的且等度连续, 而 K 是 X 的紧子集.

进一步地注意到

$$d_{K^\circ}(x^*, y^*) \leqslant \|K\|\|x^* - y^*\|,$$

则 $C(\mathbf{S}^*, d_{K^\circ}) \subset C(\mathbf{S}^*)$, 其中 $C(\mathbf{S}^*)$ 表示 $\mathbf{S}^*$ 上一切有界连续函数全体所成的空间且赋予一致连续拓扑. 因此 $C(\mathbf{S}^*)$ 上任一连续泛函都可以被认为是 $C(\mathbf{S}^*, d_{K^\circ})$ 上的一连续泛函. 有下面的定理.

定理 3.6.6 设 $F, F_1, F_2, \cdots$ 是 $\mathbf{P}_{fc}(X_K)$ 值独立同分布的随机变量且 $E[\|F\|_K^2] < \infty$, 进一步假设

$$\int_{0+} (\ln N(\mathbf{S}^*, d_{K^\circ}, \varepsilon))^{\frac{1}{2}} \mathrm{d}\varepsilon < \infty,$$

则 $\sqrt{n}\,\delta\left(\dfrac{1}{n}\displaystyle\sum_{k=1}^{n} F_k, E[F]\right)$ 的分布弱收敛于 $\|Z\|_{C(\mathbf{S}^*, d_{K^\circ})}$ 的分布, 其中 $\{Z(x^*) : x^* \in \mathbf{S}^*\}$ 是均值为 0, 协方差为 $E[(\sigma(x^*, F) - E[\sigma(x^*, F)])(\sigma(y^*, F) - E[\sigma(y^*, F)])]$ 的高斯随机系统.

证明 首先证明嵌入 $\sigma : \mathbf{P}_{fc}(X_K) \to (\mathbf{S}^*, d_{K^\circ})$ 是连续的. 设 $A \in \mathbf{P}_{fc}(X_K)$ 且存在某一 $\lambda > 0$, 使 $A \subset \lambda K$, 则

$$\sup_{x\in A}\langle x^*, x\rangle \leqslant \sup_{x\in \lambda K}\langle x^*, x\rangle = \lambda \sup_{x\in K}\langle x^*, x\rangle \leqslant \lambda \|x^*\|_{K^\circ}.$$

取满足上式最小的 λ, 有

$$\sigma(x^*, A) \leqslant \|A\|_K \|x^*\|_{K^\circ}.$$

故

$$|\sigma(x^*, A) - \sigma(y^*, A)| \leqslant |\sigma(x^* - y^*, A)| \leqslant \|A\|_K \|x^* - y^*\|_{K^\circ}. \tag{3.6.11}$$

与定理 3.6.5 的证明一样, 记

$$Y(\cdot) = \sigma(\cdot, F) - \sigma(\cdot, E[F]),$$
$$Y_k(\cdot) = \sigma(\cdot, F_k) - \sigma(\cdot, E[F_k]),$$

则由 (3.6.11) 知,

$$|Y(x^*) - Y(y^*)| \leqslant \|x^* - y^*\|_{K^\circ}(\|F(w)\|_K + \|E[F]\|_K).$$

因此从条件 $E[\|F\|_K^2] < \infty$ 可得

$$E\left[\left(\sup_{\substack{x^*,y^*\in\mathbf{S}^*\\x^*\neq y^*}}\frac{|Y(x^*)-Y(y^*)|}{\|x^*-y^*\|_{K^\circ}}\right)^2\right]<\infty.$$

故 $\left\{\frac{1}{\sqrt{n}}\sum_{k=1}^{n}Y_k(x^*)\right\}$ 的分布在 $\mathcal{P}(C(\mathbf{S}^*,d_{K^\circ}))$ 上弱收敛于 Z 的分布, 其中 Z 是 $C(\mathbf{S}^*,d_{K^\circ})$ 值 Gaussian 随机系统, 且均值为 0, 协方差为 $E[Y(x^*)Y(y^*)]$).

最后, 对于任意一 $\phi\in C(\mathbf{R})$, 泛函 $f(x)=\phi(\|x\|_{C(\mathbf{S}^*,d_{K^\circ})})$ 是 $C(\mathbf{S}^*,d_{K^\circ})$ 上的关于范数

$$\|x\|_{C(\mathbf{S}^*,d_{K^\circ})}=\sup_{x^*\in\mathbf{S}^*}|x(x^*)|,\quad x\in C(\mathbf{S}^*,d_{K^\circ})$$

是连续的, 因此与定理 3.6.5 的证法相同, 本定理得证.

下面我们就 $X=\mathbf{R}^d$ 的情形讨论集值高斯分布的表现定理.

定义 3.6.2 一紧集值随机变量被称为是高斯的 (Gaussian), 如果它几乎处处是凸的且随机函数 $\sigma(x,F)$ 是高斯的, 即它的有限维分布 $(\sigma(x_1,F),\sigma(x_2,F),\cdots,\sigma(x_n,F))(n\geqslant 1,\ x_1,x_2,\cdots,x_n\in\mathbf{R})$ 是高斯随机变量.

定理 3.6.7 F 是集值高斯随机变量当且仅当 F 可表示为

$$F=E[F]+\{\xi\},\tag{3.6.12}$$

其中 ξ 是均值为 0 的正态随机向量.

证明 充分性显然. 现证必要性. 首先, 对于任意 $w\in\Omega$, 考察 $F(w)$ 的支撑函数

$$\sigma(x,F(w))=\sup_{y\in F(w)}\langle x,y\rangle,$$

是从 $x\in\mathbf{R}^d$ 到 $\mathbf{R}$ 中的映射. 对于固定 $w\in\Omega$, 定义

$$\psi_w(\cdot)=\sigma(\cdot,F(w))-\sigma(\cdot,E[F]).$$

则 ψ_w 也是从 $\mathbf{R}^d$ 到 $\mathbf{R}$ 中的映射.

其次证明 ψ_w 几乎处处是线性的. 事实上, 设 $\lambda_1,\lambda_2\geqslant 0$, 且固定 $x_1,x_2\in\mathbf{R}^d$, 由于 $\sigma(\cdot,F(w))$ 是正齐次的, 且次可加的, 故有

$$\lambda_1\sigma(x_1,F(w))+\lambda_2\sigma(x_2,F(w))-\sigma(\lambda_1x_1+\lambda_2x_2,F(w))\geqslant 0.\tag{3.6.13}$$

由假设知, $(\sigma(x_1,F(\cdot)),\sigma(x_2,F(\cdot)),\sigma(\lambda_1x_1+\lambda_2x_2,F(\cdot)))$ 是正态的. 这蕴含着 $\lambda_1\sigma(x_1,F(\cdot))+\lambda_2\sigma(x_2,F(\cdot))-\sigma(\lambda_1x_1+\lambda_2x_2,\ F(\cdot))$ 是正态随机变量, 又由 (3.6.13) 知, 它是

几乎处处退化的随机变量, 即,

$$
\begin{aligned}
&\lambda_1\sigma\big(x_1,F(\cdot)\big)+\lambda_2\sigma\big(x_2,F(\cdot)\big)-\sigma\big(\lambda_1x_1+\lambda_2x_2,F(\cdot)\big)\\
=&E\big[\lambda_1\sigma\big(x_1,F(\cdot)\big)+\lambda_2\sigma\big(x_2,F(\cdot)\big)-\sigma\big(\lambda_1x_1+\lambda_2x_2,F(\cdot)\big)\big]\\
=&\lambda_1\sigma\big(x_1,E[F]\big)+\lambda_2\sigma\big(x_2,E[F]\big)-\sigma\big(\lambda_1x_1+\lambda_2x_2,E[F]\big),
\end{aligned}
$$

根据 ψ_w 的定义, 则有

$$
\psi_w(\lambda_1x_1+\lambda_2x_2)=\lambda_1\psi_w(x_1)+\lambda_2\psi_w(x_2)\quad \text{a.e..} \tag{3.6.14}
$$

由于 $[0,\infty)\times[0,\infty)$ 与 $\mathbf{R}^d$ 均是可分的, 并且 (3.6.14) 的两边关于 λ_1, λ_2, x_1 与 x_2 都是连续的, 且对于所有 λ_1, $\lambda_2\geqslant 0$ 与所有 $x_1,x_2\in\mathbf{R}^d$, (3.6.14) 几乎处处所有 $w\in\Omega$ 成立. 注意到 $\psi_w(0)=0$, 可得 ψ_w 几乎处处关于 (μ) 是线性的.

这样的从 R^d 到 R 的线性映射可以表示为

$$
\psi_w(x)=\langle x,\xi(w)\rangle,\quad x\in R^d,
$$

其中 $\xi(w)\in\mathbf{R}^d$. 显然对于 $x\in\mathbf{R}^d$, $\langle x,\xi(\cdot)\rangle$ 是可测的, 故 $\xi:\Omega\to\mathbf{R}^d$ 是可测的. 由 $\langle x,\xi(w)\rangle=\sigma(x,F(w))-\sigma(x,E[F])$ 知, 对于任意 $x\in\mathbf{R}^d$, $\langle x,\xi(w)\rangle$ 是均值为 0 的正态随机变量. 因此 ξ 是均值为 0 的正态随机向量. 对于任意 $x\in\mathbf{R}^d$

$$
\begin{aligned}
\sigma\left(x,F(\cdot)\right)&=\sigma\left(x,E[F]\right)+\langle x,\xi(\cdot)\rangle\\
&=\sigma\left(x,E[F]\right)+\sigma\left(x,\{\xi(\cdot)\}\right)\\
&=\sigma\left(x,(E[F]+\{\xi\})(\cdot)\right).
\end{aligned}
$$

这意味着 $F=E[F]+\{\xi\}$, 定理证毕.

由定理 3.6.5 与定理 3.6.7 可得下面定理.

定理 3.6.8 设 $F,F_1,F_2,\cdots$ 是取值于 $\mathbf{P}_{kc}(\mathbf{R}^d)$ 中的独立同分布随机变量, 且 $E[\|F\|^2]<\infty$. 则

$$
(\mathbf{L})\frac{1}{n}\sum_{k=1}^{n}F_k\to E[F]+\{\xi\},
$$

其中 ξ 是均值为 0 的 d 维正态随机向量.

§3.7 超空间上的选择算子及其应用

在集值随机过程的研究中, 一个关键的问题就是其满足某种性质的向量值选择过程的存在性, 例如第二章中的可测选择, 第四章集值鞅与上鞅的向量值鞅选择, 第六章集值测度的向量测度选择等. 本节将提出研究选择问题的一种新方法 —— 选

择算子法, 并将其应用到集值随机过程的研究中. 为叙述简洁起见, 本节恒设 X 是有限维 Banach 空间, 此时 $(\mathbf{P}_f(X), \mathbf{J}_c)$ 为局部紧可度量化空间, 而 $\mathbf{B}_l(\mathbf{P}_f(X))$ 表示 $(\mathbf{P}_f(X), \mathbf{J}_c)$ 上的 Borel σ 代数, 从而可将集值随机变量看做取值于 $(\mathbf{P}_f(X), \mathbf{J}_c)$ 上的随机元. 对于一般的可分 Banach 空间, 可考虑 $\mathbf{P}_f(X)$ 上的 Wijsman 拓扑, 这也是一个可分的可度量化空间, 则本节的大部分结论, 对于任意的可分 Banach 空间依然成立, 这里将不再叙述.

定义 3.7.1 称映射 $\varphi: \mathbf{P}_f(X) \to X$ 为超空间 $(\mathbf{P}_f(X), \mathbf{J}_c)$ 上的选择算子, 若 $A \in \mathbf{P}_f(X), \varphi(A) \in A$. 进一步

(1) 称 φ 是连续选择算子, 若 φ 是拓扑空间 $(\mathbf{P}_f(X), \mathbf{J}_c)$ 到 X 上的连续映射,

(2) 称 φ 是可测选择算子, 若 φ 是拓扑可测空间 $(\mathbf{P}_f(X), \mathbf{B}_l(\mathbf{P}_f(X)))$ 到 X 的可测映射.

定理 3.7.1 设 X 是有限维 Banach 空间, 则必存在 $(\mathbf{P}_f(X), \mathbf{J}_c)$ 上的一列可测选择算子 $\{\varphi_n : n \geqslant 1\}$, 使得任给 $A \in \mathbf{P}_f(X)$, 有

$$A = \mathrm{cl}\{\varphi_n(A) : n \geqslant 1\}.$$

证明 考虑定义在可测空间 $(\mathbf{P}_f(X), \mathbf{B}_l(\mathbf{P}_f(X)))$ 上的集值映射

$$I(A) = A, \quad A \in \mathbf{P}_f(X).$$

显然 $I(\cdot)$ 关于 $\mathbf{B}_l(\mathbf{P}_f(X))$ 可测, 故依定理 2.1.10, 知定理成立.

定理 3.7.2 设 X 是有限维 Banach 空间, 则存在连续映射

$$\varphi : (\mathbf{P}_f(X), \mathbf{J}_c) \to X,$$

使得任给 $A \in \mathbf{P}_f(X), \varphi(A) \in \overline{\mathrm{co}}A$. 特别地, $\varphi(\cdot)$ 是 $(\mathbf{P}_{fc}(X), \mathbf{J}_c)$ 上的连续选择算子.

证明 考虑定义在 $(\mathbf{P}_f(X), \mathbf{J}_c)$ 上的集值映射

$$I(A) = \overline{\mathrm{co}}A, A \in \mathbf{P}_f(X).$$

任给 $x \in X, \varepsilon > 0$, 下面证明

$$I^{-1}(S(x,\varepsilon)) \in \mathbf{J}_c. \tag{3.7.1}$$

令 $\mathbf{Y} = \{A \in \mathbf{P}_f(X) : \mathrm{co}A \cap S(x,\varepsilon) \neq \varnothing\}$, 显然有

$$\mathbf{Y} = \{A \in \mathbf{P}_f(X) : \overline{\mathrm{co}}A \cap S(x,\varepsilon) \neq \varnothing\}, \tag{3.7.2}$$

故仅需证明 $\mathbf{Y} \in \mathbf{J}_c$. 任给 $C \in \mathbf{Y}$, 由于

$$\mathrm{co}C \cap S(x,\varepsilon) \neq \varnothing,$$

故存在 $x_1,\cdots,x_n\in C$ 及 $\lambda_1,\cdots,\lambda_n\in[0,1],\sum\limits_{i=1}^{n}\lambda_i=1$, 使得

$$\sum_{i=1}^{n}\lambda_ix_i\in S(x,\varepsilon).$$

令 $\varepsilon_1=\varepsilon-\left\|x-\sum\limits_{i=1}^{n}\lambda_ix_i\right\|$, 依定义知

$$\mathbf{Y}_1=I_*(S(x,\varepsilon_1))\cap\cdots\cap I_*(S(x_n,\varepsilon_1))$$

为 $(\mathbf{P}_f(X),\mathbf{J}_c)$ 中的开集, 且 $C\in\mathbf{Y}_1$ 为显然. 任给 $B\in\mathbf{Y}_1$, 存在 $y_i\in B$, 使得 $\|x_i-y_i\|<\varepsilon_1(1\leqslant i\leqslant n)$, 从而

$$\left\|\sum_{i=1}^{n}\lambda_iy_i-\sum_{i=1}^{n}\lambda_ix_i\right\|<\varepsilon_1,$$

因此

$$\left\|x-\sum_{i=1}^{n}\lambda_iy_i\right\|<\varepsilon.$$

则 $\mathrm{co}B\cap S(x,\varepsilon)\neq\varnothing,B\in\mathbf{Y}$, 这就是说 $\mathbf{Y}_1\subset\mathbf{Y}$, 从而可得到 C 是 $\mathbf{Y}$ 在 $(\mathbf{P}_f(X),\mathbf{J}_c)$ 中的内点, 依 C 的任意性知 $\mathbf{Y}\in\mathbf{J}_c$, 故 (3.7.1) 得证. 根据 (3.7.1), 利用 [177] 中定理 8.1.8 同样的证法可证存在连续映射 $\varphi:(\mathbf{P}_f(X),\mathbf{J}_c)\to X$, 使得 $\varphi(A)\in I(A)=\overline{\mathrm{co}}A$. 定理后一结论为显然.

下面给出选择算子在集值随机过程中的应用, 设 $(\Omega,\mathbf{A},\mu)$ 为完备的概率空间, 用 μ_F 表示集值随机变量 F 在 $(\mathbf{P}_f(X),\mathbf{J}_c)$ 上诱导的概率测度.

定义 3.7.2 设 $\{F_t:t\in\mathbf{R}^+\}$ 为集值随机过程, $\mathbf{P}$ 是随机过程的某种性质, 称 X 值随机过程 $\{f_t:t\in\mathbf{R}^+\}$ 为 $\{F_t:t\in\mathbf{R}^+\}$ 的 $\mathbf{P}$ 选择, 若 $\{f_t:t\in\mathbf{R}^+\}$ 具有性质 $\mathbf{P}$, 且任给 $t\in\mathbf{R}^+,f_t\in F_t$ a.e..

定理 3.7.3 设 $\{F_n:n\geqslant1\}$ 为集值随机变量列, $F_n\in\mu_{fc}[\Omega,X],(\mathbf{L})F_n\to F$, 则 $F\in\mathbf{P}_{fc}(X)$a.e., 且存在 $\{F_n:n\geqslant1\}$ 的依分布收敛选择 $\{f_n:n\geqslant1\}$, 使得 $(\mathbf{L})f_n\to f\in F$ a.e..

证明 容易证明 $\mathbf{P}_{fc}(X)$ 是 $(\mathbf{P}_f(X),\mathbf{J}_c)$ 中的闭子集, 而由于任给 $n\geqslant1,F_n\in\mu_{fc}[\Omega,X]$, 即

$$\mu\{w:F_n(w)\in\mathbf{P}_{fc}(X)\}=1,$$

故依度量空间上测度弱收敛的性质知

$$\mu\{w:F(w)\in\mathbf{P}_{fc}(X)\}=1,$$

即 $F \in \mathbf{P}_{fc}(X)$a.e.. 设 φ 是定理 2.7.2 给出的 $(\mathbf{P}_{fc}(X), \mathbf{J}_c)$ 上的连续选择算子, 令

$$f = \varphi(F), \quad f_n = \varphi(F_n), \quad n \geqslant 1.$$

则 $f_n, f, n \geqslant 1$ 可测且 $f_n \in F_n$ a.e.,$f \in F$ a.e., 用 μ_{f_n}, μ_f 表示 f_n 及 f 在 X 诱导的概率测度, 为证 $\{f_n : n \geqslant 1\}$ 依分布收敛到 f, 仅需证明任给 X 上的有界连续函数 $h : X \to R$, 有

$$\lim_n \int_X h(x) \mathrm{d}\mu_{f_n} = \int_X h(x) \mathrm{d}\mu_f. \tag{3.7.3}$$

令 $H(A) = h(\varphi(A))$, 则 $H(\cdot)$ 是 $\mathbf{P}_{fc}(X)$ 上的有界连续函数, 于是

$$\begin{aligned}
\int_X h(x) \mathrm{d}\mu_{f_n} &= \int_\Omega h(f_n) \mathrm{d}\mu, \\
\int_X h(x) \mathrm{d}\mu_f &= \int_\Omega h(f) \mathrm{d}\mu, \\
\int_{\mathbf{P}_{fc}(X)} H(A) \mathrm{d}\mu_{f_n} &= \int_\Omega H(F_n) \mathrm{d}\mu, \\
\int_{\mathbf{P}_{fc}(X)} H(A) \mathrm{d}\mu_f &= \int_\Omega H(F) \mathrm{d}\mu,
\end{aligned} \tag{3.7.4}$$

而由于 $(\mathbf{L})F_n \to F$, 故由 (3.7.4) 可得

$$\begin{aligned}
\lim_n \int_X h(x) \mathrm{d}\mu_{f_n} &= \lim_n \int_\Omega h(f_n) \mathrm{d}\mu = \lim_n \int_\Omega h(\varphi(F_n)) \mathrm{d}\mu \\
&= \lim_n \int_{\mathbf{P}_{fc}(X)} H(A) \mathrm{d}\mu_{f_n} = \int_{\mathbf{P}_{fc}(X)} H(A) \mathrm{d}\mu_f \\
&= \int_\Omega H(F) \mathrm{d}\mu = \int_\Omega h(\varphi(F)) \mathrm{d}\mu \\
&= \int_\Omega h(f) \mathrm{d}\mu = \int_\Omega h(x) \mathrm{d}\mu_f,
\end{aligned}$$

(3.7.3) 得证. 证毕.

定理 3.7.4 设 $\{F_t : t \in \mathbf{R}^+\}$ 为集值平稳过程. 则必存在它的一列平稳选择 $\{f_t^{(n)} : t \in \mathbf{R}^+\}_{n \geqslant 1}$ 使得

$$F_t = \mathrm{cl}\{f_t^{(n)} : n \geqslant 1\}, \quad w \in \Omega, \quad t \in \mathbf{R}^+. \tag{3.7.5}$$

证明 设 $\{\varphi_n : n \geqslant 1\}$ 为定理 3.7.1 给出的 $\mathbf{P}_f(X)$ 上的可测选择算子, 任给 $t \in \mathbf{R}^+, n \geqslant 1$, 令

$$f_t^{(n)} = \varphi_n(F_t).$$

则依平稳随机过程的定义易证 $\{f_t^{(n)} : t \in \mathbf{R}^+\}_{n \geqslant 1}$ 为一列满足 (3.7.5) 的平稳选择.

最后讨论集值马尔可夫过程的选择问题. 实际上, 所谓集值马尔可夫过程 (定义 3.1.4) 也可直接看作概率空间 $(\Omega, \mathbf{A}, \mu)$ 上以 $(\mathbf{P}_f(X), \mathbf{B}_l(\mathbf{P}_f(X)))$ 为状态空间的马尔可夫过程, 因此有关的经典结论 (如马氏过程的等价条件) 均可直接套用. 设 $\mathbf{B}(X)$ 为 X 上的 Borel σ 代数, 用 $(X^N, \mathbf{B}_X^N)$ 表示可列个可测空间 $(X, \mathbf{B}(X))$ 的乘积可测空间.

定理 3.7.5 设 $\{F_t, t \in \mathbf{R}^+\}$ 为集值马尔可夫过程, 则必然对于 $\mathbf{A}_t = \sigma(F_s, s \leqslant t)$, 存在一列向量值的随机过程 $\{f_t^{(n)} : t \in \mathbf{R}^+\}$, 使得

$$F_t = \mathrm{cl}\{f_t^{(n)} : n \geqslant 1\}, w \in \Omega, t \in \mathbf{R}^+, \tag{3.7.6}$$

且若令 $x_t = (f_t^{(1)}, f_t^{(2)}, \cdots, f_t^{(n)}, \cdots)$, 则 $\{x_t : t \in \mathbf{R}^+\}$ 是以 $(X^N, \mathbf{B}_X^N)$ 为状态空间, $\{\mathbf{A}_t : t \in \mathbf{R}^+\}$ 为参考族的马氏过程.

证明 设 $\{\varphi_n : n \geqslant 1\}$ 是定理 3.7.1 给出的 $\mathbf{P}_f(X)$ 上的一列可测选择算子, 令

$$f_t^{(n)} = \varphi_n(F_t), n \geqslant 1, t \in \mathbf{R}^+.$$

则 $\{f_t^{(n)} : t \in \mathbf{R}^+\}_{n \geqslant 1}$ 是一列向量值适应过程, 且满足 (3.7.6). 为证 $\{x_t : t \in \mathbf{R}^+\}$ 是马氏过程, 仅需证明任给有界可测函数 $h : (X^N, \mathbf{B}_X^N) \to \mathbf{R}$, 任给 $t > s \in \mathbf{R}^+$, 有

$$E[h(x_t)|\mathbf{A}_s] = E[h(x_t)|\sigma(x_s)]. \tag{3.7.7}$$

定义映射 $H : (\mathbf{P}_f(X), \mathbf{B}_l(\mathbf{P}_f(X))) \to \mathbf{R}$ 如下:

$$H(A) = h(\varphi_1(A), \varphi_2(A), \cdots, \varphi_n(A), \cdots), A \in \mathbf{P}_f(X).$$

则 $H(\cdot)$ 是 $(\mathbf{P}_f(X), \mathbf{B}_l(\mathbf{P}_f(X)))$ 上的有界可测函数, 且由 $\{F_t : t \in \mathbf{R}^+\}$ 是马氏过程可得,

$$E[H(F_t)|\mathbf{A}_s] = E[H(F_t)|\sigma(F_s)] \text{ a.e.},$$

即 $E[h(x_t)|\mathbf{A}_s] = E[h(x_t)|\sigma(F_s)]$ a.e.. 但由于

$$F_s = \mathrm{cl}\{f_s^{(n)} : n \geqslant 1\}, w \in \Omega,$$

因此 $\sigma(F_s) = \sigma(f_s^{(n)} : n \geqslant 1) = \sigma(x_s)$ 从而 (3.7.7) 成立, 定理得证.

注 1 根据上述定理, $\{F_t : t \in \mathbf{R}^+\}$ 的统计特性由可数个向量值随机过程 $\{f_t^{(n)} : n \geqslant 1\}$ 的统计规律确定, 因此我们把上述定理称作集值马氏过程的离散化定理.

注 2 设 Z 为正整数的有限子集, 若集值马氏过程 $\{F_t : t \in \mathbf{R}^+\}$ 在 Z 中取值, 则上述定理给出的 $\{x_t : t \in \mathbf{R}^+\}$ 就是一个以 Z^N 为状态空间的无穷质点马氏过程模型.

§3.8 第三章注记

1997 年 Wang-Wang[335] 研究了集值平稳过程, 1994 年 Gao-Zhang[109] 与 1996 年 Xue[346] 研究了集值 Markov 过程. 关于离散的集值 Markov 过程可参见文献 [123] 与 [204]. 集值随机过程的可分性与可测性的研究可参见文献 [390].

众所周知, 不等式在极限定理的证明中起了重要作用. 从前面的大数定律与中心极限定理的证明可以看出关于集合的 Shapley-Folkman 不等式的重要性. 关于该不等式的进一步参考文献参见 [6]. 1975 年 Artstein 与 Vitale[13] 首次在基础空间为 R^d 的情况下证明了独立同分布的紧集值随机变量序列在 Hausdorff 意义下的强大数定律, 将其结果推广到一般的 Banach 空间的情况可参见文献 [113], [136], [277]. Taylor 及其他的同事在大数定律的研究中做出了贡献 [310]. 1985 年 Taylor 和 Inoue 证明了独立非同分布的紧集值随机变量的强大数定律与加权和的大数定律 [311,312], 进一步关于集值随机变量序列的大数定律的综述可参见文献 [313].

对于一般闭 (非紧) 集值随机变量的研究, 可能首先是 1981 年由 Artstein 和 Hart 在 [10] 中就 R^d 的情形给出了闭 (非紧) 集值随机变量在 Painlevé-Kuratowski 意义下 (Kuratowski-Mosco 收敛在 R^d 中的特殊情形在一些文献上被称为 Painlevé-Kuratowsk 收敛) 的大数定律. Hiai[137] 在 1985 年证明了 Banach 空间上的闭 (非紧) 集值随机变量在 Kuratowski-Mosco 意义下的大数定律.

取有限个的集合值的集值随机变量的中心极限定理由 Cressie[76] 给出. 更一般情况的情形可参见文献 [214], [215]. $C(S)$ 值的中心极限定理 (引理 3.6.3 及附录) 参见文献 [159], 在此基础上得到的集值随机变量序列的中心极限定理 (本书定理 3.6.5 与 3.6.6) 参见文献 [113]. 集值高斯分布的表示定理参见文献 [215], 但本书给出了简单的证明.

集值随机变量序列的大数定律及中心极限定理的进一步讨论及应用可参见最近的文献 [201], [232].

引理 3.6.3 的附录

设 (B,d) 是可分的距离空间, $\mathcal{B}(B)$ 表示 B 上的 Borel 域, $\mathcal{P}(B)$ 表示 $(B,\mathcal{B}(B))$ 上所有概率测度所成的空间, $C(B)$ 表示 B 上所有有界连续函数全体所成空间, 且赋予一致收敛范数, 即对于 $f\in C(B)$, $\|f\|=\sup_{x\in B}|f(x)|$.

定义 A.1 $\{P_n\}\subset\mathcal{P}(B)$ 被称为弱收敛于一 $\mathcal{P}(B)$ 的元 P, 如果对任意 $f\in C(B)$,

$$\lim_{n\to\infty}\int_B f(x)P_n(\mathrm{d}x)=\int_B f(x)P(\mathrm{d}x).$$

记作 $P_n \Rightarrow_n P$.

定义 A.2 概率测度族 $\Lambda \subset \mathcal{P}(B)$ 被称为胎紧的 (tight), 如果对于任给 $\varepsilon > 0$, 存在紧集 $K \subset B$ 使得 $\inf_{P\in\Lambda} P(K) \geqslant 1-\varepsilon$.

定理 A.3 (1) 概率测度族 $\Lambda \subset \mathcal{P}(B)$ 是胎紧的, 则 Λ 在 $\mathcal{P}(B)$ 中是相对紧的, 即, 对任意概率测度序列 $\{P_n\} \subset \Lambda$, 总存在其子序列 $\{P_{n_i}\}$ 及 $Q \in \mathcal{P}(B)$ 使得 $P_{n_i} \Rightarrow_i Q$.

(2) 如果 (B,d) 是完备的, (1) 的逆命题也成立.

定理 A.4 设 (S,ρ) 是一紧距离空间, $(\Omega, \mathbf{A}, \mu)$ 为完备的概率空间, $\{F_n\}$ 是一 $C(S)$ 值随机变量族, 对于任意 $\eta > 0$, 满足

$$\lim_{\delta\downarrow 0}\sup_n \mu\left(\sup_{\rho(s,t)<\delta}|F_n(s)-F_n(t)|>\eta\right)=0, \tag{A.1}$$

则由 $\{F_n\}$ 在 $(C(S), \mathcal{B}(C(S)))$ 导出的概率测度 $\{P^{F_n}\}$ 是胎紧的.

证明 对于任意给定 $\varepsilon > 0$, 由 (A.1) 知, 可选择 $\delta_1 > \delta_2 > \cdots \to 0$ 使得

$$\sup_n P^{F_n}\left(\sup_{\rho(s,t)<\delta_k}|x(s)-x(t)|>\frac{1}{k}\right)\leqslant\frac{\varepsilon}{2^{k+1}}.$$

记

$$A_k=\left\{x\in C(S):\sup_{\rho(s,t)<\delta_k}|x(s)-x(t)|\leqslant\frac{1}{k}\right\}$$

及 $K=\bigcap\limits_{k=1}^{\infty}A_k$, 则对任意 $\geqslant 1$, 有

$$\begin{aligned}P^{F_n}(K)&=1-P^{F_n}(K^c)\\&\geqslant 1-\sum_{k=1}^{\infty}P^{F_n}(A_k)\geqslant 1-\varepsilon,\end{aligned}$$

且由 Ascoli-Arzela 定理知, K 在 $C(S)$ 中是紧的. 因此 $\{P^{F_n}\}$ 在 $\mathcal{P}(C(S))$ 中胎紧.

推论 A.5 在定理 A.4 的假设下, 进一步假定 F 是一 $C(S)$ 值随机变量, 且对于任意 $s_1,\cdots,s_l \in S$, $l \in \mathbb{N}$, $(F_n(s_1),\cdots, F_n(s_l))$ 的分布收敛于 $(F(s_1),\cdots,F(s_l))$ 的分布, 则 P^{F_n} 在 $\mathcal{P}(C(S))$ 中弱收敛于 P^F.

证明(反证法) 假定结论错误, 则可选择 $\{P^{F_n}\}$ 的子序列, 仍记为 $\{P^{F_n}\}$, 及 $f \in C(C(S))$, 对于 $\varepsilon > 0$, 使得

$$\left|\int_{C(S)}f(x)P^{F_n}(\mathrm{d}x)-\int_{C(S)}f(x)P^F(\mathrm{d}x)\right|>\varepsilon,\quad n\in\mathbb{N}. \tag{A.2}$$

由于 $\{P^{F_n}\}$ 在 $\mathcal{P}(C(S))$ 中是相对紧的, 则存在一子序列 $\{P^{F_{n_i}}\}$ 及 $Q \in \mathcal{P}(C(S))$ 使得 $P^{F_{n_i}}$ 在 $\mathcal{P}(C(S))$ 弱收敛于 Q. 因此 $(F_{n_i}(s_1), \cdots, F_{n_i}(s_l))$ 的分布收敛于 P^F 与 Q 的有限维分布. 因此 $P^F = Q$, 且

$$\lim_{i\to\infty} \int_{C(S)} f(x) P^{F_{n_i}}(\mathrm{d}x) = \int_{C(S)} f(x) Q(\mathrm{d}x) = \int_{C(S)} f(x) P^F(\mathrm{d}x).$$

这与式 (A.2) 矛盾, 定理证毕.

为完成引理 3.6.3 的证明, 还需要如下两个定理.

引理 A.6 设 F 是 $C(S)$ 值随机变量, 且

(i) 存在 $[0,\infty]$ 上的非增函数 ϕ, $\phi(0)=1$, $\lim\limits_{\xi\to\infty}\phi(\xi)=\phi(\infty)=0$ 且

$$P(|F(s)-F(t)|>\lambda) \leqslant \phi\left(\frac{\lambda}{\rho(s,t)}\right), \tag{A.3}$$

(ii) 存在序列 $\{b_n\} \subset [0,\infty)$ 使得 $\sum\limits_{n=1}^{\infty} b_n < \infty$, 且

$$\sum_{n=1}^{\infty} N(S,\rho,2^{-n})^2 \phi(b_n 2^{n-2}) < \infty. \tag{A.4}$$

则对于任意给定 $\varepsilon>0$, $\eta>0$, 存在 $\delta>0$(与 ε, η 有关) 使得

$$P\left(\sup_{\rho(s,t)\leqslant\delta} |F(s)-F(t)| \geqslant \eta\right) < \varepsilon. \tag{A.5}$$

证明 由 $N(S,\rho,2^{-n})$ 的定义知, 存在 S 的一 2^{-n} 网 A_n 使得 $\mathrm{Card}(A_n) = N(S,\rho,2^{-n})$. 设

$$\Lambda_n = \left\{ \sup_{\substack{s,t\in A_{n-1}\bigcup A_n \\ \rho(s,t)\leqslant 3\cdot 2^{-n}}} |F(s)-F(t)| > b_n \right\}.$$

则由 (A.3) 得

$$P(\Lambda_n) < 4N(S,\rho,2^{-n})^2\phi(2^{n-2}b_n).$$

给定 ε,η, 选取 $n_0 \in \mathbf{N}$ 使得

$$\sum_{n=n_0}^{\infty} b_n < \frac{\eta}{3}, \qquad \sum_{n=n_0}^{\infty} N(S,\rho,2^{-n})^2\phi(2^{n-2}b_n) < \frac{\varepsilon}{4}.$$

记 $\Lambda = \bigcup\limits_{n=n_0}^{\infty} \Lambda_n$, 则有

$$P(\Lambda) \leqslant \sum_{n=n_0}^{\infty} P(\Lambda_n) < \varepsilon.$$

因此, 只需证明

$$\Lambda^c \subset \left\{ \sup_{\rho(s,t)\leqslant\delta} |F(s)-F(t)| \leqslant \eta \right\}, \tag{A.6}$$

其中 $\delta = 2^{-n_0}$. 为此, 设 $s,t\in S$ 使得 $\rho(s,t)\leqslant\delta$, 则存在 $s_n, t_n \in A_n$ 使得 $\rho(s_n,s)\leqslant 2^{-n}$ 且 $\rho(t_n,t)\leqslant 2^{-n}$. 故, 当 $n\geqslant n_0$, 有

$$\begin{aligned}
&\rho(s_{n_0},t_{n_0}) \leqslant \rho(s_{n_0},s)+\rho(s,t)+\rho(t,t_{n_0}) \leqslant 3\cdot 2^{-n_0},\\
&\rho(s_n,s_{n+1}) \leqslant 2\cdot 2^{-n},\\
&\rho(t_n,t_{n+1}) \leqslant 2\cdot 2^{-n}.
\end{aligned}$$

由于 $\lim\limits_{n\to\infty} F(s_n) = F(s)$ 且 $\lim\limits_{n\to\infty} F(t_n)=F(t)$, 则对 $w\in\Lambda^c$,

$$\begin{aligned}
|F(s)-F(t)| \leqslant\ & |F(s_{n_0})-F(t_{n_0})| + \sum_{n=n_0}^{\infty} |F(s_n)-F(s_{n+1})|\\
&+\sum_{n=n_0}^{\infty} |F(t_n)-F(t_{n+1})|\\
\leqslant\ & 3\sum_{n=n_0}^{\infty} b_n < \eta.
\end{aligned}$$

引理 A.7 设 $\{Z_n\}$ 是 $C(S)$ 值随机变量序列, 且任意给定 $\varepsilon>0,\eta>0$, 存在 $\delta>0$, 使得

$$\sup_{\rho(s,t)\leqslant\delta} \sup_n P(|Z_n(s)-Z_n(t)|\geqslant\eta)\leqslant\varepsilon. \tag{A.7}$$

又设 μ_n 与 ν_n 分别是由 Z_n 与 $-Z_n$ 在 $C(S)$ 上导出的分布, 则 $\{\mu_n * \nu_n\}$ 的胎紧性意味着序列 $\{\mu_n\}$ 的胎紧性.

证明 由文献 [272], p.59, 定理 2.2 知, $\{\mu_n*\nu_n\}$ 的胎紧性意味着存在一序列 $\{h_n\}\subset C(S)$ 使得 $\{Z_n-h_n\}$ 的分布 $\mathcal{P}(C(S))$ 中是胎紧的. 现证明 $\{h_n\}$ 是等度连续的. 为此, 设 $0<\varepsilon<1/2$ 且 $\eta>0$, 则由 (A.7) 与 $\{Z_n-h_n\}$ 的分布的胎紧性知, 存在 $\delta_1=\delta_1(\varepsilon,\eta)>0$ 使得当 $\rho(s,t)\leqslant\delta_1$ 时, 有

$$P\left(|Z_n(s)-Z_n(t)|>\frac{\eta}{4}\right)\leqslant\varepsilon,$$

$$P\left(|Z_n(s)-h_n(s)-Z_n(t)+h_n(t)|>\frac{\eta}{4}\right)\leqslant\varepsilon.$$

故

$$|Z_n(s)-Z_n(t)|\leqslant\frac{\eta}{4},$$

且

$$|Z_n(s) - h_n(s) - Z_n(t) + h_n(t)| \leqslant \frac{\eta}{4}$$

在一正的概率测度集上成立, 从而对任意 n, 有

$$|h_n(s) - h_n(t)| \leqslant \frac{\eta}{2}.$$

现设 $\eta > 0$ 且 $\varepsilon > 0$, 选取 $0 < \delta < \delta_1(\varepsilon, \eta)$ 使得

$$P\left(\sup_{\rho(s,t)<\delta} |Z_n(s) - h_n(s) - Z_n(t) + h_n(t)| > \frac{\eta}{2}\right) \leqslant \varepsilon.$$

则由式 (A.7) 得

$$P\left(\sup_{\rho(s,t)<\delta} |Z_n(s) - Z_n(t)| > \eta\right) \leqslant \varepsilon,$$

引理即证.

一列实值随机变量 $\{\varepsilon_n\}$ 被称为是 Rademacher 序列, 如果它们是独立同分布的且其分布为 $P(\varepsilon_n = 1) = P(\varepsilon_n = -1) = 1/2$. 下式是一常用的估计

$$E[e^{\gamma}] = \cosh\gamma \leqslant e^{\gamma^2/2}, \qquad \gamma \in \mathbf{R}. \tag{A.8}$$

引理 3.6.3 的证明　**第一步**　设 $(\Omega_1 \times \Omega_2, \mathbf{A}_1 \times \mathbf{A}_2, P_1 \times P_2)$ 是概率乘积空间, 使得 $F, F_1, F_2, \cdots$ 是 $C(S)$ 值定义在 $(\Omega_1, \mathbf{A}_1, P_1)$ 上的独立同分布的随机变量, $\{\varepsilon_n\}$ 是定义在 $(\Omega_2, \mathbf{A}_2, P_2)$ 上的一 Rademacher 序列. E^{P_1} 与 E^{P_2} 分别表示关于 P_1 与 P_2 的期望. 由假设 (3) 知, 可选取 $(\Omega_1, \mathbf{A}_1, P_1)$ 上的独立同分布的随机变量序列 $M, M_1, M_2, \cdots$ 使得 $0 < v := E^{P_1}[M^2] < \infty$, 且对于任意 $k \geqslant 1$,

$$|F_k(w_1, s) - F_k(w_1, t)| \leqslant M_k(w_1)\rho(s,t) \quad \text{a.e.}(P_1).$$

取定 $\varepsilon > 0$, 则由 Kolmogorov 强大数定律知, 存在 $n_0 \in \mathbf{N}$, $\Omega_{1,\varepsilon} \subset \Omega_1$, $P(\Omega_{1,\varepsilon}) \geqslant 1 - \dfrac{\varepsilon}{2}$ 使得

$$\frac{1}{n}\sum_{k=1}^{n} M_k(w_1)^2 \leqslant \frac{4v}{3}, \quad w_1 \in \Omega_{1,\varepsilon}, \quad n \geqslant n_0. \tag{A.9}$$

第二步　首先假设 F 的分布是对称的, 即 $P^F = P^{-F}$. 此时 $(\Omega_1, \mathbf{A}_1, P_1)$ 上的序列 $\{F_n\}$ 与 $(\Omega_1 \times \Omega_2, \mathbf{A}_1 \times \mathbf{A}_2, P_1 \times P_2)$ 上的序列 $\{\varepsilon_n F_n\}$ 具有相同的分布. 为此, 只需就序列 $\{\varepsilon_n F_n\}$ 证明引理.

对任意 $w_1 \in \Omega_1$, 定义

$$Z_n(w_1, s) = \frac{1}{\sqrt{n}}\sum_{k=1}^{n} \varepsilon_k F_k(w_1, s).$$

则由 (A.8), (A.9), 得

$$\begin{aligned}E^{P_2}[\exp\{\gamma(Z_n(w_1,s)-Z_n(w_1,t))\}] &\leqslant \exp\left\{\frac{\gamma^2}{2n}\sum_{k=1}^{n}|F_k(w_1,s)-F_k(w_1,t)|^2\right\}\\&\leqslant \exp\left\{\frac{\gamma^2}{2n}\sum_{k=1}^{n}M_k(w_1)^2\rho(s,t)^2\right\}\\&\leqslant \exp\left\{\frac{2\gamma^2}{3}v\rho(s,t)^2\right\},\quad w_1\in\Omega_{1,\varepsilon},\quad n\geqslant n_0.\end{aligned}$$

交换 s 与 t, 对 $Z_n(w_1,t)-Z_n(w_1,s)$ 可得到同样的估计, 从而

$$\begin{aligned}&E^{P_2}\left[\exp\{\gamma|Z_n(w_1,s)-Z_n(w_1,t)|\}\right]\\&\leqslant \exp\left\{\frac{2\gamma^2}{3}v\rho(s,t)^2\right\},\quad w_1\in\Omega_{1,\varepsilon},\quad n\geqslant n_0.\end{aligned}$$

故由 Chebyshev 不等式, 可得

$$P_2\left(|Z_n(w_1,s)-Z_n(w_1,t)|>\lambda\right)\leqslant 2\exp\left\{\frac{2\gamma^2}{3}v\rho(s,t)^2-\lambda\gamma\right\}.$$

令 $\gamma=\dfrac{3\lambda}{4v\rho(s,t)^2}$, 有

$$\begin{aligned}&P_2(|Z_n(w_1,s)-Z_n(w_1,t)|>\lambda)\\&\leqslant 2\exp\left\{-\frac{3\lambda^2}{8v\rho(s,t)^2}\right\},\quad w_1\in\Omega_{1,\varepsilon},\quad n\geqslant n_0.\end{aligned}$$

现在可以应用引理 A.6. 设

$$\phi(\xi)=2\exp\left\{-\frac{3\xi^2}{8v}\right\},$$

$$b_n=\sqrt{v}\max\left\{\frac{(\ln N(s,\rho,2^{-n}))^{1/2}}{2^{n-4}},\frac{1}{n^2}\right\}.$$

由于

$$\int_{0+}(\ln N(S,\rho,\varepsilon))^{1/2}\mathrm{d}\varepsilon<\infty,$$

等价于

$$\sum_{n=1}^{\infty}2^{-n}\left(\ln N(S,\rho,2^{-n})\right)^{1/2}<\infty,$$

则 $\sum\limits_{n=1}^{\infty}b_n<\infty$. 进一步地, 令

$$\Gamma=\left\{n\in\mathbb{N}:\frac{(\ln N(s,\rho,2^{-n}))^{1/2}}{2^{n-4}}\geqslant\frac{1}{n^2}\right\},$$

则

$$\sum_{n\in\Gamma} N(s,\rho,2^{-n})^2\phi(b_n 2^{n-2}) = \sum_{n\in\Gamma} N(s,\rho,2^{-n})^{-4} < \infty,$$

$$\sum_{n\notin\Gamma} N(s,\rho,2^{-n})^2\phi(b_n 2^{n-2}) = \sum_{n\notin\Gamma} \exp\left\{-\frac{2^{2n}}{2^6 n^4}\right\} < \infty.$$

因此根据引理 A.6, 对于给定 $\varepsilon > 0, \eta > 0$, 存在 $\delta > 0$(与 ε, η 有关) 使得对任意 $w_1 \in \Omega_1$ 与 $n \geqslant n_0$, 有

$$P_2\left(\sup_{\rho(s,t)\leqslant\delta} |Z_n(w_1,s) - Z_n(w_1,t)| > \eta\right) \leqslant \frac{\varepsilon}{2}.$$

记 $P = P_1 \times P_2$ and $Z_n = \dfrac{1}{\sqrt{n}}\displaystyle\sum_{k=1}^{n} \varepsilon_k F_k$, 则

$$\lim_{\delta\downarrow 0}\sup_{n\geqslant n_0} P\left(\sup_{\rho(s,t)\leqslant\delta} |Z_n(w_1,s) - Z_n(w_1,t)| > \eta\right) = 0.$$

因此, 由定理 A.4, 概率测度 $\{P^{Z_n} : n \geqslant n_0\}$ 在 $(C(S), \mathcal{B}(C(S)))$ 中是胎紧的. 另一方面, 由经典的中心极限定理, 对任意 $\{t_1, t_2, \cdots, t_l\} \subset S$, $l \in \mathbf{N}$, $\{Z_n(t_1), \cdots, Z_n(t_l)\}$ 的 l 维分布收敛于 $\{Z(t_1), \cdots, Z(t_l)\}$ 的分布, 其中 Z 为引理中 $C(S)$ 值高斯分布. 根据推论 A.5, 即得结论.

第三步　在这一步中, 我们应用引理 A.7 完成引理的证明. 与第一步同, $Z_n = \dfrac{1}{\sqrt{n}}\displaystyle\sum_{k=1}^{n} F_k$ 满足

$$E[(Z_n(s) - Z_n(t))^2] = E[(F(s) - F(t))^2] \leqslant v\rho(s,t)^2,$$

再应用 Chebyshev 不等式可得 (A.7). 设 $\{F'_n : n \in \mathbf{N}\}$ 是序列 $\{F_n : n \in \mathbf{N}\}$ 的复制, 且记 $Z'_n = \dfrac{1}{\sqrt{n}}\displaystyle\sum_{k=1}^{n} F'_k$. 由于 $\{(F_n - F'_n)/2 : n \in \mathbf{N}\}$ 是独立同分布的随机变量序列且具有对称分布 $P^F \times P^{-F}$, 则由第二步知序列 $\{Z_n - Z'_n : n \in \mathbf{N}\}$ 的分布是胎紧的. 因此根据引理 A.7 知, $\{Z_n : n \in \mathbb{N}\}$ 的分布在 $\mathcal{P}(C(S))$ 中也是胎紧的. 又由于 $\{Z_n : n \in \mathbf{N}\}$ 的任意有限维分布都收敛于高斯随机变量 Z 的分布, 根据经典大数定律与推论 A.7, 引理得证.

第四章　集值鞅及其收敛性

§4.1　集值鞅、上鞅与下鞅的定义及基本性质

设 X 为可分的 Banach 空间, 对偶空间为 X^*. $(\Omega, \mathbf{A}, \mu)$ 是完备概率空间, $\{\mathbf{A}_n : n \geqslant 1\}$ 是$\mathbf{A}$的完备且单调上升 σ 代数列, 且 $\mathbf{A} = \mathbf{A}_\infty = \bigvee_{n=1}^{\infty} \mathbf{A}_n$.

定义 4.1.1　设 $\{F_n : n \geqslant 1\}$ 是一随机集列, 若有 $F_n \in \mu[\Omega, \mathbf{A}_n, \mu; X], n \geqslant 1$, 则称 $\{F_n, \mathbf{A}_n : n \geqslant 1\}$ 是适应随机集列或集值适应列. 又若有 $S^1_{F_n}(\mathbf{A}_n) \neq \varnothing, n \geqslant 1$, 则称 $\{F_n, \mathbf{A}_n : n \geqslant 1\}$ 是适应可积随机集列.

定义 4.1.2　设 $\{F_n, \mathbf{A}_n : n \geqslant 1\}$ 是适应可积随机集列, 称 $\{F_n, \mathbf{A}_n : n \geqslant 1\}$ 是集值鞅 (上鞅、下鞅), 若有

$$E[F_{n+1}|\mathbf{A}] = (\subset, \supset)F_n \quad \text{a.e.} \quad n \geqslant 1.$$

例 4.1.1　设 $\{\xi_n, \mathbf{A}_n : n \geqslant 1\}$ 是实值非负可积适应列, 若令 $F_n = [0, \xi_n], n \geqslant 1$, 由于

$$E[F_{n+1}|\mathbf{A}_n] = [0, E[\xi_{n+1}|\mathbf{A}_n]], n \geqslant 1,$$

所以 $\{F_n, \mathbf{A}_n : n \geqslant 1\}$ 为 $\mathbf{R}^1$ 上的集值鞅 (上鞅、下鞅) 的充要条件是 $\{\xi_n, \mathbf{A}_n : n \geqslant 1\}$ 是实值鞅 (上鞅、下鞅).

注 1　设 $(J, \leqslant)$ 是一向右定向集, $\{\mathbf{A}_t : t \in J\}$ 是 $\mathbf{A}$ 的上升子 σ 代数族, 则可类似地定义以 J 为指标集的集值鞅 (上鞅、下鞅).

注 2　在下面的讨论中, 若不作特殊的说明, 上升子 σ 代数列总是取定为 $\{\mathbf{A}_n : n \geqslant 1\}$, 此时为叙述简便, 常将其省略, 如将 $\{F_n, \mathbf{A}_n : n \geqslant 1\}$ 简记作 $\{F_n : n \geqslant 1\}$.

注 3　若 $\{F_n : n \geqslant 1\}$ 是 $\mathbf{P}_{fc}(X)$ 值适应可积随机集列, 则由定理 2.4.11 知

$$E[F_{n+1}|\mathbf{A}_n] = (\subset, \supset)F_n \quad \text{a.e.}, n \geqslant 1$$

与

$$E[F_m|\mathbf{A}_n] = (\subset, \supset)F_n \quad \text{a.e.}, m \geqslant n \geqslant 1$$

为等价, 有反例表明对 $F \in \mathbf{L}^1_f[\Omega, X]$, 定理 2.4.11 不再成立, 所以对 $\mathbf{P}_f(X)$ 值适应可积随机集列, 一般不再具有上述的等价性.

定理 4.1.1 设 $\{F_n : n \geqslant 1\}$ 是集值适应列, 若满足下述条件之一

(1) $F_n \in \mathbf{L}_s^1[\Omega, \mathbf{A}_n, \mu; X]$,

(2) X^* 可分且 $F_n \in \mathbf{L}_{fc}^1[\Omega, \mathbf{A}_n, \mu; X], n \geqslant 1$,

则 $\{F_n : n \geqslant 1\}$ 是集值鞅 (上鞅、下鞅) 的充要条件是

$$\mathrm{cl}\int_A F_{n+1}\mathrm{d}\mu = (\subset, \supset)\mathrm{cl}\int_A F_n \mathrm{d}\mu, A \in \mathbf{A}_n, n \geqslant 1.$$

证明 当定理所给的条件 (1) 或 (2) 满足时, 由定理 2.4.14 或定理 2.4.15 知 $E[F_{n+1}|\mathbf{A}]$ 由下式唯一确定

$$\mathrm{cl}\int_A E[F_{n+1}|\mathbf{A}_n]\mathrm{d}\mu = \mathrm{cl}\int_A F_{n+1}\mathrm{d}\mu, A \in \mathbf{A}_n.$$

于是由定理 2.3.10 及其推论即知结论成立.

设 $\{F_n : n \geqslant 1\}$ 是集值适应列, 其对应的实值适应列 $\{\sigma(\cdot, F_n) : n \geqslant 1\}, \{d(\cdot, F_n) : n \geqslant 1\}$ 等实值特征序列常称为 $\{F_n : n \geqslant 1\}$ 的伴随过程. 集值鞅、上 (下) 鞅与其伴随过程间的基本关系如下所述.

定理 4.1.2 设 $\{F_n : n \geqslant 1\}$ 是集值适应列,

(1) 若 $\{F_n : n \geqslant 1\}$ 是集值上鞅, 则对任意的 $x \in X, \{d(x, F_n) : n \geqslant 1\}$ 是实值下鞅;

(2) 若 $\{F_n : n \geqslant 1\}$ 是集值下鞅, 则对任意的 $x \in X, \{h(x, F_n) : n \geqslant 1\}$ 是实值下鞅;

(3) 若对任给的 $x \in X, \{d(x, F_n) : n \geqslant 1\}$ 是实值可积上鞅, 则 $\{F_n : n \geqslant 1\}$ 是集值下鞅.

证明 (1) 由于 $\{F_n : n \geqslant 1\}$ 是集值上鞅, 即

$$E[F_{n+1}|\mathbf{A}_n] \subset F_n \quad \text{a.e.}, n \geqslant 1.$$

于是由定理 2.4.4 及定理 1.2.3 有

$$\begin{aligned} E[d(x, F_{n+1})|\mathbf{A}_n] &\geqslant d(x, E[F_{n+1}|\mathbf{A}_n]) \\ &\geqslant d(x, F_n) \quad \text{a.e.}, n \geqslant 1, \end{aligned}$$

故 $\{d(x, F_n) : n \geqslant 1\}$ 是实值下鞅.

(2) 若 $\{F_n : n \geqslant 1\}$ 是集值下鞅, 即

$$E[F_{n+1}|\mathbf{A}_n] \supset F_n \quad \text{a.e.}, n \geqslant 1.$$

对任给的 $x \in X$, 由推论 2.4.1 知

$$h(x, F_n) \leqslant h(x, E[F_{n+1}|\mathbf{A}_n]) \leqslant E[h(x, F_{n+1})|\mathbf{A}_n] \quad \text{a.e.}, n \geqslant 1,$$

故 $\{h(x,F_n),n\geqslant 1\}$ 是实值下鞅.

(3) 由于 $d(x,F_n)\in L^1,n\geqslant 1$, 所以 $S^1_{F_n}(\mathbf{A}_n)\neq\varnothing,n\geqslant 1$, 故 $\{F_n:n\geqslant 1\}$ 是集值适应可积列, 又由于

$$E[d(x,F_{n+1})|\mathbf{A}_n]\leqslant d(x,F_n)\quad \text{a.e. } x,n\geqslant 1,$$

而由定理 2.4.4 知

$$d(x,E[F_{n+1}|\mathbf{A}_n])\leqslant d(x,F_n)\quad \text{a.e. } x,n\geqslant 1,$$

其中 a.e.x 表示例外集与 x 有关. 因为 X 可分, 设 $\{x_i:i\geqslant 1\}$ 是 X 的稠密集, 则存在零测集 N$\in$$\mathbf{A}$, 使有

$$d(x_i,E[F_{n+1}|\mathbf{A}_n])\leqslant d(x_i,F_n),\ w\in\Omega\backslash N,\ x_i\in X,\ i\geqslant 1.$$

对于固定 A, 由 $a(x,A)$ 关于 x 的连续性可知 $d(x,E[F_{n+1}|\mathbf{A}_n])\leqslant d(x,F_n),w\in\Omega\backslash N,x\in X$. 从而由定理 1.2.3 知 $\{F_n:n\geqslant 1\}$ 是集值下鞅, 定理证毕.

推论 4.1.1 设 $\{F_n:n\geqslant 1\}$ 是集值适应列,

(1) 若 $\{F_n:n\geqslant 1\}$ 是集值上鞅, 则 $\{|F_n|:n\geqslant 1\}$ 是实值下鞅,

(2) 若 $\{F_n:n\geqslant 1\}$ 是集值下鞅, 则 $\{\|F_n\|:n\geqslant 1\}$ 是实值下鞅.

定理 4.1.3 设 $\{F_n:n\geqslant 1\}$ 是 $\mathbf{L}^1_f[\Omega,X]$ 值鞅 (上鞅、下鞅), 则对任意的 $x^*\in X^*,\{\sigma(x^*,F_n):n\geqslant 1\}$ 是实值可积鞅 (上鞅、下鞅).

证明 由定理 2.4.18 即可证明结论成立.

定理 4.1.4 设 X^* 可分, $\{F_n:n\geqslant 1\}$ 是 $\mathbf{L}^1_{fc}[\Omega,X]$ 值适应列, 则下述等价

(1) $\{F_n:n\geqslant 1\}$ 是集值鞅 (上鞅、下鞅);

(2) $x^*\in X^*,\{\sigma(x^*,F_n):n\geqslant 1\}$ 是实值鞅 (上鞅, 下鞅).

证明 由定理 4.1.3 知 (1) $\Rightarrow$ (2) 成立, 只要证明 (2) $\Rightarrow$ (1) 成立即可. 设 (2) 成立, D^* 是 X^* 的可列范稠集, 对任意取定的 $n\geqslant 1$, 存在零测集 $N\in\mathbf{A}_n$, 使有

$$\sigma(x^*,E[F_{n+1}|\mathbf{A}_n])=(\leqslant,\geqslant)\sigma(x^*,F_n),\ w\in\Omega\backslash N,\ x^*\in D^*.$$

于是如同定理 2.4.18 的证明可证

$$\sigma(x^*,E[F_{n+1}|\mathbf{A}_n])=(\leqslant,\geqslant)\sigma(x^*,F_n),\ w\in\Omega\backslash N,\ x^*\in X^*.$$

由分离定理即知有

$$E[F_{n+1}|\mathbf{A}_n]=(\subset,\supset)F_n,\ w\in\Omega\backslash N.$$

故 $\{F_n,n\geqslant 1\}$ 是集值鞅 (上鞅, 下鞅),(1) 成立, 证毕.

定理 4.1.5　设 $\{F_n : n \geqslant 1\}, \{G_n : n \geqslant 1\}$ 是 $\mathbf{L}_f^1[\Omega, X]$ 值鞅, 则 $\{\delta(F_n, G_n) : n \geqslant 1\}$ 是实值可积下鞅.

证明　这时 $\delta(F_n, G_n) \in L^1[\Omega, \mathbf{A}_n, \mu; X]$ 为显然, 由定理 2.4.5 有

$$E[\delta(F_{n+1}, G_{n+1})|\mathbf{A}_n] \geqslant \delta(E[F_{n+1}|\mathbf{A}_n], E[G_{n+1}|\mathbf{A}_n]) = \delta(F_n, G_n) \text{ a.e.}, n \geqslant 1,$$

故结论成立. 证毕.

§4.2　集值鞅 (上鞅、下鞅) 的停止定理

对于结定的上升子 σ 代数列 $\{\mathbf{A}_n : n \geqslant 1\}$, 它的停时全体、有限停时全体和有界停时全体分别记作 $\overline{T}, T_f$ 和 T, 并记

$$T(\sigma) = \{\tau \in T : \tau \geqslant \sigma\}, \sigma \in T.$$

引理 4.2.1　设 $\{F_n : n \geqslant 1\}$ 是 $\mathbf{P}_f(X)$ 值适应列, 则对任意的 $\tau \in T_f, F_\tau = \sum\limits_{n \geqslant 1} F_n \chi_{(\tau=n)}$ 为 $\mathbf{A}_\tau$ 可测.

证明　对任意的 $x \in X$, 因为

$$d(x, F_\tau) = \sum_{n \geqslant 1} d(x, F_n) \chi_{(\tau=n)}$$

为 $\mathbf{A}_\tau$ 可测, 于是由定理 2.1.3 知 F_τ 为 $\mathbf{A}_\tau$ 可测, 证毕.

引理 4.2.2　设 $\{F_n : n \geqslant 1\}$ 是 $\mathbf{L}_{fc}^1[\Omega, X]$ 值鞅 (上鞅、下鞅), 则对任意的 $\tau \in T$, 有

$$E[F_\tau|\mathbf{A}_n] = (\subset, \supset) F_{\tau \wedge n}, \quad \text{a.e.} \quad (n \geqslant 1). \tag{4.2.1}$$

证明　设 $\{F_n : n \geqslant 1\}$ 是鞅, 对任给的 $\tau \in T$, 有 $b = \sup\limits_w \tau(w) < \infty$, 知 $(\tau < b) \in \mathbf{A}_{b-1}$, 从而有 $(\tau = b) \in \mathbf{A}_{b-1}$. 当 $n \geqslant b$ 时 (4.2.1) 式为显然, 所以不妨设 $n < b$. 因为

$$F_\tau = F_b \chi_{(\tau=b)} + F_{\tau \wedge (b-1)} \chi_{(\tau<b)},$$

而 $\chi_{(\tau=b)}$ 和 $\chi_{(\tau<b)}$ 均为 $\mathbf{A}_{b-1}$ 可测, 且 $F_{\tau \wedge (b-1)}$ 也为 $\mathbf{A}_{b-1}$ 可测, 故由定理 2.4.6 和定理 2.4.7 有

$$E[F_\tau|\mathbf{A}_{b-1}] = E[F_b|\mathbf{A}_{b-1}] \chi_{(\tau=b)} + F_{\tau \wedge (b-1)} \chi_{(\tau<b)}.$$

于是由定理 2.4.11 并依次递推即可得.

$$\begin{aligned} E[F_\tau|\mathbf{A}_n] &= E[E[F_\tau|\mathbf{A}_{b-1}]|\mathbf{A}_n] \\ &= E[E[F_b|\mathbf{A}_{b-1}] \chi_{(\tau=b)} + F_{\tau \wedge (b-1)} \chi_{(\tau<b)}|\mathbf{A}_n] \end{aligned}$$

$$= E[F_{b-1}\chi_{(\tau=b)} + F_{\tau\wedge(b-1)}\chi_{(\tau<b)}|\mathbf{A}_n]$$
$$= E[F_{\tau\wedge(b-1)}|\mathbf{A}_n] = \cdots$$
$$= E[F_{\tau\wedge n}|\mathbf{A}_n] = F_{\tau\wedge n} \quad \text{a.e.}$$

(4.2.1) 式成立, 对上鞅和下鞅情形可类似地证明之, 证毕.

引理 4.2.3 设 $F \in \mathbf{L}^1_{fc}[\Omega, X]$, 则对任意的 $\tau \in T$, 有

$$E[F|\mathbf{A}_\tau] = \sum_{n\geqslant 1} E[F|\mathbf{A}_n]\chi_{(\tau=n)} \quad \text{a.e..}$$

证明 对任给的 $f \in S^1_F$, 有

$$E[f|\mathbf{A}_\tau] = \sum_{n\geqslant 1} E[f|\mathbf{A}_n]\chi_{(\tau=n)} \in S^1_{\sum\limits_{n\geqslant 1} E[F|\mathbf{A}_n]\chi_{(\tau=n)}}(\mathbf{A}_\tau)$$

为显然. 由 $f \in S^1_F$ 的任意性即知有

$$S^1_{E[F|\mathbf{A}_\tau](A_\tau)} \subset S^1_{\sum\limits_{n\geqslant 1} E[F|\mathbf{A}_n]\chi_{(\tau=n)}}(\mathbf{A})_\tau.$$

而另一方面, 对任意的 $f \in S^1_{\sum\limits_{n\geqslant 1} E[F|\mathbf{A}_n]\chi_{(\tau=n)}}(\mathbf{A}_\tau)$, 在集合 $(\tau = n)$ 上有 $f \in E[F|\mathbf{A}_n]$ a.e., 故可选取 $\{g^k_n : n \geqslant 1\} \subset S^1_F$, 满足

$$E(\|E[g^k_n|\mathbf{A}_n] - f\|\chi_{(\tau=n)}) < \frac{1}{2^{(n+k)}}, n \geqslant 1, k \geqslant 1.$$

令

$$g_k = \sum_{n\geqslant 1} E[g^k_n|\mathbf{A}_n]\chi_{(\tau=n)}, k \geqslant 1.$$

则 $g_k \in S^1_{E[F|\mathbf{A}_\tau]}(\mathbf{A}_\tau), k \geqslant 1$, 且有

$$E(\|g_k - f\|) < \frac{1}{2^k} \to 0, k \to \infty.$$

这表明 $f \in S^1_{E[F|\mathbf{A}_\tau]}(\mathbf{A}_\tau)$. 由 $f \in S^1_{\sum\limits_{n\geqslant 1} E[F|\mathbf{A}_n]\chi_{(\tau=n)}}(\mathbf{A}_\tau)$ 的任意性知

$$S^1_{\sum\limits_{n\geqslant 1} E[F|\mathbf{A}_n]\chi_{(\tau=n)}}(\mathbf{A}_\tau) \subset S_{E[F|\mathbf{A}_\tau]}(\mathbf{A}_\tau).$$

由此知

$$E[F|\mathbf{A}\tau] = \sum_{n\geqslant 1} E[F|\mathbf{A}_n]\chi_{(\tau=n)} \quad \text{a.e.,}$$

证毕.

定理 4.2.1(Doob 停止定理) 设 $\{F_n : n \geqslant 1\}$ 是 $\mathbf{L}^1_{fc}[\Omega, X]$ 值鞅 (上鞅, 下鞅), 则对任意的 $\sigma, \tau \in T$, 若 $\sigma \leqslant \tau$, 则有

$$E[F_\tau|\mathbf{A}_\sigma]=(\subset,\supset)F_\sigma\quad \text{a.e..}$$

证明 这时 $F_\tau\in\mathbf{L}^1_{fc}[\Omega,X]$ 为显然. 设 $\sigma\leqslant k$, 因为 $\sigma\leqslant\tau$, 于是由引理 4.2.3 和引理 4.2.2 有

$$\begin{aligned}E[F_\tau|\mathbf{A}_\sigma]&=\sum_{n=1}^{k}E[F_\tau|\mathbf{A}_n]\chi_{(\sigma=n)}\\&=(\subset,\supset)\sum_{n=1}^{k}F_n\chi_{(\sigma=n)}\\&=F_\sigma\quad \text{a.e.,}\end{aligned}$$

故结论成立, 证毕.

推论 4.2.1(可选采样定理) 设 $\{F_n:n\geqslant 1\}$ 是 $\mathbf{L}^1_{fc}[\Omega,X]$ 值鞅 (上鞅, 下鞅), 则对任意的上升子列 $\{\tau_n:n\geqslant 1\}\subset T,\{F_n,\mathbf{A}_{\tau_n}:n\geqslant 1\}$ 仍是 $\mathbf{L}^1_{fc}[\Omega,X]$ 值鞅 (上鞅、下鞅).

如同实值和向量值情形, 对于一般的非有界停时, 若没有一定的附加条件, 相应的停止定理和可选采样定理不再成立.

引理 4.2.4 设 $\{F_n:n\geqslant 1\}$ 是 $\mathbf{L}^1_{fc}[\Omega,X]$ 值鞅 (上鞅、下鞅), 对任意的 $\tau\in T_f$, 若有 $E||F_\tau||<\infty$, 且

$$\lim_{m\to\infty}\inf E[||F_m||\chi_{(\tau>m)}]=0,$$

则 $E[F_\tau|\mathbf{A}_n]=(\subset,\supset)F_{\tau\wedge n}$ a.e., $n\geqslant 1$.

证明 不妨就鞅情形证明之, 对任意的 $m\geqslant n\geqslant 1$, 由引理 4.2.2 有

$$E[F_{\tau\wedge m}|\mathbf{A}_n]=F_{\tau\wedge n}\quad \text{a.e..}\tag{4.2.2}$$

设 $f\in S^1_{F_\tau}$, 取 $f_n\in S^1_{F_n},n\geqslant 1$, 令

$$g^m=f\chi_{(\tau\leqslant m)}+f_m\chi_{(\tau>m)},m\geqslant n\geqslant 1,$$

则 $g^m\in S^1_{F_{\tau\wedge m}}$. 由 (4.2.2) 式知 $E[g^m|\mathbf{A}_n]\in S^1_{F_{\tau\wedge n}}$. 因为

$$\begin{aligned}\lim_{m\to\infty}\inf E||E[f|\mathbf{A}_n]-E[g_m|\mathbf{A_n}]||&\leqslant\lim_{m\to\infty}\inf E||f-g_m||\\&\leqslant\lim_{m\to\infty}\inf E(||f_m\chi_{(\tau>m)}||+||f\chi_{(\tau>m)}||\\&\leqslant\lim_{m\to\infty}E(||F_m||\chi_{(\tau>m)}+||f||\chi_{(\tau>m)})=0,\end{aligned}$$

由此知 $E[f|\mathbf{A}_n]\in S^1_{F_{\tau\wedge n}}$. 由 $f\in S^1_{F_\tau}$ 的任意性知

$$E[F_\tau|\mathbf{A}_\tau]\subset F_{\tau\wedge n}\quad \text{a.e.}$$

成立. 反之, 对任取的 $f \in S^1_{F_{\tau\wedge n}}(\mathbf{A}_n)$, 由 (4.2.2) 式知, 存在 $g_m \in S^1_{F_{\tau\wedge m}}, m \geqslant n$, 使有 $E||E[g_m|\mathbf{A}_n] - f|| < \dfrac{1}{m}$. 取 $g \in S^1_{F_\tau}$, 并令

$$h_m = g_m\chi_{(\tau\leqslant m)} + g\chi_{(\tau>m)}, m \geqslant n,$$

由 $h_m \in S^1_{F_\tau}, m \geqslant n$, 且有

$$\begin{aligned}
&\lim_{m\to\infty}\inf E||f - E[h_m|\mathbf{A}_n]||\\
\leqslant&\lim_{m\to\infty}\inf\{E||f - E[g_m|\mathbf{A}_n]|| + E(||g_m\chi_{(\tau>m)}|| + ||g\chi_{(\tau>m)}||)\}\\
\leqslant&\lim_{m\to\infty}\inf E(||F_m||\chi_{(\tau>m)} + ||g||\chi_{(\tau>m)}) = 0.
\end{aligned}$$

这表明 $f \in S^1_{E[F_\tau|\mathbf{A}_n]}(\mathbf{A}_n)$, 由 $f \in S^1_{F_{\tau\wedge n}}(\mathbf{A}_n)$ 的任意性知有

$$S^1_{F_{\tau\wedge n}}(\mathbf{A}_n) \subset S^1_{E[F|\mathbf{A}_n]}(\mathbf{A}_n),$$

由此知 $E[F_\tau|\mathbf{A}_n] \supset F_{\tau\wedge n}$, a.e., $n \geqslant 1$ 成立. 对上鞅和下鞅情形可类似地证明之, 证毕.

定理 4.2.2 设 $\{F_n : n \geqslant 1\}$ 是 $\mathbf{L}^1_{fc}[\Omega, X]$ 值鞅 (上鞅, 下鞅), 对任意的 $\sigma, \tau \in T_f, \sigma \leqslant \tau$, 若 $E||F_\tau|| < \infty$, 且

$$\liminf_m E[||F_n||\chi_{(\tau>n)}] = 0,$$

则

$$E[F_\tau|\mathbf{A}_n] = (\subset, \supset)F_\sigma \quad \text{a.e..}$$

证明 用引理 4.2.4 代替引理 4.2.2, 如同定理 4.2.1 的证明即可证明结论成立.

推论 4.2.2 设 $\{F_n : n \geqslant 1\}$ 是 $\mathbf{L}^1_{fc}[\Omega, X]$ 值鞅 (上鞅, 下鞅), 对任意的上升停止时列 $\{\tau_n : n \geqslant 1\} \subset T_f$, 若 $E||F_{\tau_n}|| < \infty, n \geqslant 1$, 且

$$\forall n \geqslant 1, \lim_{m\to\infty}\inf E||F_m||\chi_{(\tau_n>m)} = 0,$$

则 $\{F_{\tau_n}, \mathbf{A}_{\tau_n} : n \geqslant 1\}$ 仍是 $\mathbf{L}^1_{fc}[\Omega, X]$ 值鞅 (上鞅、下鞅).

§4.3 集值鞅的鞅选择、鞅表示与收敛性

定义 4.3.1 设 $\mathbf{F} = \{F_n : n \geqslant 1\}$ 是适应可积随机集列, 称 X 值 Bochner 可积适应列 $\{f_n : n \geqslant 1\}$ 是 $\mathbf{F}$ 的鞅选择, 若有

(1) $f_n \in S^1_{F_n}(\mathbf{A}_n), n \geqslant 1$;

(2) $\{f_n : n \geqslant 1\}$ 是 X 值鞅.

$\mathbf{F}=\{F_n:n\geqslant 1\}$ 的鞅选择全体记作$\mathbf{MS(F)}$或$\mathbf{MS}\langle F_n\rangle$.
若 $\{f_n:n\geqslant 1\}$ 是 $\mathbf{F}$ 的鞅选择, 则记作, $\langle f_n\rangle\in\mathbf{MS(F)}$ 或 $\langle f_n\rangle\in\mathbf{MS}(\langle F_n\rangle)$.

例 4.3.1 设 $\{f_n:n\geqslant 1\}$ 是 X 值鞅, $\{\xi_n:n\geqslant 1\}$ 是非负实值鞅, 令

$$F_n=f_n+\xi_n\cdot\overline{S}(0,1),n\geqslant 1,$$

其中 $\overline{S}(0,1)=\{x\in X:\|x\|\leqslant 1\}$, 则 $F_n\in\mathbf{L}^1_{fc}[\Omega,X],n\geqslant 1,\{F_n:n\geqslant 1\}$ 是 $\mathbf{L}^1_{fc}[\Omega,X]$ 值适应列为显然, 且可以验证有,

$$\begin{aligned}E[F_{n+1}|\mathbf{A}_n]&=E[f_{n+1}|\mathbf{A}_n]+E[\xi_{n+1}|\mathbf{A}_n]\cdot\overline{S}(0,1)\\&=f_n+\xi_n\cdot\overline{S}(0,1)=F_n,\ \text{a.e.},n\geqslant 1,\end{aligned}$$

故 $\{F_n:n\geqslant 1\}$ 是 $\mathbf{L}^1_{fc}[\Omega,X]$ 值鞅. 任取 $x\in\overline{S}(0,1)$, 令

$$g_n=f_n+\xi_nx,$$

则 $g_n\in S^1_{F_n}(\mathbf{A}_n),n\geqslant 1$, 且 $\{g_n:n\geqslant 1\}$ 是 X 值鞅为显然, 由此知 $\langle g_n\rangle\in\mathbf{MS}(\langle F_n\rangle)$.

定理 4.3.1 设 $\mathbf{F}=\{F_n:n\geqslant 1\}$ 是 $\mathbf{L}^1_{fc}[\Omega,X]$ 值适应列, 则下述命题等价:

(1) $\mathbf{F}$是 $\mathbf{L}^1_{fc}[\Omega,X]$ 值鞅;

(2) $E[F_m|\mathbf{A}_n]=F_n$ a.e., $m>n\geqslant 1$;

(3) $S^1_{F_n}(\mathbf{A}_n)=\mathrm{cl}\{E[g|\mathbf{A}_n],g\in S^1_{F_{n+1}}(\mathbf{A}_{n+1})\},n\geqslant 1$;

(4) $S^1_{F_n}(\mathbf{A}_n)=\mathrm{cl}\{g_n:\langle g_k\rangle\in\mathbf{MS(F)}\},n\geqslant 1,(\mathbf{MS(F)}\neq\varnothing)$.

证明 由定义 4.1.1 的注知 (1) 等价于 (2). 由推论 2.2.1 知

$$E[F_{n+1}|\mathbf{A}_n]=F_n\quad\text{a.e.}$$

成立的充分必要条件是

$$S^1_{F_n}(\mathbf{A}_n)=S^1_{E[F_{n+1}|\mathbf{A}_n]}(\mathbf{A}_n).$$

但由定理 2.4.10 有

$$S^1_{E[F_{n+1}|\mathbf{A}_n]}(\mathbf{A}_n)=\mathrm{cl}\{E[g|\mathbf{A}_n]:g\in S^1_{F_{n+1}}(\mathbf{A}_{n+1})\},$$

故 (1) 等价于 (3) 成立. 下面要证明 (3)⇒(4)⇒(3) 成立.

(3)⇒(4) 设 (3) 成立, 对任给的 $\varepsilon>0$ 和 $f_n\in S^1_{F_n}(\mathbf{A}_n)$, 存在 $f_{n+1}\in S^1_{F_{n+1}}(\mathbf{A}_{n+1})$, 使有

$$E\|E[f_{n+1}|\mathbf{A}]-f_n\|\leqslant\frac{\varepsilon}{2^n}.$$

依次递推可得一 X 值适应 Bochner 可积列 $\{f_m : m \geqslant n\}$, 使其满足上式, 对任意取定的 $k \geqslant n$, 考虑序列 $\{E[f_m|\mathbf{A}_k] : m \geqslant k\}$, 因为

$$E||E[f_{m+1}|\mathbf{A}_k] - E[f_m|\mathbf{A}_k]|| = E||E[f_{m+1}|\mathbf{A}_m] - f_m|| \leqslant \frac{\varepsilon}{2^m}, \quad m \geqslant k,$$

所以对任意的 $b \geqslant 1$, 有

$$\begin{aligned}
E||E[f_{m+b}|\mathbf{A}_k] - E[f_m|\mathbf{A}_k]|| &= E||\sum_{i=1}^{b}[E[f_{m+i}|\mathbf{A}_k] - E[f_{m+i-1}|\mathbf{A}_k]]|| \\
&\leqslant \sum_{i=1}^{b} E||E[f_{m+i}|\mathbf{A}_k] - E[f_{m+i-1}|\mathbf{A}_k]|| \\
&\leqslant \sum_{i=1}^{b} E||E[f_{m+i}|\mathbf{A}_{m+i-1}] - f_{m+i-1}|| \\
&\leqslant \sum_{i=1}^{b} \frac{\varepsilon}{2^{m+i-1}} < \frac{\varepsilon}{2^{m-1}} \to 0, \quad m \to \infty.
\end{aligned}$$

故 $\{F[f_m|\mathbf{A}_k] : m \geqslant k\}$ 是 $L^1[\Omega, X]$ 中的 Cauchy 列, 从而存在 $g_k \in L^1[\Omega, X]$ 使有

$$E||E[f_m|\mathbf{A}_k] - g_k|| \to 0, m \to \infty.$$

但 $\{E[f_m|\mathbf{A}_k] : m \geqslant k\} \subset S^1_{F_k}(\mathbf{A}_k)$, 所以 $g_k \in S^1_{F_k}(\mathbf{A}_k)$. 又由于

$$\begin{aligned}
E||g_k - E[g_{k+1}|\mathbf{A}_k]|| &\leqslant E||g_k - E[f_m|\mathbf{A}_k]|| + E||E[f_m|\mathbf{A}_k] - E[g_{k+1}|\mathbf{A}_k]|| \\
&\leqslant ||g_k - E[f_m|\mathbf{A}_k]|| + E||E[f_m|\mathbf{A}_{k+1}] - g_{k+1}|| \to 0 \ (m \to \infty),
\end{aligned}$$

所以有

$$E[g_{k+1}|\mathbf{A}_k] = g_k \text{ a.e.}, k \geqslant n.$$

又令

$$g_k = E[g_n|\mathbf{A}_k], \ k < n,$$

我们就得到了一个 X 值鞅 $\{g_k : k \geqslant 1\}$, 且

$$g_k \in S^1_{F_k}(\mathbf{A}_k), k \geqslant 1,$$

这表明

$$\langle g_k \rangle \in \mathbf{MS}(\mathbf{F}).$$

但由于对固定的 n, 有

$$E||f_n - g_n|| \leqslant \sum_{j=0}^{m-1} E||E[f_{n+j}|\mathbf{A}_n] - E[f_{n+j+1}|\mathbf{A}_n]|| + E||E[f_{m+n}|\mathbf{A}_n] - g_n||.$$

而 $||E[f_{m+n}|\mathbf{A}_n]-g_n||\to 0, m\to\infty$, 所以有

$$\begin{aligned}E||f_n-g_n|| &\leqslant \sum_{j=0}^{\infty} E||E[f_{n+j}|\mathbf{A}_n]-E[f_{n+j+1}|\mathbf{A}_n]|| \\ &\leqslant \sum_{j=0}^{\infty} E||f_{n+j}-E[f_{n+j+1}|\mathbf{A}_{n+j}]|| \\ &\leqslant \sum_{j=0}^{\infty} \frac{\varepsilon}{2^{n+j}}<\varepsilon.\end{aligned}$$

由此知

$$f_n\in \mathrm{cl}\{g_n:\langle g_k\rangle\in \mathbf{MS}(\mathbf{F})\}.$$

于是由 $f_n\in S^1_{F_n}(\mathbf{A}_n)$ 的任意性知

$$S^1_{F_n}(\mathbf{A}_n)\subset \mathrm{cl}\{g_n:\langle g_k\rangle\in \mathbf{MS}(\mathbf{F})\}.$$

而反方向的包含关系是显然的, 故 (4) 成立, (3) $\Rightarrow$ (4) 得证.

(4) $\Rightarrow$ (3)　设 (4) 成立, 则有

$$\begin{aligned}S^1_{F_n}(\mathbf{A}_n) &= \mathrm{cl}\{g_n:\langle g_k\rangle\in \mathbf{MS}(\mathbf{F})\} \\ &= \mathrm{cl}\{E[g_{n+1}|\mathbf{A}_n]:\langle g_k\rangle\in \mathbf{MS}(\mathbf{F})\} \\ &\subset \mathrm{cl}\{E[g|\mathbf{A}_n]:g\in S^1_{F_{n+1}}(\mathbf{A}_{n+1})\}.\end{aligned}$$

再证明反向的包含关系也成立, 任取 $g\in S^1_{F_{n+1}}(\mathbf{A}_{n+1})$, 因为 (4) 成立, 所以有

$$g\in \mathrm{cl}\{g_{n+1}:\langle g_k\rangle\in \mathbf{MS}(\mathbf{F})\}.$$

于是存在一列鞅选择 $\langle g^i_k\rangle, i\geqslant 1$, 使有

$$E||g^i_{n+1}-g||\to 0, i\to\infty,$$

从而有

$$\begin{aligned}E||g^i_n-E[g|\mathbf{A}_n]|| &= E||E[g^i_{n+1}|\mathbf{A}_n]-E[g|\mathbf{A}_n]|| \\ &\leqslant E||g^i_{n+1}-g||\to 0, i\to\infty.\end{aligned}$$

但 $g^i_n\in S^1_{F_n}(\mathbf{A}_n), i\geqslant 1$, 所以上式表明 $E[g|\mathbf{A}_n]\in S^1_{F_n}(\mathbf{A}_n)$, 由此知反向包含关系成立, (4) $\Rightarrow$ (3) 得证, 定理证毕.

定理 4.3.2　设 $\mathbf{F}=\{F_n:n\geqslant 1\}$ 是 $\mathbf{L}^1_{fc}[\Omega,X]$ 值鞅, 则存在 $\{\langle g^i_n\rangle:i\geqslant 1\}\subset \mathbf{MS}(\mathbf{F})$, 使有

$$F_n=\mathrm{cl}\{g^i_n:i\geqslant 1\}\quad \text{a.e.}, n\geqslant 1.$$

证明 对于任意的 $n \geqslant 1$, 由于 $F_n \in \mathbf{L}^1_{fc}[\Omega, X]$, 所以存在 $\{f_{ni} : i \geqslant 1\} \subset S^1_{F_n}(\mathbf{A}_n)$, 使有

$$F_n = \mathrm{cl}\{f_{ni}, i \geqslant 1\}.$$

对于每一个 f_{ni}, 由定理 4.3.1(4) 知存在一列鞅选择

$$\{g_k^{j(n,i)} : k \geqslant 1\}, j(n,i) \geqslant 1$$

使有

$$E||g_n^{j(n,i)} - f_{ni}|| \to 0, j(n,i) \to \infty.$$

于是有

$$F_n = \mathrm{cl}\{g_n^{j(n,i)} : j(n,i) \geqslant 1, i \geqslant 1\}, \quad \text{a.e.}.$$

而 $\{\{g_k^{j(n,i)} : k \geqslant 1\} : j(n,i) \geqslant 1, i \geqslant 1, n \geqslant 1\}$ 是可列个鞅选择列, 将其重新排列后记作 $\{g_n^i : i \geqslant 1\}, n \geqslant 1$, 即知结论成立, 证毕.

定理 4.3.3 设 $\mathbf{A}$ 可分, $\mathbf{F} = \{F_n : n \geqslant 1\}$ 是 $\mathbf{L}^1_{fc}[\Omega, X]$ 值适应列, 则下述命题等价:

(1) $\mathbf{F}$是集值鞅;

(2) 存在 $\{\langle g_n^i \rangle : i \geqslant 1\} \subset \mathbf{MS}(\mathbf{F})$ 使得

$$S^1_{F_n}(\mathbf{A}_n) = \mathrm{cl}\{g_n^i : \langle g_k^i \rangle \in \mathbf{MS}(\mathbf{F}), i \geqslant 1\}.$$

证明 (1) $\Rightarrow$ (2) 设 (1) 成立, 因 $\mathbf{A}$ 可分, 故 $L^1[\Omega, X]$ 是可分的 Banach 空间, 于是对任意的 $n \geqslant 1$, 存在 $\{f_{ni} : i \geqslant 1\} \subset S^1_{F_n}(\mathbf{A}_n)$, 使有 $S^1_{F_n}(\mathbf{A}_n) = \mathrm{cl}\{f_{ni} : i \geqslant 1\}$ 成立, 仿照定理 4.3.2 的证明即可证明 (1) $\Rightarrow$ (2) 成立.

(2) $\Rightarrow$ (1) 设 (2) 成立, 由于

$$\begin{aligned} S^1_{F_n}(\mathbf{A}_n) &= \mathrm{cl}\{g_n^i : \langle g_k^i \rangle \in \mathbf{MS}(\mathbf{F}), i \geqslant 1\} \\ &\subset \mathrm{cl}\{g_n : \langle g_k \rangle \in \mathbf{MS}(\mathbf{F})\} \\ &\subset S^1_{F_n}(\mathbf{A}_n), n \geqslant 1. \end{aligned}$$

故由定理 4.3.1 知 (1) 成立, (2)$\Rightarrow$(1) 成立, 证毕.

定义 4.3.2 设 $\{F_n : n \geqslant 1\}$ 是 $\mathbf{L}^1_{fc}[\Omega, X]$ 值鞅, 若存在 $F \in \mathbf{L}^1_{fc}[\Omega, X]$, 使 $F_n = E[F|\mathbf{A}_n]$ a.e. $n \geqslant 1$, 则称 $\{F_n : n \geqslant 1\}$ 是右闭集值鞅, F 是其右闭元.

定义 4.3.3 设 $\langle g_n \rangle \in \mathbf{MS}(\langle F_n \rangle)$, 若 $\{g_n : n \geqslant 1\}$ 是向量值右闭鞅, 则称 $\{g_n : n \geqslant 1\}$ 是 $\mathbf{F} = \{F_n : n \geqslant 1\}$ 的右闭鞅选择. $\mathbf{F}$ 的右闭鞅选择全体记作 $\mathbf{RMS}(\mathbf{F})$ 或 $\mathbf{RMS}(\langle \mathbf{F}_n \rangle)$. 若 $\{g_n : n \geqslant 1\}$ 是 $\mathbf{F}$ 的右闭鞅选择, 则记作 $\langle g_n \rangle \in \mathbf{RMS}(\mathbf{F})$ 或 $\langle g_n \rangle \in \mathbf{RMS}(\langle \mathbf{F}_n \rangle)$.

定理 4.3.4　设 $\mathbf{F} = \{F_n : n \geqslant 1\}$ 是 $\mathbf{L}^1_{fc}[\Omega, X]$ 值适应列, 则下列命题等价:

(1) $\mathbf{F}$是右闭集值鞅;

(2) (2.i)　$\sup\limits_n E||F_n|| < \infty$,

(2.ii)　$\mathbf{RMS}(\mathbf{F}) \neq \varnothing$ 且

$$S^1_{F_n}(\mathbf{A}_n) = \text{cl}\{g_n : \langle g_k \rangle \in \mathbf{RMS}(\mathbf{F})\}, n \geqslant 1.$$

证明　(1) ⇒ (2)　设 (1) 成立, 则存在 $F \in \mathbf{L}^1_{fc}[\Omega, X]$, 使有

$$F_n = E[F|\mathbf{A}_n] \quad \text{a.e.}, n \geqslant 1. \tag{4.3.1}$$

故 $E||F_n|| \leqslant E||F|| < \infty, n \geqslant 1$, 由此知 (2.i) 成立. 又由 (4.3.1) 式知

$$\begin{aligned} S^1_{F_n}(\mathbf{A}_n) &= S^1_{E[F|\mathbf{A}_n]}(\mathbf{A}_n) = \text{cl}\{E[f|\mathbf{A}_n], f \in S^1_F\} \\ &\subset \text{cl}\{g_n, \langle g_n \rangle \in \mathbf{RMS}(\mathbf{F})\} \subset S^1_{F_n}(\mathbf{A}_n), n \geqslant 1, \end{aligned}$$

故 (2.ii) 成立, (1)⇒(2) 得证.

(2)⇒(1)　设 (2) 成立, 令

$$M = \{f \in L^1[\Omega, X] : \langle E[f|\mathbf{A}_n]\rangle \in \mathbf{RMS}(\mathbf{F})\}$$

则易证 M 是 $L^1[\Omega, X]$ 中的非空有界闭凸可分解的子集, 于是存在 $F \in \mathbf{L}^1_{fc}[\Omega, X]$, 使有 $M = S^1_F$, 从而有

$$\begin{aligned} S^1_{F_n}(\mathbf{A}_n) &= \text{cl}\{g_n : \langle g_k \rangle \in \mathbf{RMS}(\mathbf{F})\} \\ &= \text{cl}\{E[f|\mathbf{A}_n], f \in M = S^1_F\} \\ &= S^1_{E[F|\mathbf{A}_n]}(\mathbf{A}_n), n \geqslant 1. \end{aligned}$$

由此知

$$F_n = E[F|\mathbf{A}_n] \text{ a.e.}, n \geqslant 1.$$

故 (1) 成立, (2)⇒(1) 得征.

定理 4.3.5　设 $\{F_n : n \geqslant 1\}$ 是右闭集值鞅, F_∞ 是其右闭元, 如果下列两条件之一满足:

(i) $\mathbf{A}$ 是可分的;

(ii) X^* 可分且 $F_\infty \in \mathbf{L}^1_{fc}[\Omega, X]$.

则存在 $\{g^i : i \geqslant 1\} \subset S^1_{F_\infty}$, 使得

$$F_n = \text{cl}\{E[g^i|\mathbf{A}_n] : i \geqslant 1\} \quad \text{a.e.}, 1 \leqslant n \leqslant \infty.$$

证明 若条件 (i) 满足, 则类似于定理 4.3.3(1)⇒(2) 的证明. 下面假设条件 (ii) 满足, 设 $\{x_k^*: k \geqslant 1\}$ 为 X^* 的可数稠密子集. 由于 $S_{F_\infty}^1$ 非空, 故存在 $\{f^i: i \geqslant 1\} \subset S_{F_\infty}^1$, 使得

$$F_\infty = \mathrm{cl}\{f^i: i \geqslant 1\} \quad \text{a.e..}$$

而任给 $k \geqslant 1$, 易证存在 $\{h^{ki}: i \geqslant 1\} \subset S_{F_\infty}^1$, 使得

$$\langle x_k^*, h^{ki}\rangle \uparrow \sigma(x_k^*, F_\infty) \quad \text{a.e.}, i \to \infty.$$

将 $S_{F_\infty}^1$ 中的可列族 $\{f^i: i \geqslant 1\} \bigcup\limits_{k=1}^{\infty} \{h^{ki}: i \geqslant 1\}$ 重新排序, 记作 $\{h^i: i \geqslant 1\}$. 令 $U = \left\{\sum\limits_{m=1}^{n} \lambda_m h^m: n \geqslant 1, 0 \leqslant \lambda_m \leqslant 1, \lambda_m \text{ 为有理数}, \sum\limits_{m=1}^{n} \lambda_m = 1,\right\}$, 则 U 仍是 $S_{F_\infty}^1$ 的可列子集, 将其重新排序, 记作 $\{g^i: i \geqslant 1\}$. 由于任给 $n \geqslant 1, F_n = E[F_\infty|\mathbf{A}_n]$ a.e., 故有

$$F_n \supset \mathrm{cl}\{E[g^i|\mathbf{A}_n], i \geqslant 1\} \quad \text{a.e..}$$

依条件期望的单调收敛定理, 任给 $k \geqslant 1$,

$$\begin{aligned}\sigma(x_k^*, F_n) &= E[\sigma(x_k^*, F_\infty)|\mathbf{A}_n] = \sup_{i\geqslant 1} E[\langle x_k^*, h^{ki}\rangle|\mathbf{A}_n] \\ &\leqslant \sup_{i\geqslant 1} E[\langle x_k^*, h^i\rangle|\mathbf{A}_n] \leqslant \sup_{i\geqslant 1}\langle x_k^*, E[g^i|\mathbf{A}_n]\rangle.\end{aligned}$$

依推论 1.4.1(1) 及 X 的可分性知相反包含关系成立, 定理得证.

定理 4.3.6 设 $\mathbf{A}$ 可分, $\{F_n: n \geqslant 1\}$ 是 $\mathbf{L}_{fc}^1[\Omega, X]$ 值适应列, 则下述等价:

(1) $\{F_n: n \geqslant 1\}$ 是右闭集值鞅;

(2) 存在 $\{(g_n^i: n \geqslant 1): i \geqslant 1\} \subset \mathbf{RMS}(\langle F_n\rangle)$, 使有

(2.i) $\sup\limits_{n\geqslant 1}\sup\limits_{i\geqslant 1} E\|g_n^i\| < \infty$,

(2.ii) $S_{F_n}^1(\mathbf{A}_n) = \mathrm{cl}\{g_n^i: i \geqslant 1\}, n \geqslant 1$.

证明 运用定理 4.3.4 和定理 4.3.5 类似于定理 4.3.3 的证明可证.

定理 4.3.7 设 X 有RNP, $\{F_n: n \geqslant 1\}$ 是 $\mathbf{L}_{fc}^1[\Omega, X]$ 值鞅, 若 $\{\|F_n\|: n \geqslant 1\}$ 是一致可积列, 则 $\{F_n: n \geqslant 1\}$ 是右闭集值鞅.

证明 由定理 4.3.1 知

$$S_{F_n}^1(\mathbf{A}_n) = \mathrm{cl}\{g_n: \langle g_k\rangle \in \mathbf{MS}(\langle F_k\rangle)\}, n \geqslant 1.$$

但对任意的 $\langle g_k\rangle \in \mathbf{MS}(\langle F_k\rangle), \|g_n\| \leqslant \|F_n\|$ a.e., $n \geqslant 1$, 又因 X 有**RNP**, 故 $\langle g_k\rangle \in \mathbf{RMS}(\langle F_k\rangle)$, 于是 $\mathbf{RMS}(\langle F_k\rangle) \neq \varnothing$, 且有

$$S_{F_n}^1(\mathbf{A}_n) = \mathrm{cl}\{g_n: \langle g_k\rangle \in \mathbf{RMS}(\langle F_k\rangle)\}, n \geqslant 1.$$

注　论文 [62] 中的定理 6 有如下结论: 可分的 Banach 空间 X 具有**RNP**的充分必要条件是任意一个一致可积鞅都有右闭元.

由以上结论及定理 4.3.1(4), 定理 4.3.7 立即可得如下推论.

推论 4.3.1　可分的 Banach 空间 X 具有**RNP**的充分必要条件是任意一 $\mathbf{L}^1_{fc}[\Omega, X]$ 中的一致可积集值鞅都有右闭元.

引理 4.3.1　设 $\{A, A_n : n \geqslant 1\} \subset \mathbf{P}_f(X)$, 若有

$$\lim_{n\to\infty} \sup \sigma(x^*, A_n) \leqslant \sigma(x^*, A), x^* \in X^*,$$

则 $w\text{-}\lim_{n 1\infty} \sup A_n \subset \overline{\text{co}} A$.

证明　对任取的 $x \in w\text{-}\lim_n \sup A_n$, 存在 $x_k \in A_{n_k}, k \geqslant 1$, 使有 $(w)x_k \to x, k \to \infty$. 因而有

$$\langle x^*, x_k \rangle \to \langle x^*, x \rangle, k \to \infty, x^* \in X^*.$$

由此知

$$\langle x^*, x \rangle \leqslant \lim_n \sup \sigma(x^*, A_n) \leqslant \sigma(x^*, A) = \sigma(x^*, \overline{\text{co}} A), \quad x^* \in X^*,$$

故 $x \in \overline{\text{co}} A$. 由 $x \in w\text{-}\lim_n \sup A_n$ 的任意性即知结论成立, 证毕.

引理 4.3.2(Neveu 引理)　设 $\{(x_n^i, \mathbf{A}_n : n \geqslant 1) : i \geqslant 1\}$ 是实值下鞅可列族, 若有 $\sup_{n\geqslant 1} E[\sup_{i\geqslant 1}(x_n^i)^+] < \infty$, 则有

(1) $i \geqslant 1, \lim_n x_n^i = x_\infty^i \in L^1[\Omega, R^1]$ a.e. 存在;

(2) $\lim_n(\sup_{i\geqslant 1} x_n^i) = x_\infty \in L^1[\Omega, R^1]$ a.e. 存在;

(3) $x_\infty = \sup_{i\geqslant 1} x_\infty^i$ a.e..

证明　对每一个 $i \geqslant 1, \{x_n^i : n \geqslant 1\}$ 是下鞅, 且 $\{\sup_{i\geqslant 1} x_n^i : i \geqslant 1\}$ 仍然是下鞅, 而

$$\sup_n E[\sup_i (x_n^i)^+] < \infty,$$

故由实值下鞅收敛的定理知结论 (1), (2) 都成立, 且

$$x_\infty = \lim_n(\sup_i x_n^i) \geqslant \sup_i(\lim_n x_n^i) = \sup x_\infty^i \quad \text{a.e.}$$

为显然. 为证明结论 (3) 成立, 只要证明有

$$Ex_\infty = E(\sup_i x_\infty^i)$$

成立即可. 令

$$I(k)=\{i:1\leqslant i\leqslant k\},k\geqslant 1.$$

对每一个取定的 $k\geqslant 1,\{\sup\limits_{i\in I(k)}x_n^i:n\geqslant 1\}$ 仍然是下鞅, 且由单调收敛定理有

$$\begin{aligned}S&=\sup_n\sup_k E(\sup_{i\in I(k)}x_n^i)=\sup_n E(\sup_i x_n^i)\\&\leqslant\sup_n E[\sup_i(x_n^i)^+]<\infty.\end{aligned}$$

于是对任给的 $\varepsilon>0$, 存在 k_ε 和 n_ε, 使有

$$E(\sup_{i\in I(k)}x_n^i)\geqslant S-\varepsilon,k\geqslant k_\varepsilon,n\geqslant n_\varepsilon.$$

又因为

$$x_\infty-\sup_{i\in I(k)}x_\infty^i=\lim_n(\sup_{i\geqslant 1}x_n^i-\sup_{i\in I(k)}x_n^i),$$

故由 Fatou 引理有

$$\begin{aligned}E(x_\infty-\sup_{i\in I(k)}x_\infty^i)&\leqslant\liminf_n E(\sup_{i\geqslant 1}x_n^i-\sup_{i\in I(k)}x_n^i)\\&\leqslant S-(S-\varepsilon)=\varepsilon,\quad k\geqslant k_\varepsilon.\end{aligned}$$

从而有

$$E(x_\infty-\sup_i x_\infty^i)\leqslant\varepsilon$$

成立, 由 $\varepsilon>0$ 的任意性即得欲证之结论, 引理得证.

定理 4.3.8 设 X^* 可分, $F\in\mathbf{L}_{fc}^1[\Omega,X]$, 若令 $F_n=E[F|\mathbf{A}_n],n\geqslant 1$, 则 $\{F_n:n\geqslant 1\}$ 是右闭集值鞅, F 是其右闭元, 且

$$\begin{aligned}&(\mathrm{K.M})(w)F_n\to F\quad\text{a.e..}\\&||F_n||\to||F||\quad\text{a.e. }n\to\infty.\end{aligned}$$

证明 由定理 2.4.11 有

$$E[F_{n+1}|\mathbf{A}_n]=E[E[F|\mathbf{A}_{n+1}]|A_n]=E[F|\mathbf{A}_n]=F_n\quad\text{a.e.},n\geqslant 1.$$

又由定理 2.4.3 知 $F_n\in\mathbf{L}_{fc}^1[\Omega,\mathbf{A}_n,\mu;X],n\geqslant 1$, 故 $\{F_n:n\geqslant 1\}$ 是 $\mathbf{L}_{fc}^1[\Omega,X]$ 值鞅, 这时 $\{F_n:n\geqslant 1\}$ 是右闭的, 且 F 是右闭元均显然, 于是由定理 4.3.5 知存在 $\{g^i:i\geqslant 1\}\subset S_F^1$, 使有

$$F=\mathrm{cl}\{g^i:i\geqslant 1\}\quad\text{a.e..}$$

$$F_n = \mathrm{cl}\{E[g^i|\mathbf{A}_n] : i \geqslant 1\} \quad \text{a.e.}, \quad n \geqslant 1.$$

由向量值右闭鞅收敛定理知

$$i \geqslant 1, ||E(g^i|\mathbf{A}_n) - g^i|| \to 0 \quad \text{a.e.}, \quad n \to \infty.$$

从而

$$F \subset s\text{-}\liminf_n F_n \quad \text{a.e.}$$

为显然, 且因为 $\{||E[g^i|\mathbf{A}_n]||, \mathbf{A}_n : n \geqslant 1\}(i \geqslant 1)$ 是实值下鞅可列族, 且有

$$\sup_n E[\sup_i ||E[g^i|\mathbf{A}_n]||] \leqslant E||F|| < \infty.$$

故由 Neveu 引理可得

$$\lim_n ||F_n|| = \lim_n \sup_i ||E[g^i|\mathbf{A}_n]|| = \sup_n ||g^i|| = ||F|| \quad \text{a.e.}.$$

另一方面, 对任意取定的 $x^* \in X^*$, 有

$$\{\{E[\langle x^*, g^i\rangle|\mathbf{A}_n], \mathbf{A}_n : n \geqslant 1\} : i \geqslant 1\}$$

是实值鞅可列族, 且有

$$\sup_n E[\sup_i |E[\langle x^*, g^i\rangle|\mathbf{A}_n]|] \leqslant ||x^*|| \cdot E||F|| < \infty.$$

又因

$$\sigma(x^*, F_n) = \sup_i \langle x^*, E[g^i|\mathbf{A}_n]\rangle = \sup_i E[\langle x^*, g^i\rangle|\mathbf{A}_n], \quad n \geqslant 1$$

仍由 Neveu 引理可得

$$\begin{aligned}\lim_{n\to\infty} \sigma(x^*, F_n) &= \lim_n [\sup_i E[\langle x^*, g^i\rangle|\mathbf{A}_n]] \\ &= \sup_i \langle x^*, g^i\rangle = \sigma(x^*, F) \quad \text{a.e.}(x^*),\end{aligned}$$

其中 a.e.(x^*) 表示例外集与 x^* 有关, 设 D^* 是 X^* 的可列范稠集, 于是存在零测集 $N_1 \in \mathbf{A}$, 使有

$$\lim_{n\to\infty} \sigma(x^*, F_n) = \sigma(x^*, F), \quad w \in \Omega\backslash N_1, \quad x^* \in D^*.$$

又因为 $\sup\limits_{n\to\infty} ||F_n|| < \infty$ a.e., $||F|| < \infty$ a.e., 所以存在零测集 $N \in \mathbf{A}$, 使有

$$\begin{gathered}\lim_{n\to\infty} \sigma(x^*, F_n) = \sigma(x^*, F), w \in \Omega\backslash N,\ x^* \in D^*, \\ ||F|| < \infty, \quad \sup_n ||F_n|| < \infty, \quad w \in \Omega\backslash N.\end{gathered}$$

但 D^* 是 X^* 的范稠集, 从而由通常的稠密性叙述知

$$\lim_{n\to\infty}\sigma(x^*,F_n)=\sigma(x^*,F),\quad w\in\Omega\backslash N,\quad x^*\in X^*,$$

这表明 $(w)F_n\to F\quad \text{a.e.},\quad n\to\infty$, 且由引理 4.3.1 知

$$w\text{-}\limsup_n F_n\subset F\quad \text{a.e.}$$

从而有

$$(\text{K.M})F_n\to F\ \text{a.e.}.$$

定理证毕.

定理 4.3.9 设 X 有**RNP**且 X^* 可分, $\{F_n:n\geqslant 1\}$ 是 $\mathbf{L}^1_{fc}[\Omega,X]$ 值鞅, 若 $\sup\limits_n E\|F_n\|<\infty$, 则存在 $F\in\mathbf{L}^1_{fc}[\Omega,X]$, 使有

$$(\text{K.M})(w)F_n\to F\quad \text{a.e.},$$

$$\|F_n\|\to\|F\|\quad \text{a.e.},n\to\infty.$$

证明 由定理 4.3.2 知, 存在

$$\{\langle g_n^i\rangle:i\geqslant 1\}\subset\mathbf{MS}(\langle F_n\rangle),$$

使有

$$F_n=\text{cl}\{g_n^i:i\geqslant 1\}\quad \text{a.e.},n\geqslant 1.$$

因为

$$\sup_n E(\sup_i\|g_n^i\|)=\sup_n E\|F_n\|<\infty,$$

所以由向量值鞅收敛定理知存在 $g^i\in L^1[\Omega,X],i\geqslant 1$, 使有

$$i\geqslant 1,\|g_n^i-g^i\|\to 0\quad \text{a.e.},n\to\infty.$$

令 $F=\overline{\text{co}}\{g^i:i\geqslant 1\}$, 易证 F 是 $\mathbf{P}_{fc}(X)$ 值随机集, 如同上述定理 4.3.8 的证明可证有

$$(\text{K.M})(w)F_n\to F,\|F_n\|\to\|F\|\quad \text{a.e.},n\to\infty$$

成立, 于是由 Fatou 引理有

$$E\|F\|\leqslant\sup_n E\|F_n\|<\infty,$$

故 $F\in\mathbf{L}^1_{fc}[\Omega,X]$, 定理证毕.

引理 4.3.3 设 $\{A_n : n \geqslant 1\} \subset \mathbf{P}_{fc}(X), A, B \in \mathbf{P}_{wkc}(X)$, 若有 $A_n \subset B, n \geqslant 1$, 且

$$\lim_{n\to\infty} \sigma(x^*, A_n) = \sigma(x^*, A), x^* \in D^*,$$

其中 D^* 是 X^* 关于 Mackey 拓扑 $m(X^*, X)$ 的可列稠集, 则

$$(w)A_n \to A.$$

证明 对任给的 $x^* \in X^*$, 存在 $\{x_k^* : k \geqslant 1\} \subset D^*$ 在 Mackey 拓扑下收敛到 x^*, 由 Mackey 拓扑在 w 紧集上的一致的拓扑知有

$$\lim_{n\to\infty} \sigma(x^*, A_n) = \sigma(x^*, A).$$

由 $x^* \in X^*$ 的任意性即知结论成立, 证毕.

定理 4.3.10 设 $\{F_n : n \geqslant 1\}$ 是 $\mathbf{L}^1_{fc}[\Omega, X]$ 值鞅, $\sup\limits_n E||F_n|| < \infty$, 若存在 $\mathbf{P}_{wkc}(X)$ 值随机集 G 使有 $F_n \subset G$, a.e., $n \geqslant 1$, 则存在 $F \in \mathbf{L}^1_{fc}[\Omega, X], F \subset G$ a.e. 使有

$$(\text{K.M})(w)F_n \to F, \quad ||F_n|| \to ||F|| \quad \text{a.e.}, \ n \to \infty.$$

证明 由定理 4.3.2 知存在

$$\{\langle g_n^i \rangle : i \geqslant 1\} \subset \mathbf{MS}(\langle F_n \rangle),$$

使有

$$F_n = \text{cl}\{g_n^i : i \geqslant 1\} \quad \text{a.e.}, n \geqslant 1.$$

因为 $\sup\limits_n E||g_n^i|| \leqslant \sup\limits_n E||F_n|| < \infty, \ i \geqslant 1$, 且

$$\{g_n^i : n \geqslant 1\} \subset G \quad \text{a.e.}, \ i \geqslant 1,$$

于是由向量值鞅收敛定理知存在 $g^i \in L^1[\Omega, X], i \geqslant 1$ 使有

$$i \geqslant 1, ||g_n^i - g^i|| \to 0 \quad \text{a.e.}, n \to \infty.$$

令 $F = \overline{\text{co}}\{g^i, i \geqslant 1\}$ 则 $F \subset s\text{-}\liminf\limits_n F_n$ a.e., 为显然. 如同定理 4.3.8 的证明可证 $||F_n|| \to ||F||$ a.e., $n \to \infty$ 成立, 由 Fatou 引理知 $E||F|| < \infty$. 为证明定理之结论, 只要再证明

$$(w)F_n \to F \text{ a.e.}, n \to \infty$$

成立即可. 对任给的 $x^* \in X^*$, 由 Neveu 引理知

$$\lim_{n\to\infty} \sigma(x^*, F_n) = \lim_n \sup_i \langle x^*, g_n^i \rangle = \sup_i \langle x^*, g^i \rangle = \sigma(x^*, F), \quad \text{a.e.}(x^*),$$

其中的例外集与 x^* 有关, 设 D^* 是 X^* 关于 Mackey 拓扑 $m(X^*, X)$ 的可列稠集, 则存在可略集 N 使有

$$\lim_{n\to\infty} \sigma(x^*, F_n) = \sigma(x^*, F) w \in \Omega \backslash N, x^* \in D^*.$$

对每一个 $w \in \Omega \backslash N$ 运用引理 4.3.3 即知有

$$\lim_{n\to\infty} \sigma(x^*, F_n) = \sigma(x^*, F), w \in \Omega \backslash N, x^* \in X^*$$

成立, 故 $(w) F_n \to F$ a.e., $n \to \infty$, 证毕.

注 在定理 4.3.9 和定理 4.3.10 中, 若条件

$$\sup_n E\|F_n\| < \infty$$

加强为 $\{\|F_n\| : n \geqslant 1\}$ 一致可积, 则还有

$$E[F|\mathbf{A}_n] = F_n, \quad \text{a.e.}, n \geqslant 1$$

成立, 其证明可参阅下述 §4.4 和 §4.5 中定理 4.4.1 和定理 4.5.2 的相应结果的证明.

引理 4.3.4 设 $F \in \mathbf{L}_{fc}[\Omega, X]$, $\mathbf{A}_0$ 是 $\mathbf{A}$ 的子 σ 域, 则存在序列 $\{f_i : i \geqslant 1\} \subset S_F^1$ 使得

$$F(w) = \text{cl}\{f_i(w) : i \geqslant 1\}, \quad \text{a.e.},$$

且

$$E[F|\mathbf{A}_0](w) = \text{cl}\{E(f_i|\mathbf{A}_0)(w) : i \geqslant 1\}, \quad \text{a.e.}.$$

证明 由定理 2.1.10 可知, 存在 $\{f_n : n \geqslant 1\} \subset S_F^1$ 与 $\{g_n : n \geqslant 1\} \subset S_{E[F|\mathbf{A}_0]}^1(\mathbf{A}_0) = \text{cl}\{E[f|\mathbf{A}_0] : f \in S_F^1\}$ 使得

$$F(w) = \text{cl}\{f_n(w) : n \geqslant 1\}, \quad \forall w \in \Omega,$$

$$E[F|\mathbf{A}_0](w) = \text{cl}\{g_n(w) : n \geqslant 1\}, \quad \text{a.e.}.$$

对于任意给定的 $m \geqslant 1$, 存在 $\{f_m^k : k \geqslant 1\} \subset S_F^1$ 使得

$$E\|g_m - f_m^k\| \to 0 \quad (k \to \infty).$$

因此存在一子序列 $\{f_m^{k(j)}: j \geqslant 1\} \subset S_F^1$, 使得

$$\|g_m - f_m^{k(j)}\| \to 0 \quad (j \to \infty), \quad \text{a.e.}$$

故

$$E[F|\mathbf{A}_0] = \mathrm{cl}\{E[f_m^{k(j)}|\mathbf{A}_0]: m \geqslant 1, j \geqslant 1\}, \quad \text{a.e.}$$

进一步地, 存在零测集 $N \in \mathbf{A}$, 使得对于任意 $w \in N^c$, 有 $f_m^{k(j)}(w) \in F(w)$, $\forall m \geqslant 1$, $j \geqslant 1$. 对于任意 $m \geqslant 1, j \geqslant 1$, 令

$$\overline{f}_m^{k(j)}(w) = \begin{cases} f_m^{k(j)}(w), & w \in N^c, \\ f_1(w), & w \in N. \end{cases}$$

则有

$$F = \mathrm{cl}\{f_n, f_m^{k(j)}:\ n \geqslant 1,\ m \geqslant 1, j \geqslant 1\},$$

$$E[F|\mathbf{A}_0] = \mathrm{cl}\{E[f_n|\mathbf{A}_0], E[f_m^{k(j)}|\mathbf{A}_0]:\ n \geqslant 1,\ m \geqslant 1, j \geqslant 1\}, \text{ a.e.},$$

引理证毕.

从引理立刻可得下面定理.

定理 4.3.11 设 $F \in \mathbf{L}_{fc}[\Omega, X]$, $F_n = E[F|\mathbf{A}_n]$, $\leqslant n \leqslant \infty$, 则存在序列 $\{g_i:\ i \geqslant 1\} \subset S_F^1$, 使得

$$F = \mathrm{cl}\{g_i : i \geqslant 1\}, \quad 且 \quad F_n = \mathrm{cl}\{E[g_i|\mathbf{A}_n] : i \geqslant 1\} \ \text{ a.e..}$$

定理 4.3.12 设 $F \in \mathbf{L}_s^1[\Omega, X], F_n = E[F|A_n], n \geqslant 1$, 则

$$(\delta)F_n \to F, \text{ a.e., 且 } \Delta\langle F_n, F\rangle \to 0, \quad n \to \infty.$$

证明 由于 $F \in \mathbf{L}_s^1[\Omega, X]$, 故对任给的 $\varepsilon > 0$, 存在 $\mathbf{L}_{fc}^1[\Omega, X]$ 值的简单函数 $H = \sum\limits_{i=1}^{k} H_i \chi_{Ai}$, 其中 $\{A_i : 1 \leqslant i \leqslant k\}$ 是 Ω 的 $\mathbf{A}$ 可测的分划, $\{H_i : 1 \leqslant i \leqslant k\} \subset \mathbf{P}_k(X)$, 使有

$$\Delta(F, H) < \varepsilon^2.$$

再取 $\delta > 0$, 使当 $P(A) < \delta$ 时有

$$\int_A 2||H||\mathrm{d}\mu < \frac{\varepsilon^2}{k}.$$

由于 $\mathbf{A} = \bigvee\limits_n \mathbf{A}_n$, 故存在 n_k 和 $\{B_1, \cdots, B_k\} \subset \mathbf{A}_{n_k}$, 使有

$$\mu(A_i \Delta B_i) < \frac{\delta}{3k}, \quad 1 \leqslant i \leqslant k.$$

令

$$C_1 = B_1, \quad C_i = B_i \backslash \Big(\bigcup_{j=1}^{i-1} B_j \Big), \quad 1 < i < k,$$

$$C_k = \Omega \backslash \Big(\bigcup_{j=1}^{k-1} B_j \Big),$$

则 $\{C_i : 1 \leqslant i \leqslant k\} \subset \mathbf{A}_{n_k}$, 且 $\sum_{i=1}^{k} C_i = \Omega$, 令

$$G = \sum_{i=1}^{k} H_i \chi_{C_i} \in \mathbf{L}^1_{fc}[\Omega, \mathbf{A}_{n_k}, \mu; X].$$

由于 $\mu(A_i \Delta C_i) < \delta, 1 \leqslant i \leqslant k$, 故有

$$\begin{aligned} \Delta(G, F) &\leqslant \Delta(G, H) + \Delta(H, F) \\ &\leqslant \sum_{i=1}^{k} \int_{A_i \Delta C_i} 2||H|| \mathrm{d}\mu + \varepsilon^2 < 2\varepsilon^2. \end{aligned}$$

从而当 $n \geqslant n_k$ 时有

$$\begin{aligned} \Delta(F, F_n) &\leqslant \Delta(F, G) + \Delta(G, E[F|\mathbf{A}_n]) \\ &= \Delta(F, G) + \Delta(E[G|\mathbf{A}_n], E[F|\mathbf{A}_n]) \\ &\leqslant 2\Delta(F, G) < 4\varepsilon^2. \end{aligned}$$

由此知 $(\Delta)F_n \to F, n \to \infty$. 为证明 $(\delta)F_n \to F$, a.e., 令

$$h_n = E[\delta(F, G)|\mathbf{A}_n], \quad n \geqslant 1.$$

则 $\{h_n : n \geqslant 1\}$ 是实值右闭鞅. 令

$$\tau = \inf\{n \geqslant n_k : h_n > \varepsilon\}, \inf \varnothing = +\infty,$$

则有

$$\mu\Big\{ \sup_{n \geqslant n_k} h_n > \varepsilon \Big\} \leqslant \frac{1}{\varepsilon} E h_\tau = \frac{1}{\varepsilon} \Delta(F, G) < 2\varepsilon.$$

而当 $n \geqslant n_k$ 时

$$\delta(F_n, G) = \delta(E[F|\mathbf{A}_n], E[G|\mathbf{A}_n]) \leqslant E[\delta(F, G)|\mathbf{A}_n] = h_n.$$

所以有

$$\mu\Big\{\sup_{n\geqslant n_k}\delta(F_n,F)>2\varepsilon\Big\}\leqslant\mu\Big\{\sup_{n\leqslant n_k}\delta(F_n,G)>\varepsilon\Big\}+\mu\{\delta(F,G)>\varepsilon\}$$
$$\leqslant\mu\Big\{\sup_{n\geqslant n_k}h_n>\varepsilon\Big\}+2\varepsilon\leqslant4\varepsilon.$$

由 $\varepsilon>0$ 的任意性即知 $(\delta)F_n\to F,\text{a.e.},n\to\infty$, 定理证毕.

下述例子表明定理 4.3.11 中的 $F\in\mathbf{L}_s^1[\Omega,X]$ 条件一般不能减弱为 $F\in\mathbf{L}_{fc}^1[\Omega,X]$.

例 4.3.2 设 $(\Omega,\mathbf{A},\mu)$ 是 $[0,1)$ 上的 Lebesgue 测度空间, 令

$$\mathbf{A}_n=\sigma\{[(k-1)2^{-n},k2^{-n}):1\leqslant k\leqslant 2^2\},n\geqslant 1,$$

则 $\{\mathbf{A}_n:n\geqslant 1\}$ 是上升子 σ 代数列, 且 $\mathbf{A}=\bigvee_n\mathbf{A}_n$. 如同 §2.2 中的例 2.2.2 定义 $F\in\mathbf{L}_{fc}^1[\Omega,\mathbf{A},\mu;l^2]$,

$$F_n(w)=E[F|\mathbf{A}_n](w),\quad n\in\mathbf{N}.$$

容易证得

$$S_F=\Big\{f(w)=\sum_{k\in\mathbf{N}}x^k(w)\xi^k(w)e_k:x^k\text{ 是}\mathbf{A}_\infty\text{可测, 且}\sum_{k\in\mathbf{N}}(x^k)^2\leqslant 1\Big\},$$
$$S_{F_n}=\Big\{f(w)=\sum_{k=1}^{n}E[x^k|\mathbf{A}_n](w)\xi^k(w)e_k+\sum_{k=n+1}^{\infty}E[x^k\xi^k|\mathbf{A}_n](w)e_k:$$
$$x^k\text{ 是}\mathbf{A}_\infty\text{可测, 且}\sum_{k\in\mathbf{N}}(x^k)^2\leqslant 1\Big\},$$

其中 $e_k=(\underbrace{0,0,\cdots,0}_{k-1},1,0,\cdots)\in l^2$. 显然 $E[F|\mathbf{A}_n]$ 是简单集值随机变量 $(n\geqslant 1)$. 但 $F\notin\mathbf{L}_{fc}^1[\Omega,l^2]$, 所以 $\{F_n\}$ 不可能以 Δ 距离在 $\mathbf{L}_{fc}^1[\Omega,l^2]$ 中收敛于 F. 由于实值随机变量 $\|E[F|\mathbf{A}_n]-F\|$ 是一致可积的, 这意味着不可能有

$$\lim_n\delta(E[F|\mathbf{A}_n],F)=0\quad\text{a.e.}.$$

因而在讨论集值鞅 (上鞅、下鞅) 的收敛性时, 人们较多地讨论其 (K.M), (w) 等收敛性, 而对 (δ) 收敛则较少关心.

§4.4 集值下鞅的表示与收敛性

引理 4.4.1 设 $\{\{x_n^i:n\geqslant 1\}:i\geqslant 1\}$ 是实值适应可积序列族, 则下述等价:

(1) $\{x_n^i : n \geqslant 1\}$ 是实值一致 Subpramart 族, 即有

$$\lim_{\sigma\in T}\sup_{\tau\in T(\sigma)}\mu\left\{\sup_{i\geqslant 1}[x_\sigma^i - E(x_\tau^i|\mathbf{A}_\sigma)] > \varepsilon\right\} = 0, \quad \varepsilon > 0;$$

(2) $\lim\limits_{\tau\in T}\mu\left\{\sup\limits_{i\geqslant 1}(x_\tau^i - y_\tau^i) > \varepsilon\right\} = 0$, $\varepsilon > 0$, 其中

$$y_n^i = \operatorname*{einf}_{\tau\in T(n)} E[x_\tau^i|\mathbf{A}_n], \ n \geqslant 1, \quad i \geqslant 1.$$

证明 对于每一个取定的 $i \geqslant 1$, 已知 $\{y_n^i : n \geqslant 1\}$ 是取值于 $(-\infty, \infty)$ 的广义下鞅, 且对任意的 $\sigma \in T$, 有

$$y_\sigma^i = \operatorname*{einf}_{\tau\in T(n)} E[x_\tau^i|\mathbf{A}\sigma], \quad i \geqslant 1,$$

同时还存在 $\{\tau_n^i : n \geqslant 1\} \subset T(\sigma)$, 使有

$$[x_{\tau_n^i}^i|\mathbf{A}_\sigma] \downarrow y_\sigma^i(n \to \infty), \quad i \geqslant 1.$$

于是对任给的 $\varepsilon > 0$, 有

$$\begin{aligned}
\lim_{\sigma\in T}\sup_{\tau\in T(\sigma)}\mu\left\{\sup_{i\geqslant 1}[x_\sigma^i - E[x_\tau^i|\mathbf{A}_\sigma]] > \varepsilon\right\} &\leqslant \lim_{\sigma\in T}\mu\left\{\operatorname*{esup}_{\tau\in T(\sigma)}\sup_{i\geqslant 1}[x_\sigma^1 - E[x_\tau^i|\mathbf{A}\sigma]] > \varepsilon\right\} \\
&= \lim_{\sigma\in T}\mu\left\{\sup_{i\geqslant 1}\operatorname*{esup}_{\tau\in T(\sigma)}[x_\sigma^i - E[x_\tau^i|\mathbf{A}_\sigma]] > \varepsilon\right\} \\
&= \lim_{\sigma\in T}\mu\left\{\sup_{i\geqslant 1}(x_\sigma^i - y_\sigma^i) > \varepsilon\right\} \\
&= \lim_{\sigma\in T}\mu\left\{\sup_{i\geqslant 1}\sup_{n\geqslant 1}[x_\sigma^i - E[x_{\tau_n^i}^i|\mathbf{A}_\sigma]] > \varepsilon\right\} \\
&= \lim_{\sigma\in T}\mu\left\{\sup_{n\geqslant 1}\sup_{i\geqslant 1}[x_\sigma^i - E[x_{\tau_n^i}^i|\mathbf{A}_\sigma]] > \varepsilon\right\} \\
&= \lim_{\sigma\in T}\sup_{n\geqslant 1}\mu\left\{\sup_{i\geqslant 1}[x_\sigma^i - E[x_{\tau_n^i}^i|\mathbf{A}_\sigma]] > \varepsilon\right\} \\
&\leqslant \lim_{\sigma\in T}\sup_{\tau\in T(\sigma)}\mu\left\{\sup_{i\geqslant 1}[x_\sigma^i - E[x_\tau^i|\mathbf{A}_\sigma]] > \varepsilon\right\},
\end{aligned}$$

其中最后一个不等式是由于

$$\sup_{i\geqslant 1}[x_\sigma^i - E[x_\sigma^i - E[x_{\tau_n^i}^i|\mathbf{A}\sigma]], \quad n \to \infty.$$

于是 (1) 与 (2) 等价为显然, 引理证毕.

引理 4.4.2 设 $\{\{x_n^i : n \geqslant 1\} : i \geqslant 1\}$ 是实值一致 Subpramart 序列族, 若 $\sup\limits_n E\left(\sup\limits_{i\geqslant 1}|x_n^i|\right) < \infty$, 则

$$i \geqslant 1, \lim_n x_n^i = x^i, \quad \lim_n y_n^i = y^i \quad \text{a.e.}$$

均存在, 且有

$$\lim_n\left(\sup_{i\geqslant1}x_n^i\right)=\sup_{i\geqslant1}x^i=\lim_n\left(\sup_{i\geqslant1}y_n^i\right)\quad \text{a.e..}$$

证明 由引理 4.4.1 有

$$\lim_{\tau\in T}\mu\Big\{\sup_{i\geqslant1}(x_\tau^i-y_\tau^i)>\varepsilon\Big\}=0,\quad \varepsilon>0.$$

由此知

$$\sup_{i\geqslant1}|x_n^i-y_n^i|\to0\quad \text{a.e.},\quad n\to\infty.$$

对每一个 $i\geqslant1$, 由实值下鞅收敛定理和上式知

$$\lim_n y_n^i=y^i,\lim_n x_n^i=x^i\in\mathbf{L}^1[\Omega,\mathbf{R}]\quad \text{a.e.}$$

均存在, 且有

$$x^i=y^i,\text{a.e.},i\geqslant1.$$

因为 $y_n^i\leqslant x_n^i,n\geqslant1,i\geqslant1$, 所以有

$$\sup_{n\geqslant1}E\Big(\sup_{i\geqslant1}(y_n^i)^+\Big)\geqslant\sup_{n\geqslant1}E\Big(\sup_{i\geqslant1}(x_n^i)^+\Big)<\infty.$$

于是由 Neveu 引理 (引理 4.3.2) 有

$$\lim_n\left(\sup_i y_n^i\right)=\sup_i y^i=\sup_i x^i\quad \text{a.e..}$$

但由于

$$\left|\sup_{i\geqslant1}x_n^i-\sup_{i\geqslant1}y_n^i\right|\leqslant\sup_{i\geqslant1}\left|x_n^i-y_n^i\right|\to0,\quad \text{a.e.},n\to\infty,$$

从而有

$$\lim_n\left(\sup_{i\geqslant1}x_n^i\right)=\sup_{i\geqslant1}x^i\quad \text{a.e.},$$

引理得证.

记 $\mathbf{N}^2=\{(m,k):m\in N,k\in\mathbf{N}\}$, 其中 $\mathbf{N}=\{1,2,\cdots\}$.

引理 4.4.3 设 $\{F_n:n\geqslant1\}$ 是 $\mathbf{P}_{fc}(X)$ 值下鞅, 则存在向量值适应序列族

$$\{\{f_n^{(m,k)}:n\geqslant1\},(m,k)\in\mathbf{N}^2\}\subset L^1[\Omega,X],$$

使有

(a) $n\geqslant1,F_n=\text{cl}\{f_n^{(n,k)}:k\in\mathbf{N}\}=\text{cl}\{f_n^{(m,k)}:1\leqslant m\leqslant n,k\in\mathbf{N}\},\text{a.e.};$

(b) $E\|f_n^{(m,k)} - E[f_{n+1}^{(m,k)}|\mathbf{A}_n]\| \leqslant (2^{m+k+n+1})^{-1},\ 1 \leqslant m \leqslant n,\ k \in \mathbf{N}$;

(c) $\{\{g_n^{(m,k)} : n \geqslant 1\} : (m,k) \in \mathbf{N}^2\}$ 是实值一致 subpramart 序列族, 其中

$$g_n^{(m,k)} = \|f_n^{(m,k)}\|, n \in N, (m,k) \in \mathbf{N}^2.$$

证明 因为 $S_{F_n}^1(\mathbf{A}_n) \neq \varnothing, n \geqslant 1$, 故可选取

$$\{g_n^i : k \geqslant 1\} \subset S_{F_n}^1(\mathbf{A}_n), n \geqslant 1,$$

使有

$$F_n = \mathrm{cl}\{g_n^k : k \geqslant 1\} \quad \text{a.e.}, n \geqslant 1.$$

记 $f_n^{(n,k)} = g_n^k$, 由集值下鞅定义知

$$S_{F_n}^1(\mathbf{A}_n) \subset S_{E[F_{n+1}|\mathbf{A}_n]}^1(\mathbf{A}_n) = \mathrm{cl}\{E[f|\mathbf{A}_n], f \in S_{F_{n+1}}^1(\mathbf{A}_n)\}, n \geqslant 1.$$

而 $f_n^{(n,k)} \in S_{F_n}^1(\mathbf{A}_n)$, 故存在 $f_{n+1}^{n,k} \in S_{F_{n+1}}^1(\mathbf{A}_{n+1})$, 使有

$$E\|f_n^{(n,k)} - E[f_{n+1}^{(n,k)}|\mathbf{A}_n]\| \leqslant (2^{n+k+n+1})^{-1}.$$

对任意的 $(k,m) \in N^2$, 由归纳法知可选取

$$\{f_n^{(m,k)} : n \geqslant m\} \subset S_{F_n}^1(\mathbf{A}_n),$$

使有

$$E\|f_n^{(m,k)} - E[f_{n+1}^{(m,k)}|\mathbf{A}_n]\| \leqslant (2^{m+k+n+1})^{-1}.$$

故欲证之结论 (a), (b) 均已成立. 对任意的 $(m,k) \in N^2$, 易知 $(f_n^{(m,k)}, n \geqslant m)$ 是向量值拟鞅, 即

$$\sum_{n=m}^{\infty} E\|f_n^{(m,k)} - E[f_{n+1}^{(m,k)}|\mathbf{A}_n]\| < \infty.$$

对 $1 \leqslant n \leqslant m$, 定义

$$f_n^{(m,k)} = E[f_m^{(m,k)}|\mathbf{A}_n].$$

令

$$g_n^{(m,k)} = \|f_n^{(m,k)}\|, n \in \mathbf{N}, (m,k) \in \mathbf{N}^2.$$

对任意的 $j \in N, \sigma \in T(j), \tau \in T(\sigma)$, 记 $b = \max\limits_{w \in \Omega} \tau(w)$, 易知 $(\tau = b) \in \mathbf{A}_{b-1}$,

$$\begin{aligned}
&E\|f_n^{(m,k)} - E[f_\tau^{(m,k)}|\mathbf{A}_n]\|\chi_{(\sigma=n)} \\
&= E\|f_n^{(m,k)} - E[f_{\tau\wedge(b-1)}^{(m,k)} - (f_{b-1}^{(m,k)} - f_b^{m,k})\chi_{(\tau=b)}|\mathbf{A}_n]\chi_{(\sigma=n)} \\
&\leqslant E\|f_n^{(m,k)} - E[f_{\tau\wedge(b-1)}^{(m,k)}|\mathbf{A_n}]\|\chi_{(\sigma=n)} + E\|f_{b-1}^{(m,k)} - E[f_b^{(m,k)}|\mathbf{A}_{b-1}]\|\chi_{(\sigma=n)} \\
&\leqslant \cdots \leqslant \sum_{i \geqslant n} E\|f_t^{(m,k)} - E[f_{t+1}^{(m,k)}|\mathbf{A_i}]\|\chi_{(\sigma=n)},
\end{aligned}$$

从而有

$$
\begin{aligned}
& E\|f_\sigma^{(m,k)} - E[f_\tau^{(m,k)}|\mathbf{A}_\sigma]\| \\
= & \sum_{n\geqslant j} E\|f_n^{(m,k)} - E[f_\tau^{(m,k)}|\mathbf{A}_n]\|\chi_{(\sigma=n)} \\
\leqslant & \sum_{n\geqslant j}\sum_{i\geqslant n} E\|f_i^{(m,k)} - E[f_{i+1}^{(m,k)}|\mathbf{A}_i]\|\chi_{(\sigma=n)} \\
\leqslant & \sum_{i\geqslant j} E\|f_i^{(m,k)} - E[f_{i+1}^{(m,k)}|\mathbf{A}_i]\|.
\end{aligned}
$$

于是对任给的 $\varepsilon > 0$, 有

$$
\begin{aligned}
\mu\{\sup_{(m,k)\in N^2}(g_\sigma^{(m,k)} - E[g_\tau^{(m,k)}|\mathbf{A}_\sigma]) > \varepsilon\} & \leqslant \mu\{\sup_{(m,k)\in N^2}\|f_\sigma^{(m,k)} - E[f_\tau^{(m,k)}|\mathbf{A}_\sigma]\| > \varepsilon\} \\
& \leqslant \frac{1}{\varepsilon}\sum_{(m,k)\in N^2} E\|f_\sigma^{(m,k)} - E[f_\tau^{(m,k)}|\mathbf{A}_\sigma]\| \\
& \leqslant \frac{1}{\varepsilon}\sum_{(m,k)\in N^2}\sum_{i=j}^{\infty} E\|f_i^{(m,k)} - E[f_{i+1}^{(m,k)}|\mathbf{A}_i]\| \\
& \leqslant \frac{1}{\varepsilon}\sum_{(m,k)\in N^2}\sum_{i=j}^{\infty}(2^{m+k+i+1})^{-1} \to 0, j \to \infty.
\end{aligned}
$$

由此知 $\{\{g_n^{(m,k)} : n \geqslant 1\} : (m,k) \in \mathbf{N}^2\}$ 是实值一致 subpramart 可列族, 结论 (c) 成立. 引理证毕.

定理 4.4.1　设 X 有**RNP**且 X^* 可分, $\{F_n : n \geqslant 1\}$ 是 $\mathbf{L}^1_{fc}[\Omega, X]$ 值下鞅, 若 $\sup\limits_n E\|F_n\| < \infty$, 则存在 $F \in \mathbf{L}^1_{fc}[\Omega, X]$, 使有

$$
\begin{aligned}
&(\mathrm{K.M})(w)F_n \to F \quad \text{a.e.}, \\
&\|F_n\| \to \|F\| \quad \text{a.e.},
\end{aligned}
\quad n \to \infty.
$$

又若 $\{\|F_n\| : n \geqslant 1\}$ 一致可积, 则

$$
F_n \subset E[F|\mathbf{A}_n], \quad \text{a.e.}, \quad n \geqslant 1.
$$

证明　设向量值拟鞅序列族 $\{\{f_n^{(m,k)} : n \geqslant 1\} : (m,k) \in \mathbf{N}^2\}$ 满足引理 4.4.3 中的 (a), (b) 和 (c), 因为 X 有 **RNP**, 且

$$
\sup_{n\to\infty} E\Big(\sup_{(m,k)\in N^2}\|f_n^{(m,k)}\|\Big) = \sup_n \|F_n\| < \infty, \tag{4.4.1}
$$

而拟鞅是一致 Amart, 于是由向量值一致 Amart 的收敛定理知存在 $\{f^{(m,k)}:(m,k)\in \mathbf{N}^2\}\subset L^1[\Omega,X]$, 使有

$$(m,k)\in N^2, ||f_n^{(m,k)}-f^{(m,k)}||\to 0,\quad \text{a.e.}, n\to+\infty.$$

令

$$F=\overline{\text{co}}\{f^{(m,k)}:(m,k)\in\mathbf{N}^2\},$$

则 $F\subset s\text{-}\lim\limits_{n\to\infty}\inf F_n$, a.e. 为显然. 易知 F 是 $\mathbf{P}_{fc}(X)$ 值随机集, 因为

$$\{\{||f_n^{(m,k)}||, n\geqslant 1\}:(m,k)\in\mathbf{N}^2\}$$

是一致 subpramart 可列族, 且有 (4.4.1) 式成立, 从而由引理 4.4.2 有

$$\begin{aligned}\lim_n ||F_n|| &= \lim_{n\to 1}\Big(\sup_{(m,k)\in\mathbf{N}^2}||f_n^{(m,k)}||\Big)\\ &= \sup_{(m,k)\in\mathbf{N}^2}\lim_{n\to\infty}||f_n^{(m,k)}||\\ &= \sup_{(m,k)\in\mathbf{N}^2}||f_n^{(m,k)}||=||F||\quad \text{a.e..}\end{aligned}$$

再由 Fatou 引理知 $E||F||<\infty$, 故 $F\in\mathbf{L}^1_{fc}[\Omega,X]$.

对每一个取定的 $x^*\in X^*$, $\{\sigma(x^*:F_n):n\geqslant 1\}$ 是实值下鞅, 令

$$x_n^{(m,k)}=\langle x^*,f_n^{(m,k)}\rangle, n\geqslant m, (m,k)\in\mathbf{N}^2,$$

因为

$$|x_n^{(m,k)}-E[x_\tau^{(m,k)}|\mathbf{A}_\sigma]|\leqslant ||x^*||\cdot||f_\sigma^{(m,k)}-E[f_\tau^{(m,k)}|\mathbf{A}_\sigma]||,$$

于是由引理 4.4.3 的证明有

$$\lim_{\sigma\in T}\sup_{\tau\in T(\sigma)}\mu\Big\{\sup_{(m,k)\in\mathbf{N}^2}|x_\sigma^{(m,k)}-E[x_\sigma^{(m,k)}|\mathbf{A}_\sigma]>\varepsilon\Big\}=0, \varepsilon>0.$$

故 $\{\{x_n^{(m,k)}:n\geqslant 1\}:(m,k)\in\mathbf{N}^2\}$ 是实值一致 subpramart 可列族, 且有

$$\begin{aligned}\sup_{n\to\infty}E\Big(\sup_{(m,k)\in\mathbf{N}^2}|x_n^{(m,k)}|\Big)&\leqslant ||x^*||\sup_{n\to\infty}E\Big(\sup_{(m,k)\in\mathbf{N}^2}||f_n^{(m,k)}||\Big)\\ &=||x^*||\sup_{n\to\infty}E||F_n||<\infty.\end{aligned}$$

仍由引理 4.4.2 知有

$$\begin{aligned}\lim_n \sigma(x^*, F_n) &= \lim_{(m,k)\in \mathbf{N}^2} \sup x_n^{(m,k)} \\ &= \sup_{(m,k)\in \mathbf{N}^2} \lim_n x_n^{(m,k)} \\ &= \sup_{(m,k)\in \mathbf{N}^2} \langle x^*, f^{(m,k)}\rangle \\ &= \sigma(x^*, F),\ \text{a.e. } (x^*),\end{aligned}$$

其中的例外集与 x^* 有关. 因为 X^* 可分, 且 $\sup_{n\to\infty} ||F_n|| < \infty$, a.e., 于是由通常的稠密性叙述知存在可略集 N, 使有

$$\lim_{n\to\infty} \sigma(x^*, F_n) = \sigma(x^*, F), \quad w \in \Omega\backslash N, \quad x^* \in X^*.$$

由此知

$$(w)F_n \to F \text{ a.e.}, n\to\infty \text{ 且 } w\text{-}\lim_{n\to\infty} supF_n \subset F \text{ a.e.},$$

从而有

$$(\text{K.M})F_n \to F \quad \text{a.e.}, n\to\infty.$$

若 $\{||F_n|| : n \geqslant 1\}$ 一致可积, 则对任取的 $x^* \in X^*, \{\sigma(x^*, F_n) : n \geqslant 1\}$ 是实值一致可积下鞅, 于是由一致可积下鞅的性质有

$$\begin{aligned}\sigma(x^*, E[F|\mathbf{A}_n]) &= E[\sigma(x^*, F)|\mathbf{A}_n] \\ &= L^1\text{-}\lim_{m\to\infty} E[\sigma(x^*, F_m)|\mathbf{A}_n] \\ &\geqslant \sigma(x^*, F_n),\ \text{a.e. } (x^*),\ n \geqslant 1,\end{aligned}$$

其中的例外集与 x^* 有关, 因为

$$\max(||E[F|\mathbf{A}_n]||, ||F_n||) < \infty \quad \text{a.e.}, n \geqslant 1,$$

由通常的稠密性叙述知存在可略集 N, 使有

$$\sigma(x^*, E[F|\mathbf{A}_n]) \geqslant \sigma(x^*, F_n), \quad w \in \Omega\backslash N, \quad x^* \in X^*.$$

由此知

$$E[F|\mathbf{A}_n] \supset F_n, \text{a.e.}, n \geqslant 1.$$

定理证毕.

注　在定理 4.4.1 中, 若条件 “X 有**RNP**且 X^* 可分”, 改为 “存在 $G(w) \in \mathbf{P}_{wkc}(X), w \in \Omega$, 使有 $F_n \subset G$ a.e., $n \geqslant 1$”, 则同样可证明定理的结论成立.

§4.5 集值上鞅的收敛性

引理 4.5.1 设 $\{A_n : n \geqslant 1\} \subset \mathbf{P}_{wkc}(X)$, 且 $A_1 \supset A_2 \cdots$, 则

$$A = \bigcap_{n\geqslant 1} A_n \in \mathbf{P}_{wkc}(X) \text{ 且 } (w)A_n \to A, \quad n \to \infty.$$

证明 $A \in \mathbf{P}_{wkc}(X)$ 为显然, 且

$$\lim_{n\to\infty} \sigma(x^*, A_n) \geqslant \sigma(x^*, A), \quad x^* \in X^*$$

亦为显然, 这时可证等号成立. 反证之, 若结论不成立, 则存在 $x^* \in X^*$ 使有

$$\lim_{n\to\infty} \sigma(x^*, A_n) > \sigma(x^*, A).$$

由弱紧性知存在 $y_n \in A_n, n \geqslant 1$, 满足

$$\langle x^*, y_n \rangle = \sigma(x^*, A_n), \quad n \geqslant 1.$$

因为 $\{y_n : n \geqslant 1\} \subset A_1 \in \mathbf{P}_{wkc}(X)$, 故存在子列 $\{y_{n_k} : k \geqslant 1\}$ 和 $y \in A_1$ 使有 $(w)y_{n_k} \to y, k \to \infty$. 由 A_n 的单调性和弱紧性知 $y \in A_n, n \geqslant 1$, 从而 $y \in A$. 另一方面, 又有

$$\lim_{n\to\infty} \sigma(x^*, A_n) = \lim_{k\to\infty} \langle x^*, y_{n_k} \rangle = \langle x^*, y \rangle > \sigma(x^*, A),$$

故 $y \notin A$. 这就有了矛盾, 故结论成立, 引理得征.

若无特殊的说明, 在这一节中设 D^* 是 X^* 关于 Mackey 拓扑 $m(X^*, X)$ 的可列稠集. 又记 $D_1^* = D^* \cap U^*$, 其中

$$U^* = \{x^* \in X^* : ||x^*|| \leqslant 1\}.$$

引理 4.5.2 设 $\{A_n : n \geqslant 1\} \subset \mathbf{P}_{wkc}(X)$, 若有

(1) 存在 $B \in \mathbf{P}_{wkc}(X)$, 使有 $A_n \subset B, n \geqslant 1$;

(2) 任给 $x^* \in D^*$, $\lim\limits_{n\to\infty} \sigma(x^*, A_n)$ 存在.

则存在 $A \in \mathbf{P}_{wkc}(X)$, 使有 $(w)A_n \to A, \quad n \to \infty$.

证明 令

$$B_n = \overline{\text{co}}\Big(\bigcup_{m\geqslant n} A_m\Big), \ n \geqslant 1,$$

则 $B_n \subset B, B_n \in \mathbf{P}_{wkc}(X), n \geqslant 1$ 且 $B_n \downarrow (n \uparrow)$ 均为显然, 令

$$A = \bigcap_{n\geqslant 1} B_n \in \mathbf{P}_{wkc}(X).$$

由引理 4.5.1 有

$$\lim_{n\to\infty}\sigma(x^*,B_n)=\sigma(x^*,A),\quad x^*\in X^*.$$

但是

$$\sigma(x^*,B_n)=\sigma\Big(x^*,\mathrm{co}\Big(\bigcup_{m\geqslant n}A_m\Big)\Big)=\sup_{m\geqslant n}\sigma(x^*,A_m),\ n\geqslant 1,$$

故有

$$\begin{aligned}\sigma(x^*,A)&=\lim_{n\to\infty}\sigma(x^*,B_n)\\&=\lim_{n\to\infty}\sup\sigma(x^*,A_n)=\lim_{n\to\infty}\sigma(x^*,A_n),\ x^*\in D^*.\end{aligned}$$

从而由 Mackey 拓扑在弱紧集上的一致性有

$$\sigma(x^*,A)=\lim_{n\to\infty}\sigma(x^*,A_n),\ x^*\in X^*.$$

故结论成立, 引理得证.

引理 4.5.3　设 G 和 $\{F_n:n\geqslant 1\}$ 都是 $\mathbf{P}_{wkc}(X)$ 值随机集, 若有

(i) $F_n\subset F$ a.e., $n\geqslant 1$;

(ii) $x^*\in D^*$, $\lim\limits_{n\to\infty}\sigma(x^*,F_n)$ a.e. 存在,

则有

(a) 存在 $\mathbf{P}_{wkc}(X)$ 值随机集 F 使有 $(w)F_n\to F$ a.e., $n\to\infty$;

(b) 又若 $\lim\limits_{n\to\infty}\inf E||F_n||<\infty$, 则 $E||F||<\infty$.

证明　因为 D^* 可列, 所以存在可略集 N, 使有

$$\lim_n\sigma(x^*,F_n)\ 存在,\ w\in\Omega\backslash N,\ x^*\in D^*$$

对每一个 $w\in\Omega\backslash N$, 运用引理 4.5.2 即知存在 $F(w)\in\mathbf{P}_{wkc}(X)$, 使有

$$\sigma(x^*,F)=\lim_{n\to\infty}\sigma(x^*,F_n),w\in\Omega\backslash N,x^*\in X^*.$$

又由 Minimax 定理有

$$d(x,F)=\sup_{x^*\in D_1^*}[\langle x^*,x\rangle-\sigma(x^*,F)],\ x\in X,$$

故对任意的 $x\in X,d(x,F)$ 都是实值可测函数, 从而由定理 2.1.6 知 F 是随机集, 结论 (a) 得证.

若 $\lim\limits_{n\to\infty}\inf E||F_n||<\infty$, 因为

$$||F_n||=\sup_{x^*\in D_1^*}\sigma(x^*,F_n),$$

于是有

$$\begin{aligned}\lim_{n\to\infty}\inf\|F_n\| &\geqslant \lim_{n\to\infty}\inf\sigma(x^*,F_n)=\lim_n\sigma(x^*,F_n)\\ &=\sigma(x^*,F),\ w\in\Omega\backslash N,\ x^*\in D^*.\end{aligned}$$

由此知

$$\liminf_n\|F_n\|\geqslant\sup_{x^*\in D_1^*}\sigma(x^*,F)=\|F\|,\ w\in\Omega\backslash N.$$

故由 Fatou 引理即得

$$E\|F\|\leqslant\lim_{n\to\infty}\inf E\|F_n\|<\infty.$$

结论 (b) 得证, 引理证毕.

注 上述引理结论 (b) 中的条件 “$\lim\limits_{n\to\infty}\inf E\|F_n\|<\infty$” 若减弱为 “$\sup\limits_{n\to\infty}E\|F_n\|<\infty$”, 则可类似的证明有 $E|F|<\infty$, 即 $S_F^1\neq\varnothing$, 这时要用到下述等式:

$$A=d(\theta,A)=\sup_{x^*\in D_1^*}[-\sigma(x^*,A)],A\in\mathbf{P}_{wkc}(X).$$

引理 4.5.4 设 $\{A,A_n:n\geqslant1\}\subset\mathbf{P}_{fc}(X)$, 若有

(i) $d(x,A)=\lim\limits_{n\to\infty}d(x,A_n),\ x\in X$;

(ii) $\sigma(x^*,A)=\lim\limits_{n\to\infty}\sigma(x^*,A_n),x^*,\in X^*$,

则 (K. M)$A_n\to A$.

证明 这时有

$$x\in A,\ \lim_{n\to\infty}d(x,A_n)=d(x,A)=0,$$

这表明 $A\subset s\text{-}\lim\limits_{n\to\infty}\inf A_n$, 又由引理 4.3.1 有

$$w\text{-}\lim_{n\to\infty}\sup A_n\subset A$$

成立, 从而有 (K.M)$A_n\to A$, 引理得证.

定理 4.5.1 设 $\{F_n:n\geqslant1\}\subset\mathbf{L}_{wkc}^1[\Omega,X]$ 是上鞅, 若有

(i) $\sup\limits_n E[\sigma(x^*,F_n)]<\infty,\ x^*\in D^*$;

(ii) 存在 $G(w)\in\mathbf{P}_{wkc}(X)$ a.e. 使有 $F_n\subset G$ a.e., $n\geqslant1$,

则

(a) 存在 $\mathbf{P}_{wkc}(X)$ 值随机集 F, 使有 $(w)F_n\to F$ a.e., $n\to\infty$;

(b) 若有 $\sup\limits_n E\|F_n\|<\infty$, 则有 (K.M)$F_n\to F$ a.e., $n\to\infty$, 且有 $E\|F\|<\infty$.

证明　(a) 对任意取定的 $x^* \in D^*$, $\{\sigma(x^*, F_n) : n \geqslant 1\}$ 是实值上鞅, 在条件 (i) 下由实值上鞅收敛定理知 $\lim\limits_{n\to\infty} \sigma(x^*, F_n)$ a.e. 存在, 从而由条件 (ii) 和引理 4.5.3(a) 知结论 (a) 成立.

(b) 设 D 是 X 的可列范稠集, 对任取的 $x \in D$, 因为有

$$d(x, F_n) = \sup_{x^* \in D_1^*} [\langle x^*, x\rangle - \sigma(x^*, F_n)],$$
$$d(x, F) = \sup_{x^* \in D_1^*} [\langle x^*, x\rangle - \sigma(x^*, F)],$$
$$\sup_n d(x, F_n) \leqslant ||X|| + \sup_n E||F_n|| < \infty.$$

于是对下鞅可列族

$$\{\{\langle x^*, x\rangle - \sigma(x^*, F_n) : n \geqslant 1\} : x^* \in D_1^*\}$$

应用 Neveu 引理即知存在可略集 N_x, 使有

$$d(x, F) = \lim_n d(x, F_n),\ w \in \Omega\backslash N_x.$$

令 $N = \bigcup\limits_{x\in D} N_x$, 则 N 仍是零测集, 这时有

$$d(x, F) = \lim_n d(x, F_n),\ w \in \Omega\backslash N,\ x \in D.$$

对每一个 $w \in \Omega\backslash N$, 由条件 (ii) 知 $\{d(\cdot, F_n) : n \geqslant 1\}$ 是等度连续的, 于是由 D 在 X 中的稠密性可得

$$d(x, F) = \lim_n d(x, F_n),\ w \in \Omega\backslash N,\ x \in X.$$

从而由已证之结论 (a) 和引理 4.5.4 知

$$(\text{K.M})F_n \to F \text{ a.e.}, n \to \infty,$$

且由引理 4.5.3(b) 有 $E||F|| < \infty$, 结论 (b) 得证, 定理证毕.

引理 4.5.5　设 $\xi \in L^1[\Omega, R^1]$, 则对于任一子 σ 代数 $\mathbf{F} \subset \mathbf{A}_n$, 和任意的 $x \in X$, 有

$$E[\overline{S}(x, \xi)|\mathbf{F}] = \overline{S}(x, E[\xi|\mathbf{F}]) \text{ a.e.}.$$

证明　对任给的 $x \in X$, 令 $F(w) = \overline{S}(x, 1), w \in \Omega$, 则

$$\overline{S}(x, \xi) = \xi \cdot F.$$

于是如同定理 2.4.9 的证明可证有

$$E[\overline{S}(x, \xi)|\mathbf{F}] = E[\xi F|\mathbf{F}] = E[\xi|\mathbf{F}] \cdot F = \overline{S}(x, E[\xi|\mathbf{F}]) \text{ a.e.},$$

引理得证.

引理 4.5.6 假设 $\{A_n : n \geqslant 1\} \subset 2^X, \{a_k : k \geqslant 1\} \subset R^+$, 且 $\lim\limits_{k\to\infty} a_k = +\infty$. 若对每一个 $k \geqslant 1$, 存在 $A^k \in \mathbf{P}_f(X)$, 使有

$$(\text{K.M})A_n \cap \overline{S}(0, a_k) \to A^k,$$

则 $A = \bigcup\limits_{k\geqslant 1} A^k \in \mathbf{P}_f(X)$, 且

$$(\text{K.M})A_n \to A.$$

证明 对任取的 $x \in A$, 存在 A^m 使得 $x \in A^m$, 而

$$A^m \subset s\text{-}\lim_{n\to\infty} \inf(A_n \cap \overline{S}(0, a_m)) \subset s\text{-}\lim_{n\to\infty} \inf A_n$$

为显然, 由 $x \in A$ 的任意性即知有

$$A \subset s\text{-}\lim_{n\to\infty} \inf A_n$$

成立. 再证明 $w\text{-}\lim\limits_{n\to\infty} \sup A_n \subset A$, 设 $x \in w\text{-}\lim\limits_{n\to\infty} \sup A_n$, 则存在 $x_i \in A_{n_i}, i \geqslant 1$, 使有 $(w)x_i \to x, i \to \infty$. 因为每一个 w 收敛点列是有界的, 所以存在 $m \geqslant 1$, 使有 $||x_i|| \leqslant a_m, i \geqslant 1$, 由此知

$$x \in w\text{-}\lim_{n\to\infty} \sup(A_n \cap \overline{S}(0, a_m)) \subset A^m \subset A.$$

由 $x \in w\text{-}\lim\limits_{n\to\infty} \sup A_n$ 的任意性知 $w\text{-}\lim\limits_{n\to\infty} \sup A_n \subset A$ 成立, 故

$$(\text{K.M})A_n \to A, \ n \to \infty.$$

而由推论 1.5.1 知 $A \in \mathbf{P}_f(X)$, 引理证毕.

下述定理给出了无界集值上鞅的收敛性.

定理 4.5.2 设 $\{F_n : n \geqslant 1\}$ 是 $\mathbf{P}_{fc}(X)$ 值上鞅. 若有

(i) $\sup\limits_n E[d(0, F_n)] < \infty$;

(ii) 存在 $G(w) \in \mathbf{P}_{lwkc}(X)$ a.e., 使 $F_n \subset G$ a.e., $n \geqslant 1$, 则存在 $\mathbf{P}_{lwkc}(X)$ 值随机集 F, 使得 $S_F^1 \neq \varnothing$, 且

$$(\text{K.M})F_n \to F \quad \text{a.e.}, \ n \to \infty.$$

证明 令

$$\xi_n^k = d(0, F_n) + k, \ w \in \Omega, \ k \geqslant 1, \ n \geqslant 1.$$

对每一个取定的 $k \geqslant 1, \{\xi_n^k : n \geqslant 1\}$ 是实值正下鞅, 由下鞅的 Krickeberg 分解有

$$\xi_n^k = \eta_n^k - \zeta_n^k, \quad n \geqslant 1,$$

其中 $\{\eta_n^k : n \geqslant 1\}$ 是正可积鞅, $\{\zeta_n^k : n \geqslant 1\}$ 是正可积上鞅. 令

$$F_n^k = F_n \cap \overline{S}(0, \eta_n^k),\ n \geqslant 1.$$

因为 $\sup\limits_n E\eta_n^k = E\eta_1^k < \infty$, 由鞅收敛定理知

$$\eta^k = \sup_n \eta_n^k < \infty \text{ a.e..}$$

于是有

$$F_n^k \subset G \cap \overline{S}(0, \eta^k) \in \mathbf{P}_{wkc}(X),\ w \in \Omega \backslash N_0,\ n \geqslant 1,$$

其中 N_0 是一零测集. 又 F_n^k 为 $\mathbf{A}_n$ 可测, 且

$$E||F_n^k|| \leqslant E\eta_n^k < \infty,\ n \geqslant 1$$

均为显然, 故 $\{F_n^k : n \geqslant 1\}$ 是 $\mathbf{L}_{wkc}^1[\Omega, X]$ 值适应列, 由 $\{\eta_n^k : n \geqslant 1\}$ 的鞅性和引理 4.5.5 可得

$$\begin{aligned}
E[F_{n+1}^k|\mathbf{A}_n] &= E[F_{n+1} \cap \overline{S}(0, \eta_{n+1}^k)|\mathbf{A}_n] \\
&\subset E[F_{n+1}|\mathbf{A}_n] \cap E[\overline{S}(0, \eta_{n+1}^k)|\mathbf{A}_n] \\
&\subset F_n \cap \overline{S}(0, E[\eta_{n+1}^k|\mathbf{A}_n]) \\
&= F_n \cap \overline{S}(0, \eta_n^k) = F_n^k \text{ a.e.},\ n \geqslant 1.
\end{aligned}$$

故 $\{F_n^k : n \geqslant 1\} \subset \mathbf{L}_{wkc}^1[\Omega, X]$ 是集值上鞅, 且有

$$\sup_n E||F_n^k|| \leqslant \sup_n E\eta_n^k < \infty.$$

从而由定理 4.5.1 知存在 $F^k \in \mathbf{L}_{wkc}^1[\Omega, X]$ 和可略集 N_k, 使有

$$\text{(K.M)} F_n^k \to F^k,\ w \in \Omega \backslash N_k,\ n \to \infty.$$

令

$$N = \bigcup_{k \geqslant 1} N_k,$$

$$F = \begin{cases} \bigcup\limits_{k \geqslant 1} F^k, & w \in \Omega \backslash N, \\ \{0\}, & w \in N. \end{cases}$$

由引理 4.5.6 知

$$(\text{K.M})F_n \to F,\ w \in \Omega \backslash N.$$

这时 $F(w) \in \mathbf{P}_{lwkc}(X), w \in \Omega$ 为显然, 且因为每一个 F^k 均为随机集, 故 F 仍是随机集, 且 $S_F^1 \supset S_{F_k}^1 \neq \varnothing$ 为显然, 定理证毕.

引理 4.5.7 设 $A \in \mathbf{P}_{fc}(X), B \in \mathbf{P}_{wkc}(X)$, 则下述等价:

(1) $A \subset B$;

(2) $\sigma(x^*, A) \leqslant \sigma(x^*, B),\ x^* \in D^*$.

证明 (1) $\Rightarrow$ (2) 为显然. 设 (2) 成立. 对任给的 $x^* \in X^*$, 存在 $\{x_k^* : k \geqslant 1\} \subset D^*$, 使有 $x_k^* \xrightarrow{m(X^*,X)} x^*, k \to \infty$, 由 Mackey 拓扑在弱紧集上的一致性知有

$$\begin{aligned}\sigma(x^*, A) &= \sup_{x \in A} \lim_k \langle x_k^*, x\rangle \leqslant \lim_{k \to \infty} \sup \sigma(x_k^*, A) \\ &\leqslant \lim_{k \to \infty} \sigma(x_k^*, B) = \sigma(x^*, B).\end{aligned}$$

由于 $x^* \in X^*$ 的任意性知 (1) 成立, 引理证毕.

定理 4.5.2(续) 在定理 4.5.2 中, 若条件 (i) 加强为 $(i')\{d(0, F_n) : n \geqslant 1\}$ 一致可积, 则 $E[F|\mathbf{A}_n] \subset F_n$ a.e., $n \geqslant 1$.

证明 继续采用定理 4.5.2 证明中的符号, 对每一个 $k \geqslant 1, \{F_n^k : n \geqslant 1\}$ 是 $\mathbf{L}_{wkc}^1[\Omega, X]$ 值上鞅, 因为 $\{\xi_n^k : n \geqslant 1\}$ 一致可积, 所以它的 Krickeberg 分解中的正可积鞅 $\{\eta_n^k : n \geqslant 1\}$ 也一致可积, 但 $\|F_n^k\| \leqslant \eta_n^k,\ n \geqslant 1$, 从而 $\{\|F_n^k\| : n \geqslant 1\}$ 一致可积, 于是对任给的 $x^* \in X^*, \{\sigma(x^*, F_n^k) : n \geqslant 1\}$ 一致可积. 现在对任意取定的 $n \geqslant 1$ 和 $x^* \in D^*$, 有

$$\begin{aligned}\sigma(x^*, E[F^k|\mathbf{A}_n]) &= E[\sigma(x^*, F^k)|\mathbf{A}_n] \\ &= L^1\text{-}\lim_{m \to \infty} E[\sigma(x^*, F_m^k)|\mathbf{A}_n] \\ &= \sigma(x^*, F_n^k) \text{ a.e.}(x^*).\end{aligned}$$

由 D^* 的可列性知存在可略集 N, 使有

$$\sigma(x^*, E[F^k|\mathbf{A}_n]) \leqslant \sigma(x^*, F_n^k),\ w \in \Omega \backslash N,\ x^* \in D^*.$$

故由引理 4.5.7 知

$$E[F^k|\mathbf{A}_n] \subset F_n^k \text{ a.e.}.$$

由于

$$F_n = \text{cl}\Big(\bigcup_{k \geqslant 1} F_n^k\Big),\ F = \bigcup_{k \geqslant 1} F^k,$$

运用定理 2.6.1 可得

$$E[F|\mathbf{A}_n] = E\Big[\bigcup_{k\geqslant 1} F^k|\mathbf{A}_n\Big] = \mathrm{cl}\Big(\bigcup_{k\geqslant 1} E[F^k|\mathbf{A}_n]\Big)$$
$$\subset \mathrm{cl}\Big(\bigcup_{k\geqslant 1} F_n^k\Big) = F_n \text{ a.e.}, n\geqslant 1.$$

定理证毕

引理 4.5.8 设 $F\in \mathbf{L}^1_{wkc}[\Omega,X]$, 则 $S^1_F\in \mathbf{P}^1_{wkc}(L^1[\Omega,X])$,

证明 由推论 2.2.2 知 $S^1_F\in \mathbf{P}_{bfc}(L^1[\Omega,X])$, 要证明的是 S^1_F 的弱紧性, 任取 $x^*(w)\in (L^1[\Omega,X])^* = L^\infty[\Omega,X^*_w]$, 由定理 2.2.12 有

$$\sup_{f\in S^1_F}\langle x^*,f\rangle = \sup_{f\in S^1_F}\int_\Omega \langle x^*(w),f(w)\rangle \mathrm{d}\mu$$
$$= \int_\Omega \sigma(x^*,F)\mathrm{d}\mu.$$

令

$$G = \{x\in F, \langle x^*,x\rangle = \sigma(x^*,F)\},$$

由于 $F(w)\in \mathbf{P}_{wkc}(X), w\in\Omega$, 所以 $G(w)\neq\varnothing, w\in\Omega$, 且因为

$$\mathrm{Gr}(G) = \{(w,x)\in \Omega\times X : \langle x^*,x\rangle - \sigma(x^*,F) = 0\}\cap \mathrm{Gr}(F)\in \mathbf{A}\times\mathbf{B}(X).$$

所以存在 G 的可测选择 $\hat f\in S^1_F$, 从而有

$$\sup_{f\in F}\langle x^*,f\rangle = \int_\Omega \sigma(x^*,F)\mathrm{d}\mu = \langle x^*,\hat f\rangle$$

由 $x^*\in (L^1[\Omega,X])^*$ 的任意性和 James 定理知

$$S^1_F\in \mathbf{P}_{wkc}(L^1[\Omega,X]),$$

引理证毕

引理 4.5.9 设 $\mathbf{F}$ 是 $\mathbf{A}$ 的子 σ 代数, 若 $F\in \mathbf{L}^1_{wkc}[\Omega,X]$, 则

$$M = \{E[f|\mathbf{F}] : f\in S^1_F\}\in \mathbf{P}_{wkc}(L^1[\Omega,\mathbf{F},\mu;X]).$$

证明 记 $Y = L^1[\Omega,\mathbf{F},\mu;X]$, 则 $(Y,\|\cdot\|)$ 是 Banach 空间, 此时 $M\in \mathbf{P}_{bc}(Y)$ 显然. 可证明 $M\in \mathbf{P}_{bfc}(Y)$. 为此设

$$\{x_n = E(f_n|\mathbf{F}) : f_n\in S^1_F, n\geqslant 1\}\subset M.$$

若存在 $y \in Y$, 使有 $||x_n - y||_1 \to 0(n \to \infty)$. 首先证明 $y \in M$. 由于 $S_F^1 \in \mathbf{P}_{wkc}(L^1[\Omega, X])$, 故存在

$$\{f_{n_k} : k \geqslant 1\} \subset \{f_n : n \geqslant 1\}, f_n \in S_F^1$$

使有

$$(W_L) f_{n_k} \to f(k \to \infty).$$

令 $x = E[f|\mathbf{F}]$, 则 $x \in M$, 对任取的

$$x^*(w) \in Y^* \subset (L^1[\Omega, X])^*,$$

有

$$\begin{aligned}|\langle x^*(w), y - x\rangle| \leqslant & |\langle x^*(w), y - E[f_{n_k}|\mathbf{F}]\rangle + \langle x^*(w), E[f_{n_k} - f|\mathbf{F}]\rangle| \\ \leqslant & ||x^*(w)|| \cdot ||y - x_{n_k}||_1 + |\langle x^*(w), f_{n_k} - f\rangle| \to 0(k \to \infty).\end{aligned}$$

故 $\langle x^*(w), y\rangle = \langle x^*(w), x\rangle$. 由 $x^*(w) \in Y^*$ 的任意性知 $Y = x \in M$. 再证明 $M \in \mathbf{P}_{wkc}(Y)$. 因为 $S_F^1 \in \mathbf{P}_{wkc}(L^1[\Omega, \mathbf{F}, \mu; X])$, 于是对任给的

$$x^*(w) \in (L^1[\Omega, \mathbf{F}, \mu; X])^* \subset (L^1[\Omega, X])^*,$$

存在 $\hat{f} \in S_F^1$, 使有 $\sup\limits_{f \in S_F^1} \langle x^*, f\rangle = \langle x^*, \hat{f}\rangle$, 从而有

$$\begin{aligned}\sup_{g \in M} \langle x^*, g\rangle &= \sup_{g \in M} \int_\Omega \langle x^*(w), g(w)\rangle \mathrm{d}\mu \\ &= \sup_{f \in S_F^1} \int_\Omega \langle x^*(w), E[f|\mathbf{F}]\rangle \mathrm{d}\mu \\ &= \sup_{f \in S_F^1} \int_\Omega \langle x^*(w), f(w)\rangle \mathrm{d}\mu \\ &= \int_\Omega \langle x^*(w), \hat{f}(w)\rangle \mathrm{d}\mu \\ &= \int_\Omega \langle x^*(w), E[\hat{f}|\mathbf{F}]\rangle \mathrm{d}\mu \\ &= \langle x^*, E[\hat{f}|\mathbf{F}]\rangle.\end{aligned}$$

仍由 James 定理知 $M \in \mathbf{P}_{wkc}(L^1[\Omega, \mathbf{F}, \mu; X])$, 证毕.

引理 4.5.10 设 $\{F_n : n \geqslant 1\}$ 是 $\mathbf{L}_{wkc}^1[\Omega, X]$ 中上鞅, 若

$$G_n = \bigcap_{m \geqslant n} E[F_m|\mathbf{A}_n] \neq \varnothing, n \geqslant 1,$$

则 $\{G_n : n \geqslant 1\}$ 是 $\mathbf{L}_{wkc}^1[\Omega, X]$ 中鞅.

证明　对任意取定的 $n \geqslant 1, E[F_m|\mathbf{A}_n] \downarrow (m \uparrow)$a.e. 为显然, 且因为 $E[F_m|\mathbf{A}_n] \subset F_n$, a.e., $m \geqslant n$, 于是对

$$\{E[F_m|\mathbf{A}_{n+1}] : m \geqslant n+1\}$$

和 $\{E[F_m|\mathbf{A}_n] : m \geqslant n\}$ 关于子 σ 代数 $\mathbf{A}_n$ 分别应用定理 2.6.2 可得

$$\begin{aligned} E[G_{n+1}|\mathbf{A_n}] &= E\Big[\bigcap_{m \geqslant n+1} E[F_m|\mathbf{A}_{n+1}]|\mathbf{A}_n\Big] \\ &= \bigcap_{m \geqslant n+1} E[F_m|\mathbf{A}_n] \\ &= E\Big[\bigcap_{m \geqslant n} F_m|\mathbf{A}_n\Big] \\ &= G_n, \text{a.e.}, n \geqslant 1, \end{aligned}$$

由此知 $\{G_n : n \geqslant 1\}$ 是 $\mathbf{L}_{wkc}^1[\Omega, X]$ 中鞅, 证毕.

定理 4.5.3　设 X 有 **RNP** 性质而且 X^* 可分, $\{F_n : n \geqslant 1\}$ 是 $\mathbf{L}_{wkc}^1[\Omega, X]$ 中上鞅, 若有 $\sup\limits_{\tau \in T} E||F_\tau|| < \infty$, 则存在 $\mathbf{P}_{fc}(X)$ 值随机集 F, 使有

$$(\mathrm{K} \cdot \mathrm{M})(w)F_n \to F, \ \text{a.e. } n \to \infty,$$
$$\Big|\Big|\bigcap_{m \geqslant n} E[F_m|\mathbf{A}_n]\Big|\Big| \to ||F||, \ \text{a.e. } n \to \infty.$$

证明　令 $G_n = \bigcap\limits_{m \geqslant n} E[F_n|\mathbf{A}_n], n \geqslant 1$, 由引理 4.5.10 知 $\{G_n : n \geqslant 1\}$ 是 $\mathbf{L}_{wkc}^1[\Omega, X]$ 中鞅, 且有

$$\sup_n E||G_n|| \leqslant \sup_n E||F_n|| < \infty.$$

于是由定理 4.3.9 或定理 4.4.1 知存在 $F \in \mathbf{L}_{bfc}[\Omega, X]$, 使有

$$(\mathrm{K.M})(w)G_n \to F, \ ||F_n|| \to ||F||, \ \text{a.e.}, \ n \to \infty.$$

对每一个 $x^* \in X^*$, 由引理 4.5.1 有

$$\begin{aligned} \sigma(x^*, G_n) &= \sigma\Big(x_*, \bigcap_{m \geqslant n} E[F_m|\mathbf{A_n}]\Big) \\ &= \lim_{m \to \infty} \sigma(x^*, E[F_m|\mathbf{A}_n]) \\ &= \lim_{m \to \infty} E[\sigma(x^*, F_m)|\mathbf{A}_n], \ \text{a.e.}, n \geqslant 1. \end{aligned}$$

而 $\{\sigma(x^*, F_n) : n \geqslant 1\}$ 是实值上鞅, 且满足

$$\sup_n E|\sigma(x^*, F_n) \leqslant ||x^*|| \cdot \sup_n E||F_n|| < \infty,$$

故 $\{\sigma(x^*, F_n) : n \geqslant 1\}$ 是 L^1 有界实值 Amart, 因而是 subpramart[33]. 这时有

$$\begin{aligned}\sigma(x^*, G_n) &= \lim_{m\to\infty} E[\sigma(x^*, F_m)|\mathbf{A}_n] \\ &= \operatorname*{einf}_{\tau\in T(n)} E[\sigma(x^*, F_\tau)|\mathbf{A}_n], \text{ a.e. } (\mathrm{x}^*).\end{aligned}$$

因为 $(w)G_n \to F$ a.e., 于是由引理 4.4.1 有

$$\sigma(x^*, F) = \lim_{n\to\infty} \sigma(x^*, G_n) = \lim_{n\to\infty} \sigma(x^*, F_n) \text{ a.e. } (\mathrm{x}^*),$$

其中的例外集均与 x^* 有关, 因 X^* 可分, 而由极大值不等式有 $\sup\limits_n ||F_n|| < \infty$ a.e., 故由通常的稠密性叙述即知存在可略集 N, 使有

$$\sigma(x^*, F) = \lim_{n\to\infty} \sigma(x^*, F_n),\ w \in \Omega\backslash N,\ x^* \in X^*,$$

这表明

$$w\text{-}\lim_{n\to 1}\sup F_n \subset F,\ (w)F_n \to F \text{ a.e.},\ n \to \infty,$$

而 $F = s\text{-}\lim\limits_{n\to\infty}\inf G_n \subset s\text{-}\lim\limits_{n\to\infty}\inf F_n$ a.e. 为显然, 故有

$$(\mathrm{K.M})F_n \to F \text{ a.e.},\ n \to \infty,$$

定理证毕.

定理 4.5.4 设 X 有 **RNP** 性质而且 X^* 可分, $\{F_n : n \geqslant 1\}$ 是 $\mathbf{P}_{lwkc}(X)$ 值上鞅, 若 $\sup\limits_n Ed(0, F_n) < \infty$, 则存在 $\mathbf{P}_{fc}(X)$ 值随机集 F, 使有

$$(\mathrm{K.M})F_n \to F_n,\ \text{a.e.},\ n \geqslant 1,$$

又若 $\{d(0, F_n) : n \geqslant 1\}$ 一致可积, 则有

$$E[F|A_n] \subset F_n \text{ a.e.}, n \geqslant 1.$$

证明 运用定理 4.5.2 的证明方法和符号, 令

$$F_n^k = F_n \cap \overline{S}(0, \eta_n^k),\ n \geqslant 1,\ k \geqslant 1.$$

对每一个 $k \geqslant 1, \{F_n^k : n \geqslant 1\}$ 是 $\mathbf{L}^1_{wkc}[\Omega, X]$ 值上鞅, 且有

$$\sup_{\tau\in T} E||F_\tau^k|| \leqslant \sup_{\tau\in T} E\eta_1^k = E\eta_1^k < \infty,$$

于是由定理 4.5.3 知存在 $F^k \in \mathbf{L}^1_{fc}[\Omega, X]$ 和可略集 N_k, 使有

$$(\mathrm{K.M})F_n^k \to F^k,\ w \in \varOmega\backslash N_k,\ n \to \infty.$$

接下去如同定理 4.5.2 的证明即知结论成立, 证毕.

下述例子表明对无界集值下鞅, 不能得到如定理 4.5.2 和定理 4.5.4 那样的收敛性结论.

例 4.5.1　设 $\{\eta_n : n \geqslant 1\}$ 是实值独立随机变量序列, 且

$$\mu(\eta_n = 1) = \frac{1}{n},\ \mu(\eta_n = 0) = 1 - \frac{1}{n}, n \geqslant 1,$$

令

$$\zeta_1 = \eta_1,\ \zeta_n = \eta_n \chi_{(\zeta_{n-1=0})} + n\eta_n\zeta_{n-1}\chi_{(\zeta_{n-1\neq 0})},\ n \geqslant 2,$$

$$A_n = \sigma(\eta_1, \cdots, \eta_n),\ n \geqslant 1,$$

则 $\{\zeta_n : A_n, n \geqslant 1\}$ 是适应可积列, 且

$$E[\eta_{n+1}|A_n] = (n+1)^{-1},\ n \geqslant 1.$$

于是有

$$E[\zeta_{n+1}|A_n] = (n+1)^{-1}\chi_{(\zeta_n=0)} + \zeta_n\chi_{(\zeta_n\neq 0)} \geqslant \zeta_n,\ n \geqslant 1.$$

所以 $\{\zeta_n, A_n : n \geqslant 1\}$ 是实值非负下鞅, 又因为

$$(\zeta_n = 0) = (\zeta_n = 0), n \geqslant 1,$$

故有

$$\mu(\zeta_n > \varepsilon) \leqslant \frac{1}{n} \to 0,\ n \to \infty, \varepsilon > 0,$$

这表明 $\zeta_n \xrightarrow{\mu} 0$. 但同时又有

$$\sum_{n=1}^{\infty} \mu(\eta_n = 1) = \infty,$$

于是由 Borel-Cantelli 引理知

$$\mu(\zeta_n \neq 0 \text{ i.o.}) = \mu(\eta_n \neq 0 \text{ i.o.}) = 1.$$

但是 $\{\zeta_n : n \geqslant 1\}$ 只是在非负整数中取值, 因而上式表明

$$\zeta_n \to 0,\ \text{a.e.},\ n \to \infty$$

不成立, 事实上容易验证这时有

$$\lim_{n\to\infty} \inf \zeta_n = 0,\ \lim_{n\to\infty} \sup \zeta_n = \infty \text{ a.e.}.$$

现在令 $X = \mathbf{R}^1, F_n = [0, \zeta_n]$, $n \geqslant 1$, 则 $\{F_n, A_n : n \geqslant 1\}$ 是 $\mathbf{L}^1_{fc}[\Omega, \mathbf{R}^1]$ 值下鞅, 这时

$$\sup_n d(\theta, F_n) = 0$$

为显然, 但又有

$$\delta(F_m, F_n) = |\zeta_m = \zeta_n| \to 0 \text{ 不成立, a.e., } m \geqslant n \to \infty,$$

故不可能存在 $\mathbf{P}_{fc}(R)$ 值随机集 F, 使有

$$\delta(F_m, F) \to 0 \text{ 或 } (\text{K.M})F_n \to F, \text{ a.e., } n \to \infty$$

成立.

上述例子还表明, 即使空间 X 是有限维的, 或者是 $\mathbf{L}^1_{kc}[\Omega, X]$ 值下鞅, 仅有条件 $\sup\limits_n Ed(0, F_n) < \infty$, 不能保证它能有集值上鞅那样的收敛性.

关于集值鞅、下鞅与上鞅的收敛性的讨论, 一般均要求所讨论的随机集具有凸性, 关于非凸集值鞅、下鞅与上鞅的收敛性, 已知的结果极少. 张文修和高勇 [130] 证明了下述定理.

定理 4.5.5 设 X 是有限维 Banach 空间, $\{F_n : n \geqslant 1\}$ 是 $\mathbf{P}_f(X)$ 值上鞅, 若 $\sup\limits_n Ed(0, F_n) < \infty$, 则存在 $\mathbf{P}_f(X)$ 值随机集 $F, S^1_F \neq \varnothing$, 使有 $(K)F_n \to F$, a.e., $n \to \infty$.

§4.6 集值上 (下) 鞅的 Riesz 分解与 Doob 分解

本节恒设 X 为自反的 Banach 空间, 在 $\mathbf{P}_{wkc}(X)$ 上定义代数运算如下:

$$A + B = \{x_1 + x_2 \in X : x_1 \in A, x_2 \in B\},$$
$$A_x = \{x\} + A,$$
$$\hat{B} = \{-x : x \in B\},$$
$$A \ominus B = \bigcup_{x \in B} A_x = \{z : \hat{B}_z \subset A\},$$
$$A_B = (A \ominus \hat{B}) + B.$$

定义 4.6.1 称 $A \in \mathbf{P}_{wkc}(X)$ 关于 $B \in \mathbf{P}_{wkc}(X)$ 位似, 如果存在 $C \in \mathbf{P}_{wkc}(X)$, 使得 $A = B + C$.

引理 4.6.1 设 A、$B \in \mathbf{P}_{wkc}(X)$, 则下列命题等价:

(1) A 关于 B 位似;

(2) $\sigma(x^*, A) - \sigma(x^*, B)$ 为 X^* 上的凸函数;

(3) $A_B = A$.

证明　由支撑函数的性质易证 (1) 与 (2) 等价.

(1) $\Rightarrow$ (3)　若 (1) 成立, 则存在 $C \in \mathbf{P}_{wkc}(X)$, 使得

$$A = B + C. \tag{4.6.1}$$

任给 $x \in A$, 取 $y \in B, z \in C$, 使得 $x = y + z$. 由 (4.6.1) 易知 $z \in A \ominus \hat{B}$, 故 $x \in A_B$, 则 $A \subset A_B$. 反之, 任给 $x \in A_B$, 依定义存在 $z \in A \ominus \hat{B}, y \in B$, 使得 $x = y + z$. 由 $A \ominus \hat{B}$ 的含义知 $z + y = x \in A$, 故 $A_B \subset A$. 即证 (3) 成立.

(3) $\Rightarrow$ (1)　若 (3) 成立, 则有

$$A = A_B = (A \ominus \hat{B}) + B.$$

同样, 依 $A \ominus \hat{B}$ 的定义知 $A \ominus \hat{B} \in \mathbf{P}_{wkc}(X)$, 故 A 关于 B 位似.

定义 4.6.2　称 $\{Z_n : n \geqslant 1\} \subset \mathbf{L}^1_{wkc}[\Omega, X]$ 为集值位势, 如果

(1) $\{Z_n : n \geqslant 1\}$ 为集值上鞅;

(2) 任给 $n \geqslant 1, \theta \in Z_n(w)$, a.e.;

(3) (K.M) $\int_\Omega Z_n \mathrm{d}\mu \to \{0\}$.

定义 4.6.3　称集值上鞅 $\{F_n : n \geqslant 1\} \subset \mathbf{L}^1_{wkc}[\Omega, X]$ 可 Riesz 分解, 若存在集值鞅 $\{G_n : n \geqslant 1\} \subset \mathbf{L}^1_{wkc}[\Omega, X]$ 及集值位势 $\{Z_n : n \geqslant 1\} \subset \mathbf{L}^1_{wkc}[\Omega, X]$, 使得任给 $n \geqslant 1, F_n = G_n + Z_n$ a.e..

定理 4.6.1　若 $\mathbf{L}^1_{wkc}[\Omega, X]$ 中的集值上鞅可 Riesz 分解, 则分解必唯一.

证明　设 $\{F_n : n \geqslant 1\}$ 为集值上鞅, 其 Riesz 分解为

$$F_n = G_n + Z_n, n \geqslant 1,$$

则任给 $x^* \in X^*, \sigma(x^*, F_n) = \sigma(x^*, G_n) + \sigma(x^*, Z_n) (n \geqslant 1)$ 为实值上鞅 $\{\sigma(x^*, F_n) : n \geqslant 1\}$ 的 Riesz 分解. 由于 X 自反, 故依实值上鞅 Riesz 分解的唯一性易证定理成立.

定理 4.6.2　设 $\{F_n : n \geqslant 1\} \subset \mathbf{L}^1_{kc}[\Omega, \mathbf{R}^1]$ 为集值上鞅, 则它存在 Riesz 分解.

证明　任给 $n \geqslant 1$, 令

$$a_n(w) = \max\{x : x \in F_n(w)\},$$
$$b_n(w) = -\min\{x : x \in F_n(w)\}.$$

易知 $\{a_n : n \geqslant 1\}, \{b_n : n \geqslant 1\}$ 均为实值上鞅. 由于

$$\int_n F_1 \mathrm{d}\mu \supset \int_\Omega F_2 \mathrm{d}\mu \supset \cdots \supset \int_\Omega F_n \mathrm{d}\mu \supset \cdots,$$

故任给 $n \geqslant 1$, 有

$$\begin{aligned}\int_\Omega a_n \mathrm{d}\mu &= \max\{x : x \in \int_\Omega F_n \mathrm{d}\mu\} \\ &\geqslant \min\{x : x \in \int_\Omega F_n \mathrm{d}\mu\} \\ &\geqslant \min\{x : x \in \int_\Omega F_1 \mathrm{d}\mu\} > -\infty.\end{aligned}$$

同理可知, 任给 $n \geqslant 1$, 有

$$\int_\Omega b_n \mathrm{d}\mu \geqslant -\max\{x : x \in \int_\Omega F_1 \mathrm{d}\mu\} > -\infty.$$

因此 $\{a_n : n \geqslant 1\}, \{b_n : n \geqslant 1\}$ 均存在 Riesz 分解, 记作

$$\begin{aligned}a_n &= a_n^1 + a_n^2 \quad \text{a.e.,} \\ b_n &= b_n^1 + b_n^2 \quad \text{a.e..}\end{aligned}$$

依实值上鞅 Riesz 分解的构造可知:

$$\begin{aligned}-b_n^1(w) &= -\lim_{k\to\infty} E[b_{n+k}|A_n] = \lim_{k\to\infty} E[-b_{n+k}|A_n] \\ &\leqslant \lim_{k\to\infty} E[a_{n+k}|A_n] = a_n^1(w) \quad \text{a.e. } (n \geqslant 1).\end{aligned}$$

同理有

$$-b_n^2(w) \leqslant 0 \leqslant a_n^2(w).$$

任给 $n \geqslant 1$, 令

$$\begin{aligned}G_n(w) &= [-b_n^1(w), a_n^2(w)], \\ Z_n(w) &= [-b_n^2(w), a_n^2(w)].\end{aligned}$$

易知 $\{G_n : n \geqslant 1\}$ 为集值鞅, $\{Z_n : n \geqslant 1\}$ 为集值位势, 且

$$F_n = G_n + Z_n \quad \text{a.e.} \quad (n \geqslant 1),$$

即证定理成立.

定理 4.6.3 设 $\{F_n : n \geqslant 1\} \subset \mathbf{L}^1_{wkc}[\Omega, X]$ 为集值上鞅, 则下列命题等价:

(1) $\{ F_n : n \geqslant 1\}$ 可 Riesz 分解,

(2) 任给 $n \geqslant 1, F_n(w)$ 关于 $\bigcap\limits_{k=1}^{\infty} E[F_{n+k}|A_n]$ 位似.

证明　(1)⇒(2)　设 $\{F_n : n \geqslant 1\}$ 的 Riesz 分解为

$$F_n = G_n + Z_n \quad \text{a.e.} \quad (n \geqslant 1),$$

其中 $\{F_n : n \geqslant 1\}$ 为集值鞅, $\{Z_n : n \geqslant 1\}$ 为集值位势. 下面证明

$$\bigcap_{k=1}^{\infty} E[F_{n+k}|A_n] = G_n \quad \text{a.e.}. \tag{4.6.2}$$

由于 $E[F_{n+k}|A_n] \downarrow (k \to \infty)$ 且任给 $k \geqslant 1, E[F_{n+k}|A_n] \subset F_n$ a.e., 故知 $\bigcap\limits_{k=1}^{\infty} E[F_{n+k}|A_n] \in \mathbf{L}^1_{wkc}[\Omega, X]$. 根据同样理由可证 $\bigcap\limits_{k=1}^{\infty} E[Z_{n+k}|A_n] \in \mathbf{L}^1_{wkc}[\Omega, X]$. 由 $\{Z_n : n \geqslant 1\}$ 为集值位势易知, 任给 $x^* \in X^*, \{\sigma(x^*, Z_n) : n \geqslant\}$ 为实值位势, 则

$$\lim_{n\to\infty} \sigma(x^*, Z_n) = 0.$$

从而依引理 4.5.1 知 $\bigcap\limits_{k=1}^{\infty} Z_n = \{\theta\}$ a.e.. 因此定理 2.6.2, 有

$$\bigcap_{k=1}^{\infty} E[Z_{n+k}|A_n] = E\Big[\bigcap_{k=1}^{\infty} Z_{n+k}|A_n\Big] = \{\theta\} \quad \text{a.e.},$$

则

$$\bigcap_{k=1}^{\infty} E[F_{n+k}|A_n] = \bigcap_{k=1}^{\infty} (E[G_{n+k}|A_n] + E[Z_{n+k}|A_n]) = G_n \quad \text{a.e.},$$

(4.6.2) 得证, 因此 F_n 关于 $\bigcap\limits_{k=1}^{\infty} E[F_{n+k}|A_n]$ 位似.

(2)⇒(1)　任给 $n \geqslant 1$, 设

$$G_n(w) = \bigcap_{k=1}^{\infty} E[F_{n+k}|A_n]. \tag{4.6.3}$$

由 $\{F_n : n \geqslant 1\}$ 是集值上鞅易知 $E[F_{n+k}|A_n] \downarrow (k \to \infty)$ 且任给 $k \geqslant 1, E[F_{n+k}|A_n] \subset F_n \in \mathbf{L}^1_{wkc}[\Omega, X]$, 故 $G_n \in \mathbf{L}^1_{wkc}[\Omega, X]$, 且依定理 2.6.2, 任给 $n \geqslant 1$, 有

$$\begin{aligned} E[G_n|A_{n-1}] &= \bigcap_{k=1}^{\infty} E[E[F_{n+k}|A_n]|A_{n-1}] \\ &= \bigcap_{k=1}^{\infty} E[F_{n+k}|A_{n-1}] = G_{n-1} \quad \text{a.e.}. \end{aligned}$$

因此 $\{G_n : n \geqslant 1\}$ 为集值鞅, 且 $G_n \subset F_n$　a.e. $(n \geqslant 1)$. 令

$$P_n(x^*, w) = \sigma(x^*, F_n(w)) - \sigma(x^*, G_n(w))(n \geqslant 1, x^* \in X^*). \tag{4.6.4}$$

由于 F_n 关于 $G_n(w)=\bigcap\limits_{k=1}^{\infty}E[F_{n+k}|A_n]$ 位似, 故知 $\{P_n(x^*,F_n):n\geqslant 1\}$ 为一族 X^* 上弱星下半连续的凸函数. 任取 $\{x_i^*:i\geqslant 1\}\subset X^*$ 为 X^* 上强稠密点列, 定义

$$Z_n(w)=\bigcap_{k=1}^{\infty}\{x\in X:\langle x_i^*,x\rangle\leqslant P_n(x_i^*)\},$$

则易知 $Z_n\in \mathbf{L}_{fc}^1[\Omega,X]$, 且 $\sigma(x^*,Z_n)=P_n(x^*)(x^*\in X^*)$, 从而 $F_n=G_n+Z_n$ a.e. $(n\geqslant 1)$, 因此 $Z_n\in \mathbf{L}_{wkc}^1[\Omega,X]$. 下面证明 $\{Z_n:n\geqslant 1\}$ 为集值位势. 由 (4.6.3) 知, 任给 $x^*\in X^*$, 有

$$\sigma(x^*,G_n)=\lim_{k\to\infty}E[\sigma(x^*,F_{n+k})|A_n].$$

因此由实值上鞅 Riesz 分解的构造有

$$\sigma(x^*,F_n(w))=\sigma(x^*,G_n(w))+P_n(x^*,w)$$

为 $\{\sigma(x^*,F_n):n\geqslant 1\}$ 的 Riesz 分解. 则知 $\{Z_n:n\geqslant 1\}$ 为集值上鞅, 且依 (4.6.4), $P_n(x^*,w)\geqslant 0$ a.e. $(n\geqslant 1)$, 从而 $\theta\in Z_n(w)$ a.e. $(n\geqslant 1)$. 由于 $\int_\Omega Z_n\mathrm{d}\mu\downarrow$, $\int_\Omega Z_n\mathrm{d}\mu\in \mathbf{L}_{wck}^1[\Omega,X]$, 且显然有

$$(w)\int_\Omega Z_n\mathrm{d}\mu\to\{\theta\}.$$

因此易证 (K.M) $\int_\Omega Z_n\mathrm{d}\mu\to\{0\}$, 即知 $\{Z_n:n\geqslant 1\}$ 为集值位势.

下面给出一个例子来说明即使在二维平面情形, 并非所有集值上鞅都存在 Riesz 分解.

例 4.6.1 考虑 $\mathbf{L}_{kc}^1[\Omega,\mathbf{R}^2]$ 上的集值上鞅 $\{F_n:n\geqslant 1\}$,

$$F_n(w)=\overline{\mathrm{co}}\{a_n(w),b_n(w),c_n(w),d_n(w)\}\ (w\in\Omega),$$

其中

$$a_n(w)=(x_n(w),0),$$

$$b_n(w)=(x_n(w),M-x_n(w)),$$

$$c_n(w)=(0,M),$$

$$d_n(w)=(0,0),$$

而 $\{x_n(w):n\geqslant 1\}$ 为实值上鞅, $M>0$, 且 $x_n(w)\leqslant M$ $(w\in\Omega,n\geqslant 1)$. 显然 $\{F_n:n\geqslant 1\}\subset \mathbf{L}_{kc}^1[\Omega,\mathbf{R}^2]$ 为集值上鞅, 且一致有界 (从而一致可积). 下面说明 $\{F_n:n\geqslant 1\}$ 不可能存在 Riesz 分解.

设 $\{x_n(w): n \geqslant 1\}$ 的 Riesz 分解为

$$x_n(w) = x_n^{(1)}(w) + x_n^{(2)}(w),$$

由 F_n 的定义可得：

$$\sigma(p, F_n) = \begin{cases} p_2 M, & p_1 \leqslant 0, p_2 \geqslant 0 \\ 0, & p_1 \leqslant 0, p_2 < 0 \\ p_1 x_n, & p_1 > 0, p_2 \leqslant 0 \\ p_1 M + (p_1 - p_2) x_n, & p_1, p_2 \geqslant 0, \text{且 } p_1 \geqslant p_2 \\ p_2 M, & p_1, p_2 \geqslant 0, \text{且 } p_1 < p_2 \end{cases}$$

其中 $p = (p_1, p_2) \in \mathbf{R}^2$. 假设 $\{F_n : n \geqslant 1\}$ 的 Riesz 分解为 $F_n = G_n + Z_n$, 则任给 $p \in \mathbf{R}^2, \sigma(p, F_n) = \sigma(p, F_n) + \sigma(p, Z_n)$ 为 $\{\sigma(p, F_n) : n \geqslant 1\}$ 的 Riesz 分解. 通过简单的计算可得：

$$\sigma(p, G_n) = \begin{cases} p_2 M, & p_1 \leqslant 0, p_2 \geqslant 0 \\ 0, & p_1 \leqslant 0, p_2 < 0 \\ p_1 x_n^{(1)}, & p_1 > 0, p_2 \leqslant 0 \\ p_1 M + (p_1 - p_2) x_n^{(1)}, & p_1, p_2 \geqslant 0, \ \text{且 } p_1 \geqslant p_2 \\ p_2 M, & p_1, p_2 \geqslant 0, \ \text{且 } p_1 < p_2 \end{cases}$$

因此由紧凸集与其支撑函数的关系可知

$$G_n(w) = \overline{\text{co}}\{(x_n^{(1)}(w), 0), (x_n^{(1)}, M - x_n^{(1)}), (0, 0), (0, M)\}.$$

但是, 如果画出图形, 我们就可以看出, 任给 $w \in \Omega$ 不可能存在紧凸集 $Z \in \mathbf{P}_{kc}(\mathbf{R}^2)$, 使得 $F_n(w) = G_n(w) + Z_n(w)$, 这与假设 $\{F_n : n \geqslant 1\}$ 存在 Riesz 分解矛盾.

例 4.6.1 告诉我们集值上鞅 Riesz 分解的困难主要是由于超空间上代数运算的缺陷导致的. 但我们可以不追求严格意义下的 Riesz 分解, 转而研究集值上鞅各种意义下的 Riesz 逼近.

定理 4.6.4　设 X 是有限维的, $\{F_n : n \geqslant 1\} \subset \mathbf{L}_{kc}^1[\Omega, X]$ 为集值上鞅且一致可积, 则存在集值鞅 $\{G_n : n \geqslant 1\} \subset \mathbf{L}_{kc}^1[\Omega, X]$ 及集值适应列 $\{Z_n : n \geqslant 1\} \subset \mathbf{L}_{kc}^1[\Omega, X]$, 使得

$$F_n \subset G_n + Z_n \quad \text{a.e.}(n \geqslant 1),$$
$$\int_\Omega ||Z_n|| \mathrm{d}\mu \to 0,$$

并且, 若另有一集值适应列 $\{\mathrm{Z}'_n : n \geqslant 1\}$ 满足上面两式, 则有

$$||Z'_n|| \geqslant ||Z_n|| \text{ a.e. } (n \geqslant 1).$$

证明 由集值上鞅收敛定理知存在 $F \in \mathbf{L}^1_{kc}[\Omega, X]$, 使得

$$\Delta(F_n, F) \to 0 \quad (n \to \infty).$$

令 $G_n = E[F|A_n]$ $(n \geqslant 1)$, 则 $\{G_n : n \geqslant 1\}$ 为集值鞅, 且依定理 4.3.12 有

$$\Delta(G_n, F) \to 0 \quad (n \to \infty).$$

定义

$$Z_n(w) = \{x \in X : ||x|| \leqslant \delta_l(G_n, F_n)\},$$

则 $Z_n \in \mathbf{L}^1_{kc}[\Omega, X], F_n \subset G_n + Z_n$ (a.e.), 且

$$\begin{aligned}\int_\Omega ||Z_n||\mathrm{d}\mu &= \int_\Omega \delta_l(G_n, F_n)\mathrm{d}\mu \\ &\leqslant \int_\Omega \delta(G_n, F_n)\mathrm{d}\mu \\ &\leqslant \int_\Omega \delta(G_n, F)\mathrm{d}\mu + \int_\Omega \delta(F_n, F)\mathrm{d}\mu \\ &= \Delta(G_n, F) + \Delta(F_n, F) \to 0 \quad (n \to \infty).\end{aligned}$$

由 $\delta_l(\cdot, \cdot)$ 的定义易知后一结论成立.

在本节的后半部分, 我们讨论集值下鞅 (上鞅) 的 Doob 分解.

定义 4.6.4 设 $\{F_n : n \geqslant 1\} \subset \mathbf{L}^1_{wkc}[\Omega, X]$ 为集值适应列,

(1) 称 $\{F_n : n \geqslant 1\}$ 为集值增 (减) 过程, 如果任给 $n \geqslant 1, F_n \subset F_{n+1}$ a.e.(相应地, $F_n \supset F_{n+1}$ a.e.).

(2) 称 $\{F_n : n \geqslant 1\}$ 为集值可料过程, 若任给 $n \geqslant 1, F_{n+1}$ 关于 $\mathbf{A}_n$ 可测.

定义 4.6.5 称集值下鞅 (上鞅)$\{F_n : n \geqslant 1\} \subset \mathbf{L}^1_{wkc}[\Omega, X]$ 可 Doob 分解, 如果存在集值鞅 $\{G_n : n \geqslant 1\} \subset \mathbf{L}^1_{wkc}[\Omega, X]$ 及零初值集值可料增 (减) 过程 $\{H_n : n \geqslant 1\}$, 使得

$$F_n(w) = G_n(w) + H_n(w) \quad \text{a.e. } (n \geqslant 1).$$

定理 4.6.5 设 $\{F_n : n \geqslant 1\} \subset \mathbf{L}^1_{wkc}[\Omega, X]$ 为集值适应过程, 则 $\{F_n : n \geqslant 1\}$ 是集值可料过程 (增过程、减过程) 当且仅当任给 $x^* \in X^*, \{\sigma(x^*, F_n) : n \geqslant 1\}$ 是实值可料过程 (相应地，实值增过程、减过程).

证明 仅就可料情形证明, 其他情形类似. 如果 $\{F_n : n \geqslant 1\}$ 为集值可料过程, 由推论 2.1.2 即知任给 $x^* \in X^*, \{\sigma(x^*, F_n) : n \geqslant 1\}$ 为实值可料过程.

反之, 若任给 $x^* \in X^*, \{\sigma(x^*, F_n) : n \geqslant 1\}$ 为实值可料过程, 则任给 $n \geqslant 1$, $\sigma(x^*, F_{n+1})$ 关于 $\mathbf{A}_n$ 可测. 取 X^* 的强稠密点列 $\{x_i^* : i \geqslant 1\}$, 由 $\sigma(x^*, F_{n+1})$ 关于

$x^* \in X^*$ 的强连续性可得

$$F_{n+1}(w) = \bigcap_{i=1}^{\infty} \{x \in X : \langle x_i^*, x \rangle \leqslant \sigma(x^*, F_{n+1})\}.$$

于是

$$\mathrm{Gr}F_{n+1} = \bigcap_{i=1}^{\infty} \{(w, x) \in \Omega \times X, \langle x_i^*, x \rangle \leqslant \sigma(x^*, F_{n+1}(w))\} \in \mathbf{A}_n \times \mathbf{B}(X),$$

则由推论 2.1.1 知 F_{n+1} 关于 $\mathbf{A}_n$ 可测. 因此 $\{F_n : n \geqslant 1\}$ 为集值可料过程.

定理 4.6.6　假设 $\{F_n : n \geqslant 1\} \subset \mathbf{L}^1_{wkc}[\Omega, X]$ 为集值下鞅, 于是 $\{F_n : n \geqslant 1\}$ 有唯一的 Doob 分解当且仅当实值下鞅族 $\{\sigma(x^*, F_n) : n \geqslant 1\}(x^*, \in X^*)$ 的 Doob 分解式

$$\sigma(x^*, F_n) = M_n(x^*) + A_n(x^*) \text{ a.e.}$$

中的过程族

$$\{M_n(x^*) : n \geqslant 1\}(x^* \in X^*),$$
$$\{A_n(x^*) : n \geqslant 1\}(x^* \in X^*),$$

有满足下列条件的修正

$$\{\widetilde{M}_n(x^*) : n \geqslant 1\}(x^* \in X^*)$$

及

$$\{\widetilde{A}_n(x^*) : n \geqslant 1\}(x^* \in X^*).$$

(1) $M_n(x^*) = \widetilde{M}_n(x^*)$, $A_n(x^*) = \widetilde{A}_n(x^*)$　a.e. $(n \geqslant 1, x^* \in X^*)$;

(2) 存在 $N \in \mathbf{A}, \mu(A) = 0$, 使得 $w \notin N$ 时, $\{\widetilde{M}_n(\cdot) : n \geqslant 1\}$ 与 $\{\widetilde{A}_n(\cdot) : n \geqslant 1\}$ 均是 X^* 上的正齐次弱星下半连续凸函数.

证明　由定理 4.1.3, 若 $\{F_n : n \geqslant 1\}$ 为集值下鞅, 则任给 $x^* \in X^*, \{\sigma(x^*, F_n) : n \geqslant 1\}$ 为实值下鞅. 依经典的 Doob 分解定理, 存在实值鞅 $\{M_n(x^*, w) : n \geqslant 1\}$ 和实值零初值过程 $\{A_n(x^*, w) : n \geqslant 1\}$, 使

$$\sigma(x^*, F_n) = M_n(x^*, w) + A_n(x^*, w) \text{ a.e.},\ n \geqslant 1,$$

其中

$$\begin{aligned} M_n(x^*) =& \sum_{k=2}^{n} (\sigma(x^*, F_k) - E[\sigma(x^*, F_k)|A_k - 1]) + \sigma(x^*, F_1), n \geqslant 2, \\ M_1(x^*) =& \sigma(x^*, F_1), \end{aligned}$$

$$A_n(x^*) = \sum_{k=2}^{\infty}(E[\sigma(x^*, F_k)|A_{k-1}] - \sigma(x^*, F_{k-1})), n \geqslant 2,$$
$$A_1(x^*) = 0.$$

必要性 如果集值下鞅 $\{F_n : n \geqslant 1\}$ 有 Doob 分解

$$F_n = G_n + H_n \text{ a.e., } n \geqslant 1,$$

其中 $\{G_n : n \geqslant 1\}$ 和 $\{H_n : n \geqslant 1\}$ 分别是 $\mathbf{L}^1_{wkc}[\Omega, X]$ 上的集值鞅和零初值可料增过程. 则对于任给 $x^* \in X^*$, 有

$$\sigma(x^*, F_n) = \sigma(x^*, G_n) + \sigma(x^*, H_n) \text{ a.e.}, n \geqslant 1.$$

由于

$$\{F_n, G_n, H_n : n \geqslant 1\} \subset \mathbf{L}^1_{wkc}[\Omega, X],$$

故 $\sigma(x^*, F_n)$、$\sigma(x^*, G_n)$ 及 $\sigma(x^*, H_n)$ 均是 X^* 上的正齐次弱星下半连续凸函数. 此外, 依定理 4.1.3、定理 4.6.5 知 $\{\sigma(x^*, G_n) : n \geqslant 1\}$ 和 $\{\sigma(x^*, H_n) : n \geqslant 1\}$ 分别为实值鞅和零初值可料增过程, 由经典的 Doob 分解的唯一性可有

$$M_n(x^*) = \sigma(x^*, G_n),$$
$$A_n(x^*) = \sigma(x^*, H_n) \text{ a.e., } (n \geqslant 1, x^* \in X^*),$$

即证必要性.

充分性 若实值过程族 $\{\sigma(x^*, F_n) : n \geqslant 1\}(x^* \in X^*)$ 的 Doob 分解为

$$\sigma(x^*, F_n) = M_n(x^*) + A_n(x^*) \text{ a.e. } (n \geqslant 1),$$

并且有满足条件 (1), (2) 的修正 $\{\widetilde{M}_n(x^*) : n \geqslant 1\}(x^* \in X^*)$ 以及修正 $\{\widetilde{A}_n(x^*) : n \geqslant 1\}(x^* \in X^*)$, 取 X^* 的可数稠密点列 $\{x_i^* : i \geqslant 1\}$, 令

$$G_n(w) = \bigcap_{i=1}^{\infty}\{x \in X : \langle x_i^*, x\rangle \leqslant \widetilde{M}_n(x_i^*, w)\}, n \geqslant 1,$$
$$H_n(w) = \bigcap_{i=1}^{\infty}\{x \in X : \langle x_i^*, x\rangle \leqslant \widetilde{A}_n(x_i^*, w)\}, n \geqslant 1.$$

则由推论 2.1.1 可证 $G_n, H_n \in \mathbf{L}^1_{wkc}[\Omega, X]$, 且由定理 1.4.8 知

$$\sigma(x_i^*, G_n) = \widetilde{M}_n(x_i^*),$$
$$\sigma(x_i^*, H_n) = \widetilde{A}_n(x_i^*).$$

于是

$$\sigma(x_i^*, F_n) = \sigma(x_i^*, G_n) + \sigma(x_i^*, H_n), \text{ a.e.}(n \geqslant 1, x_i^* \in X^*),$$

由 $\sigma(x^*, G_n)$, $\sigma(x^*, H_n)$ 及 $\sigma(x^*, F_n)$ 关于 $x^* \in X^*$ 的强连续性知

$$F_n = G_n + H_n \text{ a.e.}, \ (n \geqslant 1).$$

依定理 4.1.4 及定理 4.6.5 易知 $\{G_n : n \geqslant 1\}$ 为集值鞅, $\{H_n : n \geqslant 1\}$ 为零初值增过程. 即证 $\{F_n : n \geqslant 1\}$ 有 Doob 分解, 唯一性由实值下鞅的 Doob 分解唯一性易得.

定理 4.6.7　设 $F, G \in \mathbf{L}^1_{wkc}[\Omega, X]$, 则

$$S^1_{F \ominus \hat{G}} = S^1_F \ominus \hat{S}^1_G.$$

证明　设 $f \in S^1_{F\ominus\hat{G}}$, 则 $f(w) \in F(w) \ominus \hat{G}(w)$ a.e., 亦即

$$f(w) + G(w) \subset F(w) \text{ a.e.}.$$

于是 $f + S^1_G \subset S^1_F$, 从而 $f \in S^1_F \ominus \hat{S}^1_G$. 因此, 有

$$S^1_{F\ominus\hat{G}} \subset S^1_F \ominus \hat{S}^1_G.$$

反之, 若 $f \in S^1_F \ominus \hat{S}^1_G$, 则 $f + S^1_G \subset S^1_F$, 令 $H(w) = \{f(w)\}$, 则 $S^1_{G+H} = f + S^1_G \subset S^1_F$, 从而有 $H(w) + G(w) \subset F(w)$, 即 $f(w) + G(w) \subset F(w)$ a.e., 因此 $f \in S^1_{F\ominus\hat{G}}$. 即证等式成立.

定理 4.6.8　设 $\{F_n : n \geqslant 1\} \subset \mathbf{L}^1_{wkc}[\Omega, X]$ 为集值下鞅, 如果存在 $N \in A, \mu(N) = 0$, 使得 $w \notin N$ 时, 任给 $k \geqslant 1$,

$$\begin{aligned}
&\sigma(x^*, F_k(w)) - \sigma(x^*, E[F_k|\mathbf{A}_{k-1}](w)),\\
&\sigma(x^*, E[F_k|\mathbf{A}_{k-1}]) - \sigma(x^*, F_{k-1}(w)),
\end{aligned}$$

均是 X^* 上的凸函数, 则 $\{F_n : n \geqslant 1\}$ 存在 Doob 分解, 且其分解具有如下形式:

$$F_n = G_n + H_n \text{ a.e.}, \ n \geqslant 1,$$

其中 $\{G_n : n \geqslant 1\} \subset \mathbf{L}^1_{wkc}[\Omega, X]$ 为集值鞅, $\{H_n : n \geqslant 1\} \subset \mathbf{L}^1_{wkc}[\Omega, X]$ 为零初值增过程, 且

$$\begin{aligned}
&G_n(w) = \sum_{k=2}^{n} (F_k(w) \ominus E[\hat{F}_k|\mathbf{A}_{k-1}](w)) + F_1(w), n \geqslant 1, \ w \notin N,\\
&G_1(w) = F_1(w), \ w \notin N,\\
&H_n(w) = \sum_{k=2}^{n} (E[F_k|\mathbf{A}_{k-1}](w) \ominus \hat{F}_{k-1}(w)), \ n \geqslant 2, \ w \notin N,\\
&H_1(w) = \{\theta\}, \ w \notin N.
\end{aligned}$$

证明 若定理假设成立, 则易知实值过程族 $\{\sigma(x^*, F_n) : n \geqslant 1\}(x^* \in X^*)$ 的 Doob 分解式满足定理 4.6.6 条件 (1), (2), 因此 $\{F_n : n \geqslant 1\}$ 存在 Doob 分解. 下面证明分解具有所述形式, 分三步:

(1) $\{H_n : n \geqslant 1\}$ 显然是 $\mathbf{L}^1_{wkc}[\Omega, X]$ 上的零初值可料过程. 又因 $\{F_n : n \geqslant 1\}$ 是集值下鞅, 故 $F_{k-1} \subset E[F_k|\mathbf{A}_{k-1}]$, 则有

$$\theta \in E[F_k|\mathbf{A}_{k-1}] \ominus \hat{F}_{k-1}, k \geqslant 2,$$

因此

$$H_{k-1} \subset H_{k-1} + (E[F_k|\mathbf{A}_{k-1}] \ominus \hat{F}_{k-1}) = H_k, k \geqslant 2,$$

即 $\{H_n : n \geqslant 1\}$ 是集值增过程.

(2) 下面证明 $\{G_n : n \geqslant 1\}$ 为集值鞅. 首先, 由于 $\{F_n : n \geqslant 1\} \subset \mathbf{L}^1_{wkc}[\Omega, X]$, 故 $F_k - E[\hat{F}_k|A_{k-1}] \in \mathbf{L}^1_{wkc}[\Omega, X]$, 从而 $G_n \in \mathbf{L}^1_{wkc}[\Omega, X](n \geqslant 1)$. 由 G_n 的构造, 为证 $\{G_n : n \geqslant 1\}$ 为集值鞅, 仅需证明任给 $n \geqslant 1$,

$$E[F_n \ominus E[\hat{F}_n|\mathbf{A}_{n-1}]|\mathbf{A}_{n-1}] = \{\theta\}.$$

因为显然 $E[\hat{F}_n|\mathbf{A}_{n-1}] = -E[F_n|\mathbf{A}_{n-1}]$, 而依假设

$$\sigma(x^*, F_n) - \sigma(x^*, E[F_n|\mathbf{A}_{n-1}]$$

为 X^* 上凸函数, 故由引理 4.6.1 知

$$F_n = (F_n \ominus E[\hat{F}_n|\mathbf{A}_{n-1}]) + E[F_n|\mathbf{A}_{n-1}]$$

在上述两端关于 $\mathbf{A}_{n-1}$ 同时取条件期望, 则有

$$E[F_n|\mathbf{A}_{n-1}] = E[F_n \ominus E[\hat{F}_n|\mathbf{A}_{n-1}]|\mathbf{A}_{n-1}] + E[F_n|\mathbf{A}_{n-1}],$$

于是由推论 1.4.1 知

$$E[F_n \ominus E[\hat{F}_n|\mathbf{A}_{n-1}]|\mathbf{A}_{n-1}] = \{\theta\},$$

即证 $\{G_n : n \geqslant 1\}$ 为集值鞅.

(3) 最后证明 $F_n = G_n + H_n$ a.e. $(n \geqslant 1)$. 用归纳法, 当 $n = 1$ 时, 显然成立. 假设 $n = k$ 时成立, 当 $n = k + 1$ 时, 有

$$\begin{aligned} G_{k+1} + H_{k+1} =& (G_k + H_k) + (F_{k+1} \ominus E[\hat{F}_{k+1}|\mathbf{A}_k]) + (E[F_{k+1}|\mathbf{A}_k] \ominus \hat{F}_k) \\ =& (F_{k+1} \ominus E[\hat{F}_{K+1}|\mathbf{A}_k]) + (E[F_{k+1}|\mathbf{A}_k] \ominus \hat{F}_k) + F_k \\ =& F_{k+1}, \end{aligned}$$

其中最后一个等式连用两次引理 4.6.1(1), (3) 的等价性即得.

最后我们考虑一维空间 $\mathbf{R}^1$ 上的集值下鞅的 Doob 分解. 由定理 4.6.2 知在一维情形下经典的 Riesz 分解依然成立, 但对于 Doob 分解却不尽然.

引理 4.6.2 设 $F:\Omega\to\mathbf{P}_{kc}(\mathbf{R}^1)$ 为集值映射, 则 F 可表示为 $F(w)=[\zeta(w),\eta(w)],\zeta(w)\leqslant\eta(w),w\in\Omega$, 且

(1) F 可测当且仅当 ζ,η 均可测;

(2) $F\in\mathbf{L}^1_{kc}[\Omega,\mathbf{R}^1]$ 当且仅当 $\zeta,\eta\in\mathbf{L}^1[\Omega,\mathbf{R}]$;

(3) 若 $F\in\mathbf{L}^1_{kc}[\Omega,\mathbf{R}^1],\mathbf{A}_0$ 为 $\mathbf{A}$ 的子 σ 一代数, 则

$$E[F|A_0]=[E[\zeta|A_0],E[\eta|A_0]];$$

(4) $\{F_n:n\geqslant 1\}$ 为集值下 (上) 鞅当且仅当 $\{\zeta_n:n\geqslant 1\}$ 为实值上 (下) 鞅, 而 $\{\eta_n:n\geqslant 1\}$ 为实值下 (上) 鞅.

证明 由第二章, 第四章知识易证.

现在给定集值下鞅 $\{F_n=[\zeta_n,\eta_n]:n\geqslant 1\}\subset\mathbf{L}^1_{kc}[\Omega,\mathbf{R}^1]$, 且实值上鞅 $\{\zeta_n:n\geqslant 1\}$ 和实值下鞅 $\{\eta_n,n\geqslant 1\}$ 分别有 Doob 分解如下:

$$\zeta_n=m_\zeta(n)-a_\zeta(n),\eta_n=m_\eta(n)+a_\eta(n),n\geqslant 1,$$

其中

$$m_\zeta(n)=\sum_{k=2}^{n}(\zeta_k-E[\zeta_k|\mathbf{A}_{k-1}])+\zeta_1,n\geqslant 2,\ m_\zeta(1)=\zeta_1,$$
$$m_\eta(n)=\sum_{k=2}^{n}(\eta_k-E[\eta_k|\mathbf{A}_{k-1}])+\eta_1,n\geqslant 2,\ m_\eta(1)=\eta_1$$

为实值鞅, 而

$$a_\zeta(n)=\sum_{k=2}^{n}(E[\zeta_k|\mathbf{A}_{k-1}]-\zeta_{k-1}),n\geqslant 2,\ a_\zeta(1)=0,$$
$$a_\eta(n)=\sum_{k=2}^{n}(E[\eta_k|\mathbf{A}_{k-1}]-\eta_{k-1}),n\geqslant 2,\ a_\eta(1)=0$$

为零初值可料增过程.

定理 4.6.9 设 $\{F_n=[\zeta_n,\eta_n]:n\geqslant 1\}\subset\mathbf{L}^1_{kc}[\Omega,\mathbf{R}^1]$ 为集值下鞅, 则下列命题等价

(1) $\{F_n:n\geqslant 1\}$ 存在 Doob 分解;

(2) 任给 $n\geqslant 1,m_\zeta(n)\leqslant m_\eta(n)$ a.e.;

(3) 任给 $n\geqslant 2$, 有

$$\sum_{k=2}^{n}E[F_k+\hat{F}_k|\mathbf{A}_{k-1}]\subset\sum_{k=1}^{n}(F_k+\hat{F}_k)\text{ a.e..}$$

证明 先证 (1) 与 (2) 等价. 定义

$$I_{\lambda>0}=\begin{cases}1, & \lambda\geqslant 0,\\ 0, & \lambda<0,\end{cases}\qquad I_{\lambda<0}=\begin{cases}1, & \lambda\geqslant 0,\\ 1, & \lambda<0,\end{cases}$$

则有

$$\begin{aligned}\sigma(\lambda,F_n)&=I_{\lambda>0}\lambda\eta_n+I_{\lambda<0}\lambda\zeta_n\\&=I_{\lambda>0}\lambda(m_\eta(n)+a_\eta(n))+I_{\lambda<0}\lambda(m_\zeta(n)-a_\zeta(n))\\&=\lambda(I_{\lambda>0}m_\eta(n)+I_{\lambda<0}m_\zeta(n))+\lambda(I_{\lambda>0}a_\eta(n)-I_{\lambda<0}a_\zeta(n))\\&=M_n(\lambda)+A_n(\lambda).\end{aligned}$$

其中 $M_n(\lambda)=\lambda(I_{\lambda>0}m_\eta(n)+I_{\lambda<0}m_\zeta(n)),A_n(\lambda)=\lambda(I_{\lambda>0}a_\eta(n)-I_{\lambda<0}a_\zeta(n))$. 显然对于固定的 $\lambda,\{M_n(\lambda):n\geqslant 1\}$ 为实值鞅, $\{A_n(\lambda):n\geqslant 1\}$ 为零初值可料增过程. 由定理 4.6.6 知 $\{F_n:n\geqslant 1\}$ 存在 Doob 分解当且仅当对于几乎所有的 $w\in\Omega,\{M_n(\lambda):n\geqslant 1\}$ 及 $\{A_n(\lambda):n\geqslant 1\}$ 均是 R^1 上的正齐次下半连续凸函数. 它们的正齐次性与下半连续性是显然的, 但由于函数 $f(\lambda)=I_{\lambda>0}\lambda a+I_{\lambda<0}\lambda b$ 关于 λ 是凸的当且仅当 $a\leqslant b$, 因此知 $\{F_n:n\geqslant 1\}$ 存在 Doob 分解当且仅当 $m_\zeta(n)\leqslant m_\eta(n)$ 且 $-a_\zeta(n)\leqslant a_\eta(n)$ $(n\geqslant 1)$, 而 $-a_\eta(n)\leqslant a_\eta(n)$ 自然成立, 即证 (1) 与 (2) 等价.

(1)⇒(3) 若 $\{F_n:n\geqslant 1\}$ 存在 Doob 分解:

$$F_n=G_n+H_n\ (n\geqslant 1),$$

其中 $\{G_n:n\geqslant 1\}$ 为集值鞅, $\{H_n:n\geqslant 1\}$ 为零初值可料增过程, 则有

$$\begin{aligned}E[F_k+\hat{F}_k|\mathbf{A}_{k-1}]&=E[(G_k+H_k)+(\hat{G}_k+\hat{H}_k)|\mathbf{A}_{k-1}]\\&\subset E[(G_k+\hat{G}_k)+(H_k+\hat{H}_k)|\mathbf{A}_{k-1}]\\&=(G_{k-1}+\hat{G}_{k-1})+(H_k+\hat{H}_k),\ k\geqslant 2.\end{aligned}$$

因此, 可得

$$\begin{aligned}\sum_{k=2}^{n}E[F_k+\hat{F}_k|\mathbf{A}_{k-1}]&\subset\sum_{k=1}^{n}((G_{k-1}+\hat{G}_{k-1})+(H_k+\hat{H}_k))\\&\subset\sum_{k=2}^{n}(F_k+\hat{F}_k)\text{ a.e., }n\geqslant 2.\end{aligned}$$

(3) ⇒ (1) 在 (3) 端取支撑函数得

$$\sum_{k=2}^{n}E[\sigma(\lambda,F_k)+\sigma(-\lambda,F_k)|\mathbf{A}_{k-1}]\leqslant\sum_{k=1}^{1}(\sigma(\lambda,F_k)+\sigma(-\lambda,E_k)),$$

从而有

$$\sum_{k=2}^{n}(\sigma(\lambda,F_k)-E[\sigma(\lambda,F_k)|\mathbf{A}_{k-1}])+\sigma(\lambda,F_1)$$
$$\geqslant -(\sum_{k=2}^{n}(\sigma(-\lambda,F_k)-E[\sigma(-\lambda,F_k)|\mathbf{A}_{k-1}])+\sigma(-\lambda,F_1),$$

即知

$$M_n(\lambda)+M_n(-\lambda)\geqslant 0 \text{ a.e.},\ (\lambda\in\mathbf{R}^1).$$

由上式及 $M_n(\lambda)$ 的正齐次性, 利用一维空间的特性易证 $M_n(\lambda)$ 是 $\mathbf{R}^1$ 上的凸函数. 此外, 由于 $\{F_n:n\geqslant 1\}$ 为集值下鞅, 故

$$\sum_{k=2}^{n}(F_{k-1}+\hat{F}_{k-1})\subset\sum_{k=2}^{n}E(F_k+\hat{F}_k|\mathbf{A}_{k-1}).$$

从而有

$$\sum_{k=2}^{n}(E[\sigma(\lambda,F_k)|\mathbf{A}_{k-1}]-\sigma(\lambda,F_{k-1}))$$
$$\geqslant -\sum_{k=2}^{n}(E[\sigma(-\lambda,F_k)|\mathbf{A}_{k-1}]-\sigma(-\lambda,F_{k-1})),$$

即

$$A_n(\lambda)+A_n(-\lambda)\geqslant 0 \text{ a.e. } (\lambda\in\mathbf{R}^1).$$

类似可证 $A_n(\lambda)$ 为 $\mathbf{R}^1$ 上的凸函数. 因此, 由定理 4.6.6 知 $\{F_n:n\geqslant 1\}$ 存在 Doob 分解.

下面的例子表明即使在一维情形下, 并不是任何集值下鞅都存在 Riesz 分解.

例 4.6.2　设 $\{x_n:n\geqslant 1\}$ 为独立同分布随机变量列, 满足

$$\mu\{x_n=1\}=\mu\{x_n=-1\}=\frac{1}{2},\ n\geqslant 1.$$

令 $\eta_n=\left(\sum_{i=1}^{n}x_i\right)^2,\zeta_n=-\eta_n$, 则 $\{\eta_n:n\geqslant 1\}$ 为下鞅. $\{\zeta_n:n\geqslant 1\}$ 为上鞅, 则 $\{F_n=[\zeta_n,\eta_n]:n\geqslant 1\}$ 为集值下鞅. 但是, 我们有

$$E[\eta_n|\mathbf{A}_{n-1}]=E\left[\eta_{n-1}+2\Big(\sum_{i=1}^{n-1}x_i\Big)x_n+x_n^2|\mathbf{A}_{n-1}\right]$$
$$=\eta_{n-1}+1,$$

从而

$$\sum_{k=1}^{n} E[F_k + \hat{F}_k|\mathbf{A}_{k-1}] = \sum_{k=2}^{n}[-2(\eta_{k-1}+1), 2(\eta_{k-1}+1)]$$
$$= \left[-2\sum_{k=1}^{n-1}\eta_k - 2(\eta-1), 2\sum_{k=1}^{n-1}\eta_k + 2(n-1)\right].$$

又因

$$\sum_{k=1}^{n}(F_k + \hat{F}_k) = \left[-2\sum_{k=1}^{n}\eta_k, 2\sum_{k=1}^{n}\eta_k\right],$$

可见定理 4.6.9 中条件 (3) 不满足, 从而 $\{F_n : n \geqslant 1\}$ 不存在 Doob 分解.

§4.7 第四章注记

集值鞅的概念可能最早由 Van Custem[324] 在 1969 年提出的, 这里所讨论的是紧凸集值鞅. 闭凸集值鞅首先由 Hiai 和 Umegaki 在论文 [138] 中提出的. 集值鞅与右闭元鞅的选择与表示可参见文献 [208].

关于集值 (上、下) 鞅的收敛定理, 许多作者在不同的假设下得到不同形式的收敛定理。我们这里列举部分论文如下：[138], [2], [130]~[132], [134], [209], [210], [255], [259], [264], [270], [271], [336], [68]. 特别要指出的是本书的第四节与第五节主要取自于文献 [336], [131]. 分解定理的内容可参见文献 [81], [249], [383].

第五章　集值鞅型过程

§5.1　集值鞅型过程的定义

定义 5.1.1　设 $\mathbf{F}=\{F_n:n\geqslant 1\}$ 是 $\mathbf{L}^1_{fc}[\Omega,X]$ 值适应列.

(1) 称 $\mathbf{F}$ 是集值鞅, 若

$$E[F_{n+1}|\mathbf{A}_n]=F_n \text{ a.e.},\ n\geqslant 1,$$

(2) 称 $\mathbf{F}$ 是集值拟鞅, 若

$$\sum_{n=1}^{\infty}\Delta(F_n,E[F_{n+1}|\mathbf{A}_n])<\infty,$$

(3) 称 $\mathbf{F}$ 是集值一致 Amart, 若

$$\lim_{\sigma\in T}\sup_{\tau\in T(\sigma)}\Delta(F_\sigma,E[F_\tau|\mathbf{A}_\sigma])=0,$$

(4) 称 $\mathbf{F}$ 是集值 Pramart, 若

$$\lim_{\sigma\in T}\sup_{\tau\in T(\sigma)}\mu\{\delta(F_\sigma,E[F_\tau|\mathbf{A}_\sigma])>\varepsilon\}=0,$$

(5) 称 $\mathbf{F}$ 是集值 Mil(1), 若

$$\lim_{n\to\infty}\sup_{m\geqslant n}\delta(F_n,E[F_m|\mathbf{A}_n])=0 \text{ a.e.},$$

(6) 称 $\mathbf{F}$ 是集值 Mil(2), 若

$$\lim_{\sigma\in T}\mu\{\sup_{m\geqslant\sigma}\delta(F_\sigma,E[F_m|\mathbf{A}_\sigma])>\varepsilon\}=0,\ \varepsilon>0,$$

(7) 称 $\mathbf{F}$ 是集值 Mil(3), 若

$$\lim_{\sigma\in T}\sup_{m\geqslant\sigma}\mu\{\delta(F_\sigma,E[F_m|\mathbf{A}_\sigma])>\varepsilon\}=0,\ \varepsilon>0,$$

(8) 称 $\mathbf{F}$ 是集值 GFT(1), 若

$$\lim_{n\to\infty}\mu\Big\{\sup_{m\geqslant n}\delta(F_n,E[F_m|\mathbf{A}_n])>\varepsilon\}=0,\ \varepsilon>0,$$

(9) 称 $\mathbf{F}$ 是集值 GFT(2), 若

$$\lim_{n\to\infty}\sup_{m\geqslant n}\mu\{\delta(F_n, E[F_m|\mathbf{A}_n]) > \varepsilon\} = 0, \varepsilon > 0,$$

(10) 称 $\mathbf{F}$ 是集值 EM, 若

$$\mu\{w, E[F_{n+1}|\mathbf{A}_n] \neq F_n \text{ i.o.}\} = 0,$$

(11) 称 $\mathbf{F}$ 是集值 QEM, 若

$$\sum_{n=1}^{\infty}\delta(F_n, E[F_{n+1}|\mathbf{A}_n]) < \infty \text{ a.e.},$$

(12) 称 $\mathbf{F}$ 是 L^1-Mil, 若

$$\lim_{n\to\infty}\sup_{m\geqslant n}\Delta(F_n, E[F_m|\mathbf{A_n}]) = 0,$$

(13) 称 $\mathbf{F}$ 是集值 Amart(1), 若存在 $A \in \mathbf{P}_{bfc}(X)$, 使有

$$\lim_{\tau\in T}\delta(EF_\tau, A) = 0,$$

其中 $EF_\tau = \text{cl}\int_\Omega F_\tau \text{d}\mu$.

注 Amart 是 asympotic martingale 的缩写, 中译名为渐近鞅. pramart 是 amart in probability 的缩写, 中译名为依概渐近鞅, Mil 是 martingale in the limit 的缩写, 中译名为极限鞅, GFT 是 game fairer with time 的缩写, 中译名为依概极限鞅. EM 是 eventual martingale 的缩写, 中译名为终鞅. QEM 是 quasi-eventual martingale 的缩写, 中译名为拟终鞅, 中译名为严加安所定.

如同实值和向量值情形, 上述鞅型过程之间有如下关系

$$\begin{aligned}
&(1) \Rightarrow (2) \Rightarrow (3) \Rightarrow (4) \Rightarrow (5),\\
&(5) \Rightarrow (6) \Rightarrow (7) \Rightarrow (9),\\
&(1) \Rightarrow (10) \Rightarrow (11), (2) \Rightarrow (11),\\
&(3) \Rightarrow (12) \Rightarrow (9), (3) \Rightarrow (13),\\
&(6) \Rightarrow (8) \Rightarrow (9).
\end{aligned}$$

其中大部分关系显然成立, 要证明的是

$$(2) \Rightarrow (3) \Rightarrow (13), \quad (4) \Rightarrow (5).$$

引理 5.1.1 设实值非负随机变量族 $\{f(\sigma,\tau) : \sigma \in T, \tau \in T(\sigma)\}$ 满足下述条件

(1) 对任意的 $\sigma \in T$ 和 $\tau \in T(\sigma)$, $f(\sigma, \tau)$ 为 A_σ 可测;

(2) 对任意的 $\sigma \in T$ 和 $\tau \in T(\sigma)$,

$$f(n, \tau)\chi_{(\sigma=n)} = f(\sigma, \tau)\chi_{(\sigma=n)};$$

(3) 对任意的 $\sigma \in T, A \in \mathbf{A}_\sigma$, 若 $\tau_1, \tau_2 \in T(\sigma)$, 且 $A \subset (\tau_1 = \tau_2)$ 时, $f(\sigma, \tau_1)\chi_A = f(\sigma, \tau_2)\chi_A$ 成立, 则下述等价

(a) $\lim\limits_{\sigma \in T} \sup\limits_{\tau \in T(\sigma)} \mu\{f(\sigma, \tau) > \varepsilon\} = 0, \varepsilon > 0$,

(b) $\lim\limits_{\sigma \in T} \mu\{\operatorname*{esup}\limits_{\tau \in T(\sigma)} f(\sigma, \tau) > \varepsilon\} = 0, \varepsilon > 0$,

(c) $\lim\limits_{n \to \infty} \operatorname*{esup}\limits_{\tau \in T(n)} f(n, \tau) = 0$, a.e..

引理的证明见文献 [98] 的定理 I. 3.5.5.

定理 5.1.1　设 $\mathbf{F} = \{F_n : n \geqslant 1\}$ 是 $\mathbf{L}^1_{fc}[\Omega, X]$ 值适应列, 则下述等价

(1) $\mathbf{F}$ 是集值 Pramart;

(2) $\mathbf{F}$ 满足

$$\lim_{\sigma \in T} \mu\{\operatorname*{esup}_{\tau \in T(\sigma)} \delta(F_n, E[F_\tau|\mathbf{A}_n]) > \varepsilon\} = 0, \varepsilon > 0;$$

(3) $\mathbf{F}$ 满足

$$\lim_{n \to \infty} \operatorname*{esup}_{\tau \in T(n)} \delta(F_n, E[F_\tau|\mathbf{A}_n]) = 0 \text{ a.e..}$$

证明　对任给的 $\sigma \in T, \tau \in T(\sigma)$, 易证 $F_\tau \in \mathbf{L}^1_{fc}[\Omega, X]$, 令

$$f(\sigma, \tau) = \delta(F_\sigma, E[F_\tau|\mathbf{A}_\sigma]).$$

由引理 4.2.3 和定理 2.4.7 易于验证 $\{f(\sigma, \tau), \sigma \in T, \tau \in T(\sigma)\}$ 满足上述引理 5.1.1 的条件, 于是由引理 5.1.1 知结论成立, 证毕.

推论 5.1.1　设 $\mathbf{F} = \{F_n : n \geqslant 1\}$ 是集值 Pramart, 则 $\mathbf{F}$ 是集值 Mil(1), 即定义 5.1.1 中的 (4)⇒(5) 成立.

定理 5.1.2　设 $\mathbf{F} = \{F_n : n \geqslant 1\}$ 是 $\mathbf{L}^1_{fc}[\Omega, X]$ 中拟鞅, 则 $\mathbf{F}$ 是一致 Amart.

证明　对任意的 $j \geqslant 1, \sigma \in T(j), \tau \in T(\sigma)$, 如同向量值情形的证明 (见引理 4.2.3 的证明) 可证

$$E(\delta(F_n, E[F_\tau|\mathbf{A}_n])\chi_{(\sigma=n)} \leqslant \sum_{i \geqslant n} E(\delta(F, E[F_{i+1}|A_i])\chi_{(\sigma=n)},$$

于是有

$$\begin{aligned}\Delta(F_\sigma, E[F_\tau|\mathbf{A}_\sigma]) &= \sum_{n\geqslant j} E(\delta(F_n, E[F_\tau|\mathbf{A}_n])\chi_{(\sigma=n)}) \\ &\leqslant \sum_{n\geqslant j}\sum_{i\geqslant n} E(\delta(F_i, E[F_{i+1}|\mathbf{A}_i])\chi_{(\sigma=n)}) \\ &\leqslant \sum_{i\geqslant j} E(\delta(F_i, E[F_{i+1}|\mathbf{A}_i])) \\ &= \sum_{i\geqslant j} \Delta(F_i, E[F_{i+1}|\mathbf{A}_i]) \to 0, j\to\infty,\end{aligned}$$

定理得征

定理 5.1.3 设 $\mathbf{F}=\{F_n, n\geqslant 1\}$ 是集值一致 Amart, 则 $\mathbf{F}$ 是集值 Amart(1).

证明 设 $\mathbf{F}$ 是集值一致 Amart, 对任意的 $\tau\in T(\sigma), \sigma\in T$, 由推论 2.4.5 有

$$\begin{aligned}\delta(EF_\sigma, EF_\tau) &= \delta(EF_\sigma, E(E[F_\tau|\mathbf{A}_\sigma])) \\ &\leqslant \Delta(F_\sigma, E[F_\tau|\mathbf{A}_\sigma]) \to 0, \sigma\in T, \sigma\to\infty.\end{aligned}$$

于是由 $(\mathbf{P}_{bf}(X),\delta)$ 和 $(\mathbf{P}_{bfc}(X),\delta)$ 的完备性 (见定理 1.2.8 和 1.2.9) 知存在 $A\in\mathbf{P}_{bfc}(X)$, 使有

$$\lim_{\tau\in T}\delta(EF_\tau, A)=0.$$

故 $\mathbf{F}$ 是集值 Amart(1), 证毕.

注 若在定义 5.1.1 中分别用 $\delta_u(\cdot,\cdot)$ 或 $\delta_l(\cdot,\cdot)$ 代替其中的 $\delta(\cdot,\cdot)$, 则相应地可定义上、下鞅型过程, 如在下面的 §5.3 中讨论的集值 Superpramart 就是其中之一.

§5.2 集值一致 Amart 的 Riesz 逼近与收敛性

定理 5.2.1 设 $\mathbf{F}=\{F_n: n\geqslant 1\}\subset\mathbf{L}^1_{fc}[\Omega, X]$ 是一致 Amart, 则存在 $\mathbf{L}^1_{fc}[\Omega, X]$ 中的鞅 $\{G_n: n\geqslant 1\}$, 使有 $\lim\limits_{\tau\in T}\Delta(F_\tau, G_\tau)=0$.

证明 任取 $n\geqslant 1$, 对任意的 $m_1\geqslant m_2\geqslant n$, 有

$$\begin{aligned}\Delta(E[F_{m_1}|\mathbf{A}_n], E[F_{m_2}|\mathbf{A}_n]) &= \Delta(E[E[F_{m_1}|\mathbf{A}_{m_2}]|\mathbf{A}_n], E[F_{m_2}|\mathbf{A}_n]) \\ &\leqslant \Delta(E[F_{m_1}|\mathbf{A}_{m_2})], F_{m_2}) \to 0,\ m_1\geqslant m_2\to\infty,\end{aligned}$$

由此知 $\{E[F_m|\mathbf{A}_n]: m\geqslant n\}$ 是 $(\mathbf{L}^1_{fc}[\Omega, X],\Delta)$ 中的 Cauchy 序列, 因为 $(\mathbf{L}^1_{fc}[\Omega, X],\Delta)$ 是完备的空间 (见定理 2.2.15), 故必然存在 $G_n\in\mathbf{L}^1_{fc}[\Omega, X]$, 使有

$$\lim_{m\to\infty}\Delta(E[F_m|\mathbf{A}_n], G_n)=0,$$

这时 $G_n \in \mathbf{L}^1_{fc}[\Omega, A_n, \mu; X], n \geqslant 1$ 为显然. 对任意取定的 $m, n \geqslant 1$ 若 $m \geqslant n$, 由推论 2.4.2 有

$$\lim_{k\to\infty} \Delta(E[F_{m+k}|\mathbf{A}_n], E[G_m|\mathbf{A}_n]) \leqslant \lim_{k\to\infty} \Delta(E[F_{m+k}|\mathbf{A}_m], G_m) = 0.$$

因为

$$\begin{aligned}\Delta(E[G_m|\mathbf{A}_n], G_n) \leqslant & \Delta(E[G_m|\mathbf{A}_n], E[F_{m+k}|\mathbf{A}_n]) \\ & + \Delta(E[F_{m+k}|\mathbf{A}_n], G_n), k \geqslant 1,\end{aligned}$$

令 $k \to \infty$ 即知

$$E[G_m|\mathbf{A}_n] = G_n, \text{ a.e.}, \ m > n \geqslant 1.$$

所以 $\{G_n : n \geqslant 1\} \subset \mathbf{L}^1_{fc}[\Omega, X]$ 是集值鞅. 对任给的 $\varepsilon > 0$, 由集值一致 Amart 定义知存在 m_ε, 使有

$$\Delta(F_m, E[F_{m+k}|\mathbf{A}_m]) < \frac{\varepsilon}{2}, \ m \geqslant m_\varepsilon, k \geqslant 1.$$

对任意取定的 $m \geqslant m_\varepsilon$, 存在 k_ε 使有

$$\Delta(E[F_{m+k}|\mathbf{A}_m], G_m) < \frac{\varepsilon}{2}, \ k \geqslant k_\varepsilon.$$

由上述两个不等式可得 $\Delta(F_m, G_m) < \varepsilon, m \geqslant m_\varepsilon + k_\varepsilon$. 由 $\varepsilon > 0$ 的任意性即知

$$\lim_{m\to\infty} \Delta(F_m, G_m) = 0.$$

对任意的 $\tau \in T$, 存在 $m \geqslant 1$ 使有 $m \geqslant \tau$, 又由集值鞅的 Doob 停止定理知 $\Delta(E[G_m|\mathbf{A}_\tau], G_\tau) = 0$, 于是有不等式

$$\begin{aligned}\Delta(F_\tau, G_\tau) &\leqslant \Delta(F_\tau, E[F_m|\mathbf{A}_\tau]) + \Delta(E[F_m|\mathbf{A}_\tau], E[G_m|\mathbf{A}_\tau]) \\ &\leqslant \Delta(F_\tau, E[F_m|\mathbf{A}_\tau]) + \Delta(F_m, G_m),\end{aligned}$$

由此可知

$$\lim_{\tau\in T} \Delta(F_\tau, G_\tau) = 0,$$

定理得证.

引理 5.2.1 设 $\{A_n, B_n : n \geqslant 1\} \subset \mathbf{P}_{fc}(X)$, $\lim\limits_{n\to\infty} \delta(A_n, B_n) = 0$. 则有

(1) 若存在 $B \in \mathbf{P}_{fc}(X)$, 使用 $(\text{K.M})B_n \to B, n \to \infty$, 则

$$(\text{K.M})A_n \to B, \ n \to \infty.$$

(2) 若存在 $B \in \mathbf{P}_{fc}(X)$, 使用 $||B_n|| \to ||B||, n \to \infty$, 则

$$||A_n|| \to ||B||,\ n \to \infty.$$

证明 对任取的 $x \in B$, 因 $B \subset s\text{-}\lim_{n\to\infty}\inf B_n$, 故有 $x_n \in B_n, n \geqslant 1$ 使有 $||x_n - x|| \to 0, n \to \infty$. 取 $y_n \in A_n, n \geqslant 1$, 使

$$||x_n - y_n|| \leqslant d(x_n, A_n) + \frac{1}{n},\ n \geqslant 1,$$

于是有

$$\begin{aligned}||y_n - x|| &\leqslant ||y_n - x_n|| + ||x_n - x|| \\ &\leqslant d(x_n, A_n) + \frac{1}{n} + ||x_n - x|| \\ &\leqslant \delta(A_n, B_n) + \frac{1}{n} + ||x_n - x|| \to 0, n \to \infty,\end{aligned}$$

故 $x \in s\text{-}\lim_n\inf A_n$. 由 $x \in B$ 的任意性知

$$B \subset s\text{-}\lim_n\inf A_n.$$

另一方面, 对任取的 $x \in w\text{-}\lim_n\sup A_n$, 存在 $x_k \in A_{n_k}, k \geqslant 1$, 使有 $(w)x_k \to x, k \to \infty$. 取 $y_k \in B_{n_k}, k \geqslant 1$, 使有

$$||x_k - y_k|| \leqslant d(x, B_{n_k}) + \frac{1}{k}, k \geqslant 1.$$

于是对任意的 $x^* \in X^*$, 有

$$\begin{aligned}|\langle x^*, y_k\rangle - \langle x^*, x\rangle| &\leqslant |\langle x^*, y_k - x_k\rangle| + |\langle x^*, x_k - x\rangle| \\ &\leqslant ||x^*|| \cdot ||y_k - x_k|| + |\langle x^*, x_k - x\rangle| \\ &\leqslant ||x^*||\delta(A_{n_k}, B_{n_k}) + \frac{||x^*||}{k} + |\langle x^*, x_k - x\rangle| \to 0, k \to \infty.\end{aligned}$$

这表明 $(w)y_k \to x$, 故 $x \in w\text{-}\lim_{n\to\infty}\sup B_n = B$. 由

$$x \in w\text{-}\lim_{n\to\infty}\sup A_n$$

的任意性知

$$w\text{-}\lim_{n\to\infty}\sup A_n \subset B,$$

故 (K.M)$A_n \to B, n \to \infty$. (1) 得征.

(2) 由定理 1.2.4 不难验证有

$$| \, ||A_n|| - ||B|| \, | \leqslant \delta(A_n, B_n) + | \, ||B_n|| - ||B|| \, | \to 0, n \to \infty.$$

故 (2) 成立, 引理证毕.

引理 5.2.2 设 $\{A_n, B_n : n \geqslant 1\} \subset \mathbf{P}_{bfc}(X)$, $\lim\limits_{n\to\infty} \delta(A_n, B_n) = 0$. 若存在 $B \in \mathbf{P}_{bfc}(X)$ 使有 $(w)B_n \to B, n \to \infty$, 则 $(w)A_n \to B, n \to \infty$.

证明 对任意的 $x^* \in X^*$, 由定理 1.4.11 有

$$|\sigma(x^*, A_n) - \sigma(x^*, B)| \leqslant \delta(A_n, B_n) + |\sigma(x^*, B_n) - \sigma(x^*, B)| \to 0.$$

证毕.

定理 5.2.2 设 $\{F_n : n \geqslant 1\} \subset \mathbf{L}^1_{fc}[\Omega, X]$ 是一致 Amart, $\sup\limits_n E||F_n|| < \infty$. 若有下列条件之一满足

(1) X 有 RNP 且 X^* 可分;

(2) 存在 $\mathbf{P}_{wkc}(X)$ 值随机 G, 且

$$E[F_m|\mathbf{A}_n] \subset G, \text{ a.e., } m \geqslant n \geqslant 1.$$

则存在 $F \in \mathbf{L}^1_{fc}[\Omega, X]$ 使有

$$(\text{K.M})(w)F_n \to F, ||F_n|| \to ||F|| \quad \text{a.e.}, n \to \infty.$$

证明 由定理 5.2.1 知存在 $\mathbf{L}^1_{fc}[\Omega, X]$ 值鞅 $\{G_n : n \geqslant 1\}$ 使有 $\lim\limits_{\tau\in T} \Delta(F_\tau, G_\tau) = 0$. 从而有

$$\lim_{n\to\infty} \delta(F_n, G_n) = 0 \quad \text{a.e.}.$$

若定理所述条件之一满足, 由第四章的定理 4.3.9 或 4.3.10 即知存在 $F \in \mathbf{L}^1_{fc}[\Omega, X]$, 使有

$$(\text{K.M})(w)G_n \to F, \text{ a.e., } n \to \infty;$$

$$||G_n|| \to ||F||, \text{ a.e., } n \to \infty$$

于是由引理 5.2.1 和引理 5.2.2 知有

$$(\text{K.M})(w)F_n \to F \text{ a.e., 且 } ||F_n|| \to ||F||, \; n \to \infty,$$

定理得证.

§5.3 无界集值 Superpramart 的收敛性

定义 5.3.1 设 J 是一非空指标集, $\{F_t : t \in J\}$ 是一随机集族, 若存在 $\mathbf{P}_{f(c)}(X)$ 值随机集 G 满足

(1) $t \in J, F_t \subset G$ a.e.;

(2) 对任意满足上述 (1) 的 $\mathbf{P}_{f(c)}(X)$ 值随机集 H, 有

$$G \subset H \text{ a.e.},$$

则称 G 是随机集族 $\{F_t : t \in J\}$ 的本性闭 (凸) 包, 并记作 $G = \text{ecl}\{F_t : t \in J\}$ 或 $G = \underset{t\in J}{\text{ecl}} F_t (G = \text{e}\overline{\text{co}}\{F_t : t \in J\}$ 或 $G = \underset{t\in J}{\text{e}\overline{\text{co}}} F_t)$.

由定义知, 随机集族的本性闭 (凸) 包若存在, 则是 a.e. 唯一确定的.

定义 5.3.2 设 $M \subset L^1[\Omega, \mathbf{A}, \mu; X]$, $\mathbf{A}_0$ 是 $\mathbf{A}$ 的子 σ 代数, 称 M 是 $\mathbf{A}_0$ 可分解的, 若对任意的 $f_1, f_2 \in M$ 和 $A \in \mathbf{A}_0$, 均有

$$f_1\chi_A + f_2\chi_{A^c} \in M.$$

当 M 是 $\mathbf{A}$ 可分解时, 简称 M 是可分解的 (参见定义 2.2.3).

任给子 σ 代数 $\mathbf{A}_1 \subset \mathbf{A}_2 \subset \mathbf{A}$, 若 M 是 $\mathbf{A}_2$ 可分解的, 则 M 是 $\mathbf{A}_1$ 可分解的.

定义 5.3.3 设 $M \subset L^1[\Omega, \mathbf{A}, \mu; X]$ 称包含 M 的最小的 $\mathbf{A}_0$ 可分解闭子集为 M 的 $\mathbf{A}_0$ 可分解包, 记作 $(\mathbf{A}_0)\text{de}M$. M 的 $\mathbf{A}$ 可分解包, 记作 $\text{de}M$.

定理 5.3.1 设 $M \subset \mathbf{L}^1[\Omega, \mathbf{A}_0, \mu; X]$, 则 $(\mathbf{A}_0)\text{de}M$ 存在.

证明 由于 $L^1[\Omega, \mathbf{A}, \mu; X]$ 本身是 $\mathbf{A}_0$ 可分解的, 而任意的多个 $\mathbf{A}_0$ 可分解的闭子集的交显然仍是 $\mathbf{A}_0$ 可分解的闭集, 由此知 $(\mathbf{A}_0)\text{de}M$ 存在, 证毕.

定理 5.3.2 设 $\mathbf{A}_0$ 是 $\mathbf{A}$ 的子 σ 代数, $M \subset L^1[\Omega, \mathbf{A}_0, \mu; X]$, 则

(1) 若 M 是 $\mathbf{A}_0$ 可分解的, 则 $\text{cl}M$, $\overline{\text{co}}M$ 也均是 $\mathbf{A}_0$ 可分解的;

(2) $(\mathbf{A}_0)\text{de}M = \text{cl}\left\{ \sum_{i=1}^{n} f_1\chi_{A_i} : f_i \in M, 1 \leqslant i \leqslant n, A_1, \cdots, A_n \text{ 为 } \mathbf{A}_0 \text{ 可测划分} \right\}$;

(3) $(\mathbf{A}_0)\text{de}M = (\mathbf{A}_0)\text{de}(\text{cl}M)$;

(4) 若 M 是闭的, 则 M 是 $\mathbf{A}_0$ 可分解的当且仅当 $(\mathbf{A}_0)\text{de}M = M$;

(5) 若 $M \subset L^1[\Omega, X]$ 是可分解的, 则

$$\overline{\text{co}}\{E[f|\mathbf{A}_0] : f \in M\} = \text{cl}\{E[f|\mathbf{A}_0] : f \in \overline{\text{co}}M\}.$$

证明 类似于集合凸包的相应性质的证明可证明 (1)~(4) 成立, 而 (5) 为显然.

定理 5.3.3 设 $\{F_t : t \in J\}$ 是 $\mathbf{P}_{fc}(X)$ 值随机集族, $S^1_{F_t} \neq \varnothing, t \in J$, 则 $\underset{t\in J}{\text{e}\overline{\text{co}}} F_t$ 存在.

证明 令 $M=\overline{\mathrm{co}}[\mathrm{de}(\bigcup\limits_{t\in J} S^1_{F_t})]$, 由定理 5.3.2(1) 知 M 是可分解的闭凸集, 因而由定理 2.2.9 知存在 $\mathbf{P}_{fc}(X)$ 值随机集 F, 使有 $S^1_F=M$, 这时 F 满足定义 5.3.1 中的条件 (1) 为显然, 下面证明 F 满足其中的条件 (2).

设 H 是 $\mathbf{P}_{fc}(X)$ 值随机集, 使有 $F_t\subset H$, a.e., $t\in J$, 则

$$S^1_{F_t}\subset S^1_H,\ t\in J,$$

所以有

$$\bigcup_{t\in J} S^1_{F_t}\subset S^1_H$$

成立, 于是由可分解包的定义及 S^1_H 的定义及 S^1_H 的凸性即知有

$$M=\overline{\mathrm{co}}\Big[\mathrm{de}\Big(\bigcup_{t\in J} S^1_{F_t}\Big)\Big]\subset S^1_H,$$

故 $F\subset H$ a.e., 由此知

$$F=\mathrm{e}\,\overline{\mathrm{co}}_{t\in J}\,F_t,$$

定理得证.

引理 5.3.1 设 D 是 X 中的可列范稠集, 若 $A,B\in\mathbf{P}_f(X)$, 则下述等价

(1) $A\subset B$,

(2) $x\in D, d(x,A)\geqslant d(x,B)$.

证明 (1)⇒(2) 为显然, 仅证 (2) ⇒ (1). 设 (2) 成立, 对任给的 $x\in A$, 存在 $x_k\in D$, 使有 $\|x-x_k\|\leqslant\dfrac{1}{k}, k\geqslant 1$, 于是有

$$\begin{aligned}0=d(x,A)&\geqslant\inf_{y\in A}\{\|x_k-y\|-\|x-x_k\|\}\\&\geqslant\inf_{y\in A}\|x_k-y\|-\frac{1}{k}\\&\geqslant\inf_{y\in A}\{\|x-y\|-\|x-x_k\|\}-\frac{1}{k}\\&\geqslant d(x,B)-\frac{2}{k},k\geqslant 1.\end{aligned}$$

由 $k\geqslant 1$ 的任意性知 $d(x,B)=0$, 即 $x\in B$. 由 $x\in A$ 的任意性知 (1) 成立. 引理证毕.

下述定理肯定了一般非空随机集族本性闭 (凸) 包的存在性, 并给出了具体的构造方法.

定理 5.3.4 设 $\{F_t:t\in J\}$ 是一非空随机集族, 其中 J 是非空的可分的指标集, 则

$$\mathrm{ecl}\{F_t:t\in J\},\ \mathrm{e}\overline{\mathrm{co}}\{F_t:t\in J\}$$

均存在, 且有 $\{t_n : n \geqslant 1\} \subset J$, 使得

$$\mathrm{ecl}\{F_t : t \in J\} = \mathrm{cl}\{F_{t_n} : n \geqslant 1\},$$
$$\mathrm{e}\overline{\mathrm{co}}\{F_t : t \in J\} = \overline{\mathrm{co}}\{F_{t_n} : n \geqslant 1\}.$$

证明 设 D 是 X 可列范稠集, 对任意取定的 $x_i \in D$, 存在 $t_n^i, n \geqslant 1 \subset J$, 使有

$$\inf_{n \geqslant 1} d(x_i, F_{t_n^i}) = \operatorname*{einf}_{t \in J} d(x_i, F_t) \quad \text{a.e. } (i),$$

其中 a.e.(i) 表示例外集与 x_i 有关. 令

$$J_1 = \{t_n^i : n \geqslant 1, i \geqslant 1\},$$

则 J_1 是 J 的可列子集. 令 $G = \mathrm{cl}\{F_t : t \in J_1\}$, 由定理 2.1.11 知 G 是 $\mathbf{P}_f(X)$ 值随机集, 对任给的 $s \in J$, 任取 $x_i \in D$, 有

$$d(x_i, F_s) \geqslant \operatorname*{einf}_{t \in J} d(x_i, F_t) = \inf_{n \geqslant 1} d(x_i, F_{t_n^i}) \geqslant \inf_{t \in J_1} d(x_i, F_t) \quad \text{a.e.}(i).$$

因为 D 是可列集, 故存在可略集 N, 使有

$$d(x, F_s) \geqslant \inf_{t \in J_1} d(x, F_t) = d(x, G), w \in \Omega \backslash N, x \in D.$$

于是由上述引理 5.3.1 知 $F_s \subset G$, a.e. 又若有另一个 $\mathbf{P}_f(X)$ 值随机集 H, 使有

$$F_t \subset H \text{ a.e.}, \ t \in J,$$

则 $G = \mathrm{cl}\{F_t : t \in J_1\} \subset H$ a.e. 为显然, 故

$$G = \mathrm{ecl}\{F_t : t \in J\}.$$

再令 $G_1 = \overline{\mathrm{co}}G$, 由定理 2.2.8 知 G_1 是 $\mathbf{P}_{fc}(X)$ 值随机集, 且

$$G_1 = \overline{\mathrm{co}}\{F_t : t \in J_1\}$$

为显然. 若有另一个 $\mathbf{P}_{fc}(X)$ 随机集 H, 使有 $F_t \subset H$ a.e., $t \in J$, 则 $G_1 \subset H$ a.e. 亦为显然, 故

$$\overline{\mathrm{co}}\{F_t : t \in J_1\} = \mathrm{e}\overline{\mathrm{co}}\{F_t : t \in J\},$$

定理证毕.

定义 5.3.4 设 $\mathbf{F} = \{F_n : n \geqslant 1\}$ 是 $\mathbf{P}_f(X)$ 值适应列, $S_{F_n}^1(\mathbf{A}_n) \neq \varnothing, n \geqslant 1$. 称 $\{f_n : n \geqslant 1\} \subset L^1[\Omega, X]$ 是 $\mathbf{F}$ 的适应选择, 若

$$f_n \in S_{F_n}^1(\mathbf{A}_n), n \geqslant 1.$$

我们将 $\mathbf{F}$ 的适应可积选择全体记作 $\mathrm{AIS}(\mathbf{F})$ 或 $\mathrm{AIS}(\langle F_n\rangle)$. 若 $\{f_n : n \geqslant 1\}$ 是 $\mathbf{F}$ 的适应可积选择, 记作 $\langle f_n\rangle \in \mathrm{AIS}(\mathbf{F})$

引理 5.3.2 我们假定设 $\mathbf{F} = \{F_n : n \geqslant 1\}$ 是 $\mathbf{P}_{fc}(X)$ 值适应列, $S^1_{F_n}(\mathbf{A}_n) \neq \varnothing, n \geqslant 1$, 则

$$S^1_{F_\tau}(\mathbf{A}_\tau) = \{f_\tau : \langle f_n\rangle \in \mathrm{AIS}(\mathbf{F})\}, \tau \in T.$$

证明 $\{f_\tau : \langle f_n\rangle \in \mathrm{AIS}(\mathbf{F})\} \subset S^1_{F_\tau}(\mathbf{A}_\tau)$ 是显然的. 对于任给的 $f \in S^1_{F_\tau}(\mathbf{A}_\tau)$, 取 $\langle g_n\rangle \in \mathrm{AIS}(\mathbf{F})$, 令

$$f_n = g_n\chi_{(\tau\neq n)} + f\chi_{(\tau=n)}, n \geqslant 1,$$

则 $\langle f_n\rangle \in \mathrm{AIS}(\mathbf{F})$, 且显然有

$$\begin{aligned} f &= \sum_{n\geqslant 1} f\chi_{(\tau=n)} = \sum_{n\geqslant 1}(g_n\chi_{(\tau\neq n)} + f\chi_{(\tau=n)})\chi_{(\tau=n)} \\ &= \sum_{n\geqslant 1} f_n\chi_{(\tau=n)} = f_\tau. \end{aligned}$$

故 $f \in \{f_\tau : \langle f_n\rangle \in \mathrm{AIS}(\mathbf{F})\}$. 由 $f \in S^1_{F_\tau}(\mathbf{A}_\tau)$ 的任意性知

$$S^1_{F_\tau}(\mathbf{A}_\tau) \subset \{f_\tau : \langle f_n\rangle \in \mathrm{AIS}(\mathbf{F})\},$$

引理得证.

定理 5.3.5 设 $\mathbf{F} = \{F_n : n \geqslant 1\} \subset \mathbf{L}^1_{wkc}[\Omega, X]$ 是适应列, 若

$$G_n = \mathrm{e}\ \overline{\mathrm{co}}_{\tau\in T(n)}\ E(F_\tau|\mathbf{A}_n), n \geqslant 1,$$

则 $\{G_n : n \geqslant 1\}$ 是 $\mathbf{P}_{fc}(X)$ 值上鞅, 且 $F_n \subset G_n$ a.e., $n \geqslant 1$. 又若有另一个 $\mathbf{P}_{fc}(X)$ 值上鞅 $\{G'_n : n \geqslant 1\}$, 使有 $F_n \subset G'_n$a.e., $n \geqslant 1$, 则

$$G_n \subset G'_n \text{ a.e.}, n \geqslant 1.$$

若 $\sup_{\tau\in T} E||F_\tau|| < \infty$, 则 $\{G_n : n \geqslant 1\}$ 是 $\mathbf{L}^1_{fc}[\Omega, X]$ 值上鞅, 且

$$\sup_{n\geqslant 1} E||G_n|| \leqslant \sup_{\tau\in T} E||F_\tau|| < \infty.$$

证明 $F_n \subset G_n$ a.e., $n \geqslant 1$ 为显然. 为证 $\{G_n : n \geqslant 1\}$ 是 $\mathbf{P}_{fc}(X)$ 值上鞅, 令

$$M_n = \bigcup_{\tau\in T(n)} S^1_{E[F_\tau|\mathbf{A}_n]}(\mathbf{A}_n), n \geqslant 1.$$

对每一个 $n \geqslant 1$, 下面证明 M_n 是 $\mathbf{A}_n$ 可分解的. 对任意的 $f_1, f_2 \in M_n$ 和 $A \in \mathbf{A}_n$, 存在 $\tau_1, \tau_2 \in T(n), g_1 \in S^1_{F_\tau}(\mathbf{A}_{\tau_1}), g_2 \in S^1_{F_{\tau_2}}(\mathbf{A}_{\tau_2})$, 使得

$$f_1 = E[g_1|\mathbf{A}_n],\ f_2 = E[g_2|\mathbf{A}_n] \quad \text{a.e..}$$

由引理 5.3.2 知存在 $\{\langle h_n^{(1)}\rangle, \langle h_n^{(2)}\rangle\} \subset \mathrm{AIS}(\mathbf{F})$, 使有

$$g_i = h_{\tau_i}^{(i)}, i = 1, 2.$$

令

$$\sigma = \begin{cases} \tau_1, & w \in A, \\ \tau_2, & w \in A^c, \end{cases}$$

则 $\sigma \in T(n)$. 令 $h_n = h_n^{(1)}\chi_A + h_n^{(2)}\chi_{A^c}, n \geqslant 1$, 则

$$h_\sigma \in S^1_{F_\sigma}(\mathbf{A}_\sigma),$$

且有

$$\begin{aligned} E[h_\sigma|\mathbf{A}_n] &= E[h_\sigma^{(1)}\chi_A + h_\sigma^{(2)}\chi_{A^c}|\mathbf{A}_n] \\ &= E[h_{\tau_1}^{(1)}\chi_A + h_{\tau_2}^{(2)}\chi_{A^c}|\mathbf{A}_n] \\ &= f_1\chi_A + f_2\chi_{A^c}, \text{a.e..} \end{aligned}$$

由此知 $f_1\chi_A + f_2\chi_{A^c} \in S^1_{E[F_\sigma|\mathbf{A}_n]}(\mathbf{A}_n) \subset M_n$, 故 M_n 是 $\mathbf{A}_n$ 可分解的, 于是由定理 5.3.3 的证明和定理 5.3.2(4) 知有

$$\begin{aligned} S^1_{G_n}(\mathbf{A}_n) &= \overline{\mathrm{co}}\Big\{(\mathbf{A}_n)\mathrm{de}\Big[\bigcup_{\tau \in T(n)} S^1_{E[F_\tau|\mathbf{A}_n]}(\mathbf{A}_n)\Big]\Big\} \\ &= \overline{\mathrm{co}} M_n, n \geqslant 1. \end{aligned}$$

对任给的 $f \in M_n$, 存在 $\tau \in T(n), g \in S^1_{F_\tau}(\mathbf{A}_\tau)$, 使有 $f = E[g|\mathbf{A}_n]$, 从而有

$$E[f|\mathbf{A}_{n-1}] = E[g|\mathbf{A}_{n-1}] \in \overline{\mathrm{co}} M_{n-1} = S^1_{G_{n-1}}(\mathbf{A}_{n-1}),$$

故由定理 5.3.2(5) 有

$$\begin{aligned} S^1_{E[G_n|\mathbf{A}_{n-1}]}(\mathbf{A}_{n-1}) &= \mathrm{cl}\{E[f|\mathbf{A}_{n-1}], f \in \overline{\mathrm{co}} M_n\} \\ &= \overline{\mathrm{co}}\{E[f|\mathbf{A}_{n-1}], f \in M_n\} \\ &\subset S^1_{G_n-1}(\mathbf{A}_{n-1}), n \geqslant 1. \end{aligned}$$

由此可知 $E[G_n|\mathbf{A}_{n-1}]\subset G_{n-1}$, a.e., $n\geqslant 2$, 所以有 $\{G_n:n\geqslant 1\}$ 是 $\mathbf{P}_{fc}(X)$ 值上鞅. 若有另一个 $\mathbf{P}_{fc}(X)$ 值上鞅 $\{G'_n:n\geqslant 1\}$ 使有 $F_n\subset G'_n$ a.e., $n\geqslant 1$, 则

$$\begin{aligned}G_n&=\underset{\tau\in T(n)}{\mathrm{e}\overline{\mathrm{co}}}\,E[F_\tau|\mathbf{A}_n]\\&\subset\underset{\tau\in T(n)}{\mathrm{e}\overline{\mathrm{co}}}\,E[G'_\tau|\mathbf{A}_n]\subset G'_n,\ \text{a.e.}, n\geqslant 1\end{aligned}$$

为显然. 又若 $\sup\limits_{\tau\in T}E||F_\tau||<\infty$, 则对任意取定的 $n\geqslant 1$, 有

$$||G_n||=||\underset{\tau\in T(n)}{\mathrm{e}\overline{\mathrm{co}}}\,E[F_\tau|\mathbf{A}_n]||\leqslant\underset{\tau\in T(n)}{\mathrm{esup}}\,||E[F_\tau|\mathbf{A}_n]||\leqslant\underset{\tau\in T(n)}{\mathrm{esup}}\,E[||F_\tau|||\mathbf{A}_n].$$

这时存在 $\{\tau_i^n:i\geqslant 1\}\subset T(n)$, 使有

$$\sup_{i\geqslant 1}E[||F_{\tau_i^n}|||\mathbf{A}_n]=\underset{\tau\in T(n)}{\mathrm{esup}}\,E[||F_\tau|||\mathbf{A}_n],$$

且不失一般性可设 $E[||F_{\tau_i^n}|||\mathbf{A}_n]\uparrow(i\uparrow)$, 于是由 Fatou 引理有

$$E||G_n||\leqslant\lim_{n\to\infty}E||F_{\tau_n^i}||\leqslant\sup_{\tau\in T}E||F_\tau||<\infty, n\geqslant 1.$$

定理证毕.

注　在上述定理条件下, $\{G_n:n\geqslant 1\}$ 是包含 $\{F_n:n\geqslant 1\}$ 的最小上鞅. 借用实值情形的名词, 可称 $\{G_n:n\geqslant 1\}$ 是 $\{F_n:n\geqslant 1\}$ 的 Snell 包.

引理 5.3.3　设 $\{A_i:i\geqslant 1\}\subset 2^X\backslash\varnothing, B\in\mathbf{P}_{lwkc}(X)$, 则有

$$\sup\left\{d(y,B):y\in\overline{\mathrm{co}}\Big(\bigcup_{i\geqslant 1}A_i\Big)\right\}=\sup_{i\geqslant 1}\delta_l(A_i,B).$$

证明　只要证明

$$\sup\left\{d(y,B):y\in\overline{\mathrm{co}}\Big(\bigcup_{i\geqslant 1}A_i\Big)\right\}\leqslant\sup_{i\geqslant 1}\delta_l(A_i,B)$$

成立即可. 对任给的 $y\in\mathrm{co}(\bigcup\limits_{i\geqslant 1}A_i)$, 存在 $y_i\in A_i,\lambda_i\in\mathbf{R}^+,1\leqslant i\leqslant m$, 使有

$$\sum_{i=1}^m\lambda_i=1, y=\sum_{i=1}^m\lambda_iy_i.$$

令 $a=\max\{||y||,d(\theta,B),||y_i||:1\leqslant i\leqslant m\}+1$, 则

$$\begin{aligned}d(y,B)&=d(y,B\cap\overline{S}(0,a)),\\d(y_i,B)&=d(y_i,B\cap\overline{S}(0,a)),1\leqslant i\leqslant m,\end{aligned}$$

由于 $B\cap\overline{S}(0,a)\in\mathbf{P}_{wkc}(X)$ 值, 于是由 Minimax 定理有

$$\begin{aligned}d(y,B)&=\inf\{||y-x||,x\in B\cap\overline{S}(0,a)\}\\&=\sup_{x^*\in U^*}\{\langle x^*,y\rangle-\sigma(x^*,B\cap\overline{S}(0,a))\}\\&=\sup_{x^*\in U^*}\left\{\sum_{i=1}^m\lambda_i[\langle x^*,y_i\rangle-\sigma(x^*,B\cap\overline{S}(0,a))]\right\}\\&\leqslant\sum_{i=1}^m\lambda_i\sup_{x^*\in U^*}[\langle x^*,y_i\rangle-\sigma(x^*,B\cap\overline{S}(0,a))]\\&=\sum_{i=1}^m\lambda_i\inf\{\sup_{x^*\in U^*}\langle x^*,y_i-x\rangle:x\in B\cap\overline{S}(0,a)\}\\&=\sum_{i=1}^m\lambda_i d(y_i,B\cap\overline{S}(0,a))\\&=\sum_{i=1}^m\lambda_i d(y_i,B)\leqslant\sup_{1\leqslant i\leqslant m}d(y_i,B).\end{aligned}$$

故有

$$d(y,B)\leqslant\sup_{1\leqslant i\leqslant m}\delta_l(A_i,B)\leqslant\sup_{i\geqslant1}\delta_l(A_i,B),$$

由 $y\in\mathrm{co}\Big(\bigcup\limits_{i\geqslant1}A_i\Big)$ 的任意性即得欲证之不等式, 故结论成立, 引理得证.

定义 5.3.5 设 $\mathbf{F}=\{F_n:n\geqslant1\}$ 是 $\mathbf{P}_{fc}(X)$ 值适应列, $S^1_{F_n}(\mathbf{A}_n)\neq\varnothing,n\geqslant1$, 称 $\mathbf{F}$ 是集值 Superpramart, 若

$$\lim_{\sigma\in T}\sup_{\tau\in T(\sigma)}\mu\{\delta_u(F_\sigma,E[F_\tau|\mathbf{A}_\sigma])>\varepsilon\}=0,\varepsilon>0,$$

集值 Superpramart 是集值上鞅和集值 Pramart 的推广.

定理 5.3.6 设 $\{F_n:n\geqslant1\}\subset\mathbf{L}^1_{fc}[\Omega,X]$ 是 Superpramart, 若存在 $G\in\mathbf{L}^1_{wkc}[\Omega,X]$, 使有 $E[F_\tau|\mathbf{A}_n]\subset G$ a.e., $n\geqslant1,\tau\in T(n)$, 则存在 $F\in\mathbf{L}^1_{wkc}[\Omega,X]$, 使有

$$(\mathrm{K.M})F_n\to F\text{ a.e.},n\to\infty.$$

证明 令

$$G_n=e\ \overline{\mathrm{co}}_{\tau\in T(n)}E[F_\tau|\mathbf{A}_n],n\geqslant1.$$

由定理 5.3.5 知 $\{G_n:n\geqslant1\}$ 是 $\mathbf{L}^1_{fc}[\Omega,X]$ 值上鞅, 且有

$$G_n\subset G\in\mathbf{L}^1_{wkc}[\Omega,X]\text{ a.e., }n\geqslant1,$$

故由定理 4.5.1 知存在 $F \in \mathbf{L}^1_{wkc}[\Omega, X]$, 使有

$$(\text{K.M})G_n \to F, \ \text{a.e.}, n \to \infty.$$

这时 $w\text{-}\limsup_n F_n \subset w\text{-}\limsup_n G_n \subset F$ a.e. 为显然. 对任取的 $f \in S^1_F$, 注意到

$$d(f, F_n) \leqslant d(f, G_n) + \sup_{y \in G_n} d(y, F_n), \ \ n \geqslant 1.$$

又因为 $G_n = \underset{\tau \in T(n)}{\overline{\text{eco}}} E[F_\tau|\mathbf{A}_n], n \geqslant 1$, 故由定理 5.3.4 知存在

$$\{\tau_i^n : i \geqslant 1\} \subset T(n), n \geqslant 1,$$

使有

$$G_n = \overline{\text{co}}\{E[F_{\tau_i^n}|\mathbf{A}_n] : i \geqslant 1\}, n \geqslant 1.$$

于是由引理 5.3.3 有

$$\sup_{y \in G_n} d(y, F_n) = \sup_{i \geqslant 1} \delta_1(E[F_{\tau_i^n}|\mathbf{A}_n], F_n) \leqslant \underset{\tau \in T(n)}{\text{esup}} \ \delta_u(F_n, E[F_\tau|\mathbf{A_n}]), n \geqslant 1.$$

令

$$f(\sigma, \tau) = \delta_u(F_\sigma, E[F_\tau|\mathbf{A}_n]), \sigma \in T, \tau \in T(\sigma),$$

则 $\{f(\sigma, \tau) : \sigma \in T, \tau \in T(\sigma)\}$ 满足引理 5.1.1 中的条件, 于是由集值 Superpramart 的定义和引理 5.1.1 有

$$\lim_{n \to \infty} \underset{\tau \in T(n)}{\text{esup}} \ \delta_u(F_n, E[F_\tau|\mathbf{A}_n]) = 0 \ \text{a.e.}.$$

而

$$\lim_{n \to \infty} d(f, G_n) = 0 \ \text{a.e.}$$

为显然, 故有

$$\lim_{n \to \infty} d(f, F_n) = 0, \ \text{a.e.}$$

这表明 $f \in s\text{-}\lim_{n \to \infty} \inf F_n$ a.e., 由 $f \in S^1_F$ 的任意性知有

$$F \subset s\text{-}\lim_{n \to \infty} \inf F_n \ \text{a.e.}.$$

所以

$$(\text{K.M})F_n \to F \ \text{a.e.}, n \to \infty.$$

定理得证.

引理 5.3.4 设 $\{F_n, A_n : n \geqslant 1\}$ 是 $\mathbf{P}_{fc}(X)$ 值 Superpramart, 则对于任意的 $\rho \in \overline{T}, \{F_{\rho\wedge n}, \mathbf{A}_{\rho\wedge n} : n \geqslant 1\}$ 仍是 $\mathbf{P}_{fc}(X)$ 值 Superpramart.

证明 易知 $\{F_{\rho\wedge n}, \mathbf{A}_{\rho\wedge n} : n \geqslant 1\}$ 仍然是 $\mathbf{P}_{fc}(X)$ 值适应可积列, 记 $\{\mathbf{A}_{\rho\wedge n} : n \geqslant 1\}$ 的有界停时全体为 $T(\langle \mathbf{A}_{\rho\wedge n}\rangle) \subset T$. 对任给的 $\varepsilon > 0$, 由集值 Superpramart 的定义知存在 $k \geqslant 1$, 使有

$$\sup_{\tau\in T(\sigma)} \mu\{\delta_u(F_\sigma, E[F_\tau|\mathbf{A}_n]) > \varepsilon\} < \varepsilon, \sigma \in T(k).$$

任取 $\tau, \sigma \in T(\langle \mathbf{A}_{\rho\wedge n}\rangle), \tau \geqslant \sigma \geqslant k$, 令

$$\tau_1 = (\rho \wedge \tau) \vee k, \sigma_1 = (\rho \wedge \sigma) \vee k,$$

则 $\tau_1, \sigma_1 \in T$, 且 $\tau_1 \geqslant \sigma_1 \geqslant k$. 因为 $(\rho \wedge \sigma < k) = (\rho < k)$, 故有

$$\delta_u(F_{\rho\wedge\sigma}, E[F_{\rho\wedge\tau}|\mathbf{A}_{\rho\wedge\sigma}])\chi_{(\rho\wedge\sigma<k)} = \delta_u(F_\rho\chi_{(\rho<\kappa)}, E[F_\rho\chi_{(\rho<\kappa)}|\mathbf{A}_{\rho\wedge\sigma}]) = 0.$$

于是有

$$\begin{aligned}\delta_u(F_{\rho\wedge\sigma}, E[F_{\rho\wedge\sigma}|\mathbf{A}_{\rho\wedge\sigma}]) &= \delta_u(F_{\sigma_1}, E[F_{\tau_1}|\mathbf{A}_{\sigma_1}])\chi_{(\rho\wedge\sigma\geqslant k)} \\ &= \delta_u(F_{\sigma_1}, E[F_{\tau_1}|\mathbf{A}_{\sigma_1}]).\end{aligned}$$

从而有

$$\mu\{\delta_u(F_{\rho\wedge\sigma}, E[F_{\rho\wedge\tau}|\mathbf{A}_{\rho\wedge\tau}]) > \varepsilon\} \leqslant \mu\{\delta_u(F_{\sigma_1}, E[F_{\tau_1}|\mathbf{A}_{\sigma_1}]) > \varepsilon\} < \varepsilon.$$

由 $\varepsilon > 0$ 的任意性知结论成立, 引理得证.

定理 5.3.7 设 $\{F_n : n \geqslant 1\}$ 是 $\mathbf{P}_{fc}(X)$ 值 Superpramart, 若有

(1) $\sup\limits_{\tau\in T} Ed(\theta, F_\tau) < \infty$;

(2) 存在 $H \in \mathbf{P}_{lwkc}(X)$ a.e., 使用 $E[F_\tau|\mathbf{A}_n] \subset H$ a.e., $n \geqslant 1, \tau \in T(n)$, 则存在 $\mathbf{P}_{lwkc}(X)$ 值随机集 $F, S_F^1 \neq \varnothing$, 使有 (K.M)$F_n \to F$ a.e., $n \to \infty$.

证明 分两步证明之, 先设 $\zeta = \sup\limits_n d(\theta, F_n) \in L^1[\Omega, R]$, 记

$$B_n^k = \{x \in X : ||x|| \leqslant E(\zeta|\mathbf{A}_n) + k\}, k \geqslant 1, n \geqslant 1.$$

则 $\{\{B_n^k : n \geqslant 1\} : k \geqslant 1\}$ 是 $\mathbf{L}_{fc}^1[\Omega, X]$ 值适应序列族. 令

$$G_n = \mathrm{cl}\Big\{\bigcup_{k\geqslant 1} \overline{\mathrm{eco}}_{\tau\in T(n)}\, E[F_\tau \cap B_\tau^k|\mathbf{A}_n]\Big\}, n \geqslant 1.$$

由引理 4.5.4 和给定的条件 (2) 有

$$E[F_\tau \bigcap B_\tau^k|\mathbf{A}_n] \subset E[F_\tau|\mathbf{A}_n] \cap B_n^k \subset H \cap B_n^k \in \mathbf{P}_{wkc}(X) \text{ a.e.}, n \geqslant 1,$$

由此知 $G_n \subset H$ a.e., $n \geqslant 1$. 而 G_n 为 $\mathbf{A}_n$ 可测的显然. 由引理 4.5.7 和定理 5.3.5 有

$$\begin{aligned} E[G_{n+1}|\mathbf{A}_n] &= \mathrm{cl}\Big\{\bigcup_{k\geqslant 1} E\Big[\underset{\tau\in T_{(n+1)}}{\mathrm{e}\overline{\mathrm{co}}}\ E[F_\tau \cap B_\tau^k|\mathbf{A}_{n+1}]|\mathbf{A}_n\Big]\Big\} \\ &\subset \mathrm{cl}\Big\{\bigcup_{k\geqslant 1}\underset{\tau\in T_{(n+1)}}{\mathrm{e}\overline{\mathrm{co}}}\ E[F_\tau \cap B_\tau^k|\mathbf{A}_n]\Big\} = G_n \text{ a.e., } n\geqslant 1. \end{aligned}$$

故 $\{G_n : n \geqslant 1\}$ 是 $\mathbf{P}_{fc}(X)$ 值上鞅, 且

$$F_n = \mathrm{cl}\Big(\bigcup_{k\geqslant 1}(F_n \cap B_n^k)\Big) \subset G_n \text{ a.e.}, n \geqslant 1,$$

因而有

$$\sup_n Ed(\theta, G_n) \leqslant \sup_n Ed(\theta, F_n) < \infty.$$

由定理 4.5.2 知存在 $\mathbf{P}_{fc}(X)$ 值随机集 $F \subset H$ a.e., $S_F^1 \neq \varnothing$, 使有

$$(\mathrm{K.M})G_n \to F \text{ a.e., } n \to \infty.$$

这时

$$w\text{-}\lim_{n\to\infty}\sup F_n \subset w\text{-}\lim_{n\to\infty}\sup G_n = F \text{ a.e.}$$

为显然. 对任取的 $f \in S_F^1$, 注意到

$$d(f, F_n) \leqslant d(f, G_n) + \sup_{y\in G_n} d(y, F_n), n \geqslant 1.$$

对取定的 $n \geqslant 1$, 由定理 5.3.4 的证明知存在 $\{\tau_i : i \geqslant 1\} \subset T(n)$, 使有

$$\underset{\tau\in T(n)}{\mathrm{e}\overline{\mathrm{co}}}\ E[F_\tau \cap B_\tau^k|\mathbf{A}_n] = \overline{\mathrm{co}}\Big(\bigcup_{i\geqslant 1} E[F_{\tau_i} \cap B_{\tau_i}^k|\mathbf{A}_n]\Big) \text{ a.e.}, k \geqslant 1.$$

于是如同定理 5.3.6 的证明, 由引理 5.3.3 有

$$\begin{aligned} \sup_{y\in G_n} d(y, F_n) &= \sup_{k\geqslant 1}\ \sup_{y\in \mathrm{co}\left(\bigcup_{i\geqslant 1} E[F_{\tau_i}\cap B_{\tau_i}^k|\mathbf{A}_n]\right)} d(y, F_n) \\ &\leqslant \sup_{k\geqslant 1}\sup_{i\geqslant 1}\delta_1(E[F_{\tau_i}\cap B_{\tau_i}^k|\mathbf{A}_n], F_n) \\ &\leqslant \underset{\tau\in T(n)}{\mathrm{esup}}\ \delta_u(F_n, E[F_\tau|\mathbf{A}_n]) \to 0 \text{ a.e..} \end{aligned}$$

由此知 $d(f, F_n) \to 0$, a.e., $n \to \infty$. 这表明 $f \in s\text{-}\lim_{n\to\infty}\inf F_n$ a.e., 由 $f \in S_F^1$ 的任意性知 $F \subset s\text{-}\lim_{n\to\infty}\inf F_n$ a.e., 所以 $(\mathrm{K.M})F_n \to F$ a.e., $n \to \infty$.

对于一般情形, 由条件 (1) 可得

$$\sup_n d(\theta, F_n) < \infty \text{ a.e.},$$
$$E[d(\theta, F_\tau)\chi_{(\tau<\infty)}] < \infty, \tau \in \overline{T}.$$

任取 $k \geqslant 1$, 令

$$\rho = \inf\{n \geqslant 1 : d(\theta, F_n) > k\}, \inf \varnothing = \infty,$$

则 $\rho \in \overline{T}$, 由引理 5.3.4 知 $\{F_{\rho\wedge n}, \mathbf{A}_{\rho\wedge n} : n \geqslant 1\}$ 仍是 $\mathbf{P}_{fc}(X)$ 值 Superpramart, 且有

$$d(\theta, F_{\rho\wedge n}) \leqslant k + d(\theta, F_\rho)\chi_{(\rho<\infty)} = \zeta, \quad n \geqslant 1.$$

由此知 $\sup_n d(\theta, F_{\rho\wedge n}) \leqslant \zeta \in L^1[\Omega, \mathbf{R}]$, 又有

$$E[F_{\rho\wedge\tau}|\mathbf{A}_n] \subset H \text{ a.e., } n \geqslant 1, \tau \in T(n).$$

故由上述已证之结论知存在 $G^k \subset H$ a.e., $S^1_{G^k} \neq \varnothing$, 使有

$$(\text{K.M})F_{\rho\wedge n} \to G^k \text{ a.e.}, n \to \infty.$$

于是在 $A_n = \{\sup_n d(\theta, F_n) \leqslant k\}$ 上有 $(\text{K.M})F_n \to G^k$ a.e., $n \to \infty$. 令

$$B_k = A_k \backslash A_{k-1} (A_0 = \varnothing), k \geqslant 1,$$

则 $\Omega = \sum_{k=1}^{\infty} B_k$ a.e., 令 $F = \sum_{k=1}^{\infty} G^k \chi_{B_k}$, 则

$$(\text{K.M})F_n \to F \text{ a.e.}, n \to \infty.$$

由引理 1.5.1 和 Fatou 引理有

$$Ed(\theta, F) \leqslant E(\lim_{n\to\infty} \inf d(\theta, F_n)) \leqslant \lim_{n\to\infty} \inf E(d(\theta, F_n)) < \infty,$$

所以 $S^1_F \neq \varnothing$, 定理证毕.

引理 5.3.5 设 $A, B \in \mathbf{P}_{fc}(X)$, 若 B 有界, 则有

$$\delta_u(B, A) = \sup_{||x^*||\leqslant 1} [\sigma(x^*, A) - \sigma(x^*, B)]. \tag{5.3.1}$$

又若 X^* 为可分, $\{x_i^* : i \geqslant 1\}$ 是 X^* 的可列范稠集, 则

$$\delta_u(B, A) = \sup_{i\geqslant 1}[\sigma(x_i^*, A) - \sigma(x_i^*, B)]. \tag{5.3.2}$$

证明 设 A 是有界的, 类似于定理 1.4.11 的证明可证 (5.3.1) 成立. 若 X^* 可分, 则由 $\sigma(x^*, A) - \sigma(x^*, B)$ 关于 X^* 的强连续性知 (5.3.2) 也成立. 若 A 是无界的, 则 $\delta_u(B, A) = +\infty$, 对于任给的 $k \geqslant 1$, 可选取 $x_k \in A$, 使有

$$||x_k|| > k + ||B||,$$

于是相应地存在 $x_k^* \in X^*, ||x_k^*|| \leqslant 1$, 使有

$$\langle x_k^*, x_k \rangle > k + ||B||.$$

因而有

$$\sigma(x_k^*, A) - \sigma(x_k^*, B) \geqslant \langle x_k^*, x_k \rangle - ||B|| > k.$$

由 $k \geqslant 1$ 的任意性知

$$\sup_{||x^*|| \leqslant 1} [\sigma(x^*, A) - \sigma(x^*, B)] = +\infty,$$

故 (5.3.1) 成立. 对任给的 $\varepsilon > 0$, 取 $x_{n_k}^* \in \{x_i^* : i \geqslant 1\}$, 使有

$$||x_{n_k}^* - x_k^*|| < \varepsilon \frac{1}{||x_k||}, \ k \geqslant 1.$$

此时有

$$\begin{aligned} \sigma(x_{n_k}^*, A) - \sigma(x_{n_k}^*, B) &\geqslant \langle x_{n_k}^*, x_k \rangle - ||B|| \\ &\geqslant \langle x_{n_k}^*, x_k \rangle - \varepsilon - ||B|| > k - \varepsilon, \ k \geqslant 1. \end{aligned}$$

由 $k \geqslant 1$ 和 $\varepsilon > 0$ 的任意性知

$$\sup_{i \geqslant 1} [\sigma(x_i^*, A) - \sigma(x_i^*, B)] = +\infty.$$

故 (5.3.2) 成立, 引理得证.

引理 5.3.6 设 $\{F_t : t \in J\}$ 是 $\mathbf{P}_{fc}(X)$ 值随机集族, $S_{F_t}^1 \neq \varnothing, t \in J$. 则对任意的 $x^* \in X^*$, 有

$$\sigma\Big(x^*, \underset{t \in J}{\mathrm{e}\overline{\mathrm{co}}}\, F_t\Big) = \underset{t \in J}{\mathrm{esup}}\, \sigma(x^*, F_t) \text{ a.e. } (x^*),$$

其中的例外集与 x^* 有关.

证明 对任意取定的 $x^* \in X^*$, 由本性上确界的性质知存在 $\{s_k : k \geqslant 1\} \subset J$, 使有

$$\sup_{k \geqslant 1} \sigma(x^*, F_{s_k}) = \underset{t \in J}{\mathrm{esup}}\, \sigma(x^*, F_t).$$

但是对每一个 $k \geqslant 1$, 有

$$\sigma(x^*, F_{s_k}) \leqslant \sigma\Big(x^*, \underset{t\in J}{\mathrm{e}\overline{\mathrm{co}}}\, F_t\Big) \text{ a.e.}$$

为显然, 因而存在可略集 $N(x^*)$ 使得

$$\sup_{k\geqslant 1} \sigma(x^*, F_{s_k}) \leqslant \sigma\Big(x^*, \underset{t\in J}{\mathrm{e}\overline{\mathrm{co}}}\, F_t\Big),\ \ w \in \Omega\backslash N(x^*),$$

由此知

$$\underset{t\in J}{\mathrm{esup}}\, \sigma(x^*, F_t) \leqslant \sigma\Big(x^*, \underset{t\in J}{\mathrm{e}\overline{\mathrm{co}}}\, F_t\Big),\ \ \text{a.e.}(x^*).$$

另一方面, 由定理 5.3.4 知存在 $\{t_k : k \geqslant 1\} \subset J$, 使有

$$\overline{\mathrm{co}}\{F_{t_k} : k \geqslant 1\} = \underset{t\in J}{\mathrm{e}\overline{\mathrm{co}}}\, F_t,$$

于是有

$$\begin{aligned}\sigma\Big(x^*, \underset{t\in J}{\mathrm{e}\overline{\mathrm{co}}}\, F_t\Big) &= \sigma(x^*, \overline{\mathrm{co}}\{F_{t_k} : k \geqslant 1\}) \\ &\leqslant \sup_{k\geqslant 1} \sigma(x^*, F_{t_k}) \\ &\leqslant \underset{t\in J}{\mathrm{esup}}\, \sigma(x^*, F_t) \text{ a.e.}(x^*).\end{aligned}$$

故欲证之等式成立, 引理得证.

引理 5.3.7 设 $\{F_n : n \geqslant 1\} \subset \mathbf{L}^1_{fc}[\Omega, X]$ 是适应列, 若

$$G_n = \underset{\tau\in T(n)}{\mathrm{e}\overline{\mathrm{co}}}\, E[F_\tau|\mathbf{A}_n],\ \ n \geqslant 1,$$

则

$$G_\sigma = \underset{\tau\in T(\sigma)}{\mathrm{e}\overline{\mathrm{co}}}\, E[F_\tau|\mathbf{A}_\sigma],\ \ \sigma \in T.$$

证明 对任意给定的 $\sigma \in T$, 记

$$H(\sigma) = \underset{\tau\in T(\sigma)}{\mathrm{e}\overline{\mathrm{co}}}\, E[F_\tau|\mathbf{A}_\sigma].$$

要证明 $H(\sigma) = G_\sigma$, 易知此时有

$$(\sigma = n) \subset (\tau \geqslant n), \tau \in T(\sigma),\ \ n \geqslant 1.$$

对任意取定的 $\tau \in T(\sigma)$ 和 $n \geqslant 1$, 存在 $m \geqslant 1$, 使用 $\tau \leqslant m$. 设 $(\sigma = n) \neq \varnothing$, 显然此时有 $n \leqslant m$. 令

$$\rho = \begin{cases} \tau, & w \in (\sigma = n), \\ m, & w \in (\sigma \neq n). \end{cases}$$

则 $\rho \in T(n)$, 且由引理 4.2.3 有

$$E[F_\tau|\mathbf{A}_\sigma]\chi_{(\sigma=n)} = E[F_\rho|\mathbf{A}_n]\chi_{(\sigma=n)} \subset G_n\chi_{(\sigma=n)}.$$

于是由 $\tau \in T(\sigma)$ 的任意性即知

$$H(\sigma)\chi_{(\sigma=n)} \subset G_n\chi_{(\sigma=n)}, n \geqslant 1,$$

由此知 $H(\sigma) \subset G_\sigma$. 再证明反向的包含关系也成立. 设 $\sigma \leqslant k$, 对任意的 $n \leqslant k$ 和 $\tau \in T(n)$, 令

$$\rho = \begin{cases} \tau, & w \in (\sigma = n), \\ k, & w \in (\sigma \neq n), \end{cases}$$

则 $\rho \in T(\sigma)$, 仍由引理 4.2.3 有

$$E[F_\tau|\mathbf{A}_n]\chi_{(\sigma=n)} = E[F_\rho|\mathbf{A}_\sigma]\chi_{(\sigma=n)} \subset H(\sigma)\chi_{(\sigma=n)}.$$

由 $\tau \in T(n)$ 的任意性知

$$G_n\chi_{(\sigma=n)} \subset H(\sigma)\chi_{(\sigma=n)},\ n \leqslant k,$$

因而有 $G_\sigma \subset H(\sigma)$, 故 $G_\sigma = H(\sigma), \sigma \in T$ 成立, 引理得证.

定理 5.3.8 设 X^* 可分, $\mathbf{F} = \{F_n : n \geqslant 1\} \subset \mathbf{L}_{wkc}[\Omega, X]$ 是适应列, 则下述等价

(1) $\mathbf{F}$是集值 Superpramart;

(2) 存在 $\mathbf{P}_{fc}(X)$ 值上鞅 $\{G_n : n \geqslant 1\}$, 使有 $F_n \subset G_n$ a.e., $n \geqslant 1$, 且 $\forall \varepsilon > 0$,

$$\lim_{\sigma \in T} \mu\{\delta(F_\sigma, G_\sigma) > \varepsilon\} = 0.$$

证明 (1)⇒(2) 设 (1) 成立, 令

$$G_n = \underset{\tau \in T(n)}{\overline{\text{eco}}}\ E[F_\tau|\mathbf{A}_n], n \geqslant 1.$$

由定理 5.3.5 知 $\{G_n : n \geqslant 1\}$ 是 $\mathbf{P}_{fc}(X)$ 值上鞅, 且

$$F_n \subset G_n \text{ a.e.}, n \geqslant 1.$$

设 $\{x_i^* : i \geqslant 1\}$ 是 X^* 中的可列范稠集, 令

$$\varphi_n^i = \sigma(x_i^*, F_n)$$
$$\xi_n^i = \sigma(x_i^*, G_n),\ n \geqslant 1,\ i \geqslant 1$$

对任意给定的 $\sigma \in T$, 由上述引理 5.3.7 和引理 5.3.6 可得

$$\begin{aligned} \xi_\sigma^i &= \sigma(X_i^*, G_\sigma) = \sigma\Big(x_i^*, \underset{\tau \in T(\sigma)}{\overline{\text{eco}}}\ E[F_\tau|\mathbf{A}_\sigma]\Big) \\ &= \underset{\tau \in T(\sigma)}{\text{esup}}\ \sigma(x_i^*, E[F_\tau|\mathbf{A}_\sigma]) = \underset{\tau \in T(\sigma)}{\text{esup}}\ E[\sigma(x_i^*, F_\tau)|\mathbf{A}_\sigma] \\ &= \underset{\tau \in T(\sigma)}{\text{esup}}\ E[\varphi_\tau^i|\mathbf{A}_\sigma] \text{ a.e.}(x^*). \end{aligned}$$

此时存在 $\{\tau_n(i): n \geqslant 1\} \subset T(\sigma)$, 使有

$$E[\varphi^i_{\tau_n(i)}|\mathbf{A}_\sigma] \uparrow \xi^i_\sigma (n \uparrow \infty).$$

于是由引理 5.3.5 有

$$\begin{aligned}\delta(F_\sigma, G_\sigma) &= \delta_u(F_\sigma, G_\sigma) = \sup_{i\geqslant 1}(\sigma(x_i^*, G_\sigma) - \sigma(x_i^*, F_\sigma))\\ &= \sup_{i\geqslant 1}\left[\operatorname*{esup}_{\tau\in T(\sigma)} E[\varphi^i_\tau|\mathbf{A}_\sigma] - \varphi^i_\sigma\right] = \sup_{n\geqslant 1}\sup_{i\geqslant 1}[E[\varphi^i_{\tau_n(i)}|\mathbf{A}_\sigma] - \varphi^i_\sigma]\\ &= \sup_{n\geqslant 1}\sup_{i\geqslant 1}[\sigma(x_i^*, E[F_{\tau_n(i)}|\mathbf{A}_\sigma]) - \sigma(x_i^*, F_\sigma)] = \sup_{n\geqslant 1}\delta_u(F_\sigma, E[F_{\tau_n(i)}|\mathbf{A}_\sigma]),\end{aligned}$$

且因为 $\delta_u(F_\sigma, E[F_{\tau_n(i)}|\mathbf{A}_\sigma]) \uparrow (n\uparrow)$, 因而有

$$\begin{aligned}\lim_{\sigma\in T}\mu\{\delta(F_\sigma, G_\sigma) > \varepsilon\} &= \lim_{\sigma\in T}\sup_{n\geqslant 1}\mu\{\delta_\mu, (F_\sigma, E[F_{\tau_n(i)}|\mathbf{A}_\sigma]) > \varepsilon\}\\ &\leqslant \lim_{\sigma\in T}\sup_{\tau\in T(\sigma)}\mu\{\delta_u(F_\sigma, E[F_\tau|\mathbf{A}_\sigma]) > \varepsilon\} = 0, \varepsilon > 0.\end{aligned}$$

(1)⇒(2) 得证.

(2)⇒(1) 设 (2) 成立, 此时有

$$\begin{aligned}\lim_{\sigma\in T}\sup_{\tau\in T(\sigma)}\mu\{\delta_u(F_\sigma, E[F_\tau|\mathbf{A}_\sigma]) > \varepsilon\} &\leqslant \lim_{\sigma\in T}\mu\{\operatorname*{esup}_{\tau\in T(\sigma)}\delta_u(F_\sigma, E[F_\tau|\mathbf{A}_\sigma]) > \varepsilon\}\\ &\leqslant \lim_{\sigma\in T}\mu\{\delta_\mu(F_\sigma, \operatorname*{\overline{eco}}_{\tau\in T(\sigma)} E[F_\tau|\mathbf{A}_\sigma]) > \varepsilon\}\\ &= \lim_{\sigma\in T}\mu\{\delta_u(F_\sigma, G_\sigma) > \varepsilon\}\\ &= \lim_{\sigma\in T}\mu\{\delta(F_\sigma, G_\sigma) > \varepsilon\} = 0, \varepsilon > 0.\end{aligned}$$

这表明 $\mathbf{F}$ 是集值 Superpramart, 故 (2)⇒(1) 得证, 定理证毕.

§5.4 集值 Amart 及其收敛性

定义 5.4.1 设 $F, G \in \mathbf{L}^1_{fc}[\Omega, X]$, 称

$$\Delta_w(F, G) = \sup_{||x^*||\leqslant 1} E|\sigma(x^*, F) - \sigma(x^*, G)|$$

为 F, G 之间的 Pettis 距离.

由定义易知 Pettis 距离满足距离的三角不等式, 即对任意的 $F, G, H \in \mathbf{L}^1_{fc}[\Omega, X]$ 有

$$\Delta_w(F, G) \leqslant \Delta_w(F, H) + \Delta_w(H, G).$$

当 X^* 可分或 $F,G\in\mathbf{L}^1_{wkc}[\Omega,X]$ 时, $\Delta_w(F,G)=0$ 的充要条件是 $F=G$ a.e..

定理 5.4.1　设 $F,G\in\mathbf{L}^1_{fc}[\Omega,X]$, $\mathbf{F}$ 是 $\mathbf{A}$ 的子 σ 代数, 则有

(1) $\Delta_w(F,G)\leqslant\delta(S^1_F,S^1_G)\leqslant\Delta(F,G)$;

(2) $\Delta_w(F[F|\mathbf{F}],E[G|\mathbf{F}])\leqslant\Delta_w(F,G)$;

(3) 若 F,G 均为 $\mathbf{F}$ 可测, 则有

$$\sup_{A\in\mathbf{F}}\delta\Big(\mathrm{cl}\int_A F\mathrm{d}\mu,\mathrm{cl}\int_A G\mathrm{d}\mu,\Big)\leqslant\Delta_w(F,G)\leqslant 4\sup_{A\in\mathbf{F}}\delta\Big(\mathrm{cl}\int_A F\mathrm{d}\mu,\mathrm{cl}\int_A G\mathrm{d}\mu\Big).$$

证明　(1), (2) 为显然. 为证 (3) 成立, 只要注意到对于任意的 $F\in L^1[\Omega,\mathbf{F},\mu;\mathbf{R}]$, 均有不等式

$$\sup_{A\in\mathbf{F}}\Big|\int_A f\mathrm{d}\mu\Big|\leqslant\int_\Omega|f|\mathrm{d}\mu\leqslant 4\sup_{A\in\mathbf{F}}\Big|\int_A f\mathrm{d}\mu\Big|,$$

再运用定理 1.4.11 和定理 2.3.6 即得, 证毕.

定理 5.4.2　设 $\mathbf{F}=\{F_n:n\geqslant 1\}\subset\mathbf{L}^1_{fc}[\Omega,X]$ 为适应列, 则下述等价

(1) $\mathbf{F}$ 是集值 Amart(1);

(2) 对任意的 $A\in\bigcup\limits_{n=1}^{\infty}\mathbf{A}_n$, 存在 $M(A)\in\mathbf{P}_{bfc}(X)$, 使有

$$\lim_{\tau\in T}\delta\Big(\mathrm{cl}\int_A F_\tau\mathrm{d}\mu,M(A)\Big)=0,$$

且收敛在下述意义下是一致的, 即对任给的 $\varepsilon>0$, 存在 $\rho\in T$, 使有

$$\sup_{\tau\in T(\rho)}\sup_{A\in\mathbf{A}_\rho}\delta\Big(\mathrm{cl}\int_A F_\tau\mathrm{d}\mu,M(A)\Big)\leqslant\varepsilon;$$

(3) $\lim\limits_{\sigma\in T}\sup\limits_{\tau\in T(\sigma)}\Delta_w(F_\sigma,E[F_\tau|\mathbf{A}_\sigma])=0.$

证明　(1)⇒(2)　设 (1) 成立, 任给 $A\in\bigcup\limits_{n=1}^{\infty}\mathbf{A}_n$, 存在 $k\geqslant 1$, 使有 $A\in\mathbf{A}_k$, 对任给的 $\varepsilon>0$, 由 (1) 知存在 $\rho\in T(k)$, 使有

$$\delta\Big(\mathrm{cl}\int_\Omega F_\tau\mathrm{d}\mu,\mathrm{cl}\int_\Omega F_\sigma\mathrm{d}\mu\Big)<\varepsilon,\ \tau,\sigma\in T(\rho).$$

任取 $\tau,\sigma\in T(\rho)$, 存在 $n\geqslant 1$ 使有 $\tau\leqslant n,\sigma\leqslant n$. 令

$$\tau_1=\begin{cases}\tau, & w\in A,\\ n, & w\in A^c,\end{cases}\qquad \sigma_1=\begin{cases}\sigma, & w\in A,\\ n, & w\in A^c,\end{cases}$$

则 $\tau_1, \sigma_1 \in T(\rho)$, 这时有

$$\begin{aligned}
&\delta\Big(\mathrm{cl}\int_A F_\tau \mathrm{d}\mu,\ \mathrm{cl}\int_A F_\sigma \mathrm{d}\mu\Big)\\
&= \delta\Big(\mathrm{cl}\int_A F_\tau \mathrm{d}\mu + \mathrm{cl}\int_{A^c} F_n \mathrm{d}\mu,\ \mathrm{cl}\int_A F_\sigma \mathrm{d}\mu + \mathrm{cl}\int_{A^c} F_n \mathrm{d}\mu\Big)\\
&= \delta\Big(\mathrm{cl}\int_\Omega F_{\tau_1} \mathrm{d}\mu,\ \mathrm{cl}\int_\Omega F_{\sigma_1} \mathrm{d}\mu\Big) < \varepsilon.
\end{aligned}$$

由此知 $\left\{\mathrm{cl}\int_A F_\tau \mathrm{d}\mu : \tau \in T\right\}$ 是 $(\mathbf{P}_{bfc}(X), \delta)$ 中的 Cauchy 族, 同时根据 $(\mathbf{P}_{bfc}(X), \delta)$ 的完备性知存在 $M(A) \in \mathbf{P}_{bfc}(X)$, 使有

$$\lim_{\sigma \in T} \delta\Big(\mathrm{cl}\int_A F_\tau \mathrm{d}\mu, M(A)\Big) = 0.$$

再证明收敛的一致性, 任取 $A \in \mathbf{A}_\rho$ 和 $\tau \in T(\rho)$, 用上述相同方法可证有

$$\delta\Big(\mathrm{cl}\int_A F_\tau \mathrm{d}\mu, \mathrm{cl}\int_A F_\sigma \mathrm{d}\mu\Big) < \varepsilon, \sigma \in T(\tau).$$

于是由 $\delta(\cdot,\cdot)$ 的三角不等式有

$$\delta\Big(\mathrm{cl}\int_A F_\tau \mathrm{d}\mu, M(A)\Big) < \varepsilon + \delta\Big(\mathrm{cl}\int_A F_\sigma \mathrm{d}\mu, M(A)\Big).$$

令 $\sigma \to \infty$ 可得

$$\delta\Big(\mathrm{cl}\int_A F_\tau \mathrm{d}\mu, M(A)\Big) \leqslant \varepsilon.$$

由 $A \in \mathbf{A}_\rho$ 和 $\tau \in T(\rho)$ 的任意性知有

$$\sup_{\tau \in T(\rho)} \sup_{A \in \mathbf{A}_\rho} \delta\Big(\mathrm{cl}\int_A F_\tau \mathrm{d}\mu, M(A)\Big) \leqslant \varepsilon,$$

故 (2) 成立, (1)⇒(2) 得证.

(2)⇒(1) 为显然.

(1)⇒(3) 设 (1) 成立, 对任意的 $\sigma \in T, \tau \in T(\sigma)$ 运用 (1) ⇒ (2) 中的证明方法有

$$\begin{aligned}
\Delta_w(F_\sigma, E[F_\tau|\mathbf{A}_\sigma]) &= \sup_{||x^*||\leqslant 1} E|\sigma(x^*, F_\sigma) - \sigma(x^*, E[F_\tau|\mathbf{A}_\sigma])|\\
&\leqslant 4 \sup_{||x^*||\leqslant 1} \sup_{A \in \mathbf{A}_\sigma} \Big|\int_A (\sigma(x^*, F_\sigma) - \sigma(x^*, E[F_\tau|\mathbf{A}_\sigma]))\mathrm{d}\mu\Big|
\end{aligned}$$

$$
\begin{aligned}
&= 4 \sup_{||x^*||\leqslant 1} \sup_{A\in \mathbf{A}_\sigma} \left| \int_A [\sigma(x^*, F_\sigma) - \sigma(x^*, F_\tau)] \mathrm{d}\mu \right| \\
&\leqslant 4 \sup_{||x^*||\leqslant 1} \sup_{\tau_1,\sigma_1\in T(\sigma)} \left| \int_\Omega (\sigma(x^*, F_{\sigma_1}) - \sigma(x^*, F_{\tau_1})) \mathrm{d}\mu \right| \\
&\leqslant 4 \sup_{||x^*||\leqslant 1} \sup_{\tau_1,\sigma_1\in T(\sigma)} \left| \sigma(x^*, \mathrm{cl}\int_\Omega F_{\sigma_1}, \mathrm{d}\mu) - \sigma\Big(x^*, \mathrm{cl}\int_\Omega F_{\tau_1} \mathrm{d}\mu\Big) \right| \\
&= 4 \sup_{\tau_1,\sigma_1\in T(\sigma)} \delta\Big(\mathrm{cl}\int_\Omega F_{\sigma_1} \mathrm{d}\mu, \mathrm{cl}\int_\Omega F_{\tau_1} \mathrm{d}\mu\Big) \to 0, \sigma \to \infty.
\end{aligned}
$$

故 (1)⇒(3) 成立.

(3)⇒(1) 设 (3) 成立, 对任给的 $\varepsilon > 0$, 存在 $n_\varepsilon \geqslant 1$, 使有

$$
\sup_{\tau\in T(\sigma)} \Delta_w(F_\sigma, E[F_\tau|\mathbf{A}_\sigma]) < \varepsilon, \sigma \in T(n_\varepsilon).
$$

任取 $\tau, \sigma \in T(n_\varepsilon)$, 存在 $m \geqslant 1$, 使有 $\sigma \leqslant m, \tau \leqslant m$, 于是由 $\delta(\cdot,\cdot)$ 的三角不等式和定理 5.4.1 有

$$
\begin{aligned}
&\delta\Big(\mathrm{cl}\int_\Omega F_\sigma \mathrm{d}\mu, \mathrm{cl}\int_\Omega F_\tau \mathrm{d}\mu\Big) \\
&\leqslant \delta\Big(\mathrm{cl}\int_\Omega F_\sigma \mathrm{d}\mu, \mathrm{cl}\int_\Omega E[F_m|\mathbf{A}_\sigma] \mathrm{d}\mu\Big) + \delta\Big(\mathrm{cl}\int_\Omega F_\tau \mathrm{d}\mu, \mathrm{cl}\int_\Omega E[F_m|\mathbf{A}_\tau] \mathrm{d}\mu\Big) \\
&\leqslant \Delta_w(F_\sigma, E[F_m|\mathbf{A}_\sigma]) + \Delta_w(F_\tau,\ E[F_m|\mathbf{A}_\tau]) < 2\varepsilon.
\end{aligned}
$$

由 $\varepsilon > 0$ 的任意性和 $(\mathbf{P}_{bfc}(X), \delta)$ 的完备性知 (1) 成立, (3)⇒(1) 得证. 定理证毕.

引理 5.4.1 设 $\{F_n : n \geqslant 1\} \subset \mathbf{L}^1_{fc}[\Omega, X]$ 是 Amart(1), 则对任意的 $\rho \in \overline{T}, \{F_{\rho\wedge n}, \mathbf{A}_{\rho\wedge n} : n \geqslant 1\} \subset \mathbf{L}^1_{fc}[\Omega, X]$ 仍是 Amart(1).

证明 容易验证 $\{F_{\rho\wedge n}, \mathbf{A}_{\rho\wedge n} : n \geqslant 1\}$ 仍然是 $\mathbf{L}^1_{fc}[\Omega, X]$ 值适应列. 记 $\{\mathbf{A}_{\rho\wedge n}, n \geqslant 1\}$ 的有界停时全体为 $T(\langle \mathbf{A}_{\rho\wedge n}\rangle)$, 则 $(T\langle \mathbf{A}_{\rho\wedge n}\rangle) \subset T$. 对任给的 $\varepsilon > 0$, 由定理 5.4.2 知存在 $k \geqslant 1$, 使有

$$
\sup_{\tau\in T(\sigma)} \Delta_w(F_\sigma, E[F_\tau|\mathbf{A}_\sigma]) < \varepsilon, \sigma \in T(k).
$$

任取 $\tau, \sigma \in T(\langle \mathbf{A}_{\rho\wedge n}\rangle), \tau \geqslant \sigma \geqslant k$, 令 $\tau_1 = (\rho \wedge \tau) \vee k, \sigma_1 = (\rho \vee \tau) \vee k$, 则 $\tau_1, \sigma_1 \in T(k), \tau_1 \geqslant \sigma_1$. 如同引理 5.3.5 的证明可证有

$$
\begin{aligned}
&\Delta_w(\mathbf{F}_{\rho\wedge n}, E[F_{\rho\wedge\tau}|\mathbf{A}_{\rho\wedge n}]) \\
&\leqslant \sup_{||x^*||\leqslant 1} \int_\Omega |\sigma(x^*, F_{\rho\wedge\sigma}) - \sigma(x^*, E[F_{\rho\wedge\tau}|\mathbf{A}_{\rho\wedge\sigma}])| \chi_{(\rho\wedge\sigma\geqslant k)} \mathrm{d}\mu \\
&= \sup_{||x^*||\leqslant 1} \int_\Omega |\sigma(x^*, F_{\sigma_1}) - \sigma(x^*, E[F_{\tau_1}|\mathbf{A}_{\sigma_1}])| \chi_{(\rho\wedge\sigma\geqslant k)} \mathrm{d}\mu \\
&\leqslant \Delta_w(F_{\sigma_1}, E[F_{\tau_1}|\mathbf{A}_{\sigma_1}]) < \varepsilon.
\end{aligned}
$$

由 $\varepsilon > 0$ 的任意性得欲证之结论, 证毕.

定理 5.4.3 设 X 有 RNP 且 X^* 可分, $\{F_n : n \geqslant 1\} \subset \mathbf{L}_{fc}^1[\Omega, X]$ 是 Amart(1), $\sup\limits_{\tau \in T} E||F_\tau|| < \infty$, 若存在 $H \in \mathbf{P}_{wkc}(X)$, 使有

$$\lim_{\tau \in T} \delta\Big(\int_\Omega F_\tau \mathrm{d}\mu, H\Big) = 0,$$

则存在 $F \in \mathbf{L}_{wkc}^1[\Omega, X]$ 使有 $(w)F_n \to F$, a.e., $n \to \infty$.

证明 先假设 $\sup\limits_n ||F_n|| \leqslant \xi \in L^1[\Omega, R]$ a.e. 令 $b = E\xi$. 对任意的 $A \in \bigcup\limits_{n=1}^\infty \mathbf{A}_n$, 由定理 5.4.2 知存在 $M(A) \in \mathbf{P}_{bfc}(X)$, 使有

$$\lim_{\tau \in T} \delta\Big(\int_A F_\tau \mathrm{d}\mu, M(A)\Big) = 0.$$

对任给的 $A \in \mathbf{A} = \bigvee\limits_{n=1}^\infty \mathbf{A}_n$, 和 $\varepsilon > 0$, 存在 $\mathrm{B} \in \bigcup\limits_{n=1}^\infty \mathbf{A}_n$, 使有 $\mu(A\Delta B) < \varepsilon$, 这时有

$$\delta\Big(\int_A F_\tau \mathrm{d}\mu, \int_B F_\tau \mathrm{d}\mu\Big) < 2b \cdot \varepsilon.$$

从而由 $\delta(\cdot, \cdot)$ 的三角不等式和定理 5.4.2 知存在 $M(A) \in \mathbf{P}_{bfc}(X)$, 使有

$$\lim_{\tau \in T} \delta\Big(\int_A F_\tau \mathrm{d}\mu, M(A)\Big) = 0, A \in \mathbf{A}.$$

记 $M_\tau(A) = \displaystyle\int_A F_\tau \mathrm{d}\mu, A \in \mathbf{A}, \tau \in T$, 则上式表明

$$\lim_{\tau \in T} \delta(M_\tau(A), M(A)) = 0, A \in \mathbf{A}.$$

由定理 1.4.11 知 $\sigma(x^*, M_\tau(A))$ 在 $U^* = \{x^* \in X^* : ||x^*|| \leqslant 1\}$ 上一致地收敛到 $\sigma(x^*, M(A))$, 已知 $\sigma(x^*, M_\tau(A))$ 在 $\mathbf{A}_\tau$ 上可列可加, 从而 $\sigma(x^*, M(A))$ 在 $\mathbf{A}$ 上可列可加, 已知 $M(\Omega) = H \in \mathbf{P}_{wkc}(X)$, 又

$$M(\Omega) = \mathrm{cl}(M(A) + M(A^c)), A \in \mathbf{A}.$$

故 $M(A) \in \mathbf{P}_{wkc}(X)$, 所以 $M(\cdot)$ 是 $\mathbf{A}$ 上的 $\mathbf{P}_{wkc}(X)$ 值测度, 且可验证 $M(\cdot)$ 是有界变差 (定义 6.1.4) 的, 而 $M \ll \mu$(定义 6.3.1) 为显然. 因为 X 有 RNP 且 X^* 可分, 故由定理 6.4.4 即知存在 $F \in \mathbf{L}_{wkc}^1[\Omega, X]$ 使有

$$M(A) = \int_A F \mathrm{d}\mu, A \in \mathbf{A}.$$

对于任给的 $x^* \in X^*$, 由于

$$\sup_n E|\sigma(x^*, F_n)| \leqslant ||x^*|| \cdot \sup_n E||F_n|| < \infty,$$

且

$$E\sigma(x^*, F_\tau) = \sigma\Big(x^*, \int_\Omega F_\tau \mathrm{d}\mu\Big) \to \sigma(x^*, H).$$

由此知 $\{\sigma(x^*, F_n) : n \geqslant 1\}$ 是 L^1 有界的实值 Amart, 由实值 Amart 的收敛性即知 $\lim\limits_{n\to\infty} \sigma(x^*, F_n)$ a.e. 存在, 又因为

$$\begin{aligned}\int_A \sigma(x^*, F_n)\mathrm{d}\mu &= \sigma(x^*, M_n(A)) \\ &\to \sigma(x^*, M(A)) = \int_A \sigma(x^*, F)\mathrm{d}\mu, A \in \mathbf{A},\end{aligned}$$

因而有

$$\lim_{n\to\infty} \sigma(x^*, F_n) = \sigma(x^*, F) \text{ a.e.}(x^*),$$

其中的例外集与 x^* 有关, 因为 $\sup\limits_n ||F_n|| < \infty$ a.e., 且 X^* 可分, 故存在可略集 N, 使有

$$\lim_{n\to\infty} \sigma(x^*, F_n) = \sigma(x^*, F), w \in \Omega\backslash N, x^* \in X^*,$$

即 $(w)F_n \to F$ a.e. 成立.

对于一般情形, 对 $k \geqslant 1$, 令

$$\rho = \inf\{n \geqslant 1 : ||F_n|| > k\}, \inf \varnothing = \infty,$$

则 $\rho \in \overline{T}$, 由引理 5.4.1 知 $\{F_{\rho\wedge n}, \mathbf{A}_{\rho\wedge n} : n \geqslant 1\} \subset \mathbf{L}^1_{fc}[\Omega, X]$ 仍是 Amart(1), 这时有

$$\begin{aligned}||F_{\rho\wedge n}|| &= ||F_\rho||\chi_{(\rho\leqslant n)} + ||F_n||\chi_{(\rho>n)} \\ &\leqslant k + ||F_\rho||\chi_{(\rho<\infty)}, \ n \geqslant 1.\end{aligned}$$

由此知 $\sup\limits_n ||F_{\rho\wedge n}|| \leqslant k + ||F_\rho||\chi_{(\rho<\infty)} \in L^1[\Omega, \mathbf{R}]$, 由上述已证之结论知存在 $G^k \in \mathbf{L}^1_{wkc}[\Omega, X]$ 使有

$$(w)F_{\rho\wedge n} \to G^k, n \to \infty.$$

由此知在 $\Big(\sup\limits_n ||F_n|| \leqslant k\Big)$ 上有 $(w)F_n \to G^k$ a.e., $n \to \infty$. 令

$$\begin{aligned}A_1 &= \Big\{\sup_n ||F_n|| \leqslant 1\Big\}, \\ A_k &= \Big\{k - 1 < \sup_n ||F_n|| \leqslant k\Big\}, k \geqslant 2,\end{aligned}$$

则 $\sum_{k=1}^{\infty} A_k = \Omega$ a.e. 再令 $F = \sum_{k=1}^{\infty} G^k \chi_{A_k}$, 易知 F 是 $\mathbf{P}_{wkc}(X)$ 值随机集, 而

$$(w)F_n \to F \text{ a.e.}, n \to \infty$$

为显然, 且由 Fatou 引理有

$$\begin{aligned} E\|F\| &= \int_\Omega \sup_{\|x^*\| \leqslant 1} \sigma(x^*, F)\mathrm{d}\mu \\ &= \int_\Omega \lim_{n\to\infty} \inf \sup_{\|x^*\| \leqslant 1} \sigma(x^*, F_n)\mathrm{d}\mu \\ &= \int_\Omega \lim_{n\to\infty} \inf \|F_n\|\mathrm{d}\mu \leqslant \sup_n E\|F_n\| < \infty, \end{aligned}$$

故 $F \in \mathbf{L}^1_{wkc}[\Omega, X]$, 定理证毕.

定义 5.4.2 设 $\mathbf{F} = \{F_n : n \geqslant 1\} \subset \mathbf{L}^1_{fc}[\Omega, X]$ 是适应列, 称 $\mathbf{F}$ 是集值 (w)Amart, 若存在 $B \in \mathbf{P}_{bfc}(X)$, 使有

$$\lim_{\tau \in T} \sigma\left(x^*, \mathrm{cl}\int_\Omega F_\tau \mathrm{d}\mu\right) = \sigma(x^*, B), \ \ x^* \in X^*.$$

易知 $\mathbf{L}^1_{fc}[\Omega, X]$ 中集值 Amart(1) 必是 $\mathbf{L}^1_{fc}[\Omega, X]$ 中集值 (w)Amart, 但其逆不成立.

定理 5.4.4 设 $\{F_n : n \geqslant 1\} \subset \mathbf{L}^1_{fc}[\Omega, X]$ 是集值 (w)Amart, $\sup_n E\|F_n\| < \infty$. 若存在 $\mathbf{P}_{wkc}(X)$ 值随机集 G 使有 $F_n \subset G$, a.e., $n \geqslant 1$, 则存在 $F \in \mathbf{L}^1_{wkc}[\Omega, X]$ 使有 $(w)F_n \to F$ a.e., $n \to \infty$.

证明 对每一个 $x^* \in X^*$, 易知 $\{\sigma(x^*, F_n) : n \geqslant 1\}$ 是实值 L^1 有界渐近鞅, 故

$$\lim_{n\to\infty} \sigma(x^*, F_n), \ \text{a.e.}(x^*)$$

存在. 设 D^* 是 X^* 关于 Mackey 拓扑的可列稠集, 于是存在可略集 N 使有

$$\lim_{n\to\infty} \sigma(x^*, F_n)\text{存在}, x^* \in D^*, F_n \subset G \in \mathbf{P}_{wkc}(X), w \in \Omega\backslash N.$$

从而由引理 4.5.3 知存在 $F \in \mathbf{P}_{wkc}(X)$, a.e., 使有

$$(w)F_n \to F, \ \text{a.e.}, n \to \infty.$$

对任给的 $x^* \in X^*$, 易知 $\sigma(x^*, F)$ 是可测函数. 记 $D_1^* = D^* \cap U^*$, 其中 $U^* = \{x^* \in X^* : \|x^*\| \leqslant 1\}$, 于是对任意的 $x \in X$, 由等式

$$d(x, F) = \sup_{x^* \in D_1^*} [\langle x^*, x\rangle - \sigma(x^*, F)],$$

知 $d(x, F)$ 为可测函数, 由此知 F 是随机集, 又如同上述定理 5.4.3 的证明可证 $E\|F\| < \infty$, 故 $F \in \mathbf{L}^1_{wkc}[\Omega, X]$, 定理证毕.

§5.5 集值鞅型序列与 Banach 空间的几何特征

自 20 世纪 60 年代 Rieffel 等人的开创性工作以来, 向量值鞅与鞅型序列已发展为研究 Banach 空间几何结构与分析结构的强有力的工具之一. 例如 Banach 空间的可凹性及 Radon-Nikodym 性质 (RNP) 的鞅刻划, 经典的 Choquet 型定理的鞅证明, Banach 空间的自反性与可分对偶性的渐近鞅刻画以及 Asplaud 算子, Radon-Nikodym 算子的渐近鞅特征等, 显示了 Banach 空间上的概率论与其几何结构间的深刻的内在联系. 本节的目的是用集值鞅型序列间的相互关系及其收敛性给出 Banach 空间某些性质的概率特征.

定义 5.5.1 设 D 是一定向集, $\{A, A_t : t \in D\} \subset \mathbf{P}_f(X)$, 记

$$\begin{aligned} s\text{-}\liminf_D A_t &= \{x \in X,\ \text{存在 } x_t \in A_t, t \in D,\ \text{使有 } (s)x_t \to x, t \in D\}, \\ w\text{-}\limsup_D A_t &= \{x \in X,\ \text{存在 } D \text{ 的共尾子集 } D_1 \text{ 和 } x_t \\ &\qquad \in A_t, t \in D_1,\ \text{使有 } (w)x_t \to x, t \in D_1\}. \end{aligned}$$

$s\text{-}\liminf_D A_t \subset w\text{-}\limsup_D A_t$, 为显然. 若有

$$s\text{-}\liminf_D A_t = A = w\text{-}\limsup_D A_t,$$

则称 $\{A_t : t \in D\}$ 在 Kuratowski-Mosco 意义下收敛于 A, 记作

$$(\text{K.M})A_t \to A, t \in D \text{ 或 } (\text{K.M})\lim_{t\in D} A_t = A.$$

引理 5.5.1 设 D 是一向右定向集, $\{A_t : t \in D\} \subset \mathbf{P}_{fc}(X)$ 是单调递减的, 即对任给的 $t_1, t_2 \in D$, 若 $t_1 \leqslant t_2$, 则 $A_{t_1} \supset A_{t_2}$, 则有

(1) $s\text{-}\liminf_D A_t = \bigcap_{t\in D} A_t$;

(2) 若 $\bigcap_{t\in D} A_t \neq \varnothing$, 则 $(\text{K.M})A_t \to \bigcap_{t\in D} A_t$.

证明 (1) $\bigcap_{t\in D} A_t \subset s\text{-}\liminf_D A_t$ 为显然, 下证反向包含关系也成立. 不妨设 $s\text{-}\liminf_D A_t \neq \varnothing$, 任给 $x \in s\text{-}\liminf_D A_t$, 易知有 $\lim_D d(x, A_{t'}) = 0$. 若 $x \notin \bigcap_{t\in D} A_t$, 则存在 $t_0 \in D$, 使有 $d(x, A_{t_0}) > 0$, 而 $\{d(x, A_t) : t \in D\}$ 是递增的, 故有 $\lim_D d(x, A_t) > 0$, 这就有了矛盾, 因而 $x \in \bigcap_{t\in D} A_t$. 由 $x \in s\text{-}\liminf_D A_t$ 的任意性知 $s\text{-}\liminf_D A_t \subset \bigcap_{t\in D} A_t$, 结论 (1) 得证.

(2) 若 $\bigcap_{t\in D} A_t \neq \varnothing$, 由上述已证的 (1) 知

$$w\text{-}\limsup_D A_t \neq \varnothing.$$

对任给的 $x \in w\text{-}\limsup\limits_{D} A_t$, 存在 D 的共尾子集 D_1, 及 $x_t \in A_t$, 使有

$$(w)x_t \to x, t \in D_1.$$

因为 Banach 空间中的闭凸集是弱闭的, 故由 $\{A_t, t \in D\}$ 的单调性知 $x \in \bigcap\limits_{t\in D} A_t$, 即

$$w\text{-}\limsup_{D} A_t \subset \bigcap_{t\in D} A_t.$$

于是由上述已证之结论 (1) 知

$$(\text{K.M})A_t \to \bigcap_{t\in D} A_t, t \in D,$$

结论 (2) 得证, 引理证毕.

定义 5.5.2 设 $\mathbf{F} = \{F_n : n \geqslant 1\} \subset \mathbf{L}^1_{fc}[\Omega, X]$ 是集值适应列, 若存在 $B \in \mathbf{P}_{bfc}(X)$, 使有 $(\text{K.M})\text{cl}\int_\Omega F_\tau \text{d}\mu \to B$, 则称 $\mathbf{F}$ 是集值 (K.M)Amart.

$\mathbf{L}^1_{fc}[\Omega, X]$ 中集值 Amart(1) 是集值 (K.M)Amart 为显然.

引理 5.5.2 设 $\mathbf{F} = \{F_n : n \geqslant 1\} \subset \mathbf{L}^1_{wkc}[\Omega, X]$ 是集值适应列, 则 $\mathbf{F}$ 是集值上鞅的充要条件是对任意的 $\sigma, \tau \in T$, 若 $\sigma \leqslant \tau$, 有

$$\int_\Omega F_\sigma \text{d}\mu \supseteq \int_\Omega F_\tau \text{d}\mu.$$

证明 **必要性** 任取 $x^* \in X^*, \{\sigma(x^*, F_n) : n \geqslant 1\}$ 是实值上鞅, 故由定理 2.3.6 和实值上鞅的停止定理有

$$\begin{aligned}\sigma\Big(x^*, \int_\Omega F_\sigma \text{d}\mu\Big) &= \int_\Omega \sigma(x^*, F_\sigma)\text{d}\mu \geqslant \int_\Omega \sigma(x^*, F_\tau)\text{d}\mu \\ &= \sigma\Big(x^*, \int_\Omega F_\tau \text{d}\mu\Big), \ x^* \in X^*.\end{aligned}$$

又由引理 4.5.9 知 $\int_\Omega F_\tau \text{d}\mu \in \mathbf{P}_{wkc}(X), \tau \in T$, 故由分离定理知

$$\int_\Omega F_\sigma \text{d}\mu \supseteq \int_\Omega F_\tau \text{d}\mu.$$

充分性 任给 $m > n \geqslant 1$ 和 $A \in \mathbf{A}_n$, 令

$$\sigma = \begin{cases} n, & w \in A, \\ m, & w \in A^c, \end{cases}$$

则 $\sigma \in T, \sigma \leqslant m$. 因为

$$\int_A F_n \mathrm{d}\mu + \int_{A^c} F_m \mathrm{d}\mu = \int_\Omega F_\sigma \mathrm{d}\mu \supseteq \int_\Omega F_m \mathrm{d}\mu$$
$$= \int_A F_m \mathrm{d}\mu + \int_{A^c} F_m \mathrm{d}\mu,$$

从而有

$$\int_A F_n \mathrm{d}\mu \supseteq \int_A F_m \mathrm{d}\mu, A \in \mathbf{A}_n.$$

由 $A \in \mathbf{A}_n$ 的任意性知

$$E[F_m|\mathbf{A}_n] \subseteq F_n \text{ a.e.}, m > n \geqslant 1,$$

故 $\mathbf{F}$ 是集值上鞅.

定理 5.5.1 设 X 是可分 Banach 空间, 则下述等价

(1) X 是自反的;

(2) 任一 $\mathbf{L}^1_{fc}[\Omega, X]$ 中的集值上鞅是集值 (K.M)Amart.

证明 (1)⇒(2) 因 X 是自反的, 故 $\mathbf{L}^1_{fc}[\Omega, X]$ 中的任意集值随机变量 F, $E[F\chi_A]$ $(\forall A \in \mathbf{A})$ 是闭的. 设 $\{F_n : n \geqslant 1\} \subset \mathbf{L}^1_{fc}[\Omega, X]$ 是集值上鞅, 由引理 5.5.2 和引理 4.5.10 有

$$\int_\Omega F_\tau \mathrm{d}\mu \subseteq \int_\Omega F_\sigma \mathrm{d}\mu \subseteq \int_\Omega F_1 \mathrm{d}\mu \in \mathbf{P}_{wkc}(X), \sigma \in T, \tau \in T(\sigma),$$

且因 $N = \{1, 2, \cdots\}$ 是 T 的共尾子列, 所以

$$\bigcap_{t \in T} \int_\Omega F_\tau \mathrm{d}\mu = \bigcap_{n \in N} \int_\Omega F_n \mathrm{d}\mu \neq \varnothing.$$

于是由引理 5.5.1 知

$$\text{(K.M)cl} \int_\Omega F_\tau \mathrm{d}\mu = \int_\Omega F_\tau \mathrm{d}\mu \to \bigcap_{t \in T} \int_\Omega F_\tau \mathrm{d}\mu.$$

故 $\{F_n : n \geqslant 1\}$ 是 (K.M)Amart, (1)⇒(2) 成立.

(2)⇒(1) 设 (2) 成立, 证 (1), 仅需证明 X 中的任一递减的非空闭凸集列有非空的交. 任取递减集列 $\{A_n : n \geqslant 1\} \subset \mathbf{P}_{bfc}(X)$, 令

$$F_n(w) = A_n, w \in \Omega, \mathbf{A}_n = \sigma(A_1, \cdots, A_n), n \geqslant 1,$$

则 $\mathbf{F} = \{F_n, \mathbf{A}_n : n \geqslant 1\}$ 显然是 $\mathbf{L}^1_{fc}[\Omega, X]$ 中的集值上鞅, 且

$$\text{cl} \int_\Omega F_n \mathrm{d}\mu = \int_\Omega F_n \mathrm{d}\mu = A_n, n \geqslant 1.$$

由 (2) 知 $\mathbf{F}$ 是集值 (K.M)Amart, 故存在 $B \in \mathbf{P}_{bfc}(X)$, 使有

$$\text{(K.M)cl}\int_\Omega F_\tau \mathrm{d}\mu \to B,$$

从而由引理 5.5.1 知

$$\bigcap_{n\geqslant 1} A_n = \bigcap_{n\geqslant 1} \text{cl}\int_\Omega F_n \mathrm{d}\mu = \bigcap_{t\in T} \text{cl}\int_\Omega F_\tau \mathrm{d}\mu$$
$$= s\text{-}\liminf_{\tau\in T}\ \text{cl}\int_\Omega F_\tau \mathrm{d}\mu = B \neq \varnothing.$$

由 $\{A_n : n \geqslant 1\} \subset \mathbf{P}_{bfc}(X)$ 的任意性知 (1) 成立, (2)⇒(1) 得证. 证毕.

下述定理 5.5.2 和定理 5.5.3 中的 "任一 $\mathbf{L}^1_{fc}[\Omega, X]$ 中集值 (K.M)Amart" 和 "任一 $\mathbf{L}^1_{fc}[\Omega, X]$ 中集值鞅", 不仅指 (K.M)Amart 和鞅是任意的, 且概率空间 $(\Omega, \mathbf{A}, \mu)$ 和 $\mathbf{A}$ 的子 σ 代数列 $\{\mathbf{A}_n : n \geqslant 1\}$ 也是任意的.

定理 5.5.2 设 X 不含与 l^1 线性同胚的子空间, 则下述等价

(1) X 是有限维的;

(2) 任一 $\mathbf{L}^1_{fc}[\Omega, X]$ 中的集值 (K.M)Amart 必是集值 Amart(1).

证明 如同定理 1.5.25 中 (1)⇒(2) 的证明可证 (1)⇒(2) 成立.

(2)⇒(1) 可反证之, 设 (2) 成立而 X 是无限维的, 则存在 X 中的点列 $\{x_n : n \geqslant 1\}$, 使有 $\|x_n\| = 1, n \geqslant 1$ 且 $\|x_m - x_x\| > 1,\ m \neq n$. 由于 $\{x_n : n \geqslant 1\}$ 有界, 而 X 不含与 l^1 线性同胚的子空间, 故由 Rosenthal 定理知 $\{x_n : n \geqslant 1\}$ 有弱 Cauchy 子列 $\{x_{n_k} : k \geqslant 1\}$. 令

$$y_k = x_{n_k} - x_{n_k-1}, k \geqslant 1,$$

显然有 $(w)y_n \to 0$, 且 $\|y_n\| > 1, n \geqslant 1$. 定义

$$A_n = \{ay_n : 0 \leqslant \alpha \leqslant 1\}, F_n(w) = A_n, w \in \Omega, n \geqslant 1,$$

则 F_n 可积有界且 $F_n(w) = A_n \in \mathbf{P}_{wkc}(X), w \in \Omega, n \geqslant 1$, 由引理 4.5.10 知 $\int_\Omega F_n \mathrm{d}\mu$ 是闭的. 令 $\mathbf{A}_n = \sigma(A_1, \cdots, A_n)$, 可以证明 $\{F_n, \mathbf{A}_n : n \geqslant 1\}$ 是集值 (K.M)Amart. 对任取的 $x^* \in X^*$, 因

$$-|\langle x^*, y_n\rangle| \leqslant \sigma(x^*, A_n) \leqslant |\langle x^*, y_n\rangle|,\ n \geqslant 1,$$

已知 $(w)y_n \to 0, n \to \infty$, 所以有 $\lim\limits_{n\to\infty} \sigma(x^*, A_n) = 0$. 于是对任给的 $\varepsilon > 0$, 存在 $n_\varepsilon \geqslant 1$, 使有 $\sigma(x^*, A_n) < \varepsilon, n \geqslant n_\varepsilon$. 从而对于任意的 $\tau \in T(n_\varepsilon)$, 均有

$$\sigma\Big(x^*, \int_\Omega F_\tau \mathrm{d}\mu\Big) = \sigma\Big(x^*, \sum_{n\geqslant n_\varepsilon} \int_{\tau=n} F_n \mathrm{d}\mu\Big) = \sum_{n\geqslant n_\varepsilon} \sigma(x^*, \mu(\tau = n)A_n)$$
$$= \sum_{n\geqslant n_\varepsilon} \sigma(x^*, A_n)\mu(\tau = n) < \varepsilon.$$

由 $\varepsilon > 0$ 的任意性知

$$\lim_{T} \sigma\Big(x^*, \mathrm{cl}\int_\Omega F_\tau \mathrm{d}\mu\Big) = 0,\ x^* \in X^*.$$

如同引理 4.3.1 的证明可证有

$$w\text{-}\limsup_{T}\ \mathrm{cl}\int_\Omega F_\tau \mathrm{d}\mu \subset \{\theta\}.$$

而另一方面, 因 $\theta \in A_n, n \geqslant 1$, 所以有

$$\theta \in \sum_{n=\min\tau}^{\max\tau} \mu(\tau = n) A_n = \int_\Omega F_\tau \mathrm{d}\mu, \tau \in T,$$

故 $\{\theta\} \subset s\text{-}\liminf_{T}\ \mathrm{cl}\int_\Omega F_\tau \mathrm{d}\mu$, 由此知

$$(\mathrm{K.M})\mathrm{cl}\int_\Omega \mathrm{d}\mu \to \{\theta\} \in \mathbf{P}_{bfc}(X),$$

即 $\{F_n : n \geqslant 1\}$ 是集值 (K.M)Amart. 但由 $\{F_n : n \geqslant 1\}$ 的定义易知有

$$\delta\Big(\int_\Omega F_n \mathrm{d}\mu, \{\theta\}\Big) > 1,\ n \geqslant 1.$$

而 $N = \{1, 2, \cdots\}$ 是 T 的共尾子集, 所以有

$$\limsup_{\tau\in T} \delta\Big(\mathrm{cl}\int_\Omega F_\tau \mathrm{d}\mu, \{\theta\}\Big) \geqslant 1.$$

这表明 $\{F_n : n \geqslant 1\}$ 不是集值 Amart(1), 与 (2) 矛盾, 所以 X 是有限维的, (2)⇒(1) 得证, 定理证毕.

定理 5.5.3 设 X 为可分的 Banach 空间, 则下述等价

(1) X 是有限维的;

(2) 任一 $\mathbf{L}_{kc}^1[\Omega, X]$ 中的一致可积鞅依 Hausdorff 距离 a.e. 收敛于 $\mathbf{L}_{kc}^1[\Omega, X]$ 中某一元;

(3) 任一 $\mathbf{L}_{kc}^1[\Omega, X]$ 中的一致可积鞅以 Kuratowski-Mosco 意义下 a.e. 收敛于 $\mathbf{L}_{kc}^1[\Omega, X]$ 中某一元.

证明 (1)⇒(2) 由定理 4.3.9 即得, (2)⇒(3) 为显然.

(3)⇒(1) 反证之. 设 (3) 成立, 若 (1) 不成立, X 是无限维的, 可分下述两种情形讨论:

(a) 设 X 不具有 RNP, 由向量值鞅的理论, 知存在向量值鞅 $\{f_n, \mathbf{A}_n : n \geqslant 1\}$, $\{\|f_n\| : n \geqslant 1\}$ 为一致可积, 但 $\{f_n : n \geqslant 1\}$ 并不 a.e. 强收敛. 令 $F_n = \{f_n\}, n \geqslant 1$,

则 $\{F_n, \mathbf{A}_n : n \geqslant 1\}$ 是一致可积的 $\mathbf{L}^1_{kc}[\Omega, X]$ 中的鞅, 因对于单点集情形, (K.M) 收敛等价于 X 中的强收敛, 所以 $\{F_n : n \geqslant 1\}$ 不可能 a.e.(K.M) 收敛于 $\mathbf{L}^1[\Omega, X] \subset \mathbf{L}^1_{kc}[\Omega, X]$ 中的某一元, 这就有了矛盾, 所以 X 是有限维的.

(b) 设 X 具有 RNP, 若 X 是无限维的, 那么可以构造 $(\Omega, \mathbf{A}, \mu)$ 上的有界变差的 μ 连续的紧凸集值测度 $M : \mathbf{A} \to \mathbf{P}_{kc}(X)$, 使得 M 关于 μ 的 Radon-Nikodym 导数 $\dfrac{\mathrm{d}M}{\mathrm{d}\mu} \notin \mathbf{L}^1_{kc}[\Omega, X]$. 现在设 $\{\pi_n : n \geqslant 1\}$ 是 Ω 的一列有限 $\mathbf{A}$ 可测划分, 且 $\pi_n \subset \pi_{n+1}, n \geqslant 1$. 令 $\mathbf{A}_n = \sigma(\pi_n)$ 表示由 π_n 张成的子 σ 代数, 设 $\mathbf{A}_0 = \sigma\Big(\bigcup\limits_{n=1}^{\infty} \mathbf{A}_n\Big)$. 定义

$$F_n = \sum_{A \in \pi_n} \frac{M(A)}{\mu(A)} \chi_A, n \geqslant 1,$$

则 $\{F_n, \mathbf{A}_n : n \geqslant 1\} \subset \mathbf{L}^1_{kc}[\Omega, X]$ 是鞅, 且有

$$M(A) = \int_\Omega F_n \mathrm{d}\mu, A \in \mathbf{A}_n. \tag{5.5.1}$$

类似于向量值情形, 由集值测度理论 (见本书第六章) 可证 $\{F_n, \mathbf{A}_n : n \geqslant 1\}$ 是一致可积的, 从而由 (3) 的假设知存在 $F \in \mathbf{L}^1_{kc}[\Omega, X]$, 使有

$$(\mathrm{K.M}) F_n \to F \text{ a.e.}, \ n \to \infty.$$

现在要证明.

$$M(A) \subset \int_A F \mathrm{d}\mu, A \in \mathbf{A}_0. \tag{5.5.2}$$

对任给的 $n \geqslant 1$ 及 $A \in \mathbf{A}_n$, 设 $x \in M(A)$, 由 (5.5.1) 知存在 $f_n \in S^1_{F_n}(\mathbf{A}_n)$, 使得 $x = \displaystyle\int_A f_n \mathrm{d}\mu$, 由定理 4.3.1 知对任给的 $\varepsilon > 0$, 存在一致可积的向量值鞅 $\{g_n, n \geqslant 1\}$, 使有 $E\|f_n - g_n\| < \varepsilon$. 由于 X 具有 RNP, 故存在 $g \in L^1[\Omega, \mathbf{A}_0, \mu; X]$, 使有

$$E[g|\mathbf{A}_n] = g_n \text{ a.e.}, \ \|g_n - g\| \to 0 \text{ a.e.},$$

且 $g \in S^1_F$. 于是有

$$\begin{aligned} \Big\|x - \int_A g \mathrm{d}\mu\Big\| &= \Big\|\int_A f_n \mathrm{d}\mu - \int_A g_n \mathrm{d}\mu\Big\| \\ &\leqslant \int_A \|f_n - g_n\| \mathrm{d}\mu < \varepsilon. \end{aligned}$$

由 $\varepsilon > 0$ 的任意性知 $x \in \displaystyle\int_A F \mathrm{d}\mu$, 从而有

$$M(A) \subset \int_A F \mathrm{d}\mu, A \in \mathbf{A}_n, n \geqslant 1. \tag{5.5.3}$$

对于任意的 $A \in \mathbf{A}_0 = \sigma\Big(\bigcup\limits_{n=1}^{\infty} \mathbf{A}_n\Big)$, 由于 $E||F|| < \infty$, 而 M 是 μ 连续的, 故对任给的 $\varepsilon > 0$, 存在 $B \in \bigcup\limits_{n=1}^{\infty} \mathbf{A}_n$, 使有

$$\int_{A\Delta B} ||F|| \mathrm{d}\mu < \varepsilon, |M|(A\Delta B) < \varepsilon,$$

其中 $|M|$ 表示集值测度 M 的变差 (见定义 6.1.4), 但由于

$$\begin{aligned}\delta(M(A), M(B)) &= \delta(M(A\backslash B) + M(A\cap B), M(B\backslash A) + M(A\cap B)) \\ &= \delta(M(A\backslash B), M(B\backslash A)) \\ &= |M|(A\Delta B).\end{aligned}$$

由此知 $M(A) \subset M(B) + \overline{S}(0, \varepsilon)$, 类似地可证有

$$\int_B F\mathrm{d}\mu \subset \int_A F\mathrm{d}\mu + \overline{S}(0, \varepsilon).$$

从而由 (5.5.3) 可得

$$\begin{aligned}M(A) &\subset M(B) + \overline{S}(0, \varepsilon) \\ &\subset \int_B F\mathrm{d}\mu + \overline{S}(0, \varepsilon) \\ &\subset \int_B F\mathrm{d}\mu + \overline{S}(0, 2\varepsilon).\end{aligned}$$

由 $\varepsilon > 0$ 的任意性知 $M(A) \subset \int_A F\mathrm{d}\mu$ 成立, (5.5.2) 得证.

现在由定理 6.4.3 知存在 $G \in \mathbf{L}^1_{fc}[\Omega, X]$, 使有

$$M(A) = \mathrm{cl}\int_A G\mathrm{d}\mu, \quad A \in \mathbf{A}_0,$$

于是有

$$\mathrm{cl}\int_A G\mathrm{d}\mu \subset \int_A F\mathrm{d}\mu, \quad A \in \mathbf{A}_0.$$

但由于 $F \in \mathbf{L}^1_{kc}[\Omega, X] \subset \mathbf{L}^1_s[\Omega, X]$, 故由定理 2.3.10 知 $G \subset F$ a.e. 因而有 $\dfrac{\mathrm{d}M}{\mathrm{d}\mu} = G \in \mathbf{L}^1_{kc}[\Omega, X]$, 这就有了矛盾, 所以 X 是有限维的. 综合 (a), (b) 即知 (1) 成立, (3)⇒(1) 得证. 定理证毕.

作为本节的结束, 可以提出一个值得进一步探讨的问题 —— 超空间的几何结构. 关于超空间的拓扑结构已经有了较深入的结果 (§1.3), 但超空间上也存在着某种半线性结构 (§1.2), 因而还可以讨论超空间的几何结构, 例如可以引入下述定义.

定义 5.5.3 称超空间 $\mathbf{P}_{kc}(X)$ 上的有界子集 $\mathbf{C} \subset \mathbf{P}_{kc}(X)$ 是可凹的 (dentable), 若对任给的 $\varepsilon > 0$, 存在 $A \in \mathbf{C}$ 及正整数 k, 使得对于任意的 $\{A_1, \cdots, A_n\} \subset \mathbf{C}, \{\lambda_1, \cdots, \lambda_n\} \subset \mathbf{R}^+$ 且

$$\sum_{i=1}^{n} \lambda_i = 1, \delta(A, A_i) > \varepsilon, 1 \leqslant i \leqslant n,$$

有 $\delta\Big(A, \sum_{i=1}^{n} \lambda_i A_i\Big) > \dfrac{1}{k}$.

进一步, 能不能通过集值鞅型序列来研究超空间的各种几何性质? 例如又如由第一章的定理 1.2.13 知, 存在 Banach 空间 $\hat{X}$ 及等距的同构映射 $j : \mathbf{P}_{kc}(X) \to \hat{X}$, 使得 $j(\mathbf{P}_{kc}(X))$ 为 $\hat{X}$ 的闭凸锥, 自然要问: 超空间 $\mathbf{P}_{kc}(X)$ 和 Banach 空间 X, $\hat{X}$ 这三者的几何结构间又有多大程度的相互联系?

诸如此类的一系列问题均有待于进一步的探索.

§5.6 L^1 极限鞅

本节首先主要研究 L^1 极限鞅 (L^1-Mil) 的渐近性定理与表示定理. 然后讨论正则 L^1 极限鞅的等价命题及表示定理, 最后讨论 Pettis 距离 Δ_w 收敛与集值 L^1-Mil 的正则性之间的关系.

在本节中假定 $\{\mathbf{A}_n : n \in \mathbf{N}\}$ 是一列非降的 $\mathbf{A}$ 的子 σ 域, 且 $\mathbf{A}_n \uparrow \mathbf{A}$.

定理 5.6.1 集值随机变量序列 $\{F_n, \mathbf{A}_n : n \geqslant 1\} \subset \mathbf{L}^1_{fc}[\Omega, X]$ 是 L^1-Mil 当且仅当存在唯一的鞅 $\{M_n, \mathbf{A}_n : n \geqslant 1\} \subset \mathbf{L}^1_{fc}[\Omega, X]$, 使得

$$\lim_{n \to \infty} \Delta(F_n, M_n) = 0.$$

证明 $\Rightarrow$ 假设 $\{F_n, \mathbf{A}_n : n \geqslant 1\}$ 是 L^1-Mil, 则对任意的 $n \in \mathbf{N}$, 序列 $\{E[F_m|\mathbf{A}_n] : n \leqslant m < \infty\}$ 在 Δ 距离的意义下是 Cauchy 列, 事实上, 对 $m \geqslant k \geqslant n \in \mathbf{N}$, 有

$$\begin{aligned}\Delta(E[F_m|\mathbf{A}_n], E[F_k|\mathbf{A}_n]) &\leqslant \Delta(E[E[F_m|\mathbf{A}_k]|\mathbf{A}_n], E[F_k|\mathbf{A}_n]) \\ &\leqslant \Delta(E[F_m|\mathbf{A}_k], F_k) \to 0 \quad (m \geqslant k \to \infty).\end{aligned}$$

因此, 存在一关于 $\mathbf{A}_n$ 适应的序列 $\{M_n, \mathbf{A}_n : n \geqslant 1\}$, 使得

$$\lim_{m \to \infty} \Delta(E[F_m|\mathbf{A}_n], M_n) = 0 \quad (n \geqslant 1).$$

下面证明 $\{M_n, \mathbf{A}_n : n \geqslant 1\}$ 是鞅. 由于对于固定的 $m \geqslant n \in \mathbf{N}$, 有

$$\lim_{k \to \infty} \Delta(E[F_{m+k}|\mathbf{A}_m], M_m) = 0,$$

于是对 $m \geqslant n$, 应用推论 2.4.2 得

$$\lim_{k\to\infty} \Delta\Big(E[E[F_{m+k}|\mathbf{A}_m]|\mathbf{A}_n], E[M_m|\mathbf{A}_n]\Big) \leqslant \lim_{k\to\infty} \Delta(E[F_{m+k}|\mathbf{A}_m], M_m) = 0.$$

所以

$$\lim_{k\to\infty} \Delta(E[F_{m+k}|\mathbf{A}_n], E[M_m|\mathbf{A}_n]) = 0.$$

由收敛的唯一性可知, $E[M_m|\mathbf{A}_n] = M_n$, a.e., 这就说明 $\{M_n, \mathbf{A}_n : n \geqslant 1\}$ 是鞅. 又因为

$$\Delta(F_n, M_n) \leqslant \Delta(F_n, E[F_m|\mathbf{A}_n]) + \Delta(E[F_m|\mathbf{A}_n], M_n),$$

所以

$$\lim_{n\to\infty} \Delta(F_n, M_n) = 0.$$

$\Leftarrow$　假设存在一个鞅 $\{M_n, \mathbf{A}_n : n \geqslant 1\} \subset \mathbf{L}^1_{fc}[\Omega, X]$ 满足

$$\lim_{n\to\infty} \Delta(F_n, M_n) = 0,$$

则对任意的 $m \geqslant n \in \mathbf{N}$, 由推论 2.4.2 我们有

$$\begin{aligned}\Delta(F_n, E[F_m|\mathbf{A}_n]) &\leqslant \Delta(F_n, M_n) + \Delta(M_n, E[F_m|\mathbf{A}_n])\\ &= \Delta(F_n, M_n) + \Delta(E[M_m|\mathbf{A}_n], E[F_m|\mathbf{A}_n])\\ &\leqslant \Delta(F_n, M_n) + \Delta(M_m, F_m)\\ &\to 0 \quad (m \geqslant n \to \infty),\end{aligned}$$

所以 $\{X_n, \mathbf{A}_n : n \geqslant 1\}$ 是 L^1-Mil.

下面证明鞅的唯一性. 事实上, 假设存在两个鞅 $\{M_n^1\}$ 与 $\{M_n^2\}$ 使得

$$\lim_{n\to\infty} \Delta(F_n, M_n^i) = 0, \quad (i = 1, 2),$$

则对于任意给定的 n 与所有的 $k \geqslant 1$, 有

$$\begin{aligned}\Delta(M_n^1, M_n^2) &\leqslant \Delta(M_{n+k}^1, M_{n+k}^2)\\ &\leqslant \Delta(F_{n+k}, M_{n+k}^1) + \Delta(F_{n+k}, M_{n+k}^2).\end{aligned}$$

令 $k \to \infty$, 则 $\Delta(M_n^1, M_n^2) = 0$, 故 $M_n^1 = M_n^2$ a.e. $(n \geqslant 1)$. 定理证毕.

注　由上面的定理可知, 对任意的 $m \geqslant n \in \mathbf{N}$,

$$\begin{aligned}\lim_{n\to\infty} \Delta(E[F_m|\mathbf{A}_n], M_n) &\leqslant \lim_{n\to\infty} \Delta(E[F_m|\mathbf{A}_n], F_n) + \lim_{n\to\infty} \Delta(F_n, M_n)\\ &= 0.\end{aligned}$$

推论 5.6.1 L^1-Mil $\{F_n, \mathbf{A}_n : n \geqslant 1\} \subset \mathbf{L}^1_{fc}[\Omega, X]$ 依 Δ 收敛于 $\mathbf{L}^1_{fc}[\Omega, X]$ 中某一元当且仅当 $\{F_n, \mathbf{A}_n : n \geqslant 1\}$ 相关的鞅关于 Δ 收敛.

定义 5.6.1 称 $\{F_n, \mathbf{A}_n : n \geqslant 1\}$ 为正则 L^1-Mil, 如果存在 $F \in \mathbf{L}^1_{fc}[\Omega, X]$, 使得

$$\lim_{n\to\infty} \Delta(F_n, E[F|\mathbf{A}_n]) = 0. \tag{5.6.1}$$

下面的结论是推论 4.3.1 的推广.

推论 5.6.2 可分的 Banach 空间 X 具有RNP的充分必要条件是任意一 $\mathbf{L}^1_{fc}[\Omega, X]$ 中的一致可积 L^1-Mil $\{F_n, \mathbf{A}_n : n \geqslant 1\}$ 都是正则的.

证明 由定理 5.6.1 及推论 4.3.1 即得.

我们知道, 对于 Banach 空间的单值随机序列 $\{f_n, \mathbf{A}_n : n \geqslant 1\}$ 是 L^1-Mil, 当且仅当 $\{f_n, \mathbf{A}_n : n \geqslant 1\}$ 有以下的 Riesz 分解

$$f_n = q(f_n) + p(f_n) \quad (n \in \mathbf{N}),$$

其中 $q(f_n)$ 是 f_n 的鞅部分, $p(f_n)$ 是 f_n 的 L^1 位势部分, 即

$$\lim_{n\to\infty} \|p(f_n)\|_1 = 0.$$

为了证明集值 L^1-Mil 的表示定理, 我们首先需引进下面的符号, 定义:

$$\mathbf{L^1AS}(\{F_n\}) = \{\{f_n\} : \ \forall n,\ f_n \in S^1_{F_n}(\mathbf{A}_n), \{f_n, \mathbf{A}_n : n \geqslant 1\}\text{是}L^1\text{-Mil}\},$$

$$[\mathbf{L^1AS}(\{F_n\})]^{\{p_n\}} = \{\{f_n\} \in \mathbf{L^1AS}(\{F_n\}) : \|p(f_n)\| \leqslant p_n \text{ a.e. } (n \in \mathbf{N})\},$$

$$Q[\mathbf{L^1AS}(\{F_n\})] = \{Q(\{f_n\}) = \{q(f_n)\} : \{f_n\} \in \mathbf{L^1AS}(\{F_n\})\},$$

$$\pi^k(\mathbf{L^1AS}(\{F_n\})) = \{\pi^k(\{f_n\}) = f_k : \{f_n\} \in \mathbf{L^1AS}(\{F_n\})\},$$

其中 $\{p_n : n \geqslant 1\}$ 是负的 X 值位势.

则我们有下面的表示定理.

定理 5.6.2 集值随机变量序列 $\{F_n, \mathbf{A}_n : n \geqslant 1\} \subset \mathbf{L}^1_{fc}[\Omega, X]$ 是 L^1-Mil 当且仅当存在一个正的 L^1 位势, 使得

(a) $S^1_{F_k}(\mathbf{A}_k) = \pi^k(\mathbf{L^1AS}(\{F_n\})^{\{p_n\}}) \quad (k \in \mathbf{N})$;

(b) $Q(\mathbf{L^1AS}(F_n)) = Q(\mathbf{L^1AS}(\{F_n\})^{\{p_n\}})$.

要证明这个定理, 我们需要首先引进下面的两个引理.

引理 5.6.1 令 $\mathbf{A}_1 \subset \mathbf{A}_0$ 是 $\mathbf{A}$ 的两个子 σ 域, $F \in \mathbf{L}^1_{fc}[\Omega, \mathbf{A}_1, \mu; X], G \in \mathbf{L}^1_{fc}[\Omega, \mathbf{A}_0, \mu; X]$, 并且 $\theta : \Omega \to \mathbf{R}^+\backslash\{0\}$ 是关于 $\mathbf{A}_1$ 可测的函数, 则对任意的 $f \in S^1_F(\mathbf{A}_1)$, 存在 $g \in S^1_G(\mathbf{A}_0)$, 使得

$$\|f(w) - E[g(w)|\mathbf{A}_1]\| \leqslant d_H(F(w), E[G(w)|\mathbf{A}_1]) + \theta(w), \text{ a.e.},$$

$$\|f(w) - E[g(w)|\mathbf{A}_1]\|_1 \leqslant \Delta(F(w), E[G(w)|\mathbf{A}_1]) + \int_\Omega \theta(w)\mathrm{d}\mu.$$

如果 G 关于 $\mathbf{A}_1$ 可测, 则存在 $g \in S_G^1(\mathbf{A}_1)$, 使得

$$\|f(w) - g(w)\| \leqslant d_H(F(w), G(w)) + \theta(w), \text{ a.e.},$$

$$\|f(w) - g(w)\|_1 \leqslant \Delta(F(w), G(w)) + \int_\Omega \theta(w)\mathrm{d}\mu.$$

证明 由于 $E[G|\mathbf{A}_1]$ 关于 $\mathbf{A}_1$ 可测, 所以由定理 2.1.10 知, 存在一列 $\{g_i : i \geqslant 1\} \subset S^1_{E[G|\mathbf{A}_1]}(\mathbf{A}_1)$, 使得

$$E[G|\mathbf{A}_1](w) = \mathrm{cl}\{g_i(w) : i \in \mathbf{N}\}.$$

应用定理 2.4.10 有

$$S^1_{E[G|\mathbf{A}_1]}(\mathbf{A}_1) = \mathrm{cl}\{E[g|\mathbf{A}_1] : g \in S_G^1(\mathbf{A})\}.$$

因此对任意的 $i \in \mathbf{N}$, 存在一列 $\{g_{ij} : j \geqslant 1\} \subset S_G^1(\mathbf{A})$, 使得

$$\lim_{j\to\infty} \|E[g_{ij}|\mathbf{A}_1] - g_i\|_1 = 0 \quad (i \in \mathbf{N}).$$

则可以找到 $\{g_{ij} : j \geqslant 1\}$ 的子列几乎处处收敛于 g_i, 我们不妨假设子列就是它本身, 则有

$$g_i(w) \in \mathrm{cl}\{E[g_{ij}|\mathbf{A}_1](w) : j \in \mathbf{N}\} \quad \text{a.e..}$$

这就意味着序列 $\{E[g_{ij}|\mathbf{A}_1] : i, j \geqslant 1\}$ 是 $E[G|\mathbf{A}_1]$ 的 Castaing 表示. 将 $\{g_{ij} : i, j \geqslant 1\}$ 重新排序记为 $\{g_n : n \geqslant 1\}$. 定义 $\tau : \Omega \to \mathbf{N}$ 如下

$$\tau(w) = \inf\{n \in \mathbf{N} : \|f(w) - E[g_n(w)|\mathbf{A}_1]\| \leqslant d(f(w), E[G(w)|\mathbf{A}_1]) + \theta(w)\}.$$

容易验证 τ 是关于 $\mathbf{A}_1$ 可测的, $g(\cdot) = g_{\tau(\cdot)}(\cdot)$ 是 G 的可测选择, 且

$$\begin{aligned}
\Big\|f(w) - E[g(w)|\mathbf{A}_1]\Big\| &= \Big\|f(w) - E\Big[\sum_{n=1}^{\infty} I_{\{\tau=n\}} g_n(w)|\mathbf{A}_1\Big]\Big\| \\
&= \Big\|f(w) - \sum_{n=1}^{\infty} I_{\{\tau=n\}} E[g_n(w)|\mathbf{A}_1]\Big\| \\
&\leqslant \sum_{n=1}^{\infty} I_{\{\tau=n\}} \Big\|f(w) - E[g_n(w)|\mathbf{A}_1]\Big\| \\
&\leqslant \sum_{n=1}^{\infty} I_{\{\tau=n\}} \Big[d(f(w), E[G(w)|\mathbf{A}_1]) + \theta(w)\Big] \\
&= d(f(w), E[G(w)|\mathbf{A}_1]) + \theta(w) \\
&\leqslant \delta(F(w), E[G(w)|\mathbf{A}_1]) + \theta(w),
\end{aligned}$$

因此引理得证.

引理 5.6.2　已知 $F, G \in L^1_{fc}[\Omega, X]$, 则

$$\Delta(F, G) = \delta(S^1_F(\mathbf{A}), S^1_G(\mathbf{A})).$$

证明　令 $f \in S^1_F(\mathbf{A}), \varepsilon > 0$. 由引理 5.6.1 知, 存在 $g \in S^1_G(\mathbf{A})$, 使得

$$\|f - g\|_1 \leqslant \Delta(F, G) + \varepsilon.$$

所以有

$$d(f, S^1_G(\mathbf{A})) \leqslant \Delta(F, G) + \varepsilon.$$

由 f 和 ε 的任意性, 我们可以有

$$\sup_{f \in S^1_F(\mathbf{A})} d(f, S^1_G(\mathbf{A})) \leqslant \Delta(F, G).$$

由对称性, 我们也可以有

$$\sup_{g \in S^1_G(\mathbf{A})} d(g, S^1_F(\mathbf{A})) \leqslant \Delta(F, G).$$

因此有

$$\delta(S^1_F(\mathbf{A}), S^1_G(\mathbf{A})) \leqslant \Delta(F, G).$$

下面证明相反的不等式. 注意到对任意的 $A \in \mathbf{A}$, 我们有

$$\Delta(F, G) = \Delta(I_A F, I_A G) + \Delta(I_{A^c} F, I_{A^c} G),$$

并且

$$\delta(S^1_F(\mathbf{A}), S^1_G(\mathbf{A})) = \delta(S^1_{I_A F}(\mathbf{A}), S^1_{I_A G}(\mathbf{A})) + \delta(S^1_{I_{A^c} F}(\mathbf{A}), S^1_{I_{A^c} G}(\mathbf{A})).$$

于是由 Hausdorff 距离定义, 不妨设

$$\delta(F(w), G(w)) = \sup_{x \in F(w)} d(x, G(w)),$$

则有

$$\begin{aligned}
\Delta(F, G) &= \int_\Omega \sup_{x \in F(w)} d(x, G(w)) \mathrm{d}\mu \\
&= \sup_{f \in S^1_F(\mathbf{A})} \int_\Omega d(f(w), G(w)) \mathrm{d}\mu \\
&= \sup_{f \in S^1_F(\mathbf{A})} \inf_{g \in S^1_G(\mathbf{A})} \int_\Omega \|f(w) - g(w)\| \mathrm{d}\mu \\
&= \sup_{f \in S^1_F(\mathbf{A})} d(f, S^1_G(\mathbf{A})) \\
&\leqslant \delta(S^1_F(\mathbf{A}), S^1_G(\mathbf{A})).
\end{aligned}$$

综上所述, 引理得证.

下面证明定理 5.6.2.

证明 设 $\{F_n, \mathbf{A}_n : n \geqslant 1\}$ 是 L^1-Mil, 则由定理 5.6.1 知, 存在唯一鞅 $\{M_n, \mathbf{A}_n : n \geqslant 1\}$, 使得

$$\lim_{n\to\infty} \Delta(F_n, M_n) = 0.$$

如果我们令

$$p_n(w) = \delta(F_n(w), M_n(w)) + \frac{1}{2^n},$$

则 $\{p_n : n \geqslant 1\}$ 是正的 L^1 位势. 下面我们证明 $\{p_n : n \geqslant 1\}$ 满足条件 (a) 和 (b).

对固定的 k 和 $f'_k \in S^1_{F_k}(\mathbf{A}_k)$, 由于 $\{M_n, \mathbf{A}_n : n \geqslant 1\}$ 是鞅, 由定理 4.3.2 知, 存在 M_n 的一列鞅选择 $\{g^i_n : i \geqslant 1\}$, 使得对每一个 $m \in \mathbf{N}$, $\{g^i_m : i \geqslant 1\}$ 是 M_m 的 Castaing 表示. 定义 $\tau : \Omega \to \mathbf{N}$ 如下:

$$\tau(w) =: \inf\left\{i \in \mathbf{N} : \|f'_k(w) - g^i_k(w)\| \leqslant d(f'_k(w), M_k(w)) + \frac{1}{2^k}\right\},$$

令

$$g_k(w) =: \sum_{i\in\mathbf{N}} I_{\{\tau=i\}} g^i_k(w) = g_k^{\tau(w)}(w).$$

容易验证 τ 关于 $\mathbf{A}_k$ 可测, g_k 是 M_k 的 $\mathbf{A}_k$ 可测鞅选择, 且

$$\|f'_k(w) - g_k(w)\| \leqslant p_k(w) \quad \text{a.e.}.$$

令

$$g_n = \sum_{i\in\mathbf{N}} I_{\{\tau=i\}} g^i_n \quad (n \geqslant k),$$

$$g_n = E[g_k|\mathbf{A}_n] \quad (n < k).$$

显然 g_n 是 M_n 的鞅选择. 对 F_n, M_n, g_n 应用引理 5.6.1, 则存在一个序列 $f_n \in S^1_{F_n}(\mathbf{A}_n)$, 使得

$$\|f_n(w) - g_n(w)\| \leqslant p_n(w) \quad \text{a.e.},$$

这说明 $\{f_n\}$ 是 $\{F_n\}$ 的 L^1-Mil 选择, 满足

$$\{q(f_n) : n \geqslant 1\} = \{g_n : n \geqslant 1\}, \quad \{p(f_n) : n \geqslant 1\} = \{f_n - g_n : n \geqslant 1\},$$

即 $\{f_n\} \in [\mathbf{L^1AS}(\{F_n\})]^{p_n}$. 不妨假设 $f_k = f'_k$, 则

$$f'_k = f_k = \pi_k(\{f_n\}) \in \pi_k([\mathbf{L^1AS}(\{F_n\})]^{\{p_n\}}).$$

(a) 得证.

要证 (b), 需要证明下面的两个式子成立

$$\mathbf{MS}(\{M_n\}) \subset Q([\mathbf{L^1AS}(\{F_n\})]^{\{p_n\}}), \tag{5.6.2}$$

$$Q(\mathbf{L^1AS}(\{F_n\})) \subset \mathbf{MS}(\{M_n\}). \tag{5.6.3}$$

对固定的 $\{g_n\} \in \mathbf{MS}(\{M_n\})$, 由前面的证明可知存在 $\{f_n\} \in [\mathbf{L^1AS}(\{F_n\})]^{\{p_n\}}$ 使得

$$\{q(f_n)\} = \{g_n\},$$

所以有

$$\{g_n\} = Q(\{f_n\}) = \{q(f_n)\} \in Q([\mathbf{L^1AS}(\{F_n\})]^{\{p_n\}}),$$

这说明 (5.6.2) 成立.

下面证明 (5.6.3). 对固定的 $\{f_n\} \in \mathbf{L^1AS}(\{F_n\})$, 我们有

$$E[f_m|\mathbf{A}_n] \in E[F_m|\mathbf{A}_n] \quad (m \geqslant n \in \mathbf{N}),$$

$$\lim_{m\to\infty} \Delta(E[F_m|\mathbf{A}_n], M_n) = 0 \quad (n \in \mathbf{N}),$$

$$\lim_{m\to\infty} \|E[f_m|\mathbf{A}_n] - q(f_n)\|_1 = 0 \quad (n \in \mathbf{N}).$$

于是有

$$\begin{aligned} d(q(f_n), M_n) \leqslant & \|q(f_n) - E[f_m|\mathbf{A}_n]\| + d(E[f_m|\mathbf{A}_n], E[F_m|\mathbf{A}_n]) \\ & + \delta(E[F_m|\mathbf{A}_n], M_n) \to 0 \ \text{ a.e. } (m \to \infty). \end{aligned}$$

所以 $q(f_n) \in S^1_{M_n}(\mathbf{A}_n)$, 这就证明了

$$Q(\{f_n\}) = \{q(f_n)\} \in \mathbf{MS}(\{M_n\}).$$

所以 (5.6.3) 得证, 所以 (b) 得证.

下面证明充分性. 令

$$\mu^k = \pi^k Q([\mathbf{L^1AS}(\{F_n\})]^{\{p_n\}}).$$

由条件 (a) 知, μ^k 是非空的, 并且容易验证, μ^k 是凸有界集. 下面证明 μ^k 是 $\mathbf{A}_k$ 可分解的. 事实上, 任取 $\{f_n^1\}, \{f_n^2\} \in [\mathbf{L^1AS}(\{F_n\})]^{\{p_n\}}$, $A \in \mathbf{A}_k$, 由可分解的定义, 需要证明

$$I_A q(f_k^1) + I_{A^c} q(f_n^2) \in \mu^k.$$

定义

$$f_n =: I_A f_n^1 + I_{A^c} f_n^2 \quad (n \geqslant k)$$

和

$$f_n \in S^1_{F_m}(\mathbf{A}_n) \quad (n < k).$$

于是由 L^1-Mil 的 Reisz 分解的唯一性, 有

$$\begin{aligned}&\{f_n\} \in \mathbf{L^1AS}(\{F_n\}),\\&q(f_n) = I_A q(f_n^1) + I_{A^c} q(f_n^2) \quad (n \geqslant k),\\&q(f_n) = E[q(f_k)|\mathbf{A}_n] \quad (n < k).\end{aligned}$$

由条件 (b) 知

$$Q(\{f_n\}) = \{q(f_n)\} \in Q([\mathbf{L^1AS}(\{F_n\})]^{\{p_n\}}).$$

因此

$$\begin{aligned}I_A f_k^1 + I_{A^c} f_k^2 = q(f_k) &= \pi^k(Q(\{f_n\}))\\&\in \pi^k(Q([\mathbf{L^1AS}(\{F_n\})]^{\{p_n\}})) = \mu^k.\end{aligned}$$

这就证明了 μ^k 是关于 $\mathbf{A}_k$ 可分解的. 综上所述, 由定理 2.2.9, 我们可以推断存在唯一的一个集值函数 $M_k \in \mathbf{L}^1_{fc}[\Omega, X]$ 使得

$$S^1_{M_k}(\mathbf{A}_k) = \mathrm{cl}(\mu^k) \quad (k \in \mathbf{N}).$$

所以有

$$\begin{aligned}S^1_{E[M_{k+1}|\mathbf{A}_k]} &= \mathrm{cl}\{E[h|\mathbf{A}_k], h \in \mu^{k+1}\}\\&= \mathrm{cl}(\mu^k)\\&= S^1_{M_k}(\mathbf{A}_k) \quad (k \in \mathbf{N}).\end{aligned}$$

于是有

$$M_k = E[M_{k+1}|\mathbf{A}_k] \quad (k \in \mathbf{N}).$$

即 $\{M_n, \mathbf{A}_n : n \geqslant 1\}$ 是鞅. 最后由上面 M_n 的构造过程以及引理 5.6.2 得

$$\begin{aligned}\Delta(F_k, M_k) &= \delta(S^1_{F_k}(\mathbf{A}_k), \mathrm{cl}(\mu^k))\\&= \delta(S^1_{F_k}(\mathbf{A}_k), \mu^k)\\&\leqslant \sup_{\{f_n\} \in [\mathbf{L^1AS}(\{F_n\})]^{\{p_n\}}} \|f_k - q(f_k)\|_1\\&\leqslant \int_\Omega \|p_k\| \mathrm{d}\mu \to 0 \quad (k \uparrow \infty).\end{aligned}$$

因此 $\{F_n, \mathbf{A}_n : n \geqslant 1\}$ 是 L^1-Mil.

则我们可以有下面的推论.

推论 5.6.3 如果 $\{F_n, \mathbf{A}_n : n \geqslant 1\}$ 是 L^1-Mil, 则存在一列 L^1-Mil 选择 $\{f_n^i : i \geqslant 1\} \subset \mathbf{L^1AS}(\{F_n\})$, 使得对每一个 $k \in \mathbf{N}$, 序列 $\{f_k^i : i \geqslant 1\}$ 是 F_k 的 Castaing 表示, 即

$$F_k(w) = \mathrm{cl}\{f_k^i(w) : i \geqslant 1\}, \quad \text{a.e..}$$

定理 5.6.3 $\{F_n, \mathbf{A}_n : n \geqslant 1\}$ 为正则 L^1-Mil, 当且仅当下面的条件成立.

(a) $\sup\limits_{n \in \mathbf{N}} \displaystyle\int_\Omega \|F_n\| \mathrm{d}\mu < \infty$,

(b) $S_{F_k}(\mathbf{A}_k) = \pi^k([\mathbf{RL^1AS}(\{F_n\})]^{\{p_n\}})$ $k \in \mathbf{N}$,

(c) $Q(\mathbf{RL^1AS}(\{F_n\})) = Q([\mathbf{RL^1AS}(\{F_n\})]^{\{p_n\}})$,

其中 $\{p_n : n \geqslant 1\}$ 是 L^1 位势.

证明 假设 $\{F_n, \mathbf{A}_n : n \geqslant 1\}$ 是正则 L^1-Mil, 则由定义 5.6.1 知存在 $F \in \mathbf{L}^1_{fc}[\Omega, X]$, 使得

$$\lim_{n \to \infty} \Delta(F_n, E[F|\mathbf{A}_n]) = 0.$$

令 $M_n = E[F|\mathbf{A}_n]$, 定义

$$p_n = \delta(F_n, M_n) + \frac{1}{2^n},$$

则 $\{p_n : n \geqslant 1\}$ 是正的 L^1 位势.

下面证明 p_n 满足条件 (a), (b), (c). 事实上, (a) 显然. 对于 (b), 我们先任意固定 $k \in \mathbf{N}$, $f_k' \in S_{F_k}(\mathbf{A}_k)$. 对 F_k, F, f_k' 应用引理 5.6.1, 存在 $g \in S_F^1$ 使得

$$\|f_k' - E[g|\mathbf{A}_k]\| \leqslant p_k \quad \text{a.e..}$$

显然由 $\{E[g|\mathbf{A}_n]\} \in \mathbf{RMS}(\{M_n\})$. 对 $M_n, F_n, E[g|\mathbf{A}_n]$ 应用引理 5.6.1, 存在一列 $\{f_n, \mathbf{A}_n : n \geqslant 1\}$ 使得 f_n 是 F_n 的 $\mathbf{A}_n$ 可测选择, 且满足

$$\|f_n - E[g|\mathbf{A}_n]\| \leqslant p_n \quad \text{a.e.},$$

所以 $f_n \in [\mathbf{RL^1AS}(\{F_n\})]^{\{p_n\}}$.

由于 $\|f_k' - E[g|\mathbf{A}_k]\| \leqslant p_k$ a.e., 可以不妨假定 $f_k = f_k'$, 所以

$$f_k' = f_k = \pi^k(\{f_n\}) \in \pi^k([\mathbf{RL^1AS}(\{F_n\})]^{\{p_n\}}).$$

因此

$$S^1_{F_k}(\mathbf{A}_k) \subset \pi^k([\mathbf{RL^1AS}(\{F_n\})]^{\{p_n\}}), \quad k \in \mathbf{N}.$$

显然上式反包含关系成立, 即得 (b).

下面证明 (c). 令 $\{f_n\} \in \mathbf{RL^1AS}(\{F_n\})$, 所以有

$$Q(\{f_n\}) = \{q(f_n)\} \in \mathbf{RMS}(\{M_n\}).$$

对 $M_n, F_n, q(f_n)$ 应用引理 5.6.1, 知存在 $\{f_n'\} \in [\mathbf{RL^1AS}(\{F_n\})]^{\{p_n\}}$ 使得

$$\{q(f_n')\} = \{q(f_n)\}.$$

于是有

$$Q(\{f_n\}) = \{q(f_n)\} = \{q(f_n')\} = Q(\{f_n'\}) \in Q([\mathbf{RL^1AS}(\{F_n\})]^{\{p_n\}}).$$

这就证明了 (c), 定理的必要性得证.

下面考虑反方向. 假设对某个 L^1 位势 $\{p_n, \mathbf{A}_n : n \geqslant 1\}$, 条件 (a), (b), (c) 成立. 定义

$$\mu = \{g \in L^1[\Omega, X] : \{E[g|\mathbf{A}_n] \in Q([\mathbf{RL^1AS}(\{F_n\})]^{\{p_n\}})\}.$$

(i) (a) 意味着 μ 是 L^1 有界的;

(ii) 条件 (b) 意味着 μ 是非空的, (c) 意味着 μ 是凸集;

(iii) 下面证明 μ 是 L^1 闭集. 令 $\{g^i : i \geqslant 1\} \subset \mu$ 且收敛于 $g \in L^1[\Omega, X]$, 则

$$\lim_{n\to\infty} \|g^n - g\|_1 = 0.$$

由 μ 的定义知存在一列 $\{f_n^i : i \geqslant 1\} \in [\mathbf{RL^1AS}(\{F_n\})]^{\{p_n\}}$, 使得对每个 $i \in \mathbf{N}$, 有

$$\{E[g^i|\mathbf{A}_n]\} \in Q([\mathbf{RL^1AS}(\{F_n\})]^{\{p_n\}}),$$

且

$$\sup_{i\in\mathbf{N}} \|f_n^i - E[g^i|\mathbf{A}_n]\|_1 \leqslant \|p_n\|_1.$$

显然 $f_n^n \in S^1_{F_n}(\mathbf{A}_n)$. 又因为

$$\begin{aligned}\|f_n^n - g\|_1 &\leqslant \|f_n^n - E[g^n|\mathbf{A}_n]\|_1 + \|E[g^n|\mathbf{A}_n] - E[g|\mathbf{A}_n]\|_1 + \|E[g|\mathbf{A}_n] - g\|_1 \\ &\leqslant \|p_n\|_1 + \|g^n - g\|_1 + \|E[g|\mathbf{A}_n] - g\|_1,\end{aligned}$$

所以

$$\lim_{n\to\infty} \|f_n^n - g\|_1 = 0.$$

因此 $\{f_n^n : n \geqslant 1\} \in \mathbf{RL^1AS}(\{F_n\})$, 且 $\{q(f_n^n)\} = \{E[g|\mathbf{A}_n]\}$, 于是由条件 (c) 可以有

$$\{E[g|\mathbf{A}_n]\} \in Q([\mathbf{RL^1AS}(\{F_n\})]^{\{p_n\}}).$$

所以由 μ 定义可知 $g \in \mu$, 所以 μ 是 L^1 闭集.

(iv) 最后, 我们要证明 μ 是 $\mathbf{A}$ 可分解的, 即要证明对任意的 $g^1, g^2 \in \mu$ 以及 $A \in \mathbf{A}$, 有

$$I_A g^1 + I_{A^c} g^2 \in \mu.$$

但是由条件 (iii) 知, 只需证明上面的的式子对任意的 $A \in \bigcup\limits_{k \in \mathbf{N}} \mathbf{A}_k$ 成立即可. 对固定的 $A \in \mathbf{A}_{k_0}$, 可以找到 $\{f_n^1\}, \{f_n^2\} \in [\mathbf{RL^1AS}(\{F_n\})]^{\{p_n\}}$ 使得

$$\|f_n^i - E[g^i|\mathbf{A}_n]\|_1 \leqslant \|p_n\|_1 \quad (i = 1, 2).$$

定义

$$f_n = I_A f_n^1 + I_{A^c} f_n^2 \ \ (n \geqslant n_0),$$

$$f_m \in S^1_{F_m}(\mathbf{A}_m) \ \ (m < k_0).$$

容易验证 $\{f_n\} \in \mathbf{RL^1AS}(\{F_n\})$ 且

$$\lim_{n \to \infty} \|f_n - E[I_A g^1 + I_{A^c} g^2 | \mathbf{A}_n]\|_1 = 0.$$

所以

$$E[I_A g^1 + I_{A^c} g^2 | \mathbf{A}_n] \in Q([\mathbf{RL^1AS}(\{F_n\})]^{\{p_n\}}).$$

因此由 (c), 有

$$I_A g^1 + I_{A^c} g^2 \in \mu,$$

即得 μ 是 $\mathbf{A}$ 可分解的. 故由定理 2.2.9 知存在 $F \in \mathbf{L}^1_{fc}[\Omega, X]$ 使得

$$S_F^1 = \mu.$$

因此综上所述及引理 5.6.2, 得

$$\begin{aligned}
\Delta(F_n, E[F|\mathbf{A}_n]) &= \delta(S^1_{F_n}, S^1_{E[F|\mathbf{A}_n]}) \\
&\leqslant \sup_{\{f_n\} \in [\mathbf{RL^1AS}(\{F_n\})]^{\{p_n\}}} \|f_n - q(f_n)\|_1 \\
&\leqslant \int_\Omega \|p_n\| \mathrm{d}\mu \to 0 \ \ (n \to \infty).
\end{aligned}$$

即定理的充分性得证.

进而我们容易得出下面的推论.

推论 5.6.4 如果 $\{F_n, \mathbf{A}_n : n \geqslant 1\}$ 是正则 L^1-Mil, 即存在 F 使得 (5.6.1) 成立, 则存在一列正则 L^1-Mil 选择 $\{f_n^i : i \geqslant 1\} \subset \mathbf{RL^1AS}(\{F_n\})$ 和一列 $\{f_\infty^i : i \in \mathbf{N}\} \subset S_F^1$, 使得

(a) 对任意的 $k \in \mathbf{N} \cup \{\infty\}$, $\{f_k^i : i \geqslant 1\}$ 是 F_k (其中 $F_\infty = F$) 的 Castaing 表示,

(b) $\lim\limits_{n\to\infty} \|f_n^i - f_\infty^i\|_1 = 0 \quad (i \in \mathbf{N})$.

一个很自然的问题, Pettis 距离 Δ_w 收敛与集值 L^1-Mil 的正则性之间有怎样的关系? 对于一般的实值可分 Banach 空间 X, 我们还不能够回答这个问题, 但是我们可以给出下面的定理.

定理 5.6.4 假设 X 和它的强对偶空间 X^* 具有 Radom-Nikodym 性质, 则每个 Δ_w 收敛的 L^1-Mil 是正则的.

证明 假设 $\{F_n, \mathbf{A}_n : n \geqslant 1\}$ 是 L^1-Mil, 且 Δ_w 收敛于 $F \in \mathbf{L}^1_{fc}[\Omega, X]$. 令 $\{M_n, \mathbf{A}_n : n \geqslant 1\}$ 是鞅满足

$$\lim_{n\to\infty} \Delta(F_n, M_n) = 0.$$

则有

$$\begin{aligned}\lim_{n\to\infty} \Delta_w(M_n, F) &\leqslant \lim_{n\to\infty} \Delta_w(M_n, F_n) + \lim_{n\to\infty} \Delta_w(F_n, F)\\ &\leqslant \lim_{n\to\infty} \Delta(M_n, F_n) + \lim_{n\to\infty} \Delta_w(F_n, F)\\ &= 0.\end{aligned}$$

再由定理 5.4.2, 可以有

$$\mathrm{cl}\int_A M_n \mathrm{d}\mu = \mathrm{cl}\int_A F \mathrm{d}\mu \quad (A \in \mathbf{A}_n).$$

由于 X^* 具有 Radom-Nikodym 性质, 则由文献 [304] 的 Stegall 定理可知 X^* 是可分的. 所以由定理 2.4.15 可知, 对任意的 $n \in \mathbf{N}$,

$$M_n = E[F|\mathbf{A}_n].$$

由于 X 具有 Radom-Nikodym 性质, 则对任意的 $A \in \mathbf{A}_n$,

$$\begin{aligned}\int_A \|M_n\| \mathrm{d}\mu &= \sup \sum_{i=1}^k \left\|\mathrm{cl}\int_{A_i} M_n \mathrm{d}\mu\right\|\\ &= \sup \sum_{i=1}^k \left\|\mathrm{cl}\int_{A_i} F \mathrm{d}\mu\right\|\\ &\leqslant \int_A \|F\| \mathrm{d}\mu,\end{aligned}$$

其中上确界是对 A 的所有 $\mathbf{A}_n$ 可测分划 $\{A_1, A_2, \cdots, A_k\}$ 取得. 所以鞅 $\{M_n, \mathbf{A}_n : n \geqslant 1\}$ 是一致可积的, 于是 $\{F_n, \mathbf{A}_n : n \geqslant 1\}$ 也是一致可积的, 直接应用推论 5.6.2, 有 $\{F_n, \mathbf{A}_n : n \geqslant 1\}$ 是正则 L^1-Mil. 定理证毕.

§5.7 第五章注记

20 世纪 70 年代, 停时技术的系统应用使得将鞅论一般化成为可能. Banach 空间值的渐近鞅理论较权威的书可参见 1984 年 Egghe 的 “Stopping Time Techniques for Analysis and Probabilities”. Bellow 的论文 [46] 与 [47] 也是关于渐近鞅理论的文章. 如果要追溯发展历史, 读者可参看论文 [24], [46], [47], [48], [54] 与 [55], [64], [94]~[96], [110], [111], [303]. 后三篇论文是关于 Banach 格值的渐近鞅理论的.

集值渐近鞅 (Amart) 的概念首先是由 Luu 在文献 [209] 中提出的, 更多的收敛定理可参见文献 [270], [271]. 集值一致渐近鞅 (Uniform Amart) 的概念首先是由 Luu 在文献 [210] 中提出的, 在此论文中 Luu 还给出了定理 5.2.1 (也可参见文献 [212]), 定理 5.2.2 可参见文献 [271]. 实际上一致 Amart 也有表示定理, 且关于 Amart 与一致 Amart 的更多收敛结果可参见 Hu 和 Papageorgiou 的集值分析手册 [154]. 集值 Pramart 可参见 [68]. L^1-Mil 的结果可参见 Luu 的论文 [211] 与 [213].

第六章　集值测度与集值转移测度

§6.1　集值测度

首先研究超空间上无穷级数的性质.

定义 6.1.1　设 $\{x_n : n \geqslant 1\} \subset X$. 称 $\sum\limits_{n=1}^{\infty} x_n$ 是收敛的, 如果部分和序列 $\left\{\sum\limits_{n=1}^{k} x_n : k \geqslant 1\right\}$ 是强收敛的. 称 $\sum\limits_{n=1}^{\infty} x_n$ 是无条件收敛的, 如果对自然数列的每个置换 $\pi(n)$, $\sum\limits_{n=1}^{\infty} x_{\pi(n)}$ 都是收敛的. 称 $\sum\limits_{n=1}^{\infty} x_n$ 是绝对收敛的, 如果 $\sum\limits_{n=1}^{\infty} \|x_n\| < \infty$.

易知, 绝对收敛级数必定无条件收敛, 而无条件收敛级数必定收敛. 当且仅当 X 为有限维时, 绝对收敛才等价于无条件收敛 (Doretzky-Rogers 定理).

引理 6.1.1　设 $\{x_n : n \geqslant 1\} \subset X$, 则下列条件等价

(1)　$\sum\limits_{n=1}^{\infty} x_n$ 是无条件收敛的;

(2)　任给自然数列的增子列 $\{n_i\}$, $\sum\limits_{i=1}^{\infty} x_{n_i}$ 收敛;

(3)　任给 $\theta_n = \pm 1 (n \geqslant 1)$, $\sum\limits_{n=1}^{\infty} \theta_n x_n$ 收敛;

(4)　任给 $\varepsilon > 0$, 存在正整数 $n \geqslant 1$, 使得对任意满足

$$\min\{i : i \in \mathrm{C}\} > n$$

的自然数有限子集 C, 恒有 $\left\|\sum\limits_{i \in \mathrm{C}} x_i\right\| < \varepsilon$;

(5) 对每个有界数列 $\{a_n : n \geqslant 1\}$, $\sum\limits_{n=1}^{\infty} a_n x_n$ 收敛.

证明　见文献 [378].

引理 6.1.2　Banach 空间 X 不含与 c_0 同构的子空间当且仅当任意满足 $\sum\limits_{n=1}^{\infty} |\langle x^*, x_n\rangle| < \infty (\forall x^* \in X^*)$ 的级数是无条件收敛的.

引理 6.1.3 (Orlicz-Pettis 定理)　我们假定设 $\{x_n : n \geqslant 1\} \subset X$, 则 $\sum\limits_{n=1}^{\infty} x_n$ 是无

条件收敛的当且仅当任给自然数列的增子列 $\{n_i\}$, $\sum\limits_{i=1}^{\infty} x_{n_i}$ 均是弱收敛的.

证明 见文献 [88].

定义 6.1.2 设 $\{A_n : n \geqslant 1\} \subset \mathbf{P}_0(X)$, 定义集值无穷级数和为

$\sum\limits_{n=1}^{\infty} A_n = \left\{x \in X\text{: 存在 } x_n \in A_n (n \geqslant 1), \text{使 } \sum\limits_{n=1}^{\infty} x_n \text{ 无条件收敛且 } x = \sum\limits_{n=1}^{\infty} x_n\right\}.$

若 $\sum\limits_{n=1}^{\infty} \|A_n\| < \infty$, 则称 $\sum\limits_{n=1}^{\infty} A_n$ 绝对收敛. 若任意给定 $x_n \in A_n (n \geqslant 1)$, $\sum\limits_{n=1}^{\infty} x_n$ 无条件收敛, 则称 $\sum\limits_{n=1}^{\infty} A_n$ 无条件收敛.

容易证明集值无穷级数的下列基本性质

(1) 若 $\sum\limits_{n=1}^{\infty} d(\theta, A_n) < \infty$, 则 $\sum\limits_{n=1}^{\infty} A_n$ 非空;

(2) 若任给 $n \geqslant 1, A_n$ 是凸的, 则 $\sum\limits_{n=1}^{\infty} A_n$ 也是凸的;

(3) 若 $\sum\limits_{n=1}^{\infty} A_n$ 绝对收敛, 则 $\sum\limits_{n=1}^{\infty} A_n$ 必无条件收敛, 且 $\sum\limits_{n=1} A_n$ 为非空有界集;

(4) 若 $\sum\limits_{n=1}^{\infty} A_n$ 无条件收敛, 则 $\sum\limits_{n=1}^{\infty} A_n$ 非空.

定理 6.1.1 设 $\{A_n : n \geqslant 1\} \subset \mathbf{P}_0(X)$, $\sum\limits_{n=1}^{\infty} A_n$ 非空, 则对任给 $x^* \in X^*$, 有 $\sigma\left(x^*, \sum\limits_{n=1}^{\infty} A_n\right) = \sum\limits_{n=1}^{\infty} \sigma(x^*, A_n)$.

证明 由于 $\sum\limits_{n=1}^{\infty} A_n \neq \varnothing$, 所以存在 $a_n \in A_n (n \geqslant 1)$, 能够使得 $a = \sum\limits_{n=1}^{\infty} a_n$ 无条件收敛. 令 $B_n = A_n \backslash \{a_n\}$, 则 $\theta \in B_n (n \geqslant 1)$ 且 $\sum\limits_{n=1}^{\infty} B_n = \sum\limits_{n=1}^{\infty} A_n \backslash \{a\}$. 而因为

$$\sigma(x^*, B_n) = \sigma(x^*, A_n) - \langle x^*, a_n \rangle.$$

故仅需证明

$$\sigma\left(x^*, \sum_{n=1}^{\infty} B_n\right) = \sum_{n=1}^{\infty} \sigma(x^*, B_n). \tag{6.1.1}$$

显然 $\{\sigma(x^*, B_n) : n \geqslant 1\}$ 及 $\sigma\left(x^*, \sum\limits_{n=1}^{\infty} B_n\right)$ 均非负, 任给 $x \in \sum\limits_{n=1}^{\infty} B_n$, 存在 $x_n \in B_n$,

使得 $x=\sum_{n=1}^{\infty}x_n$(无条件收敛), 于是知

$$\langle x^*,x\rangle=\sum_{n=1}^{\infty}\langle x^*,x_n\rangle\leqslant\sum_{n=1}^{\infty}\sigma(x^*,B_n). \tag{6.1.2}$$

所以有

$$\sigma\Big(x^*,\sum_{n=1}^{\infty}B_n\Big)\leqslant\sum_{n=1}^{\infty}\sigma(x^*,B_n). \tag{6.1.3}$$

若 $\sigma\Big(x^*,\sum_{n=1}^{\infty}B_n\Big)=+\infty$, 则 (6.1.1) 得证. 假设 $\sigma\Big(x^*,\sum_{n=1}^{\infty}B_n\Big)<\infty$, 我们首先证明

$$\sigma(x^*,B_n)<\infty(n\geqslant 1).$$

假设不然, 则必存在 $\{x_n^{(i)}:i\geqslant 1\}\subset B_n$, 使得

$$\langle x^*,x_n^{(i)}\rangle\to+\infty(i\to\infty).$$

由于任给 $n\geqslant 1,\theta\in B_n$, 故知任给 $i\geqslant 1, x_n^{(i)}\in\sum_{n=1}^{\infty}B_n$, 则

$$\sigma\Big(x^*,\sum_{n=1}^{\infty}B_n\Big)=+\infty,$$

矛盾. 故证任给 $n\geqslant 1,\sigma(x^*,B_n)<+\infty$. 对于任意给定的 $\varepsilon>0$, 取 $b_n\in B_n$, 使得

$$\langle x^*,b_n\rangle\geqslant\sigma(x^*,B_n)-2^{-n}\cdot\varepsilon. \tag{6.1.4}$$

令 $z_m=\sum_{n=1}^{m}b_n(m\geqslant 1)$, 则 $z_m\in\sum_{n=1}^{\infty}B_n(m\geqslant 1)$, 且

$$\sigma\Big(x^*,\sum_{n=1}^{\infty}B_n\Big)\geqslant\langle x^*,z_m\rangle=\sum_{n=1}^{m}\langle x^*,b_n\rangle\geqslant\sum_{n=1}^{m}\sigma(x^*,B_n)-\varepsilon. \tag{6.1.5}$$

由 $\varepsilon>0$ 的任意性可知

$$\sigma\Big(x^*,\sum_{n=1}^{\infty}B_n\Big)\geqslant\sum_{n=1}^{\infty}\sigma(x^*,B_n). \tag{6.1.6}$$

综定 (6.1.3) 与 (6.1.6) 即证 (6.1.1) 成立.

定理 6.1.2 设 X 不含与 c_0 同构的子空间 (或者是弱序列完备的). 如果 $\{A_n:n\geqslant 1\}\subset\mathbf{P}_0(X)$, 且 $\sum_{n=1}^{\infty}A_n$ 为非空有界集, 则 $\sum_{n=1}^{\infty}A_n$ 无条件收敛.

证明 首先假设 X 不含与 c_0 同构的子空间, 现在我们假设存在 $x_n \in A_n$, 使得 $\sum\limits_{n=1}^{\infty} x_n$ 不是无条件收敛的, 则依引理 6.1.2 存在 $x_0^* \in X^*$, 使得

$$\sum_{n=1}^{\infty} |\langle x_0^*, x\rangle| = +\infty.$$

不妨假定 $\langle x_0^*, x_n\rangle > 0(n \geqslant 1)$(否则取其子列即可). 因为 $\sum\limits_{n=1}^{\infty} A_n \neq \varnothing$, 所以存在无条件的收敛列 $\{y_n : n \geqslant 1\}$, 使得 $y_n \in A_n(n \geqslant 1)$, 从而可以证明 $\sum\limits_{n=1}^{\infty} |\langle x_0^*, y_n\rangle| < \infty$. 任给 $K > 0$, 取正整数 N, 使得

$$\sum_{n=1}^{N} \langle x_0^*, x_n\rangle > K + \sum_{n=1}^{\infty} |\langle x_0^*, y_n\rangle|. \tag{6.1.7}$$

令

$$z_k = \begin{cases} x_k, & k \leqslant N, \\ y_k, & k > N, \end{cases}$$

则 $\sum\limits_{n=1}^{\infty} z_n$ 无条件收敛, 且 $z = \sum\limits_{n=1}^{\infty} z_n \in \sum\limits_{n=1}^{\infty} A_n$. 但依 (6.1.7) 可得

$$\begin{aligned} \left|\langle x_0^*, \sum_{n=1}^{\infty} z_n\rangle\right| &= \left|\sum_{n=1}^{\infty} \langle x_0^*, z_n\rangle\right| \\ &\geqslant \sum_{n=1}^{N} \langle x_0^*, x_n\rangle - \left|\sum_{n=N+1}^{\infty} \langle x_0^*, y_n\rangle\right| \\ &\geqslant \sum_{n=1}^{N} \langle x_0^*, x_n\rangle - \sum_{n=1}^{\infty} |\langle x_0^*, y_n\rangle|. \end{aligned} \tag{6.1.8}$$

因此 $\left\|\sum\limits_{n=1}^{\infty} z_n\right\| \geqslant \|x_0^*\|^{-1} \cdot K$, 从而

$$\left\|\sum_{n=1}^{\infty} A_n\right\| > \|x_0^*\|^{-1} \cdot K$$

与 $\sum\limits_{n=1}^{\infty} A_n$ 有界矛盾.

当 X 弱序列完备时, 若存在 $x_n \in A_n(n \geqslant 1)$, 使得 $\sum\limits_{n=1}^{\infty} x_n$ 不是无条件收敛的,

则依引理 6.1.3 知 $\sum\limits_{n=1}^{\infty} x_n$ 不是弱无条件 Cauchy 列, 从而存在 $x_0^* \in X^*$, 使

$$\sum_{n=1}^{\infty} |\langle x_0^*, x_n \rangle| = +\infty.$$

类似可证.

定理 6.1.3 设 $\{A_n : n \geqslant 1\} \subset \mathbf{P}_0(X), A_n$ 为有界集 $(n \geqslant 1)$ 则下列命题等价:

(1) $\sum\limits_{n=1}^{\infty} A_n$ 无条件收敛;

(2) $\sum\limits_{n=1}^{\infty} \mathrm{cl}A_n$ 无条件收敛;

(3) 任给自然数增子列 $\{n_i\}, \left\{\mathrm{cl}\left(\sum\limits_{i=1}^{k} \mathrm{cl}A_{n_i}\right) : k \geqslant 1\right\}$ 依 Hausdorff 距离收敛.

证明 (1) $\Rightarrow$ (2) 任给 $x_n \in \mathrm{cl}A_n (n \geqslant 1)$, 取 $y_n \in A_n$, 使得 $\|x_n - y_n\| < 2^{-n}$, 由于 $\sum\limits_{n=1}^{\infty} y_n$ 无条件收敛, 依引理 6.1.1 易证 $\sum\limits_{n=1}^{\infty} x_n$ 无条件收敛, 因此 $\sum\limits_{n=1}^{\infty} \mathrm{cl}A_n$ 无条件收敛.

(2) $\Rightarrow$ (3) 用反证法. 假定存在子列 $\{n_i\}$, 使得 $\left\{\mathrm{cl}\left(\sum\limits_{i=1}^{k} \mathrm{cl}A_{n_i}\right) : k \geqslant 1\right\}$ 不依 Hausdorff 距离收敛, 即它不是 $(\mathbf{P}_{bf}(X), \delta)$ 中的 Cauchy 列. 于是存在 $\varepsilon > 0, \{n_i\}$ 的增子列 $\{n_{i(j)}\}$ 及正整数列 $\{k(j) : j \geqslant 1\}$, 满足 $n_{i(j+1)} > n_{i(j)+k(j)} (\forall j \geqslant 1)$, 使得任给 $j \geqslant 1$, 有

$$\left\|\mathrm{cl}\left(\sum_{m=1}^{k(j)} A_{n_{i(j)+m}}\right)\right\| > \varepsilon. \tag{6.1.9}$$

取 $\{x_{n_{i(j)}}, x_{n_{i(j)+1}}, \cdots, x_{n_{i(j)+k(j)}}\}, x_{n_{i(j)+m}} \in A_{n_{i(j)+m}} (1 \leqslant m \leqslant k(j))$, 使得

$$\left\|\sum_{m=1}^{k(j)} x_{n_{i(j)+m}}\right\| > \frac{\varepsilon}{2}. \tag{6.1.10}$$

考虑如下定义的序列 $\{y_n : n \geqslant 1\}$,

$$y_k = \begin{cases} a_k, & k \neq n_{i(j)+m}, j \geqslant 1, 1 \leqslant m \leqslant k(j), \\ x_{n_{i(j)+m}}, & k = n_{i(j)+m}, j \geqslant 1, 1 \leqslant m \leqslant k(j), \end{cases} \tag{6.1.11}$$

其中 $a_k \in A_k (k \geqslant 1)$ 任取, 则 $y_n \in \mathrm{cl}A_n (n \geqslant 1)$, 但 $\sum\limits_{n=1}^{\infty} y_n$ 不是无条件收敛的, 这与 (2) 矛盾.

(3) ⇒ (1) 用反证法, 设存在 $x_n \in A_n(n \geqslant 1)$, 使 $\sum\limits_{n=1}^{\infty} x_n$ 不是无条件收敛的, 则依引理 6.1.1(4) 知, 存在 $\varepsilon > 0$, 及正整数的有限子集簇 $\{\mathrm{C}_n : n \geqslant 1\}$, 使得

$$q_n = \max\{i : i \in \mathrm{C}_n\} < p_{n+1} = \min\{i : i \in \mathrm{C}_{n+1}\}, \tag{6.1.12}$$

且

$$\Big\| \sum_{i \in \mathrm{C}_n} x_i \Big\| > \varepsilon(n \geqslant 1).$$

令 $\mathrm{C} = \bigcup\limits_{n=1}^{\infty} \mathrm{C}_n$, 则 C 为自然数的增子列. 考虑集值序列 $\{\mathrm{cl}A_i : i \in \mathrm{C}\}$, 由于任给 $n \geqslant 1$, 有

$$\left\| \mathrm{cl}\Big(\sum_{i \in \mathrm{C}_n} \mathrm{cl}A_i \Big) \right\| \geqslant \left\| \sum_{i \in \mathrm{C}_n} x_i \right\| > \varepsilon. \tag{6.1.13}$$

故 $\left\{ \mathrm{cl}\Big(\sum\limits_{i=q_1}^{k} \mathrm{cl}A_i \Big) : k \in \mathrm{C} \right\}$ 不是 $(\mathbf{P}_{bf}(X), \delta)$ 中 Cauchy 列, 这与 (3) 矛盾.

推论 6.1.1 设 $\{A_n : n \geqslant 1\} \subset \mathbf{P}_0(X), A_n(n \geqslant 1)$ 为有界集, 若 $\sum\limits_{n=1}^{\infty} A_n$ 无条件收敛, 则 $\mathrm{cl}\Big(\sum\limits_{n=1}^{\infty} A_n \Big) = \mathrm{cl}\Big(\sum\limits_{n=1}^{\infty} \mathrm{cl}A_n \Big)$, 且

$$(\delta)\mathrm{cl}\Big(\sum_{n=1}^{\infty} \mathrm{cl}A_n \Big) \to \mathrm{cl}\Big(\sum_{n=1}^{\infty} A_n \Big)(k \to \infty). \tag{6.1.14}$$

证明 $\mathrm{cl}\Big(\sum\limits_{n=1}^{\infty} A_n \Big) = \mathrm{cl}\Big(\sum\limits_{n=1}^{\infty} \mathrm{cl}A_n \Big)$ 是显然的. 下证后一结论成立. 由定理 6.1.3 及 $(\mathbf{P}_{bf}(X), \delta)$ 的完备性可知存在 $A \in \mathbf{P}_{bf}(X)$, 使得

$$(\delta)\mathrm{cl}\Big(\sum_{n=1}^{k} \mathrm{cl}A_n \Big) \to A(k \to \infty). \tag{6.1.15}$$

由于任给 $x \in \sum\limits_{n=1}^{\infty} A_n$, 存在 $x_n \in A_n$, 使得 $\lim\limits_{k \to \infty} \Big\| x - \sum\limits_{n=1}^{k} x_n \Big\| = 0$, 而 $\sum\limits_{n=1}^{k} x_n \in \mathrm{cl}\Big(\sum\limits_{n=1}^{k} \mathrm{cl}A_n \Big)(k \geqslant 1)$, 故知 $x \in A$, 因此有

$$\mathrm{cl}\Big(\sum_{n=1}^{\infty} A_n \Big) \subset A. \tag{6.1.16}$$

假设存在 $\varepsilon_0 > 0$ 及子列 $\{k_i : i \geqslant 1\}$, 使得任给 $i \geqslant 1$, 有

$$\delta\Big(\mathrm{cl}\Big(\sum_{n=1}^{k_i} \mathrm{cl}A_n\Big), \mathrm{cl}\Big(\sum_{n=1}^{\infty} A_n\Big)\Big) > \varepsilon_0. \tag{6.1.17}$$

由 (6.1.15), (6.1.16) 知存在 $K_1 > 0$, 当 $k > K_1$ 时, 有

$$\delta_u\Big(\mathrm{cl}\Big(\sum_{n=1}^{k} \mathrm{cl}A_n\Big), \mathrm{cl}\Big(\sum_{n=1}^{\infty} A_n\Big)\Big) < \varepsilon_0. \tag{6.1.18}$$

取 $a_n \in A_n (n \geqslant 1)$, 由于 $\sum\limits_{n=1}^{\infty} a_n$ 无条件收敛, 故存在 $K_2 > 0$, 使得 $k > K_2$ 时, $\Big\|\sum\limits_{n=k}^{\infty} a_n\Big\| < \dfrac{\varepsilon_0}{2}$. 取

$$K = \max(K_1, K_2),$$

由 (6.1.17), (6.1.18) 知存在 i_0, 使 $k_{i_0} > K$, 且

$$\delta_l\Big(\mathrm{cl}\Big(\sum_{n=1}^{k_{i_0}} \mathrm{cl}A_n\Big), \mathrm{cl}\Big(\sum_{n=1}^{\infty} A_n\Big)\Big) > \varepsilon_0, \tag{6.1.19}$$

因此存在 $x_n \in A_n (1 \leqslant n \leqslant k_{i_0})$, 使得 $d\Big(\sum\limits_{n=1}^{k_{i_0}} x_n, \mathrm{cl}\Big(\sum\limits_{n=1}^{\infty} A_n\Big)\Big) > \varepsilon_0$. 令

$$y_n = \begin{cases} x_n, & 1 \leqslant n \leqslant k_{i_0}, \\ a_n, & n > k_{i_0}, \end{cases} \tag{6.1.20}$$

则 $y_n \in A_n (n \geqslant 1)$, 且 $\sum\limits_{n=1}^{\infty} y_n$ 无条件收敛, $\sum\limits_{n=1}^{\infty} y_n \in \mathrm{cl}\Big(\sum\limits_{n=1}^{\infty} A_n\Big)$. 但由 y_n 的定义知

$$\begin{aligned} d\Big(\sum_{n=1}^{\infty} y_n, \mathrm{cl}\Big(\sum_{n=1}^{\infty} A_n\Big)\Big) =& \ d\Big(\sum_{n=1}^{k_{i_0}} x_n + \sum_{n=k_{i_0}+1}^{\infty} a_n, \mathrm{cl}\Big(\sum_{n=1}^{\infty} A_n\Big)\Big) \\ &\geqslant d\Big(\sum_{n=1}^{k_{i_0}} x_n, A\Big) - \Big\|\sum_{n=k_{i_0}+1}^{\infty} a_n\Big\| \\ &> \frac{\varepsilon_0}{2}, \end{aligned}$$

则 $\sum\limits_{n=1}^{\infty} y_n \notin \sum\limits_{n=1}^{\infty} A_n$, 矛盾. 因此 (6.1.14) 成立.

定理 6.1.4 设 $\{A_1,\cdots,A_p\}\subset\mathbf{P}_0(X)$, 则

$$\overline{\mathrm{co}}\Big(\sum_{n=1}^{p}A_n\Big)=\mathrm{cl}\Big(\sum_{n=1}^{p}\mathrm{co}A_n\Big)=\mathrm{cl}\Big(\sum_{n=1}^{p}\overline{\mathrm{co}}A_n\Big). \tag{6.1.21}$$

证明 仅需证明 $p=2$ 情形, 即对于 $A_1,A_2\in\mathbf{P}_0(X)$ 有

$$\overline{\mathrm{co}}(A_1+A_2)=\mathrm{cl}(\mathrm{co}A_1+\mathrm{co}A_2)=\mathrm{cl}(\overline{\mathrm{co}}A_1+\overline{\mathrm{co}}A_2). \tag{6.1.22}$$

显然 $\overline{\mathrm{co}}(A_1+A_2)\subset\mathrm{cl}(\mathrm{co}A_1+\mathrm{co}A_2)$. 任给 $x\in\mathrm{co}A_1+\mathrm{co}A_2$, 存在 $x_1\in\mathrm{co}A_1, x_2\in\mathrm{co}A_2$, 使得 $x=x_1+x_2$, 取 $\{x_{1i}:1\leqslant i\leqslant k_1\}\subset A_1,\{x_{2j}:1\leqslant j\leqslant k_2\}\subset A_2$, 及 $\{\lambda_i>0:1\leqslant i\leqslant k_1\},\{\mu_j>0:1\leqslant j\leqslant k_2\},\sum\limits_{i=1}^{k_1}\lambda_1=1,\sum\limits_{j=1}^{k_2}\mu_j=1$, 使得

$$x_1=\sum_{i=1}^{k_1}\lambda_i x_{1i}, x_2=\sum_{j=1}^{k_2}\mu_j x_{2j}.$$

于是有

$$x=x_1+x_2=\sum_{i=1}^{k_1}\sum_{j=1}^{k_2}\lambda_i\mu_j(x_{1i}+x_{2j})\in\overline{\mathrm{co}}(A_1+A_2),$$

因此知

$$\mathrm{cl}(\mathrm{co}A_1+\mathrm{co}A_2)\subset\overline{\mathrm{co}}(A_1+A_2).$$

即证 (6.1.22) 式第一个等式成立, 而第二个等式是显然的.

定理 6.1.5 设 $\{A_n:n\geqslant 1\}\subset\mathbf{P}_0(X), A_n$ 有界 $(n\geqslant 1)$. 如果 $\sum\limits_{n=1}^{\infty}A_n$ 无条件收敛, 则 $\sum\limits_{n=1}^{\infty}\overline{\mathrm{co}}A_n$ 也无条件收敛, 且

$$\overline{\mathrm{co}}\Big(\sum_{n=1}^{\infty}A_n\Big)=\mathrm{cl}\Big(\sum_{n=1}^{\infty}\overline{\mathrm{co}}A_n\Big). \tag{6.1.23}$$

证明 首先证明 $\sum\limits_{n=1}^{\infty}\overline{\mathrm{co}}A_n$ 无条件收敛. 任给自然数增子列 $\{n_i\}$, 考虑序列 $\Big\{\mathrm{cl}\Big(\sum\limits_{i=1}^{k}\overline{\mathrm{co}}A_{n_i}\Big):k\geqslant 1\Big\}$. 由于 $\sum\limits_{n=1}^{\infty}A_n$ 无条件收敛, 故 $\Big\{\mathrm{cl}\Big(\sum\limits_{i=1}^{k}\mathrm{cl}A_{n_i}\Big):k\geqslant 1\Big\}$ 为 $(\mathbf{P}_{bf}(X),\delta)$ 中 Cauchy 列. 任给 $k\geqslant 1$, 由定理 6.1.4 知

$$\mathrm{cl}\Big(\sum_{i=k}^{k+p}\overline{\mathrm{co}}A_{n_i}\Big)=\overline{\mathrm{co}}\Big(\sum_{i=k}^{k+p}\mathrm{cl}A_{n_i}\Big),$$

因此

$$\left\|\mathrm{cl}\Big(\sum_{i=k}^{k+p}\overline{\mathrm{co}}A_{n_i}\Big)\right\| = \left\|\overline{\mathrm{co}}\Big(\sum_{i=k}^{k+p}\mathrm{cl}A_{n_i}\Big)\right\| = \left\|\mathrm{cl}\Big(\sum_{i=k}^{k+p}\mathrm{cl}(A_{n_i})\Big)\right\|. \tag{6.1.24}$$

故知 $\left\{\mathrm{cl}\sum_{i=1}^{k}\overline{\mathrm{co}}A_{n_i} : k \geqslant 1\right\}$ 也为 Cauchy 列, 从而按照定理 6.1.3 可知 $\sum_{n=1}^{\infty}\overline{\mathrm{co}}A_n$ 无条件收敛.

下面证明 (6.1.23) 成立, 由于 $\sum_{n=1}^{\infty}A_n \subset \sum_{n=1}^{\infty}\overline{\mathrm{co}}A_n$, 而 $\sum_{n=1}^{\infty}\overline{\mathrm{co}}A_n$ 为凸集, 故有

$$\overline{\mathrm{co}}\Big(\sum_{n=1}^{\infty}A_n\Big) \subset \mathrm{cl}\Big(\sum_{n=1}^{\infty}\overline{\mathrm{co}}A_n\Big). \tag{6.1.25}$$

任给 $x \in \sum_{n=1}^{\infty}\overline{\mathrm{co}}A_n$, 存在 $x_n \in \overline{\mathrm{co}}A_n(n \geqslant 1)$, 使得 $x = \sum_{n=1}^{\infty}x_n$ 无条件收敛. 取固定的 $a_n \in A_n(n \geqslant 1)$, 使 $a = \sum_{n=1}^{\infty}a_n$ 无条件收敛. 令

$$y_k = \sum_{n=1}^{k}x_n + \sum_{n=k+1}^{\infty}a_n(k \geqslant 1),$$

则 $\|y_k - x\| \leqslant \left\|\sum_{n=k+1}^{\infty}x_n\right\| + \left\|\sum_{n=k+1}^{\infty}a_n\right\| \to 0(k \to \infty)$. 但依定理 6.1.4, 任给 $k \geqslant 1$,

$$\begin{aligned} y_k &\in \sum_{n=1}^{k}\overline{\mathrm{co}}A_n + \overline{\mathrm{co}}\Big(\sum_{n=k+1}^{\infty}A_n\Big) \\ &\subset \overline{\mathrm{co}}\Big(\sum_{n=k+1}^{\infty}A_n\Big) + \overline{\mathrm{co}}\Big(\sum_{n=1}^{k}A_n\Big) \subset \overline{\mathrm{co}}\Big(\sum_{n=1}^{\infty}A_n\Big), \end{aligned}$$

故知 $x \in \overline{\mathrm{co}}\Big(\sum_{n=1}^{\infty}A_n\Big)$, 从而知

$$\mathrm{cl}\Big(\sum_{n=1}^{\infty}\overline{\mathrm{co}}A_n\Big) \subset \overline{\mathrm{co}}\Big(\sum_{n=1}^{\infty}A_n\Big). \tag{6.1.26}$$

由 (6.1.25),(6.1.26) 知 (6.1.23) 成立.

注　事实上 (6.1.23) 对任意给定满足 $\sum_{n=1}^{\infty}A_n \neq \varnothing$ 的 $\{A_n : n \geqslant 1\} \subset \mathbf{P}_0(X)$ 均成立.

引理 6.1.4 设 $\{A_n : n \geqslant 1\} \subset \mathbf{P}_{wkc}(X), A \in \mathbf{P}_{wkc}(X)$, 若对于任给 $x^* \in X^*$, $\lim\limits_{n\to\infty} \sigma(x^*, A_n) = \sigma(x^*, A)$, 则 $\left(\bigcup\limits_{n\geqslant 1} A_n\right) \bigcup A$ 是弱紧的.

证明 设 $T = N \bigcup \{\infty\}$ 为 N 的加一点紧化拓扑 (N 为正整数全体), 则 T 为紧的. 考虑一个集值映射 $F(t) : T \to \mathbf{P}_{wkc}(X)$, 则由定理 1.6.12, 定理 1.6.13 可证 $\bigcup\limits_{t\in T} F(t)$ 是弱紧的, 从而引理得证.

定理 6.1.6 设 $\{A_n : n \geqslant 1\} \subset \mathbf{P}_{wkc}(X)$, 则下列命题等价:

(1) $\sum\limits_{n=1}^{\infty} A_n$ 无条件收敛;

(2) 任给自然数增子列 $\{n_i\}, \sum\limits_{i=1}^{\infty} A_{n_i} \in \mathbf{P}_{wkc}(X)$;

(3) 任给自然数增子列 $\{n_i\}$, 存在 $A \in \mathbf{P}_{wkc}(X)$ 使得任给 $x^* \in X^*$, 有 $\sigma(x^*, A) = \sum\limits_{i=1}^{\infty} \sigma(x^*, A_{n_i})$.

证明 (1) $\Rightarrow$ (2) 仅需证明 $\sum\limits_{n=1}^{\infty} A_n \in \mathbf{P}_{wkc}(X)$. 显然 $\sum\limits_{n=1}^{\infty} A_n$ 是凸的, 由定理 6.1.3 知 $\sum\limits_{n=1}^{\infty} A_n$ 有界, 下面证明 $\sum\limits_{n=1}^{\infty} A_n$ 是闭的. 设 $\{x_k : k \geqslant 1\} \subset \sum\limits_{n=1}^{\infty} A_n, (s)x_k \to x(k \to \infty)$. 取 $x_{kn} \in A_n(n \geqslant 1)$, 使得 $\sum\limits_{n=1}^{\infty} x_{kn} = x_k(k \geqslant 1)$. 令 $T = \mathbf{N} \bigcup \{\infty\}$ 为正整数全体 $\mathbf{N}$ 的加一点紧化, 记 $\prod\limits_{t\in T} A_t$ 为乘积拓扑空间, 其中 $A_t(t \in T)$ 取其弱拓扑, $A_\infty = \{x_k : k \geqslant 1\}$ 取范数拓扑, 则 $\prod\limits_{t\in T} A_t$ 为紧拓扑空间. 记

$$a_k = (x_{k1}, x_{k2}, \cdots, x_{kn}, \cdots, x_k), k \geqslant 1,$$

则 $\{a_k : k \geqslant 1\} \subset \prod\limits_{t\in T} A_t$. 设

$$a = (y_1, y_2, \cdots, y_n, \cdots, y)$$

为 $\{a_k : k \geqslant 1\}$ 的一个聚点, 则 $y = x$ 且任给 $n \geqslant 1, y_n$ 为 $\{x_{kn} : k \geqslant 1\} \subset A_n$ 的弱聚点. 由于 $\sum\limits_{n=1}^{\infty} A_n$ 无条件收敛, 故 $\sum\limits_{n=1}^{\infty} y_n$ 是无条件收敛的, 所以可得 $x = \sum\limits_{n=1}^{\infty} y_n \in \sum\limits_{n=1}^{\infty} A_n$. 因此 $\sum\limits_{n=1}^{\infty} A_n$ 是闭的. 最后证明 $\sum\limits_{n=1}^{\infty} A_n \in \mathbf{P}_{wkc}(X)$, 任给 $x^* \in X^*$, 取 $x_n \in A_n$, 使

$$\langle x^*, x_n \rangle = \sigma(x^*, A_n)(n \geqslant 1).$$

令 $x=\sum_{n=1}^{\infty}x_n$(无条件收敛), 则 $x\in\sum_{n=1}^{\infty}A_n$, 且由定理 6.1.1 知

$$\sigma\Big(x^*,\sum_{n=1}^{\infty}A_n\Big)=\sum_{n=1}^{\infty}\sigma(x^*,A_n)=\sum_{n=1}^{\infty}\langle x^*,x_n\rangle=\langle x^*,x\rangle,$$

因此知 $\sum_{n=1}^{\infty}A_n$ 是弱紧的.

(2) ⇒ (3)　任给自然数增子列 $\{n_i\}$, 令 $A=\sum_{i=1}^{\infty}A_{n_i}\in\mathbf{P}_{wkc}(X)$, 由定理 6.1.1 即得

$$\sigma(x^*,A)=\sum_{i=1}^{\infty}\sigma(x^*,A_{n_i})(x^*\in X^*).$$

(3) ⇒ (1)　由引理 6.1.3 知, 仅需证明任给 $x_n\in A_n(n\geqslant 1)$, 对于任意的自然数增子列 $\{n_i\}$, $\Big\{\sum_{i=1}^{k}x_{n_i}:k\geqslant 1\Big\}$ 是弱收敛的. 任给 $x^*\in X^*$, 由于

$$-\sigma(-x^*,A_n)\leqslant\langle x^*,x_n\rangle\leqslant\sigma(x^*,A_n),$$

故

$$\begin{aligned}|\langle x^*,x_n\rangle|&\leqslant\max(|\sigma(-x^*,A_n)|,|\sigma(x^*,A_n)|)\\&\leqslant|\sigma(-x^*,A_n)|+|\sigma(x^*,A_n)|.\end{aligned}\tag{6.1.27}$$

由已知条件可得 $\sum_{n=1}^{\infty}\sigma(x^*,A_n)$ 是绝对收敛的, 因此

$$\sum_{i=1}^{\infty}|\langle x^*,x_{n_i}\rangle|<+\infty(\forall x^*\in X^*).\tag{6.1.28}$$

依引理 6.1.4 有

$$\Big(\bigcup_{k\geqslant 1}\sum_{i=1}^{k}A_{n_i}\Big)\cup\Big(\sum_{i=1}^{\infty}A_{n_i}\Big)\in\mathbf{P}_{wk}(X),$$

故 $\Big\{\sum_{i=1}^{k}x_{n_i}:k\geqslant 1\Big\}$ 存在弱收敛子列. 由 (6.1.28) 易知 $\Big\{\sum_{i=1}^{k}x_{n_i}:k\geqslant 1\Big\}$ 是弱收敛的.

定义 6.1.3　设 (Ω,A) 为一可测空间, $M:A\to\mathbf{P}_0(X)$ 为集值集函数, $M(\varnothing)=\{\theta\}$.

(1) 称 M 为集值测度, 如果对任意不交集列 $\{A_n : n \geqslant 1\} \subset \mathbf{A}$, 有

$$\sum_{n=1}^{\infty} M(A_n) = M\Big(\bigcup_{n=1}^{\infty} A_n\Big);$$

(2) 称 M 为 (δ) 集值测度, 如果 $M(A) \in \mathbf{P}_f(X)$, 且对任意不交集列 $\{A_n : n \geqslant 1\} \subset \mathbf{A}$, 有

$$(\delta)\mathrm{cl}\Big(\sum_{n=1}^{k} M(A_n)\Big) \to M\Big(\bigcup_{n=1}^{\infty} A_n\Big);$$

(3) 称 M 为弱集值测度, 如果对任意不交集列 $\{A_n : n \geqslant 1\} \subset \mathbf{A}$, 及任意 $x^* \in X^*$, 有

$$\sum_{n=1}^{\infty} \sigma(x^*, A_n) = \sigma\Big(x^*, \sum_{n=1}^{\infty} A_n\Big).$$

容易证明下列事实成立:

(1) 若 M 为集值测度, 则 M 是有限可加的;

(2) 若 M 为 (δ) 集值测度, 则 M 在下述意义下是有限可加的:$M(A \bigcup B) = \mathrm{cl}(M(A) + M(B)), A \bigcap B = \varnothing, A, B \in \mathbf{A}$;

(3) 若 M 为弱集值测度, 则 M 在下述意义下是有限可加的: $\overline{\mathrm{co}}M(A \bigcup B) = \overline{\mathrm{co}}(M(A) + M(B)), A \bigcap B = \varnothing, A, B \in \mathbf{A}$.

设 M 为一集值测度, 称 $(\Omega, \mathbf{A}, M)$ 为集值测度空间, 当 M 在 $\mathbf{P}_{(b)f(c)}(X)$(或 $\mathbf{P}_{(w)k(c)}(X)$) 上取值时, 称之为 (有界) 闭 (凸) 集值测度 (相应地, (弱) 紧 (凸) 集值测度).

定义 6.1.4 设 $M : \mathbf{A} \to \mathbf{P}_0(X)$ 为集值测度, M 的全变差 $|M| : A \to \mathbf{R}^+$ 定义为:

$$|M|(A) = \sup_{\pi} \sum_{i=1}^{n} \|M(A_i)\|, A \in \mathbf{A},$$

其中 π 表示 $A \in \mathbf{A}$ 的 $\mathbf{A}$ 可测有限划分全体. 当 $|M|(\Omega) < +\infty$ 时, 称 M 为有界变差集值测度. 用 $\mathrm{BV}[\Omega, X]$ 表示有界变差集值测度全体. 显然, 有界变差集值测度必为有界集值测度.

注 对 (δ) 集值测度、弱集值测度的全变差也可做类似的定义.

例 6.1.1 设 $(\Omega, \mathbf{A}, \mu)$ 为有限测度空间, 则

$$M_1(A) = \{\mu(A)\}, A \in \mathbf{A}$$

为集值测度, 且 μ 是有界变差的当且仅当 M_1 是有界变差的. 若 μ 还是非负有界的, 则

$$M_2(A) = [0, \mu(A)], A \in \mathbf{A}$$

为有界变差集值测度.

例 6.1.2 设 $\Omega=[0,1], A=B([0,1])$, 令

$$M(A)=\begin{cases}\{0\}, & A\text{可数},\\ X, & A\text{不可数},\end{cases}$$

则 M 为集值测度, 但不是有界变差的.

例 6.1.3 设 $m:\mathbf{A}\to X$ 为向量测度, 令

$$M(A)=\{m(B):B\subset A,B\in\mathbf{A}\},A\in\mathbf{A}$$

则 M 为集值测度, 且 M 是有界变差的当且仅当 m 是有界变差的.

例 6.1.4 设 $F\in L^1[\Omega,X]$, 令

$$M(A)=\int_A F(w)\mathrm{d}\mu,\quad A\in\mathbf{A},$$

则 M 为有界变差集值测度.

下面我们研究各种集值测度的关系.

定理 6.1.7 设 $M:A\to\mathbf{P}_0(X)$ 为集值测度, 则 $|M|$ 为实值非负广义测度.

证明 类似于向量测度的证明.

定理 6.1.8 设 M 为集值测度, 则 M 为弱集值测度. 特别地, 任给 $x^*\in X^*,\sigma(x^*,M(\cdot)):\mathbf{A}\to\mathbf{R}$ 为广义测度, 且当 M 有界变差时, $\sigma(x^*,M(\cdot))$ 也是有界变差的.

证明 由定理 6.1.1 知 M 为弱集值测度, 从而任给 $x^*\in X^*,\sigma(x^*,M(\cdot))$ 为广义测度. 如果 $|M|(\Omega)<\infty$, 任给 Ω 的**A**- 可测有限划分 $\{A_1,\cdots,A_n\}$, 我们有

$$\sum_{i=1}^{w}|\sigma(x^*,M(A_i))|\leqslant\|x^*\|\cdot\sum_{i=1}^{n}\|M(A_i)\|\leqslant\|x^*\||M|(\Omega).$$

所以 $\sigma(x^*,M(\cdot))$ 是有界变差的.

定理 6.1.9 若 $M:\mathbf{A}\to\mathbf{P}_f(X)$ 为 (δ) 集值测度, 则 M 为弱集值测度.

证明 由支撑函数的性质易证.

定理 6.1.10 设 $M:\mathbf{A}\to\mathbf{P}_{bf}(X)$, 则下列命题等价:

(1) M 为 (δ) 集值测度;

(2) 任给不交集列 $\{A_n:n\geqslant 1\}\subset A,\sum\limits_{n=1}^{\infty}M(A_n)$ 无条件收敛, 且

$$M\Big(\bigcup_{n=1}^{\infty}A_n\Big)=\mathrm{cl}\Big(\sum_{n=1}^{\infty}M(A_n)\Big).\tag{6.1.29}$$

证明 (1) ⇒ (2) 由于 M 为 (δ) 集值测度, 所以任给自然数增子列 $\{n_i\}$, $\left\{\mathrm{cl}\left(\sum\limits_{i=1}^{k} M(A_{n_i})\right) : k \geqslant 1\right\}$ 依 Hausdorff 距离收敛到 $M\left(\bigcup\limits_{i=1}^{\infty} A_{n_i}\right)$, 因此由定理 6.1.3 知 $\sum\limits_{n=1}^{\infty} M(A_n)$ 无条件收敛. 依推论 6.1.1 即证 (6.1.29) 成立.

(2) ⇒ (3) 用反证法易知 $M(\varnothing) = \{\theta\}$. 任给不交集列 $\{A_n : n \geqslant 1\} \subset A$, 由于 $\sum\limits_{n=1}^{\infty} M(A_n)$ 无条件收敛, 故由推论 6.1.1 知

$$(\delta)\mathrm{cl}\left(\sum_{n=1}^{k} M(A_n)\right) \to \mathrm{cl}\left(\sum_{n=1}^{\infty} M(A_n)\right) = M\left(\bigcup_{n=1}^{\infty} A_n\right).$$

所以 M 为 (δ) 集值测度.

定理 6.1.11 设 $M : \mathbf{A} \to \mathbf{P}_{wkc}(X)$, 则下列命题等价:

(1) M 为集值测度;

(2) M 为弱集值测度;

(3) M 为 (δ) 集值测度.

证明 (1) ⇒ (2) 由定理 6.1.8 即得.

(2) ⊂ (3) 任给不交集列 $\{A_n : n \geqslant 1\} \subset \mathbf{A}$, 由于 M 为弱紧凸值弱集值测度, 故由定理 6.1.6 可知 $\sum\limits_{n=1}^{\infty} M(A_n)$ 无条件收敛, 且 $\sum\limits_{n=1}^{\infty} M(A_n) \in \mathbf{P}_{wkc}(X)$. 又因任给 $X^* \in X^*, \sigma\left(x^*, M\left(\bigcup\limits_{n=1}^{\infty} A_n\right)\right) = \sum\limits_{n=1}^{\infty} \sigma(x^x, M(A_n))$, 故由定理 6.1.1 可得

$$\sigma\left(x^*, M\left(\bigcup_{n=1}^{\infty} A_n\right)\right) = \sigma\left(x^*, \sum_{n=1}^{\infty} M(A_n)\right), \forall x^* \in X^*. \tag{6.1.30}$$

因此有

$$M\left(\bigcup_{n=1}^{\infty} A_n\right) = \sum_{n=1}^{\infty} M(A_n). \tag{6.1.31}$$

由定理 6.1.10 知 M 为 (δ) 集值测度.

(3) ⇒ (1) 由定理 6.1.10, 任给不交集列 $\{A_n : n \geqslant 1\} \subset \mathbf{A}$, 有

$$M\left(\bigcup_{n=1}^{\infty} A_n\right) = \mathrm{cl}\left(\sum_{n=1}^{\infty} M(A_n)\right).$$

而由定理 6.1.3, 定理 6.1.6 知 $\sum\limits_{n=1}^{\infty} M(A_n) \in \mathbf{P}_{wkc}(X)$, 故

$$M\Big(\bigcup_{n=1}^{\infty} A_n\Big) = \sum_{n=1}^{\infty} M(A_n).$$

即 M 为集值测度.

推论 6.1.2　设 $M : \mathbf{A} \to \mathbf{P}_0(X)$ 为有界变差集值测度, 则

(1)　$\mathrm{cl}M(A)$, $\overline{\mathrm{co}}M(A)$ 均为 (δ) 集值测度;

(2)　若 $M(\Omega)$ 是相对弱紧的, 则 $\overline{\mathrm{co}}M$ 为集值测度.

证明　(1) 如果 M 是有界变差的, 则任给不交集列 $\{A_n : n \geqslant 1\} \subset \mathbf{A}$, $\sum\limits_{n=1}^{\infty} M(A_n)$ 绝对收敛, 从而无条件收敛. 由定理 6.1.3, 推论 6.1.1, 定理 6.1.5, 定理 6.1.10 易证 $\mathrm{cl}M$, $\overline{\mathrm{co}}M$ 均为集值测度.

(2) 由 (1) 知 $\overline{\mathrm{co}}M$ 为 (δ) 集值测度, 由于 $M(\Omega)$ 相对弱紧, 故易知 $\overline{\mathrm{co}}M(A) \in \mathbf{P}_{wkc}(X)(\forall A \in \mathbf{A})$. 由定理 6.1.11 即得.

推论 6.1.3　设 $M : A \to \mathbf{P}_{wkc}(X)$ 为集值测度, $N : \mathbf{A} \to \mathbf{P}_{wkc}(X)$ 为一集值函数. 若 $N(A) \subset M(A)(A \in \mathbf{A})$, 且 N 是有限可加的, 则 N 为集值测度.

证明　任给不交集列 $\{A_n : n \geqslant 1\} \subset A$, 由于 M 为集值测度, 故

$$\begin{aligned}\Big\|M\Big(\bigcup_{n=k+1}^{\infty} A_n\Big)\Big\| &= \delta\Big(\sum_{n=1}^{k} M(A_n) + M\Big(\bigcup_{n=k+1}^{\infty} A_n\Big), \sum_{n=1}^{k} M(A_n)\Big) \\ &= \delta\Big(M\Big(\bigcup_{n=1}^{\infty} A_n\Big), \sum_{n=1}^{k} M(A_n)\Big) \to 0, k \to \infty.\end{aligned}$$

由于 $N\Big(\bigcup\limits_{n=k+1}^{\infty} A_n\Big) \subset M\Big(\bigcup\limits_{n=k+1}^{\infty} A_n\Big)$, 故知

$$\Big\|N\Big(\bigcup_{n=k+1}^{\infty} A_n\Big)\Big\| \to 0, \quad k \to \infty. \tag{6.1.32}$$

因此, 由于 N 有限可加, 我们有

$$\begin{aligned}&\delta\Big(N\Big(\bigcup_{n=1}^{\infty} A_n\Big), \sum_{n=1}^{k} N(A_n)\Big) \\ =&\delta\Big(\sum_{n=1}^{k} N(A_n) + N\Big(\bigcup_{n=k+1}^{\infty} A_n\Big), \sum_{n=1}^{k} N(A_n)\Big) \\ =&\Big\|N\Big(\bigcup_{n=k+1}^{\infty} A_n\Big)\Big\| \to 0, k \to \infty.\end{aligned}$$

所以 N 为 (δ) 集值测度, 依定理 6.1.11 知 N 为集值测度.

§6.2 集值测度的凸性定理、选择定理与表示定理

定义 6.2.1 设 $M:\mathbf{A}\to\mathbf{P}_0(X)$ 为集值测度, 称 $A\in\mathbf{A}$ 为 M 的一个原子集, 如果 $M(A)\neq\{\theta\}$ 且任给 $B\subset A,B\in\mathbf{A}$, 总有 $M(B)=\{\theta\}$ 或 $M(A\backslash B)=\{\theta\}$ 两者之一成立. 如果 M 没有任何原子集, 则称 M 是非原子的.

定理 6.2.1 对任意集值测度 $M,A\in\mathbf{A}$ 是 M 的原子集当且仅当 A 为 $|M|$ 的原子集.

证明 依全变差 $|M|$ 的定义知任给 $B\in\mathbf{A},M(B)=(\theta)$ 当且仅当 $|M|(B)=0$, 依定义知定理成立.

定理 6.2.2 我们假设 M 为集值测度, 如果对于任意给定的 $x^*\in X^*,\sigma(x^*,M(\cdot))$ 为非原子广义测度, 则 M 是非原子的.

证明 用反证法, 假设 $A\in\mathbf{A}$ 是 M 的一个原子集, 则任给 $B\subset A$, $B\in\mathbf{A}$, 有 $M(B)=\{\theta\}$ 或者 $M(A\backslash B)=\{\theta\}$. 于是对于任给 $x^*\in X^*$, 有 $\sigma(x^*,M(B))=0$ 或者 $\sigma(x^*,M(A\backslash B))=0$, 则 A 也是 $\sigma(x^*,M(\cdot))$ 的原子集, 与 $\sigma(x^*,M(\cdot))$ 非原子矛盾. 因此 M 是非原子的.

下面的例了说明定理 6.2.2 的逆不成立.

例 6.2.1 设 $(\Omega,\mathbf{A})$ 为可测空间, μ_1,μ_2 为其上两个非负有限测度, μ_1 是非原子的, μ_2 不是非原子的. 考虑集值测度 $M:\mathbf{A}\to\mathbf{P}_{kc}(R)$

$$M(A)=[-\mu_2(A),\mu_1(A)],A\in\mathbf{A},$$

则 M 是有界变差的. 用反证法易证 M 是非原子的, 但显然 $\sigma(-1,M(A))=\mu_2(A)$ 却不是非原子的.

下面研究集值测度的凸性. 称满足下述条件的可测集族 $\{A(\varepsilon_1\varepsilon_2\cdots\varepsilon_k):\varepsilon_i=0,1,k\geqslant1\}$ 为 $A\in\mathbf{A}$ 的一个二进制结构

$$A(0)\cup A(1)=A,$$

$$A(\varepsilon_1\varepsilon_2\cdots\varepsilon_k0)\cup A(\varepsilon_1\varepsilon_2\cdots\varepsilon_k1)=A(\varepsilon_1\varepsilon_2\cdots\varepsilon_k)(k\geqslant1)$$

$$A(0)\cap A(1)=\varnothing,$$

$$A(\varepsilon_1\varepsilon_2\cdots\varepsilon_k0)\cap A(\varepsilon_1\varepsilon_2\cdots\varepsilon_k1)=\varnothing(k\geqslant1).$$

定理 6.2.3 假设 X 有 RNP, $M:\mathbf{A}\to\mathbf{P}_0(X)$ 为非原子的有界变差集值测度, 则任给 $A\in\mathbf{A},\mathrm{cl}M(A)$ 是凸的.

证明 仅需考虑 $A=\Omega$ 情形. 由定理 6.1.7 知 $\mu=|M|$ 为非负有限测度, 由定理 6.2.1 知 μ 是非原子的. 因此存在 Ω 的一个二进制结构 $\{A(\varepsilon_1\varepsilon_2\cdots\varepsilon_k)\}$, 使得 $\mu(A(\varepsilon_1\varepsilon_2\cdots\varepsilon_k))=2^{-k}\mu(\Omega)$. 下面证明 $\mathrm{cl}M(\Omega)$ 是凸的. 为此任取 $x_1,x_2\in M(\Omega)$ 及

$0 < a < 1$, 对于任给 $k \geqslant 1$ 及 $\varepsilon_i = 0, 1 (1 \leqslant i \leqslant k)$, 选取 $x_1(\varepsilon_1 \cdots \varepsilon_k), x_2(\varepsilon_1 \cdots \varepsilon_k)$ 如下:

$$x_j(\varepsilon_1 \cdots \varepsilon_k) \in M(A(\varepsilon_1 \cdots \varepsilon_k)),$$
$$x_j(0) + x_j(1) = x_j,$$
$$x_j(\varepsilon_1 \cdots \varepsilon_k 0) + x_j(\varepsilon_1 \cdots \varepsilon_k 1) = x_j(\varepsilon_1 \cdots \varepsilon_k)(j = 1, 2).$$

设 $\mathbf{A}_0$ 为 $\{A(\varepsilon_1 \varepsilon_2 \cdots \varepsilon_k)\}$ 生成的代数, $\mathbf{A}_1 = \sigma(\mathbf{A}_0)$, 于是存在 $\mathbf{A}_0$ 上的有限可加向量测度 m_1, m_2, 使得

$$m_j(A(\varepsilon_1 \cdots \varepsilon_k)) = x_j(\varepsilon_1 \cdots \varepsilon_k)(\forall j = 1, 2, k \geqslant 1).$$

由于任给 $A \in \mathbf{A}_0, \|m_j(A)\| \leqslant \mu(A)$, 所以 m_j 是有界变差的, 且关于 μ 绝对连续. 于是 m_1, m_2 在 $\mathbf{A}_1 = \sigma(\mathbf{A}_0)$ 上有唯一的扩张, 仍记作 m_1, m_2. 由于 X 有 RNP, 故存在 $f_1, f_2 \in L^1[\Omega, X]$, 使得

$$m_j(A) = \int_A f_j \mathrm{d}\mu \quad (\forall j = 1, 2, A \in \mathbf{A}). \tag{6.2.1}$$

所以可知 $X \times X$ 值向量测度 (m_1, m_2) 值域的闭包为 $X \times X$ 中的凸集. 任给 $\varepsilon > 0$, 由于 $(m_1(\varnothing), m_2(\varnothing)) = (\theta, \theta)$, 而 $(m_1(\Omega), m_2(\Omega)) = (x_1, x_2)$, 故存在 $A \in \mathbf{A}_1$ 使得

$$\|\alpha x_j - M_j(A)\| < \frac{\varepsilon}{2} \quad (\forall j = 1, 2). \tag{6.2.2}$$

由于 $\mathbf{A}_1 = \sigma(\mathbf{A}_0)$, 故存在 $\{A_n : n \geqslant 1\} \subset \mathbf{A}_0, \mu(A_n \Delta A) \to 0$, 使得

$$\|m_j(A_n) - m_j(A)\| \to 0, n \to \infty, j = 1, 2.$$

因此不妨假定 $A \in \mathbf{A}_0$, 于是可得

$$m_1(A) + m_2(\Omega \backslash A) \in M(A) + M(\Omega \backslash A) = M(\Omega),$$

且

$$\begin{aligned} &\|\alpha x_1 + (1 - \alpha) x_2 - m_1(A) - m_2(\Omega \backslash A)\| \\ \leqslant &\|\alpha_1 x_1 - m_1(A)\| + \|\alpha_2 x_2 - m_2(A)\| < \varepsilon \end{aligned}$$

于是知 $\alpha x_1 + (1 - \alpha) x_2 \in \mathrm{cl} M(\Omega)$. 因此 $\mathrm{cl} M(\Omega)$ 是凸的.

注 1　如果 X 是有限维的, 那么我们就可以证明 $M(\Omega)$ 本身是凸的 [7].

注 2　事实上可以证明, 在定理假设下 $\mathrm{cl}\Big(\bigcup_{A \in \mathbf{A}} M(A)\Big)$ 是凸的.

定义 6.2.2 设 $M:\mathbf{A}\to\mathbf{P}_0(X)$ 为集值测度 ((δ) 集值测度, 弱集值测度). 称可数可加向量测度 $m:\mathbf{A}\to X$ 为 M 的一个广义选择, 如果任给 $A\in\mathbf{A}, m(A)\in \mathrm{cl}M(A)$. 若进一步有, $m(A)\in M(A)(A\in\mathbf{A})$, 则称 m 为 M 的选择. 用 S_M 表示 M 的选择全体.

首先介绍暴露点与强暴露点的概念. 设 $K\subset X$, 称 $x\in K$ 为 K 的一个暴露点, 如果存在 $x^*\in X^*$, 使得任给 $y\in K\backslash\{x\}$, 有 $\langle x^*,x\rangle>\langle x^*,y\rangle$. 若进一步还有当 $\{x_n:n\geqslant 1\}\subset K, \langle x^*,x_n\rangle\to\langle x^*,x\rangle$ 时, 必有 $\lim\limits_{n\to\infty}\|x_n-x\|=0$, 则称 x 为 K 的强暴露点. 称上述定义中存在的 $x^*\in X^*$ 为 x 的暴露泛函 (或者强暴露泛函).

引理 6.2.1 (1) 设 $A,B,C\in\mathbf{P}_0(X), C=A+B, x$ 为 C 的暴露点, 则任给 $u\in A,\nu\in B$, 若 $x=u+\nu$, 则 $u(\nu)$ 必为 $A(B)$ 的暴露点, 且与 x 有相同的暴露泛函.

(2) 设 $A,B,C\in\mathbf{P}_{bfc}(X), C=\mathrm{cl}(A+B)$, 若 $x\in C$ 为 C 的强暴露点, 则必存在唯一的 $(u,\nu)\in A\times B$, 使得 $x=u+\nu, u(\nu)$ 为 $A(B)$ 的强暴露点, 且与 x 有相同的强暴露泛函.

证明 (1) 设 x^* 为 x 的暴露泛函, 假设 u 不是 A 的以 x^* 为暴露泛函的暴露点, 则存在 $u_1\in A\backslash\{u\}$, 使得 $\langle x^*,u_1\rangle\geqslant\langle x^*,u\rangle$. 令 $x_1=u_1+\nu$, 则 $x_1\in A+B=C, \langle x^*,x_1\rangle\geqslant\langle x^*,x\rangle$, 这与 x 为 C 的暴露点矛盾, 故 u 为 A 暴露点. 同理可证 ν 为 B 的暴露点.

(2) 设 $x^*\in X^*$ 为 x 的强暴露泛函, 令 $\alpha=\sigma(x^*,A), \beta=(x^*,B)$. 取 $\{u_n:n\geqslant 1\}\subset A$, 使得任给 $n\geqslant 1$, 有

$$\langle x^*,u_n\rangle>\alpha-\frac{1}{n}. \tag{6.2.3}$$

由于 x 为 C 的强暴露点, 故任给 $\varepsilon>0$, 存在 $\delta>0$, 使得任给 $y\in C,\langle x^*,y\rangle>\langle x^*,x\rangle-\delta$ 必有 $\|x-y\|<\varepsilon$, 任取 $\nu_0\in B$, 使得

$$\langle x^*,\nu_0\rangle>\beta-\frac{\delta}{2}, \tag{6.2.4}$$

则 $n\geqslant\dfrac{2}{\delta}$ 时, 有

$$\langle x^*,u_n+\nu_0\rangle>\alpha+\beta-\delta. \tag{6.2.5}$$

由于 $u_n+\nu\in C$, 而 $\alpha+\beta=\langle x^*,x\rangle$, 故知 $n\geqslant\dfrac{2}{\delta}$ 时, 有

$$\|u_n+\nu_0-x\|<\varepsilon. \tag{6.2.6}$$

所以知 $\{u_n:n\geqslant 1\}$ 为 Cauchy 列, 从而有强极限 u, 则 $\alpha=\langle x^*,u\rangle$. 同理可证存在 $\nu\in B$, 使得

$$\beta=\langle x^*,\nu\rangle.$$

由 $\alpha+\beta=\sigma(x^*,C)$ 可证 $x=u+\nu$, 且 $u(\nu)$ 分别是 $A(B)$ 的强暴露点. 唯一性是显然的.

定理 6.2.4 设 $M:\mathbf{A}\to\mathbf{P}_0(X)$ 为有界变差集值测度, 若 x 为 $M(\Omega)$ 的暴露点, 则存在 $m\in S_M$, 使得 $m(\Omega)=x$.

证明 设 $x^*\in X^*$ 为 x 的暴露泛函, 由于任给 $A\in\mathbf{A}$, 有

$$M(A)+M(\Omega\backslash A)=M(\Omega).$$

依引理 6.2.1(1) 知任给 $A\in\mathbf{A}$, 存在 $m(A)\in M(A)$, 使得 $m(A)$ 为 $M(A)$ 的以 x_0^* 为暴露泛函的暴露点. 任给不交集列 $\{A_n:n\geqslant 1\}\subset\mathbf{A}$, 由于 M 有界变差, 故 $\sum\limits_{n=1}^{\infty}M(A_n)$ 无条件收敛, 则 $\sum\limits_{n=1}^{\infty}m(A_n)$ 是无条件收敛的. 但由 $m(A)\in M(A)$ 的取法可知

$$\begin{aligned}\left\langle x_0^*,\sum_{n=1}^{\infty}m(A_n)\right\rangle&=\sum_{n=1}^{\infty}\sigma(x_0^*,M(A_n))\\&=\sigma\left(x_0^*,M\left(\bigcup_{n=1}^{\infty}A_n\right)\right)\\&=\left\langle x_0^*,m\left(\bigcup_{n=1}^{\infty}A_n\right)\right\rangle.\end{aligned}$$

因此知 $\sum\limits_{n=1}^{\infty}m(A_n)=m\left(\bigcup\limits_{n=1}^{\infty}A_n\right)$, 所以 m 是可数可加的.

引理 6.2.2 设 $M:\mathbf{A}\to\mathbf{P}_0(X)$ 为有界变差集值测度, 则存在 Ω 的可测可数划分 $\{A,A_n:n\geqslant 1\}$, 使得 $\Omega=A\cup\left(\bigcup\limits_{n=1}^{\infty}A_n\right)$, 且 A_n 为 M 的原子集, 而 A 不包含 M 的任何原子集.

证明 令 $\mu=|M|$, 则 μ 是 $(\Omega,\mathbf{A})$ 上的有限测度. 若 μ 的两个原子集 A, B 满足 $\mu(A\Delta B)=0$, 则称 A 与 B 等价, 记作 $A\sim B$. 易知 $\sim$ 是 $\mathbf{A}$ 上的等价关系. 由于 $\mu(\Omega)<\infty$, 故使得 $\mu(A)\geqslant\dfrac{1}{n}$ 的原子集等价类至多为有限个, 从而 $\mathbf{A}$ 上 μ 的原子集等价类至多可数. 在每一个等价类中取一个原子集, 并且使它们互不相交, 记为 $\{A_n:n\geqslant 1\}$. 令 $A=\bigcap\limits_{n=1}^{\infty}A_n^{\rm c}$, 则可以证 $\Omega=A\cup\left(\bigcup\limits_{n=1}^{\infty}A_n\right)$. 显然 A 不可能包含任何 μ 的原子集. 由定理 6.2.1 知 $\{A,A_n:n\geqslant 1\}$ 即为所求.

定理 6.2.5 设 $M:\mathbf{A}\to\mathbf{P}_0(X)$ 为有界变差集值测度, Ω' 为 M 的非原子部分, $M(\Omega')$ 是相对弱紧的, 则任给 $A\in\mathbf{A}$ 及 $x\in M(A)$, 存在 M 的广义选择 m, 使得 $m(A)=x$.

证明 仅需考虑 $A=\Omega$ 情形. 设 $x\in M(\Omega)$, 取 $y\in M(\Omega'),z\in M(\Omega\backslash\Omega')$ 使得 $x=y+z$. 由引理 6.2.2, 存在 M 的互不相交的原子集列 $\{B_n:n\geqslant 1\}$, 使得

$\Omega\backslash\Omega' = \bigcup\limits_{n=1}^{\infty} B_n$. 任取 $z_n \in M(B_n)$, 使得 $z = \sum\limits_{n=1}^{\infty} z_n$. 对于任给 $A \in \mathbf{A}, A \in B_n$, 由于 B_n 为原子集, 定义

$$m(A) = \begin{cases} 0, & 若M(A) = \{0\}, \\ z_n, & 若M(B_n\backslash A) = \{0\}. \end{cases}$$

而对于任意 $A \in \mathbf{A}, A \subset \Omega\backslash\Omega' = \bigcup\limits_{n=1}^{\infty} B_n$, 令

$$m(A) = \sum_{n=1}^{\infty} m\Big(A \cap B_n\Big).$$

显然上述构造的 $m(\cdot)$ 在 σ 代数 $\{A \in \mathbf{A} : A \subset \Omega\backslash\Omega'\}$ 上可数可加, 且 $m(\Omega\backslash\Omega') = z, m(A) \in M(A)(A \in \{B \in \mathbf{A} : B \subset \Omega\backslash\Omega'\})$. 因此, 不妨假定 M 是非原子的. 令

$$M'(A) = \mathrm{cl}M(A) \quad (A \in \mathbf{A}), \tag{6.2.7}$$

则依推论 6.1.2 知 M' 为弱紧凸集测度. 下面证明任给 $\varepsilon > 0$, 存在 M' 的选择 m', 使得 $\|m'(\Omega) - x\| < \varepsilon$. 由于弱紧凸集为其暴露点闭凸包, 因此存在 $M'(\Omega)$ 的暴露点 $\{x_1, \cdots x_k\}$ 及 $\{\alpha_1, \cdots, \alpha_k\}, \sum\limits_{i=1}^{k} \alpha_i = 1$, 使得

$$\Big\|x - \sum_{i=1}^{k} \alpha_i x_i\Big\| < \varepsilon.$$

由定理 6.2.4 知任给 $1 \leqslant i \leqslant k$, 存在 M' 的选择 m_i', 使得 $m_i'(\Omega = x_i)$, 令

$$m'(A) = \sum_{i=1}^{k} \alpha_i m_i'(A)(A \in \mathbf{A}), \tag{6.2.8}$$

则 m' 为 M' 的选择, 且 $\|x - m'(\Omega)\| < \varepsilon$.

由上所述, 存在 M' 的一列选择 $\{m_n : n \geqslant 1\}$, 使得

$$\lim_{n\to\infty} \|m_n(\Omega) - x\| = 0. \tag{6.2.9}$$

用 $\Pi M'(A)$ 表示 $\{M'(A) : A \in \mathbf{A}\}$ 的乘积拓扑空间, 其中每一个 $M'(A)$ 取其弱拓扑. 由于 $M'(A) \in \mathbf{P}_{wkc}(X)(A \in \mathbf{A})$. 所以 $\Pi M'(A)$ 在上述乘积拓扑意义下为紧的拓扑空间. 将 $\{m_n : n \geqslant 1\}$ 看作 $\Pi M'(A)$ 中的点, 则 $\{m_n : n \geqslant 1\}$ 存在聚点 $m \in \Pi M'(A)$. 显然 $m(\Omega) = x$, 且 m 是有限可加的, 则由推论 6.1.3 知 m 是可数可加的, 于是 m 为 M 的广义选择.

定理 6.2.6　设 $M:\mathbf{A}\to\mathbf{P}_{bf}(X)$ 为 (δ) 集值测度, 若 x 为 $M(\Omega)$ 的强暴露点, 则存在 $m\in S_M$, 使 $m(\Omega)=x$.

证明　因为 M 为 (δ) 集值测度, 故任给 $A\in\mathbf{A}$, 有

$$M(\Omega)=\mathrm{cl}(M(A)+m(\Omega\backslash A)). \tag{6.2.10}$$

因此, 由引理 6.2.1(2), 任给 $A\in\mathbf{A}$, 存在唯一的 $m(A)\in M(A)$, 使得 $m(A)$ 为 $M(A)$ 的强暴露点, 且与 x 有相同的强暴露泛函, 设为 x_0^*. 下面证明 m 是可数可加的, 任给不交集列 $\{A_n:n\geqslant 1\}\subset\mathbf{A}$, 由于 M 为 (δ) 集值测度, 我们可以依定理 6.1.10 知道, $\sum\limits_{n=1}^{\infty}M(A_n)$ 无条件收敛, 从而 $\sum\limits_{n=1}^{\infty}m(A_n)$ 也是无条件收敛的. 但由于

$$\begin{aligned}\left\langle x_0^*,\sum_{n=1}^{\infty}m(A_n)\right\rangle&=\sum_{n=1}^{\infty}\sigma(x_0^*,M(A_n))\\&=\sigma\left(x_0^*,M\left(\bigcup_{n=1}^{\infty}A_n\right)\right)\\&=\left\langle x_0^*,m\left(\bigcup_{n=1}^{\infty}A_n\right)\right\rangle.\end{aligned}\tag{6.2.11}$$

故 $\sum\limits_{n=1}^{\infty}m(A_n)=m\left(\bigcup\limits_{n=1}^{\infty}A_n\right)$, 即 m 是可数可加的.

定理 6.2.7　设 $M:\mathbf{A}\to\mathbf{P}_{bfc}(X)$ 为 (δ) 集值测度, X 有 RNP, 则任给 $x\in m(\Omega)$, 对任意 $\varepsilon>0$, 存在 $m\in S_M$, 使得 $\|x-m(\Omega)\|<\varepsilon$.

证明　假定 X 有 RNP, 那么任意有界闭凸集是其强暴露点的闭凸包. 因此, 存在 $M(\Omega)$ 的强暴露点 $\{x_1,\cdots,x_k\}$ 及实数 $\{\alpha_1,\cdots,\alpha_k\},\alpha_i\geqslant 0,\sum\limits_{i=1}^{k}\alpha_i=1$, 使得 $\left\|x-\sum\limits_{i=1}^{k}\alpha_i x_i\right\|<\varepsilon$. 由定理 6.2.6, 任给 $1\leqslant i\leqslant k$, 存在 $m_i\in S_M$, 使得 $m_i(\Omega)=x_i$, 令

$$M(A)=\sum_{i=1}^{k}\alpha_i m_i(A)\quad(A\in\mathbf{A}),$$

则 $m\in S_M$, 且 $\|x-m(\Omega)\|<\varepsilon$.

注　如果 M 是有界变差的, 且 $\mathbf{A}$ 关于 $|M|$ 是可数生成的, 则定理 6.2.7 中 “X 有 RNP” 条件可去掉.

推论 6.2.1　设 $M:\mathbf{A}\to\mathbf{P}_0(X)$ 为有界变差集值测度, X 有 RNP, 则任给 $x\in M(\Omega)$, 对于任意 $\varepsilon>0$, 存在 M 的广义选择 m, 使得

$$\|x-m(\Omega)\|<\varepsilon.$$

证明 类似于定理 6.2.5, 不妨假定 M 是非原子, 则由推论 6.1.2、定理 6.2.3 知 $\mathrm{cl}M$ 为有界闭凸 (δ) 集值测度. 由于 $x \in M(\Omega) \subset \mathrm{cl}M(\Omega)$, 依定理 6.2.7 即证.

注 当 X 是有限维时, 利用对维数归纳的方法可证, 任给有界变差集值测度 $M : \mathbf{A} \to \mathbf{P}_0(X), x \in S_M$, 使得 $x = m(\Omega)$(参见文献 [7]).

定理 6.2.8 设 $M : \mathbf{A} \to \mathbf{P}_{wkc}(X)$ 为集值测度, 则任给 $x \in M(\Omega)$, 存在 $m \in S_M$, 使 $m(\Omega) = x$.

证明 类似于定理 6.2.5.

下面我们开始研究集值测度的向量测度表示. 首先研究集值测度与其选择的关系.

定理 6.2.9 设 $M : \mathbf{A} \to \mathbf{P}_{bfc}(X)$ 集值测度, 若下列两条件之一满足:

(1) X 有 RNP;

(2) M 是有界变差的, 且 $\mathbf{A}$ 关于 $|M|$ 是可分的, 则任给 $A \in \mathbf{A}$, 有

$$M(A) = \mathrm{cl}\{m(A) : m \in S_M\}.$$

证明 由定理 6.2.7 及其注即得.

定理 6.2.10 设 $M : \mathbf{A} \to \mathbf{P}_{bfc}(X)$ 为集值测度, 若下列两条件之一满足:

(1) M 是有界变差的, 且 $M(\Omega)$ 相对弱紧;

(2) M 是弱紧凸集值测度.

则任给 $A \in \mathbf{A}$, 有 $M(A) = \{m(A) : m \in S_M\}$.

证明 由定理 6.2.5 及定理 6.2.8 即证.

引理 6.2.3 设 $A_i, B_i \in \mathbf{P}_{bfc}(X)(i = 1, 2), A_1 \subset A_2, B_1 \subset B_2$, 若 $A_1 + B_1 = A_2 + B_2$, 则 $A_1 = A_2, B_1 = B_2$.

证明 用反证法, 不妨假设 $A_1 \neq A_2$, 则存在 $x_0 \in A_2$, 但 $x_0 \notin A_1$, 由凸集分离定理, 存在 $x_0^* \in X^*$ 及 $\varepsilon_0 > 0$, 使得

$$\langle x_0^*, x_0 \rangle - \sigma(x_0^*, A_1) > \varepsilon_0. \tag{6.2.12}$$

取 $y_0 \in B_2$, 使得

$$\langle x_0^*, y_0 \rangle - \sigma(x_0^*, B_1) > -\frac{\varepsilon_0}{2}. \tag{6.2.13}$$

则有

$$\begin{aligned} &\langle x_0^*, x_0 + y_0 \rangle \sigma(x_0^*, A_1) + \sigma(x_0^*, B_1) + \frac{\varepsilon_0}{2} \\ >&\sigma(x_0^*, A_1 + B_1) + \frac{\varepsilon_0}{2}. \end{aligned} \tag{6.2.14}$$

但由于 $x_0 + y_0 \in A_2 + B_2 = A_1 + B_1$, 则

$$\langle x_0^*, x_0 + y_0 \rangle \leqslant \sigma(x_0^*, A_1 + B_1).$$

矛盾.

引理 6.2.4　设 $\{m_i : i \geqslant 1\}$ 为一列取值于 X 的一致有界可数可加向量测度, 则 $\{m_i : i \geqslant 1\}$ 是一致可数可加的当且仅当存在实值非负的可加测度 $\lambda : \mathbf{A} \to \mathbf{R}^+$, 使得 $\{m_i : i \geqslant 1\}$ 关于 λ 一致绝对连续, 即

$$\lim_{\lambda(E)\to 0} \sup_{i\geqslant 1} \|m_i(E)\| = 0.$$

证明　见文献 [90] 的 p.11.

定理 6.2.11　设 $M : \mathbf{A} \to \mathbf{P}_{wkc}(X)$ 为集值函数, 则下列命题等价:

(1) M 是集值测度;

(2) M 是有限可加的, 且存在一列一致有界一致可数可加向量测度 $\{m_i : i \geqslant 1\}$, 使得任给 $A \in \mathbf{A}$, 有

$$M(A) = \overline{\mathrm{co}}\{m_i(A) : i \geqslant 1\}; \tag{6.2.15}$$

(3) M 是有限可加的, 且存在一列一致有界一致可数可加向量测度 $\{m_i : i \geqslant 1\}$, 使得任给 $A \in \mathbf{A}$, 有

$$M(A) = \mathrm{cl}\{m_i(A) : i \geqslant 1\}. \tag{6.2.16}$$

证明　(1) $\Rightarrow$ (2)　显然 M 是有限可加的, 由于 $M(\Omega)$ 是闭的, 而 X 可分, 故存在 $M(\Omega)$ 的可数点列 $\{x_k : k \geqslant 1\}$ 使

$$M(\Omega) = \mathrm{cl}\{x_k : k \geqslant 1\} = \overline{\mathrm{co}}\{x_k : k \geqslant 1\}. \tag{6.2.17}$$

由定理 6.2.8, 任给 $k \geqslant 1$, 存在 $m_k \in S_M$, 使得 $x_k = m_k(\Omega)$. 令

$$M'(A) = \overline{\mathrm{co}}\{m_i(A) : i \geqslant 1\} \quad (A \in \mathbf{A}). \tag{6.2.18}$$

于是易知

$$M'(A) + M'(\Omega \backslash A) = M(\Omega) = M(A) + M(\Omega \backslash A).$$

故由引理 6.2.3 知 $M'(A) = M(A) \quad (A \in \mathbf{A})$, 即 (6.2.15) 成立. 由定理 6.1.11 知 M 也是 (δ) 集值测度, 故易证 $\{m_i : i \geqslant 1\}$ 是一致有界一致可数可加的.

(2) $\Rightarrow$ (1)　由定理 6.1.11, 仅需证明 M 为 (δ) 集值测度. 依引理 6.2.4, 存在实值非负可数可加测度 λ, 使得

$$\lim_{\lambda(A)\to 0} \sup_{i\geqslant 1} \|m_i(A)\| = 0. \tag{6.2.19}$$

任给不交集列 $\{A_n : n \geqslant 1\} \subset \mathbf{A}$, 由于 M 是有限可加的, 故

$$\begin{aligned}
&\delta\Big(\sum_{n=1}^{k} M(A_n), M\Big(\sum_{n=1}^{\infty} A_n\Big)\Big)\\
=&\delta\Big(\sum_{n=1}^{k} M(A_n), \sum_{n=1}^{k} M(A_n) + M\Big(\bigcup_{n=k+1}^{\infty} A_n\Big)\Big)\\
=&\Big\|M\Big(\bigcup_{n=k+1}^{\infty} A_n\Big)\Big\|\\
=&\sup_{i\geqslant 1}\Big\|m_i\Big(\bigcup_{n=k+1}^{\infty} A_n\Big)\Big\|.
\end{aligned} \tag{6.2.20}$$

因此, 由 (6.2.19), 有

$$\lim_{k\to\infty} \delta\Big(\sum_{n=1}^{k} M(A_n), M\Big(\bigcup_{n=1}^{\infty} A_n\Big)\Big) = 0,$$

即 M 为 (δ) 集值测度.

(1) $\Rightarrow$ (3) 由 (1) $\Rightarrow$ (2) 的证明知存在向量测度列 $\{m_i' : i \geqslant 1\}$, 使得 $M(\Omega) = \mathrm{cl}\{m_i'(\Omega) : i \geqslant 1\}$, 令 $U = \Big\{m : m = \sum_{j=1}^{n} \alpha_j m_j', \alpha_j \geqslant 0$ 为有理数, $\sum_{j=1}^{n} \alpha_j = 1, n \geqslant 1\Big\}$, 则 U 为可数集, 重新排序, 记之为 $U = \{m_i : i \geqslant 1\}$. 令

$$M'(A) = \mathrm{cl}\{m_i(A) : i \geqslant 1\} \quad (A \in \mathbf{A}),$$

类似 (1) $\Rightarrow$ (2) 可证 $M'(A) = M(A)$.

(3) $\Rightarrow$ (1) 类似于 (2) $\Rightarrow$ (1).

定理 6.2.12 设 $M : \mathbf{A} \to \mathbf{P}_{bfc}(X)$ 为集函数, X 有 RNP, 则下列命题等价:

(1) M 为 (δ) 集值测度;

(2) M 是有限可加的, 且存在一列一致有界一致可数可加向量测度 $\{m_i : i \geqslant 1\}$, 使得任给 $A \in \mathbf{A}$, 有

$$M(A) = \overline{\mathrm{co}}\{m_i(A) : i \geqslant 1\}, \tag{6.2.21}$$

(3) M 是有限可加的, 且存在一列一致有界一致可数可加向量测度 $\{m_i : i \geqslant 1\}$, 使得任给 $A \in \mathbf{A}$, 有

$$M(A) = \mathrm{cl}\{m_i(A) : i \geqslant 1\}. \tag{6.2.22}$$

证明 利用定理 6.2.7, 用类似于定理 6.2.11 的证明方法即可.

注 1 本定理中 M 的有限可加性取下述意义:

$$\begin{aligned}
&\mathrm{cl}(M(A) + M(B)) = M\Big(A \cup B\Big),\\
&A \cap B \neq \varnothing, A, B \in A.
\end{aligned} \tag{6.2.23}$$

注 2 本定理中 (2) ⇒ (1), (3) ⇒ (1) 不必假设 X 有 RNP.

推论 6.2.2 设 $M:\mathbf{A}\to\mathbf{P}_0(X)$ 为非原子的有界变差集值测度, X 有 RNP, 则存在 M 的一列广义选择 $\{m_i: i\geqslant 1\}$, 使得

$$\mathrm{cl}M(A)=\mathrm{cl}\{m_i(A): i\geqslant 1\}\quad (A\in\mathbf{A}).$$

证明 由推论 6.1.2, 定理 6.2.3 知 $\mathrm{cl}M$ 为有界闭凸 (δ) 集值测度, 故由定理 6.2.12 即得

注 类似于定理 6.2.5, 推论 6.2.1 可以证明该推论中 "M 是非原子的" 这一条件可去掉.

在本节的最后, 我们讨论如何用向量测度族生成集值测度的问题.

定义 6.2.3 设 m_1, m_2 为取值于 X 的向量测度, 称 m_1, m_2 是等比的, 如果对于任意的 $A, B\in\mathbf{A}, A\cap B=\varnothing$, 下面三个条件之一成立.

(1) $m_1(A)=m_2(A)$;

(2) $m_1(B)=m_2(B)$;

(3) 存在与 A, B 有关的正数 $c(A,B)$, 使得

$$m_1(A)-m_2(A)=c(A,B)(m_1(B)-m_2(B)).$$

定理 6.2.13 设 $\{m_i: i\geqslant 1\}$ 为一列一致有界一致可数可加向量测度, 且两两等比, 则

$$M(A)=\overline{\mathrm{co}}\{m_i(A): i\geqslant 1\}\quad (A\in\mathbf{A}) \tag{6.2.24}$$

为有界闭凸 (δ) 集值测度. 若进一步, 任给 $A\in\mathbf{A}$, 有

$$\overline{\mathrm{co}}\{m_i(A): i\geqslant 1\}\in\mathbf{P}_{wkc}(X), \tag{6.2.25}$$

则 M 为集值测度.

证明 $M(A)\in\mathbf{P}_{bfc}(X)$ 是显然的, 依定理 6.2.12 及其注, 仅需证明对于任给 $A, B\in\mathbf{A}, A\cap B=\varnothing$, 有

$$M\Big(A\cup B\Big)=\mathrm{cl}(M(A)+M(B)). \tag{6.2.26}$$

显然 $M(A\cup B)\subset\mathrm{cl}(M(A)+M(B))$, 下面证明相反包含关系.

令

$$M'(A)=\{m_i(A): i\geqslant 1\}\quad (A\in\mathbf{A}),$$

由定理 6.1.4 知

$$\mathrm{cl}(M(A)+M(B))=\overline{\mathrm{co}}(M'(A)+M'(B)). \tag{6.2.27}$$

任给 $x \in M'(A)+M'(B)$, 存在 $i,j \geqslant 1$, 使得 $x=m_i(A)+m_j(B)$. 由于 m_i, m_j 是等比的, 考虑下面三种情况:

(a) 若 $m_i(A)=m_j(A)$, 则

$$x=m_i(A)+m_j(B)=m_j\Big(A\cup B\Big)\in M\Big(A\cup B\Big);$$

(b) 若 $m_i(B)=m_j(B)$, 则

$$x=m_i(A)+m_j(B)=m_i\Big(A\cup B\Big)\in M\Big(A\cup B\Big);$$

(c) 若存在 $c(A,B)$, 使得

$$m_i(A)-m_j(A)=c(A,B)\cdot(m_i(B)-m_j(B)).$$

不妨取 $c(A,B)=\dfrac{1-\delta}{\delta}, \delta>0$, 则有

$$\begin{aligned} x &= m_i(A)+m_j(B) \\ &= (1-\delta)m_i\Big(A\cup B\Big)+\delta m_j\Big(A\cup B\Big)\in M\Big(A\cup B\Big). \end{aligned}$$

因此 $x\in M\Big(A\cup B\Big)$, 则知 $M'(A)+M'(B)\subset\Big(A\cup B\Big)$, 从而由 (6.2.27), 有

$$\mathrm{cl}(M(A)+M(B))\subset M\Big(A\cup B\Big), \tag{6.2.28}$$

(6.2.26) 得证, 即 M 为 (δ) 集值测度. 若进一步 (6.2.25) 成立, 则知 $M(A)\in\mathbf{P}_{wkc}(X)$, 从而由定理 6.1.11 知 M 为集值测度.

§6.3 集值测度的 Lebesgue 分解与扩张

经典的广义测度的 Lebesgue 定理是指：任给测度空间 $(\Omega,\mathbf{A})$ 上的广义测度 λ,μ, 且 $\lambda\ll\mu$, 存在唯一的一对广义测度 λ_c,λ_s, 使得

$$\lambda=\lambda_c+\lambda_s,\quad \lambda_c\ll\mu,\quad \lambda_s\perp\mu.$$

关于取值于 Banach 空间上的向量测度, 也有类似的 Lebesgue 分解 (见文献 [90]). 下面我们研究集值测度的 Lebesgue 分解. 为了叙述简便, 以下恒设 $(\Omega,\mathbf{A},\mu)$ 为非负有限测度空间, 考虑取值于 X 上的弱紧凸集值测度. 由 §6.1 的知识可知当集值函数取弱紧凸值时, 集值测度, (δ) 集值测度与弱集值测度三者是等价的. 值得指出的是, 下面的大部分结果均可推广到有界闭凸 (δ) 集值测度和 $\mathbf{P}_0(X)$ 上有界变差集值测度.

定义 6.3.1　设 $M:\mathbf{A}\to\mathbf{P}_{wkc}(X)$ 为集值测度. 若对于任意的 $A\in\mathbf{A},\mu(A)=0$ 时, 必有 $M(A)=\{\theta\}$, 则称 M 关于 μ 绝对连续, 记作 $M\ll\mu$; 若存在 $N\in\mathbf{A}$, 使得对任意 $A\in\mathbf{A}$, 有 $M(A\bigcap N^c)=\{\theta\}$, 则称 M 关于 μ 奇异, 记作 $M\perp\mu$.

定理 6.3.1　设 $M:\mathbf{A}\to\mathbf{P}_{wkc}(X)$ 为集值测度. 则 $M\ll\mu$ 当且仅当 $\lim\limits_{\mu(E)\to 0}M(E)=\{\theta\}$.

证明　类似于可数可加向量测度.

引理 6.3.1　设 T 为任意非空集合, $\{m_\tau:\tau\in T\}$ 为一族定义在 $\mathbf{A}$ 上的一致有界一致可数可加向量测度, 若任给 $\tau\in T,m_\tau\ll\mu$, 则有

$$\lim_{\mu(E)\to 0}\sup_{\tau\in T}\|m_\tau(E)\|=0. \tag{6.3.1}$$

证明　见文献 [90].

定理 6.3.2　设 $M:\mathbf{A}\to\mathbf{P}_{wkc}(X)$ 为集值测度, 则下列命题等价:

(1)　$M\ll\mu$;

(2)　任给 $m\in S_M,m\ll\mu$;

(3)　任给 $x^*\in X^*,\sigma(x^*,M(\cdot))\ll\mu$.

证明　仅证明 (1) 等价于 (2), 类似可证 (1) 与 (3) 等价.

(1) $\Rightarrow$ (2)　依定义显然.

(2) $\Rightarrow$ (1)　由定理 6.2.11, 存在一列一致有界一致可数可加向量测度 $\{m_i:i\geqslant 1\}\subset S_M$, 使得任给 $A\in\mathbf{A}$, 有

$$M(A)=\mathrm{cl}\{m_i(A):i\geqslant 1\}.$$

因为 $m_i\ll\mu(\forall i\geqslant 1)$, 故依引理 6.3.1 知

$$\lim_{\mu(E)\to 0}\|M(E)\|=\lim_{\mu(E)\to 0}\sup_{i\geqslant 1}\|m_i(E)\|=0. \tag{6.3.2}$$

因此 $\lim\limits_{\mu(E)\to 0}M(E)=\{\theta\}$, 即 $M\ll\mu$.

定理 6.3.3　设 $M:\mathbf{A}\to\mathbf{P}_{wkc}(X)$ 为集值测度, 则存在一对唯一的弱紧凸集值测度 M_c,M_s, 使得

(1) $M_c\ll\mu,M_s\perp\mu$;

(2) $M=M_c+M_s$;

(3) 任给 $x^*\in X^*$, 则有 $\sigma(x^*,M(\cdot))=\sigma(x^*,M_c(\cdot))+\sigma(x^*,M_s(\cdot))$ 为 $\sigma(x^*,M(\cdot))$ 的 Lebesgue 分解.

证明　取一列一致可数可加向量测度 $\{m_i:i\geqslant 1\}\subset S_M$, 使得任给 $A\in\mathbf{A},M(A)=\mathrm{cl}\{m_i(A):i\geqslant 1\}$. 由引理 6.2.1 知存在非负可数可加测度 $\lambda:\mathbf{A}\to\mathbf{R}^+$,

使得

$$\lim_{\lambda(E)\to 0}\sup_{i\geqslant 1}\|m_i(E)\|=0. \tag{6.3.3}$$

设 λ 关于 μ 的 Lebesgue 分解为 $\lambda=\lambda_c+\lambda_s, \lambda_c\ll\mu, \lambda_s\perp\mu$, 则存在 $A_1, A_2\in\mathbf{A}, A_1\cup A_2=\Omega, A_1\cup A_2=\varnothing$, 使得任给 $A\in\mathbf{A}$, 有

$$\lambda_c(A)=\lambda(A\cap A_1), \lambda_s=\lambda(A\cap A_2). \tag{6.3.4}$$

对于任意 $i\geqslant 1$, 定义

$$m_{ic}(A)=m_i(A\cap A_1), m_{is}(A)=m_i(A\cap A_2),$$

则 $\{m_{ic}:i\geqslant 1\}, \{m_{is}:i\geqslant 1\}$ 均是一致有界一致可数可加的, 且

$$\lim_{\mu(E)\to 0}\sup_{i\geqslant 1}\|m_{ic}(E)\|=0, \tag{6.3.5}$$

$$m_{is}(A\cap A_1)=0 \quad (i\geqslant 1). \tag{6.3.6}$$

令

$$M_c(A)=\mathrm{cl}\{m_{ic}(A):i\geqslant 1\}=\mathrm{cl}\{m_i(A\cap A_1):i\geqslant 1\}, \tag{6.3.7}$$

$$M_s(A)=\mathrm{cl}\{m_{is}(A):i\geqslant 1\}=\mathrm{cl}\{m_i(A\cap A_2):i\geqslant 1\}, \tag{6.3.8}$$

则易知 M_c, M_s 为弱紧凸集值测度, 且

$$\lim_{\mu(E)\to 0}\|M_c(E)\|=\lim_{\mu(E)\to 0}\sup_{i\geqslant 1}\|m_{ic}(E)\|=0,$$

$$M_s(A\cap A_1)=\{\theta\},$$

即 $M_c\ll\mu, M_s\perp\mu$. 由 (6.3.7), (6.3.8) 可知

$$M_c(A)+M_s(A)=M(A\cap A_1)+M(A\cap A_2)=M(A).$$

故 $M=M_c+M_s$. 由定理 6.3.2 即得任给 $x^*\in X^*$

$$\sigma(x^*, M(\cdot))=\sigma(x^*, M_c(\cdot))+\sigma(x^*, M_s(\cdot))$$

为广义测度 $\sigma(x^*, M(\cdot))$ 关于 μ 的 Lebesgue 分解. 定理证毕.

下面我们研究集值测度的扩张. 设 $\mathbf{F}$ 是 Ω 上的代数, $\sigma(\mathbf{F})=\mathbf{A}$ 称 $M:\mathbf{F}\to\mathbf{P}_{wkc}(X)$ 为 $\mathbf{F}$ 上的集值测度, 若对于任意 $\{A_n:n\geqslant 1\}\subset\mathbf{F}, \bigcup\limits_{n=1}^{\infty}A_n\in\mathbf{F}$, 有

$M\Big(\bigcup_{n=1}^{\infty} A_n\Big) = \sum_{n=1}^{\infty} M(A_n)$, 且 $M(\varnothing) = \{\theta\}$. 如果存在集值测度 $\overline{M} : \mathbf{A} \to \mathbf{P}_{wkc}(X)$, 使得对于任意的 $A \in \mathbf{F}$, 有

$$\overline{M}(A) = M(A),$$

则称 $\overline{M}$ 为 M 的扩张.

引理 6.3.2 设 $\{m_\tau : \tau \in T\}$ 为 $\mathbf{A}$ 上的一族可数可加向量测度, $\mathbf{F}$ 为代数, $\sigma(\mathbf{F}) = \mathbf{A}$, 则 $\{m_\tau : \tau \in T\}$ 是一致强可加的当且仅当 $\{m_\tau|_{\mathbf{F}} : \tau \in T\}$ 是一致强可加的 (其中 $m_\tau|_{\mathbf{F}}$ 表示 m_τ 在 $\mathbf{F}$ 上的限制).

定义 6.3.2 设 $M : \mathbf{F} \to \mathbf{P}_{wkc}(X)$ 为集值测度, M 的半变差 $\|M\| : \mathbf{F} \to [0,\infty]$ 定义为

$$\|M\|(A) = \sup\{|\sigma(x^*, M(\cdot))| : x^* \in X^*, \|x^*\| \leqslant 1\},$$

其中 $|\sigma(x^*, M(\cdot))|$ 表示广义测度 $\sigma(x^*, M(\cdot))$ 的全变差. 若 $\|M\|(\Omega) < \infty$, 则称 M 是半有界变差的.

类似于向量测度可证集值测度 M 是半有界变差的当且仅当 M 的值域是有界集, 即 $\Big\|\bigcup_{A\in\mathbf{F}} M(A)\Big\| < \infty$.

定理 6.3.4 设 X 是自反的 Banach 空间, $M : \mathbf{F} \to \mathbf{P}_{wkc}(X)$ 为半有界变差集值测度, 则下列命题等价:

(1) 存在 M 在 $\mathbf{A}$ 上唯一的扩张 $\overline{M} : \mathbf{A} \to \mathbf{P}_{wkc}(X)$;

(2) 任给不交集列 $\{A_n : n \geqslant 1\} \subset \mathbf{F}$, $\Big\{\sum_{n=1}^{k} M(A_n) : k \geqslant 1\Big\}$ 依 Hausdorff 距离收敛.

证明 (1) $\Rightarrow$ (2) 依扩张的定义及定理 6.1.11 易证.

(2) $\Rightarrow$ (1) 用定理 6.2.11 中同样的方法, 在 (2) 的假设下, 可以证明存在一列一致有界一致强可加向量测度 $\{m_i : i \geqslant 1\}$ 使得

$$M(A) = \overline{\mathrm{co}}\{m_i(A) : i \geqslant 1\} \quad (\forall\ A \in \mathbf{A}). \tag{6.3.9}$$

设 $\overline{m_i}$ 为 m_i 在 $\mathbf{A}$ 上的扩张, 则依引理 6.3.2 知 $\{\overline{m_i} : i \geqslant 1\}$ 是一致有界一致可数可加的. 令

$$\overline{M}(A) = \overline{\mathrm{co}}\{m_i(A) : i \geqslant 1\} \quad (\forall\ A \in \mathbf{A}), \tag{6.3.10}$$

由于 X 是自反的, 故 $\overline{M}(A) \in \mathbf{P}_{wkc}(X)(\forall\ A \in \mathbf{A})$, 依定理 6.2.11 要证 $\overline{M}$ 为集值测度, 仅需证明任给 $A, B \in \mathbf{A}$, $A \cap B = \varnothing$, 有

$$\overline{M}(A) + \overline{M}(B) = \overline{M}(A \cup B), \tag{6.3.11}$$

亦即任给 $x^* \in X^*$, 有

$$\sigma(x^*, \overline{M}(A)) + \sigma(x^*, \overline{M}(B)) = \sigma(x^*, \overline{M}(A \cup B)). \tag{6.3.12}$$

分两步进行证明:

(i) 首先假设 $A \in \mathbf{F}$, 记

$$\mathbf{L}_1 = \Big\{C \in \mathbf{A} : \sigma(x^*, \overline{M}(A)) + \sigma(x^*, \overline{M}(C)) = \sigma(x^*, \overline{M}(A \cup C)), A \cap C = \varnothing\Big\},$$

则显然 $\mathbf{F} \cap A^c \subset \mathbf{L}_1$, 任给 $\{C_k : k \geqslant 1\} \subset \mathbf{L}_1, C_k \uparrow C$, 则 $A \cap C = \varnothing$. 由于 $\{\overline{m_i} : i \geqslant 1\}$ 是一致可数可加的, 故有

$$\begin{aligned}
\sigma\Big(x^*, \overline{M}(A \cup C)\Big) &= \sup\Big\{\Big\langle x^*, \overline{m}_i(A \cup C)\Big\rangle : i \geqslant 1\Big\} \\
&= \lim_{k\to\infty} \sup\Big\{\Big\langle x^*, \overline{m}_i\Big(A \cup C_k\Big)\Big\rangle : i \geqslant 1\Big\} \\
&= \lim_{k\to\infty} \sigma(x^*, \overline{M}(C_k)) + \sigma(x^*, \overline{M}(A)) \\
&= \sigma(x^*, \overline{M}(C)) + \sigma(x^*, \overline{M}(A))
\end{aligned} \tag{6.3.13}$$

则 $C \in \mathbf{L}_1$. 类似可证当 $\{C_k : k \geqslant 1\} \subset \mathbf{L}_1, C_k \downarrow C$ 时, 也有 $C \in \mathbf{L}_1$, 故知 $\mathbf{L}_1$ 是单调类. 由于 $\mathbf{F} \cap A^c \subset \mathbf{L}_1$, 所以 $B \in \sigma(\mathbf{F} \cap A^c) \subset \mathbf{L}_1$.

(ii) 如果 $A \in \mathbf{A} = \sigma(\mathbf{F})$, 记

$$\mathbf{L}_2 = \Big\{C \in \mathbf{A} : \sigma(x^*, \overline{M}(C)) + \sigma(x^*, \overline{M}(B)) = \sigma(x^*, \overline{M}(B \cup C)), B \cap C = \varnothing\Big\}.$$

则由 (i) 结论知 $\mathbf{F} \cap B^c \subset \mathbf{L}_2$, 类似可证 $\mathbf{L}_2$ 是单调类. 因此, 有 $A \in \sigma(\mathbf{F} \cap B^c) \subset \mathbf{L}_2$, 从而 (6.3.12) 得证.

由上所述 $\overline{M} : \mathbf{A} \to \mathbf{P}_{wkc}(X)$ 为集值测度, 且我们任意给定 $A \in \mathbf{F}$, 依 $\overline{M}$ 的定义即得 $\overline{M}(A) = M(A)$, 所以 $\overline{M}$ 是 M 在 $\mathbf{A}$ 上的扩张. 由上述证明过程可知 $\sigma(x^*, \overline{M}(\cdot))$ 是 $\sigma(x^*, M(\cdot))$ 在 $\mathbf{A}$ 上的扩张, 故由实值测度扩张的唯一性及支撑函数的性质即可以证 $\overline{M}$ 的唯一性.

注 1 如果仅仅要求 $\overline{M}$ 为有界闭凸 (δ) 集值测度, 则定理 6.3.4 中 X 自反的条件可去掉.

注 2 定理 6.3.4 中两个等价命题中的 (2) 实际上意味着集值测度在某种意义下的强可加性.

§6.4 集值测度的 Radon-Nikodym 导数

设 $(\Omega, \mathbf{A}, \mu)$ 为测度空间, $F \in \mu[\Omega, X]$, $S_F^1 \neq \varnothing$, 由集值随机变量积分的性质可知:

$$M(A) = \int_A F \mathrm{d}\mu \quad (\forall A \in \mathbf{A})$$

是 $(\Omega, \mathbf{A})$ 上的集值测度. 本节研究其反问题 —— 集值测度的 R-N 导数. 以下恒设 $(\Omega, \mathbf{A}, \mu)$ 为 σ 有限测度空间.

定义 6.4.1　设 $M : \mathbf{A} \to \mathbf{P}_0(X)$ 为集值测度 ((δ) 集值测度, 弱集值测度). 若存在 $F \in \mu[\Omega, X]$, 使得

$$\mathrm{cl}M(A) = \mathrm{cl}\int_A F\mathrm{d}\mu \quad (\forall A \in \mathbf{A}) \tag{6.4.1}$$

则称 F 为 M 关于 μ 的广义 R-N 导数. 若进一步有

$$M(A) = \int_A F\mathrm{d}\mu \ \ (\forall A \in \mathbf{A}), \tag{6.4.2}$$

则称 F 为 M 的 R-N 导数. 记作 $F = \dfrac{\mathrm{d}M}{\mathrm{d}\mu}$.

定理 6.4.1　设 $F \in \mu[\Omega, X]$ 为集值测度 M 的广义 R-N 导数, 则

(1) $|M|(A) = \displaystyle\int_A \|F(w)\|\mathrm{d}\mu \ (\forall A \in \mathbf{A})$;

(2) M 是有界变差的当且仅当 F 可积有界.

证明　(1)　仅需证明 $A = \Omega$ 情形. 设 $\{A_1, \cdots, A_n\}$ 为 Ω 的任意可测有限划分. 任给 $x_i \in M(A_i)(1 \leqslant i \leqslant n)$ 及 $\varepsilon > 0$, 那么存在 $f_i \in S_F^1$, 使得

$$\left\|x_i - \int_{A_i} f_i\mathrm{d}\mu\right\| < \frac{\varepsilon}{n} \ \ (\forall 1 \leqslant i \leqslant n). \tag{6.4.3}$$

所以

$$\sum_{i=1}^n \|x_i\| \leqslant \sum_{i=1}^n \int_{A_i} \|f_i\|\mathrm{d}\mu + \varepsilon \leqslant \int_\Omega \|F(w)\|\mathrm{d}\mu + \varepsilon. \tag{6.4.4}$$

因此可知 $\displaystyle\sum_{i=1}^n \|M(A_i)\| \leqslant \int_\Omega \|F\|\mathrm{d}\mu$, 所以

$$|M|(\Omega) \leqslant \int_\Omega \|F\|\mathrm{d}\mu. \tag{6.4.5}$$

反之任给 $f \in S_F^1$, 有

$$\int_\Omega \|f\|\mathrm{d}\mu = \sup_\pi \sum_{i=1}^n \left\|\int_{A_i} f\mathrm{d}\mu\right\| \leqslant \sup_\pi \sum_{i=1}^n \|M(A_i)\| = |M|(\Omega),$$

其中 π 表示 Ω 的可测有限划分全体, 于是由第二章知识有

$$\int_\Omega \|F\|\mathrm{d}\mu \leqslant |M|(\Omega). \tag{6.4.6}$$

由 (6.4.5), (6.4.6) 即得.

(2) 显然.

下面给出几个有关集值测度导数的例子.

例 6.4.1 设 $\{m_i : 1 \leqslant i \leqslant n\}$ 是一列向量测度, 定义 $M(A) = \left\{ \sum_{i=1}^{n} m_i(A_i) : \{A_1, \cdots, A_n\} \text{ 为 } A \text{ 的可测划分} \right\}$, 则 M 为集值测度. 若任给 $1 \leqslant i \leqslant n$, 存在 $f_i \in L^1[\Omega, X]$, 使

$$m_i(A) = \int_A f_i \mathrm{d}\mu \quad (\forall A \in \mathbf{A}),$$

则 $F(w) = \{f_i(w) : i \geqslant 1\}$ 为 M 关于 μ 的 R-N 导数.

例 6.4.2 设 $(\Omega, \mathbf{A}, \mu)$ 为非原子的有限测度空间, 令

$$F_1(w) = \{0, 1\}, F_2(w) = [0, 1] \quad (\forall w \in \Omega),$$

则 $F_1, F_2 \in \mu[\Omega, X]$, 且任给 $A \in \mathbf{A}$ 有

$$\int_A F_1 \mathrm{d}\mu = \int_A F_2 \mathrm{d}\mu = [0, \mu(A)]. \tag{6.4.7}$$

从而知 F_1, F_2 均为 $M = [0, \mu(\cdot)]$ 的 R-N 导数. 这个例子说明集例测度的 R-N 导数不必是唯一的.

例 6.4.3 设 $(\Omega, \mathbf{A}, \mu)$ 为有限测度空间, $F \in \mathbf{L}_f^1[\Omega, X], \mathbf{F}$ 为 $\mathbf{A}$ 的子 σ 代数. 由定理 2.4.12 可知

$$\mathrm{cl} \int_A^{(F)} E[F/\mathbf{F}] \mathrm{d}\mu = \mathrm{cl} \int_A F \mathrm{d}\mu \quad (\forall A \in \mathbf{F}), \tag{6.4.8}$$

因此可以看出 $E[F|\mathbf{F}]$ 是集值测度

$$M(A) = \int_A F \mathrm{d}\mu \quad (A \in \mathbf{A}) \tag{6.4.9}$$

在 $\mathbf{F}$ 上限制的广义 R-N 导数.

关于集值测度 R-N 导数存在的构造性证明, 有以下几种方法:

(1) 利用集值测度的表示定理, 向量测度的 R-N 导数及集值测机变量的 Castaing 表示进行构造.

(2) 利用集值测度与其选择的关系, 向量测度的 R-N 导数及集值随机变量与其可积选择空间的关系进行构造.

(3) 利用支撑函数的性质.

它们各有利弊.

定理 6.4.2　设 X 有 RNP, $M:\mathbf{A}\to\mathbf{P}_{bfc}(X)$ 为有界变差的 (δ) 集值测度, 且 $M\ll\mu$, 则存在 M 关于 μ 的广义 R-N 导数 $F\in\mathbf{L}_{fc}^1[\Omega,X]$.

证明　由定理 6.2.12, 存在一列向量测度 $\{m_i:i\geqslant 1\}$, 使得

$$M(A)=\mathrm{cl}\{m_i(A):i\geqslant 1\}\quad(\forall A\in\mathbf{A}).\tag{6.4.10}$$

显然, m_i 是有界变差的且 $m_i\ll\mu$. 设 $f_i\in L^1[\Omega,X]$ 为 m_i 关于 μ 的 R-N 导数, 令

$$G(w)=\mathrm{cl}\{f_i(w):i\geqslant 1\}\quad(\forall w\in\Omega),\tag{6.4.11}$$

由定理 2.2.3 易知 $G\in\mathbf{L}_f^1[\Omega,X]$. 由 (6.4.10) 可得

$$M(A)\subset\mathrm{cl}\int_A G\mathrm{d}\mu\quad(\forall\ A\in\mathbf{A}).\tag{6.4.12}$$

下面证明相反的包含关系. 取定 $A\in\mathbf{A}$, 设 $f\in S_G^1$. 对于任意的 $\varepsilon>0$, 存在 Ω 的有限可测划分 $\{A_1,\cdots,A_k\},k\geqslant 1$, 使得

$$\Big\|f-\sum_{j=1}^k\chi_{A_j}f_j\Big\|_1<\varepsilon,$$

从而更有

$$\Big\|\int_A f\mathrm{d}\mu-\sum_{j=1}^k\int_A\chi_{A_j}f_j\mathrm{d}\mu\Big\|<\varepsilon.\tag{6.4.13}$$

但由于

$$\sum_{j=1}^k\int_A\chi_{A_j}f_j\mathrm{d}\mu=\sum_{j=1}^k m_j(A\cap A_j)\in\sum_{j=1}^k M(A\cap A_j)=M(A),$$

因此由 $\varepsilon>0$ 的任意性知

$$\int_A f\mathrm{d}\mu\in M(A),\tag{6.4.14}$$

故知 $M(A)=\mathrm{cl}\int_A G\mathrm{d}\mu\quad(\forall A\in\mathbf{A})$. 令 $F(w)=\overline{\mathrm{co}}G(w)\quad(\forall w\in\Omega)$, 则 $F\in\mathbf{L}_{fc}^1[\Omega,X]$, 且对于任意的 $A\in\mathbf{A}$, 有

$$\begin{aligned}\mathrm{cl}\int_A F\mathrm{d}\mu&=\mathrm{cl}\int_A\overline{\mathrm{co}}G\mathrm{d}\mu=\overline{\mathrm{co}}\int_A G\mathrm{d}\mu\\&=\overline{\mathrm{co}}M(A)=M(A),\end{aligned}$$

即 F 为 M 关于 μ 的广义 R-N 导数.

定理 6.4.3　设 X 有 RNP, $M:\mathbf{A}\to\mathbf{P}_0(X)$ 为有界变差的集值测度, $M\ll\mu$, 则存在 M 关于 μ 的广义 R-N 导数 $F\in\mathbf{L}_f^1[\Omega,X]$.

证明 根据引理 6.2.2, 存在至多可数不交集列 $\{A_i : i \geqslant 1\} \subset \mathbf{A}$, 使得 $\bigcup_{i=1}^{\infty} A_i$ 包含了 μ 的所有原子集, 且 $A_i(i \geqslant 1)$ 均为 μ 的原子集. 定义 $F : \bigcup_{i=1}^{\infty} A_i \to \mathbf{P}_0(X)$ 为 $F(w) = \dfrac{1}{\mu(A_i)} \cdot \mathrm{cl}M(A_i)(w \in A_i)$. 由于 A_i 也是 M 的原子集, 故易知

$$\mathrm{cl}M(A) = \mathrm{cl}\int_A F\mathrm{d}\mu \quad \left(\forall A \in \mathbf{A}, A \subset \bigcup_{i=1}^{\infty} A_i\right). \tag{6.4.15}$$

由上所述, 不妨假定 μ 是非原子的, 由于 $M \ll \mu$, 不难验证 M 也是非原子的. 因此依定理 6.2.3, 推论 6.1.2(1) 知

$$\mathrm{cl}M(A) : \mathbf{A} \to \mathbf{P}_{bfc}(X)$$

为 (δ) 集值测度. 依定理 6.4.2 可证本定理.

定理 6.4.4 设 X 有 RNP, X^* 是可分的, $M : \mathbf{A} \to \mathbf{P}_{wkc}(X)$ 为有界变差的集值测度, $M \ll \mu$, 则存在 M 关于 μ 的 R-N 导数 $F \in \mathbf{L}^1_{wkc}[\Omega, X]$.

证明 用 $\mathrm{cabv}[\mathbf{A}, X]$ 表示取值于 X 的有界变差可数可加向量测度全体在全变差范数下的 Banach 空间, 由于 M 是有界变差的, 故 $S_M \subset \mathrm{cabv}[\mathbf{A}, X]$. 下面证明 S_M 为弱紧集.

因为任给 $m \in S_M, |m|(A) \leqslant |M|(A) \quad (\forall A \in \mathbf{A})$. 又因 M 是有界变差的, 故 $|M|$ 为可数可加实值有限测度, 故有

(i) S_M 为 $\mathrm{cabv}[\mathbf{A}, X]$ 中有界集;

(ii) 任给 $m \in S_M, m \ll |M|$;

由定理 6.2.10 可知

(iii) 任给 $A \in \mathbf{A} : \{m(A) : m \in S_M\} = M(A) \in \mathbf{P}_{wkc}(X)$.

因此知 S_M 为 $\mathrm{cabv}[\mathbf{A}, X]$ 中相对弱紧集 [90]. 显然 S_M 是凸的、强闭的, 故知 S_M 为 $\mathrm{cabv}[\mathbf{A}, X]$ 中弱紧凸集. 考虑 $L^1[\Omega, X]$ 子集

$$K = \left\{f \in L^1[\Omega, X] : \frac{\mathrm{d}m}{\mathrm{d}\mu} = f, m \in S_M\right\}, \tag{6.4.16}$$

其中 $\dfrac{\mathrm{d}m}{\mathrm{d}\mu}$ 表示 m 关于 μ 的 R-N 导数. 由 R-N 导数算子 $T : \mathrm{cabv}[\mathbf{A}, X] \to L^1[\Omega, X]$ 的强连续性易知 K 为 $L^1[\Omega, X]$ 中弱紧凸集. 下面证明 K 是可分解的, 任给 $f_1, f_2 \in K, A \in \mathbf{A}$, 设 $m_1, m_2 \in S_M, \dfrac{\mathrm{d}m_1}{\mathrm{d}\mu} = f_1, \dfrac{\mathrm{d}m_2}{\mathrm{d}\mu} = f_2$, 令

$$\begin{aligned} m(B) &= \int_B (\chi_A f_1 + \chi_{A^c} f_2)\mathrm{d}\mu \\ &= m_1(A \cap B) + m_2(A^c \cap B), \end{aligned} \tag{6.4.17}$$

则 m 为可数可加向量测度, 且 $m \in S_M, m \ll \mu$, 显然我们有 $\dfrac{\mathrm{d}m}{\mathrm{d}\mu} = \chi_A f_1 + \chi_{A^c} f_2$, 从而知 $\chi_A f_1 + \chi_{A^c} f_2 \in K$, 即证 K 是可分解的. 于是存在集值随机变量 $F \in \mathbf{L}^1_{wkc}[\Omega, X]$, 使得 $S^1_F = K$ 由 F 的构造显然 $\dfrac{\mathrm{d}M}{\mathrm{d}\mu} = F$.

注 文献 [268] 证明了如果 X 还是弱序列完备的, 且不含与 l^1 同构的子空间, 则本定理中 "X^* 可分" 这一条件可去掉.

定理 6.4.5 设 X 有 RNP, X^* 可分, $M : \mathbf{A} \to \mathbf{P}_0(X)$ 为有界变差的集值测度, $M \ll \mu$. 若 $(\Omega, \mathbf{A}, \mu)$ 是非原子的, 则存在唯一的 $F \in \mathbf{L}^1_{fc}[\Omega, X]$ 为 M 关于 μ 的广义 R-N 导数. 若 $\{x^*_n, n \geqslant 1\}$ 为 X^* 的可数稠密子集, 则

$$F(w) = \bigcap_{n=1}^{\infty} \left\{ x \in X : \langle x^*_n, x \rangle \leqslant \frac{\mathrm{d}\sigma(x^*_n, M(\cdot))}{\mathrm{d}\mu}(w) \right\} \text{a.e.}, \tag{6.4.18}$$

其中 $\dfrac{\mathrm{d}\sigma(x^*_n, M(\cdot))}{\mathrm{d}\mu}$ 表示广义测度 $\sigma(x^*_n, M(\cdot))$ 关于 μ 的 R-N 导数.

证明 由定理 6.4.3 知存在 M 关于 μ 的广义 R-N 导数 $F \in \mathbf{L}^1_{fc}[\Omega, X]$, 令

$$G(w) = \bigcap_{n=1}^{\infty} \left\{ x \in X : \langle x^*_n, x \rangle \leqslant \frac{\mathrm{d}\sigma(x^*_n, M(\cdot))}{\mathrm{d}\mu}(w) \right\} (w \in \Omega).$$

不妨假设 $G(w) \neq \varnothing (\forall w \in \Omega)$, 由于 $\mathrm{GrG} \in \mathbf{A} \times \mathbf{B}(X)$, 因此 $G \in \mu[\Omega, X]$. 为证 $F(w) = G(w)$a.e., 仅需证明 $S^1_F = S^1_G$. 显然有 $S^1_F \subset S^1_G$, 下证相反包含关系, 设 $f \in S^1_G$, 则任给 $n \geqslant 1$, 有

$$\langle x^*_n, f(w) \rangle \leqslant \frac{\mathrm{d}\sigma(x^*_n, M(\cdot))}{\mathrm{d}\mu}(w) \text{a.e.} \tag{6.4.19}$$

于是

$$\left\langle x^*_n, \int_A f \mathrm{d}\mu \right\rangle = \int_A \langle x^*_n, f \rangle \mathrm{d}\mu \leqslant \sigma(x^*_n, M(A)) (A \in \mathbf{A}, n \geqslant 1).$$

由于 $\mathrm{cl}M(A)$ 是凸的, 故

$$\int_A f \mathrm{d}\mu \in \mathrm{cl}M(A) = \mathrm{cl} \int_A F \mathrm{d}\mu, \tag{6.4.20}$$

所以有 $f \in S^1_F$, 从而 $S^1_G \subset S^1_F$. 因此 (6.4.18) 成立. 根据广义测度 R-N 导数的唯一性及 (6.4.18) 即知 F 的唯一性.

用集值随机变量的性质不难证明下列三个关于集值测度 R-N 导数性质的定理.

定理 6.4.6 设 X 有 RNP, X^* 可分, $M_i : \mathbf{A} \to \mathbf{P}_{wkc}(X), i = 1, 2$ 为有界变差的集值测度, 而且 $M_i \ll \mu (i = 1, 2), M_1(A) \subset M_2(A) (\forall A \in \mathbf{A})$, 则

$$\frac{\mathrm{d}M_1}{\mathrm{d}\mu} \subset \frac{\mathrm{d}M_2}{\mathrm{d}\mu} \quad \text{a.e..} \tag{6.4.21}$$

定理 6.4.7 设 X 有 RNP, X^* 可分, $M:\mathbf{A}\to\mathbf{P}_{wkc}(X)$ 为有界变差的集值测度 $M\ll\mu$, 则 $\overline{\mathrm{co}}\Big(\dfrac{\mathrm{d}M}{\mathrm{d}\mu}\Big)$ 是 $\overline{\mathrm{co}}M$ 关于 μ 的 R-N 导数.

定理 6.4.8 设 X 有 RNP, X^* 可分, $M:\mathbf{A}\to\mathbf{P}_{wkc}(X)$ 为有界变差的集值测度, $M\ll\mu$, 则

$$S_M=\Big\{\int_{(\cdot)}f\mathrm{d}\mu:f\in S_F^1,F=\frac{\mathrm{d}M}{\mathrm{d}\mu}\Big\}.\tag{6.4.22}$$

最后我们讨论紧凸集值测度的 R-N 导数. 由定理 1.2.13 知, 对于 $\mathbf{P}_{kc}(X)$, 存在 Banach 空间 $\hat{X}$ 及等距同构的映射 $j:\mathbf{P}_{kc}(X)\to\hat{X}$, 使得 $j:(\mathbf{P}_{kc}(X))$ 为 $\hat{X}$ 中的闭凸锥. 因此, 可以直接运用向量测度的某些结果研究紧凸集值测度.

引理 6.4.1 设 $\mathbf{B}\subset\mathbf{P}_{kc}(X)$, 则 $\mathbf{B}$ 是 $(\mathbf{P}_{kc}(X),\delta)$ 中的相对紧集当且仅当存在 X 的紧子集 C, 使得 $\cup\{A:A\in\mathbf{B}\}\subset C$.

证明 由定理 1.3.9 易证.

定理 6.4.9 设 $M:\mathbf{A}\to\mathbf{P}_{kc}(X)$ 为集值测度. 则存在 M 关于 μ 的 R-N 导数 $F\in\mathbf{L}_{kc}^1[\Omega,X]$ 当且仅当下列三个条件成立:

(i) $M\ll\mu$;

(ii) M 是有界变差的;

(iii) 对于任给 $A\in\mathbf{A},0<\mu(A)<\infty$, 存在 $B\subset A$ 及 X 的紧子集 C, 使得 $\mu(B)>0$, 且 $\cup\Big\{\dfrac{M(B')}{\mu(B')},B'\in\mathbf{A},B'\subset B,\text{且 }\mu(B')>0\Big\}\subset C$.

证明 设 $\hat{X}$ 为 Banach 空间, $j:\mathbf{P}_{kc}(X)\to\hat{X}$ 为等距同构映射, 使得 $j(\mathbf{P}_{kc}(X))$ 为 $\widehat{X}$ 的闭凸锥. 考虑 $\widehat{X}$ 值集函数 $j(M):\mathbf{A}\to\widehat{X}$

$$j(M)(A)=j(M(A))\quad(\forall A\in\mathbf{A}).$$

则由引理 6.4.1 容易验证 (i), (ii), (iii) 分别等价于:

(i′) $j(M)\ll\mu$;

(ii′) $j(M)$ 为 $\widehat{X}$ 值可数可加的有界变差向量测度;

(iii′) 对于任给 $A\in\mathbf{A},0<\mu(A)<\infty$, 存在 $B\subset A,\mu(B)>0$, 使得

$$\Big\{\frac{j(M)(B')}{\mu(B')}:B'\in\mathbf{A},B'\subset B,\text{且}\mu(B')>0\Big\}\subset j(\mathbf{P}_{kc}(X))$$

为 $\widehat{X}$ 中相对紧子集.

由向量测度的 R-N 导数定理知 $j(M)$ 关于 μ 的 R-N 导数存在等价于 (i′),(ii′), (iii′) 三个条件成立 [90]. 但由于任给 $F\in\mathbf{L}_{kc}^1[\Omega,X]$, 有

$$j\Big(\int_A F\mathrm{d}\mu\Big)=\int_A j(F)\mathrm{d}\mu.\tag{6.4.23}$$

因此可知 F 为 M 关于 μ 的 R-N 导数当且仅当 $j(F)$ 为 $j(M)$ 关于 μ 的 R-N 导数, 定理得证.

推论 6.4.1　设 $M: \mathbf{A} \to \mathbf{P}_{kc}(X)$ 为有界变差集值测度, $M \ll \mu$. 若存在 X 的紧子集 C, 使得任给 $A \in \mathbf{A}$, 有

$$M(A) \subset |M|(A)C, \tag{6.4.24}$$

则存在 M 关于 μ 的 R-N 导数 $F \in \mathbf{L}^1_{kc}[\Omega, X]$.

证明　由于 $|M| \ll \mu$, 且任给 $A \in \mathbf{A}$, 有

$$\frac{M(A)}{\mu(A)} \subset \frac{|M|(A)}{\mu(A)} \cdot C, \tag{6.4.25}$$

故容易验证定理 6.4.9 中条件 (iii) 成立.

§6.5　关于集值测度的积分

设 $(\Omega, \mathbf{A})$ 为可测空间,$m: \mathbf{A} \to X$ 为有界变差向量测度, $f \in L^1[\Omega, \mathbf{R}]$ 为实值可积函数. 用通常定义积分的方法 (由简单函数过渡到任意可积函数), 可以定义 $f(w)$ 关于 m 的积分

$$\int_\Omega f \mathrm{d}m \in X. \tag{6.5.1}$$

可以证明, 上述定义的积分满足通常积分的性质, 特别地我们有

$$\left\| \int_\Omega f \mathrm{d}m \right\| \leqslant \int_\Omega |f| \mathrm{d}|m|, \tag{6.5.2}$$

$$\left\langle x^*, \int_\Omega f \mathrm{d}m \right\rangle = \int_\Omega f \mathrm{d}(x^* om)(\forall x^* \in X^*), \tag{6.5.3}$$

其中 $|m|$ 表示 m 的全变差. $x^* om$ 表示由 $x^* om(\cdot) = \langle x^*, m(\cdot) \rangle$ 定义的广义测度.

本节讨论实值可积函数关于集值测度的积分. 以下恒设 $(\Omega, \mathbf{A}, M)$ 为有界变差的集值测度空间, $\mu = |M|$ 为 M 的全变差, 且 $(\Omega, \mathbf{A}, \mu)$ 是完备的.

定义 6.5.1　设 $f \in L^1[\Omega, \mathbf{R}]$ 为实值可积函数, f 关于 M 的积分定义作

$$\int_\Omega f \mathrm{d}M = \left\{ \int_\Omega f \mathrm{d}m : m \in S_M \right\}. \tag{6.5.4}$$

定理 6.5.1　设 M_1, M_2 为两个有界变差的集值测度, $f \in L^1[\Omega, R]$, 如果 $M_1(A) \subset M_2(A) \quad (\forall A \in \mathbf{A},)$ 则

$$\int_\Omega f \mathrm{d}M_1 \subset \int_\Omega f \mathrm{d}M_2. \tag{6.5.5}$$

证明 由假设知 $S_{M1}\subset S_{M2}$, 依定义即得.

定理 6.5.2 任给 $f\in L^1[\Omega,\mathbf{R}]$, 有

$$\Big\|\int_\Omega f\mathrm{d}M\Big\|\leqslant\int_\Omega|f|\mathrm{d}\mu. \tag{6.5.6}$$

证明 任给 $x\in\int_\Omega f\mathrm{d}M$, 存在 $m\in S_M$, 使得 $x=\int_\Omega f\mathrm{d}m$, 则

$$\|x\|\leqslant\int_\Omega|f|\mathrm{d}|m|.$$

但显然 $|m|(A)\leqslant|M|(A)=\mu(A)\quad(\forall A\in\mathbf{A})$, 因此 $\|x\|\leqslant\int_\Omega|f|\mathrm{d}\mu$, 即证.

定理 6.5.3 设 $f\in L^1[\Omega,\mathbf{R}]$, 则

$$M_f(A)=\int_A f\mathrm{d}M\quad(\forall A\in\mathbf{A}) \tag{6.5.7}$$

为有界变差集值测度.

证明 显然 $M_f(\varnothing)=\{\theta\}$. 设 $\{A_n:n\geqslant1\}\subset\mathbf{A}$ 为任意不交集列, $A=\sum\limits_{n=1}^\infty A_n$, 下列证明

$$M_f(A)=\sum_{n=1}^\infty M_f(A_n). \tag{6.5.8}$$

$M_f(A)\subset\sum\limits_{n=1}^\infty M_f(A_n)$ 是显然的, 为证相反包含关系, 任取 $x_n\in M_f(A_n)(n\geqslant1)$, 则存在 $m_n\in S_M$, 使得

$$x_n=\int_{A_n}f\mathrm{d}m_n\quad(\forall n\geqslant1). \tag{6.5.9}$$

任选 $m_0\in S_M$, 定义 $m:\mathbf{A}\to X$ 如下:

$$m(C)=\sum_{n=1}^\infty m_n(A_n\cap C)+m_0(A^c\cap C)\quad(\forall C\in\mathbf{A}). \tag{6.5.10}$$

由于 $|m_0|\leqslant|M|,|m_n|\leqslant|M|\quad(\forall n\geqslant1)$, 因此 $\{m_0,m_n:n\geqslant1\}$ 为一致可数可加的, 故知 m 是可数可加的, 且 $m\in S_M$,

$$\int_{A_n}f\mathrm{d}m=\int_{A_n}f\mathrm{d}m_n\quad(\forall\ n\geqslant1).$$

于是有

$$\int_A f\mathrm{d}m=\sum_{n=1}^\infty\int_{A_n}f\mathrm{d}m=\sum_{n=1}^\infty\int_{A_n}f\mathrm{d}m_n\in M_f(A). \tag{6.5.11}$$

从而 $\sum_{n=1}^{\infty} x_n \in M_f(A_n)$, 即证 $\sum_{n=1}^{\infty} M_f(A_n) \subset M(A)$. 因此 (6.5.8) 成立, 即 $M_f(A)$ 是集值测度. 由定理 6.5.2 及全变差的定义易知 M_f 是有界变差的.

定理 6.5.4 设 X 有 RNP, X^* 是可分的, $M : \mathbf{A} \to \mathbf{P}_{wkc}(X)$ 为有界变差的集值测度, $f \in L^1[\Omega, R]$, 那么存在 $G \in \mathbf{L}^1_{wkc}[\Omega, X]$, 使得

$$\int_\Omega f \mathrm{d}M = \int_\Omega fG \mathrm{d}\mu. \tag{6.5.12}$$

证明 由定理 6.4.4 知, 一定存在 M 关于 μ 的 R-N 导数 $G \in \mathbf{L}^1_{wkc}[\Omega, X]$. 下面证明 (6.5.12) 成立. 设 $x \in \int_\Omega f \mathrm{d}M$, 则存在 $m \in S_M$, 使得 $x = \int_\Omega f \mathrm{d}m$. 由定理 6.4.8, 存在 $g \in S^1_G$, 使得

$$m(A) = \int_A g \mathrm{d}\mu \quad (\forall A \in \mathbf{A}),$$

即 $g(w)$ 为 m 关于 μ 的 R-N 导数, 于是有

$$x = \int_\Omega f \mathrm{d}m = \int_\Omega f \cdot g \mathrm{d}\mu \in \int_\Omega fG \mathrm{d}\mu.$$

即证 $\int_\Omega f \mathrm{d}M \subset \int_\Omega fG \mathrm{d}\mu$, 类似可证相反的包含关系.

推论 6.5.1 在定理 6.5.4 条件下, 任给 $f \in L^1[\Omega, \mathbf{R}]$, 则

$$M_f(A) = \int_A f \mathrm{d}M \quad (\forall A \in \mathbf{A})$$

为弱紧凸有界变差集值测度.

推论 6.5.2 在定理 6.5.4 条件下, 任给 $x^* \in X^*$, 有

$$\sigma\Big(x^*, \int_\Omega f \mathrm{d}M\Big) = \int_\Omega f \mathrm{d}\sigma(x^*, M(\cdot)).$$

§6.6 关于集值转移测度

首先给出本节特殊的记号与必需的知识. 设 $(\Omega, \mathbf{A})$ 为可测空间, X 为 Banach 空间, 用 $\mathrm{ca}(\Omega, X)$ 表示 $(\Omega, \mathbf{A})$ 上取值于 X 的可数可加向量测度空间, $\mathrm{cabv}(\Omega, X)$ 表示其上有界变差向量测度全体形成的子空间. 用 S 表示 $(\Omega, \mathbf{A})$ 上实值简单可测函数全体, 令

$$S \otimes X^* = \Big\{ \sum_{k=1}^{n} \chi_{A_k} x_k^* : \{A_k : 1 \leqslant k \leqslant n\} \text{为 } \Omega \text{ 的有限可测划分}, x_k^* \in X^*, 1 \leqslant k \leqslant n, n \geqslant 1 \Big\}. \tag{6.6.1}$$

考虑 $\mathrm{ca}(\Omega,X)$ 上由下面定义的弱拓扑 $w(\mathrm{ca}(\Omega,X),S\otimes X^*)$:

$$\langle m,\mu\rangle=\left\langle m,\sum_{k=1}^{n}\chi_{A_k}x_k^*\right\rangle=\sum_{k=1}^{n}\langle x_k^*,m(A_k)\rangle. \tag{6.6.2}$$

设 $\{m_\alpha:\alpha\in D\}$ 为 $\mathrm{ca}(\Omega,X)$ 中的定向列, 称 $\{m_\alpha:\alpha\in D\}$ 简单弱收敛到 m(记作 $(\tau)m_\alpha\to m$), 如果任给 $A\in\mathbf{A}$, 有 $(w)m_\alpha(A)\to m(A)$. 依定义易证:

引理 6.6.1 $(\tau)m_\alpha\to m$ 当且仅当

$$m_\alpha\to m(w(\mathrm{ca}(\Omega,\mathrm{X}),S\otimes X^*)).$$

设 T 为 Polish 空间, $\mathbf{B}(T)$ 为其 Borel σ 代数. 用 $C_b(T)$ 表示 T 上实值有界连续函数空间, $C_b(T)\otimes X$ 表示 T 上取值于 X 的有限维子空间的有界连续函数空间. 分别用 $\mathrm{cabv}(T)$ 和 $\mathrm{cabv}(T,X)$ 表示 $(T,\mathbf{B}(T))$ 上实值有界变差测度空间与 X 值有界变差向量测度空间. 考虑 $\mathrm{cabv}(T,X)$ 上的弱拓扑 $w(\mathrm{cabv}(\mathbf{T}),X),C_b(T)\otimes X^*)$. 任给 $x^*\in X^*$, 定义映射 $x^*om:\mathrm{cabv}(T,X)\to\mathrm{cabv}(T)$ 如下:

$$x^*om(A)=\langle x^*,m(A)\rangle\quad(\forall A\in\mathbf{B}(T)). \tag{6.6.3}$$

我们有

引理 6.6.2 x^*om 是 $(\mathrm{cabv}(T,X),w(\mathrm{cabv}(T,X),C_b(T)\otimes X^*))$ 到 $\mathrm{cabv}(T)$ 上连续映射, 因而可测. 其中 $\mathrm{cabv}(T)$ 取通常意义下的弱收敛拓扑.

称 Hausdorff 拓扑空间 Y 为 Suslin 空间, 如果存在一个 Polish 空间 Z 及连续满射 $\varphi:Z\to Y$.

引理 6.6.3 设 X 为可分的自反 Banach 空间, T 为 Polish 空间, 则 $(\mathrm{cabv}(T,X),$ $w(\mathrm{cabv}(T,X),C_b(T)\otimes X^*))$ 为 Suslin 空间.

证明 见文献 [293].

引理 6.6.4 设 $(\Omega,\mathbf{A},\mu)$ 为完备的测度空间, Y 为 Suslin 空间, $F:\Omega\to\mathbf{P}_f(X)$ 为集值映射. 若 $\mathrm{Cr}F\in\mathbf{A}\times\mathbf{B}(Y)$, 则 F 有可测选择.

证明 见文献 [333].

定义 6.6.1 设 $(\Omega,\mathbf{A})$, $(T,\mathbf{B})$ 为可测空间, X 为 Banach 空间, 称 $M:\Omega\times\mathbf{B}\to\mathbf{P}_f(X)$ 为集值转移测度, 如果它满足

(1) 任给 $A\in\mathbf{B}, M(\cdot,A)$ 关于 $w\in\Omega$ 可测;

(2) 任给 $w\in\Omega, M(w,\cdot)$ 为 $(T,\mathbf{B})$ 上的集值测度.

称 $m:\Omega\times\mathbf{B}\to X$ 为 $M(\cdot,\cdot)$ 的选择转移测度, 如果它满足

(1) 任给 $A\in\mathbf{B}, m(\cdot,A)$ 关于 $w\in\Omega$ 可测;

(2) 任给 $w\in\Omega, m(w,\cdot)$ 为 $(T,\mathbf{B})$ 上的可数可加向量测度;

(3) 任给 $w\in\Omega, A\in\mathbf{B}, m(w,A)\in M(w,A)$.
集值转移测度 $M(\cdot,\cdot)$ 的选择转移测度全体记作 TS_M.

以下恒设 $(\Omega,\mathbf{A},\mu)$ 为完备的有限测度空间, X 为可分的自反 Banach 空间, T 为 Polish 空间, $\mathbf{B}(T)$ 为其 Borel σ 代数, λ 为 $(T,\mathbf{B}(T))$ 上的有限测度.

定理 6.6.1 设 $M:\Omega\times\mathbf{B}(T)\to\mathbf{P}_{wkc}(X)$ 为有界变差的集值转移测度, 对于任给 $A\in\mathbf{B}(T)$ 及可测函数 $h:\Omega\to X$, 满足 $h(w)\in M(w,A)(\forall\ w\in\Omega)$, 存在 $m\in TS_M$, 使得

$$m(w,A)=h(w)\quad(\forall w\in\Omega). \tag{6.6.4}$$

证明 定义 $R_A(w):\Omega\to 2^{\mathrm{cabv}(T,X)}$ 如下:

$$R_A(w)=\{m\in\mathrm{cabv}(T,X):m\in S_{M(w,\cdot)},m(w,A)=h(w)\}.$$

由定理 6.2.8, $R_A(w)\neq\varnothing$, 且显然 $R_A(w)\in\mathbf{P}_f(\mathrm{cabv}(T,X))$. 任给 $C\in\mathbf{B}(T),x^*\in X^*$, 考虑 $\Omega\times\mathrm{cabv}(T,X)$ 上定义的实值函数:

$$\varPhi_{C,x^*}(w,m)=\langle x^*,m(C)-h(w)\rangle,$$

$$\varphi_{C,x^*}(w,m)=\sigma(x^*,M(w),C)-\langle x^*,m(C)\rangle.$$

由引理 6.6.2 及定义 6.6.1 易知 $\varPhi_{C,x^*},\varphi_{C,x^*}$ 均是 $\mathbf{A}\otimes\mathbf{B}(\mathrm{cabv}(T,X))$ 可测的.

设 $\{x_n^*:n\geqslant 1\}$ 为 X^* 的稠密子列, 由于 T 为 Polish 空间, 则 $\mathbf{B}(T)$ 是可数生成的, 即存在代数 $\{C_k:k\geqslant 1\}\subset\mathbf{B}(T)$, 使得 $\sigma(\{C_n:n\geqslant 1\})=\mathbf{B}(T)$. 记

$$\varPhi_n(w,m)=\langle x_n^*,m(A)-h(w)\rangle,$$

$$\varphi_{n,k}(w,m)=\sigma(x_n^*,M(C_k))-\langle x_n^*,m(C_k)\rangle,$$

则有

$$\begin{aligned}\mathrm{Gr}(R_A(w))=&\bigcap_{n\geqslant 1,k\geqslant 1}\{(w,m)\in\Omega\times\mathrm{cabv}(T,X):\varPhi_n(w,m)=0,\varphi_{n,k}(w,m)\geqslant 0\}\\&\in\mathbf{A}\otimes\mathbf{B}(\mathrm{cabv}(T,X)).\end{aligned}$$

于是依引理 6.6.3, 引理 6.6.4, 存在 $R_A(w)$ 的可测选择 $r(w):\Omega\to\mathrm{cabv}(T,X)$. 令 $m(w,C)=r(w)(C)(w\in\Omega,C\in\mathbf{B}(T))$, 则 $m(\cdot,\cdot)\in TS_M$, 且 $m(w,A)=h(w)\quad(w\in\Omega)$.

引理 6.6.5 设 $m:\Omega\times\mathbf{B}(T)\to X$ 为有界变差的向量转移测度, $m(w,\cdot)\ll\lambda$(a.e.关于μ), 则存在可测函数 $f(w,t):\Omega\times T\to X$ 及 $N\in\mathbf{A},\mu(N)=0$, 使得 $f(w,\cdot)\in L^1(T,\lambda,X)(\forall\ w\in\Omega)$, 且有

$$m(w,C)=\int_C f(w,t)\lambda(\mathrm{d}t)\quad(\forall\ C\in\mathbf{B}(T)). \tag{6.6.5}$$

证明 取 $N \in \mathbf{A}, \mu(A)=0$, 使得 $m(w,\cdot) \ll \lambda(w \in \Omega\backslash N)$. 由于 X 自反, 自然有 RNP, 故任给 $w \in \Omega\backslash N$, 存在 $f(w,\cdot) \in L^1(T,\lambda,X)$, 使得

$$m(w,C)=\int_C f(w,t)\lambda(\mathrm{d}t) \quad (C \in \mathbf{B}(T)).$$

令 $f(w,\cdot) \equiv 0 \quad (\forall\ w \in \Omega\backslash N)$, 则有 $f(w,\cdot) \in L^1(T,\lambda,X)(w \in \Omega)$. 下面证明 $f(\cdot,\cdot):\Omega \times T \to X$ 是可测的. 任给 $x^* \in X^*, C \in \mathbf{B}(T)$, 由于

$$\langle f(w,\cdot),\chi_C x^*\rangle_L=\langle x^*,m(w,C)\rangle$$

(其中 $\langle\cdot,\cdot\rangle_L$ 所表示的就是 $L^1(T,\lambda,X^*), L^\infty(T,\lambda,X^*)=L^1(T,\lambda,X^*)$ 之间的对偶.) 因此 $w \to \langle f(w,\cdot),\chi_C x^*\rangle_L$ 是可测的. 由于可数值函数在 $L^\infty(T,\lambda,X^*)$ 中稠密, 因此知 $f(w,\cdot):\Omega \to L^1(T,\lambda,X)$ 是弱可测的. 但由于 $\mathbf{L}^1(T,\lambda,X)$ 是可分的, 故依 Pettis 可测性定理知 $f(w,\cdot):\Omega \to L^1(T,\lambda,X)$ 是可测的, 从而更有 $f(w,t):\Omega \times T \to X$ 是可测的.

定理 6.6.2 设 $M:\Omega \times \mathbf{B}(T) \to \mathbf{P}_{wkc}(X)$ 为有界变差集测度, $|M(w,\cdot)| \ll \lambda$ (a.e.关于μ), 则存在可测集值函数 $F:\Omega \times T \to \mathbf{P}_{wkc}(X)$ 及 $N \in \mathbf{A}, \mu(N)=0$, 使得任给 $F(w,\cdot)$ 可积有界 $(\forall\ w \in \Omega)$, 且

$$M(w,C)=\int_C F(w,t)\lambda(\mathrm{d}t) \quad (\forall\ w \in \Omega\backslash N, C \in \mathbf{B}(T)). \tag{6.6.6}$$

证明 取可测函数 $h_n:\Omega \to \mathbf{X}, n \geqslant 1$, 使得

$$M(w,T)=\mathrm{cl}\{h_n(w):n \geqslant 1\} \quad (\forall\ w \in \Omega). \tag{6.6.7}$$

由定理 6.6.1 知, 任给 $n \geqslant 1$, 存在 $m_n \in TS_M$, 使得

$$h_n(w)=m_n(w,T) \quad (\forall\ w \in \Omega). \tag{6.6.8}$$

任给 $C \in \mathbf{B}(T)$, 由于

$$\begin{aligned}
&\mathrm{cl}\{m_n(w,C)+m_n(w,C^c):n \geqslant 1\}\\
=&\mathrm{cl}\{h_n(w):n \geqslant 1\}\\
=&M(w,C)+M(w,C^c),\\
&\mathrm{cl}\{m_n(w,C)+M_n(w,C^c):n \geqslant 1\}\\
&\subset \overline{\mathrm{co}}\{m_n(w,C):n \geqslant 1\}+\overline{\mathrm{co}}\{m_n(C^c):n \geqslant 1\}.
\end{aligned}$$

故依引理 6.2.3 可知

$$\overline{\mathrm{co}}\{m_n(w,C),n \geqslant 1\}=M(w,C). \tag{6.6.9}$$

依引理 6.6.5, 存在可测函数列 $f_n:\Omega\times T\to X$ 及 $N\in\mathbf{A},\mu(N)=0$, 使得 $f_n(w,\cdot)\in L^1(T,\lambda,X),(n\geqslant 1,w\in\Omega\backslash N)$, 且

$$m_n(w,C)=\int_C f_n(w,t)\lambda(\mathrm{d}t)(n\geqslant 1,w\in\Omega\backslash N,C\in\mathbf{B}(T)).$$

令 $F(w,t)=\overline{\mathrm{co}}\{f_n(w,t):n\geqslant 1\}$, 则 $F:\Omega\times T\to\mathbf{P}_{wkc}(X)$ 是可测的, 且

$$|F(w,t)|\leqslant\frac{\mathrm{d}|M|(w,t)}{\mathrm{d}\lambda}\quad(\text{a.e.关于}\mu\times\lambda).$$

由于 $\dfrac{\mathrm{d}|M|(w,\cdot)}{\mathrm{d}\lambda}\in L^1(T,\lambda,\mathbf{R})$, 故知 $F(w,\cdot)$ 是可积有界的.

由定理 2.3.3 易证

$$\begin{aligned}M(w,C)&=\overline{\mathrm{co}}\{m_n(w,C):n\geqslant 1\}\\&=\overline{\mathrm{co}}\Big\{\int_C f_n(w,t)\lambda(\mathrm{d}t):n\geqslant 1\Big\}\\&=\int_C\overline{\mathrm{co}}\{f_n(w,t):n\geqslant 1\}\lambda(\mathrm{d}t)\\&=\int_C F(w,t)\lambda(\mathrm{d}t)\end{aligned}$$

即 (6.6.6) 成立.

下面, 我们讨论实值可测函数 $f:\Omega\times T\to\mathbf{R}$ 关于集值转移测度的积分.

定义 6.6.2　我们假设 $f:\Omega\times T\to\mathbf{R}$ 是可测的, 且 $f(w,\cdot)\in L^1(T,\lambda,\mathbf{R})(w\in\mathbf{R}),M:\Omega\times\mathbf{B}(T)\to\mathbf{P}_f(X)$ 为集值转移测度, $|M(w,\cdot)|\ll\lambda$ (a.e.关于μ), $f(\cdot,\cdot)$ 关于 $M(\cdot,\cdot)$ 的积分定义为

$$\int_C f(w,t)\mathrm{d}M(w,\mathrm{d}t)=\Big\{\int_C f(w,t)m(w,\mathrm{d}t):m\in TS_M\Big\}(C\in\mathbf{B}(T)).\tag{6.6.10}$$

引理 6.6.6　我们假设 $f:\Omega\times T\to\mathbf{R}$ 是可测的, $f(w,\cdot)\in L^1(T,\lambda,\mathbf{R})$　$(\forall\, w\in\Omega),m$ 为向量值转移测度, 则 $w\to\displaystyle\int_C f(w,t)m(w,\mathrm{d}t)$ 可测.

证明　设 $S_n:\Omega\times T\to\mathbf{R}$ 为简单函数, $|S_n(w,t)|\leqslant|f(w,t)|$, 且

$$S_n(w,t)\to f(w,t)\ \ (\mu\times\lambda-\text{a.e.}).$$

显然任给 $n\geqslant 1,w\to\displaystyle\int_C S_n(w,t)m(w,\mathrm{d}t)$ 可测, 而由控制收敛定理知 $\displaystyle\int_C S_n(w,t)m(w,\mathrm{d}t)\to\int_C f(w,t)m\ (w,\mathrm{d}t)$ (a.e.关于μ), 因此 $w\to\displaystyle\int_C f(w,t)m(w,\mathrm{d}t)$ 是可测的.

引理 6.6.7 设 $M:\mathbf{B}(T)\to\mathbf{P}_{wkc}(X)$ 为集值测度, 且存在 $W\in\mathbf{P}_{wkc}(X)$, 使得 $M(C)\subset\lambda(C)\cdot W(\forall\, C\in\mathbf{B}(T)), f\in L^1(T,\lambda,\mathbf{R})$, 则对于任意的 $(x^*\in X^*, C\in\mathbf{B}(T))$, 映射 $m\to\left\langle x^*,\int_C f(t)m(\mathrm{d}t)\right\rangle$ 在 S_M 上关于简单弱收敛拓扑连续.

证明 首先假定 $f(t)$ 为简单函数, $f(t)=\sum\limits_{k=1}^{n}a_k\chi_{B_K}$, 则

$$\int_C f(t)m(\mathrm{d}t)=\sum_{k=1}^{n}a_k\cdot m(C\cup B_k),$$

因此 $m\to\left\langle x^*,\int_C f(t)m(\mathrm{d}t)\right\rangle$ 关于 $m\in S_M$ 连续. 对于任意 $f\in\mathbf{L}^1(T,\lambda,\mathbf{R})$, 设 $S_n(t)$ 为 T 上的简单函数, $\|f-S_n\|\to 0, n\to\infty$, 但由于

$$|\langle x^*,m(C)\rangle|\leqslant\lambda(C)\cdot\|x^*\|\cdot\|W\|(\forall\; x^*\in X^*),$$

因此可知 $\left\{\int_C|f(t)-S_n(t)|\mathrm{d}|x^*om|(t):n\geqslant 1\right\}$ 关于 $m\in S_M$ 一致地收敛于 0. 从而知 $\left\{\int_C S_n(t)\mathrm{d}(x^*om):n\geqslant 1\right\}$ 关于 $m\in S_M$ 一致收敛于 $\int_C f(t)d(x^*om)$. 因为任给 $n\geqslant 1,\int_C S_n(t)\mathrm{d}(x^*om)$ 关于 $m\in S_M$ 连续, 故知

$$m\to\int_C f(t)\mathrm{d}(x^*om)=\left\langle x^*,\int_C f(t)m(\mathrm{d}t)\right\rangle$$

关于 $m\in S_M$ 在简单弱收敛拓扑下连续.

定理 6.6.3 设 $\{w\}\in\mathbf{A}(\forall w\in\Omega), M:\Omega\times\mathbf{B}(T)\to\mathbf{P}_{fc}(X)$ 为集值转移测度, 且存在 $W(w):\Omega\to\mathbf{P}_{wkc}(X)$, 使得任给 $w\in\Omega, C\in\mathbf{B}(T)$, 有 $M(w,C)\subset\lambda(C)W(w)$, 则任给 $f:\Omega\times T\to\mathbf{R}$ 可测, $f(w,\cdot)\in\mathbf{L}^1(T,\lambda,R)$ 有,

$$N(w,C)=\int_C f(w,t)M(w,\mathrm{d}t)\tag{6.6.11}$$

为弱紧凸集值转移测度.

证明 由定理 6.6.1 知 $TS_M\neq\varnothing$, 故 $N(\cdot,\cdot)$ 非空. 由于 $M(\cdot,\cdot)$ 是凸的, 则 TS_M 是凸的, 从而知 $N(\cdot,\cdot)$ 是凸的. 另一方面, 由于 $\{w\}\in\mathbf{A}$, 所以任给 $w\in\Omega, C\in\mathbf{B}(T)$, 有

$$\left\{\int_C f(w,t)m(w,\mathrm{d}t):m\in TS_M\right\}=\left\{\int_C f(w,t)\hat{m}(\mathrm{d}t):\hat{m}\in S_{M(w,\cdot)}\right\}.\tag{6.6.12}$$

下面证明 $N(w,C)\in\mathbf{P}_{wkc}(X)$. 设 $\{x_\alpha:\alpha\in D\}$ 为 $N(w,C)$ 中定向列, $(w)x_\alpha\to x$, 则依定义有

$$x_\alpha=\int_C f(w,t)\hat{m}_\alpha(\mathrm{d}t),\quad \hat{m}_\alpha\in S_{M(w,\cdot)}.$$

而易证 $S_{M(w,\cdot)}$ 是 cabv 中简单弱收敛拓扑意义下的紧子集, 因此存在子定向列 $\{\hat{m}_\beta : \beta \in D'\}, D' \subset D$, 使得 $(\tau)\hat{m}_\beta \to \hat{m} \in S_{M(w,\cdot)}$. 因此依引理 6.6.7 可得

$$(w)\int_C f(w,t)\hat{m}_\beta(\mathrm{d}t) \to \int_C f(w,t)\hat{m}(\mathrm{d}t).$$

则 $x = \int_C f(w,t)\hat{m}(\mathrm{d}t) \in N(w,C)$. 于是 $N(w,C) \in \mathbf{P}_{fc}(X)$. 但由于

$$N(w,C) = \int_C f(w,t)M(w,\mathrm{d}t) \subset \left[\int_C f(w,t)\lambda(\mathrm{d}t)\right]W(w) \in \mathbf{P}_{wkc}(X).$$

因此 $N(w,C) \in \mathbf{P}_{wkc}(X)(\forall w \in \Omega, C \in \mathbf{B}(T))$.

设 $m \in TS_M, x^* \in X^*$, 不妨假设 $f(w,t) \geqslant 0$(否则取其正负部分别考虑). 依 x^*om 的定义可知

$$\begin{aligned}\left\langle x^*, \int_C f(w,t)m(w,\mathrm{d}t)\right\rangle &= \int_C f(w,t)d(x^*om)(w,\mathrm{d}t)\\ &\leqslant \int_C f(w,t)\sigma(x^*, M(w,\mathrm{d}t)),\end{aligned}$$

从而有

$$\sigma(x^*, N(w,C)) \leqslant \int_C f(w,t)\sigma(x^*, M(w,\mathrm{d}t)).$$

固定 $x^* \in X^*$, 定义

$$\begin{aligned}H_C(w) = \{\hat{m} \in \mathrm{cabv}(T,X) : \sigma(x^*, M(C))\\ = \langle x^*, \hat{m}(C)\rangle, \hat{m} \in S_{M(w,\cdot)}\}(w \in \Omega),\end{aligned}$$

可以证明 (这里用到良序原理)$H_C(w) \neq \varnothing \quad (\forall w \in \Omega)$, 并且用定理 6.6.1 同样的方法可知存在可测映射 $r(w) : \Omega \to \mathrm{cabv}(T,X)$, 使得 $r(w) \in H_C(w) \quad (\forall w \in \Omega)$. 令 $m(w,C) = r(w)(C)$, 则 $m \in TS_M$, 且

$$\sigma(x^*, M(w,C)) = \langle x^*, m(w,C)\rangle,$$

即知 $\sigma(x^*, N(w,C)) = \int_C f(w,t)d(x^*om)(w,\mathrm{d}t)$, 所以

$$w \to \sigma(x^*, N(w,C))$$

是可测的. 设 $\{x_k^* : k \geqslant 1\}$ 为 X^* 可数稠密子列, 任给 $C \in \mathbf{B}(T)$, 由于

$$\begin{aligned}\mathrm{Gr}(N(\cdot,C)) = \bigcap_{k\geqslant 1}\{(w,y) \in \Omega \times X : \langle x_k^*, y\rangle\\ \leqslant \sigma(x_k^*, N(w,C))\} \in \mathbf{A}\otimes\mathbf{B}(X),\end{aligned}$$

故知 $N(\cdot,C)$ 关于 $w\in\Omega$ 可测. 由于 $\sigma(x^*,N(w,C))$ 为实值广义测度, 而 $N(w,C)\in\mathbf{P}_{wkc}(X)$, 故依定理 6.1.11, $N(w,C)$ 为集值转移测度.

推论 6.6.1 在定理 6.6.3 条件下, 对于任给 $w\in\Omega, C\in\mathbf{B}(T)$ 及 $x^*\in X^*$, 有

$$\sigma(x^*,N(w,C))=\int_C f(w,t)\sigma(x^*,M(w,\mathrm{d}t)). \tag{6.6.13}$$

证明 由定理 6.6.3 的证明过程即得.

推论 6.6.2 在定理 6.6.3 条件下, 任给 $w\in\Omega$, 有

$$S_{N(w,\cdot)}=\left\{\int_{(\cdot)} f(w,t)m(w,\mathrm{d}t):m\in TS_M\right\}. \tag{6.6.14}$$

证明 任给 $w\in\Omega$, 令

$$\begin{aligned}\mathit{\Gamma}(w)&=\left\{V(\cdot)=\int_{(\cdot)} f(w,t)\hat{m}(\mathrm{d}t):\hat{m}\in S_{M(w,\cdot)}\right\}\\&=\left\{V(\cdot)=\int_{(\cdot)} f(w,t)m(w,\mathrm{d}t):m\in TS_M\right\}.\end{aligned}$$

由于 $S_{M(w,\cdot)}$ 在简单弱收敛拓扑意义下是紧的, 故依引理 6.6.7 知 $\mathit{\Gamma}(w)$ 为 $\mathrm{cabv}(T,X)$ 中简单弱收敛拓扑下的闭凸集. 任给 $V_1,V_2\in\mathit{\Gamma}(w)$, 以及 T 的 $\mathbf{B}(T)$ 可测划分 $\{B_1,B_2\}$, 依定义

$$V_1(B)=\int_B f(w,t)\hat{m}_1(\mathrm{d}t), \hat{m}_1\in S_{M(w,\cdot)}, B\in\mathbf{B}(T),$$

$$V_2(B)=\int_B f(w,t)\hat{m}_2(\mathrm{d}t), \hat{m}_2\in S_{M(w,\cdot)}, B\in\mathbf{B}(T).$$

定义向量测度 $\hat{m}_0$ 如下:

$$\hat{m}_0(B)=\hat{m}_1(B\cap B_1)+\hat{m}_2(B\cap B_2).$$

显然 $\hat{m}_0\in S_{M(w,\cdot)}$, 于是若令

$$V_0(B)=V_1(B\cap B_1)+V_2(B\cap B_2),$$

则有

$$V_0(\cdot)=\int_{(\cdot)} f(w,t)\hat{m}_0(\mathrm{d}t).$$

因此 $V_0\in\mathit{\Gamma}(w)$, 即知 $\mathit{\Gamma}(w)$ 为 $\mathrm{cabv}(T,X)$ 中可分解子集, 从而存在集值测度 $N_1(w)(\cdot):\mathbf{B}(T)\to\mathbf{P}_{fc}(X)$, 使得

$$\mathit{\Gamma}(w)=S_{N_1(w)(\cdot)} \quad (\forall w\in\Omega).$$

下面证明 $N_1(w)(C)=N(w,C)\quad(\forall w\in\Omega), C\in\mathbf{B}(T)$. $N_1(w)(C)\subset N(w,C)$ 是显然的, 而易证

$$\left\{\int_C f(w,t)\hat{m}(\mathrm{d}t):\hat{m}\in S_{M(w,\cdot)}\right\}=\left\{\int_C f(w,t)m(w,\mathrm{d}t):m\in TS_M\right\}.$$

因此 $N_1(w)(C) = N(w, C)(\forall w \in \Omega, C \in \mathbf{B}(T))$, 则 $\varGamma(w) = S_{N(w,\cdot)}$, 即证 (6.6.14) 成立.

推论 6.6.3 在定理 6.6.3 条件下, 任给可测函数 $h : \Omega \to X$, 满足 $h(w) \in N(w, T) \quad (\forall\ w \in \Omega)$, 存在 $m \in TS_M$, 使得

$$h(w) = \int_C f(w, t) m(w, \mathrm{d}t).$$

证明 依引理 6.6.1 存在 $V(\cdot, \cdot) \in TS_M$, 使得

$$V(w, c) = h(w) \quad (\forall\ w \in \Omega).$$

于是由推论 6.6.2, 存在 $m \in TS_M$, 使得

$$V(w, B) = \int_B f(w, t) m(w, \mathrm{d}t) \quad (\forall B \in \mathbf{B}(T)).$$

故知 $h(w) = \displaystyle\int_T f(w, t) m(w, \mathrm{d}t)$.

最后我们研究参数在拓扑空间上变化的集值转移测度. 设 Y, Z 为两个可分的度量空间, 称实值转移测度 $m : Y \times \mathbf{B}(Z) \to \mathbf{R}$ 具有 Feller 性质, 若任给有界连续函数 $f : Z \to \mathbf{R}$

$$y \to n(y) = \int_Z f(z) m(y, \mathrm{d}z)$$

是连续的. 下面给出集值转移测度类似的性质. 假设

(i) S 为一 Polish 空间, $\mu(\cdot)$ 为 $(S, \mathbf{B}(S))$ 上的 Rodon 测度, $\mathbf{B}(S)_\mu$ 表示关于 μ 的完备化.

(ii) T 为另一 Polish 空间, $\lambda(\cdot)$ 为 $(T, \mathbf{B}(T))$ 上的 Rodon 测度.

定义 6.6.3 称集值转移测度 $M : S \times \mathbf{B}(T) \to \mathbf{P}_f(X)$ 为弱上半连续的 (w.u.s.c.), 若任给 $C \in \mathbf{B}(T)$ 及弱开集 $U \subset X$ 有

$$M_c^+(U) = \{s \in S : M(s, C) \subset U\}$$

为 S 中开集.

定理 6.6.4 设 $M : S \times \mathbf{B}(T) \to \mathbf{P}_{fc}(X)$ 为弱上半连续集值转移测度, 且满足

(1) 存在 $W : S \to \mathbf{P}_{wkc}(X)$, 使得 $M(S, A) \subset \lambda(A) W(s) (s \in S, A \in \mathbf{B}(T))$,

(2) 任给 $x^* \in X^*, \sigma(x^*, M(s, T))$ 关于 $s \in S$ 连续, 则任给有界连续函数 $f : T \to \mathbf{R}$ 有

$$N(s, C) = \int_C f(t) M(s, \mathrm{d}t) \tag{6.6.15}$$

为弱紧凸弱上半连续集值转移测度.

证明 由定理 6.6.3 及推论 6.6.1 可知 $N(s,C)$ 为弱紧凸集值转移测度, 且任给 $x^*\in X^*$, 有

$$\sigma(x^*,N(s,C))=\int_C f(t)\sigma(x^*,M(s,\mathrm{d}t)). \tag{6.6.16}$$

固定 $s\in S$, 设 $\{s_n:n\geqslant 1\}\subset S, s_n\to s(n\to\infty)$. 对于任意闭集 $K\subset T$, 由于 $M(\cdot,K)$ 是弱上半连续的, 故依定理 1.6.13 我们可以知道 $\sigma(x^*,M(\cdot,K))$ 是上半连续的, 即

$$\limsup_{n\to\infty}\sigma(x^*,M(s_n,K))\leqslant\sigma(x^*,M(s,K)). \tag{6.6.17}$$

而由已知条件 (2), 有

$$\lim_n\sigma(x^*,M(s_n,T))=\sigma(x^*,M(s,T)). \tag{6.6.18}$$

因此 $(T,\mathbf{B}(T))$ 上实值测度列 $\{\sigma(x^*,M(s_n,\cdot)):n\geqslant 1\}$ 弱收敛到 $\sigma(x^*,M(s,\cdot))$. 依度量空间是测度弱收敛的定义知

$$\begin{aligned}\lim_{n\to\infty}\sigma(x^*,M(s_n,C))&=\lim_{n\to\infty}\int_C f(t)\sigma(x^*,M(s_n,\mathrm{d}t))\\&=\int_C f(t)\sigma(x^*,M(s,\mathrm{d}t))=\sigma(x^*,N(s,C)).\end{aligned} \tag{6.6.19}$$

由定理 1.6.13 及 (6.6.19) 即知 $N(s,C)$ 是弱上半连续的.

注 当 X 是有限维时由定理证明中 (6.6.19) 易知 $N(\cdot,C)$ 在 Hausdorff 距离意义下连续.

§6.7 第六章注记

集值测度的概念首先由 Arstein[7] 于 1972 年在基础空间是 d 维欧式空间 $\mathbf{R}^d$ 上引入, Hiai[135] 于 1987 年将这一概念推广到基础空间是可分的 Banach 空间上, 1988 年张文修、李腾 [393] 证明了集值测度的表示定理, 1989 年张文修、马计丰 [391] 给出了集值测度的 Lebesgue 分解定理. 张文修与他的学生、同事在集值测度的研究中做出了杰出的贡献. 特别值得一提的是 1989 年张文修的《集值测度与随机集》一书系统地总结了 20 世纪 90 年代以前国内外学者在集值测度方面的重要研究成果.

第七章　连续时间参数的集值鞅及集值二阶矩随机过程

本章首先将讨论连续时间参数的集值鞅, 该部分内容是第四章内容的推广. 在此基础上讨论集值平方可积鞅与集值局部平方可积鞅. 最后简单介绍集值随机变量的方差等概念及简单性质, 讨论集值二阶矩随机过程.

假定 $(\Omega, \mathbf{A}, \mu)$ 为完备的概率空间, T 为实数集 R 中的子集, X 为可分的 Banach 空间, X^* 为其对偶空间, N 为自然数集. 本章还假定 $\{\mathbf{A}_t : t \in T\}$ 是 $\mathbf{A}$ 的子 σ 域流, 且对 $t \in T$,

$$\mathbf{A}_{t+} = \bigcap_{s>t, s\in T} \mathbf{A}_s; \qquad \mathbf{A}_{t-} = \bigvee_{s<t, s\in T} \mathbf{A}_s = \sigma\Big(\bigcup_{s<t, s\in T} \mathbf{A}_t\Big),$$

这里通常 $T = [a, b]$ 或 $T = \mathbf{R}_+ = [0, \infty)$.

§7.1　连续时间参数的集值鞅

本节将给出连续时间参数的集值鞅的定义, Doob 停时定理, 鞅表示定理及收敛定理.

定义 7.1.1　设 $\{F_t, \mathbf{A}_t : t \in T\}$ 是适应的可积集值随机过程, 如果对于任意的 $s, t \in T, s \leqslant t$, 均有

$$E[F_t|\mathbf{A}_s] = (\text{分别地}, \subset, \supset) F_s, \quad \text{a.e.},$$

则称 $\{F_t, \mathbf{A}_t : t \in T\}$ 是集值鞅 (分别地, 上鞅, 下鞅).

注　第四章第一节中的定理 4.1.1~4.1.5 及推论 4.1.1 均可毫无困难地推广至连续时间参数的情形, 这里不再赘述.

定理 7.1.1　设 X^* 是可分的, $\{F_t, \mathbf{A}_t : t \in T\} \subset \mathbf{L}^1_{fc}[\Omega, X]$ 是集值鞅 (上鞅, 下鞅), 且其几乎处处所有轨道关于 Hausdorff 拓扑右连续, 则对于任意两个有界停时 σ, τ, 若 $\sigma \leqslant \tau$, 有 $F_\sigma,\ F_\tau \in \mathbf{L}^1_{fc}[\Omega, X]$, 且

$$E[F_\tau|\mathbf{A}_\sigma] = (\subset, \supset) F_\sigma, \quad \text{a.e.}.$$

证明　只证集值上鞅的情形, 其他情形类似可证.

由定理 4.1.4 及上面的注可知, 对于任意 $x^* \in X^*$, $\{\sigma(x^*, F_t) : t \in T\}$ 是实值上鞅. 又由已知条件知它的轨道是右连续的, 根据经典的 Doob 停时定理, 有

$$E[\sigma(x^*, F_\tau)|\mathbf{A}_\sigma] \leqslant \sigma(x^*, F_\sigma), \quad \text{a.e. } (x^*).$$

根据定理 2.4.18, 得

$$\sigma(x^*, E[F_\tau|\mathbf{A}_\sigma]) \leqslant \sigma(x^*, F_\sigma), \quad \text{a.e. } (x^*).$$

由条件 $\{F_t, \mathbf{A}_t : t \in T\} \subset \mathbf{L}^1_{fc}[\Omega, X]$ 可知 $\sigma(x^*, E[F_\tau|\mathbf{A}_\sigma])$ 及 $\sigma(x^*, F_\sigma)$ 关于 x^* 都是连续的, 且由 X^* 的可分性知, 存在 $M \in \mathbf{A}$, $\mu(M) = 0$, 使得对任意 $w \in M^c$, 均有

$$\sigma(x^*, E[F_\tau|\mathbf{A}_\sigma]) \leqslant \sigma(x^*, F_\sigma), \quad \text{对于任意的} \quad x^* \in X^*.$$

因此,$E[F_\tau|\mathbf{A}_\sigma] \subset F_\sigma$, a.e.. 证毕.

定理 7.1.2 设 $\{\mathbf{A}_t : t \in T\}$ 右连续且 X^* 是可分的,$\{F_t, \mathbf{A}_t : t \in T\} \subset \mathbf{L}^1_{fc}[\Omega, X]$ 是集值鞅 (上鞅, 下鞅), 且其几乎所有轨道关于 Hausdorff 拓扑右连续, 则对于任意两个有界停时 σ, τ, 则

$$E[F_\tau|\mathbf{A}_\sigma] = (\subset, \supset) F_{\tau\wedge\sigma}, \quad \text{a.e.}.$$

证明 只证集值上鞅的情形, 其他情形类似可证.

由于 $\{F_t : t \in T\}$ 的几乎所有轨道关于 Hausdorff 拓扑右连续, 易得 F_τ 为 $\mathbf{A}_\tau$ 可测, 且易证 $F_\tau \chi_{[\tau\leqslant\sigma]}$ 为 $\mathbf{A}_\sigma$ 可测. 由推论 4.2.2 得

$$\begin{aligned} E[F_\tau|\mathbf{A}_\sigma] &= E[F_\tau \chi_{[\tau\leqslant\sigma]} + F_{\tau\vee\sigma}\chi_{[\tau>\sigma]}|\mathbf{A}_\sigma] \\ &= E[F_\tau \chi_{[\tau\leqslant\sigma]}|\mathbf{A}_\sigma] + E[F_{\tau\vee\sigma}\chi_{[\tau>\sigma]}|\mathbf{A}_\sigma] \\ &\subset F_\tau \chi_{[\tau\leqslant\sigma]} + F_\sigma \chi_{[\tau>\sigma]} \\ &= F_{\tau\wedge\sigma}, \quad \text{a.e.}. \end{aligned}$$

注 同样我们有连续时间参数的集值鞅的鞅选择的概念, 并且继续沿用第四章关于鞅选择的有关记号. 下面讨论连续时间参数的集值鞅的表示定理. 定理 7.1.3~7.1.5 的证明方法与第四章相关定理 4.3.1~4.3.3 类似, 为使大家明了如何处理连续时间参数的情形起见, 我们给出完整证明. 首先证明连续时间参数时的鞅的等价命题.

定理 7.1.3 $\{F_t, \mathbf{A}_t : t \in \mathbf{R}_+\} \subset \mathbf{L}^1_{fc}[\Omega, X]$ 是适应集值随机过程, 则下列命题等价:

(1) $\{F_t, \mathbf{A}_t : t \in T\} \subset \mathbf{L}^1_{fc}[\Omega, X]$ 是集值鞅;

(2) 对任意 $s,t\in R_+$, $s\leqslant t$, 有

$$S^1_{F_s}(\mathbf{A}_s)=\mathrm{cl}\{E[g|\mathbf{A}_s]:g\in S^1_{F_t}(\mathbf{A}_t)\};$$

(3) 对任意 $s\in\mathbf{R}_+$, $S^1_{F_s}(\mathbf{A}_s)=\mathrm{cl}\{g_s:\langle g_t\rangle\in\mathbf{SM}(\mathbf{F})\}$.

证明 (1) 等价于: 对于任意 $s,t\in\mathbf{R}_+$, $s\leqslant t$, 有 $E[F_t|\mathbf{A}_s]=F_s$, a.e.. 根据条件期望的定义知, 它等价于

$$S^1_{F_s}(\mathbf{A}_s)=S^1_{E[F_t|\mathbf{A}_s]}(\mathbf{A}_s)=\mathrm{cl}\{E[g|\mathbf{A}_s]:g\in S^1_{F_t}(\mathbf{A}_t)\},$$

即 (1) 等价于 (2).

(2) $\Rightarrow$ (3) 若 (2) 成立, 对任意给定的 $s\in R_+$, $f_s\in S^1_{F_s}(\mathbf{A}_s)$, 设 $0=s_0<s_1=s<s_2<s_3<\cdots<s_n<\cdots\to\infty$, 则对于任意给定 $\varepsilon>0$, 由定理 4.3.1 知, 存在离散时间参数的集值鞅 $\{F_{s_n},\mathbf{A}_{s_n}:n\in\mathbf{N}\}$ 的鞅选择 $\{g^s_n:n\in\mathbf{N}\}$ 使得

$$E\|g^n_s-f_s\|<\varepsilon.$$

注意到此时鞅的关系是

$$E[g^s_m|\mathbf{A}_{s_n}]=g^s_n,\quad m\geqslant n,\quad m,n\in\mathbf{N}. \tag{7.1.1}$$

定义过程 $g=\{g_t:t\in\mathrm{R}_+\}$ 如下:

$$g_t:=E[g^s_n|\mathbf{A}_t],\quad \text{当}t\in[s_{n-1},s_n),\ n\in\mathbf{N},$$

且由 (7.1.1) 可知, $g_{s_{n-1}}=E[g^s_n|\mathbf{A}_{s_{n-1}}]=g^s_{n-1}$.

下面证明 g 是鞅. 事实上, 任取 $t_1,t_2\in\mathbf{R}_+$, $t_1<t_2$, 分以下两种情况:

(a) 若存在某个 $n\in\mathbf{N}$, 使得 $s_{n-1}\leqslant t_1<t_2<s_n$, 则有

$$E[g_{t_2}|\mathbf{A}_{t_1}]=E[E[g^s_n|\mathbf{A}_{t_2}]|\mathbf{A}_{t_1}]=E[g^s_n|\mathbf{A}_{t_1}]=g_{t_1}.$$

(b) 若存在 $n,n'\in\mathbf{N}$, $n\leqslant n'$, 使得 $s_{n-1}\leqslant t_1<s_n\leqslant s_{n'-1}\leqslant t_2<s_{n'}$, 此时有

$$g_{t_2}=E[g^s_{n'}|\mathbf{A}_{t_2}],\quad E[g_{t_2}|\mathbf{A}_{s_{n'-1}}]=E[g^s_{n'}|\mathbf{A}_{s_{n'-1}}]=g^s_{n'-1},$$

$$E[g^s_{n'-1}|\mathbf{A}_{s_n}]=g^s_n,\quad \text{且}\quad E[g^s_n|\mathbf{A}_{t_1}]=g_{t_1}.$$

故由以上各式及应用条件期望的平滑性, 得 $E[g_{t_2}|\mathbf{A}_{t_1}]=g_{t_1}$. 最后, 由 $g^s_n\in S^1_{F_{s_n}}(\mathbf{A}_s)$ 及 $g=\{g_t:t\in\mathbf{R}_+\}$ 是鞅可得, 对任意 $t\in[s_{n-1},s_n),n\in\mathbf{N}$, (从而对 $t\geqslant 0$), 有 $g_t\in S_{F_t}(\mathbf{A}_t)$. 故得 (3) 成立.

(3) ⇒ (2) 若 (3) 成立, 则对于任意的 $u \in \mathbf{R}_+$,

$$\begin{aligned} S^1_{F_u}(\mathbf{A}_u) &= \mathrm{cl}\{g_u : \langle g_t \rangle \in \mathbf{MS}(\mathbf{F})\} \\ &= \mathrm{cl}\{E[g_s|\mathbf{A}_u] : \langle g_t \rangle \in \mathbf{MS}(\mathbf{F})\} \quad (s \geqslant u) \\ &\subset \mathrm{cl}\{E[g|\mathbf{A}_u] : g \in S^1_{F_s}(\mathbf{A}_s)\} \quad (s \geqslant u). \end{aligned}$$

再证反向包含关系成立. 事实上, 当 $s \geqslant u$ 时, 任取 $g \in S^1_{F_s}(\mathbf{A}_s)$, 由于 (3) 成立,

$$g \in \mathrm{cl}\{g_s : \langle g_t \rangle \in \mathbf{MS}(\mathbf{F})\},$$

则存在一列鞅选择 $\{\langle g^i_s \rangle : i \in N\}$, 使得

$$E\|g^i_s - g\| \to 0, \quad i \to \infty.$$

从而有

$$E\|g^i_u - E[g|\mathbf{A}_u]\| = E\|E[g^i_s|\mathbf{A}_u] - E[g|\mathbf{A}_u]\| \leqslant E\|g^i_s - g\| \to 0 \quad (i \to \infty).$$

但 $g^i_u \in S^1_{F_u}(\mathbf{A}_u)$, 故由上式知 $E[g|\mathbf{A}_u] \in S^1_{F_u}(\mathbf{A}_u)$, 因此

$$S^1_{F_s}(\mathbf{A}_s) \supset \mathrm{cl}\{g_s : \langle g_r \rangle \in \mathbf{MS}(\mathbf{F})\},$$

(3)⇒(2) 得证, 定理证毕.

根据上述定理, 我们来证下面连续时间参数的集值鞅的表示定理.

定理 7.1.4 设 $\mathbf{F} = \{F_t, \mathbf{A}_t : t \in \mathbf{R}_+\} \subset \mathbf{L}^1_{fc}[\Omega, X]$ 是集值鞅, 则存在一 X 值鞅序列 $\{\langle g^i_t \rangle : i \geqslant 1\} \subset \mathbf{MS}(\mathbf{F})$, 使得对于任意 $t \in \mathbf{R}_+$,

$$F_t(w) = \mathrm{cl}\{g^i_t(w) : i \in \mathbf{N}\}, \quad \text{a.e.}. \tag{7.1.2}$$

证明 对于任意 $t \in \mathbf{R}_+$, 由定理 2.2.3 知, 存在 $\{f^i_t : i \in \mathbf{N}\} \subset S^1_{F_t}(\mathbf{A}_t)$, 使得

$$F_t(w) = \mathrm{cl}\{f^i_t(w) : i \in \mathbf{N}\}, \quad \forall\, w \in \Omega.$$

由定理 7.1.3, 对于任意固定的 i, 存在鞅选择序列

$$\{h^{i,j}_t : t \in \mathbf{R}_+\}, \quad j \in \mathbf{N},$$

使得

$$E\|f^i_t - h^{i,j}_t\| \to 0, \quad (j \to \infty).$$

于是有

$$F_t(w) = \mathrm{cl}\{h^{i,j}_t(w) : i, j \in N\}, \quad \text{a.e.}.$$

而 $\{\{h_t^{i,j}: t\in\mathbf{R}_+\},\ j\in\mathbf{N}\}\subset\mathbf{MS}(\mathbf{F})$, 将其重新排列后记作 $\{\langle g_t^i\rangle\}$, 即可得结论. 证毕.

定理 7.1.5 设 $\mathbf{F}=\{F_t,\mathbf{A}_t: t\in\mathbf{R}_+\}\subset\mathbf{L}_{fc}^1[\Omega,X]$ 是适应随机过程, 且 $\mathbf{A}$ 可分, 则 $\mathbf{F}$ 是集值鞅的充分必要条件是存在一 X 值鞅序列 $\{\langle g_t^i\rangle\}\subset\mathbf{MS}(\mathbf{F})$, 使得对于任意 $t\in\mathbf{R}_+$,

$$S_{F_t}^1(\mathbf{A}_t)=\mathrm{cl}\{g_t^i: i\in N\}.$$

其中上式的闭包是在 $L^1[\Omega,X]$ 的意义下取得.

证明 **充分性** 若存在一 X 值鞅序列 $\{\langle g_t^i\rangle\}\subset\mathbf{MS}(\mathbf{F})$, 使得对于任意 $t\in\mathbf{R}_+$,

$$S_{F_t}^1(\mathbf{A}_t)=\mathrm{cl}\{g_t^i: i\in\mathbf{N}\},$$

则

$$S_{F_t}^1(\mathbf{A}_t)=\mathrm{cl}\{g_t^i: i\in\mathbf{N}\}\subset\mathrm{cl}\{g_t:\langle g_t^i\rangle\}\subset\mathbf{MS}(\mathbf{F})\}\subset S_{F_t}^1(\mathbf{A}_t),$$

于是有

$$S_{F_t}^1(\mathbf{A}_t)=\mathrm{cl}\{g_t:\langle g_t^i\rangle\}\subset\mathbf{MS}(\mathbf{F})\}.$$

由定理 7.1.3 可知, $\{F_t,\mathbf{A}_t: t\in\mathbf{R}_+\}\subset\mathbf{L}_{fc}^1[\Omega,X]$ 是集值鞅.

必要性 若 $\mathbf{A}$ 可分, 则 $L^1[\Omega,X]$ 是可分的 Banach 空间. 另一方面, 由于对任意 $t\in\mathbf{R}_+$, $S_{F_t}^1(\mathbf{A}_t)$ 是 $L^1[\Omega,X]$ 的闭子集, 故存在 X 值随机变量序列 $\{f_t^i: i\in\mathbf{N}\}\subset S_{F_t}^1(\mathbf{A}_t)$, 使得

$$S_{F_t}^1(\mathbf{A}_t)=\mathrm{cl}\{f_t^i: i\in\mathbf{N}\}.$$

又由 $\mathbf{F}$ 是集值鞅, 根据定理 7.1.3 得

$$S_{F_t}^1(\mathbf{A}_t)=\mathrm{cl}\{h_t:\langle h_t\rangle\}\subset\mathbf{MS}(\mathbf{F})\},$$

所以

$$\mathrm{cl}\{f_t^i: i\in N\}=\mathrm{cl}\{h_t:\langle h_t\rangle\}\subset\mathbf{MS}(\mathbf{F})\}.$$

因此, 对于任意固定 f_t^i, 存在 $\{\langle h_t^{i,j}\rangle\in\mathbf{MS}(\mathbf{F}): j\in\mathbf{N}\}$, 使得

$$E\|f_t^i-h_t^{i,j}\|\to 0,\quad j\to\infty.$$

故有

$$S_{F_t}^1(\mathbf{A}_t)=\mathrm{cl}\{h_t^{i,j}:\langle h_s^{i,j}\rangle\in\mathbf{MS}(\mathbf{F}), i,j\in\mathbf{N}\}.$$

由于 $\langle h_s^{i,j}\rangle\in\mathbf{MS}(\mathbf{F})$, 将其重新排列后记作 $\{\{g_t^i: t\in\mathbf{R}_+\}: i\in\mathbf{N}\}$, 于是我们有存在一 X 值鞅序列 $\{\langle g_t^i\rangle\}\subset\mathbf{MS}(\mathbf{F})$, 使得对于任意 $t\in\mathbf{R}_+$,

$$S_{F_t}^1(\mathbf{A}_t)=\mathrm{cl}\{g_t^i: i\in\mathbf{N}\}.$$

定理证毕.

注 类似定义 4.3.3, 我们有连续时间参数的右闭鞅的定义. 关于连续参数的右闭鞅及其极限定理, 首先由于连续参数鞅当 $t\to\infty$ 时的情形与离散时间参数鞅的 $n\to\infty$ 的情形一致, 定理 4.3.4~4.3.11 中的离散参数可改成连续时间参数时仍成立.

下面给出当 $s\to t$ 或 $s\to\tau$ 时的极限定理, 其中 $t\in\mathbf{R}_+$, τ 是停时. 首先我们列举相关的 Banach 空间 $(X,\|\cdot\|)$ 值的随机过程的收敛结果, 然后给出集值鞅的收敛定理. 以下用 $\mathbf{S}$ 表示 $\mathbf{R}_+$ 的可数稠密子集, $T(\mathbf{S})$ 表示取值于 $\mathbf{S}$ 的停时并假设 $\{\mathbf{A}_t : t\in\mathbf{R}_+\}$ 是右连续的. 以下结果可参见 [107].

定理 7.1.6 假设 $\{X_t,\mathbf{A}_t : t\in\mathbf{R}_+\}$ 是适应的 X 值随机过程, 以下的极限是在范数意义下的极限.

(1) 如果对任意有界停时 τ, 存在可测集 Ω_τ, $\mu(\Omega_\tau)=1$, 使得对于任意 $w\in\Omega_\tau$, 极限 $\lim_{s\downarrow\tau,s\in\mathbf{S}}X_s(w)$ 存在, 则对于几乎所有 w, 任意 $t\in\mathbf{R}_+$, 有 $\lim_{s\downarrow t,s\in\mathbf{S}}X_s$ 存在.

(2) 假设 $\{X_t : t\in\mathbf{R}_+\}$ 具有连续的轨道, 且对于任意有界的可预报且可由 $T(\mathbf{S})$ 中的序列逼近的停时 τ, 对于任意 $w\in\Omega_\tau$, 极限 $\lim_{s\uparrow\tau,s\in\mathbf{S}}X_s(w)$ 存在, 其中 $\mu(\Omega_\tau)=1$, 则对几乎所有 w 与任意 $t\in\mathbf{R}_+$, 有 $\lim_{s\uparrow t,s\in\mathbf{S}}X_s$ 存在.

假设 $D=\{x_k : k\in\mathbf{N}\}$ 是 X 的可数稠密子集, $D^*(M)=\{x_k^* : k\in\mathbf{N}\}$ 是 X^* 关于 Mackey 拓扑 $m(X^*,X)$ 的可数稠密子集. 对于任意给定 $A,B\in\mathbf{P}_{wkc}(X)$, 定义

$$\rho(A,B):=\sum_{k=1}^{\infty}\frac{1}{2^k}\left(\frac{|d(x_k,A)-d(x_k,B)|}{1+|d(x_k,A)-d(x_k,B)|}+\frac{|\sigma(x_k^*,A)-\sigma(x_k^*,B)|}{1+|\sigma(x_k^*,A)-\sigma(x_k^*,B)|}\right),\quad(7.1.3)$$

则 $(\mathbf{P}_{wkc}(X),\rho)$ 是一距离空间. 为证明下面的定理, 首先证明以下引理:

引理 7.1.1 如果 $\mathbf{A}_0$ 是 $\mathbf{A}$ 的任意子 σ 域, 且 $F:\Omega\to\mathbf{P}_{wkc}(X)$ 是积分有界的, 则 $E[F|\mathbf{A}_0](w)\in\mathbf{P}_{wkc}(X)$, a.e..

证明 首先证明 S_F^1 是非空弱紧凸的. 事实上, 由推论 2.2.2, 定理 2.2.13 可知 S_F^1 是 $L^1[\Omega,X]$ 中的非空有界闭凸集. 由于在 $L^1[\Omega,X]$ 中的闭子集显然是弱闭的, 从而 S_F^1 是弱闭有界的. 又由于 $(L^1[\Omega,X])^*=L^\infty[\Omega,X_{w^*}^*]$, 则对于任意 $x^*(\cdot)\in L^\infty[\Omega,X_{w^*}^*]$, 有

$$\sup_{f\in S_F^1}\langle x^*,f\rangle=\sup_{f\in S_F^1}\int_\Omega\langle x^*(w),f(w)\rangle\mathrm{d}\mu.$$

根据定理 2.2.12, 得

$$\sup_{f\in S_F^1}\langle x^*,f\rangle=\int_\Omega\sup_{x\in F(w)}\langle x^*(w),x\rangle\mathrm{d}\mu.\quad(7.1.4)$$

令 $G(w)=\{x\in F(w):\langle x^*(w),x\rangle=\sigma(x^*(w),F(w))\}$, 其中 $\sigma(x^*,F(w))=\sup\{\langle x^*,x\rangle:x\in F(w)\}$. 因为对于任意的 $w\in\Omega$, $F(w)\in\mathbf{P}_{wkc}(X)$, 所以 $G(w)\neq\varnothing$. 注意到

$$\mathrm{Gr}(G)=\{(w,x)\in\Omega\times X:\langle x^*(w),x\rangle-\sigma(x^*(w),F(w))=0\}\cap\mathrm{Gr}(F)$$

且 $\phi(w,x):=\langle x^*(w),x\rangle-\sigma(x^*(w),F(w))$ 是 Caratheodory 函数, 因此它是乘积可测的, 即 $\{(w,x)\in\Omega\times X:\langle x^*(w),x\rangle-\sigma(x^*(w),F(w))=0\}\in\mathbf{A}\times\mathbf{B}(X)$. 由定理 2.1.6 可知, $\mathrm{Gr}(F)\in\mathbf{A}\times\mathbf{B}(X)$, 从而 $\mathrm{Gr}(G)\in\mathbf{A}\times\mathbf{B}(X)$, 所以 G 是集值随机变量. 由定理 2.1.9, 存在可测的 $\hat{f}\in S_F^1$. 结合 (7.1.4) 与 G 的定义, 得

$$\sup_{f\in S_F^1}\langle x^*,f\rangle=\int_\Omega\langle x^*(w),\hat{f}(w)\rangle\mathrm{d}\mu=\langle x^*,\hat{f}(w)\rangle.$$

由于 $x^*(\cdot)\in L^\infty[\Omega,X_{w^*}^*]$ 的任意性, 我们得到结论: $(L^1[\Omega;X])^*=L^\infty[\Omega,X_{w^*}^*]$ 中的任意元在 S_F^1 上的上确界是可达的. 故由 James 定理可得 S_F^1 是 $L^1[\Omega,X])$ 中的弱紧集.

注 引理证明中的 James 定理可参见文献 [152] 第 157 页.

由于 Bochner 积分是 $L^1[\Omega,X]$ 到 X 的连续线性算子, 所以它是弱连续的. 因此 $L^1[\Omega,X]$ 中的一个弱紧集的像是 X 的一弱紧集. 利用这一事实, 我们有引理 7.1.1 的推论.

推论 7.1.1 假设如引理 7.1.1, 则有 $\int_\Omega F(w)\mathrm{d}\mu$ 是 X 的弱紧凸子集.

定理 7.1.7 假设 X 是自反的, $\{F_t,\mathbf{A}_t:t\in\mathbf{R}_+\}$ 是 $\mathbf{P}_{wkc}(X)$ 值鞅. 如果存在一弱紧集值随机变量 H 使得对于任意 $w\in\Omega$, 有 $F_t(w)\subset H(w)$, 则有

(1) 对于任意有界停时 τ, 几乎处处有 $\rho\text{-}\lim_{t\downarrow\tau,t\in\mathbf{S}}F_t(w)$ (例外零测集依赖于停时 τ);

(2) 对于任意有界的可预报且可由 $T(\mathbf{S})$ 中的序列逼近的停时 τ, 几乎处处有 $\rho\text{-}\lim_{t\uparrow\tau,t\in\mathbf{S}}F_t(w)$ (例外零测集依赖于停时 τ).

证明 首先选择一列有界停时 $\{\tau_n:n\in\mathbf{N}\}\subset T(\mathbf{S})$, 使得 $\tau_n\downarrow\tau$, 且设 $b=\max_{w\in\Omega}\tau_1(w)$, 则 $b<\infty$ 且对于任意的 n, 有 $\tau_n<b$. 记 $\mathbf{S}_b=\{s\in\mathbf{S}:s\leqslant b\}$, 则 $\{F_s,\mathbf{A}_s:s\in\mathbf{S}_b\}$ 是有右闭元 F_b 的弱紧凸集值鞅. 容易证得 Doob 停时定理 (定理 4.2.1) 与可选采样定理 (推论 4.2.2) 对于集值倒鞅也成立. 由定理 4.3.10 知,

$$\text{(K.M)}\lim_{n\to\infty}F_{\tau_n}=G:=E[F_b|\mathbf{A}_{\tau+}]=E[F_b|\mathbf{A}_\tau],\ \text{a.e.},\tag{7.1.5}$$

由引理 7.1.1 得, G 也是弱紧凸集值随机变量. 又由定理 1.5.22 与定理 1.5.24 知, Kuratowski-Mosco 收敛意味着弱收敛与 Wijsman 收敛, 故令

$$\xi_t(w)=\begin{cases}\rho(F_t(w),G(w)), & t>\tau(w),\\ 0, & t\leqslant\tau(w),\end{cases}$$

则 $\{\xi_t, \mathbf{A}_t : t \in \mathbf{R}_+\}$ 是适应的随机过程, 且

$$\lim_{n\to\infty} \xi_{\tau_n} = 0, \quad \text{a.e.}.$$

由于 $\{\tau_n : n \in \mathbf{N}\}$ 是任选的, 可得

$$\lim_{s\downarrow\tau, s\in\mathbf{S}} \xi_s = 0, \quad \text{a.e.},$$

例外零测集依赖于停时 τ.

类似地, 对于任意有界的可预报且可由 $T(\mathbf{S})$ 中的序列 $\{\tau_n : n \geqslant 1\}$ 逼近的停时 τ, 我们可以证明

$$(\text{K.M}) \lim_{n\to\infty} F_{\tau_n} = G_1 := E[F_{b_1}|\mathbf{A}_{\tau-}], \text{ a.e.,} \tag{7.1.6}$$

其中 $b_1 = \sup_{w\in\Omega} \tau(w) < \infty$, 例外零测集依赖于停时 τ, 且从引理 7.1.1 知 $G_1 \in \mathbf{L}^1_{wkc}[\Omega, X]$. 这意味对于任意固定 $x \in D$ 与 $x^* \in D^*(M)$, 有

(a) $\lim_{n\to\infty} d(x, F_{\tau_n}) = d(x, G_1)$, a.e.,

(b) $\lim_{n\to\infty} \sigma(x^*, F_{\tau_n}) = \sigma(x^*, G_1)$, a.e..

由 $\{\tau_n : n \geqslant 1\}$ 的任意性知, 存在零测集 $N(x)$ 和 $N(x^*)$, 使得

(a_1) $\lim_{t\uparrow\tau(w), t\in\mathbf{S}} d(x, F_t(w)) = d(x, G_1(w)), \quad w \in N(x)^c$,

(b_1) $\lim_{t\uparrow\tau(w), t\in\mathbf{S}} \sigma(x^*, F_t(w)) = \sigma(x^*, G_1(w)), \quad w \in N(x^*)^c$.

令 $M = \left(\bigcup_{x\in D} N(x)\right) \cup \left(\bigcup_{x^*\in D^*(M)}\right) \in \mathbf{A}_{\tau-}$, 则 $\mu(M) = 0$, 且 M 只依赖于 τ. 由 ρ 的定义可得

$$\rho\text{-}\lim_{t\uparrow\tau, t\in\mathbf{S}} F_t(w) = G_1(w), \quad w \in M^c.$$

定理证毕.

由定理 7.1.6 及定理 7.1.7 得下面推论.

推论 7.1.2 假设如同定理 7.1.7, 则几乎对于所有 $w \in \Omega$,

(1) $\forall t \geqslant 0$, $\rho\text{-}\lim_{s\downarrow t, s\in\mathbf{S}} F_s(w)$ 存在;

(2) $\forall t \geqslant 0$, $\rho\text{-}\lim_{s\uparrow t, s\in\mathbf{S}} F_s(w)$ 存在.

定理 7.1.8 假设同定理 7.1.7, 则存在一适应集值过程 $\{\overline{F}_t, \mathbf{A}_t : t \in \mathbf{R}_+\} \subset \mathbf{L}_{wsk}[\Omega, X]$ 使得

(1) $\{\overline{F}_t, \mathbf{A}_t : t \in \mathbf{R}_+\}$ 是 ρ 右连续的, 且对于几乎处处所有 w,

$$\overline{F}_t(w) = \rho\text{-}\lim_{s\downarrow t, s\in\mathbf{S}} F_s(w), \quad t \geqslant 0,$$

(2) 对于几乎处处所有 w,

$$\overline{F}_{t-}(w) = \rho\text{-}\lim_{s\uparrow t, s\in\mathbf{R}_+} \overline{F}_s(w)$$

存在, 且对于任意给定 $t>0$, 有

$$\overline{F}_{t-}(w)=\rho\text{-}\lim_{s\uparrow t,s\in\mathbf{S}}\overline{F}_s(w),$$

(3) 对于任意 $t\in\mathbf{R}_+$, $\overline{F}_{t-}=F_t$, a.e.,

(4) $\{\overline{F}_t,\mathbf{A}_t:t\in\mathbf{R}_+\}$ 是集值鞅.

证明　(1) 将定理 7.1.7 中的例外集设为 M, 定义

$$\overline{F}_t(w)=\begin{cases}\rho\text{-}\lim_{s\downarrow t,s\in\mathbf{S}}F_s(w), & w\in M^c,\\ 0, & w\in M,\end{cases}$$

则 $\{\overline{F}_t,\mathbf{A}_t:t\in\mathbf{R}_+\}$ 是积分有界的弱紧凸集值适应过程. 对于任意固定 $t\in\mathbf{R}_+$, 显然, 当 $w\in M$, $\overline{F}_\cdot(w)$ 关于 ρ 是右连续的. 若 $w\in M^c$, $\forall\varepsilon>0$, 存在 $\delta>0$, 使得对于任意满足 $0<s-t<\delta$ 的 $s\in\mathbf{S}$, $\rho(\overline{F}_t(w),F_s(w))<\varepsilon$. 故对于 $r>t$, 且 $r-t<\delta$, 有

$$\rho(\overline{F}_t(w),\overline{F}_r(w))=\lim_{s\downarrow r,s\in\mathbf{S}}\rho(\overline{F}_t(w),F_s(w))\leqslant\varepsilon.$$

因此, $\overline{F}_\cdot(w)$ 关于 ρ 是右连续的.

(2) 对于 $t>0$, $w\in M^c$, $\rho\text{-}\lim_{s\uparrow t,s\in\mathbf{S}}F_s(w)$ 存在. 其他证明与 (1) 类似.

(3) 对于任意 $t\geqslant 0$, 由定理 4.3.10 及定理的注可得

$$\overline{F}_t=E[F_{t+1}|\mathbf{A}_{t+}]=E[F_{t+1}|\mathbf{A}_t]=F_t,\quad \text{a.e..}$$

(4) 由 (3) 立刻可得, 证毕.

由定理 4.2.13, 类似定理 7.1.7 和 7.1.8 的证明, 对于有右闭元的 $\mathbf{L}_s[\Omega,X]$ 中的集值鞅, 我们有以下关于 Hausdorff 距离收敛的定理.

定理 7.1.9　假设集值鞅 $\{F_t,\mathbf{A}_t:t\in\mathbf{R}_+\}\subset\mathbf{L}_s[\Omega,X]$, 则存在一适应的集值过程 $\{\overline{F}_t,\mathbf{A}_t:t\in\mathbf{R}_+\}\subset\mathbf{L}_s[\Omega,X]$ 使得

(1) $\{\overline{F}_t,\mathbf{A}_t:t\in\mathbf{R}_+\}$ 是关于 Huasdorff 距离 δ 右连续的, 且对于几乎处处所有 w,

$$\overline{F}_t(w)=\delta\text{-}\lim_{s\downarrow t,s\in\mathbf{S}}F_s(w),\quad t\geqslant 0,$$

(2) 对于几乎处处所有 w,

$$\overline{F}_{t-}(w)=\delta\text{-}\lim_{s\uparrow t,s\in\mathbf{R}_+}\overline{F}_s(w)$$

存在, 且对于任意给定 $t>0$, 有

$$\overline{F}_{t-}(w)=\delta\text{-}\lim_{s\uparrow t,s\in\mathbf{S}}\overline{F}_s(w),$$

(3) 对于任意 $t \in \mathbf{R}_+$, $\overline{F}_{t-} = F_t$, a.e.,

(4) $\{\overline{F}_t, \mathbf{A}_t : t \in \mathbf{R}_+\}$ 是集值鞅.

下面我们给出集值鞅与下鞅的最大值不等式.

定理 7.1.10 设 $\{F_t, \mathbf{A}_t : t \geqslant 0\} \subset \mathbf{L}^1_{fc}[\Omega, X]$ 是一轨道关于 δ 右连续的 L^p 有界 (即 $E[\|F_t\|^p] < \infty$, $t \geqslant 0$) 鞅或下鞅, 则

(a) 对 $\lambda > 0$, $p \geqslant 1$, 有

$$\left[\lambda\mu\left(\sup_{t\geqslant 0}\|F_t\| \geqslant \lambda\right)\right]^p \leqslant \sup_{t\geqslant 0} E[\|F_t\|^p],$$

(b) 对 $p > 1$, 有

$$E\left[\sup_{t\geqslant 0}\|F_t\|^p\right] \leqslant \left(\frac{p}{p-1}\right)^p \sup_{t\geqslant 0} E\left[\|F_t\|^p\right].$$

证明 由假设与定理 4.1.2 可知, $\{\|F_t\|, \mathbf{A}_t : t \geqslant 0\}$ 是轨道右连续的实值鞅或下鞅, 故由实值鞅或下鞅的最大值不等式即得本定理结论.

§7.2 集值平方可积鞅

定义 7.2.1 称集值随机过程 $F = \{F(t, w) : t \in T\}$ 是平方可积的, 如果 $\sup\limits_{t\in T} E[\|F(t,w)\|^2] < \infty$.

假设 $\{\mathbf{A}_t : t \in [0, b]\}$ 是 $\mathbf{A}$ 的完备的满足通常条件的 σ 域流, 所涉及到的集值鞅 $\{F(t) : t \in T\}$ 均在 $\mathbf{L}^1_{fc}[\Omega, x]$ 中. 记

$\mathcal{M}_2 = \{F = \{F(t,w), \mathbf{A}_t : t \in [0,b]\} : F$是几乎所有轨道关于 Haudorff 距离 δ 右连续的有界闭凸集值平方可积鞅且$F(0,w) = \{0\}$ a.e.$\}$,

$\mathcal{M}_2^c = \{F \in \mathcal{M}_2 : F$是几乎所有轨道关于 δ 连续的$\}$.

对任意的 $F, G \in \mathcal{M}_2$, 如果存在零概率集 Z, 对任意的 $w \notin Z$, 任意 t, 有 $F(t,w) = G(t,w)$, 则称 F 和 G 是相等的, 并记作 $F = G$.

定义 7.2.2 对任意的 $F, G \in \mathcal{M}_2$, 定义

$$D_t(F,G) = \sqrt{E[\delta^2(F(t,w), G(t,w))]}, \quad 0 < t \leqslant b,$$

$$D(F,G) = D_b(F,G).$$

注 (1) 若 $F = \{F(t,w) : t \in [0,b]\}, G = \{G(t,w) : t \in [0,b]\}$ 是集值鞅, 由定理 4.1.2, 对 $t \geqslant s$, 有

$$E[\delta(F(t,w), G(t,w))|\mathbf{A}_s] \geqslant \delta(F(s,w), G(s,w)),$$

再由 Jensen 不等式知

$$\begin{aligned}E[\delta^2(F(t,w),G(t,w))|\mathbf{A}_s] &\geqslant \{E[\delta(F(t,w),G(t,w))|\mathbf{A}_s]\}^2\\ &\geqslant \delta^2(F(s,w),G(s,w)) \text{ a.e.,}\end{aligned}$$

于是对 $t \geqslant s$, 有

$$E[\delta^2(F(t,w),G(t,w))] \geqslant E[\delta^2(F(s,w),G(s,w)].$$

因此对 $t \geqslant s$ 有 $D_t(F,G) \geqslant D_s(F,G)$.

(2) 易证 D 是 $\mathcal{M}_2$ 上的一个距离.

定理 7.2.1　$(\mathcal{M}_2, D)$ 是一个完备度量空间, $(\mathcal{M}_2^c, D)$ 是 $(\mathcal{M}_2, D)$ 的一个闭子空间.

证明　设 $\{F_n : n \geqslant 1\}$ 是 $(\mathcal{M}_2, D)$ 中的一个 Cauchy 序列, 则当 $n, m \to \infty$ 时, $D(F_m, F_n) \to 0$. 因此, 存在 $\{D(F_m, F_n)\}$ 的子序列 $\{D(F_{m_k}, F_{n_k})\}$ 使得 $\sum_{k=1}^{\infty} D(F_{m_k}, F_{n_k}) < \infty$. 又因为 $F_{m_k} = \{F_{m_k}(t,w) : t \in [0,b]\}$ 和 $F_{n_k} = \{F_{n_k}(t,w) : t \in [0,b]\}$ 是两个几乎所有轨道关于 δ 右连续的集值平方可积鞅, 所以对任意固定的 $m_k, n_k, \{\delta(F_{m_k}(t,w), F_{n_k}(t,w)) : t \in [0,b]\}$ 是一个几乎所有轨道右连续的实值下鞅. 根据 Cauchy-Schwartz 不等式和下鞅不等式有

$$\begin{aligned}E\left[\sum_{k=1}^{\infty}\sup_{t\in[0,b]}\delta(F_{m_k}(t,w),F_{n_k}(t,w))\right] &\leqslant \sum_{k=1}^{\infty} E\left[\sup_{t\in[0,b]}\delta(F_{m_k}(t,w),F_{n_k}(t,w))\right]\\ &\leqslant \sum_{k=1}^{\infty}\left[E\left[\sup_{t\in[0,b]}\delta(F_{m_k}(t,w),F_{n_k}(t,w))\right]^2\right]^{1/2}\\ &\leqslant 2\sum_{k=1}^{\infty}\left\{E[\delta^2(F_{m_k}(b,w),F_{n_k}(b,w))]\right\}^{1/2}\\ &= 2\sum_{k=1}^{\infty} D(F_{m_k},F_{n_k})\\ &< \infty.\end{aligned}$$

于是, $\sum_{k=1}^{\infty}\sup_{t\in[0,b]}\delta(F_{m_k}(t,w),F_{n_k}(t,w)) < \infty$, a.e.. 从而有

$$\lim_{k\to\infty}\big[\sup_{t\in[0,b]}\delta(F_{m_k}(t,w),F_{n_k}(t,w))\big] = 0, \text{ a.e..}$$

因此, $\lim_{k\to\infty}\delta(F_{m_k}(t,w),F_{n_k}(t,w)) = 0$, a.e. 关于 $t \in [0,b]$ 一致地成立. 再由 $(P_{bfc}(X), \delta)$

的完备性知, 存在有界闭凸集 $F(t,w)=\bigcap_{k\in N}\mathrm{cl}\Big(\bigcup_{l\geqslant k}F_{n_l}(t,w)\Big)$, 使得

$$\lim_{k\to\infty}\delta(F_{n_k}(t,w),F(t,w))=0,\ \text{a.e.}$$

关于 $t\in[0,b]$ 一致成立. 由定理 2.1.11 和定理 2.1.15 知 $F(t,w)$ 关于 $\mathbf{A}_t$ 可测, 从而得到 $\{\mathbf{A}_t:t\in[0,b]\}$ 适应的有界闭凸集值随机过程 $F=\{F_t,\mathbf{A}_t:t\in[0,b]\}$. 由于 F_{n_k} 的几乎所有关于 Haudorff 距离 δ 轨道右连续, 所以 F 的几乎所有轨道关于 δ 右连续.

下面证明 $\lim\limits_{n\to\infty}D(F_n,F)=0$.

对固定的正整数 $m\in\mathbf{N}$, 有

$$\lim_{k\to\infty}\delta(F_m(s,w),F_{n_k}(s,w))=\delta(F_m(s,w),F(s,w))=0\ \text{a.e.}.$$

对任意固定的正整数 $s\in[0,b]$, 根据 Fatou 引理

$$\begin{aligned}E[\delta^2(F_m(s,w),F(s,w))]&=E[\lim_{k\to\infty}\delta^2(F_m(s,w),F_{n_k}(s,w))]\\&\leqslant\liminf_{k\to\infty}E[\delta^2(F_m(s,w),F_{n_k}(s,w))].\end{aligned}$$

令 $m\to\infty$, 并取它的上极限, 并注意到 $\{F_n:n\geqslant1\}$ 是 $(\mathcal{M}_2,D)$ 的 Cauchy 列, 有

$$\begin{aligned}\limsup_{m\to\infty}E[\delta^2(F_m(s,w),F(s,w))]&\leqslant\limsup_{m\to\infty}\liminf_{k\to\infty}E[\delta^2(F_m(s,w),F_{n_k}(s,w))]\\&=0.\end{aligned}$$

因为 $E[\delta^2(F_m(s,w),F(s,w))]\geqslant0$, 所以

$$\liminf_{m\to\infty}E[\delta^2(F_m(s,w),F(s,w))]\geqslant0.$$

于是 $\lim\limits_{m\to\infty}E[\delta^2(F_m(s,w),F(s,w))]=0$. 由 s 的任意性, 得

$$\lim_{m\to\infty}D(F_m,F)=\lim_{m\to\infty}D_b(F_m,F)=0.$$

下面我们证明 $F=\{F(t,w):t\in[0,b]\}$ 是一个集值平方可积鞅.

首先, 由于对任意的 $t\in[0,b]$,

$$\begin{aligned}E[\|F(t)\|^2]&\leqslant E[\|F_n(t)\|+\delta(F_n(t),F(t))]^2\\&\leqslant2(E[\|F_n(t)\|^2]+\delta^2(F_n(t),F(t))])\\&<\infty.\end{aligned}$$

所以, $F_t \in \mathbf{L}^1_{bfc}[\Omega, X]$. 又对 $0 \leqslant s \leqslant t \leqslant b$,

$$\begin{aligned}
&\delta(E[F(t,w)|\mathbf{A}_s], F(s,w)) \leqslant \delta(E[F(t,w)|\mathbf{A}_s], E[F_{n_k}(t,w)|\mathbf{A}_s])\\
&+\delta(E[F_{n_k}(t,w)|\mathbf{A}_s], F_{n_k}(s,w)) + \delta(F_{n_k}(s,w), F(s,w))\\
&\leqslant E[\delta(F(t,w), F_{n_k}(t,w))|\mathbf{A}_s] + \delta(F_{n_k}(s,w), F(s,w)) \quad \text{a.e.},
\end{aligned}$$

于是

$$\begin{aligned}
&E[\delta(E[F(t,w)|\mathbf{A}_s], F(s,w))]\\
\leqslant& E[E[\delta(F(t,w), F_{n_k}(t,w))|\mathbf{A}_s]] + E[\delta(F_{n_k}(s,w), F(s,w))]\\
=& E[\delta(F(t,w), F_{n_k}(t,w))] + E[\delta(F_{n_k}(s,w), F(s,w))]\\
\leqslant& \{E[\delta^2(F(t,w), F_{n_k}(t,w))]\}^{1/2} + \{E[\delta^2(F_{n_k}(s,w), F(s,w))]\}^{1/2}\\
\leqslant& 2D(F_{n_k}, F) \to 0 \quad (k \to \infty).
\end{aligned}$$

因此, $\delta(E[F(t,w)|\mathbf{A}_s], F(s,w)) = 0$ a.e.. 故对任意的 $0 \leqslant s \leqslant t \leqslant b$,

$$E[F(t,w)|\mathbf{A}_s] = F(s,w) \quad \text{a.e.}.$$

又因为 $\lim\limits_{n\to\infty} D(F_n, F) = \lim\limits_{n\to\infty} D_b(F_n, F) = 0$, 所以对任意的 $0 < \varepsilon_0 < 1$, 存在正整数 N_0, 使得当 $n > N_0$ 时,$D(F_n, F) = D_b(F_n, F) < \varepsilon_0$, 又 F, G 是集值鞅时, 对任意的 $t, s \in [0,b]$, 当 $t \geqslant s$ 时, 有 $D_t(F,G) \geqslant D_s(F,G)$. 因而对每个 $t \in [0,b]$, $D_t^2(F_n, F) < \varepsilon_0^2$ 且 $\sup\limits_{t\in[0,b]} D_t^2(F_n, F) < \varepsilon_0^2$. 于是

$$\begin{aligned}
\sup_{t\in[0,b]} E[\|F(t,w)\|^2] &\leqslant \sup_{t\in[0,b]} \{2E[\|F_n(t,w)\|^2] + 2E[\delta^2(F_n(t,w), F(t,w))]\}\\
&\leqslant 2\sup_{t\in[0,b]} E[\|F_n(t,w)\|^2] + 2\sup_{t\in[0,b]} D_t^2(F_n, F) < \infty.
\end{aligned}$$

因此 $F = \{F(t,w) : t \in [0,b]\}$ 是平方可积鞅. 因为对任意的正整数 $m, F_m(0,w) = \{0\}$ a.e., 易见 $F(0,w) = \{0\}$ a.e.. 故 $F \in \mathcal{M}_2$, 即 $(\mathcal{M}_2, D)$ 是一个完备度量空间.

下面证明 $(\mathcal{M}_2^c, D)$ 是 $(\mathcal{M}_2, D)$ 的闭子空间.

设 $\{F_n = \{F_n(t,w) : t \in [0,b]\} : n \geqslant 1\}$ 是 $(\mathcal{M}_2^c, D)$ 中的任一收敛于 $F = \{F(t,w) : t \in [0,b]\}$ 的序列, 则由 (1) 的证明, 存在 $\{F_n : n \geqslant 1\}$ 的一个子序列 $\{F_{n_k} : k \geqslant 1\}$, 使得 $\delta(F_{n_k}(t,w), F(t,w))$ 关于 $t \in [0,b]$ 一致地收敛于 0. 由 $\{F_{n_k}(t,w) : t \in [0,b]\}$ 的连续性可知 $F = \{F(t,w) : t \in [0,b]\} \in \mathcal{M}_2^c$, 因此 $(\mathcal{M}_2^c, D)$ 是 $(\mathcal{M}_2, D)$ 的闭子空间, 定理证毕.

定理 7.2.2 设 $F = \{F_t, \mathbf{A}_t : t \geqslant 0\}$ 是有界闭凸集值平方可积鞅, 则对任意的 $x^* \in X^*$, $\{\sigma(x^*, F_t), \mathbf{A}_t : t \geqslant 0\}$ 是实值平方可积鞅.

证明 由于 $F=\{F_t,\mathbf{A}_t:t\geqslant 0\}$ 是有界闭凸集值平方可积鞅, 所以 $F=\{F_t,\mathbf{A}_t:t\geqslant 0\}\subset \mathbf{L}^1_{bfc}[\Omega,X]$ 且 $\sup\limits_{t\geqslant 0}E[\|F_t\|^2]<\infty$. 由定理 4.1.3 知对任意的 $x^*\in X^*$, $\{\sigma(x^*,F_t),\mathbf{A}_t:t\geqslant 0\}$ 是实值鞅, 又对任意的 $x^*\in X^*$,

$$\sup_{t\geqslant 0}E|\sigma(x^*,F_t)|^2\leqslant \sup_{t\geqslant 0}\|x^*\|^2E[\|F_t\|^2]<\infty.$$

因此, 对任意的 $x^*\in X^*$, $\{\sigma(x^*,F_t),\mathbf{A}_t:t\geqslant 0\}$ 是实值平方可积鞅, 定理证毕.

§7.3 集值有界变差过程与半鞅

定义 7.3.1 取值于 $\mathbf{P}_f(X)$ 的适应集值随机过程 $\mathbf{A}=\{A_t,\mathbf{A}_t:t\geqslant 0\}$ 称为是有限变差的, 如果对任意 $T>0$, $V_0^T(\mathbf{A})<\infty$, a.e., 其中 $V_0^T(\mathbf{A})=\sup_{\pi_T}S(\mathbf{A},\pi_T)$, $\pi_T:0=t_0<t_1<\cdots<t_n=T$ 是区间 [0,T] 的任意有限分割, $S(\mathbf{A},\pi_T)=\sum\limits_{i=1}^{n}\delta(A_{t_i},A_{t_{i-1}})$.

称取值于 X 的适应随机过程 $a:=\{a_t,\mathbf{A}_t:t\geqslant 0\}$ 是集值有限变差过程 $\mathbf{A}=\{A_t,\mathbf{A}_t:t\geqslant 0\}$ 的有界变差选择, 如果 a 是有界变差过程且对所有 $w\in\Omega$, $a_t(w)\in A_t(w)$. 设 $\mathbf{FVS}(\mathbf{A})=\mathbf{FVS}(\{A_t\})$ 表示 $\{A(t),\mathbf{A}_t:t\geqslant 0\}$ 的有限变差选择全体.

自然要问任意一个集值有界变差过程是否存在有界变差选择? 为了回答这一问题, 我们先介绍 Steiner 选择方法, 详细证明读者可参见文献 [18] 的第 9 章第 4 节.

对于给定 $A\in\mathbf{P}_{kc}(\mathbf{R}^m)$, 定义 Steiner 点为 $s_m(A)$

$$s_m(A)=m\int_{S^{m-1}}p\sigma(p,A)\mu(\mathrm{d}p), \tag{7.3.1}$$

$\sigma(\cdot,A)$ 是 A 的支撑函数, μ 是 $\mathbf{R}^m$ 的单位球面 S^{m-1} 上的 Lebesgue 测度, 当 $m=1$, 时, $S^0=\{-1,1\}$, (7.3.1) 变为

$$s_1(A)=\frac{1}{2}\sigma(1,A)-\frac{1}{2}\sigma(-1,A)=\frac{1}{2}(a+b), \tag{7.3.2}$$

其中 $A=[a,b]$, $-\infty<a\leqslant b<\infty$.

对于任意 $A\in\mathbf{P}_{kc}(\mathbf{R}^m)$, Steiner 点 $s_m(A)$ 满足

$$s_m(A)\in A,\quad 且\quad s_m(A)=-s_m(-A). \tag{7.3.3}$$

对于任意 $A,B\in\mathbf{P}_{kc}(\mathbf{R}^m)$, $\lambda,\nu\in R$, 有

$$s_m(\lambda A+\nu B)=\lambda s_m(A)+\nu s_m(B). \tag{7.3.4}$$

如果 A 是对称的, 即 $A=-A$, 则 $s_m(A)=0$.

进一步地, 考虑映射 $s_m:\mathbf{P}_{kc}(\mathbf{R}^m)\to\mathbf{R}^m$, 则 $s_m(\cdot)$ 是 Lipschitz 的, 且 Lipschitz 常数为 m, 即

$$\|s_m(A)-s_m(B)\|\leqslant m\delta(A,B)\quad(\forall A,\ B\in\mathbf{P}_{kc}(\mathbf{R}^m)).\tag{7.3.5}$$

为了对于非空闭凸的情形也获得 Lipschitz 选择, 需要如下引理.

引理 7.3.1　定义映射 $P:\mathbf{R}^m\times\mathbf{P}_{fc}(\mathbf{R}^m)\to\mathbf{P}_{fc}(\mathbf{R}^m)$

$$P(y,A)=A\cap B(y,2d(y,A)),$$

其中 $B(x,r)$ 表示在点 $x\in\mathbf{R}^m$, 半径为 $r>0$ 的闭球. 则 P 是 Lipschitz 的, 即对任意 $A,B\in\mathbf{P}_{fc}(\mathbf{R}^m)$, 任意 $x,y\in\mathbf{R}^m$,

$$\delta(P(x,A),P(y,B))\leqslant 5(\delta(A,B)+\|x-y\|).$$

当 $X=\mathbf{R}^m$ 时, 有限变差集值过程有下列选择的存在性定理.

定理 7.3.1　令 $\mathbf{A}=\{A(t),\mathcal{A}_t:t\geqslant 0\}$ 是 $\mathbf{P}_{kc}(R^m)$ 值有限变差过程, 则存在有限变差选择 $a=\{a_t,\mathbf{A}_t:t\geqslant 0\}$,

证明　令 $P_0:\mathbf{P}_{kc}(\mathbf{R}^m)\to\mathbf{P}_{kc}(\mathbf{R}^m)$

$$P_0(A)=A\cap B(0,2d(0,A)),$$

由引理 7.3.1 知,

$$\delta(P_0(A),P_0(B))\leqslant 5\delta(A,B).$$

令 $s_m:\mathbf{P}_{kc}(\mathbf{R}^m)\to\mathbf{R}^m$ 是由 (7.3.1), (7.3.2) 定义的 Steiner 点. 则对所有的 $A\in\mathbf{P}_{kc}(\mathbf{R}^m)$, 有 $s_m(A)\in A$, 且满足 (7.3.5).

设 $a_t=s_m(P_0(A_t))$, 则 $a_t\in A_t$, 对每一个 $T>0$, 任意 $[0,T]$ 的一有限划分 $\pi_T:0=t_0<t_1<\cdots<t_n=T$, 由 (7.3.5) 可知

$$\begin{aligned}\|a_{t_i}-a_{t_{i-1}}\|&=\|s_m(P_0(A_{t_i}))-s_m(P_0(A_{t_{i-1}}))\|\\&\leqslant m\delta(P_0(A_{t_i}),P_0(A_{t_{i-1}}))\\&\leqslant 5m\delta(A_{t_i},A_{t_{i-1}}).\end{aligned}$$

则由 $\mathbf{A}$ 的有界变差性可知以概率 1 有 $V_0^T(a)\leqslant 5mV_0^T(\mathbf{A})<\infty$ 且显然过程 $a=:\{a_t,\mathbf{A}_t:t\geqslant 0\}$ 是适应的, 故 a 是集值过程 $\mathbf{A}$ 的有限变差选择, 定理证毕.

注　容易证明如果集值变差过程 $\{A_t,\mathbf{A}_t:t\geqslant 0\}$ 的轨道是几乎处处关于 Hausdorff 距离 δ 是右连续的, 则上述获得的选择过程关于 δ 是右连左极的.

下面证明有限变差集值过程的表示定理. 为此, 我们需要如下引理 (参见 [274] 推论 6).

引理 7.3.2 假设 X 是 m 维的 Banach 空间, 对于任意给定 $x \in X$, 则存在一个选择算子 $s_x : \mathbf{P}_{bfc}(X) \to X$ 使得对于任意包含 x 的 A 都有 $s_x(A) = x$. 每一个这样的算子都是 Lipschitz 的, 且 Lipschitz 常数不大于 $8m$; 若 X 是欧式空间, 则 Lipschitz 常数不大于 $3\sqrt{m}$. 进一步地, 算子满足 "线性" 关系, 即 $s_{x+y}(A + y) = s_x(A) + y$.

定理 7.3.2 令 $\mathbf{A} := \{A(t), \mathcal{A}_t : t \geqslant 0\}$ 是 $\mathbf{P}_{bfc}(\mathbf{R}^m)$ 值有限变差集值过程, 则存在一列 $\{a^n : n \in \mathbf{N}\} \subset \mathbf{FVS}(\{A_t\})$ 使得对于任意的 $t \geqslant 0$, 任意 $w \in \Omega$,

$$A_t(w) = \mathrm{cl}\{a_t^n(w) : n \in \mathbf{N}\}.$$

证明 令 $P_0 : \mathbf{P}_{bfc}(\mathbf{R}^m) \to \mathbf{P}_{bfc}(\mathbf{R}^m)$ 如引理 7.3.1 中定义 $P_0(A) = P(0, A)$, 而且令 $\hat{A}_t := P_0(A_t)$. 由引理 7.3.2 及 $\mathbf{R}^m$ 的可分性, 存在一列 Lipschitz 选择算子 $\{s^n : n \in \mathbf{N}\}$, $s^n : \mathbf{P}_{bfc}(\mathbf{R}^m) \to \mathbf{R}^m$ 使得

$$\hat{A}_t = \mathrm{cl}\{s^n(\hat{A}_t) : n \geqslant 1\}.$$

因此取 $a_t^n := s^n(A_t)$, 则有 $A_t = \mathrm{cl}\{a_t^n : n \in \mathbf{N}\}$, 定理证毕.

下面讨论局部集值鞅与集值半鞅. 首先回忆 $\mathbf{R}^m$ 值的局部鞅与半鞅的概念.

称 $\mathbf{R}^m$ 值轨道几乎处处关于 R^m 的通常距离是右连左极的适应过程 $\{f_t, \mathbf{A}_t : t \geqslant 0\}$ 为局部鞅, 如果存在一 $\mathbf{A}_t$- 停时列 $\{T_k : k \in N\}$, $T_k \uparrow \infty$, a.e. 使得对于任意 $k \in N$, $f^{T_k} = \{f_{T_k \wedge t} : t \geqslant 0\}$ 是鞅. 称 $\mathbf{R}^m$ 值过程 $\{f_t, \mathbf{A}_t : t \geqslant 0\}$ 为半鞅, 如果 f 可分解为 $f = n + a$, 其中 $n = \{n_t : t \geqslant 0\}$ 为局部鞅, $a = \{a_t : t \geqslant 0\}$ 是有界变差过程.

定义 7.3.2 称适应的轨道几乎处处关于 δ 是右连左极的集值随机过程 $F = \{F_t, \mathbf{A}_t : t \geqslant 0\}$ 为局部集值鞅, 如果存在一 $\mathbf{A}_t$ 停时列 $\{T_k : k \in N\}$, $T_k \uparrow \infty$, a.e. 使得对于任意 $k \in N$, $F^{T_k} = \{F_{T_k \wedge t} : t \geqslant 0\}$ 是集值鞅. X- 值适应的随机过程 $f = \{f_t, \mathbf{A}_t : t \geqslant 0\}$ 称为 F 的局部鞅选择, 如果 f 是局部鞅且 f 是 F 的选择.

为证明局部集值鞅的选择的存在性, 先证明一个关于 Steiner 选择 s_m 的性质.

引理 7.3.3 设 $F \in \mathbf{L}_{kc}^1[\Omega, \mathbf{R}^m]$, $\mathbf{A}_0 \subset \mathbf{A}$ 是子 σ 域, 则 $s_m(E[F|\mathbf{A}_0]) = E[s_m(F)|\mathbf{A}_0]$, a.e..

证明 由 $F \in \mathbf{L}_{kc}^1[\Omega, \mathbf{R}^m]$, 可知存在一列简单集值随机变量序列 $\{F_n : n \in N\} \subset \mathbf{L}_{kc}^1[\Omega, \mathbf{R}^m]$ 使得 $\Delta(F_n, F) \to 0$ $(n \to \infty)$. 设 $F_n = \sum_{i=1}^{k_n} X_i^{(n)} I_{A_i^n}$, 其中 $X_i^{(n)} \in \mathbf{P}_{kc}(\mathbf{R}^m)$, $\{A_i^n : i = 1, \cdots, k_n\}$ 是 Ω 的一个可测划分. 由集值随机变量的条件期望

的线性性质可得

$$E[F_n|\mathbf{A}_0] = \sum_{i=1}^{k_n} X_i^{(n)} E[I_{A_i^n}|\mathbf{A}_0].$$

再由 s_m 的线性性质可知

$$\begin{aligned} s_m(E[F_n|\mathbf{A}_0]) &= \sum_{i=1}^{k_n} s_m(X_i^{(n)}) E[I_{A_i^n}|\mathbf{A}_0] \\ &= E\left[\sum_{i=1}^{k_n} s_m(X_i^{(n)}) I_{A_i^n}|\mathbf{A}_0\right] = E[s_m(F_n)|\mathbf{A}_0]. \end{aligned} \tag{7.3.6}$$

另一方面, 由推论 2.4.2 可知,

$$\Delta(E[F_n|\mathbf{A}_0], E[F|\mathbf{A}_0]) \leqslant \Delta(F_n, F) \to 0\ (n \to \infty).$$

因此, 由 $s_m(E[F_n|\mathbf{A}_0])$, $s_m(E[F|\mathbf{A}_0])$ 分别是 $E[F_n|\mathbf{A}_0], E[F|\mathbf{A}_0]$ 的可积选择, 得

$$E[|s_m(E[F_n|\mathbf{A}_0]) - s_m(E[F|\mathbf{A}_0])|] \leqslant \Delta(E[F_n|\mathbf{A}_0], E[F|\mathbf{A}_0]) \to 0\ (n \to \infty),$$

即 $\{s_m(E[F_n|\mathbf{A}_0]) : n \geqslant 1\}$ 依 L^1 收敛于 $s_m(E[F|\mathbf{A}_0])$. 由 Jensen 不等式可知 $\{E[s_m(F_n)|\mathbf{A}_0]\}$ 也依 L^1 收敛于 $E[s_m(F)|\mathbf{A}_0])$. 从而由 (7.3.6) 可得结论, 引理得证.

定理 7.3.3 设 $\{F_t, \mathbf{A}_t : t \geqslant 0\} \subset \mathbf{L}^1_{kc}[\Omega, \mathbf{R}^m]$ 为局部集值鞅, 则存在局部鞅选择.

证明 由引理 7.3.3, 只需取 $f_t = s_m(F_t)$ $(t \geqslant 0)$ 即可.

定义 7.3.3 称集值过程 $\mathcal{F} = \{F_t, \mathbf{A}_t : t \geqslant 0\}$ 为半鞅, 如果 $F_t = N_t + A_t$ $(\forall t \geqslant 0)$, 其中 $\mathcal{N} = \{N_t, \mathbf{A}_t : t \geqslant 0\}$ 为局部集值鞅, $\mathbf{A} = \{A_t, \mathbf{A}_t : t \geqslant 0\}$ 是有界变差集值过程.

由定理 7.3.1 与定理 7.3.3 立即可得如下定理.

定理 7.3.4 任意 $\mathbf{L}^1_{kc}[\Omega, \mathbf{R}^m]$ 中的半鞅 $\mathcal{F} = \mathcal{N} + \mathbf{A}$ 都有半鞅选择 f, f 可分解为 $f = n + a$, 其中 $n = \{n_t, \mathbf{A}_t : t \geqslant 0\}$ 是 $\mathcal{N} = \{N_t, \mathbf{A}_t : t \geqslant 0\}$ 的局部鞅选择, $a = \{a_t, \mathbf{A}_t : t \geqslant 0\}$ 是 $\mathbf{A} = \{A_t, \mathbf{A}_t : t \geqslant 0\}$ 的有界变差选择.

§7.4 集值二阶矩随机过程

本章最后简单介绍一下集值二阶矩随机过程. 首先讨论集值随机变量空间上的 D_p 距离. 其次, 讨论集值随机变量的方差、协方差与相关系数及其性质. 最后给出集值二阶矩随机过程的的黎曼型积分、微分及其简单性质.

集合的支撑函数是研究集值分析的重要工具之一. 例如在第一章中我们用集合的支撑函数讨论了超空间 $(\mathbf{P}_{bfc}(x),\delta)$ 到一个 Banach 空间的闭凸锥上的嵌入定理, 使得有界紧凸集值随机变量序列的有些极限定理可直接应用 Banach 空间值的随机元序列的相应极限定理而得到; 我们还利用支撑函数讨论了集合序列以 Hausdroff 距离收敛与弱收敛之间的关系. Hausdorff 距离是很强的一种距离, 例如在第四章中, 由例 4.3.1 可知有右闭元的闭凸集值鞅也不一定以 Hausdroff 距离收敛. 这里我们介绍一种较弱的距离 ——d_p 距离, 由此得到集值随机变量空间上的 D_p 距离.

本节限制 $X=\mathbf{R}^m$. 由于 $\mathbf{R}^m$ 中的有界闭集是紧的, 且支撑函数主要适应于研究凸集, 所以本节主要在 $\mathbf{P}_{kc}(\mathbf{R}^m)$ 上考虑问题. 值得注意的是在 $\mathbf{P}_{kc}(\mathbf{R}^m)$ 上 d_p 与 δ 是等价距离.

定义 7.4.1 对 $\forall A,B\in\mathbf{P}_k(\mathbf{R}^m)$, 定义

$$d_p(A,B)=\left[\int_{S^{m-1}}|\sigma(x,A)-\sigma(x,B)|^p\mathrm{d}x\right]^{1/p},\ 1\leqslant p<\infty,$$

其中 S^{m-1} 是 $\mathbf{R}^m$ 的单位球面, $\sigma(\cdot,A)$ 是 A 的支撑函数, 即对于 $\forall x\in S^{m-1},\sigma(x,A)=\sup\limits_{y\in A}\langle x,y\rangle$. 记 $\|A\|_{d_p}=d_p(\{0\},A)$. 由文献 [330] 可知以下定理.

定理 7.4.1 $(\mathbf{P}_{kc}(\mathbf{R}^m),d_p)$ 是一完备、可分的度量空间, 其中 $1\leqslant p<\infty$.

注 实际上, d_p 是 $\mathbf{P}_k(\mathbf{R}^m)$ 上的拟距离, 即 (i) $d_p(A,B)\geqslant 0$, $\forall A,B\in\mathbf{P}_k(\mathbf{R}^m)$; (ii) 当 $A=B$ 时, 有 $d_p(A,B)=0$ (但不一定存在相反的结论); (iii) $\forall A,B,C\in\mathbf{P}_k(\mathbf{R}^m)$, $d_p(A,B)\leqslant d_p(A,C)+d_p(C,B)$.

定义 7.4.2 对于两个集值随机变量 F_1,F_2, 定义它们之间的 D_p 距离为

$$D_p(F_1,F_2)=[E(d_p^p(F_1(w),F_2(w)))]^{1/p}.$$

例 7.4.1 取 $d=1$, $F_i(w)=[f_i(w),g_i(w)]$, 其中 f_i,g_i 是可积的随机变量, $i=1,2$. 由 D_p 的定义, 有

$$D_p(F_1,F_2)=[E(|f_2(w)-f_1(w)|^p+|g_2(w)-g_1(w)|^p)]^{1/p}.$$

记 $\mathbf{L}_{kc}^{d_p}[\Omega,\mathbf{R}^m]=\{F\in\mu_{kc}[\Omega,\mathbf{R}^m]:E[\|F\|_{d_p}^p]<\infty\}$, 则有以下定理.

定理 7.4.2 $(\mathbf{L}_{kc}^{d_p}[\Omega,\mathbf{R}^m],D_p)$ 是一完备的度量空间.

证明 **步骤一** 证明 $(\mathbf{L}_{kc}^{d_p}[\Omega,\mathbf{R}^m],D_p)$ 是一度量空间. 由 D_p 的定义, 知 $D_p(F_1,F_2)\geqslant 0$ 和 $D_p(F_1,F_2)=D_p(F_2,F_1)$. 若 $F_1=F_2$, 则 $D_p(F_1,F_2)=0$; 反之, 若 $D_p(F_1,F_2)=0$, 则 $E(d_p^p(F_1(w),F_2(w)))=0$, 从而有 $d_p(F_1(w),F_2(w))=0$ a.e., 即 $F_1(w)=F_2(w)$ a.e..

下面来证它满足三角不等式, 即对任意 $F_1,F_2,F_3\in\mathbf{L}_{kc}^{d_p}[\Omega,\mathbf{R}^m]$, 有

$$D_p(F_1,F_2)\leqslant D_p(F_1,F_3)+D_p(F_3,F_2),$$

由于 d_p 是 $\mathbf{P}_{kc}(\mathbf{R}^m)$ 上的距离, 知

$$d_p(F_1(w),F_2(w))\leqslant d_p(F_1(w),F_3(w))+d_p(F_3(w),F_2(w)),$$

又由 Minkowski 不等式, 得

$$\begin{aligned}\Big[E(d_p^p(F_1(w),F_2(w)))\Big]^{1/p}&\leqslant\Big[E(d_p(F_1(w),F_3(w))+d_p(F_3(w),F_2(w)))^p\Big]^{1/p}\\&\leqslant\Big[E(d_p^p(F_1(w),F_3(w)))\Big]^{1/p}+\Big[E(d_p^p(F_3(w),F_2(w)))\Big]^{1/p},\end{aligned}$$

即 $D_p(F_1,F_2)\leqslant D_p(F_1,F_3)+D_p(F_3,F_2)$. 由上可知, $(\mathbf{L}_{kc}^{d_p}[\Omega,\mathbf{R}^m],D_p)$ 是一度量空间.

步骤二　证明 $(\mathbf{L}_{kc}^{d_p}[\Omega,\mathbf{R}^m],D_p)$ 是完备的, 即要证:$\forall X_n\in\mathbf{L}_{kc}^{d_p}[\Omega,\mathbf{R}^m]$, 若 $D_p(X_m,X_n)\to 0,\ m,n\to\infty$, 则存在 $X\in\mathbf{L}_{kc}^{d_p}[\Omega,\mathbf{R}^m]$ 使得 $D_p(X_n,X)\to 0$.

由 Markov 不等式, 得 $\mu(d_p(X_m,X_n)\geqslant\varepsilon)\leqslant\varepsilon^{-p}E[d_p^p(X_m,X_n)]\to 0$, 故 $d_p(X_m,X_n)\xrightarrow{\mu}0$. 由此知存在一子序列 $\{n_k\}$ 和一随机变量 X, 使得 $d_p(X_{n_k},X)\xrightarrow{\text{a.e.}}0$. 于是对每个 m, 都有 $d_p(X_m,X_{n_k})\xrightarrow{\text{a.e.}}d_p(X_m,X),\quad k\to\infty$.

另一方面, 由假设 $D_p(X_m,X_n)\to 0,\ m,n\to\infty$ 可知, 当 $m,n_k\to\infty$ 时, 有 $E[d_p^p(X_m,X_{n_k})]\to 0$. 故由 Fatou 引理, 知

$$\begin{aligned}E[d_p^p(X_m,X)]&=E[\liminf_k d_p^p(X_m,X_{n_k})]\\&\leqslant\liminf_k E[d_p^p(X_m,X_{n_k})]\to 0,\quad m\to\infty,\end{aligned}$$

即 $D_p(X_n,X)\to 0$. 因为 $E[d_p^p(X_m,X)]\to 0$, 故从某个 n 开始, $E[d_p^p(X_n,X)]$ 有限. 又由三角不等式和 c_r 不等式, 存在常数 c_p, 有

$$E[d_p^p(X,\{0\})]\leqslant c_p[E[d_p^p(X_n,X)]+E[d_p^p(X_n,\{0\})]]<\infty,$$

因此, 得 $X\in\mathbf{L}_{kc}^{d_p}[\Omega,\mathbf{R}^m]$. 定理证毕.

更进一步, 我们有以下定理.

定理 7.4.3　设 $(\Omega,\mathbf{A},\mu)$ 是一可测空间, $X_n:\Omega\longrightarrow\mathbf{P}_{kc}(\mathbf{R}^m)$, $X:\Omega\longrightarrow\mathbf{P}_{kc}(\mathbf{R}^m)$ 都是集值随机变量, 则以下三个命题是等价的:

(i) $D_p(X_n,X)\to 0,\ n\to\infty$;

(ii) $\{X_n\}$ 是 D_p-Cauchy 列, i.e. $D_p(X_m,X_n)\to 0,\quad m,n\to\infty$;

(iii) $\|X_n\|_{d_p}^p$ 一致可积, 且 $d_p(X_n,X)\xrightarrow{\mu}0$.

证明　我们分四个部分来加以证明.

(i)$\Rightarrow$(ii)　对 $\forall\varepsilon>0,\exists M$, 当 $m,n>M$ 时, 有 $D_p(X_m,X)<\varepsilon$ 和 $D_p(X_n,X)<\varepsilon$, 从而有 $D_p(X_m,X_n)\leqslant D_p(X_m,X)+D_p(X,X_n)<2\varepsilon$, 即 $D_p(X_m,X_n)\to 0,\quad m,n\to\infty$.

(ii)⇒(i) 由 $(\mathbf{L}_{kc}^{d_p}[\Omega,\mathbf{R}^m],D_p)$ 是完备的即得.

(i)⇒(iii) (a) 因为 $D_p(X_n,X)\to 0$, 故有 $X\in\mathbf{L}_{kc}^{d_p}[\Omega,\mathbf{R}^m]$. 根据 c_r 不等式, 存在常数 c_p, 对 $\forall\ A\in\mathbf{A}$, 有

$$\int_A d_p^p(X_n(w),\{0\})\mathrm{d}\mu\leqslant c_p\Big[\int_A d_p^p(X_n(w),X(w))\mathrm{d}\mu+\int_A d_p^p(X(w),\{0\})\mathrm{d}\mu\Big]. \tag{7.4.1}$$

对 $\forall\ \varepsilon>0$, $\exists N(\varepsilon)$, 当 $n\geqslant N(\varepsilon)$ 时, 有 $E[d_p^p(X_n(w),X(w))]<\varepsilon$. 由 $X\in\mathbf{L}_{kc}^{d_p}[\Omega,\mathbf{R}^m]$ 知, 存在 $\delta(\varepsilon)$, 当 $\mu(A)<\delta(\varepsilon)$ 时, 有 $\int_A d_p^p(X(w),\{0\})\mathrm{d}\mu<\varepsilon$. 故只要 $\mu(A)<\delta(\varepsilon)$, 有

$$\sup_n\int_A d_p^p(X_n(w),\{0\})\mathrm{d}\mu\leqslant c_p(\varepsilon+\varepsilon)+\sup_{k\leqslant N(\varepsilon)}\int_A d_p^p(X_k(w),\{0\})\mathrm{d}\mu.$$

由于有限族 $\{d_p^p(X_k(w),\{0\}):k\leqslant N(\varepsilon)\}$ 是一致可积的, 故存在 $\delta_1(\varepsilon)>0$, 只要 $\mu(A)<\delta_1(\varepsilon)$, 就有

$$\sup_{k\leqslant N(\varepsilon)}\Big\{\int_A d_p^p(X_k(w),\{0\})\mathrm{d}\mu\Big\}<\varepsilon.$$

取 $\eta(\varepsilon)=\min\{\delta(\varepsilon),\delta_1(\varepsilon)\}$, 则只要 $\mu(A)<\eta(\varepsilon)$, 就有

$$\sup_n\Big\{\int_A\|X_n\|_{d_p}^p\mathrm{d}\mu\Big\}\leqslant 2c_p\varepsilon+\varepsilon,$$

即 $\{\|X_n\|_{d_p}^p:n\geqslant 1\}$ 是一致绝对连续的.

又由于 $E[d_p^p(X_n(w),X(w))]\to 0$ $(D_p(X_n,X)\to 0)$, 故 $\exists M$, 当 $n\geqslant M$ 时, 有 $E[d_p^p(X_n(w),X(w))]\leqslant 1$. 在 (7.4.1) 式中取 $A=\Omega$, 得

$$\begin{aligned}\sup_n E[d_p^p(X_n(w),\{0\})]&\leqslant c_p[1+E(d_p^p(X(w),\{0\}))\\&\quad+\sup_{n\leqslant N}E(d_p^p(X_n(w),X(w)))]\\&<\infty.\end{aligned}$$

综上所述, 可得 $\{\|X_n\|_{d_p}^p:\ n\geqslant 1\}$ 是一致可积的.

(b) 由 Markov 不等式, 得

$$\mu(d_p(X_n,X)\geqslant\varepsilon)\leqslant\frac{E[d_p^p(X_n,X)]}{\varepsilon^p}=\frac{D_p^p(X_n,X)}{\varepsilon^p}\to 0,\quad n\to\infty.$$

故 $d_p(X_n,X)\xrightarrow{\mu}0$.

(iii)⇒(i) 由 $d_p(X_n,X)\xrightarrow{\mu}0$, 则存在子列 $\{n_j\}$, 使 $d_p(X_{n_j},X)\xrightarrow{\text{a.e.}}0$, 又由 Fatou 引理, 知

$$\begin{aligned}E[d_p^p(X(w),\{0\})]&=E[\liminf_{n_j}d_p^p(X_{n_j}(w),\{0\})]\leqslant\liminf_{n_j}E[d_p^p(X_{n_j}(w),\{0\})]\\&\leqslant\sup_n E[d_p^p(X_n(w),\{0\})]=\sup_n E\|X_n\|_{d_p}^p<\infty.\end{aligned}$$

故 $X \in \mathbf{L}_{kc}^{d_p}[\Omega, \mathbf{R}^m]$.

由于 $\{d_p^p(X_n(w), \{0\}):\quad n \geqslant 1\}$ 是一致可积的, 故也是一致绝对连续的, 即对 $\forall\, \varepsilon > 0$, $\exists\, \delta(\varepsilon) > 0$, 只要 $\mu(A) < \delta(\varepsilon)$, $\forall\, A \in \mathbf{A}$, 有

$$\sup_n \int_A d_p^p(X_n(w), \{0\})\mathrm{d}\mu < \varepsilon, \quad \int_A d_p^p(X(w), \{0\})\mathrm{d}\mu < \varepsilon. \tag{7.4.2}$$

由 $d_p^p(X_n, X) \xrightarrow{\mu} 0$, 存在 M, 当 $n \geqslant M$ 时, 有

$$\mu(d_p^p(X_n, X) \geqslant \varepsilon) < \delta(\varepsilon). \tag{7.4.3}$$

因此对 $n \geqslant M$, 由 c_r 不等式及 (7.4.2),(7.4.3) 两式, 得

$$\begin{aligned}\int_\Omega d_p^p(X_n, X)\mathrm{d}\mu &= \int_{\{d_p^p(X_n, X) > \varepsilon\}} d_p^p(X_n, X)\mathrm{d}\mu + \int_{\{d_p^p(X_n, X) \leqslant \varepsilon\}} d_p^p(X_n, X)\mathrm{d}\mu \\ &\leqslant c_p\Big[\int_{\{d_p^p(X_n, X) > \varepsilon\}} (d_p^p(X_n, \{0\}) + d_p^p(X, \{0\}))\mathrm{d}\mu\Big] + \varepsilon^p \\ &\leqslant 2c_p\varepsilon + \varepsilon^p.\end{aligned}$$

故 $D_p(X_n, X) \to 0$. 定理证毕.

引理 7.4.1 (i) 映射 $f(\cdot,\cdot) : (\mathbf{L}_{kc}^{d_2}[\Omega, \mathbf{R}^m], D_2) \times (\mathbf{L}_{kc}^{d_2}[\Omega, \mathbf{R}^m], D_2) \to R$, $(X, Y) \mapsto f(X, Y) = E\Big[\int_{S^{m-1}} \sigma(x, X) \cdot \sigma(x, Y)\mathrm{d}x\Big]$ 是连续的;

(ii) $\{X_n, n \geqslant 1\}$ 是 $(\mathbf{L}_{kc}^{d_2}[\Omega, \mathbf{R}^m], D_2)$ 上的柯西列的充要条件是当 $n, m \to \infty$ 时, $f(X_n, X_m)$ 的极限存在.

证明 (i) 由 Schwartz 不等式, 有

$$\begin{aligned}&|f(X, Y) - f(X_0, Y)| \\ = &\Big|E\Big[\int_{S^{m-1}} \sigma(x, X) \cdot \sigma(x, Y)\mathrm{d}x\Big] - E\Big[\int_{S^{m-1}} \sigma(x, X_0) \cdot \sigma(x, Y)\mathrm{d}x\Big]\Big| \\ \leqslant &E\Big|\int_{S^{m-1}} (\sigma(x, X) - \sigma(x, X_0)) \cdot \sigma(x, Y)\mathrm{d}x\Big| \\ \leqslant &\Big[E\Big(\int_{S^{m-1}} |(\sigma(x, X) - \sigma(x, X_0)|^2\mathrm{d}x\Big) \cdot E\Big(\int_{S^{m-1}} |(\sigma(x, Y)|^2\mathrm{d}x\Big)\Big]^{1/2} \\ = &D_2(X, X_0) \cdot D_2(Y, \theta),\end{aligned} \tag{7.4.4}$$

其中 0 表示 $\mathbf{R}^m$ 的原点, θ 表示单元素集 $\{0\}$.

对任意 $\varepsilon > 0$, 选取某 $\delta = \min\{1, \varepsilon(1 + D_2(X_0, \theta) + D_2(Y_0, \theta))^{-1}\}$, 当 $D_2(X, X_0) < \delta$, $D_2(Y, Y_0) < \delta$ 时, 因为

$$D_2(Y, \theta) \leqslant D_2(Y, Y_0) + D_2(Y_0, \theta) \leqslant \delta + D_2(Y_0, \theta) \leqslant 1 + D_2(Y_0, \theta),$$

所以有

$$
\begin{aligned}
&\left|E\left[\int_{S^{m-1}}\sigma(x,X)\cdot\sigma(x,Y)\mathrm{d}x\right]-E\left[\int_{S^{m-1}}\sigma(x,X_0)\cdot\sigma(x,Y_0)\mathrm{d}x\right]\right|\\
\leqslant&\left|E\left[\int_{S^{m-1}}\sigma(x,X)\cdot\sigma(x,Y)\mathrm{d}x\right]-E\left[\int_{S^{m-1}}\sigma(x,X_0)\cdot\sigma(x,Y)\mathrm{d}x\right]\right|\\
&+\left|E\left[\int_{S^{m-1}}\sigma(x,X_0)\cdot\sigma(x,Y)\mathrm{d}x\right]-E\left[\int_{S^{m-1}}\sigma(x,X_0)\cdot\sigma(x,Y_0)\mathrm{d}x\right]\right|\\
\leqslant&D_2(X,X_0)\cdot D_2(Y,\theta)+D_2(Y,Y_0)\cdot D_2(X_0,\theta)\leqslant\varepsilon.
\end{aligned}
$$

(ii) **必要性** 因为 $\lim_{n,m\to\infty}D_2(X_n,X_m)=0$, 由定理 7.4.2 知, 存在 $X\in\mathbf{L}_{kc}^{d_2}[\Omega,\mathbf{R}^m]$, 使得 $\lim_{n\to\infty}D_2(X_n,X)=0$.

又由 (i) 式, 得

$$
\lim_{n,m\to\infty}E\left[\int_{S^{m-1}}\sigma(x,X_n)\cdot\sigma(x,X_m)\mathrm{d}x\right]=E\left[\int_{S^{m-1}}(\sigma(x,X))^2\mathrm{d}x\right].
$$

充分性 令 $\lim_{n,m\to\infty}E\left[\int_{S^{m-1}}\sigma(x,X_n)\cdot\sigma(x,X_m)\mathrm{d}x\right]=a$, 则当 $n,m\to\infty$ 时, 有

$$
\begin{aligned}
&D_2(X_n,X_m)\\
=&E\left[\int_{S^{m-1}}(\sigma(x,X_n)-\sigma(x,X_m))^2\mathrm{d}x\right]\\
=&E\left[\int_{S^{m-1}}(\sigma(x,X_n))^2\mathrm{d}x\right]-2E\left[\int_{S^{m-1}}\sigma(x,X_n)\cdot\sigma(x,X_m)\mathrm{d}x\right]\\
&+E\left[\int_{S^{m-1}}(\sigma(x,X_m))^2\mathrm{d}x\right]\\
\to&a-2a+a=0.
\end{aligned}
$$

因此 $\{X_n:n\geqslant1\}$ 是一柯西列, 引理证毕.

注 一般随机变量的期望、方差以及协方差的概念可以推广到集值随机变量上去. 第二章我们介绍了 Aumann 积分. 但是由于 $\mathbf{P}_{kc}(\mathbf{R}^m)$ 关于定义在其上的加法与数乘不是线性空间, 因此定义其减法较困难. 在 §4.6 我们引进了 Hukuhara 差, 但在怎样的条件下两个集值随机变量可减是一个难题. 故到现在为止, 很少文献讨论集值随机变量的方差与协方差. 但众所周知它们在概率统计中是最基本的概念之一. 在此我们可以利用 D_p 距离来定义集值随机变量的方差与协方差, 因为集合的支撑函数具有可减性.

定义 7.4.3 设 $F:\Omega\to\mathbf{P}_{kc}(\mathbf{R}^m)$ 是一集值随机变量, 若

$$
[D_2(F,E(F))]^2=E\left[\int_{S^{m-1}}(\sigma(x,F(w))-\sigma(x,E(F)))^2\mathrm{d}x\right]
$$

存在, 则称 $[D_2(F,E(F))]^2$ 为 F 的方差, 记作 $\mathrm{Var}(F)$.

定义 7.4.4 设 F_1,F_2 是任意两个集值随机变量, 若

$$E\Big[\int_{S^{m-1}}(\sigma(x,F_1(w))-\sigma(x,E(F_1)))(\sigma(x,F_2(w))-\sigma(x,E(F_2)))\mathrm{d}x\Big]$$

存在, 则称其值为 F_1 和 F_2 的协方差, 记作 $\mathrm{Cov}(F_1,F_2)$. 类似于实值随机变量, F_1 和 F_2 的相关系数定义为

$$\text{当}\mathrm{Var}(F_1)\cdot\mathrm{Var}(F_2)\neq 0\text{时},\quad \rho=\frac{\mathrm{Cov}(F_1,F_2)}{\sqrt{\mathrm{Var}(F_1)\cdot\mathrm{Var}(F_2)}}.$$

定理 7.4.4 方差、协方差具有如下的一些性质:

(i) $\mathrm{Var}(C)=0$, $C\subset\mathbf{R}^m$ 为一紧凸集合;

(ii) $\mathrm{Var}(aF)=a^2\mathrm{Var}(F)$, a 为大于零的常数;

(iii) $\mathrm{Var}(F_1+F_2)=\mathrm{Var}(F_1)+2\mathrm{Cov}(F_1,F_2)+\mathrm{Var}(F_2)$;

(iv) (切比雪夫不等式) $\mu(d_p(F,E(F))\geqslant\varepsilon)\leqslant\dfrac{\mathrm{Var}(F)}{\varepsilon^2}$.

证明 (i) $\mathrm{Var}(C)=E[\int_{S^{m-1}}(\sigma(x,C)-\sigma(x,E(C)))^2\mathrm{d}x]=0$.

(ii) 由支撑函数与期望的性质知

$$\begin{aligned}\mathrm{Var}(aF)&=E\Big[\int_{S^{m-1}}(\sigma(x,aF(w))-\sigma(x,E(aF)))^2\mathrm{d}x\Big]\\&=a^2E\Big[\int_{S^{m-1}}(\sigma(x,F(w))-\sigma(x,E(F)))^2\mathrm{d}x\Big]=a^2\mathrm{Var}(F).\end{aligned}$$

(iii) 由支撑函数的性质与方差的定义知

$$\begin{aligned}&\mathrm{Var}(F_1+F_2)\\&=E\Big[\int_{S^{m-1}}(\sigma(x,(F_1+F_2)(w))-\sigma(x,E(F_1+F_2)))^2\mathrm{d}x\Big]\\&=E\Big[\int_{S^{m-1}}((\sigma(x,F_1(w))-\sigma(x,E(F_1)))+(\sigma(x,F_2(w))-\sigma(x,E(F_2))))^2\mathrm{d}x\Big]\\&=\mathrm{Var}(F_1)+\mathrm{Var}(F_2)\\&\quad+2E\Big[\int_{S^{m-1}}(\sigma(x,F_1(w))-\sigma(x,E(F_1)))(\sigma(x,F_2(w))-\sigma(x,E(F_2)))\mathrm{d}x\Big]\\&=\mathrm{Var}(F_1)+\mathrm{Var}(F_2)+2\mathrm{Cov}(F_1,F_2).\end{aligned}$$

(iv) 由 $\mu(|X|\geqslant\varepsilon)\leqslant\dfrac{E|X|^2}{\varepsilon^2}$ 知

$$\begin{aligned}&\mu\Big(\Big[\int_{\sigma}(\sigma(x,F(w))-\sigma(x,E(F)))^2\mathrm{d}x\Big]^{1/2}\geqslant\varepsilon\Big)\\&\leqslant E\Big[\int_{S^{m-1}}(\sigma(x,F(w))-\sigma(x,E(F)))^2\mathrm{d}x\Big]\Big/\varepsilon^2,\end{aligned}$$

即 $\mu(d_2(F,E(F))\geqslant\varepsilon)\leqslant\dfrac{\mathrm{Var}(F)}{\varepsilon^2}$.

定理 7.4.5 相关系数具有如下性质:

(i) $|\rho|\leqslant 1$;

(ii) 若 F_1,F_2 相互独立, 则 $\rho=0$;

(iii) $\rho(F_1,F_2)=1$ 的充要条件是 $F_2+\lambda E(F_1)=E(F_2)+\lambda F_1$, a.e., $\rho(F_1,F_2)=-1$ 的充要条件是 $F_2+\lambda F_1=E(F_2)+\lambda E(F_1)$, a.e., 其中

$$\lambda=\sqrt{\frac{\mathrm{Var}(F_2)}{\mathrm{Var}(F_1)}}.$$

证明 (i) 对任意的 $t\in\mathbf{R}^1$, 恒有

$$E\left[\int_{S^{m-1}}((\sigma(x,F_1(w))-\sigma(x,E(F_1))-t\cdot(\sigma(x,F_2(w))-\sigma(x,E(F_2))))^2\mathrm{d}x\right]\geqslant 0,$$

即

$$\mathrm{Var}(F_1)-2t\mathrm{Cov}(F_1,F_2)+t^2\mathrm{Var}(F_2)\geqslant 0,\quad\forall\, t\in\mathbf{R}^1.$$

故有 $\Delta=4[\mathrm{Cov}(F_1,F_2)]^2-4\mathrm{Var}(F_1)\mathrm{Var}(F_2)\leqslant 0$, 从而有

$$|\mathrm{Cov}(F_1,F_2)|\leqslant\sqrt{\mathrm{Var}(F_1)\cdot\mathrm{Var}(F_2)},\quad 即|\rho|\leqslant 1.$$

(ii) 因为 F_1,F_2 相互独立, 由定义知 $\mathbf{A}_{F_1}$ 知 $\mathbf{A}_{F_2}$ 独立. 从而知 $\sigma(x,F_1(\cdot))\in\mathbf{A}_{F_1}$,$\sigma(x,F_2(\cdot))\in\mathbf{A}_{F_2}$, 故 $\sigma(x,F_1(\cdot))$ 和 $\sigma(x,F_2(\cdot))$ 相互独立. 由 Fubini 定理及 $\sigma(x,F_1(\cdot))$ 和 $\sigma(x,F_2(\cdot))$ 相互独立, 知

$$\begin{aligned}&\mathrm{Cov}(F_1,F_2)\\=&E\Big[\int_{S^{m-1}}(\sigma(x,F_1(w))-\sigma(x,E(F_1)))(\sigma(x,F_2(w))-\sigma(x,E(F_2)))\mathrm{d}x\Big]\\=&\int_{S^{m-1}}E[(\sigma(x,F_1(w))-\sigma(x,E(F_1)))(\sigma(x,F_2(w))-\sigma(x,E(F_2)))]\mathrm{d}x\\=&\int_{S^{m-1}}E[\sigma(x,F_1(w))-\sigma(x,E(F_1))]\cdot E[\sigma(x,F_2(w))-\sigma(x,E(F_2))]\mathrm{d}x\\=&0,\end{aligned}$$

即 $\rho=0$.

(iii) 对任意 $t\in\mathbf{R}$, 式子

$$\begin{aligned}f(t)=&\mathrm{Var}(F_2)-2t\mathrm{Cov}(F_1,F_2)+t^2\mathrm{Var}(F_1)\\=&\begin{cases}D_2^2(F_2+tE(F_1),E(F_2)+tF_1), & 当\ t\geqslant 0,\\ D_2^2(F_2+|t|F_1,E(F_2)+|t|E(F_1)), & 当\ t<0.\end{cases}\end{aligned}\tag{7.4.5}$$

是成立的. 下面给出证明:

很容易得到 $f(0) = \mathrm{Var}(F_2) = D_2^2(F_2, E(F_2))$. 当 $t > 0$ 时, 有

$$\begin{aligned}
&D_2^2(F_2 + tE(F_1), E(F_2) + tF_1) \\
&= E\Big[\int_{S^{m-1}} (\sigma(x, F_2 + tE(F_1)) - \sigma(x, E(F_2) + tF_1))^2 \mathrm{d}x\Big] \\
&= E\Big[\int_{S^{m-1}} (\sigma(x, F_2) - \sigma(x, E(F_2)) + t\sigma(x, E(F_1)) - t\sigma(x, F_1))^2 \mathrm{d}x\Big] \\
&= D_2^2(F_2, E(F_2)) - 2t\mathrm{Cov}(F_1, F_2) + t^2 D_2^2(F_1, E(F_1)) \\
&= \mathrm{Var}(F_2) - 2t\mathrm{Cov}(\mathrm{F_1, F_2}) + \mathrm{t}^2\mathrm{Var}(\mathrm{F_1}) = f(t).
\end{aligned}$$

类似的, 当 $t < 0$ 时, 有

$$D_2^2(F_2 + |t|F_1, E(F_2) + |t|E(F_1)) = \mathrm{Var}(F_2) + 2|t|\mathrm{Cov}(\mathrm{F_1, F_2}) + \mathrm{t}^2\mathrm{Var}(\mathrm{F_1}) = f(t).$$

这就完成了 (7.4.5) 式的证明.

当 $|\rho(F_1, F_2)| = 1$ 时, 存在某 $t_0 \in \mathbf{R}$, 使得 $f(t_0) = 0$. 当 $\rho(F_1, F_2) = 1$ 时, 由 (7.4.5) 式知, $t_0 = \sqrt{\dfrac{\mathrm{Var}(F_2)}{\mathrm{Var}(F_1)}} > 0$ 且有

$$D_2(F_2 + t_0 E(F_1), E(F_2) + t_0 F_1) = 0, \text{ 即 } F_2 + t_0 E(F_1) = E(F_2) + t_0 F_1, \text{ a.e.};$$

当 $\rho(F_1, F_2) = -1$ 时, $t_0 = -\sqrt{\dfrac{\mathrm{Var}(F_2)}{\mathrm{Var}(F_1)}} < 0$ 且有

$$D_2(F_2 + |t_0|F_1, E(F_2) + |t_0|E(F_1)) = 0, \text{ 即 } F_2 + |t_0|F_1 = E(F_2) + |t_0|E(F_1), \text{ a.e.}.$$

因此必要性得证.

另一方面, 当 $F_2 + \lambda E(F_1) = E(F_2) + \lambda F_1$, a.e. 时, 有

$$\begin{aligned}
\mathrm{Cov}(F_1, F_2) &= \frac{1}{\lambda}\mathrm{Cov}(E(F_2) + \lambda F_1, F_2 + \lambda E(F_1)) \\
&= \frac{1}{\lambda}\mathrm{Cov}(F_2 + \lambda E(F_1), F_2 + \lambda E(F_1)) \\
&= \frac{1}{\lambda}\mathrm{Cov}(F_2, F_2) = \sqrt{\mathrm{Var}(F_1)} \cdot \sqrt{\mathrm{Var}(F_2)},
\end{aligned}$$

即 $\rho(F_1, F_2) = 1$.

当 $F_2 + \lambda F_1 = E(F_2) + \lambda E(F_1)$, a.e. 时, 有

$$\mathrm{Var}(F_2 + \lambda F_1) = \mathrm{Var}(F_2) + 2\lambda\mathrm{Cov}(F_1, F_2) + \lambda^2\mathrm{Var}(F_1) = 0,$$

其中 $\lambda=\sqrt{\dfrac{\mathrm{Var}(F_2)}{\mathrm{Var}(F_1)}}$, 所以有 $\rho(F_1,F_2)=-1$.

例 7.4.2 取 $d=1$, $F_i(w)=[f_i(w),g_i(w)]$, 其中 f_i,g_i 是可积的随机变量, $i=1,2$, 且对于所有的 $w\in\Omega$, $f_i(w)\leqslant g_i(w)$. 由 Aumann 积分的定义, 有 $E(F_i)=[E(f_i),E(g_i)]$. 因此我们可以得到

$$\begin{aligned}\mathrm{Var}(F_i)&=E[(f_i-E(f_i))^2+(g_i-E(g_i))^2]\\&=\mathrm{RmVar}(f_i)+\mathrm{Var}(g_i),\ i=1,2,\end{aligned}$$

$$\begin{aligned}\mathrm{Cov}(F_1,F_2)&=E[(f_1-E(f_1))(f_2-E(f_2))+(g_1-E(g_1))(g_2-E(g_2))]\\&=\mathrm{Cov}(f_1,f_2)+\mathrm{Cov}(g_1,g_2),\end{aligned}$$

$$\rho(F_1,F_2)=\frac{(\mathrm{Cov}(f_1,f_2)+\mathrm{Cov}(g_1,g_2))}{(\sqrt{\mathrm{Var}(f_1)+\mathrm{Var}(g_1)}\cdot\sqrt{\mathrm{Var}(f_2)+\mathrm{Var}(g_2)}\ )}.$$

从上面定理可以看出, 集值随机变量方差、协方差和相关系数的定义是有一定合理性的, 而且它们有着 R^m 值随机变量类似的性质. 因此, 可以说它们是 $\mathbf{R}^m$ 值随机变量的自然推广. 下面给出上述概念在统计参数估计中的一个应用例子.

例 7.4.3 设 F 是具有二阶矩的集值随机变量, $F_1,F_2,\cdots,F_n$ 是抽自总体 F 的简单随机样本, 即 $F_1,F_2,\cdots,F_n$ 是与 F 独立同分布的, 且 $E(F)=U$ 和 $\mathrm{Var}(F)=\sigma^2$. 若记

$$\overline{F}=\frac{1}{n}\sum_{i=1}^{n}F_i,\quad M_2=\frac{1}{n}\sum_{i=1}^{n}d_2^2(F_i,\overline{F}),\quad S^2=\frac{1}{n-1}\sum_{i=1}^{n}d_2^2(F_i,\overline{F})$$

分别为样本均值、样本二阶中心矩和样本方差, 则有

(i) 当 $n\to\infty$ 时, 在概率的意义下, $\overline{F}$ 依 d_2 收敛到 U;

(ii) $\overline{F}$ 是 F 的期望 U 的最小方差线性无偏估计;

(iii) S^2 是 F 的方差 σ^2 的无偏估计.

事实上, 由定理 7.4.4(ii) 和 (iii), 有

$$E(\overline{F})=\frac{1}{n}\sum_{i=1}^{n}E(F_i)=U,\mathrm{Var}(\overline{F})=\frac{1}{n^2}\sum_{i=1}^{n}\mathrm{Var}(F_i)=\frac{\sigma^2}{n},$$

又由切比雪夫不等式, 在概率的意义下, $d_2(\overline{F},U)\to0,\ n\to\infty$.

若 $G=\sum\limits_{i=1}^{n}a_iF_i$ 是 F 的期望 U 的最小方差线性无偏估计, 则

$$\sum_{i=1}^{n}a_i=1,\quad \mathrm{Var}(G)=\sum_{i=1}^{n}{a_i}^2\sigma^2\geqslant\Big(\frac{1}{n}\Big)\sigma^2=\mathrm{Var}(\overline{F}),$$

因此 (ii) 成立.

(iii) 因为

$$E(M_2)=\frac{1}{n}\sum_{i=1}^{n}Ed_2^2(F_i,\overline{F})=\frac{1}{n}\sum_{i=1}^{n}E\Big[\int_{S^{m-1}}(\sigma(x,F_i)-\sigma(x,\overline{F}))^2\mathrm{d}x\Big]$$
$$=\frac{1}{n}\sum_{i=1}^{n}E\Big[\int_{S^{m-1}}(\sigma(x,F_i)-\sigma(x,U)+\sigma(x,U)-\sigma(x,\overline{F}))^2\mathrm{d}x\Big]$$
$$=\frac{1}{n}\sum_{i=1}^{n}(\mathrm{Var}(F_i)-2\mathrm{Cov}(F_i,\overline{F})+\mathrm{Var}(\overline{F}))$$
$$=\frac{1}{n}\sum_{i=1}^{n}(\sigma^2-\frac{2}{n}\sigma^2+\frac{\sigma^2}{n})=\frac{n-1}{n}\ \sigma^2,$$

故 $E(S^2)=E\Big(\dfrac{n}{n-1}M_2\Big)=\sigma^2$.

注　这里的集值随机变量的最小方差线性无偏估计的含义是完全类似于实值随机变量的.

下面将利用 D_2 距离简单讨论二阶矩集值随机过程的连续性、可积性及可微性. 首先给出均方意义下集值随机过程的连续性的定义.

定义 7.4.5　设 T 为 $\mathbf{R}$ 上的一有限或无限区间, 映射 $F:T\to(\mathbf{L}_{kc}^{d_2}[\Omega,\mathbf{R}^m],D_2)$ 称为二阶矩的集值随机过程；如果 F 在某点 $t\in T$ 关于 D_2 连续, 则称 F 在 t 处是均方连续的. 如果 F 在任意 $t\in T$ 均方连续, 则称 F 是均方连续的.

完全类似于实值随机变量, 集值随机过程的一些重要的性质也是由它的期望值函数和相关函数所表征的, 尤其是后者, 它定义了集值随机过程的均方性质.

定义 7.4.6　设 $\{F(t):t\in T\}$ 是具有二阶矩的集值随机过程, 则称

$$B(t,r)=E\Big[\int_{S^{m-1}}\sigma(x,F(t))\cdot\sigma(x,F(r))\mathrm{d}x\Big]\ (t,r\in T)$$

为 $F(t)$ 的相关函数. 如果相关函数

$$B(\tau)=E\Big[\int_{S^{m-1}}\sigma(x,F(t+\tau))\cdot\sigma(x,F(t))\mathrm{d}x\Big]\ (t,t+\tau\in T)$$

是独立于 t 的, 则称 $F(t)$ 为广泛意义下的（或弱的, 或宽）集值平稳过程.

定理 7.4.6　(均方意义下的连续性)

(i) 二阶矩的集值随机过程 $\{F(t):t\in T\}$ 在 t 处是均方连续的, 当且仅当 $B(t,r)$ 在 (t,t) 处是连续的.

(ii) 设 $\{F(t):t\in T\}$ 是广泛意义下的平稳过程, 其相关函数为 $B(\tau)$, 则以下条件是等价的：

(a)　$F(t)$ 是均方连续的;

(b) $B(\tau)$ 在 $\tau=0$ 处连续;

(c) $F(t)$ 在 $t=0$ 处是均方连续的;

(d) $B(\tau)$ 是连续的.

证明 (i)**必要性** 因为 $\{F(t):t\in T\}$ 是均方连续的, 即当 $h\to 0$ 时, $D_2(F(t+h),F(t))\longrightarrow 0$. 由引理 2.2.4(i) 知, 当 $h,h'\to 0$ 时,

$$\begin{aligned}B(t+h,t+h')&=E\Big[\int_{S^{m-1}}\sigma(x,F(t+h))\cdot\sigma(x,F(t+h'))\mathrm{d}x\Big]\\&\longrightarrow E\Big[\int_{S^{m-1}}(\sigma(x,F(t)))^2\mathrm{d}x\Big]=B(t,t),\end{aligned}$$

故 $B(t,r)$ 在 (t,t) 处是连续的.

充分性 设 $B(t,r)$ 在 (t,t) 处是连续的, 则 $h\to 0$ 时, 有

$$E\left[\int_{S^{m-1}}(\sigma(x,F(t+h)))^2\mathrm{d}x\right]\longrightarrow E\left[\int_{S^{m-1}}(\sigma(x,F(t)))^2\mathrm{d}x\right],$$

并且

$$E\left[\int_{S^{m-1}}\sigma(x,F(t+h))\cdot\sigma(x,F(t))\mathrm{d}x\right]\longrightarrow E\left[\int_{S^{m-1}}(\sigma(x,F(t)))^2\mathrm{d}x\right].$$

这时当 $h\to 0$ 时, 有 $D_2(F(t+h),F(t))\to 0$, 故 $\{F(t):t\in T\}$ 在 t 处是均方连续的.

(ii) (a) $\Leftrightarrow$ (b) $\Leftrightarrow$ (c) 可由命题 (i) 直接得到, (d) $\Rightarrow$ (b) 显而易见, 下证 (a) $\Rightarrow$ (d). 由 (7.4.1) 式, 有

$$\begin{aligned}|B(t+\tau)-B(t)|&=\Bigg|E\left[\int_{S^{m-1}}\sigma(x,F(t+\tau))\cdot\sigma(x,F(0))\mathrm{d}x\right]\\&\qquad-E\left[\int_{S^{m-1}}\sigma(x,F(t))\cdot\sigma(x,F(0))\mathrm{d}x\right]\Bigg|\\&\leqslant D_2(F(t+\tau),F(t))\cdot D_2(F(0),\theta),\end{aligned}$$

故结论成立.

例 7.4.4 (自回归序列) 若集值随机序列 $\{F_n:n\in\mathbf{N}\}\subset\mathbf{L}_{kc}^{d_p}[\Omega,\mathbf{R}^m]$ 满足

$$E\Big[\int_{S^{m-1}}\sigma(x,F_n)\cdot\sigma(x,F_m)\mathrm{d}x\Big]=\begin{cases}1, & 若\ n=m,\\0, & 若\ n\neq m,\end{cases}$$

则 $\{F_n:n\in\mathbf{N}\}$ 是宽平稳的, 并称它为标准的集值随机序列.

集值随机序列的滑动和为 $Y(n)=\sum\limits_{k=-\infty}^{+\infty}\lambda_kF(n-k)$, 其中 $\lambda_k\geqslant 0$, $\sum\limits_{k=-\infty}^{+\infty}\lambda_k^2<\infty$, 则 $\{Y(n):n\in\mathbf{N}\}$ 是宽平稳的集值随机序列, 且它的相关函数为 $B_Y(\tau)=\sum\limits_{k=-\infty}^{+\infty}\lambda_k\lambda_{k-\tau}$.

下面讨论集值随机过程的均方可积性. 首先引入集值随机过程的均方积分的概念.

定义 7.4.7 设 $F(t)$ 是一定义在 $[a,b]$ 上的二阶矩的集值随机过程, 对于 $[a,b]$ 上的任意一个有限分割 π_n , 即 $\pi_n : a = t_0 < t_1 < \cdots < t_n = b$, 和任意一点 $t_i' \in [t_{i-1}, t_i)$, $i = 1, 2, \cdots, n$, 记 $\Delta t_i = t_i - t_{i-1}$, $S_n = \sum_{i=1}^{n} \Delta t_i F(t_i')$, $|\pi_n| = \max_{1 \leqslant i \leqslant n} \Delta t_i$. 若在 D_2 的意义下极限 $\lim_{|\pi_n| \to 0} S_n$ 存在, 并且与分割 π_n 和点 t_i' 的取方无关, 则称此极限为 F 在 $[a,b]$ 上的均方黎曼积分, 记作 $\int_a^b F(t)\mathrm{d}t = \lim_{|\Delta| \to 0} S_n$, 并称 F 在 $[a,b]$ 上是均方可积的. 若在 D_2 的意义下极限 $\lim_{\substack{a \to -\infty \\ b \to +\infty}} \int_a^b F(t)\mathrm{d}t$ 存在, 则称此极限为 F 在 $(-\infty, +\infty)$ 上的均方积分, 记作 $\int_{-\infty}^{+\infty} F(t)\mathrm{d}t = \lim_{\substack{a \to -\infty \\ b \to +\infty}} \int_a^b F(t)\mathrm{d}t$. 类似地可以定义 $\int_a^{+\infty} F(t)\mathrm{d}t$ 和 $\int_{-\infty}^{b} F(t)\mathrm{d}t$.

定理 7.4.7 (均方意义下的可积性)

设 $\{F(t) : t \in R\}$ 是具有二阶矩的集值随机过程, 它的相关函数是 $B(t,r)$. 若

$$\int_a^b \int_a^b B(t,r)\mathrm{d}t\mathrm{d}r \tag{7.4.6}$$

存在且是有限的, 则均方积分 $\int_a^b F(t)\mathrm{d}t$ 存在, 其中 $-\infty \leqslant a < b \leqslant +\infty$.

证明 一方面, 若 $[a,b]$ 是一有限的区间, 由引理 7.4.1(ii) 知, 均方积分存在当且仅当对于 $[a,b]$ 上任意两个分割 $\pi^{(1)}$ 和 $\pi^{(2)}$, 当 $|\pi^{(1)}| \to 0, |\pi^{(2)}| \to 0$ 时

$$\begin{aligned}
&E\Big[\int_{S^{m-1}} \sigma\Big(x, \sum_{i=1}^{n} \Delta t_i F(t_i')\Big) \cdot \sigma\Big(x, \sum_{j=1}^{k} \Delta t_j F(t_j')\Big)\mathrm{d}x\Big] \\
=& \sum_{i=1}^{n}\sum_{j=1}^{k} \Delta t_i \Delta t_j E\Big[\int_{S^{m-1}} \sigma(x, F(t_i')) \cdot \sigma(x, F(t_j'))\mathrm{d}x\Big] \\
=& \sum_{i=1}^{n}\sum_{j=1}^{k} \Delta t_i \Delta t_j B(t_i', t_j')
\end{aligned}$$

是存在的. 它可以由 (7.4.6) 直接得到, 故结论成立.

另一方面, 设 $\pi^{(1)}$ 和 $\pi^{(2)}$ 分别是 $[a_1, b_1]$ 和 $[a_2, b_2]$ 上的两个分割, 由引理 7.4.1(i),

有

$$
\begin{aligned}
&E\left[\int_{S^{m-1}} \sigma\left(x, \int_{a_1}^{b_1} F(t)\mathrm{d}t\right) \cdot \sigma\left(x, \int_{a_2}^{b_2} F(t)\mathrm{d}t\right) \mathrm{d}x\right] \\
=& \lim_{\substack{|\pi^{(1)}|\to 0 \\ |\pi^{(2)}|\to 0}} E\left[\int_{S^{m-1}} \sigma\left(x, \sum_{i=1}^{n} \Delta t_i F(t_i')\right) \cdot \sigma\left(x, \sum_{j=1}^{k} \Delta t_j F(t_j')\right) \mathrm{d}x\right] \\
=& \lim_{\substack{|\pi^{(1)}|\to 0 \\ |\pi^{(2)}|\to 0}} \sum_{i=1}^{n}\sum_{j=1}^{k} E\left[\int_{S^{m-1}} \sigma(x, F(t_i')) \cdot \sigma(x, F(t_j'))\mathrm{d}x\right] \Delta t_i \Delta t_j \\
=& \int_{a_1}^{b_1}\int_{a_2}^{b_2} B(t,r)\mathrm{d}t\mathrm{d}r.
\end{aligned}
\tag{7.4.7}
$$

再根据引理 7.4.1(ii) 和 (7.4.7), 当 $a_1, a_2 \to -\infty$ 和 $b_1, b_2 \to +\infty$ 时, $\int_{-\infty}^{+\infty} F(t)\mathrm{d}t$ 也是存在的.

推论 7.4.1 (i) 若 $Y(t) = \int_a^t F(s)\mathrm{d}s$, 则 $Y(t)$ 的相关函数是 $B_Y(t,r) = \int_a^t \int_a^r B(l,\tau)\mathrm{d}l\mathrm{d}\tau$,

(ii) (大数定律) 若对任意 $t \in \mathbf{R}$, $E[F(t)] = U \in \mathbf{P}_{kc}(\mathbf{R}^m)$ 和 $B(t,r)$ 是黎曼可积的, 则当 $T \to +\infty$ 时, $\frac{1}{T}\int_0^T F(t)\mathrm{d}t$ 依 D_2 收敛到 U 的充要条件是 $(1/T^2)\int_0^T\int_0^T B(t,r)\mathrm{d}t\mathrm{d}r \to \int_{S^{m-1}} (\sigma(x,U))^2\mathrm{d}x$.

证明 (i) 直接从 (7.4.7) 式得到.

(ii) 由引理 7.4.1(i) 得

$$
\begin{aligned}
&E\Big[\int_{S^{m-1}} \sigma\Big(x, \frac{1}{T}\int_0^T F(t)\mathrm{d}t\Big) \cdot \sigma(x,U)\mathrm{d}x\Big] \\
=& \lim_{|\Delta|\to 0} E\Big[\int_{S^{m-1}} \sigma\Big(x, \frac{1}{T}\sum_{i=1}^{n} \Delta t_i F(t_i')\Big) \cdot \sigma(x,U)\mathrm{d}x\Big] \\
=& \lim_{|\Delta|\to 0} \Big[\int_{S^{m-1}} E(\sigma\Big(x, \frac{1}{T}\sum_{i=1}^{n} \Delta t_i F(t_i'))\Big) \cdot \sigma(x,U)\mathrm{d}x\Big] \\
=& \lim_{|\Delta|\to 0} \Big[\int_{S^{m-1}} (\sigma(x,U))^2\mathrm{d}x\Big] = \int_{S^{m-1}} (\sigma(x,U))^2\mathrm{d}x,
\end{aligned}
$$

又由 (7.4.7) 式, 有

$$\begin{aligned}
D_2^2\Big(\frac{1}{T}\int_0^T F(t)\mathrm{d}t, U\Big) &= E\Big[\int_{S^{m-1}}\Big(\sigma\Big(x,\frac{1}{T}\int_0^T F(t)\mathrm{d}t\Big)-\sigma(x,U)\Big)^2\mathrm{d}x\Big]\\
&= E\Big[\int_{S^{m-1}}\Big(\sigma\Big(x,\frac{1}{T}\int_0^T F(t)\mathrm{d}t\Big)\Big)^2\mathrm{d}x\Big]\\
&\quad -2E\Big[\int_{S^{m-1}}\sigma\Big(x,\frac{1}{T}\int_0^T F(t)\mathrm{d}t\Big)\cdot\sigma(x,U)\mathrm{d}x\Big]\\
&\quad +\int_{S^{m-1}}(\sigma(x,U))^2\mathrm{d}x\\
&= \frac{1}{T^2}\int_0^T\int_0^T B(t,r)\mathrm{d}t\mathrm{d}r-\int_{S^{m-1}}(\sigma(x,U))^2\mathrm{d}x.
\end{aligned}$$

故结论成立.

下面均方意义下集值随机过程的可微性.

在第四章第六节引入了 Hukuhara 差的概念, 即若 $A,B\in\mathbf{P}_{kc}(\mathbf{R}^m)$, 如果存在某 $C\in\mathbf{P}_{kc}(\mathbf{R}^m)$, 使得 $A=B+C$, 则称 C 为 A 和 B 的 Hukuhara 差 (简称 H 差), 记作 $A\ominus B$. 容易证明, 对于任意 $A_i,B_i\in\mathbf{P}_{kc}(\mathbf{R}^m)$, $i=1,2$, 如果 $A_1\ominus B_1$ 和 $A_2\ominus B_2$ 都存在, 则

$$\begin{aligned}
&\int_{S^{m-1}}\sigma(x,A_1\ominus B_1)\sigma(x,A_2\ominus B_2)\mathrm{d}x\\
=&\int_{S^{m-1}}\sigma(x,A_1)\sigma(x,A_2)\mathrm{d}x-\int_{S^{m-1}}\sigma(x,A_1)\sigma(x,B_2)\mathrm{d}x\\
&-\int_{S^{m-1}}\sigma(x,B_1)\sigma(x,A_2)\mathrm{d}x+\int_{S^{m-1}}\sigma(x,B_1)\sigma(x,B_2)\mathrm{d}x.
\end{aligned}\tag{7.4.8}$$

因为 $A\ominus B:(\mathbf{P}_{kc}(\mathbf{R}^m),d_2)\times(\mathbf{P}_{kc}(\mathbf{R}^m),d_2)\to(\mathbf{P}_{kc}(\mathbf{R}^m),d_2)$ 是连续的, 若 F,Y 是集值随机变量, 且 F 和 Y 的差是几乎处处存在的, 则 $F\ominus Y$ 也是一个集值随机变量, 且当 $F,Y\in\mathbf{L}_{kc}^{d_2}[\Omega,\mathbf{R}^m]$ 时有 $F\ominus Y\in\mathbf{L}_{kc}^{d_2}[\Omega,\mathbf{R}^m]$.

定义 7.4.8　设 $\{F(t):t\in T\}$ 是具有二阶矩的集值随机过程, 若存在 $F'(t_0)\in\mathbf{L}_{kc}^{d_2}[\Omega,\mathbf{R}^m]$, 使得在 D_2 意义下, 极限

$$\lim_{h\to0+}\frac{F(t_0+h)\ominus F(t_0)}{h}\quad 和\quad \lim_{h\to0+}\frac{F(t_0)\ominus F(t_0-h)}{h}$$

是存在的, 并且相等, 则称 $F(t)$ 在 $t_0\in T$ 处是均方可微的, 记其极限为 $F'(t_0)$. 对于 T 的端点处, 仅考虑一侧的导数即可. 若 $F(t)$ 在任意 $t\in T$ 是均方可微的, 则称 $F(t)$ 在 T 上是均方可微的.

定理 7.4.8(均方意义下的可微性)

设 $\{F(t): t \in \mathbf{R}\}$ 是一具有二阶矩的集值随机过程, 其相关函数为 $B(t,r)$, 且对所有的 $t \in \mathbf{R}$ 和 $h > 0$, H 差 $F(t+h) \ominus F(t)$ 都是几乎处处存在的.

(i) 若推广的二阶导数 $\left.\dfrac{\partial^2 B(t,r)}{\partial t \partial r}\right|_{t=r=t_0}$ 存在, 且

$$\left.\frac{\partial^2 B(t,r)}{\partial t \partial r}\right|_{t=r=t_0} = \lim_{h,h' \to 0} \tfrac{1}{hh'}(B(t_0+h, t_0+h') \\ -B(t_0, t_0+h') - B(t_0+h, t_0) + B(t_0, t_0)),$$

则 $F(t)$ 在 t_0 处是均方可微的;

(ii) 若对所有 $t_0 \in R$, $\left.\dfrac{\partial^2 B(t,r)}{\partial t \partial r}\right|_{t=r=t_0}$ 都存在, 则 $F(t)$ 是均方可微的, 且 $\{F'(t): t \in \mathbf{R}\}$ 的相关函数等于 $\dfrac{\partial^2 B(t,r)}{\partial t \partial r}$.

证明 (i) 令 $h > 0, h' > 0$, 则由 (7.4.8), 得

$$E\Big[\int_{S^{m-1}} \sigma(x, \frac{1}{h}(F(t_0+h) \ominus F(t_0))) \cdot \sigma(x, \frac{1}{h'}(F(t_0+h') \ominus F(t_0)))\mathrm{d}x\Big]$$
$$= \frac{1}{hh'}(B(t_0+h, t_0+h') - B(t_0, t_0+h') - B(t_0+h, t_0) + B(t_0, t_0)),$$
$$E\Big[\int_{S^{m-1}} \sigma(x, \frac{1}{h}(F(t_0) \ominus F(t_0-h))) \cdot \sigma(x, \frac{1}{h'}(F(t_0) \ominus F(t_0-h')))\mathrm{d}x\Big]$$
$$= \frac{1}{hh'}(B(t_0-h, t_0-h') - B(t_0, t_0-h') - B(t_0-h, t_0) + B(t_0, t_0)).$$

根据 (i) 的条件和引理 7.4.1(ii) 得, $F(t)$ 在 t_0 处是均方可微的.

(ii) 类似上面的证明, 由引理 7.4.1(i), 得

$$\begin{aligned} B_{F'}(t,r) &= E\Big[\int_{S^{m-1}} (\sigma(x, F'(t)) \cdot \sigma(x, F'(r))\mathrm{d}x\Big] \\ &= \lim_{h,h' \to 0} E\Big[\int_{S^{m-1}} \sigma(x, \frac{1}{h}(F(t+h) \ominus F(t))) \cdot \sigma(x, \frac{1}{h'}(F(r+h') \ominus F(r)))\mathrm{d}x\Big] \\ &= \frac{\partial^2 B(t,r)}{\partial t \partial r}. \end{aligned}$$

故结论成立.

§7.5 第七章注记

首次研究连续时间参数的集值鞅的收敛性可能是董文龙与汪振鹏在 1998 年发表的论文 [91], 本书的定理 7.1.7~7.1.9 可参看该论文. 引理 7.1.1 来自 [271] 中的性质 3. 关于集值平方可积鞅可参见文献 [396]. 但本书的证明是本书作者重新整理的,

连续时间参数的鞅的表示定理 (定理 7.1.3~7.1.5) 是参考离散时间参数集值鞅也是有本书作者新整理的, 尤其是定理 7.1.3 的证明是根据离散时间参数集值鞅的结果得到的.

证明集值随机过程选择存在的 Steiner 选择方法可参见 [18] 的第九章. 集值有界变差过程与半鞅的选择可参见文献 [225], [227],[228]. Lipschitz 选择算子内容可参见文献 [268].

d_p 距离的定义及定理 7.4.1 的完备性证明参见文献 [330] 与 [302]. 第四节的其他内容参见文献 [352].

第八章　集值随机过程的伊藤积分与集值随机包含初步

众所周知, 经典随机过程的伊藤 (Ito) 积分在随机控制、数理金融等方面有广泛的应用. 例如 1973 年 F. Black 与 M. Scholes 基于无套利原理, 从构造一个交易策略出发, 推导出著名的 Black-Scholes 期权定价公式. 同年 R.C. Merton 对 Black-Scholes 模型和定价公式作了完善和多方面的推广. 由他们开创的期权定价理论被誉为"华尔街的第二次革命". Scholes 与 Merton 因此荣获 1997 年度诺贝尔经济学奖 (Black 于 1995 年英年早逝, 未能分享此殊荣). Black-Scholes 是假定股票价格过程 $\{s_t\}$ 满足如下的 Ito 随机微分方程:

$$\mathrm{d}s_t = s_t(u\mathrm{d}t + v\mathrm{d}B_t),$$

其中 $s_0 > 0, u, v$ 是常数, u 为股票的 (瞬时) 预期收益率, v 为股票的波幅 (volatility), B_t 为布朗运动. 对于股票的预期收益率的估计在实际中往往不是某一常数, 而通常人们估计为某一区间 $[u_1, u_2]$, $u_1 < u_2$. 同样关于 v 有类似考虑. 这就导致上式为

$$\mathrm{d}s_t \in s_t(U\mathrm{d}t + V\mathrm{d}B_t)$$

的随机包含问题, 其中 U, V 为 R 的子集, s_tU, s_tV 便是集值随机过程. 关于随机包含问题研究的动机与问题的进一步阐述详见第 8.2.2 节. 现在的问题是如何定义集值随机过程关于布朗运动的 Ito 积分? 如何定义集值随机过程关于 t 的 Lebesgue 积分? 一般的集值随机微分包含的解是如何定义的?

本章将主要给出集值随机过程的 Ito 积分的定义与性质, 介绍集值随机包含理论初步. 由于这一部分理论的研究只是近十几年的事情, 许多问题的研究不够完善, 加上作者本身水平有限, 有些问题的讨论难免有漏洞甚至错误, 在此特别提醒读者注意到这一点.

本章假定 $(\Omega, \mathbf{A}, \mu)$ 为完备的概率空间, $\mathbf{R}_+ = [0, \infty)$, $\{\mathbf{A}_t : t \in \mathbf{R}_+\}$ 是 $\mathbf{A}$ 的子 σ 域流, 且满足通常条件, 即 $\{\mathbf{A}_t\}$ 完备、非降、右连续且 $\mathbf{A}_0$ 包含一切 μ 零概集. 不妨假定 $\mathbf{A} = \sigma\left(\bigcup\limits_{t\geqslant 0} \mathbf{A}_t\right)$. 假设 $\mathbf{B}(E)$ 表示某空间 E 上的 Borel 域. 这里为了叙述方便, 我们限制基础空间为 m 维欧式空间 $\mathbf{R}^m$, 但是需要指出的是有许多结论在可分的 Banach 空间是成立的.

§8.1 集值随机过程的 Ito 积分的定义与性质

我们首先来复习一下 $\mathbf{R}^m$ 值随机过程的相关概念.

设 $f=\{f(t):t\geqslant 0\}$ 为一 $\mathbf{R}^m$ 值随机过程, 称 f 关于 σ 域流 $\{\mathbf{A}_t:t\in\mathbf{R}_+\}$ 为适应过程, 如果对任意 $t\in\mathbf{R}_+$, $f(t)$ 是 $\mathbf{A}_t$ 可测的; 此时记作 $f=\{f(t),\mathbf{A}_t:t\geqslant 0\}$. 称 f 为可测过程, 如果作为 (t,w) 的函数, $f(t,w)$ 是 $\mathbf{B}(\mathbf{R}_+)\times A$ 可测的; 称 f 是循序可测过程, 如果对于任意 $t\in\mathbf{R}_+$, f 限于 $[0,t]\times\Omega$ 为 $\mathbf{B}([0,t])\times\mathbf{A}_t$ 可测. 若令

$$\mathbf{A}=\{A\subset\mathbf{R}_+\times\Omega:\forall t\in\mathbf{R}_+,A\cap([0,t]\times\Omega)\in\mathbf{B}([0,t])\times\mathbf{A}_t\},$$

则 f 是循序可测过程当且仅当 f 是 $\mathbf{A}$ 可测的.

显然, 循序可测过程为可测且适应过程, 但逆命题不成立. 右连续 (左连续) 适应过程为循序可测过程.

$\mathbf{R}_+\times\Omega$ 上使得全体左连续适应过程为可测的最小 σ 域称为可料 σ 域, 记作 $\mathcal{P}$. 实际上, 若令

$$\mathcal{C}_1=\{\{0\}\times A:A\in\mathbf{A}_0\}\cup\left\{(s,t]\times A:0<s<t,s,t\in\mathbf{Q}_+,A\in\bigcup_{r<s}\mathbf{A}_r\right\},$$

$$\mathcal{C}_2=\{\{0\}\times A:A\in\mathbf{A}_0\}\cup\left\{[s,t)\times A:0<s<t,s,t\in\mathbf{Q}_+,A\in\bigcup_{r<s}\mathbf{A}_r\right\},$$

则 $\sigma(\mathcal{C}_1)=\sigma(\mathcal{C}_2)=\mathcal{P}$, 其中 $\mathbf{Q}_+$ 是非负有理数全体. $\mathcal{P}$ 可测过程为可预报过程或可料过程 (predictable process). 可料过程是循序可测的, 从而是适应的.

类似地, 任意给定 $T\in\mathbf{R}_+$, 在 $[0,T]\times\Omega$ 上可以定义可料 σ 域, 记作 $\mathcal{P}_T$. 相应地,

$$\mathbf{A}_T=\{A\subset[0,T]\times\Omega:\forall t\in[0,T],A\cap([0,t]\times\Omega)\in\mathbf{B}([0,t])\times\mathbf{A}_t\}.$$

设 $\mathcal{N}^p(\mathbf{R}^m)$ 表示全体 $\mathbf{R}^m$ 值随机过程 $f=\{f(t),\mathbf{A}_t:t\in\mathbf{R}_+\}$ (其中 $p\geqslant 1$), 使得

(a) f 是循序可测的.

(b) 对于任意 $t\in\mathbf{R}_+$, $\displaystyle\int_0^t\|f(s)\|^p\mathrm{d}s<\infty$.

设 $\mathcal{L}^p(\mathbf{R}^m)\subset\mathcal{N}^p(\mathbf{R}^m)$ 表示满足下列条件的 $\mathbf{R}^m$ 值随机过程 $f=\{f(t),\mathbf{A}_t:t\in\mathbf{R}_+\}$ 的全体, 使得 f 满足 (a) 与

(c) $t\in\mathbf{R}_+$, $|||f|||_{p,t}=\left[E\left(\displaystyle\int_0^t\|f(t,w)\|^p\mathrm{d}s\right)\right]^{1/p}<\infty$.

对任意 $f,f'\in\mathcal{L}^p(\mathbf{R}^m)$, 称 f 与 f' 相等, 如果对于任意 $t\in\mathbf{R}_+$, 有 $|||f-f'|||_{p,t}=0$.

对于 $f \in \mathcal{L}^p(\mathbf{R}^m)$, 定义

$$|||f|||_p = \sum_{n=1}^{\infty} 2^{-n}(|||f(t)|||_{p,n} \wedge 1), \tag{8.1.1}$$

则 $(\mathcal{L}^p(\mathrm{R}^m), |||\cdot|||_p)$ 是完备的距离空间.

注 (1) 值得注意的事实是, 对于任意的 $f \in \mathcal{L}^p(\mathbf{R}^m)$, 存在可料过程 f' 使得 $f = f'$, 因此不失一般性, 以后总假定 $f \in \mathcal{L}^p(\mathbf{R}^m)$ 是可料过程.

(2) 若将 $\mathbf{R}_+$ 换成 $[0,T]$, $0 < T < +\infty$, 有相应的的概念、记号与结论. 例如 $\mathcal{N}^p(\mathbf{R}^m)$, $\mathcal{L}^p(\mathbf{R}^m)$ 限制在 $[0,T]\times\Omega$ 时, 分别记作 $\mathcal{N}^p_T(\mathbf{R}^m)$, $\mathcal{L}^p_T(\mathbf{R}^m)$.

设 $B_t(w) = B(t,w)$ 是一维布朗运动, 且 $B_0(w) = 0, \text{a.e.}$, $f = \{f(t), \mathbf{A}_t : t \in \mathrm{R}_+\} = \{(f^{(1)}(t), \cdots, f^{(m)}(t)), \mathbf{A}_t : t \in \mathbf{R}_+\} \in \mathcal{L}^2(\mathrm{R}^m)$, 随机过程 $f(t)$ 关于布朗运动 B_t 的 Ito 积分记作

$$g(t,w) = \int_0^t f(s,w)\mathrm{d}B_s(w) = \left(\int_0^t f^{(1)}(s)\mathrm{d}B_s, \cdots, \int_0^t f^{(m)}(s)\mathrm{d}B_s\right).$$

且对任意 $0 \leqslant t_0 < t$, 定义

$$\int_{t_0}^t f(s,w)\mathrm{d}B_s(w) = \int_0^t \chi_{[t_0,t]}(s) f(s,w)\mathrm{d}B_s(w).$$

Ito 积分满足下列性质:

(1) 设 $f_1, f_2 \in \mathcal{L}^2(\mathbf{R}^m), 0 \leqslant S < U < T$, 则

(a) $\displaystyle\int_S^T f_1(t)\mathrm{d}B_t = \int_S^U f_1(t)\mathrm{d}B_t + \int_U^T f_2(t)\mathrm{d}B_t$ a.e.;

(b) $\displaystyle\int_S^T (af_1(t) + f_2(t))\mathrm{d}B_t = a\int_S^T f_1(t)\mathrm{d}B_t + \int_S^T f_2(t)\mathrm{d}B_t$, a.e.(a 常数);

(c) $\displaystyle E\left[\int_S^T f_1(t)\mathrm{d}B_t\right] = 0$;

(d) $\displaystyle\int_S^{\mathrm{T}} f_1(t)\mathrm{d}B_t$ 是 $\mathbf{A}_T$ 可测的.

(2) $\displaystyle g(t,w) = \int_0^t f(s,w)\mathrm{d}B_s(w)$ 满足以下性质:

(a) 对几乎所有的 w, $g(t,w)$ 有关于 t 连续的版本 (以后所指的 Ito 积分均是指它的轨道连续的版本);

(b) $\displaystyle E[(g(t,w))^2] = E\left[\int_0^t \|f(s,w)\|^2\mathrm{d}s\right]$ (称为 Ito 等距性质);

(c) $\{g(t,w), \mathbf{A}_t : t \in \mathbf{R}_+\}$ 是鞅, 且满足最大值不等式

$$\mu\left[\sup_{0\leqslant t\leqslant T} \|g(t,w)\| \geqslant \lambda\right] \leqslant \frac{1}{\lambda^2} E\left[\int_0^T \|f(t,w)\|^2\mathrm{d}t\right],$$

及 Doob 不等式

$$E\left[\sup_{0\leqslant t\leqslant T}\|g(t,w)\|^2\right]\leqslant 4E\left[\int_0^T\|f(t,w)\|^2\mathrm{d}t\right];$$

(d) $\forall a_1(w),a_2(w)\in\mathbf{A}_s$,

$$\begin{aligned}&\int_s^t[a_1(w)f_1(u,w)+a_2(w)f_2(u,w)]\mathrm{d}B_u(w)\\=&\,a_1(w)\int_s^t f_1(u,w)\mathrm{d}B_u(w)+a_2(w)\int_s^t f_2(u,w)\mathrm{d}B_u(w).\end{aligned}$$

现在我们讨论集值随机过程关于布朗运动的 Ito 积分. 首先给出必要的准备.

定义 8.1.1 适应的集值随机过程 $F=\{F(t),\mathbf{A}_t:t\in\mathbf{R}_+\}$ 称为循序可测的, 如果对于任意的 $t\in\mathbf{R}_+$, $(s,w)\mapsto F(s,w)$ 是 $\mathbf{B}([0,t])\times\mathbf{A}_t$ 可测的, 即

$$\{(s,w)\in[0,t]\times\Omega:F(s,w)\cap A\neq\varnothing\}\in\mathbf{B}([0,t])\times\mathbf{A}_t,\quad\forall A\in\mathbf{B}(\mathbf{R}^m).$$

显然 F 循序可测当且仅当 F 是 $\mathbf{A}$ 可测的, 即

$$\{(s,w)\in\mathbf{R}_+\times\Omega:F(s,w)\cap A\neq\varnothing\}\in\mathbf{A},\quad\forall A\in\mathbf{B}(\mathbf{R}^m).$$

定义 8.1.2 集值随机过程 $F=\{F(t):t\in\mathbf{R}_+\}$ 称为是可料的 (或可预报的), 如果它是 $\mathcal{P}$ 可测的, 即对于任意 $A\in\mathbf{B}(\mathbf{R}^m)$, $\{(s,w)\in\mathbf{R}_+\times\Omega:F(s,w)\bigcap A\neq\varnothing\}\in\mathcal{P}$.

显然可料集值随机过程一定是循序可测的.

定义 8.1.3 循序可测的集值随机过程 $F=\{F(t),\mathbf{A}_t:t\in\mathbf{R}_+\}$ 称为是 $\mathcal{L}^p$ 有界的, 如果实值随机过程 $\{\|F(t)\|,\mathbf{A}_t:t\in\mathbf{R}_+\}\in\mathcal{L}^p(\mathbf{R})$.

定义 8.1.4 R^m 值循序可测的随机过程 $\{f(t),\mathbf{A}_t:t\in\mathbf{R}_+\}\in\mathcal{L}^p(\mathbf{R}^m)$ 称为是适应的集值过程 $F=\{F(t),\mathbf{A}_t:t\in\mathbf{R}_+\}$ 的 $\mathcal{L}^p$ 选择, 如果 $f(t,w)\in F(t,w)$ a.e.$(t,w)\in\mathbf{R}_+\times\Omega$.

设 $S^p(\{F(\cdot)\})$ 或 $S^p(F)$ 表示集值随机过程 $F=\{F(t),\mathbf{A}_t:t\in\mathbf{R}_+\}$ 的 $\mathcal{L}^p(\mathbf{R}^m)$ 选择全体, 即

$$S^p(F)=\Big\{\{f(t)\}\in\mathcal{L}^p(\mathbf{R}^m):f(t,w)\in F(t,w),\ \text{a.e.}(t,w)\in\mathbf{R}_+\times\Omega\Big\}.$$

注意 $S^p(\{F(\cdot)\})$ 与 $S^p_{F(t)}(\mathbf{A}_t)$ 的区别, 后者表示对于任意 $t\in\mathbf{R}_+$, 集值随机变量 $F(t)$ 的选择 $g\in L^p[\Omega,\mathbf{A}_t,\mu;\mathbf{R}^m]$ 的全体.

定理 8.1.1 如果 $S^p(F)\neq\varnothing$, 则 $S^p(F)$ 是 $(\mathcal{L}^p(\mathbf{R}^m),|||\cdot|||_p)$ 中的闭集.

证明 设 $f_n=\{f_n(t):t\in\mathbf{R}_+\}\in S^p(F)$, $n\geqslant 1$, 且 f_n 在 $(\mathcal{L}^p(\mathbf{R}^m),|||\cdot|||_p)$ 中收敛于 $f=\{f(t),\mathbf{A}_t:t\in\mathbf{R}_+\}$, 则对于任意给定自然数 $l\geqslant 1$, 有

$$|||f_n-f|||_{p,l}^p=E\left[\int_0^l\|f_n(s)-f(s)\|^p\mathrm{d}s\right]\to 0\quad(n\to\infty),$$

即 $\{f_n:n\geqslant 1\}$ 在乘积空间 $[0,l]\times\Omega$ 中, 从而在乘积空间 $\mathbf{R}_+\times\Omega$ 中, 关于乘积测度 $\lambda\times\mu$ 在 L^p 的意义下收敛于 f, 其中 λ 是 $\mathbf{R}_+$ 上的 Lebesgue 测度. 故存在 $\{f_n:n\geqslant 1\}$ 的子序列 $\{f_{n_k}:k\geqslant 1\}$ 使得当 $k\to\infty$ 时, $\{f_{n_k}(s,w)\}$ 在乘积空间 $\mathbf{R}_+\times\Omega$ 上几乎处处收敛于 $f(s,w)$. 而对于任意的 $k\geqslant 1$, $f_{n_k}(t,w)\in F(t,w)$ a.e., 且 $F(t,w)\in\mathbf{P}_f(X)$, 可得 $f(t,w)\in F(t,w)$ a.e.. 故有 $\{f(t),\mathbf{A}_t:t\in\mathbf{R}_+\}\in S^p(F)$, 即证得 $S^p(F)$ 是 $\mathcal{L}^p(\mathbf{R}^m)$ 中的闭集.

自然要问, 在怎样的条件下 $S^p(F)\neq\varnothing$? 集值随机过程 F 是否可由一列 $S^p(F)$ 中元表示? 下面的定理回答了这一问题. 由于我们前面已经假定 $\mathcal{L}^p(\mathbf{R}^m)$ 中的元是可料过程, 所以这里我们讨论集值随机过程限制在可料集值随机过程的范围内, 虽然许多结论对循序可测集值随机过程也成立.

定理 8.1.2 设 $F=\{F(t):t\geqslant 0\}$ 是 $\mathcal{L}^p$ 有界的可料集值随机过程, 则存在一列 $S^p(F)$ 中的可料过程 $f_n:\mathbf{R}_+\times\Omega\to\mathbf{R}^m$, $n\geqslant 1$, 使得对于任意给定 $(t,w)\in\mathbf{R}_+\times\Omega$,

$$F(t,w)=\mathrm{cl}\{f_n(t,w):n\geqslant 1\}.\tag{8.1.2}$$

进一步地, 若 F 是 $\mathcal{L}^p$ 有界的闭凸集值可料集值随机过程, 且还满足条件 (C_1):

(C_1) 对于任意给定的 $w\in\Omega$, $t\mapsto F(t,w)$ 是 l.s.c.,

则存在一列 F 的 Caratheodory 选择 $f_n:\mathbf{R}_+\times\Omega\to\mathbf{R}^m$, $n\geqslant 1$, 使得对于任意给定 $(t,w)\in\mathbf{R}_+\times\Omega$, (8.1.2) 成立.

证明 将 F 看成乘积空间 $\mathbf{R}_+\times\Omega$ 上的二元函数, 它是 $\mathcal{P}$ 可测的. 由定理 2.1.10, 定理 2.2.3 可知使得 (8.1.2) 成立的可料过程的存在性. Caratheodory 选择由定理 1.7.13 立得.

注 满足条件 (C_1) 的集值随机过程称为是轨道下半连续的 (l.s.c.). 同样我们可以有轨道上半连续 (u.s.c.)、轨道连续; 轨道关于 Hausdorff 距离 δ 上半连续 (h.u.s.c.), δ 下半连续 (h.l.s.c.) 与 δ 连续的集值随机过程的概念.

定理 8.1.3 设 $F=\{F(t):t\geqslant 0\}$ 是可料集值随机过程, 则 F 是 $\mathcal{L}^p$ 有界的当且仅当 $S^p(F)$ 在 $\mathcal{L}^p(\mathbf{R}^m)$ 中有界.

证明 设 F 是 $\mathcal{L}^p$ 有界的, 则由定义 $\overline{F}=\{\|F(t)\|:t\in\mathbf{R}_+\}\in\mathcal{L}^p(\mathbf{R})$. 由于 $S^p(F)\neq\varnothing$, 任意取 $f\in S^p(F)$, 则 $|||f|||_p\leqslant|||\overline{F}|||_p<\infty$, 即得 $S^p(F)$ 在 $\mathcal{L}^p(\mathbf{R}^m)$ 中有界.

反之, 设 $S^p(F)$ 在 $\mathcal{L}^p(\mathbf{R}^m)$ 中有界. 由于 F 是可料的集值随机过程, 则根据定理 8.1.2, 存在 F 的可料选择 $f_n \in S^p(F)$, $n \geqslant 1$, 使得对于任意给定 $(t,w) \in \mathbf{R}_+ \times \Omega$,

$$F(t,w) = \mathrm{cl}\{f_n(t,w) : n \geqslant 1\}.$$

因此在 $[0,t] \times \Omega$ 上应用定理 2.2.12 得

$$E\left[\int_0^t \|F(s)\|^p \mathrm{d}s\right] = \sup_{f \in S^p(F)} E\left[\int_0^t \|f(s)\|^p \mathrm{d}s\right] < \infty,$$

故 F 是 $\mathcal{L}^p$ 有界的, 定理证毕.

定理 8.1.4 设 $F = \{F(t) : t \geqslant 0\}$ 是可料的闭凸集值随机过程 (即对于任意 $t \in \mathbf{R}_+, w \in \Omega$, $F(t,w) \in \mathbf{P}_{fc}(\mathbf{R}^m)$), 且 $S^p(F) \neq \varnothing$, 则 $S^p(F)$ 是凸集.

证明 设 $\{f_i(t) : t \geqslant 0\} \in S^p(F)$, $i = 1,2$, $a,b \geqslant 0$, 且 $a+b=1$, 则由 $F(t,w)$ 的凸性知对于任意 $t \in \mathbf{R}_+$, $(af_1+bf_2)(t,w) \in F(t,w)$, a.e.. 又在乘积空间 $[0,t] \times \Omega$ 应用 Minkowski 不等式得

$$\begin{aligned}|||af_1+bf_2|||_{p,t} &= \left[E\left(\int_0^t \|af_1(s)+bf_2(s)\|^p \mathrm{d}s\right)\right]^{1/p} \\ &\leqslant a\left[E\left(\int_0^t \|f_1(s)\|^p \mathrm{d}s\right)\right]^{1/p} + b\left[E\left(\int_0^t \|f_2(s)\|^2 \mathrm{d}s\right)\right]^{1/p} < \infty,\end{aligned}$$

即 $af_1+bf_2 \in S^p(F)$, 证毕.

设 $\mathcal{L}^p(\mathbf{P}_f(\mathbf{R}^m))$ 表示 $\mathcal{L}^p$ 有界的可料的在 $\mathbf{P}_f(\mathbf{R}^m)$ 中取值的集值随机过程的全体. 类似地, 有记号 $\mathcal{L}^p(\mathbf{P}_{fc}(\mathbf{R}^m))$, $\mathcal{L}^p(\mathbf{P}_k(\mathbf{R}^m))$ 和 $\mathcal{L}^p(\mathbf{P}_{kc}(\mathbf{R}^m))$.

设 $F_i = \{F_i(t) : t \in \mathbf{R}_+\} \in \mathcal{L}^p(\mathbf{P}_f(\mathbf{R}^m))$, $i=1,2$. 由于对任意 $t \in \mathbf{R}_+$,

$$\delta(F_1(t,w), F_2(t,w)) \leqslant \|F_1(t,w)\| + \|F_2(t,w)\|,$$

则实值随机过程 $\{\delta(F_1(t), F_2(t)) : t \in \mathbf{R}_+\} \in \mathcal{L}^p(\mathbf{R})$. 因此, 定义

$$\Delta_{p,t}(F_1,F_2) = \left(E\left[\int_0^t \delta^p(F_1(s,w), F_2(s,w)) \mathrm{d}s\right]\right)^{1/p},$$

$$\Delta_p(F_1,F_2) = \sum_{n=1}^{\infty} 2^{-n}(\Delta_{p,n}(F_1,F_2) \wedge 1). \tag{8.1.3}$$

称 F_1 与 F_2 相等, 如果对于任意 $t \in \mathbf{R}_+$, $\Delta_{p,t}(F_1,F_2) = 0$, 记作 $F_1 = F_2$.

Δ_p 是 $\mathcal{L}^p(\mathbf{P}_f(\mathbf{R}^m))$ 上的距离. 事实上, 设 $F_i \in \mathcal{L}^p(\mathbf{P}_f(\mathbf{R}^m)), i = 1,2,3$, 由

Minkowski 不等式, 有

$$\begin{aligned}\Delta_{p,t}(F_1,F_2)=&\left[E\left(\int_0^t \delta^p(F_1(s,w),F_2(s,w))\mathrm{d}s\right)\right]^{1/p}\\ \leqslant&\left\{E\left[\left(\int_0^t (\delta(F_1(s,w),F_3(s,w))+\delta(F_3(s,w),F_2(s,w)))^p\,\mathrm{d}s\right)\right]\right\}^{1/p}\\ \leqslant&\left[E\left(\int_0^t \delta^p(F_1(s,w),F_3(s,w))\mathrm{d}s\right)\right]^{1/p}+\left[E\left(\int_0^t \delta^p(F_3(s,w),F_2(s,w))\mathrm{d}s\right)\right]^{1/p}\\ =&\Delta_{p,t}(F_1,F_3)+\Delta_{p,t}(F_3,F_2).\end{aligned}$$

容易证明 $(\mathcal{L}^p(\mathbf{P}_f(\mathbf{R}^m)),\Delta_p)$ 是完备的, 且 $\mathcal{L}^p(\mathbf{P}_{fc}(\mathbf{R}^m))$, $\mathcal{L}^p(\mathbf{P}_k(\mathbf{R}^m))$ 和 $\mathcal{L}^p(\mathbf{P}_{kc}(\mathbf{R}^m))$ 是该空间的闭集. 并记

$$|||F|||_{p,t}=\Delta_{p,t}(F,\{0\})=\left[E\Big(\int_0^t \|F(s)\|^p\mathrm{d}s\Big)\right]^{1/p},$$

$$|||F|||_p=\sum_{n=1}^{\infty}2^{-n}(|||F(t)|||_{p,n}\wedge 1).$$

定义 8.1.5 称 $\mathbf{R}^m$ 值可料随机过程非空集类 $\Gamma\subset\mathcal{L}^p(\mathbf{R}^m)$ 关于可料 σ 域 $\mathcal{P}$ 是可分解的, 如果对于任意 $f,g\in\Gamma$, 任意 $U\in\mathcal{P}$, 均有 $\chi_U f+\chi_{U^c}g\in\Gamma$.

首先注意到对任意的可料过程 $F\in\mathcal{L}^p(\mathbf{P}_f(\mathbf{R}^m))$, $S^2(F)$ 是关于可料 σ 域 $\mathcal{P}$ 是可分解的. 进一步地有下面的定理.

定理 8.1.5 设 $\Gamma\subset\mathcal{L}^p(\mathbf{R}^m)$ 是 $\mathbf{R}^m$ 值可料随机过程非空集类, 则 Γ 关于可料 σ 域 $\mathcal{P}$ 是可分解的当且仅当存在可料集值随机过程 $F\in\mathcal{L}^p(\mathbf{P}_f(\mathbf{R}^m))$ 使得 $\Gamma=S^p(F)$. 进一步地, Γ 是凸的当且仅当 $F\in\mathcal{L}^p(\mathbf{P}_{fc}(\mathbf{R}^m))$.

证明 注意到任意 $f\in\mathcal{L}^p(\mathbf{R}^m)$, $f:\mathbf{R}_+\times\Omega\to\mathbf{R}^m$ 可看成是 $L^p(\mathbf{R}_+\times\Omega,\mathcal{P},\lambda\times\mu;\mathbf{R}^m)$ 中的元, 其中 λ 是 $\mathbf{R}_+$ 上的 Lebesgue 测度. 类似定理 2.2.9 的证明可得结论. 进一步的结论由推论 2.2.2 可知.

1993 年, 波兰的 Kisielewicz[163] 给出了下面集值随机过程的 Ito 积分, 这种积分是在集值随机变量的 Aumann 积分的启发下给出的, 故在积分符号前加 “(A)”.

定义 8.1.6 设 $F=\{F(t):t\in\mathbf{R}_+\}\in\mathcal{L}^2(\mathbf{P}_f(\mathbf{R}^m))$, 对于任意 $t>0$, 定义 F 关于标准布朗运动 B_t 的 Aumann 型 Ito 积分为

$$(A)\int_0^t F(s)\mathrm{d}B_s=\left\{\int_0^t f(s)\mathrm{d}B_s:\{f(\cdot)\}\in S^2(F)\right\},\tag{8.1.4}$$

其中 $\displaystyle\int_0^t f(s)\mathrm{d}B_s$ 是随机过程 $f(s)$ 关于标准布朗运动 B_t 的 Ito 积分. 对于任意

$0 \leqslant u \leqslant t$, 定义

$$(A)\int_u^t F(s)\mathrm{d}B_s = (A)\int_0^t \chi_{[u,t]}(s)F(s)\mathrm{d}B_s.$$

定理 8.1.6　设 $F = \{F(t) : t \in \mathbf{R}_+\} \in \mathcal{L}^2(\mathbf{P}_f(\mathbf{R}^m))$, 则 $\Gamma(t) := (A)\int_0^t F(s)\mathrm{d}B_s$ 是 $L^2[\Omega, \mathbf{A}_t, \mu; \mathbf{R}^m]$ 中有界闭集, 其中 $L^2[\Omega, \mathbf{A}_t, \mu; \mathbf{R}^m]$ 是 $\mathbf{A}_t$- 可测的平方可积的 $\mathbf{R}^m$ 值随机变量全体所成的集. 进一步地, 若设 $F = \{F(t) : t \in \mathbf{R}_+\} \in \mathcal{L}^2(\mathbf{P}_{fc}(\mathbf{R}^m))$, 则 $\Gamma(t)$ 是凸集.

证明　先证 $\Gamma(t)$ 是 $L^2[\Omega, \mathbf{A}_t, \mu; \mathbf{R}^m]$ 中的闭集. 设 $\{f_n(t)\} \in S^2(F), n \geqslant 1$, 使得 $\left\{\int_0^t f_n(s)\mathrm{d}B_s : n \geqslant 1\right\} \subset \Gamma(t)$ 是 $L^2[\Omega, \mathbf{A}_t, \mu; \mathbf{R}^m]$ 中的 Cauchy 列. 由 $L^2[\Omega, \mathbf{A}_t, \mu; \mathbf{R}^m]$ 的完备性, 假设存在 $\phi(t) \in L^2[\Omega, \mathbf{A}_t, \mu; \mathbf{R}^m]$, 使得

$$E\left[\left\|\int_0^t f_n(s)\mathrm{d}B_s - \phi(t)\right\|^2\right] \to 0, \quad n \to \infty.$$

要证明 $\Gamma(t)$ 是 $L^2[\Omega, \mathbf{A}_t, \mu; \mathbf{R}^m]$ 中的闭集, 我们只要证明 $\phi(t) \in \Gamma(t)$.

事实上, 由 Ito 等距与 Hölder 不等式可得, 当 $l, n \to \infty$ 时,

$$\begin{aligned}
|||f_n - f_l|||_{2,t}^2 &= E\left[\int_0^t \|f_n(s) - f_l(s)\|^2 \mathrm{d}s\right] \\
&= E\left[\left\|\int_0^t (f_n(s) - f_l(s))\mathrm{d}B_s\right\|^2\right] \\
&= E\left[\left\|\int_0^t f_n(s)\mathrm{d}B_s - \int_0^t f_l(s)\mathrm{d}B_s\right\|^2\right] \\
&\leqslant 2E\left[\left\|\int_0^t f_n(s)\mathrm{d}B_s - \phi(t)\right\|^2\right] + 2E\left[\left\|\int_0^t f_l(s)\mathrm{d}B_s - \phi(t)\right\|^2\right] \to 0.
\end{aligned}$$

所以有 $|||f_n - f_l|||_2 \to 0$ $(l, n \to \infty)$, 即 $\{f_n : n \geqslant 1\}$ 是 $(\mathcal{L}^2(\mathbf{R}^m), |||\cdot|||)$ 中的 Cauchy 列. 由 $(\mathcal{L}^2(\mathbf{R}^m), |||\cdot|||)$ 的完备性及 $S^2(F)$ 是该空间的闭集, 存在 R^m 值随机过程 $\{f(t) : t \in \mathbf{R}_+\} \in S^2(F)$, 使得 $|||f_n - f|||_2 \to 0$ $(n \to \infty)$. 因此对 $\forall t \in \mathbf{R}_+$ $|||f_n - f|||_{2,t} \to 0$, 且当 $n \to \infty$ 时, 有

$$\begin{aligned}
&E\left[\left\|\int_0^t f(s)\mathrm{d}B_s - \phi(t)\right\|^2\right] \\
\leqslant\ & 2E\left[\left\|\int_0^t f(s)\mathrm{d}B_s - \int_0^t f_n(s)\mathrm{d}B_s\right\|^2\right] + 2E\left[\left\|\int_0^t f_n(s)\mathrm{d}B_s - \phi(t)\right\|^2\right]
\end{aligned}$$

$$= 2E\left[\left\|\int_0^t f_n(s)\mathrm{d}B_s - \phi(t)\right\|^2\right] + 2|||f_n - f|||_{2,t} \to 0.$$

故 $\phi(t) = \int_0^t f(s)\mathrm{d}B_s \in \Gamma(t)$, 即 $\Gamma(t)$ 是 $L^2[\Omega, \mathbf{A}_t, \mu; \mathbf{R}^m]$ 中的闭集.

下面证 $\Gamma(t)$ 在 $L^2[\Omega, \mathbf{A}_t, \mu; \mathbf{R}^m]$ 中有界. 事实上, 由于 F 是 $\mathcal{L}^2$ 有界的, 则对任意 $t \in \mathbf{R}_+$,

$$E\left[\int_0^t \|F(s,w)\|^2\mathrm{d}s\right] < \infty.$$

任取 $\phi(t) = \int_0^t f(s)\mathrm{d}B_s \in \Gamma(t)$, 则

$$\begin{aligned} E[\|\phi(t)\|^2] &= E\left[\left\|\int_0^t f(s)\mathrm{d}B_s\right\|^2\right] \\ &= E\left[\int_0^t \|f(s)\|^2\mathrm{d}s\right] \leqslant E\left[\int_0^t \|F(s)\|^2\mathrm{d}s\right] < \infty. \end{aligned}$$

如果 $F = \{F(t) : t \in \mathbf{R}_+\} \in \mathcal{L}^2(\mathbf{P}_{fc}(\mathbf{R}^m))$, 则由定理 8.1.4 知 $S^2(F)$ 是凸的, 故显然有 $\Gamma(t)$ 是凸集. 定理证毕.

注 (1) 设 $0 < T < +\infty$, 以上关于集值随机过程的概念、结论中将 $\mathbf{R}_+$ 换成 $[0,T]$ 有类似的概念和结果, 这里不再赘述. 对于集值随机过程 $F = \{F(t) : t \in [0,T]\}$, 相应的记号在下标加一 T, 例如有 $S_T^p(F)$, $\mathcal{L}_T^p(\mathbf{P}_f(\mathbf{R}^m))$ 等.

(2) 对于任意 $t > 0$, 由定理 8.1.6 可知这种 Aumann 型随机过程的 Ito 积分的结果是 $L^2[\Omega, \mathbf{A}_t, \mu; \mathbf{R}^m]$ 中有界闭集. 我们自然希望像 $\mathbf{R}^m$ 值随机积分那样, 集值随机过程的 Ito 积分的结果仍是集值随机过程, 所以有必要考虑一种新的定义方式. 遗憾的是, 一般来说 $\Gamma(t)$ 不是可分解的, 所以 $\{\Gamma(t) : t \geqslant 0\}$ 不能决定一集值随机过程. 我们需要可分解闭包的定义.

定义 8.1.7 设非空子集 $\Gamma \subset L^2([0,T] \times \Omega, \mathcal{P}_T, \lambda \times \mu; \mathbf{R}^m)$, 定义 Γ 关于 $\mathcal{P}_T$ 的可分解闭包为

$$\overline{\mathrm{de}}\Gamma = \Big\{g = \{g(t,w) : t \in [0,T]\} : \text{对于任给 } \varepsilon > 0, \text{存在 } [0,T] \times \Omega \text{ 的 } \mathcal{P}_T \text{ 可测的有限划分 } \{A_1, \cdots, A_n\} \text{ 及 } f_1, \cdots, f_n \in \Gamma \text{ 使得 } |||g - \sum_{i=1}^n I_{A_i} f_i|||_{2,T} < \varepsilon \Big\}.$$

定理 8.1.7 设 $F = \{F(t) : t \in [0,T]\} \in \mathcal{L}_T^2(\mathbf{P}_f(\mathbf{R}^m))$, $\Gamma(t)$ 为定理 8.1.6 所定义的集, 则存在 $\mathcal{P}_T$ 可测集值随机过程 $I_T(F) = \{I_t(F) : t \in [0,T]\} \in \mathcal{L}_T^2(\mathbf{P}_f(\mathbf{R}^m))$ 使得 $S_T^2(I_T(F)) = \overline{\mathrm{de}}\{\Gamma(t) : t \in [0,T]\}$. 进一步地, 若 $F \in \mathcal{L}_T^2(\mathbf{P}_{fc}(\mathbf{R}^m))$, 则 $\{I_t(F) : t \in [0,T]\} \in \mathcal{L}_T^2(\mathbf{P}_{fc}(\mathbf{R}^m))$.

证明 任意固定 $t \in [0,T]$, 由定理 8.1.6 知, $\Gamma(t)$ 是 $L^2[\Omega, \mathbf{A}_t, \mu; \mathbf{R}^m]$ 中有界闭集. 任取 $x(t) \in \Gamma(t)$, 存在 $f = \{f(t) : t \in [0,T]\} \in S_T^2(F)$ 使得

$$x(t)(w) = \int_0^t f(s,w)\mathrm{d}B_s(w), \quad \forall w \in \Omega,$$

故 $x(\cdot,w)$ 是 $[0,T]$ 上的连续函数. 从而

$$\begin{aligned} M &:= \overline{\mathrm{de}}\{\Gamma(t) : t \in [0,T]\} \\ &:= \overline{\mathrm{de}}\left\{g = \{g(t) : t \in [0,T]\} : g(t) = \int_0^t f(s)\mathrm{d}B_s, \{f(\cdot)\} \in S_T^2(F)\right\} \end{aligned} \tag{8.1.5}$$

是 $L^2([0,T]\times\Omega,\mathcal{P}_T,\lambda\times\mu;\mathbf{R}^m)$ 中的有界闭子集. 另一方面 M 关于 $\mathcal{P}_T$ 是可分解的, 由定理 8.1.5 与注知, 存在集值随机过程 $I_T(F) = \{I_t(F) : t \in [0,T]\}$ 使得 $M = S_T^2(I_T(F))$.

若 $F \in \mathcal{L}_T^2(\mathbf{P}_{fc}(\mathbf{R}^m))$, 要证 $\{I_t(F) : t \in [0,T]\} \in \mathcal{L}_T^2(\mathbf{P}_{fc}(\mathbf{R}^m))$, 只需要证明 M 是凸的. 事实上, 由定理 8.1.4, 可知 $S_T^2(\mathbf{F})$ 是凸的. 现任取 $\phi,\psi \in M$, 则对任意 $\varepsilon > 0$, 存在 Ω 的 $\mathcal{P}_T$ 可测划分 $\{A_i : i = 1,\cdots,n\}$, $\{B_j : j = 1,\cdots,m\}$ 及 $\{\phi_i : i = 1,\cdots,n\}$, $\{\psi_j : j = 1,\cdots,m\} \subset U := \{g = \{g(t) : t \in [0,T]\} : g(t) = \int_0^t f(s)\mathrm{d}B_s, \{f(\cdot)\} \in S_T^2(F)\}$, 使得

$$\left|\left|\left|\phi - \sum_{i=1}^n \chi_{A_i}\phi_i\right|\right|\right|_{2,T} < \varepsilon,$$

$$\left|\left|\left|\psi - \sum_{j=1}^m \chi_{B_j}\psi_j\right|\right|\right|_{2,T} < \varepsilon.$$

对于 $\alpha \in [0,1]$, 有

$$\begin{aligned} &\left|\left|\left|\alpha\phi + (1-\alpha)\psi - \alpha\sum_{i=1}^n \chi_{A_i}\phi_i - (1-\alpha)\sum_{j=1}^m \chi_{B_j}\psi_j\right|\right|\right|_{2,T} \\ &\leqslant \alpha\left|\left|\left|\phi - \sum_{i=1}^n \chi_{A_i}\phi_i\right|\right|\right|_{2,T} + (1-\alpha)\left|\left|\left|\psi - (1-\alpha)\sum_{j=1}^m \chi_{B_j}\psi_j\right|\right|\right|_{2,T} \\ &\leqslant \alpha\varepsilon + (1-\alpha)\varepsilon = \varepsilon, \end{aligned}$$

并且

$$\alpha\sum_{i=1}^n \chi_{A_i}\phi_i + (1-\alpha)\sum_{j=1}^m \chi_{B_j}\psi_j = \sum_{i=1}^n\sum_{j=1}^m \chi_{A_i\cap B_j}(\alpha\phi_i + (1-\alpha)\psi_j),$$

而 $\{A_i \cap B_j : i = 1,\cdots,n; j = 1,\cdots,m\}$ 也是 Ω 的 $\mathcal{P}_T$ 可测划分, 且由 $S_T^2(\mathbf{F})$ 的凸性可知 $\{\alpha\phi_i + (1-\alpha)\psi_j : i = 1,\cdots,n; j = 1,\cdots,m\} \subset U$, 故 $\alpha\phi + (1-\alpha)\psi \in \overline{\mathrm{de}}U = M$, 即得 M 是凸的, 定理证毕.

定义 8.1.8 由定理 8.1.7 所定义的集值随机过程 $I_T(F)=\{I_t(F):t\in[0,T]\}\in\mathcal{L}_T^2(\mathbf{P}_f(\mathbf{R}^m))$ 被称为集值随机过程 $F=\{F_t:t\in[0,T]\}\in\mathcal{L}_T^2(\mathbf{P}_f(\mathbf{R}^m))$ 关于布朗运动 $\{B_t:t\in[0,T]\}$ 的 Ito 积分, 记作 $I_t(F)=\int_0^t F(s)\mathrm{d}B_s$.

下面给出集值 Ito 积分的表示定理.

定理 8.1.8 设集值随机过程 $F=\{F_t:t\in[0,T]\}\in\mathcal{L}_T^2(\mathbf{P}_f(\mathbf{R}^m))$, 则存在一列 R^m 值随机过程 $\{f^i=\{f^i(t):t\in[0,T]\}:i\geqslant 1\}\subset S_T^2(F)$, 使得

$$F(t,w)=\mathrm{cl}\{f^i(t,w):i\geqslant 1\},\quad \text{a.e. }(t,w)\in[0,T]\times\Omega,$$

且

$$I_t(F)=\mathrm{cl}\left\{\int_0^t f^i(s,w)\mathrm{d}B_s(w):i\geqslant 1\right\}\quad \text{a.e. }(t,w)\in[0,T]\times\Omega. \tag{8.1.6}$$

证明 对于任意 $t\in[0,T]$, 由定理 8.1.7 知 $\{I_t(F):t\in[0,T]\}\in\mathcal{L}_T^2(\mathbf{P}_f(\mathbf{R}^m))$, 从而由定理 8.1.2 可知, 存在序列 $\{\phi_n=\{\phi_n(t):t\in[0,T]\}:n\geqslant 1\}\subset S_T^2(I_T(F))$, 使得

$$I_t(F)(w)=\mathrm{cl}\Big\{\phi_n(t,w):n\geqslant 1\Big\},\ \text{a.e. }(t,w)\in[0,T]\times\Omega. \tag{8.1.7}$$

由于

$$\begin{aligned}S_T^2(I_T(F))&=\overline{\mathrm{de}}\{\Gamma(t):t\in[0,T]\}\\&=\overline{\mathrm{de}}\Big\{g=\{g(t):t\in[0,T]\}:g(t)=\int_0^t f(s)\mathrm{d}B_s,\{f(\cdot)\}\in S_T^2(F)\Big\}\\&=\mathrm{cl}\Big\{h=\{h(t):t\in[0,T]\}:h(t)=\sum_{k=1}^{l}\chi_{A_k}\int_0^t f_k(s)\mathrm{d}B_s,\\&\qquad\qquad \{A_k:k=1,2,\cdots,l\}\subset\mathcal{P}_T\text{ 是 }\Omega\text{ 的有限划分且}\\&\qquad\qquad \{\{f_k(\cdot)\}:k=1,\cdots,l\}\subset S_T^2(F),l\geqslant 1\Big\},\end{aligned}$$

则对于任意的 $n\geqslant 1$, 存在 $\{h_n^i:i\geqslant 1\}$, 使得 $|||\phi_n(t)-h_n^i(t)|||_{2,T}\to 0\quad(i\to\infty)$, 且

$$h_n^i(t)=\sum_{k=1}^{l(i,n)}\chi_{A_k^{(i,n)}}\int_0^t f_k^{(i,n)}(s)\mathrm{d}B_s,$$

其中 $\{A_k^{(i,n)}:k=1,2,\cdots,l(i,n)\}\subset\mathcal{P}_T$ 是 Ω 的有限划分且 $\{\{f_k^{(i,n)}(t):t\in[0,T]\}:k=1,2,\cdots,l(i,n)\}\subset S_T^2(F)$. 故存在 $\{1,2,\cdots\}$ 的子序列 $\{i_j:j\geqslant 1\}$

使得 $\|\phi_n(t,w)-h_n^{i_j}(t,w)\|\to 0$ a.e. $(j\to\infty)$. 因此, 对于 a.e. $(t,w)\in[0,T]\times\Omega$, 有

$$\begin{aligned}I_t(F)(w)&=\mathrm{cl}\left\{h_n^{i_j}(t,w):n,j\geqslant 1\right\}\\&\subset\mathrm{cl}\left\{\int_0^t f_k^{(i_j,n)}(s,w)\mathrm{d}B_s(w):n,j\geqslant 1,k=1,\cdots,l(i_j,n)\right\}\\&\subset I_t(F)(w).\end{aligned}$$

从而对 a.e. $(t,w)\in[0,T]\times\Omega$, 有

$$I_t(F)(w)=\mathrm{cl}\Big\{\int_0^t f_k^{(i_j,n)}(s,w)\mathrm{d}B_s(w):n,j\geqslant 1,k=1,\cdots,l(i_j,n)\Big\}.\tag{8.1.8}$$

又由于 $F\in\mathcal{L}^2(\mathbf{P}_f(\mathbf{R}^m))$, 故由定理 8.1.2, 存在一列 F 的可料选择 $\{\xi_d(t):t\in[0,T]\}\in S_T^2(F)$, $d\geqslant 1$, 使得对于任意给定 $(t,w)\in[0,T]\times\Omega$,

$$F(t,w)=\mathrm{cl}\{\xi_d(t,w):d\geqslant 1\}.\tag{8.1.9}$$

设 $\{\{f^i(t):t\in[0,T]\}:i\geqslant 1\}=\{\{\xi_d(t):t\in[0,T]\},\{f_k^{(i_j,n)}(t):t\in[0,T]\}:n,j,d\geqslant 1,k=1,\cdots,l(i_j,n)\}$, 则由 (8.1.8) 和 (8.1.9) 知 $\{\{f^i(t):t\in[0,T]\}:i\geqslant 1\}$ 即满足定理所求, 定理证毕.

注 若 $F\in\mathcal{L}_T^2(\mathbf{P}_{fc}(\mathbf{R}^m))$, 且还满足条件 (C_1), 根据定理 8.1.2, 上述定理证明中满足 (8.1.9) 式的 $\{\xi_d:d\geqslant 1\}$ 可选为 Caratheodory 的. 由于对于几乎处处的 $w\in\Omega$, $\displaystyle\int_0^t f^i(s,w)\mathrm{d}B_s(w)$ 关于 t 是连续的 (即轨道连续), 故在条件 (C_1) 的假设下集值随机过程 $\{I_t(\mathbf{F}):t\in[0,T]\}$ 有 Caratheodory 表示.

定理 8.1.9 设集值随机过程 $F^{(i)}=\{F^{(i)}(t),\mathbf{A}_t:t\in[0,T]\}\in\mathcal{L}^2(\mathbf{P}_f(\mathbf{R}^m))$, $i=1,2$, 则对于任意 $t\in[0,T]$,

$$\int_0^t\mathrm{cl}\big(F^{(1)}(s,w)+F^{(2)}(s,w)\big)\mathrm{d}B_s(w)=\mathrm{cl}\left\{\int_0^t F^{(1)}(s)\mathrm{d}B_s(w)+\int_0^t F^{(2)}(s,w)\mathrm{d}B_s(w)\right\}.$$

证明 只需证明

$$S_T^2\Big(I_T\big(\mathrm{cl}(F^{(1)}+F^{(2)})\big)\Big)=\mathrm{cl}\Big(S_T^2\big(I_T(F^{(1)})\big)+S_T^2\big(I_T(F^{(2)})\big)\Big).$$

事实上,

$$\begin{aligned}&S_T^2\Big(I_T\big(\mathrm{cl}(F^{(1)}+F^{(2)})\big)\Big)\\&=\overline{\mathrm{de}}\Big\{g=\{g(t):t\in[0,T]\}:g(t)=\int_0^t f(s)\mathrm{d}B_s,\{f(\cdot)\}\in S_T^2\Big(\mathrm{cl}(F^{(1)}+F^{(2)})\Big)\Big\}\\&=\overline{\mathrm{de}}\Big\{g=\{g(t):t\in[0,T]\}:g(t)=\int_0^t f(s)\mathrm{d}B_s,\{f(\cdot)\}\in\mathrm{cl}\Big(S_T^2(F^{(1)})+S_T^2(F^{(2)})\Big)\Big\}\\&=\overline{\mathrm{de}}\Big\{h=\{h(t):t\in[0,T]\}:h(t):=g^{(1)}(t)+g^{(2)}(t):=\int_0^t f^{(1)}(s)\mathrm{d}B_s+\int_0^t f^{(2)}(s)\mathrm{d}B_s,\end{aligned}$$

$$\{f^{(1)}(\cdot)\} \in S^2_T(F^{(1)}), \{f^{(2)}(\cdot)\} \in S^2_T(F^{(2)})\Big\}$$

$$= \text{cl}\Big\{\overline{\text{de}}\Big\{g = \{g^{(1)}(t) : t \in [0,T]\} : g^{(1)}(t) = \int_0^t f^{(1)}(s)\text{d}B_s, \{f^{(1)}(\cdot)\} \in S^2(F^{(1)})\Big\}$$

$$+ \overline{\text{de}}\Big\{g = \{g^{(2)}(t) : t \in [0,T]\} : g^{(2)}(t) = \int_0^t f^{(2)}(s)\text{d}B_s, \{f^{(2)}(s)\} \in S^2(F^{(2)})\Big\}\Big\}$$

$$= \text{cl}\Big(S^2_T\big(I_T(F^{(1)})\big) + S^2_T\big(I_T(F^{(2)})\big).$$

在 §2.2 我们在 $\mathbf{L}^1_f[\Omega, X]$ 上定义了集值随机变量间的距离 Δ. 同样可以在 $\mathbf{L}^p_f[\Omega, X]$ 上定义了集值随机变量的距离 Δ_p, $p > 1$,

$$\Delta_p(F_1, F_2) = \left(\int_\Omega \delta^p(F_1(w), F_2(w))\text{d}\mu\right)^{1/p}, \quad F_1, F_2 \in \mathbf{L}^p_f[\Omega, X].$$

类似于 §2.2 的讨论, 可得 $(\mathbf{L}^p_f[\Omega, X], \Delta_p)$ 是完备的距离空间, 且 $\mathbf{L}^p_{fc}[\Omega, X]$, $\mathbf{L}^p_k[\Omega, X]$, $\mathbf{L}^p_{kc}[\Omega, X]$ 是它的闭子集.

定理 8.1.10 设集值随机过程 $F = \{F(t) : t \in [0,T]\}, G = \{G(t) : t \in [0,T]\} \in \mathcal{L}^2_T(\mathbf{P}_f(\mathbf{R}^m))$, 则对于 a.e. $t \in [0,T]$

$$\Delta_2\Big(\int_0^t F(s)\text{d}B_s, \int_0^t G(s)\text{d}B_s\Big) \leqslant \boldsymbol{\Delta}_{2,t}(F, G), \tag{8.1.10}$$

特别地, 有

$$E\left[\left\|\int_0^t F(s)\text{d}B_s\right\|^2\right] \leqslant E\left[\int_0^t \|F(s)\|^2\text{d}s\right]. \tag{8.1.11}$$

证明 设 $\Phi(t) = \int_0^t F(s)\text{d}B_s$, $\Psi(t) = \int_0^t G(s)\text{d}B_s$. 由定理 8.1.6, 存在 $\{f^i(t) : t \in [0,T]\} \in S^2_T(F)$, $i \geqslant 1$, $\{g^j(t) : t \in [0,T]\} \in S^2_T(G)$, $j \geqslant 1$, 使得 a.e. 对所有 $(t, w) \in [0,T] \times \Omega$,

$$F(t,w) = \text{cl}\{f^i(t,w) : i \geqslant 1\}, \quad G(t,w) = \text{cl}\{g^j(t,w) : j \geqslant 1\},$$

且

$$\Phi(t)(w) = \text{cl}\left\{\int_0^t f^i(s,w)\text{d}B_s(w) : i \geqslant 1\right\},$$

$$\Psi(t)(w) = \text{cl}\left\{\int_0^t g^j(s,w)\text{d}B_s(w) : j \geqslant 1\right\}.$$

设

$$A_t = \Big\{w \in \Omega : \sup_i \inf_j \left\|\int_0^t (f^i(s,w) - g^j(s,w))\text{d}B_s(w)\right\|^2$$

$$\geqslant \sup_j \inf_i \left\|\int_0^t (f^i(s,w) - g^j(s,w))\text{d}B_s(w)\right\|^2\Big\}.$$

由定理 2.2.12 及应用等式 $\max\{u,v\}=\frac{1}{2}(u+v)+\frac{1}{2}|u-v|$, $|u-v|=u\chi_A+v\chi_{A^c}-u\chi_{A^c}-v\chi_A$ (其中 u,v 是实值随机变量, $A=\{w\in\Omega: u(w)-v(w)\geqslant 0\}$), 可得

$$
\begin{aligned}
&\Delta_2^2\left(\int_0^t F(s)\mathrm{d}B_s, \int_0^t G(s)\mathrm{d}B_s\right)\\
=&E\left[\delta^2\left(\int_0^t F(s)\mathrm{d}B_s, \int_0^t G(s)\mathrm{d}B_s\right)\right]\\
=&E\left[\max\left\{\sup_{x\in\Phi(t,w)}\inf_{y\in\Psi(t,w)}\|x-y\|^2, \sup_{y\in\Psi(t,w)}\inf_{x\in\Phi(t,w)}\|x-y\|^2\right\}\right]\\
=&E\left[\chi_{A_t}\sup_{i\geqslant 1}\inf_{j\geqslant 1}\left\|\int_0^t (f^i(s)-g^j(s))\mathrm{d}B_s\right\|^2\right]\\
&+E\left[\chi_{A_t^c}\sup_{j\geqslant 1}\inf_{i\geqslant 1}\left\|\int_0^t (f^i(s)-g^j(s))\mathrm{d}B_s\right\|^2\right]\\
=&\frac{1}{2}E\left[\sup_{i\geqslant 1}\inf_{j\geqslant 1}\left\|\int_0^t (f^i(s)-g^j(s))\mathrm{d}B_s\right\|^2\right]\\
&+\frac{1}{2}E\left[\chi_{A_t}\sup_{i\geqslant 1}\inf_{j\geqslant 1}\left\|\int_0^t (f^i(s)-g^j(s))\mathrm{d}B_s\right\|^2\right]\\
&-\frac{1}{2}E\left[\chi_{A_t^c}\sup_{i\geqslant 1}\inf_{j\geqslant 1}\left\|\int_0^t (f^i(s)-g^j(s))\mathrm{d}B_s\right\|^2\right]\\
&+\frac{1}{2}E\left[\sup_{j\geqslant 1}\inf_{i\geqslant 1}\left\|\int_0^t (f^i(s)-g^j(s))\mathrm{d}B_s\right\|^2\right]\\
&-\frac{1}{2}E\left[\chi_{A_t}\sup_{j\geqslant 1}\inf_{i\geqslant 1}\left\|\int_0^t (f^i(s)-g^j(s))\mathrm{d}B_s\right\|^2\right]\\
&+\frac{1}{2}E\left[\chi_{A_t^c}\sup_{j\geqslant 1}\inf_{i\geqslant 1}\left\|\int_0^t (f^i(s)-g^j(s))\mathrm{d}B_s\right\|^2\right]\\
=&\frac{1}{2}E\left[\sup_{i\geqslant 1}\inf_{j\geqslant 1}\left\|\int_0^t (f^i(s)-g^j(s))\mathrm{d}B_s\right\|^2\right]\\
&+\frac{1}{2}E\left[\sup_{j\geqslant 1}\inf_{i\geqslant 1}\left\|\int_0^t (f^i(s)-g^j(s))\mathrm{d}B_s\right\|^2\right]\\
&+\frac{1}{2}\left|E\left[\sup_{i\geqslant 1}\inf_{j\geqslant 1}\left\|\int_0^t (f^i(s)-g^j(s))\mathrm{d}B_s\right\|^2\right]\right.
\end{aligned}
$$

$$
\begin{aligned}
&\quad - E\left[\sup_{j\geqslant 1}\inf_{i\geqslant 1}\left\|\int_0^t (f^i(s)-g^j(s))\mathrm{d}B_s\right\|^2\right]\Bigg| \\
&= \frac{1}{2}\sup_{\{f(\cdot)\}\in S_T^2(F)}\ \inf_{\{g(\cdot)\}\in S_T^2(G)} E\left[\left\|\int_0^t (f(s)-g(s))\mathrm{d}B_s\right\|^2\right] \\
&\quad + \frac{1}{2}\sup_{\{g(\cdot)\}\in S_T^2(G)}\ \inf_{\{f(\cdot)\}\in S_T^2(F)} E\left[\left\|\int_0^t (f(s)-g(s))\mathrm{d}B_s\right\|^2\right] \\
&\quad + \frac{1}{2}\Bigg|\sup_{\{f(\cdot)\}\in S_T^2(F)}\ \inf_{\{g(\cdot)\}\in S_T^2(G)} E\left[\left\|\int_0^t (f(s)-g(s))\mathrm{d}B_s\right\|^2\right] \\
&\quad - \sup_{\{g(\cdot)\}\in S_T^2(G)}\ \inf_{\{f(\cdot)\}\in S_T^2(F)} E\left[\left\|\int_0^t (f(s)-g(s))\mathrm{d}B_s\right\|^2\right]\Bigg| \\
&= \frac{1}{2}\sup_{\{f(\cdot)\}\in S_T^2(F)}\ \inf_{\{g(\cdot)\}\in S_T^2(G)} E\left[\int_0^t \|f(s)-g(s)\|^2\mathrm{d}s\right] \\
&\quad + \frac{1}{2}\sup_{\{g(\cdot)\}\in S_T^2(G)}\ \inf_{\{f(\cdot)\}\in S_T^2(F)} E\left[\int_0^t \|f(s)-g(s)\|^2\mathrm{d}s\right] \\
&\quad + \frac{1}{2}\Bigg|\sup_{\{f(\cdot)\}\in S_T^2(F)}\ \inf_{\{g(\cdot)\}\in S_T^2(G)} E\left[\int_0^t \|f(s)-g(s)\|^2\mathrm{d}s\right] \\
&\quad - \sup_{\{g(\cdot)\}\in S_T^2(G)}\ \inf_{\{f(\cdot)\}\in S_T^2(F)} E\left[\int_0^t \|f(s)-g(s)\|^2\mathrm{d}s\right]\Bigg| \\
&= \frac{1}{2}E\left[\int_0^t \sup_{x\in F(t,w)}\inf_{y\in G(t,w)}\|x-y\|^2\mathrm{d}s\right] + \frac{1}{2}E\left[\int_0^t \sup_{y\in G(t,w)}\inf_{x\in F(t,w)}\|x-y\|^2\mathrm{d}s\right] \\
&\quad + \frac{1}{2}\left|E\left[\int_0^t \Big(\sup_{x\in F(t,w)}\inf_{y\in G(t,w)}\|x-y\|^2 - \sup_{y\in G(t,w)}\inf_{x\in F(t,w)}\|x-y\|^2\Big)\mathrm{d}s\right]\right| \\
&\leqslant \frac{1}{2}E\left[\int_0^t \sup_{x\in F(t,w)}\inf_{y\in G(t,w)}\|x-y\|^2\mathrm{d}s\right] + \frac{1}{2}E\left[\int_0^t \sup_{y\in G(t,w)}\inf_{x\in F(t,w)}\|x-y\|^2\mathrm{d}s\right] \\
&\quad + \frac{1}{2}E\left[\int_0^t \left|\sup_{x\in F(t,w)}\inf_{y\in G(t,w)}\|x-y\|^2 - \sup_{y\in G(t,w)}\inf_{x\in F(t,w)}\|x-y\|^2\right|\mathrm{d}s\right] \\
&= E\left[\int_0^t \max\left\{\sup_{x\in F(t,w)}\inf_{y\in G(t,w)}\|x-y\|^2,\ \sup_{y\in G(t,w)}\inf_{x\in F(t,w)}\|x-y\|^2\right\}\mathrm{d}s\right] \\
&= E\left[\int_0^t \delta^2(F(s),G(s))\mathrm{d}s\right] \\
&= \Delta_{2,t}^2(F,G).
\end{aligned}
$$

定理证毕.

注　(1) 由上述定理可知, 对于 a.e. $t\in[0,T]$, $I_t(F)\in\mathbf{L}_f^2[\Omega,\mathbf{A}_t,\mu;\mathbf{R}^m]$.

(2) 对于 a.e. $t\in[0,T]$, $S^2_{I_t(F)}(\mathbf{A}_t)=S^1_{I_t(F)}(\mathbf{A}_t)$. 事实上, 显然 $S^2_{I_t(F)}(\mathbf{A}_t)\subset S^1_{I_t(F)}(\mathbf{A}_t)$, 假设 $S^2_{I_t(F)}(\mathbf{A}_t)\neq S^1_{I_t(F)}(\mathbf{A}_t)$, 则存在 $\phi\in S^1_{I_t(F)}(\mathbf{A}_t)$, 但 $\phi\notin S^2_{I_t(F)}(\mathbf{A}_t)$, 即: $E[\|\phi\|]<\infty$, 但 $E[\|\phi\|^2]=\infty$. 由于 $I_t(F)\in\mathbf{L}_f^2[\Omega,\mathbf{A}_t,\mu;\mathbf{R}^m]$, 故得

$$\infty=E[\|\phi\|^2]\leqslant\sup_{\psi\in S^1_{I_t(F)}(\mathbf{A}_t)}E[\|\psi\|^2]\leqslant E\left[\sup_{x\in I_t(F)(\cdot)}\|x\|^2\right]=E[\|I_t(F)\|^2]<\infty.$$

矛盾, 结论证毕.

定理 8.1.11　设集值随机过程 $F=\{F(t):t\in[0,T]\},G=\{G(t):t\in[0,T]\}\in\mathcal{L}_T^2(\mathbf{P}_f(\mathbf{R}^m))$, 且 $F(t,w)\subset G(t,w)$, a.e. $(t,w)\in[0,T]\times\Omega$, 则

$$\int_0^t F(s,w)\mathrm{d}B_s(w)\subset\int_0^t G(s,w)\mathrm{d}B_s(w),\text{a.e.}.$$

证明　由于 $S_T^2(F)\subset S_T^2(G)$, 根据定义 8.1.8 立刻可得.

定理 8.1.12　集值随机过程序列 $F_n=\{F_n(t):t\in[0,T]\}$, $F=\{F(t):t\in[0,T]\}\in\mathcal{L}_T^2(\mathbf{P}_f(\mathbf{R}^m))$, $n\geqslant1$, 且 $F_1(t,w)\supset F_2(t,w)\supset\cdots\supset F(t,w)$, $F(t,w)=\bigcap\limits_{n=1}^{\infty}F_n(t,w)$, a.e. $(t,w)\in[0,T]\times\Omega$, 则

$$\int_0^t F_1(s,w)\mathrm{d}B_s(w)\supset\int_0^t F_1(s,w)\mathrm{d}B_s(w)\supset\cdots\supset\int_0^t F(s,w)\mathrm{d}B_s(w),\text{a.e.}.\tag{8.1.12}$$

且

$$\int_0^t F(t,w)\mathrm{d}B_s(w)=\bigcap_{n=1}^{\infty}\int_0^t F_n(t,w)\mathrm{d}B_s(w),\text{a.e.}.\tag{8.1.13}$$

证明　由定理 8.1.11 可知 (8.1.12) 成立. 由定理 8.1.10 及单调收敛定理可得

$$E\left[\delta^2\left(\int_0^t F(s)\mathrm{d}B_s,\int_0^t F_i(s)\mathrm{d}B_s\right)\right]\leqslant E\Big[\int_0^t\delta^2(F(s),F_i(s))\mathrm{d}s\Big]\to0,\quad i\to\infty.$$

又由 Chebyshev 不等式, 当 $i\to\infty$ 时, 有

$$\mu\left\{\delta\left(\int_0^t F(s)\mathrm{d}B_s,\int_0^t F_i(s)\mathrm{d}B_s\right)>\varepsilon\right\}\leqslant\frac{1}{\varepsilon^2}E\left[\delta^2\left(\int_0^t F(s)\mathrm{d}B_s,\int_0^t F_i(s)\mathrm{d}B_s\right)\right]\to0.$$

因此, 存在 $\{F_i\}$ 的子序列 $\{F_{i_k}\}$ 使得当 $k\to\infty$ 时, $\delta\left(\int_0^t F(s)\mathrm{d}B_s,\int_0^t F_{i_k}(s)\mathrm{d}B_s\right)\to0$, a.e.. 又由于 $\left\{\int_0^t F_i(s)\mathrm{d}B_s\right\}$ 是单调递减的, 从而有 (8.1.13) 成立.

本节的最后简单讨论集值随机过程关于时间 t 的 Lebesgue 积分.

定义 8.1.9 对于集值随机过程 $F=\{F(t):t\in[0,T]\}\in\mathcal{L}_T^2(\mathbf{P}_f(\mathbf{R}^m))$, 对于任意 $w\in\Omega$, $t\geqslant 0$, 定义

$$(A)\int_0^t F(s,w)\mathrm{d}s:=\left\{\int_0^t f(s,w)\mathrm{d}s: f\in S_T^2(F)\right\}, \tag{8.1.14}$$

其中右边的积分 $\int_0^t f(s,w)\mathrm{d}s$ 是 Lebesgue 积分, 称 $(A)\int_0^t F(s,w)\mathrm{d}s$ 为集值随机过程 F 关于时间 t 的 Aumann 型 Lebesgue 积分. 对于任意 $0\leqslant u<t<\infty$,

$$(A)\int_u^t F(s,w)\mathrm{d}s:=(A)\int_0^t \chi_{[u,t]}(s)F(s,w)\mathrm{d}s.$$

注 定义的 (8.1.14) 式中选择集用的是 $S_T^2(F)$, 实际上若仅考虑 Lebesgue 积分, 我们可以用 $S_T^1(F)$, 但在以后的讨论中由于往往要考虑集值随机变量关于时间 t 的 Lebesgue 积分与关于布朗运动的积分的和的问题, 所以这里我们选用 $S_T^2(F)$, 而没用 $S_T^1(F)$.

定理 8.1.13 设集值随机过程 $F=\{F(t):t\in[0,T]\}\in\mathcal{L}_T^2(\mathbf{P}_f(\mathbf{R}^m))$, 则对于任意的 $t\in[0,T]$, $(A)\int_0^t F(s)\mathrm{d}s$ 是 $L^2[\Omega,\mathbf{A}_t,\mu;\mathbf{R}^m]$ 的非空子集. 进一步地, 若 $F\in\mathcal{L}_T^2(\mathbf{P}_{fc}(\mathbf{R}^m))$, 则对于任意的 $t\in[0,T]$, $(A)\int_0^t F(s)\mathrm{d}s$ 是 $L^2[\Omega,\mathbf{A}_t,\mu;\mathbf{R}^m]$ 的非空凸子集.

证明 由 $S_T^2(F)$ 的非空性及积分的 Jensen 不等式易得 $(A)\int_0^t F(s)\mathrm{d}s$ 是 $L^2[\Omega,\mathbf{A}_t,\mu;\mathbf{R}^m]$ 的非空子集. 若 $F\in\mathcal{L}_T^2(\mathbf{P}_{fc}(\mathbf{R}^m))$, 则由定理 8.1.4 知, $S_T^2(F)$ 是 $\mathcal{L}_T^2(\mathbf{R}^m)$ 的凸子集, 从而得 $(A)\int_0^t F(s)\mathrm{d}s$ 是凸的.

定理 8.1.14 设 $(\Omega,\mathbf{A},\mu)$ 是可分的概率空间, $F:[0,T]\times\Omega\to\mathbf{P}_f(\mathbf{R}^m)$ 是 $\mathcal{L}^2$ 有界的, 则对于任意的 $t\in[0,T]$, 有

$$(A)\int_0^t \overline{\mathrm{co}}F(s,w)\mathrm{d}s=\mathrm{cl}_{L^2}\left((A)\int_0^t F(s,w)\mathrm{d}s\right),$$

右面的闭包是在 L^2 的意义下取得. 进一步地, 若 $F:[0,T]\times\Omega\to\mathbf{P}_{fc}(\mathbf{R}^m)$, 则 $(A)\int_0^t F(s,w)\mathrm{d}s$ 是 $L^2[\Omega,\mathbf{A}_t,\mu;\mathbf{R}^m]$ 的非空闭凸子集, 从而是弱紧的.

证明 记 $H=L^2[\Omega,\mathbf{R}^m]$, 设 $L^2([0,T],H)$ 表示全体 $f:[0,T]\to H$ 是可测的, 且 $\|f\|_H^2$ 是 Bochner 可积的映射, 为简单起见, $L^2([0,T],H)$ 的范数记为 $|\cdot|$. 首先有 $S_T^2(F)$ 是 $L^2([0,T],H)$ 的子集. 事实上任取 $f\in S_T^2(F)$, f 是 $\mathbf{B}([0,T])\times\mathcal{P}_T$ 可测的, 且 $|f|^2=\int_0^T E[\|f_t\|^2]\mathrm{d}t<\infty$, 因此 $S_T^2(F)\subset L^2([0,T],H)$. 设 $(B)\int_0^T f_t\mathrm{d}t$ 表示 f

在 $[0,T]$ 上的 Bochner 积分, 则存在一列 $L^2([0,T],H)$ 的简单函数 $\{f^k: k\geqslant 1\}$ 使得, 当 $k\to\infty$ 时,

$$|f^k-f|=\int_0^T\|f_t-f_t^k\|_H^2\mathrm{d}t=\int_0^T E[\|f_t-f_t^k\|^2]\mathrm{d}t\to 0,$$

此时有

$$E\left[\left\|(B)\int_0^T f_t^k\mathrm{d}t-(B)\int_0^T f_t\mathrm{d}t\right\|^2\right]\to 0,\quad k\to\infty.$$

因此我们可以选取 $\{f^k: k\geqslant 1\}$ 的子序列 $\{f^{k_l}: l\geqslant 1\}$ 使得当 $l\to\infty$ 时, 有 $f_t^{k_l}(w)\to f_t(w)$ a.e. $(t,w)\in[0,T]\times\Omega$, 且

$$\left((B)\int_0^T f_t^{k_l}\mathrm{d}t\right)(w)\to\left((B)\int_0^T f_t\mathrm{d}t\right)(w).$$

设 $f_t^{k_l}(w)=\sum_{i\geqslant 1}\chi_{E_i^{k_l}}x_i^{k_l}$, $t\in[0,T]$, 其中 $E_i^{k_l}, i\geqslant 1$ 是 $[0,T]$ 的有限可测划分, $x_i^{k_l}\in H$. 则

$$\left((B)\int_0^T f_t^{k_l}\mathrm{d}t\right)(w)=\sum_{i\geqslant 1}x_i^{k_l}(w)\lambda(E_i^{k_l}),$$

$$\int_0^T f_t^{k_l}(w)\mathrm{d}t=\sum_{i\geqslant 1}x_i^{k_l}(w)\lambda(E_i^{k_l}),$$

其中 λ 是 $[0,T]$ 的 Lebesgue 测度. 另一方面 $f\in L^2[[0,T]\times\Omega,\mathbf{R}^m]$. 则对于固定的 $w\in\Omega$,

$$\int_0^T f_t(w)\mathrm{d}t=\lim_{l\to\infty}\int_0^T f_t^{k_l}(w)\mathrm{d}t.$$

因此对于 a.e. $w\in\Omega$, $\int_0^T f_t(w)\mathrm{d}t=\left((B)\int_0^T f_t\mathrm{d}t\right)(w)$, 即有 $\int_0^T f_t\mathrm{d}t=(B)\int_0^T f_t\mathrm{d}t$.

由于 $S_T^2(F)$ 是 $(L^2[[0,T]\times\Omega,\mathbf{R}^m],\|\cdot\|_{2,T})$ 的有界闭子集, 其中

$$\|f\|_{2,T}=E\left[\int_0^T\|f_t\|^2\mathrm{d}t\right]=\int_0^T E[\|f_t\|^2]\mathrm{d}t=|f|^2.$$

另一方面, $|\cdot|$ 是 $L^2([0,T],H)$ 的范数, 故 $S_T^2(F)$ 是 $L^2([0,T],H)$ 的有界闭子集.

现证 $S_T^2(F)$ 是 $L^2([0,T],H)$ 的可分解子集. 事实上, 任取 $f,g\in S_T^2(F)$, A 是 $[0,T]$ 的可测子集, $A^c=[0,T]\setminus A$, 则

$$\begin{aligned}(\chi_A f+\chi_{A^c}g)_t(w)&=(\chi_A(t)f_t+\chi_{A^c}(t)g_t)(w)\\&=\chi_{A\times\Omega}(t,w)f_t(w)+\chi_{A^c\times\Omega}(t,w)g_t(w)\in F(t,w),\quad \text{a.e.}(t,w)\in[0,T]\times\Omega.\end{aligned}$$

且

$$\chi_A f+\chi_{A^c}g=\int_0^T E[\|\chi_A f+\chi_{A^c}g\|]^2\mathrm{d}t\leqslant E\left[\int_0^T\|f\|^2\mathrm{d}t\right]+E\left[\int_0^T\|g\|^2\mathrm{d}t\right]<\infty,$$

因此, $\chi_A f+\chi_{A^c}g\in S_T^2(F)$.

由于概率空间 $(\Omega,\mathbf{A},\mu)$ 是可分的, 故 $H=L^2[\Omega,\mathbf{R}^m]$ 是可分的. 则由定理 2.2.9, 存在集值映射 $Z:[0,T]\to\mathbf{P}_f(H)$ 使得 $S_Z^2=S_T^2(F)$. 所以 Z 的 Aumann 积分可以被写成

$$\int_0^T Z(t)\mathrm{d}t=\left\{(B)\int_0^T f_t\mathrm{d}t:f\in S_T^2(F)\right\}.$$

又由于 $\int_0^T f_t\mathrm{d}t=(B)\int_0^T f_t\mathrm{d}t$, 所以有

$$\int_0^T Z(t)\mathrm{d}t=(A)\int_0^T F(t)\mathrm{d}t.$$

因为 $([0,T],\mathbf{B}([0,T]),\lambda)$ 是无原子的, 则由定理 2.3.2(1), 2.3.3 与定理 2.3.12 可知, 对于任意 $s,t\in[0,T]$,

$$(A)\int_0^t\overline{\mathrm{co}}F(s,w)\mathrm{d}s=\mathrm{cl}_{L^2}\left((A)\int_0^t F(s,w)\mathrm{d}s\right),$$

右面的闭包是在 L^2 的意义下取得.

若 $F:[0,T]\times\Omega\to\mathbf{P}_{fc}(\mathbf{R}^m)$, 则 $S_T^2(F)$ 是凸的, 故根据定理 2.2.9 及推论 2.2.2 可知, 存在集值映射 $Z:[0,T]\to\mathbf{P}_{fc}(H)$ 使得 $S_Z^2=S_T^2(F)$. 又由于 H 是自反的, 根据定理 2.3.12 可知 $(A)\int_0^T F(s,w)\mathrm{d}s$ 是 H 的闭子集. 将 T 换成 $t\in[0,T]$, 有 $(A)\int_0^t F(s,w)\mathrm{d}s$ 是 $L^2[\Omega,\mathbf{A}_t,\mu;\mathbf{R}^m]$ 的非空闭子集. 再根据定理 8.1.12, 得 $(A)\int_0^t F(s,w)\mathrm{d}s$ 是 $L^2[\Omega,\mathbf{A}_t,\mu;\mathbf{R}^m]$ 的非空有界闭凸的, 从而是弱紧的, 定理证毕.

注 (1) 我们可以像定义 8.1.8 那样, 利用可分解闭包来定义集值随机过程 F 的 Lebesgue 积分使得积分结果是 $\mathbf{P}_f(\mathbf{R}^m)$ 值随机过程, 并讨论它的性质, 这里不再赘述.

(2) 本节主要讨论的是集值随机过程关于标准布朗运动的 Ito 积分, 事实上, 我们可以像经典的随机分析那样做进一步的推广, 讨论集值随机过程关于平方可积鞅, 半鞅的 Ito 积分, 而且近年来已经有人开始了这方面的工作 (可参见本章最后的注记), 但由于基本思想大体一致, 这里不再赘述.

§8.2 集值随机微分包含的强解

本节所涉及的集值随机过程的积分均是 Aumann 型积分, 为了方便起见, 积分符号前省略掉 “(A)”. 设 $0<T<\infty$, $I=[0,T]$.

在进入集值随机微分包含解的讨论前, 我们首先试图来说明为什么研究集值随机微分包含.

首先微分包含在解决许多控制问题时似乎很便利. 例如: 如果有一控制问题可以用微分方程表示为

$$\dot{x}(t)=f(t,x(t),u(t)),$$

其中控制条件 $u(t)$ 取遍某一给定集合 U, $\dot{x}(t)$ 表示 $x(t)$ 关于 t 的导数. 令集值函数 F 是 u 跑遍集合 U, 所有 f 的取值的全体, 即 $F(t,x)=\bigcup\limits_{u\in U}f(t,x,u)$, 则我们得到一个等价的随机包含问题 $\dot{x}(t)\in F(t,x(t))$. 因此, 上面关于合适的控制的存在性问题可以转化为没有控制条件的集值微分包含的解的存在性问题.

另一方面, 在实际问题的研究中, 我们有时不得不考虑还没有完全认知的扰动问题, 这类扰动往往依赖某些随机参数. 这就需要我们用随机控制模型来描述这种动态系统. 下面让我们来试图说明某些随机最优控制问题如何用集值随机微分包含来描述的.

假设 $f=\{(f_t(z,p))_{t\in I}:(z,p)\in\mathbf{R}^m\times U\}$, $g=\{(g_t(z,p))_{t\in I}:(z,p)\in\mathbf{R}^m\times U\}$ 是依赖于参数 $z\in\mathbf{R}^m$, $p\in U$ 的 m 维适应可测的随机过程, 其中 U 是某完备可分的距离空间的某一固定的子集, 随机控制方程形如

$$x_t=\xi+\int_0^t f_s(x_s,u_s)\mathrm{d}s+\int_0^t g_s(x_s,v_s)\mathrm{d}B_s,\quad \text{任意}\ \ t\in I,\ \ \text{a.e.},\tag{8.2.1}$$

这里 $B=(B_t)_{t\in I}$ 是布朗运动. 函数形式的参数 $((u_t)_{t\in I},\ (v_t)_{t\in I})$ 被称为控制或控制策略, 它可以被看作是取值在 U 中的随机过程系统, 也可以被认为是依赖于 (8.2.1) 的解 $x(t)$ 的随机过程 $((h_t(x_t))_{t\in I},\ (l_t(x_t))_{t\in I})$. 后一种情况中控制策略 (h,l) 通常被称为 “反馈控制” (feedback control) 或 “反馈策略” (feedback strategy).

最优随机控制理论的首要问题是：给定约束条件集 $\mathcal{C}$ 及策略集 $\mathcal{U},\mathcal{V}$, 寻找控制 u,v 的三元体 $(x^{u,v},u,v)$, 使得 $x^{u,v}=(x_t^{u,v})_{t\in I}$ 是 (8.2.1) 的解, 且 $(x^{u,v},u,v)\in\mathcal{C}\times\mathcal{U}\times\mathcal{V}$. 每一个三元体 $(x^{u,v},u,v)$ 被称为 $(\mathcal{C},\mathcal{U},\mathcal{V})$ 可行解, 或简单地称为可行解. 控制的目的是寻求可行解 $(x^{u,v},u,v)$, 使得给定函数 $c:\mathcal{C}\times\mathcal{U}\times\mathcal{V}\to\mathbf{R}$ 的均值达到最小或最大. 其中 c 通常是刻画与控制的选择和受控物的活动相关联的控制误差或损失的费用的函数, 被称为损失函数, 它的均值 $\overline{c}(u,v)=E[c(x^{u,v},u,v)]$ 被称为控制费用.

随机最优控制理论的基本问题是:

(a) 确定控制费用函数;

(b) 考察是否存在最优控制;

(c) 在给定“简单”控制类中, 给定 $\varepsilon > 0$, 检查是否存在 ε 最优控制, 即控制 $u_\varepsilon, v_\varepsilon$, 使得

$$|\overline{c}(u_\varepsilon, v_\varepsilon) - \inf_{\{u\in\mathcal{U}, v\in\mathcal{V}\}} \overline{c}(u,v)| < \varepsilon;$$

(d) 获得构造 ε 最优控制的简单方法.

称关于最优控制 $\overline{u}, \overline{v}$ 的一个可行解 $(x^{\overline{u},\overline{v}}, \overline{u}, \overline{v})$ 为一个最优解. 此时, 称 $\overline{x} = x^{\overline{u},\overline{v}}$ 为一最优轨道 (an optimal trajectory). 类似地可定义 ε 最优轨道. 很多情况下, 人们感兴趣的只是在找出最优或 ε 最优轨道. 最优控制或 ε 最优控制可通过辅助参数得到. 因此, 很自然可以考虑没有控制参数来描述控制目标, 且与 (8.2.1) 等价的数学模型.

对任意给定 $t \in I$, $z \in \mathbf{R}^m$, 令 $F_t(z) = \{f_t(z, u_t) : u \in \mathcal{U}\}$; $G_t(z) = \{g_t(z, v_t) : v \in \mathcal{V}\}$, $F = \{(F_t(z))_{t\in I} : z \in \mathbf{R}^m\}$, $G = \{(G_t(z))_{t\in I} : z \in \mathbf{R}^m\}$.

假设 f, g 是可以分别使得集值函数 F, G 满足如下可测条件 $C(2)$ 的函数, 条件 $C(2)$ 为:

(i) 集值函数 $F = \{(F_t(z))_{t\in I} : z \in \mathbf{R}^m\}$, $G = \{(G_t(z))_{t\in I} : z \in \mathbf{R}^m\} : I \times \Omega \times \mathbf{R}^m \to \mathbf{P}_f(\mathbf{R}^m)$, $(t, w, z) \mapsto F_t(z)(w)$, $(t, w, z) \mapsto G_t(z)(w)$ 均是关于乘积 σ 域 $\mathbf{B}(I) \times \mathcal{P}_T \times \mathbf{B}(\mathbf{R}^m)$ 可测的,

(ii) 对于任意固定的 $z \in \mathbf{R}^m$, $(F_t(z))_{t\in I}$, $(G_t(z))_{t\in I}$ 均是平方可积有界的, 即

$$E\left[\int_0^T \|F_t(z)\|^2 \mathrm{d}s\right] < \infty.$$

设 f, g 分别表示使得集值函数 F, G 满足条件 $C(2)$ 的函数, 则我们以后将证明结论: (8.2.1) 的所有可行轨道 (admissible trajectories) 所成的集 $AT(f, g)$ 包含在下列集值随机包含 (8.2.2) 的强解集 $Sol(F, G)$ 中,

$$\mathrm{d}x_t \in F_t(x_t)\mathrm{d}t + G_t(x_t)\mathrm{d}B_t, \quad x_0 = \xi. \tag{8.2.2}$$

进一步地, 如果 F, G 取凸集值, $f(z, p)$ 与 $g(z, p)$ 关于 p 是连续的, 则 $AT(f, g) = Sol(F, G)$.

设 $h : \mathcal{U} \times \mathcal{V} \to \mathcal{C}$, $(u, v) \mapsto x^{u,v}$, $c : \mathcal{C} \to \mathbf{R}$ 是给定的费用函数, 则

$$\min_{(u,v)\in\mathcal{U}\times\mathcal{V}} c(h(u,v)) = \min_{x\in Sol(F,G)} c(x).$$

集值随机包含也可用于金融与保险中的随机控制问题的理论研究中, 现在让我们来考虑如下问题.

例 8.2.1 假设金融市场上有 m 个风险金融产品 (例如股票, 期权等) 与一种无风险的债券组成, 风险金融产品的价格可描述成 Ito 过程 $s=(s^1,s^2,\cdots,s^m)$, 满足

$$\mathrm{d}s_t^i=f^is_t^i\mathrm{d}t+g^is_t^i\mathrm{d}B_t,\quad t\in I,\quad i=1,2,\cdots,m.$$

债券价格过程 γ 被描述成

$$\mathrm{d}\gamma_t=r\gamma_t\mathrm{d}t,\quad \gamma_0>0,\quad t\in I.$$

因此价格过程为 $z=(\gamma,s^1,s^2,\cdots,s^m)$. 一个交易策略 (trading strategy) 或投资组合 (portfolio) 是一个可料的 $m+1$ 维的随机过程 $\theta=\{(\theta_t^0,\theta_t^1,\cdots,\theta_t^m):t\in I\}$. 投资策略称为是自融资的 (self-financing), 如果

$$\theta_tz_t=w+\int_0^t\theta_s\mathrm{d}z_s,\quad t\in I,$$

其中 $w>0$ 是初始财富. 如果引入 $u_t^i=\theta_t^iz_t^i(\theta_tz_t)^{-1}$, 则 u_t^i 是分配到第 i 种金融产品的财富占总财富的份额. 则由投资组合 $u=(u^0,u^1,\cdots,u^m)$ 所产生的财富过程 η 是满足下列随机微分方程的解

$$\mathrm{d}\eta_t=f(\eta_t,u_t)\mathrm{d}t+g(\eta_t,u_t)\mathrm{d}B_t,\quad t\in I,\quad \eta_0=w,\tag{8.2.3}$$

其中 f,g 是依赖于 f^i,g^i 的函数. 假设投资者的投资组合集为 U. 进一步假定, 保险公司是投资者, 它卖给客户与生命保险合同相应的权益. 注意到经典的生命保险中, 保险公司应该把收到的客户的钱作为赔付储备金存入银行或投资无风险的债券, 其收益可按固定的利率得到. 但是在市场环境下, 保险公司将资金投资金融市场, 当然其投资的目的是期望得到比存入银行或投资无风险的债券更高的回报, 但这样, 金融风险就出现了. 卖出与保险合同相应的权益的目的是想转移这一风险给投保人. 考虑期限为 T 年的保险, 投保人签约时的年龄为 y, 到 $\tau\in I$ 时死亡, 得到的赔付为 $\max\{\eta_t,\Lambda\}$, 其中 η 表示由 (8.2.3) 式描述的保险公司的财富, τ 是合同生效至投保人死亡所经过的时间, 是一随机时间, 即停时. 常数 Λ 是保险合同既定的赔付金额. 通常被保险人并不知道保险公司的投资策略. 对于这样的顾客, 保险公司的财富是以下随机微分包含的解

$$\mathrm{d}\eta_t\in F(\eta_t,u_t)\mathrm{d}t+G(\eta_t,u_t)\mathrm{d}B_t,\quad t\in I,\quad \eta_0=w,$$

其中 F,G 分别是随机过程 $F_t(x)=\bigcup_{u\in U}f(x,u_t)$, $G_t(x)=\bigcup_{u\in U}g(x,u_t)$. 假设财富过程 η 与随机变量 τ 独立, 这份合同的净保费 Π 应该是

$$\Pi^\eta=E\left[\int_0^T\mathrm{e}^{-rt}\max\{\eta_t,\Lambda\}\mu_y(t)_tp_y\mathrm{d}t\right],$$

其中期望是在所谓的等价鞅测度下的期望 (参见文献 [368]), ${}_tp_y = \mu\{\tau > t\}$, $\mu_y(t) = -\dfrac{\mathrm{dln}({}_tp_y)}{\mathrm{d}t}$. 从被保人的立场出发, 这是他不得不支付的保险金的最高值. 从保险公司的角度看同样问题, 保险公司想找到随机包含问题的最大解 η^* 使得

$$\Pi^{\eta^*} = \sup_{\eta} E\left[\int_0^T \mathrm{e}^{-rt}\max\{\eta_t, \Lambda\}\mu_y(t)_tp_y\mathrm{d}t\right],$$

其中, 上确界是 η 取遍所有随机微分包含的解.

在明确了为什么要研究集值随机包含问题之后, 我们给出随机微分包含的强解的定义.

以下假设 $\{\mathbf{A}_t : t \in I\}$ 是满足通常条件的 $\mathbf{A}$ 的子 σ 域. $F, G : I \times \Omega \times \mathbf{R}^m \to \mathbf{P}_f(\mathbf{R}^m)$, $(t, w, x) \mapsto F_t(x)(w)$, $(t, w, x) \mapsto G_t(x)(w)$, $x = (x_t)_{t\in I}$ 是 $\mathbf{A}_t$ 适应的 $\mathbf{R}^m$ 值随机过程. $F \circ x$ 定义为 $(F \circ x)_t = F_t(x_t)$. 所考虑的随机微分包含为

$$\mathrm{d}x_t \in F_t(x_t)\mathrm{d}t + G_t(x_t)\mathrm{d}B_t, \tag{8.2.4}$$

其中 $B = (B_t)_{t\in I}$ 是标准布朗运动, $(F_t(x_t))_{t\in I} \in \mathcal{L}_T^2(\mathbf{P}_f(\mathbf{R}^m))$, $(G_t(x_t))_{t\in I} \in \mathcal{L}_T^2(\mathbf{P}_f(\mathbf{R}^m))$. 有两种方式定义 (8.2.4) 的强解.

定义 8.2.1 称连续的随机过程 $x = (x_t)_{t\in I}$ 是 (8.2.4) 问题的一个强解, 如果它满足

$$x_t - x_s \in \mathrm{cl}_{L^2}\left(\int_s^t F_\tau(x_\tau)\mathrm{d}\tau + \int_s^t G_\tau(x_\tau)\mathrm{d}B_\tau\right), \quad \forall s, t \in I, s < t,$$

其中, 集值随机过程的积分是指 8.1 节的 Aumann 型积分.

定义 8.2.1′ 称连续的随机过程 $x = (x_t)_{t\in I}$ 是 (8.2.4) 问题, 且其初始值 a.e. $w \in \Omega$ 为 x_0 的一个强解, 如果分别存在 $(F_t(x_t))_{t\in I}$, $(G_t(x_t))_{t\in I}$ 的平方可积有界的选择 $f = (f_t(x_t))_{t\in I}, g = (g_t(x_t))_{t\in I}$ 使得对任意 $t \in I$, 几乎处处有

$$x_t = x_0 + \int_0^t f_s\mathrm{d}s + \int_0^t g_s\mathrm{d}B_s.$$

注 定义 8.2.1 似乎比定义 8.2.1′ 更自然, 这是因为从形式上定义 8.2.1 与经典的单点值的随机微分方程的强解更类似, 同时它与确定性的微分包含理论也类似. 在确定性的微分包含理论中这两种强解的定义在闭凸集值函数时是等价的 (cf. Aubin 与 Cellina[17]). 对于集值随机包含问题, 如果 x 在定义 8.2.1′ 的意义下是集值随机包含的一个强解, 它显然一定是在定义 8.2.1 意义下的强解, 下面证明相反的命题也成立, 为此下面证一引理。先引进如下记号:

设 $D_T^2(\mathbf{R}^m)$ 表示全体 $\mathbf{R}^m$ 值 $\mathbf{A}_t$ 适应的 cádlág 过程 (即右连左极过程)$x = (x_t)_{t\in I}$, 满足 $E[\sup_{t\in I}\|x_t\|^2] < \infty$。任取 $x = (x_t)_{t\in I} \in D_T^2(\mathrm{R}^m)$, 定义

$$\|x\|_D = \|\sup_{t\in I}\|x_t\|\|_{L^2},$$

其中 $\|x_t\|$ 中的范数是 $\mathbf{R}^m$ 的范数, 为了便于区别, 这里 $\|\cdot\|_{L^2}$ 表示 $L^2[\Omega, \mathbf{A}, \mu; \mathbf{R}]$ 的范数. 经典概率论中已经证明 $(D_T^2(\mathbf{R}^m), \|\cdot\|_D)$ 是 Banach 空间.

引理 8.2.1 设 F, G 是满足条件 $C(2)$ 的集值随机过程, $x = (x_t)_{t\in I}, y = (y_t)_{t\in I} \in D_T^2(\mathbf{R}^m)$ 具有连续的轨道, 且满足条件: 对任意 $0 \leqslant s < t \leqslant T$,

$$y_t - y_s \in \mathrm{cl}_{L^2}\left(\int_s^t F_\tau(x_\tau)\mathrm{d}\tau + \int_s^t G_\tau(x_\tau)\mathrm{d}B_\tau\right),$$

则对于任意给定 $\varepsilon > 0$, 存在 $f^\varepsilon \in S_T^2(F\circ x)$, $g^\varepsilon \in S_T^2(G\circ x)$, 使得

$$\sup_{t\in I}\left\|y_t - y_0 - \left(\int_0^t f_\tau^\varepsilon \mathrm{d}\tau + \int_0^t g_\tau^\varepsilon \mathrm{d}B_\tau\right)\right\|_{L^2} \leqslant \varepsilon.$$

证明 首先注意到, 如果 $f \in S_T^2(F\circ x)$, $g \in S_T^2(G\circ x)$, 定义随机过程

$$z_t = z_0 + \int_0^t f_\tau \mathrm{d}\tau + \int_0^t g_\tau \mathrm{d}B_\tau, \quad t \in I,$$

则由积分不等式与 Ito 等距知, 存在常数 C 使得对于任意 $0 \leqslant s < t \leqslant T$,

$$E[\|z_t - z_s\|^2] \leqslant CE\left[\int_s^t \|F_\tau(x_\tau)\|^2\mathrm{d}\tau + \int_s^t \|G_\tau(x_\tau)\|^2\mathrm{d}\tau\right].$$

任给 $\varepsilon > 0$, 选取 $0 < \eta < T$, 使得

$$\sup_{t\in I}\sup_{t\leqslant s\leqslant (t+\eta)\wedge T} E[\|y_t - y_s\|^2] \leqslant \frac{\varepsilon^2}{9},$$

$$\sup_{t\in I} E\left[\int_t^{(t+\eta)\wedge T}\|F_\tau\|^2\mathrm{d}\tau\right] \leqslant \frac{\varepsilon^2}{18C}, \quad \sup_{t\in I} E\Big[\int_t^{(t+\eta)\wedge T}\|G_\tau\|^2\mathrm{d}\tau\Big] \leqslant \frac{\varepsilon^2}{18C}.$$

设非负整数 n_ε 使得 $(n_\varepsilon - 1)\eta < T \leqslant n_\varepsilon\eta$. 令 $\tau_0^\varepsilon = 0$, 当 $k = 1, 2, \cdots, n_\varepsilon - 1$ 时, 令 $\tau_k^\varepsilon = k\eta$; 并令 $\tau_{n_\varepsilon}^\varepsilon = T$. 对于每一 k, 选取 $f_k^\varepsilon \in S_T^2(F\circ x)$, $g_k^\varepsilon \in S_T^2(G\circ x)$, 使得

$$\left\|y_{\tau_k^\varepsilon} - y_{\tau_{k-1}^\varepsilon} - \int_{\tau_{k-1}^\varepsilon}^{\tau_k^\varepsilon} f_k^\varepsilon \mathrm{d}\tau - \int_{\tau_{k-1}^\varepsilon}^{\tau_k^\varepsilon} g_k^\varepsilon \mathrm{d}B_\tau\right\|_{L^2} < \frac{2\varepsilon}{3n_\varepsilon(n_\varepsilon - 1)}$$

成立. 令

$$f^\varepsilon = \chi_{[0,\tau_1^\varepsilon]}f_1^\varepsilon + \sum_{k=2}^{n_\varepsilon}\chi_{(\tau_{k-1}^\varepsilon, \tau_k^\varepsilon]}f_k^\varepsilon, \quad g^\varepsilon = \chi_{[0,\tau_1^\varepsilon]}g_1^\varepsilon + \sum_{k=2}^{n_\varepsilon}\chi_{(\tau_{k-1}^\varepsilon, \tau_k^\varepsilon]}g_k^\varepsilon.$$

由 $S_T^2(F\circ x), S_T^2(G\circ x)$ 的可分解性可知, $f^\varepsilon \in S_T^2(F\circ x)$, $g^\varepsilon \in S_T^2(G\circ x)$. 故

$$\begin{aligned}
&\sup_{t\in I}\left\|y_t - y_0 - \left(\int_0^t f_\tau^\varepsilon \mathrm{d}\tau + \int_0^t g_\tau^\varepsilon \mathrm{d}B_\tau\right)\right\|_{L^2}\\
\leqslant &\left(\sup_{1\leqslant k\leqslant n_\varepsilon}\ \sup_{\tau_{k-1}^\varepsilon\leqslant t\leqslant \tau_k^\varepsilon} E[\|y_t - y_{\tau_{k-1}^\varepsilon}\|^2]\right)^{1/2}\\
&+\left(\sup_{1\leqslant k\leqslant n_\varepsilon}\ \sup_{\tau_{k-1}^\varepsilon\leqslant t\leqslant \tau_k^\varepsilon} E\left[\left\|\int_{\tau_{k-1}^\varepsilon}^t f_\tau^\varepsilon \mathrm{d}\tau + \int_{\tau_{k-1}^\varepsilon}^t g_\tau^\varepsilon \mathrm{d}B_\tau\right\|^2\right]\right)^{1/2}\\
&+\sup_{1\leqslant k\leqslant n_\varepsilon}\left\|\sum_{i=1}^{k-1}\left[y_{\tau_i^\varepsilon} - y_{\tau_{i-1}^\varepsilon} - \int_{\tau_{i-1}^\varepsilon}^{\tau_i^\varepsilon} f_\tau^\varepsilon \mathrm{d}\tau - \int_{\tau_{i-1}^\varepsilon}^{\tau_i^\varepsilon} g_\tau^\varepsilon \mathrm{d}B_\tau\right]\right\|_{L^2}.
\end{aligned}$$

由 τ_k^ε 的定义, 得 $\sup_{1\leqslant k\leqslant n_\varepsilon}\sup_{\tau_{k-1}^\varepsilon\leqslant t\leqslant \tau_k^\varepsilon} E[\|y_t - y_{\tau_{k-1}^\varepsilon}\|^2] \leqslant \dfrac{\varepsilon^2}{9}$,

$$\begin{aligned}
&\sup_{1\leqslant k\leqslant n_\varepsilon}\ \sup_{\tau_{k-1}^\varepsilon\leqslant t\leqslant \tau_k^\varepsilon} E\left[\left\|\int_{\tau_{k-1}^\varepsilon}^t f_\tau^\varepsilon \mathrm{d}\tau + \int_{\tau_{k-1}^\varepsilon}^t g_\tau^\varepsilon \mathrm{d}B_\tau\right\|^2\right]\\
\leqslant &\, C\sup_{1\leqslant k\leqslant n_\varepsilon}\ \sup_{\tau_{k-1}^\varepsilon\leqslant t\leqslant \tau_k^\varepsilon} E\left[\int_{\tau_{k-1}^\varepsilon}^t \|F_\tau(x_\tau)\|^2 \mathrm{d}\tau + \int_{\tau_{k-1}^\varepsilon}^t \|G_\tau(x_\tau)\|^2 \mathrm{d}\tau\right]\\
\leqslant &\,\frac{\varepsilon^2}{18} + \frac{\varepsilon^2}{18} = \frac{\varepsilon^2}{9},
\end{aligned}$$

$$\sup_{1\leqslant k\leqslant n_\varepsilon}\left\|\sum_{i=1}^{k-1}\left[y_{\tau_i^\varepsilon} - y_{\tau_{i-1}^\varepsilon} - \int_{\tau_{i-1}^\varepsilon}^{\tau_i^\varepsilon} f_\tau^\varepsilon \mathrm{d}\tau - \int_{\tau_{i-1}^\varepsilon}^{\tau_i^\varepsilon} g_\tau^\varepsilon \mathrm{d}B_\tau\right]\right\|_{L^2} \leqslant \sum_{i=1}^{k-1}\frac{2\varepsilon}{3n_\varepsilon(n_\varepsilon - 1)} = \frac{\varepsilon}{3}.$$

因此

$$\sup_{t\in I}\left\|y_t - y_0 - \left(\int_0^t f_\tau^\varepsilon \mathrm{d}\tau + \int_0^t g_\tau^\varepsilon \mathrm{d}B_\tau\right)\right\|_{L^2} \leqslant \frac{\varepsilon}{3} + \frac{\varepsilon}{3} + \frac{\varepsilon}{3} = \varepsilon.$$

引理证毕.

定理 8.2.1 设 F, G 是满足条件 $C(2)$ 的闭凸集值随机过程, $x = (x_t)_{t\in I} \in D_T^2(\mathbf{R}^m)$ 且具有连续的轨道, 则对任意 $0\leqslant s < t\leqslant T$,

$$x_t - x_s \in \mathrm{cl}_{L^2}\left(\int_s^t F_\tau(x_\tau)\mathrm{d}\tau + \int_s^t G_\tau(x_\tau)\mathrm{d}B_\tau\right),$$

当且仅当存在 $f \in S_T^2(F\circ x)$, $g \in S_T^2(G\circ x)$, 使得对任意 $t \in I$

$$x_t = x_0 + \int_0^t f_\tau \mathrm{d}\tau + \int_0^t g_\tau \mathrm{d}B_\tau \quad \text{a.e.}.$$

证明　充分性显然. 现证必要性. 由引理 8.2.1, 存在随机过程序列 $\{f^n : n \geqslant 1\} \subset S_T^2(F\circ x)$, $\{g^n : n \geqslant 1\} \subset S_T^2(G\circ x)$, 使得

$$\sup_{t\in I}\left\|x_t - x_0 - \int_0^t f_\tau^n \mathrm{d}\tau + \int_0^t g_\tau^n \mathrm{d}B_\tau\right\|_{L^2} \to 0, \quad (n\to\infty). \tag{8.2.5}$$

由于 $S_T^2(F\circ x), S_T^2(G\circ x)$ 是 $L^2[I\times\Omega, \mathcal{P}_T, \lambda\times\mu; \mathbf{R}^m]$ 的有界凸闭子集, 则 $S_T^2(F\circ x), S_T^2(G\circ x)$ 是弱紧集, 因此 $\{f^n : n\geqslant 1\}$, $\{g^n : n\geqslant 1\}$ 分别存在弱聚点, 即分别存在子序列 $\{f^{n_k} : k\geqslant 1\}\subset\{f^n : n\geqslant 1\}$, $\{g^{n_k} : k\geqslant 1\}\subset\{g^n : n\geqslant 1\}$, 及 f, g, 使得当 $k\to\infty$ 时, f^{n_k}, g^{n_k} 分别弱收敛于 f, g. 由弱收敛与强收敛之间的关系 (参见文献 [377]p.290), 则分别存在 $\{f^{n_k}\}, \{g^{n_k}\}$ 的凸组合所成新的序列分别强收敛 f, g, 由于 $S_T^2(F\circ x)$, $S_T^2(G\circ x)$ 是闭凸的, 则 $\{f^{n_k}\}, \{g^{n_k}\}$ 的凸组合所成新的序列分别是 $S_T^2(F\circ x)$, $S_T^2(G\circ x)$ 的子集, 且 $f\in S_T^2(F\circ x)$, $g\in S_T^2(G\circ x)$. 容易验证 $\{f^{n_k}\}, \{g^{n_k}\}$ 的凸组合也满足 (8.2.5), 所以不妨将新的序列仍记成 $\{f^{n_k}\}, \{g^{n_k}\}$. 故当 $k\to\infty$ 时, 我们有

$$E\left[\int_0^T \|f_t^{n_k} - f_t\|^2 \mathrm{d}t\right] \to 0, \quad E\left[\int_0^T \|g_t^{n_k} - g_t\|^2 \mathrm{d}t\right] \to 0.$$

令 $x_t^k = x_0 + \int_0^t f_\tau^{n_k}\mathrm{d}\tau + \int_0^t g_\tau^{n_k}\mathrm{d}B_\tau$, $t\in I$. 则由 (8.2.5), 得

$$\sup_{t\in I}\|x_t - x_t^k\|_{L^2} \to 0, \quad (k\to\infty).$$

由于 L^2 收敛意味着依概率收敛, 即对任意 $\varepsilon > 0$, 有

$$\lim_{k\to\infty}\mu\left(\sup_{t\in I}\|x_t - x_t^k\| > \varepsilon\right) = 0.$$

因此存在 $\{x^k : k\geqslant 1\}$ 的子列, 不妨仍记为 $\{x^k : k\geqslant 1\}$, 使得

$$\lim_{k\to\infty}\sup_{t\in I}\|x_t - x_t^k\| = 0, \text{ a.e.}.$$

故, 若令 $\hat{x}_t = x_0 + \int_0^t f_\tau\mathrm{d}\tau + \int_0^t g_\tau\mathrm{d}B_\tau$, $t\in I$, 则过程 $(x_t)_{t\in I}$ 是 $(\hat{x}_t)_{t\in I}$ 的一个修正, 即有

$$x_t = x_0 + \int_0^t f_\tau\mathrm{d}\tau + \int_0^t g_\tau\mathrm{d}B_\tau \quad \text{a.e.}.$$

定理证毕.

下面我们讨论集值随机微分包含强解的存在性. 首先想到的条件是 Lipschitz 连续性.

定理 8.2.2 设 F, G 是满足条件 $C(2)$ 的紧集值随机过程, 且存在非负平方可积函数 $k, l: I \to \mathbf{R}$, 使得对于任意 $t \in I$, $x_1, x_2 \in \mathbf{R}^m$, 均满足条件 (C3):

$$\delta(F_t(x_1), F_t(x_2)) \leqslant k(t)\|x_2 - x_1\|, \quad \delta(G_t(x_1), G_t(x_2)) \leqslant l(t)\|x_2 - x_1\|,$$

则随机微分包含 (8.2.4) 的强解集 $\Lambda_\phi(F, G)$ 是非空的.

为了证明该定理, 我们需要证明下面的引理.

引理 8.2.2 设 $\phi \in L^2[\Omega, \mathbf{A}_0, \mu; \mathbf{R}^m]$, F, G 满足条件 (C2) 和 (C3) 的紧集值随机过程. 令

$f^{(0)} \in S_T^2(F \circ 0), \quad g^{(0)} \in S_T^2(G \circ 0),$

当 $n = 1, 2, \cdots$ 时,

$x^{(n)} = \phi + \Phi(f^{(n-1)}, g^{(n-1)}),$ 其中

$$\Phi(f^{(n-1)}, g^{(n-1)})(t) = \int_0^t f_s^{(n-1)} \mathrm{d}s + \int_0^t g_s^{(n-1)} \mathrm{d}B_s, \forall t \in I,$$

$f^{(n)} \in S_T^2(F \circ x^{(n)})$, 满足 $\|f_t^{(n-1)}(w) - f_t^{(n)}(w)\| = d\Big(f_t^{(n-1)}(w), (F \circ x^{(n)})_t(w)\Big)$,

$g^{(n)} \in S_T^2(G \circ x^{(n)})$, 满足 $\|g_t^{(n-1)}(w) - g_t^{(n)}(w)\| = d\Big(g_t^{(n-1)}(w), (G \circ x^{(n)})_t(w)\Big)$,

$(t, w) \in I \times \Omega$.

如果

$$L := \int_0^T k^2(t)\mathrm{d}t + 2\int_0^T l^2(t)\mathrm{d}t < 1,$$

则 $\{x^{(n)} : n \geqslant 1\}$ 是 $(D_T^2(\mathbf{R}^m), \|\cdot\|_D)$ 的 Cauchy 列.

证明 首先由 F, G 是紧集值随机过程且满足条件 (C2), 可知 $f^{(n)}$, $n \geqslant 1$ 的存在性. 由假设及积分不等式可知

$$\begin{aligned}
E\left[\left(\sup_{t\in I}\left\|\int_0^t (f_s^{(n)} - f_s^{(n-1)})\mathrm{d}s\right\|\right)^2\right] &\leqslant E\left[\left(\int_0^T \|f_s^{(n)} - f_s^{(n-1)}\|\mathrm{d}s\right)^2\right] \\
&\leqslant E\left[\left(\int_0^T \delta\big((F \circ x^{(n)})_s, (F \circ x^{(n-1)})_s\big)\mathrm{d}s\right)^2\right] \\
&\leqslant E\left[\int_0^T k^2(s)\|x_s^{(n)} - x_s^{(n-1)}\|^2\mathrm{d}s\right] \\
&\leqslant E\left[\sup_{t\in I}\|x_t^{(n)} - x_t^{(n-1)}\|^2\right]\int_0^T k^2(s)\mathrm{d}s \\
&= \int_0^T k^2(s)\mathrm{d}s \cdot \|x^{(n)} - x^{(n-1)}\|_D^2.
\end{aligned}$$

由假设及 Doob 不等式可知

$$
\begin{aligned}
E\left[\left(\sup_{t\in I}\left\|\int_0^t (g_s^{(n)}-g_s^{(n-1)})\mathrm{d}s\right\|\right)^2\right] &\leqslant 4E\left[\int_0^T \|g_s^{(n)}-g_s^{(n-1)}\|^2\mathrm{d}s\right]\\
&\leqslant 4E\left[\left(\int_0^T \delta^2\left((G\circ x^{(n)})_s,(G\circ x^{(n-1)})_s\right)\mathrm{d}s\right)^2\right]\\
&\leqslant 4E\left[\int_0^T l^2(s)\|x_s^{(n)}-x_s^{(n-1)}\|^2\mathrm{d}s\right]\\
&\leqslant 4E\left[\sup_{t\in I}\|x_t^{(n)}-x_t^{(n-1)}\|^2\right]\int_0^T l^2(s)\mathrm{d}s\\
&=4\int_0^T l^2(s)\mathrm{d}s\cdot\|x^{(n)}-x^{(n-1)}\|_D^2.
\end{aligned}
$$

因此, 我们有 $\|x^{(n+1)}-x^{(n)}\|_D\leqslant L^n\|x^{(1)}\|_D$, 这意味着不等式

$$
\|x^{(m)}-x^{(n)}\|_D\leqslant\frac{L^n\|x^{(1)}\|_D}{1-L}
$$

对任意 $m\geqslant n\geqslant 1$ 均成立. 令 $n\to\infty$, 则有 $\|x^{(m)}-x^{(n)}\|_D\to 0$, 引理证毕.

引理 8.2.3　设 $\phi\in L^2[\Omega,\mathbf{A}_0,\mu;\mathbf{R}^m]$, F,G 满足条件 (C2) 和 (C3) 的紧集值随机过程, 如果

$$
L:=\int_0^T k^2(t)\mathrm{d}t+2\int_0^T l^2(t)\mathrm{d}t<1,
$$

则随机微分包含 (8.2.4) 的强解集 $\Lambda_\phi(F,G)$ 是非空的.

证明　沿用引理 8.2.2 的记号, 且设 $x=\lim_{n\to\infty}x^{(n)}$. 下面证明 $\{f^{(n)}:n\geqslant 1\}$ 与 $\{g^{(n)}:n\geqslant 1\}$ 均是 $\mathcal{L}_T^2(R^m)$ 的 Cauchy 列. 事实上,

$$
\begin{aligned}
E\left[\int_0^T \|f_s^{(m)}-f_s^{(n)}\|^2\mathrm{d}s\right] &= \sum_{j=n+1}^m E\left[\int_0^T \|f_s^{(j)}-f_s^{(j-1)}\|^2\mathrm{d}s\right]\\
&\leqslant \sum_{j=n+1}^m E\left[\int_0^T \delta^2(F\circ x^{(j)})_s,(F\circ x^{(j-1)})_s\mathrm{d}s\right]\\
&\leqslant \sum_{j=n+1}^m \int_0^T k^2(s)\mathrm{d}s\cdot\|x^{(j)}-x^{(j-1)}\|_D^2\\
&\leqslant \sum_{j=n+1}^m L^{j-1}\|x^{(1)}\|_D^2\int_0^T k^2(s)\mathrm{d}s
\end{aligned}
$$

$$\leqslant \frac{L^{n+1}\|x^{(1)}\|_D^2}{1-L} \to 0 \quad (n\to\infty).$$

同理可证 $\{g^{(n)}: n\geqslant 1\}$ 是 $\mathcal{L}_T^2(\mathbf{R}^m)$ 的 Cauchy 列. 设 $f,g\in\mathcal{L}_T^2(\mathbf{R}^m)$ 使得当 $n\to\infty$ 时, 有

$$\|f-f_n\|_{2,T} = E\left[\int_0^T \|f_s^{(n)}-f_s\|^2\mathrm{d}s\right] \to 0,$$

$$\|g-g_n\|_{2,T} = E\left[\int_0^T \|g_s^{(n)}-g_s\|^2\mathrm{d}s\right] \to 0.$$

从而当 $n\to\infty$ 时, 有 $\|x^{(n)}-\phi-\Phi(f,g)\|_D\to 0$. 因此 $x=\phi+\Phi(f,g)$.

要证明 x 是随机微分包含 (8.2.4) 的一个强解, 只需证明 $f\in S_T^2(F\circ x)$, $g\in S_T^2(G\circ x)$. 事实上, 任意固定 $v\in S_T^2(F\circ x^{(n)})$, 选取 $u\in S_T^2(F\circ x)$ 使得对于任意 $(t,w)\in I\times\Omega$, 有

$$\|v_t(w)-u_t(w)\| = d(v_t(w),(F\circ x)_t(w)).$$

而

$$d(v,S_T^2(F\circ x)) \leqslant \|v-u\|_{2,T} \leqslant \left(E\int_0^T \delta^2((F\circ x^{(n)})_t,(F\circ x)_t)\mathrm{d}t\right)^{1/2}$$

$$\leqslant \|x^n-x\|_D\left(\int_0^T k^2(t)\mathrm{d}t\right)^{1/2},$$

这意味着 $\delta_l(S_T^2(F\circ x^{(n)}),S_T^2(F\circ x)) \leqslant \|x^n-x\|_D\left(\int_0^T k^2(t)\mathrm{d}t\right)^{1/2}$. 从而有 $\delta_l(S_T^2(F\circ x^{(n)}),S_T^2(F\circ x))\to 0,\quad (n\to\infty)$. 同样可以证明 $\delta_l(S_T^2(G\circ x^{(n)}), S_T^2(G\circ x))\to 0,\ (n\to\infty)$. 又由不等式

$$\mathrm{d}(f,S_T^2(F\circ x)) \leqslant \|f-f_n\|_{2,T}+\mathrm{d}(f_n,S_T^2(F\circ x^{(n-1)}))+\delta_l(S_T^2(F\circ x^{(n-1)}),S_T^2(F\circ x)),$$

令 $n\to\infty$, 可得 $\mathrm{d}(f,S_T^2(F\circ x))=0$. 而 $S_T^2(F\circ x)$ 是 $\mathcal{L}_T^2(\mathbf{R}^m)$ 中的非空有界闭集, 所以 $f\in S_T^2(F\circ x)$. 同样的方法可得 $g\in S_T^2(G\circ x)$, 引理证毕.

由上述引理立即可得出下面结论.

引理 8.2.4 设 $0\leqslant\alpha<\beta\leqslant T$, $\phi\in L^2[\Omega,\mathbf{A}_\alpha,\mu;\mathbf{R}^m]$, F,G 满足条件 (C2) 和 (C3) 的紧集值随机过程, 如果

$$L_{\alpha,\beta} := \int_\alpha^\beta k^2(t)\mathrm{d}t + 2\int_\alpha^\beta l^2(t)\mathrm{d}t < 1,$$

则随机微分包含 (8.2.4) 限制在 $[\alpha,\beta]$ 上的强解集 $\Lambda_\phi^{\alpha,\beta}(F,G)$ 是非空的.

引理 8.2.5 设 $\phi \in L^2[\Omega, \mathbf{A}_0, \mu; \mathbf{R}^m]$, F, G 满足条件 (C2) 和 (C3) 的紧集值随机过程, $0 = t_0 < t_1 < \cdots < t_N = T$, 如果 $x^{(n)} \in \Lambda_{\phi}^{t_{n-1},t_n}(F,G)$, $n = 1, 2, \cdots, N$, 则 $x = \sum_{n=1}^{N} I_{[t_{n-1},t_n)} x^{(n)} \in \Lambda_{\phi}(F,G)$.

定理 8.2.2 的证明 由假设可知 $L := \int_0^T k^2(t)\mathrm{d}t + 2\int_0^T l^2(t)\mathrm{d}t < \infty$, 选取 $0 = t_0 < t_1 < \cdots < t_N = T$, 使得

$$L_{t_{n-1},t_n} := \int_{t_{n-1}}^{t_n} k^2(t)\mathrm{d}t + 2\int_{t_{n-1}}^{t_n} l^2(t)\mathrm{d}t < 1, \quad n = 1, 2, \cdots, N,$$

由引理 8.2.4, 存在 $x^{(n)} \in \Lambda_{\phi}^{t_{n-1},t_n}(F,G)$. 令 $x = \sum_{k=1}^{n} I_{[t_{n-1},t_n)} x^{(n)}$, 则根据引理 8.2.5 知 $x \in \Lambda_{\phi}(F,G)$, 定理证毕.

注 实际上定理 8.2.2 的 Lipschitz 条件可以减弱. 例如 Motyl 文献在 [239] 中用最大耗散 (maximal dissipative) 条件证明强解的存在性.

§8.3 第八章注记

集值随机过程的随机积分与随机微分包含较早的文献可能是 1993 年 Kisielewicz 的 [167]. 在这篇论文中, 作者给出了集值随机过程的 Aumann 型 Ito 积分的定义及简单性质. 1999 年 Kim 在文献 [165] 中应用 Kisielewicz 的定义进一步讨论了该 Ito 积分的性质及不等式. 2003 年 Jung 与 Kim 在文献 [160] 中修正了该定义, 得到集值随机过程的 Ito 积分的新定义. 但是他们的定义是基于在固定了时间 t, 利用可分解闭包方法得到的, 而且作者没有注意到研究随机积分所涉及的乘积可测问题. 本章的第一节的集值随机过程的 Aumann 型 Ito 积分的定义选用 Kisielewicz 的定义, 而集值随机过程的 Ito 积分的定义是在 Jung 与 Kim 的定义基础上改进而成的, 其性质也是新证明的. 集值随机过程关于时间的 Aumann 型积分的定义源于 Kisielewicz 的文献 [167], 但定理 8.1.14 是在参考了其 2005 年的论文的基础上整理出来的. 集值随机过程关于平方可积鞅与半鞅的 Aumann 型积分本书并没有收录, 读者若感兴趣可参看文献 [174].

关于集值随机微分包含的研究似乎更加深入. 关于强解的存在性, 许多学者在不同的假设下讨论了该问题. 这里列举部分文献:[1], [19], [77], CZ[168]~[171], Michta 与 [228], [236]~[240]. 关于集值随机微分包含的弱解的讨论参见文献 [172]. 特别要感谢 Kisielewicz 等人的总结性文章 [173] 和 [174].

附录 模糊集值随机变量序列的极限理论简介

§A.1 模糊集及其距离空间

在实际中, 我们常常会遇到某种随机试验, 其结果不是一个数, 而是用不确定性的语言表示. 例如, 随机抽取一群人, 问他们: 某个特定的城市某一天的空气污染情况. 人们往往用自然语言来表述, 例如: 污染特别严重、很严重、比较严重、不太严重. 以上的回答结果可以用 1965 年 Zadeh 在其文章 [356] 中所提出的模糊集来表示较为合理, 而不用一个实数或者实数的子集来表示. 我们自然要问: 这个特定城市某一天的空气污染的平均评价是什么? 处理类似这些数据的一个可能的方式是应用模糊集以及模糊集值随机变量的期望的概念. 所谓的模糊集值随机变量, 粗略地讲就是随机变量的取值不再是数或者集合, 而是模糊集合.

模糊集值随机变量首先由 Kwakernaak[190], Féron[104], Puri 和 Ralescu[280] 利用不同的方法开始研究的. 特别地, Puri 和 Ralescu 基于模糊集的集合表示以及集值随机变量理论, 引进模糊集值随机变量的概念. 本附录将采用 Puri 和 Ralescu 的定义. 在此之前我们首先引进特殊模糊集类的一些基本概念.

为简单起见, 本附录假定基本空间为 $X = \mathbf{R}^d$ 情形, 即 d 维欧式空间, 尽管有许多结论当基本空间是一般可分的 Banach 空间时成立. 附录中的结论的证明一律略去, 但列出相应的参考文献, 读者若感兴趣, 可参看相关论文.

若 $A \subset \mathrm{R}^d$, 则它的特征函数 χ_A 是一个二值的函数, 即 $\chi_A : \mathbf{R}^d \to \{0,1\}$,

$$\chi_A(x) = \begin{cases} 1, & x \in A, \\ 0, & x \notin A. \end{cases}$$

显然 $\mathbf{R}^d$ 的所有子集所组成的集合类 $\mathbf{P}(\mathbf{R}^d)$, 与所有的特征函数所成的集 $\mathrm{CH}(\mathbf{R}^d) =:$ $\{\chi : \chi : \mathbf{R}^d \to \{0,1\}\}$ 是同构的. $\mathbf{P}(\mathbf{R}^d)$ 关于集合的并 ($\cup$)、交 ($\cap$)、补 (^{c}) 运算是 Boolean 代数. 我们也可以在特征函数类 $\mathrm{CH}(\mathbf{R}^d)$ 上定义相应的运算 $\vee$, $\wedge$ 和 $^-$ 如下: 对 $\chi, \chi' \in \mathrm{CH}(\mathbf{R}^d)$, 对每个 $x \in \mathbf{R}^d$,

$$(\chi \vee \chi')(x) = \max\{\chi(x), \chi'(x)\}, \tag{1.1}$$

$$(\chi \wedge \chi')(x) = \min\{\chi(x), \chi'(x)\}, \tag{1.2}$$

$$\overline{\chi}(x) = 1 - \chi(x). \tag{1.3}$$

则 $(\mathrm{CH}(\mathbf{R}^d), \vee, \wedge, ^-)$ 是一个 Boolean 代数, 且 $(\mathbf{P}(\mathbf{R}^d), \cup, \cap, ^c)$ 和 $(\mathrm{CH}(\mathbf{R}^d), \vee, \wedge, ^-)$ 是同构的. 因此 $\mathbf{P}(\mathbf{R}^d)$ 可以由 $\mathbf{CH}(\mathbf{R}^d)$ 所代替.

众所周知, 经典集合论中的基本的假设是: 对于给定的集合 X 与它的一个子集 A, X 中的每个元或者属于 A 或者不属于 A, 二者必居其一, 即 A 在 X 中有清晰的 "边界". 但在日常生活用语中, 有许多情况不满足该假设. 例如: John 是 "高的"; 10^{10} 是个 "大数"; Bob 是 "老年人". 术语 "高", "大数" 和 "老" 都是模糊术语. 如果将 "高个子人", "大数" 和 "老年人" 分别看成是集合 $X_1 = (0, 3)$, $X_2 = (-\infty, \infty)$, $X_3 = [0, 150]$ 的子集时, 它们在各自讨论的集合中没有严格的边界. 这些模糊术语与后面的确定性术语形成了鲜明的对比, "身高高于 190cm", "比 10^7 大的数", 或 "70 岁以上". 为了更好的描述这些不确定性术语, 有必要拓广经典集合的概念, 引进模糊子集的概念. 因此 "高个子人" 这个集合是 X_1 上的一个模糊子集, "大数" 是 X_2 的上的一个模糊子集.

1965 年 Zadeh 首次给出了模糊子集的概念, 为简单起见, 这里将 "模糊子集" 简称 "模糊集". 例如, 给定人群集 X(一般称其为论域, 即讨论问题的范围), 考虑 X 上的模糊集 "高个子人". John, Bob, Tom, James 均是 X 中的人. 假设 John 身高 188cm, Bob 身高 190cm. 显然 John 和 Bob 都很高, 但是他们高的程度是不同的, Bob 比 John 更高. 因此 Bob 属于模糊集 "高个子人" 的程度比 John 大. 这意味着模糊集的隶属度不应该只是 0 或者 1, 而应该是 $[0, 1]$ 区间中的数, 且 Bob 隶属于 "高个子人" 的隶属度要比 John 隶属于 "高个子人" 的隶属度更接近于 1. 假设 Tom 只有 155cm, 他不能算高个子, 属于 "高个子人" 的隶属度就应该为 0; James 身高 210cm, 他的确非常高, 他属于 "高个子人" 的隶属度就应该为 1. 我们可以看出模糊集 "高个子人", 记成 $\tilde{A}$, 实际上是 X 到 $[0,1]$ 上的一个映射 $\mu_{\tilde{A}}$, X 上的每个元 x 所对应的 $[0,1]$ 中的数 $\mu_{\tilde{A}}(x)$ 表示 x 隶属于 $\tilde{A}$ 的程度. $\mu_{\tilde{A}}$ 称为模糊集 $\tilde{A}$ 的隶属函数. 由于模糊集合完全由其隶属函数决定, 所以我们以后不区分模糊集与其隶属函数.

由于我们本附录主要研究模糊集值随机变量, 所以下面的相关概念所讨论的模糊集的论域限制在 $X = \mathbf{R}^d$.

定义 A.1.1　$\mathbf{R}^d$ 上的一个模糊集是定义在 $\mathbf{R}^d$ 上取值为 $[0,1]$ 的一个函数 ν, 即 $\nu : \mathbf{R}^d \to [0, 1]$.

令 $\mathcal{F}(\mathbf{R}^d)$ 表示 $\mathbf{R}^d$ 上模糊集的全体. 类似地, 在 $\mathcal{F}(\mathbf{R}^d)$ 上, 可以定义并 $(\vee)$, 交 $(\wedge)$, 补 $(^-)$ 如 (1.1)~(1.3). 容易验证 $\mathcal{F}(\mathbf{R}^d)$ 是完备格. 但是要特别注意到它不是 Boolean 代数, 因为互补律不成立, 即一般地, $\chi \vee \overline{\chi} \neq 1$, $\chi \wedge \overline{\chi} \neq 0$.

现在我们引入模糊集 ν 的 α 水平截集 (或 α- 截集) 的概念. 为了简便令 $I = [0, 1]$, $I_+ = (0, 1]$.

定义 A.1.2　对 $\nu \in \mathcal{F}(\mathbf{R}^d)$, 定义

$$\nu_\alpha = \{x \in \mathbf{R}^d : \nu(x) \geqslant \alpha\}, \quad \nu_{\alpha+} = \{x \in \mathbf{R}^d : \nu(x) > \alpha\},$$

对于 $\alpha \in I$, 称 ν_α 为 ν 的 α 水平截集; 对于 $\alpha \in (0,1)$, $\nu_{\alpha+}$ 称为 ν 的 α 强水平截集. 令 ν_{0+} 表示 ν 的支撑集, 即 $\nu_{0+} = \mathrm{cl}\{x \in \mathbf{R}^d : \nu(x) > 0\}$.

容易验证任意模糊集 ν, 其水平截集有下面的性质:

(1) $\nu_0 = \mathbf{R}^d$,

(2) $\alpha \leqslant \beta \Longrightarrow \nu_\beta \subset \nu_\alpha$,

(3) $\nu_\alpha = \bigcap\limits_{\beta<\alpha} \nu_\beta$,

(4) $(\nu^1 \vee \nu^2)_\alpha = \nu^1_\alpha \cup \nu^2_\alpha, \quad (\nu^1 \wedge \nu^2)_\alpha = \nu^1_\alpha \cap \nu^2_\alpha$,

其中 $\nu, \nu^1, \nu^2 \in \mathcal{F}(\mathbf{R}^d)$, $\alpha, \beta \in I$.

下面的定理 (参见文献 [356]) 说明每个模糊集能够由 α 水平截集族 $\{\nu_\alpha : \alpha \in I\}$ 表示, 且能够由可列个 α 水平截集 $\{\nu_\alpha : \alpha \in \mathbf{Q} \cap I\}$ 表示, 其中 $\mathbf{Q}$ 是有理数集.

定理 A.1.1 如果 $\nu \in \mathcal{F}(\mathbf{R}^d)$, $\{\nu_\alpha : \alpha \in I\}$ 是它的水平截集类, 则对任意 $x \in \mathrm{R}^d$, 有

$$\nu(x) = \sup_{\alpha \in I}[\alpha \cdot I_{\nu_\alpha}(x)] = \sup_{\alpha \in \mathbf{Q} \cap I}[\alpha \cdot I_{\nu_\alpha}(x)],$$

亦可写成

$$\nu(x) = \sup\{\alpha \in I : x \in \nu_\alpha\} = \sup\{\alpha \in \mathbf{Q} \cap I : x \in \nu_\alpha\}.$$

另一方面, 考虑反方向问题, 即在什么条件下我们能由 $\mathbf{R}^d$ 的子集族构造一个模糊集? 这个问题在文献 [244] 中已解决.

定理 A.1.2 令 $\{M_\alpha : \alpha \in I\}$ 是非空集合类, 满足

(1) $M_0 = \mathbf{R}^d$,

(2) $\alpha \leqslant \beta \Longrightarrow M_\alpha \supset M_\beta$,

(3) 对于任意 $0 \leqslant \alpha_1 \leqslant \alpha_2 \leqslant \cdots \leqslant \alpha_n \leqslant \cdots \to \alpha \in [0,1]$, $M_\alpha = \bigcap\limits_{n=1}^{\infty} M_{\alpha_n}$,

则函数 $\tilde{\nu}$ 定义为

$$\tilde{\nu}(x) = \sup\{\alpha \in I : x \in M_\alpha\}$$

是一模糊集, 且满足对任意 $\alpha \in I$, $\tilde{\nu}_\alpha = M_\alpha$.

注意: 上述定理在条件 (2) 下, 条件 (3) 等价于 $M_\alpha = \bigcap\limits_{\beta<\alpha} M_\beta$.

事实上, 一个模糊集能够完全由它的可列个水平截集所决定, 正如定理 A.1.1 所述. 因此 $\{M_\alpha : \alpha \in I\}$ 能够由 $\{M_\alpha : \alpha \in \mathbf{Q} \cap I\}$ 所代替. 注意到这一点很重要, 特别是当我们处理关于 μ 几乎处处成立的问题时.

定理 A.1.3 令 $\{M_\alpha : \alpha \in \mathbf{Q} \cap I\}$ 是非空闭集合类满足

$$M_\alpha \supset M_\beta \quad \alpha, \beta \in \mathbf{Q} \cap I, \alpha < \beta,$$

则定义函数 $\tilde{\nu}$ 为

$$\tilde{\nu}(x) = \sup\{\alpha \in \mathbf{Q}\cap I : x \in M_\alpha\}A\#, \tag{1.4}$$

它是上半连续的, 且有

$$\tilde{\nu}_\alpha = \bigcap_{\beta<\alpha,\beta\in\mathbf{Q}\bigcap[0,1)} M_\beta, \qquad \alpha \in (0,1]. \tag{1.5}$$

如果对每个 $\alpha \in \mathbf{Q}\cap I$, $M_\alpha = \bigcap\limits_{\beta<\alpha,\beta\in\mathbf{Q}\cap I} M_\beta$, $\{M_\alpha : \alpha \in \mathbf{Q}\cap I\}$ 是左连续的, 则对任意 $\alpha \in \mathbf{Q}\cap I$, $\tilde{\nu}_\alpha = M_\alpha$. 特别地, 如果给定 $\{M_\alpha : \alpha \in I\}$ 满足定理 A.1.2 的条件 (1)~(3), 则由 (1.4) 所确定的函数 $\tilde{\nu}$ 的水平截集 $\tilde{\nu}_\alpha = M_\alpha$, $\alpha \in I$.

尽管很多结论在更一般的情形也可以得到, 下面我们还是集中讨论一类特殊的模糊集类.

令 $\mathbf{F}(\mathbf{R}^d)$ 表示所有满足下面两个条件的模糊集 $\nu : \mathbf{R}^d \to I$,

(1) ν 是上半连续函数, 即, 对每个 $\alpha \in (0,1]$, 水平截集 $\nu_\alpha = \{x \in \mathbf{R}^d : \nu(x) \geqslant \alpha\}$ 是 $\mathbf{R}^d$ 的闭子集;

(2) 水平截集 $\nu_1 = \{x \in \mathbf{R}^d : \nu(x) = 1\} \neq \varnothing$.

令 $\mathbf{F}_k(\mathbf{R}^d)$ 表示 $\mathbf{F}(\mathbf{R}^d)$ 中的模糊集 ν 的全体, 满足条件

(3) $\nu_{0+} = \mathrm{cl}\{x \in \mathbf{R}^d : \nu(x) > 0\} \in \mathbf{P}_k(\mathbf{R}^d)$.

对两个模糊集 $\nu^1, \nu^2 \in \mathbf{F}(\mathbf{R}^d)$, 定义 $\nu^1 \leqslant \nu^2$ 当且仅当对任意 $\alpha \in I$, $\nu^1_\alpha \subset \nu^2_\alpha$. 显然 $(\mathbf{F}(\mathrm{R}^d), \leqslant)$ 是偏序集.

称模糊集 ν 是凸的, 如果对任意的 $\alpha \in I$, 水平截集 ν_α 是 $\mathbf{R}^d$ 中的凸子集 ([356]). 容易验证 ν 是凸的当且仅当

$$\nu(\lambda x + (1-\lambda)y) \geqslant \min\{\nu(x), \nu(y)\}, \quad x, y \in \mathbf{R}^d, \lambda \in I.$$

注意到这里的定义不同于通常的凹 (凸) 函数的定义, 通常的凹 (凸) 函数的定义如下:

$$\nu(\lambda x + (1-\lambda)y) \geqslant (\leqslant)\, \lambda\nu(x) + (1-\lambda)\nu(y), x, y \in \mathbf{R}^d, \lambda \in I.$$

通常的凹函数 $\nu : \mathbf{R}^d \to I$ 一定是模糊凸的, 反之不成立.

令 $\mathbf{F}_c(\mathbf{R}^d)$ 表示 $\mathbf{F}(\mathbf{R}^d)$ 中所有凸模糊集的全体. 类似地也可定义 $\mathbf{F}_{kc}(\mathbf{R}^d)$.

对任意两个模糊集 $\nu^1, \nu^2 \in \mathbf{F}(\mathbf{R}^d)$, 定义加法与数乘运算如下:

$$(\nu^1 + \nu^2)(x) = \sup\{\alpha \in I : x \in \nu^1_\alpha \oplus \nu^2_\alpha\}, \quad x \in \mathbf{R}^d,$$

对任意的 $x \in \mathbf{R}^d$,

$$(\lambda\nu^1)(x) = \begin{cases} \nu^1\left(\dfrac{x}{\lambda}\right), & 若\ \lambda \neq 0, \\ \chi_0(x), & 若\ \lambda = 0, \end{cases}$$

其中 χ_0 表示单点集 $\{0\}$ 的示性函数.

例如, $\nu^1(x) = \exp\{-(x-m)^2\}$, $\nu^2(x) = \exp\{-(x-n)^2\}$, 则 $(\nu^1+\nu^2)(x) = \exp\left\{-\dfrac{(x-m-n)^2}{4}\right\}$.

任取 $\nu^1, \nu^2 \in \mathbf{F}_k(\mathbf{R}^d)$, 易知对任意的 $\alpha \in (0,1]$, $(\nu^1+\nu^2)_\alpha = \nu^1_\alpha + \nu^2_\alpha$, $(\lambda\nu^1)_\alpha = \lambda\nu^1_\alpha$. 注意到 $\mathbf{F}_k(\mathbf{R}^d)$ 上的运算是对 $\mathbf{P}_k(\mathbf{R}^d)$ 上的加法和数乘运算的推广.

另一方面, 如果 $\nu^1, \nu^2 \in \mathbf{F}_k(\mathbf{R}^d)$ 是连续的, 则加法运算等价于

$$(\nu^1+\nu^2)(x) = \sup_{x=x_1+x_2} \min\{\nu^1(x_1), \nu^2(x_2)\}, \quad x \in \mathbf{R}^d.$$

下面的两个距离经常用到, 且这两个距离均是集合类上的 Hausdorff 距离的拓广 [179,280]. 对任意的 $\nu^1, \nu^2 \in \mathbf{F}_k(\mathbf{R}^d)$, 定义

$$\mathbf{H}_\infty(\nu^1, \nu^2) = \sup_{\alpha\in(0,1]} \delta(\nu^1_\alpha, \nu^2_\alpha),$$

$$\mathbf{H}_1(\nu^1, \nu^2) = \int_0^1 \delta(\nu^1_\alpha, \nu^2_\alpha)\mathrm{d}\alpha.$$

也可以定义距离 $\mathbf{H}_p(\nu^1, \nu^2) = \left\{\int_0^1 [\delta(\nu^1_\alpha, \nu^2_\alpha)]^p \mathrm{d}\alpha\right\}^{1/p}$, $p > 1$. 记 $\|\nu\|_{\mathbf{F}} := \mathbf{H}_\infty(\nu, I_0) = \sup_{\alpha>0}\|\nu_\alpha\|$. Puri 和 Ralescu 在其文章 [280] 中给出了如下定理.

定理 A.1.4 $(\mathbf{F}_k(\mathrm{R}^d), \mathbf{H}_\infty)$ 是完备的距离空间.

注 A.1.1 我们知道空间 $(\mathbf{P}_k(\mathbf{R}^d), \delta)$ 是可分的, 但模糊集值空间即使是 $(\mathbf{F}_{kc}(\mathbf{R}^d), \mathbf{H}_\infty)$ 也不是可分的.

事实上, 令 $a, b \in \mathbf{R}^d$, $a \neq b$. 对每个 $\alpha \in (0,1)$, 定义 $\phi_\alpha \in \mathbf{F}_k(\mathbf{R}^d)$ 如下

$$\phi_\alpha(x) = \begin{cases} 1, & x = b, \\ \alpha, & x \in \overline{\mathrm{co}}\{a,b\} \setminus \{b\}, \\ 0, & \text{其他}, \end{cases}$$

其中 $\overline{\mathrm{co}}\{a,b\}$ 是 $\{a,b\}$ 的闭凸包. 容易证得

$$\mathbf{H}_\infty(\phi_\alpha, \phi_\beta) = \|a-b\|_{\mathbf{R}^d}, \quad \alpha \neq \beta.$$

然而, 有下面的关于 $\mathbf{H}_p$ $(p \geqslant 1)$ 距离的结论, 本定理是在 [179] 的基础上得到的.

定理 A.1.5 $(\mathbf{F}_k(\mathbf{R}^d), \mathbf{H}_p)$ 是距离空间, 但它不是完备的, $(\mathbf{F}_{kc}(\mathbf{R}^d), \mathbf{H}_p)$ 是 $(\mathbf{F}_k(\mathbf{R}^d), \mathbf{H}_p)$ 的闭子空间, 且 $(\mathbf{F}_k(\mathbf{R}^d), \mathbf{H}_p)$ 和 $(\mathbf{F}_{kc}(\mathbf{R}^d), \mathbf{H}_p)$ 都是可分的.

关于 $(\mathbf{F}_k(\mathbf{R}^d),\mathbf{H}_p)$ 的不完备性, 有下面反例. 取 $d=1$, 对于 $k=1,2,\cdots$, 定义

$$\nu^k(x)=\begin{cases} x^{-2p}, & x\in[1,k], \\ 0, & \text{其他}, \end{cases}$$

$$\nu(x)=\begin{cases} x^{-2p}, & x\geqslant 1, \\ 0, & x<1. \end{cases}$$

则

$$\nu^k_\alpha=\begin{cases} [1,\alpha^{-1/2p}], & \alpha\in[k^{-2p},1], \\ [1,k], & \alpha\in[0,k^{-2p}), \end{cases}$$

$$\nu_\alpha=\begin{cases} [1,\alpha^{-1/2p}], & \alpha\in(0,1], \\ (1,+\infty), & \alpha=0_+, \end{cases}$$

由于 ν_{0+} 是一无界集, 故 $\nu\notin\mathbf{F}_k(\mathbf{R}^1)$, 但是 $\mathbf{H}_p(\nu^k,\nu)\to 0(k\to\infty)$.

注 A.1.2　只要对 $\mathbf{H}_p(p\geqslant 1)$ 做如下修正 $\overline{\mathbf{H}}_p$, 可得 $(\mathbf{F}_k(\mathbf{R}^d),\overline{\mathbf{H}}_p)$ 是完备可分的距离空间,

$$\overline{\mathbf{H}}_p(\nu^1,\nu^2)=\left\{\int_0^1[\delta(\nu^1_\alpha,\nu^2_\alpha)]^p\mathrm{d}\alpha+[\delta(\nu^1_{0+},\nu^2_{0+})]^p\right\}^{1/p},\quad \nu^1,\nu^2\in\mathbf{F}_k(\mathbf{R}^d).$$

从定义不难看出模糊集序列关于 $\mathbf{H}_\infty$ 收敛意味着关于 $\mathbf{H}_p$ 收敛 $(p\geqslant 1)$. 下面关于 $\mathbf{H}_\infty$ 收敛的充要条件的定理可参见文献 [232] 的定理 5.3.44.

定理 A.1.6　设 $\nu^n,\nu\in\mathbf{F}_k(\mathbf{R}^d)$, 则 $\mathbf{H}_\infty(\nu^n,\nu)\to 0$ 当且仅当对于任意 $\alpha\in I_+$, $\lim_{n\to\infty}\delta(\nu^n_\alpha,\nu_\alpha)=0$, 且对于任意 $\alpha\in[0,1)$, $\lim_{n\to\infty}\delta(\nu^n_{\alpha+},\nu_{\alpha+})=0$.

§A.2　模糊集值随机变量空间、期望及条件期望

从现在始, 若无特殊声明, 一般假设 $(\Omega,\mathbf{A},\mu)$ 是完备概率空间.

定义 A.2.1　模糊集值随机变量 (或模糊随机集) 是一个映射 $X:\Omega\to\mathbf{F}(\mathbf{R}^d)$, 满足对任意 $\alpha\in(0,1]$, $X_\alpha(w)=\{x\in\mathbf{R}^d:X(w)(x)\geqslant\alpha\}$ 是集值随机变量.

注 A.2.1　(1) 上面的模糊集值随机变量概念是 Puri 和 Ralescu 在文章 [280] 提出来的. 模糊集值随机变量是集值随机变量概念的推广.

(2) 如果考虑空间 $(\mathbf{F}_k(\mathbf{R}^d),\mathbf{H}_\infty)$, 则有下面的结论: 由于 $(\mathbf{F}_k(\mathbf{R}^d),\mathbf{H}_\infty)$ 是完备的距离空间, 因此可以定义关于 $\mathbf{H}_\infty$ 距离的 Borel 域 $\mathcal{B}_\infty(\mathbf{F}_k(\mathbf{R}^d))$. 如果映射 $X:\Omega\to\mathbf{F}_k(\mathbf{R}^d)$ 是 $\mathcal{B}_\infty(\mathbf{F}_k(\mathbf{R}^d))$ 可测的, 则 X 是模糊集值随机变量. 事实上, 对 X 的每个水平截集 X_α 都是 $\mathcal{B}(\mathbf{P}_k(\mathbf{R}^d))$ 可测的, 其中 $\mathcal{B}(\mathbf{P}_k(\mathbf{R}^d))$ 是 $\mathbf{P}_k(\mathbf{R}^d)$ 上关

于 Hausdorff 距离 δ 生成的 Borel 域, 且在 $\mathbf{P}_k(\mathrm{R}^d)$ 上 $\mathbf{H}_\infty = \delta$. 于是可以认为关于 $\mathcal{B}_\infty(\mathbf{F}_k(\mathbf{R}^d))$ 可测的随机变量是强可测的模糊集值随机变量.

对两个模糊集值随机变量 X^1, X^2, 定义

$$(X^1 + X^2)(w) = X^1(w) + X^2(w), \quad w \in \Omega.$$

类似地对模糊集值随机变量 X 以及可测的实值函数 ξ, 定义

$$(\xi X)(w) = \xi(w)X(w), \quad w \in \Omega.$$

令 $U[\Omega, \mathbf{F}(\mathbf{R}^d)] = U[\Omega, \mathbf{A}, \mu; \mathbf{F}(\mathbf{R}^d)]$ 表示所有的模糊集值随机变量. 类似地也可有 $U[\Omega, \mathbf{F}_c(\mathbf{R}^d)]$, $U[\Omega, \mathbf{F}_k(\mathbf{R}^d)]$, $U[\Omega, \mathbf{F}_{kc}(\mathbf{R}^d)]$ 等记号.

称模糊集值随机变量 X 是可积的, 如果 S_{X_1} 是非空集. 所以 X 是可积的当且仅当 $d(0, X_1) \in L^1[\Omega, [0, \infty)]$. 称模糊集值随机变量 X 是可积有界的, 如果实值随机变量 $\|X_{0+}(w)\|$ 是可积的, 其中 $X_{0+}(w) = \mathrm{cl}\{x \in \mathbf{R}^d : X(w) > 0\}$. 容易验证 $\|X_{0+}\| = \sup_{\alpha \in (0,1]} \|X_\alpha\|$.

注意到如果 X 是可积有界的, 由于每个闭有界子集是 $\mathbf{R}^d$ 中的紧集, 则 X 几乎处处取值于 $\mathbf{F}_k(\mathbf{R}^d)$, 因此一下我们将注意力放在研究取值在 $\mathbf{F}_k(\mathbf{R}^d)$ 中的模糊集值随机变量上.

令 $L^1[\Omega, \mathbf{F}_k(\mathbf{R}^d)] = L^1[\Omega, \mathbf{A}, \mu; \mathbf{F}_k(\mathbf{R}^d)]$ 表示取值在 $\mathbf{F}_k(\mathbf{R}^d)$ 中的可积有界的模糊集值随机变量的全体, $L^1[\Omega, \mathbf{F}_{kc}(\mathbf{R}^d)] = L^1[\Omega, \mathbf{A}, \mu; \mathbf{F}_{kc}(\mathbf{R}^d)]$ 表示所有的模糊集值随机变量 X, 满足条件 $X \in L^1[\Omega, \mathbf{F}_k(\mathbf{R}^d)]$, 且对所有的 $\alpha \in I_+$, $X_\alpha \in \mathbf{L}^1_{kc}[\Omega, \mathbf{R}^d]$.

称一列模糊集值随机变量 $\{X^n : n \in \mathbf{N}\}$ 一致可积有界的, 如果存在 μ 可积函数 $f : \Omega \to [0, \infty)$ 使得 $\|X^n_{0+}(w)\| \leqslant f(w)$ 对几乎处处所有的 $w \in \Omega$ 以及所有的 $n \in \mathbf{N}$ 成立.

设 $X, Y \in L^1[\Omega, \mathbf{F}_k(\mathbf{R}^d)]$, 定义距离 $\mathbf{D}_\infty : L^1[\Omega, \mathbf{F}_k(\mathbf{R}^d)] \times L^1[\Omega, \mathbf{F}_k(\mathbf{R}^d)] \to [0, \infty)$ 如下

$$\mathbf{D}_\infty(X, Y) = \sup_{0 < \alpha \leqslant 1} \Delta(X_\alpha, Y_\alpha). \tag{2.1}$$

称两个模糊集 $X, Y \in L^1[\Omega, \mathbf{F}_k(\mathbf{R}^d)]$ 是相等的, 如果 $\mathbf{D}_\infty(X, Y) = 0$. 由于 Δ 是 $\mathbf{L}^1_k[\Omega, \mathbf{R}^d]$ 中的距离, 则显然 $\mathbf{D}_\infty$ 是 $L^1[\Omega, \mathbf{F}_k(\mathbf{R}^d)]$ 上的一个距离.

我们也可定义距离 $\mathbf{D}_1 : L^1[\Omega, \mathbf{F}_k(\mathbf{R}^d)] \times L^1[\Omega, \mathbf{F}_k(\mathbf{R}^d)] \to [0, \infty)$ 如下

$$\mathbf{D}_1(X, Y) = \int_0^1 \Delta(X_\alpha, Y_\alpha) \mathrm{d}\alpha. \tag{2.2}$$

容易验证 $\mathbf{D}_1$ 是 $L^1[\Omega, \mathbf{F}_k(\mathbf{R}^d)]$ 中的距离. 并且可以按照通常方式定义距离 $\mathbf{D}_p$ $(p > 1)$. 这里重点讨论空间 $(L^1[\Omega, \mathbf{F}_k(\mathbf{R}^d)], \mathbf{D}_\infty)$.

定理 A.2.1　$(L^1[\Omega, \mathbf{F}_k(\mathbf{R}^d)], \mathbf{D}_\infty)$ 是一完备的距离空间, 且 $L^1[\Omega, \mathbf{F}_{kc}(\mathbf{R}^d)]$ 是 $L^1[\Omega, \mathbf{F}_k(\mathbf{R}^d)]$ 的闭子集.

称模糊集值随机变量 X 是简单的, 如果存在 Ω 的有限可测分划 $A_1, A_2, \cdots, A_n$, 及模糊集 $\nu_1, \nu_2, \cdots, \nu_n \in \mathbf{F}(\mathbf{R}^d)$ 使得 $X(w) = \sum_{i=1}^{n} \chi_{A_i}(w)\nu_i$, $w \in \Omega$.

注 A.2.2　从注 A.1.1 我们知道 $\mathbf{F}_k(\mathbf{R}^d)$ (甚至 $\mathbf{F}_{kc}(\mathbf{R}^d)$) 关于 $\mathbf{H}_\infty$ 距离不是可分的. 因此既使 $\mathbf{F}_{kc}(\mathbf{R}^d)$ 值随机变量 X, 我们也不能断定存在简单 $\mathbf{F}_{kc}(\mathbf{R}^d)$ 值随机变量序列在 $\mathbf{H}_\infty$ 距离的意义下收敛于 X. 类似地对 $\mathbf{D}_\infty$ 距离, 我们也有同样的结论. 从定理 A.1.5 及注 A.1.2 知, 对任意 $1 \leqslant p < \infty$, $\mathbf{F}_k(\mathbf{R}^d)$ (分别地 $\mathbf{F}_{kc}(\mathbf{R}^d)$) 关于 $\overline{\mathbf{H}}_p$ 距离是完备可分的. 从而存在一列简单 $\mathbf{F}_k(\mathbf{R}^d)$(分别地 $\mathbf{F}_{kc}(\mathrm{R}^d)$) 值随机变量在 $\overline{\mathbf{H}}_p$ 或相应的 $\overline{\mathbf{D}}_p$ 距离意义下收敛于 X.

令 $\mathbf{L}^1[\Omega, \mathbf{F}_{kc}(\mathbf{R}^d)]$ 表示 $L^1[\Omega, \mathbf{F}_{kc}(\mathbf{R}^d)]$ 中存在一列简单 $\mathbf{F}_{kc}(\mathbf{R}^d)$ 值随机变量关于距离 $\mathbf{D}_\infty$ 逼近 X 的元的全体. 一般地有下面的关系

$$\mathbf{L}^1[\Omega, \mathbf{A}, \mu; \mathbf{F}_{kc}(\mathbf{R}^d)] \subset L^1[\Omega, \mathbf{A}, \mu; \mathbf{F}_{kc}(\mathbf{R}^d)] \subset L^1[\Omega, \mathbf{A}, \mu; \mathbf{F}_k(\mathbf{R}^d)] \subset U[\Omega, \mathbf{A}, \mu; \mathbf{F}(\mathbf{R}^d)],$$

且注意到 $\mathbf{L}^1[\Omega, \mathbf{A}, \mu; \mathbf{F}_{kc}(\mathbf{R}^d)] \neq L^1[\Omega, \mathbf{A}, \mu; \mathbf{F}_{kc}(\mathbf{R}^d)]$.

定义 A.2.2　模糊集值随机变量 X 的期望, 表示为 $E[X]$, 是 $\mathbf{F}(\mathbf{R}^d)$ 的一个模糊集, 满足条件: 对任意 $\alpha \in I$,

$$(E[X])_\alpha = \mathrm{cl}\int_\Omega X_\alpha \mathrm{d}\mu = \mathrm{cl}\{E[f] : f \in S_{X_\alpha}\}, \tag{2.3}$$

其中闭包是在 $\mathbf{R}^d$ 中取的.

这里的积分是 Aumann 积分的推广. 当定义 $(E[X])_\alpha$ 时, 为了保持每个模糊集期望的水平截集是闭集, 这里取了闭包, 即 $(E[X])_\alpha = \mathrm{cl}E[X_\alpha]$. 如果 $X \in L^1[\Omega, \mathbf{F}_{kc}(\mathbf{R}^d)]$, 则由定理 2.3.11 知 $E[X_\alpha]$ 是紧凸集, 且 $(E[X])_\alpha = E[X_\alpha]$.

一个很自然的问题：这样的 $E[X]$ 是否存在？下面的定理回答了这个问题, 定理证明可参看文献 [280] 或 [201].

定理 A.2.2　设模糊集值随机变量 X 是可积有界的. 则 (2.3) 中所定义的 $\{(E[X])_\alpha : \alpha \in I\}$ 可唯一决定一模糊数, 且 $E[X](x) = \sup\{\alpha \in I : x \in (E[X])_\alpha\} \in \mathbf{F}_k(\mathbf{R}^d)$.

注 A.2.3　由定理 2.3.3, 如果 X 是可积有界的, $(\Omega, \mathbf{A}, \mu)$ 无原子, 则 $(E[X])_\alpha$ 是凸集.

定理 A.2.3　$X \in L^1[\Omega, \mathbf{F}_k(\mathbf{R}^d)]$ 的期望 $E[X]$ 具有下面的性质:

(1) 对所有的 $X_1, X_2 \in L^1[\Omega, \mathbf{F}_k(\mathbf{R}^d)]$, $\mathbf{H}_\infty(E[X_1], E[X_2]) \leqslant \mathbf{D}_\infty(X_1, X_2)$.

(2) 对 $X_1, X_2 \in L^1[\Omega, \mathbf{F}_k(\mathbf{R}^d)], a, b \in \mathrm{R}^1$, $E[aX_1 + bX_2] = aE[X_1] + bE[X_2]$.

(3) 若 $X \in L^1[\Omega, \mathbf{F}_{kc}(\mathbf{R}^d)]$, 则 $E[X] \in \mathbf{F}_{kc}(\mathbf{R}^d)$.

定理 A.2.4 设 $\{X^k : k \geqslant 1\}$ 是一致可积有界模糊集值随机变量序列, 且 X 是模糊集值随机变量, 满足 $(\mathbf{H}_\infty)\lim_{k\to\infty} X^k(w) = X(w)$ (分别地关于 $\mathbf{H}_1$ 收敛), a.e., 则 $(\mathbf{H}_\infty)\lim_{k\to\infty} E[X^k] = E[X]$ (分别地关于 $\mathbf{H}_1$ 收敛).

下面介绍模糊集值随机变量的条件期望. 从注 A.2.3 可以看出如果 $(\Omega, \mathbf{A}, \mu)$ 无原子, 则 $E[X] \in \mathbf{F}_{kc}(\mathbf{R}^d)$. 所以下面关于条件期望的部分, 将要考虑 $L^1[\Omega, \mathbf{A}, \mu; \mathbf{F}_{kc}(\mathbf{R}^d)]$ 中模糊集值随机变量. 类似于经典情形我们有下面的结论 (参见文献 [194]).

定理 A.2.5 设 $X \in L^1[\Omega, \mathbf{A}, \mu; \mathbf{F}_{kc}(\mathbf{R}^d)]$, $\mathbf{A}_0$ 是 $\mathbf{A}$ 的子 σ 域. 则存在 $Y \in L^1[\Omega, \mathbf{A}_0, \mu; \mathbf{F}_{kc}(\mathbf{R}^d)]$ 使得

$$\int_A Y \mathrm{d}\mu = \int_A X \mathrm{d}\mu, \quad A \in \mathbf{A}_0. \tag{2.4}$$

注 A.2.4 称 Y 是模糊集值随机变量 X 在 $\mathbf{A}_0$ 的条件下的条件期望, 记为 $E[X|\mathbf{A}_0]$.

定理 A.2.6 $X \in L^1[\Omega, \mathbf{A}, \mu; \mathbf{F}_{kc}(\mathbf{R}^d)]$ 的条件期望 $E[X|\mathbf{A}_0]$ 具有下面的性质

(1) $X \to E[X|\mathbf{A}_0]$ 是从 $L^1[\Omega, \mathbf{A}, \mu; \mathbf{F}_{kc}(\mathbf{R}^d)]$ 到 $L^1[\Omega, \mathbf{A}_0, \mu; \mathbf{F}_{kc}(\mathbf{R}^d)]$ 的关于 $\mathbf{D}_\infty$ 非膨胀映射, 即对 $X_1, X_2 \in L^1[\Omega, \mathbf{A}, \mu; \mathbf{F}_{kc}(\mathbf{R}^d)]$, 有

$$\mathbf{D}_\infty(E[X_1|\mathbf{A}_0], E[X_2|\mathbf{A}_0]) \leqslant \mathbf{D}_\infty(X_1, X_2);$$

(2) 若 $X_1, X_2 \in L^1[\Omega, \mathbf{A}, \mu; \mathbf{F}_{kc}(\mathbf{R}^d)]$, 则 $E[X_1+X_2|\mathbf{A}_0] = E[X_1|\mathbf{A}_0]+E[X_2|\mathbf{A}_0]$;

(3) 若 $X \in L^1[\Omega, \mathbf{A}, \mu; \mathbf{F}_{kc}(\mathbf{R}^d)]$, $\xi \in L^\infty[\Omega, \mathrm{R}^d]$, 则 $E[\xi X|\mathbf{A}_0] = \xi E[X|\mathbf{A}_0]$.

定理 A.2.7 (1) 若 $X \in L^1[\Omega, \mathbf{A}_0, \mu; \mathbf{F}_{kc}(\mathbf{R}^d)]$, $\xi \in L^\infty[\Omega, \mathbf{R}^d]$, 则 $E[\xi X|\mathbf{A}_0] = E[\xi|\mathbf{A}_0]X$. 特别地, $E[X|\mathbf{A}_0] = X$;

(2) 若 $\mathbf{A}_1 \subset \mathbf{A}_0 \subset \mathbf{A}$, $X \in L^1[\Omega, \mathbf{A}_0, \mu; \mathbf{F}_{kc}(\mathbf{R}^d)]$, 则 X 在空间 $(\Omega, \mathbf{A}, \mu)$ 中取条件期望 $E[X|\mathbf{A}_1]$ 等同于 X 在空间 $(\Omega, \mathbf{A}_0, \mu)$ 中关于 $\mathbf{A}_1$ 的条件期望;

(3) $E[E[X|\mathbf{A}_0]|\mathbf{A}_1] = E[X|\mathbf{A}_1]$, $\mathbf{A}_1 \subset \mathbf{A}_0 \subset \mathbf{A}$, 且 $X \in L^1[\Omega, \mathbf{A}, \mu; \mathbf{F}_{kc}(\mathbf{R}^d)]$;

(4) 设 $X, X_n \in L^1[\Omega, \mathbf{A}, \mu; \mathbf{F}_{kc}(\mathbf{R}^d)]$, $n \geqslant 1$, $\{X_n\}$ 是一致可积有界的, 且 $(\mathbf{D}_\infty)\lim_{n\to\infty} X_n = X$. 则

$$(\mathbf{D}_\infty)\lim_{n\to\infty} E[X_n|\mathbf{A}_0] = E[X|\mathbf{A}_0].$$

定理 A.2.8 设 $X, X^n \in L^1[\Omega, \mathbf{A}, \mu; \mathbf{F}_{kc}(\mathbf{R}^d)]$, $n \geqslant 1$, 一致可积有界的, 且 $(\mathbf{H}_\infty)\lim_{n\to\infty} X^n(w) = X(w)$ a.e., (分别地关于 $\mathbf{H}_1$ 收敛), 则

$$(\mathbf{H}_\infty)\lim_{n\to\infty} E[X^n|\mathbf{A}_0](w) = E[X|\mathbf{A}_0](w) \quad \text{a.e.}, \quad (\text{分别地关于 } \mathbf{H}_1 \text{ 收敛}).$$

§A.3 模糊集值随机序列的收敛定理

本节主要介绍嵌入定理与模糊集值高斯随机变量, 给出模糊集值随机序列的大数定律及中心极限定理, 最后介绍模糊集值鞅的收敛定理.

A.3.1 嵌入定理与模糊集值高斯随机变量

设 $\mathbf{S}$ 表示 $\mathbf{R}^d$ 的单位球. 对任意 $\nu \in \mathbf{F}_{kc}(\mathbf{R}^d)$, 定义 ν 的支撑函数 σ_ν 为: 对任意的 $(x, \alpha) \in \mathbf{S} \times [0,1]$

$$\sigma_\nu(x,\alpha) = \begin{cases} \sigma(x, \nu_\alpha) & \alpha > 0, \\ \sigma(x, \nu_{0+}) & \alpha = 0. \end{cases}$$

容易验证支撑函数满足下面的性质:

(a) σ_ν 在 $\mathbf{S} \times [0,1]$ 上是有界的,

$$|\sigma_\nu(x,\alpha)| \leqslant \sup\{\|a\| : a \in \nu_{0+}\} < \infty.$$

(b) 对任意 $x \in \mathbf{S}$, $\sigma_\nu(x,\cdot)$ 关于 α 是非增的且是左连续的.

(c) $\sigma_\nu(\cdot,\alpha)$ 关于 x 是一致 Lipschitz 连续的, 即对任意 $\alpha \in [0,1]$,

$$|\sigma_\nu(x,\alpha) - \sigma_\nu(y,\alpha)| \leqslant \|\nu_{0+}\| \cdot \|x-y\|.$$

(d) 对任意 $\alpha \in [0,1]$, $\nu^1, \nu^2 \in \mathbf{F}_{kc}(\mathbf{R}^d)$,

$$\delta(\nu^1_\alpha, \nu^2_\alpha) = \sup_{x\in\mathbf{S}} |\sigma_{\nu^1}(x,\alpha) - \sigma_{\nu^2}(x,\alpha)|.$$

(e) $\sigma_\nu(\cdot,\alpha)$ 是次可加的, 即对任意 $x, y \in \mathbf{S}$,

$$\sigma_\nu(x+y,\alpha) \leqslant \sigma_\nu(x,\alpha) + \sigma_\nu(y,\alpha).$$

(f) $\sigma_\nu(\cdot,\alpha)$ 是正齐次的, 即对任意 $x \in \mathbf{S}$, $\lambda \geqslant 0$,

$$\sigma_\nu(\lambda x,\alpha) = \lambda\sigma_\nu(x,\alpha).$$

令 $C(\mathbf{S})$ 表示 $\mathbf{S}$ 上所有连续函数 v 的全体, 其范数定义为 $\|v\|_C = \sup_{x\in\mathbf{S}} |v(x)|$. 记 $I=[0,1]$, 设 $\overline{C}(I, C(\mathbf{S}))$ 表示满足下列条件的函数 $f: I \to C(\mathbf{S})$ 的全体,

(i) f 是有界的;

(ii) f 关于 $\alpha \in (0,1]$ 左连续的, 且在 0 点右连续;

(iii) 对任意的 $\alpha \in (0,1)$, f 存在右极限.

则有下面的结论.

引理 A.3.1 $\overline{C}(I,C(\mathbf{S}))$ 是 Banach 空间, 其上的范数为

$$\|f\|_{\overline{C}}=\sup_{\alpha\in I}\|f(\alpha)\|_C.$$

定理 A.3.1 存在映射 $j:\mathbf{F}_{kc}(\mathbf{R}^d)\to\overline{C}(I,C(\mathbf{S}))$, 使得

(i) j 是等距的, 即

$$\mathbf{H}_\infty(\nu^1,\nu^2)=\|j(\nu^1)-j(\nu^2)\|_{\overline{C}},\quad \nu^1,\nu^2\in\mathbf{F}_{kc}(\mathbf{R}^d).$$

(ii) $j(r\nu^1+t\nu^2)=rj(\nu^1)+tj(\nu^2)$, $\nu^1,\nu^2\in\mathbf{F}_{kc}(\mathbf{R}^d)$, $r,\ t\geqslant 0$.

(iii) $j(\mathbf{F}_{kc}(\mathbf{R}^d))$ 是 $\overline{C}(I,C(\mathbf{S}))$ 中的闭凸子集.

注 A.3.1 (1) 事实上定理中 $j(\nu)=\sigma_\nu$. 实际上, 当基本空间是一般的 Banach 空间时, 支撑函数 σ_ν 也满足性质 (a)~(f), 在这种情形下引理 A.3.1 也是对的. 如果基本空间是可分自反的 Banach 空间或其对偶空间是可分的, 我们可以有如定理 A.3.1 同样的结果.

(2) 在文献 [179] 和 [279] 中, 作者证明了 $\mathbf{F}_{kc}(\mathbf{R}^d)$ 的子空间 $\mathbf{F}_{CL}(\mathbf{R}^d)$ 能够等矩同构的嵌入到 Banach 空间 $C([0,1]\times\mathbf{S})$ 的一个闭凸锥中, 其中 $\mathbf{F}_{CL}(\mathbf{R}^d)$ 表示 $\mathbf{F}_{kc}(\mathbf{R}^d)$ 中的满足 Lipschitz 条件 ν 的全体, 所谓 ν 满足 Lipschitz 条件是指存在某个固定的 $M>0$, 使得对任意的 $\alpha,\beta\in(0,1]$,

$$\mathbf{H}_\infty(\nu_\alpha,\nu_\beta)\leqslant M|\alpha-\beta|,$$

$C([0,1]\times\mathbf{S})$ 表示 $[0,1]\times\mathbf{S}$ 上所有连续函数的全体. 显然 $C([0,1]\times\mathbf{S})\subset\overline{C}(I,C(\mathbf{S}))$. Diamond 和 Kloden [86] 指出空间 $\mathbf{F}_{kc}(\mathbf{R}^d)$ 可以嵌入到另一个 Banach 空间中, 但他们并没有讨论是否关于 $\mathbf{H}_\infty$ 距离等矩的问题. 上述定理可参见文献 [202], [216].

下面介绍模糊集值高斯随机变量. 由定理 A.3.1 的证明可知, $j(X)=\sigma_X:\Omega\to\overline{C}(I,C(\mathbf{S}))$, 其中 $\sigma_X(w)=\sigma_{X(w)}$, 因此可将每个模糊集值随机变量 $X:\Omega\to\mathbf{F}_{kc}(\mathbf{R}^d)$ 认为是 $\overline{C}(I,C(\mathbf{S}))$ 中一个随机元. 类似于集值随机变量情形, 可以定义模糊集值高斯随机变量.

定义 A.3.1 称模糊集值随机变量 $X:\Omega\to\mathbf{F}_{kc}(\mathbf{R}^d)$ 是高斯的, 如果 σ_X 是 $\overline{C}(I,C(\mathbf{S}))$ 中的高斯随机元, 即它的有限维分布是正态的.

这个定义意味着对任意 $n\geqslant 1$, $x_1,\cdots,x_n\in\mathbf{S}$, $\alpha_1,\cdots,\alpha_n\in I$, $(\sigma_X(x_1,\alpha_1),\cdots,\sigma_X(x_n,\alpha_n))$ 是高斯的.

由 σ_X 的性质可知, 如果 X 和 Y 是高斯模糊集值随机变量, 则 $X+Y$ 是高斯的; $\lambda\in R^1$ 时, λX 也是高斯的.

引理 A.3.2 如果 $X\in L^1[\Omega,\mathbf{F}_{kc}(\mathbf{R}^d)]$, 则对任意 $\alpha\in I$, $x\in\mathbf{R}^d$, $E[\sigma_X(x,\alpha)]=\sigma_{E[X]}(x,\alpha)$.

定理 A.3.2　X 是模糊集值高斯随机变量当且仅当 X 具有如下的形式

$$X = E[X] + I_{\{\xi\}}, \tag{3.1}$$

其中 ξ 是均值为 0 的 R^d 值高斯随机向量.

定理 A.3.3　X 是模糊集值高斯随机变量当且仅当 X 的任意线性变换仍是高斯的.

定理 A.3.4　设模糊集值随机变量序列 $\{X_n : n \geqslant 1\}$ 是高斯的, 如果存在模糊集值随机变量 X 使得 $\mathbf{D}_\infty(X_n, X) \to 0$, 则 X 也是高斯的.

关于模糊集值高斯随机变量的结果可参见文献 [279], [101], [202].

A.3.2　模糊集值随机变量序列的大数定律, 中心极限定理

本小节假设 $(\Omega, \mathbf{A}, \mu)$ 是无原子完备的概率测度空间. 所涉及的模糊集值随机变量是关于 $\mathcal{B}_\infty(\mathbf{F}_k(\mathbf{R}^d))$ 可测的, 即强可测. 类似于集值随机变量情形, 对于给定的模糊集值随机变量 X, 可以定义子 σ 域 $\mathbf{A}_X = \sigma\{X^{-1}(\mathcal{U}) : \mathcal{U} \in \mathcal{B}_\infty(\mathbf{F}_k(\mathbf{R}^d))\}$, 其中 $X^{-1}(\mathcal{U}) = \{w \in \Omega : X(w) \in \mathcal{U}\}$. X 的分布是 $\mathcal{B}_\infty(\mathbf{F}_k(\mathbf{R}^d))$ 上一概率测度 μ_X 定义为

$$\mu_X(\mathcal{U}) = \mu(X^{-1}(\mathcal{U})), \quad \mathcal{U} \in \mathcal{B}(\mathbf{F}_k(\mathbf{R}^d)).$$

称模糊集值随机变量序列 $\{X^n : n \in N\}$ 是相互独立的, 如果 $\{\mathbf{A}_{X^n} : n \in \mathbf{N}\}$ 是独立的; 称它们是同分布的, 如果其分布 $\{\mu_{X^n} : n \in \mathbf{N}\}$ 是相同的; 称它们是独立同分布的 (简化为 i.i.d.), 如果它们是独立的且具有相同分布的.

容易得到, 如果模糊集值随机变量 $\{X^n : n \in \mathbf{N}\}$ 是独立的 (同分布), 则对每个 $\alpha \in I_+$, 它们的水平截集 $\{X^n_\alpha : n \in \mathbf{N}\}$ 是独立 (同分布) 集值随机变量.

现在引进模糊集凸包的概念 (参见文献 [206]). 设 $\nu \in \mathbf{F}(\mathbf{R}^d)$, 定义 ν 的凸包 $\overline{\mathrm{co}}\nu \in \mathbf{F}_c(\mathrm{R}^d)$ 为

$$\overline{\mathrm{co}}\nu = \inf\{\nu' \in \mathbf{F}_c(R^d) : \nu' \geqslant \nu\}.$$

则有 $(\overline{\mathrm{co}}\nu)_\alpha = \overline{\mathrm{co}}(\nu_\alpha), \quad \alpha \in [0,1]$.

如果 $X : \Omega \to \mathbf{F}(\mathbf{R}^d)$ 是模糊集值随机变量, 定义 $\overline{\mathrm{co}}X : \Omega \to \mathbf{F}_c(\mathbf{R}^d)$ 为 $(\overline{\mathrm{co}}X)(w) = \overline{\mathrm{co}}X(w)$. 由于 $(\Omega, \mathbf{A}, \mu)$ 是无原子的, 因此应用推论 2.1.6 有 $E[\overline{\mathrm{co}}X] = \overline{\mathrm{co}}E[X]$.

注 A.3.2　Klement 等人在模糊集值随机变量序列是 i.i.d. 的情况下证明了在 $\mathbf{H}_1$ 距离意义下的强大数定律 [179], Colubi 等人在 [70] 中在相同的条件下, 利用了截集逼近的方法证明了在 $\mathbf{H}_\infty$ 距离意义下的强大数定律, Li 等在文献 [201] 中证明了下面的嵌入定理, 作为应用给出了 Colubi 等人相同结论的简化证明. Inoue[157] 证明了不同分布相互独立的胎紧模糊集值随机变量序列在 $\mathbf{H}_1$ 距离意义下的强大数

定律, 下面也将给出这种情况下的 $\mathbf{H}_\infty$ 距离意义下的强大数定律 (参见文献 [200], [201]).

给定 $L^1[\Omega,\mathbf{A},\mu;\mathbf{F}_{kc}(\mathbf{R}^d)]$ 中可积有界随机变量 X, 在 I_+ 上定义伪距离 d_1^X,

$$d_1^X(\alpha,\beta)=H\big(E[X_\alpha],E[X_\beta]\big),\quad \alpha,\ \beta\in I_+.$$

由于 $E[X_\alpha]$ 是有界闭集, 因此它是紧集.

引理 A.3.3 伪距离空间 (I_+,d_1^X) 是全有界的.

设 $\bar I$ 是 I_+ 关于伪距离 d_1^X 的完备化空间, 它关于完备化距离 $\bar d_1^X$ 是紧的. 令 D 是 $\alpha\in[0,1]$ 中所有使得 $\delta(E[X_\alpha],E[X_{\alpha+}])>0$ 的点的集合, 这里 $X_{\alpha+}=\mathrm{cl}(\bigcup_{\beta>\alpha}X_\beta)$. 则 $\bar I=I_+\cup D$, 且 I_+ 和 D 不交. 为了区分 I_+ 和 $D\subset\bar I$ 中的元, 记 D 中的元为 α^*, $\bar I$ 中的元为 $\bar\alpha$. 可以比较 $\bar I$ 中两个元素: $\bar\alpha>\bar\beta$ 当且仅当 $\alpha>\beta$, 其中 $\bar\alpha=\alpha$ 或 $\bar\alpha=\alpha^*$, 且 $\bar\beta=\beta$ 或 $\bar\beta=\beta^*$. 注意到由于 $E[\|X_{0+}\|]<\infty$, 则 D 是可数的且 D 包含 0, 故 I_+ 在 $(\bar I,\bar d_1^X)$ 中稠密.

定义 $L^1[\Omega,\mathbf{A},\mu;\mathbf{F}_{kc}(\mathbf{R}^d)]$ 的子集 $\mathcal{L}^X$ 为 $Y\in L^1[\Omega,\mathbf{A},\mu;\mathbf{F}_{kc}(\mathbf{R}^d)]$ 的全体, 使得 $E[Y]=E[X]$. 对每个 $Y\in\mathcal{L}^X$, 定义 $S\times\bar I$ 上随机函数 $j(Y)$ 为

$$j(Y)(x,\bar\alpha)=\begin{cases}\sigma(x,Y_\alpha), & \bar\alpha=\alpha\in I_+,\\ \sigma(x,Y_{\alpha+}), & \bar\alpha=\alpha^*\in D.\end{cases}$$

$j(Y)$ 关于 $\bar\alpha\in\bar I$ 是单调不增的, 即 $\bar\alpha<\bar\beta$ 意味着 $j(Y)(x,\bar\alpha)\geqslant j(Y)(x,\bar\beta)$.

引理 A.3.4 对任意 $Y\in\mathcal{L}^X$, 函数 $j(Y)$ a.e. 关于 $(x,\bar\alpha)\in\mathbf{S}\times\bar I$ 在乘积伪距离 $\rho_1^X=d\otimes\bar d_1^X$ 的意义下是连续的, 其中

$$\rho_1^X((x,\bar\alpha),(y,\bar\beta))=d(x,y)+\bar d_1^X(\bar\alpha,\bar\beta),\quad d(x,y)=\|x-y\|_{\mathbf{R}^d}.$$

由引理 A.3.4 证明知 (参见文献 [199]), j 是从 $\mathcal{L}^X$ 到 $C(\mathbf{S}\times\bar I,\rho_1^X)$ 的等距映射, 即对 $Y^1,Y^2\in\mathcal{L}^X$,

$$\begin{aligned}\mathbf{H}_\infty(Y^1,Y^2)&=\sup_{(x,\bar\alpha)\in\mathbf{S}\times\bar I}|j(Y^1)(x,\bar\alpha)-j(Y^2)(x,\bar\alpha)|,\\ &=\|j(Y^1)-j(Y^2)\|_{C(\mathbf{S}\times\bar I,\rho_1^X)},\quad \text{a.e.},\end{aligned}$$

进而注意到 $\mathcal{L}^X$ 是凸集, 映射 j 是保凸运算的.

如果 $Y^1,Y^2,\cdots,Y^n\in\mathcal{L}^X$, 则 $\dfrac{1}{n}\sum_{i=1}^n Y^i\in\mathcal{L}^X$, $j\left(\dfrac{1}{n}\sum_{i=1}^n Y^i\right)=\dfrac{1}{n}\sum_{i=1}^n j(Y^i)$. 容易证明：对任意 $Y\in\mathcal{L}^X$, $E[j(Y)]=j(E[Y])$. 则有下面的定理.

定理 A.3.5 设 $X,X^1,X^2,\cdots$ 是 $L^1[\Omega,\mathbf{A},\mu;\mathbf{F}_k(\mathbf{R}^d)]$ 中独立同分布的模糊集值随机变量, 则

$$\lim_{n\to\infty}\mathbf{H}_\infty\Big(\frac{1}{n}\sum_{i=1}^n X^i,E[\overline{\mathrm{co}}X]\Big)=0\quad \text{a.e..}\tag{3.2}$$

称模糊集值随机变量序列 $\{X^n : n \in \mathbf{N}\}$ 是胎紧的, 如果对于任意 $\varepsilon > 0$, 存在一紧子集 $\mathcal{K}_\varepsilon \subset \mathbf{P}_k(\mathbf{R}^d)$ 使得 $\mu(X^n_\alpha \notin \mathcal{K}_\varepsilon) < \varepsilon$, $(\forall n \in \mathbf{N}, \forall \alpha \in I_+)$. 故, 如果 $\{X^n : n \in \mathbf{N}\}$ 是胎紧的, 则对任意 $\alpha \in I_+$, $\{X^n_\alpha : n \in \mathbf{N}\}$ 是胎紧的集值随机变量.

称模糊集值随机变量序列 $\{X^n : n \in \mathbf{N}\} \subset L^1[\Omega, \mathbf{A}, \mu; \mathbf{F}_k(\mathbf{R}^d)]$ 是紧一致可积的, 如果对 $\forall \varepsilon > 0$, 存在一紧子集 $\mathcal{K}_\varepsilon \subset \mathbf{P}_k(\mathbf{R}^d)$ 使得 $E[\|X^n_\alpha I_{\{X^n_\alpha \notin \mathcal{K}_\varepsilon\}}\|] < \varepsilon$, $(\forall n \in \mathbf{N}, \forall \alpha \in I_+)$. 如果 $\{X^n : n \in \mathbf{N}\}$ 是紧一致可积的, 则对任意 $\alpha \in I_+$, $\{X^n_\alpha : n \in \mathbf{N}\}$ 是紧一致可积的集值随机变量.

引理 A.3.5　(1) 设对任意 $\varepsilon > 0$, 存在紧子集 $K \subset \mathbf{R}^d$ 使得

$$E[\|X^n_{0+}\| I_{\{X^n_{0+} \cap K^c \neq \varnothing\}}] < \varepsilon, \qquad n \in \mathbf{N}. \tag{3.3}$$

则 $\{X^n : i \in \mathbf{N}\}$ 是紧一致可积的.

(2) 设对于某个 $p > 0$, $\sup_n E[\|X^n_{0+}\|^p] < \infty$ 成立, 则 $\{X^n : n \in \mathbf{N}\}$ 是胎紧的.

(3) 设存在 $p > 1$, $\sup_n E[\|X^n_{0+}\|^p] < \infty$ 成立, 则 $\{X^n : n \in \mathbf{N}\}$ 是紧一致可积的.

定理 A.3.6　设 $\{X^n\} \subset \mathbf{F}_k(\mathbf{R}^d)$ 是紧一致可积的模糊集值随机变量序列, 如果

$$\sum_{n=1}^{\infty} \frac{1}{n^p} E\|X^n\|^p_{\mathbf{F}} < \infty \quad \text{对某个} \quad 1 \leqslant p \leqslant 2 \text{ 成立}, \tag{3.4}$$

且 $\left\{\dfrac{1}{n}\sum_{i=1}^{n} E[\overline{\text{co}} X^i] : n \in \mathbf{N}\right\}$ 关于 $\mathbf{H}_\infty$ 收敛, 则

$$\lim_{n\to\infty} \mathbf{H}_\infty\left(\frac{1}{n}\sum_{i=1}^{n} X^i, \frac{1}{n}\sum_{i=1}^{n} E[\overline{\text{co}} X^i]\right) = 0, \quad \text{a.e.}. \tag{3.5}$$

称 $\{X^n : n \in \mathbf{N}\}$ 具有一致有界的 p 阶矩, 如果 $\sup_{n\in N} E[\|X^n\|^p_{\mathbf{F}}] < \infty$. 易知对于某一 $p > 1$, 如果 $\{X^n : n \in \mathbf{N}\}$ 具有一致有界的 p 阶矩, 则 (3.4) 成立. 再由引理 A.3.5, 可得下面推论.

推论 A.3.1　设 $\{X^n\} \subset \mathbf{F}_k(\mathbf{R}^d)$ 是相互独立的模糊集值随机变量序列, 则

(1) 如果对任意 $\varepsilon > 0$, 存在紧子集 $K \subset \mathbf{R}^d$ 使得 (3.3) 成立, 满足 (3.4), 且 $\left\{\dfrac{1}{n}\sum_{i=1}^{n} E[\overline{\text{co}} X^i] : n \in \mathbf{N}\right\}$ 关于 $\mathbf{H}_\infty$ 收敛, 则有 (3.5) 式.

(2) 如果对于某个 $p > 1$, $\{X^n : n \in \mathbf{N}\}$ 具有一致有界的 p 阶矩, 且 $\left\{\dfrac{1}{n}\sum_{i=1}^{n} E[\overline{\text{co}} X^i] : n \in \mathbf{N}\right\}$ 关于 $\mathbf{H}_\infty$ 收敛, 则有 (3.5) 式.

注 A.3.3 类似定理 3.4.6 与 3.4.7, 可以得到糊集值随机变量序列加权和的大数定律, 可参见文献 [119]. 关于三级数定理的结果可参见文献 [102].

下面来讨论模糊集值随机变量的中心极限定理. Li 等人在 [203] 中推广了 Klement 等人在 [179] 的结果, 其证明利用了 van der Vaart, Wellner 在 [323] 中经验过程的一些概念和结论.

设 $(E,\mathcal{B}(E))$ 是可测空间, $B(E)$ 表示 E 上所有可测函数的全体, $\mathcal{F}\subset B(E)$, $\ell^\infty(\mathcal{F})$ 表示 $\mathcal{F}$ 上所有有界函数 φ 的全体, 其范数为上确界范数

$$\|\varphi\|_{\ell^\infty(\mathcal{F})}=\sup_{f\in\mathcal{F}}|\varphi(f)|.$$

称 $\ell^\infty(\mathcal{F})$ 值随机元序列 $\{\mathbf{X^n}\}$ 弱收敛于 $\ell^\infty(\mathcal{F})$ 值 Borel 可测随机元 $\mathbf{X}$, 如果

$$\lim_{n\to\infty}E^*[\phi(\mathbf{X^n})]=\mathbf{E}[\phi(\mathbf{X})],$$

对 $\ell^\infty(\mathcal{F})$ 上所有有界连续函数 ϕ 成立, 其中 E^* 表示关于 μ 的外积分 (详见 [323]).

称 $\ell^\infty(\mathcal{F})$ 值 Borel 可测随机元 $\mathbf{G}$ 是高斯的, 如果对任意 $n\geqslant 1$, 任意 $f^1,\cdots,f^n\in\mathcal{F}$, $\mathbf{G}(f^1),\cdots,\mathbf{G}(f^n)$ 的联合分布是 n 维高斯的. 高斯元 $\mathbf{G}$ 的分布律由其均值 $E[\mathbf{G}(f)]$ $(\forall f\in\mathcal{F})$, 及其协方差为 $E[(\mathbf{G}(f^1)-E[\mathbf{G}(f^1)])(\mathbf{G}(f^2)-E[\mathbf{G}(f^2)])]$ $(\forall f^1,f^2\in\mathcal{F})$ 唯一决定.

现令 $E=B_b(\mathbf{S}\times I_+)$, 即 $\mathbf{S}\times I_+$ 上有界可测函数全体, 范数为上确界范数. 令 $j:\mathbf{F}_{kc}(\mathbf{R}^d)\to E$ 为定理 A.3.1 中映射, 即 $j(\nu)=\sigma_\nu$. 给定 $\mathbf{F}_{kc}(\mathbf{R}^d)$ 值随机变量 X, 满足 $E[\|X_{0+}\|_{\mathbf{K}}^2]<\infty$, 令 $Y=j(X)$. 对每个 $t\in\mathbf{S}\times I_+$, 定义赋值算子 π_t 为 $\pi_t(s)=s(t)$, $s\in E$. 令 $\mathcal{F}=\{\pi_t:t\in\mathbf{S}\times I_+\}$. 注意到对每个 $t=(x,\alpha)\in\mathbf{S}\times I_+$, $\pi_t(Y)=\sigma(x,X_\alpha)$ 属于 $L^2[\Omega,\mathbf{A},\mu;\mathbf{R}^1]$, 或者说 π_t 属于 $L^2[E,\mathcal{B}(E),\mu_Y;\mathbf{R}^1]$.

定理 A.3.7 设 $X,X^1,X^2,\cdots$ 是 $\mathbf{F}_k(\mathbf{R}^d)$ 值独立同分布随即变量, 满足 $\sigma^2=E[\|X_{0+}\|_{\mathbf{K}}^2]<\infty$. 则

$$\sqrt{n}\mathbf{H}_\infty\Big(\frac{1}{n}\sum_{i=1}^n X^i,\overline{\mathrm{co}}E[X]\Big)\to\|\mathbf{G}\|_{\ell^\infty(\mathcal{F})}\quad(\text{弱收敛}),$$

其中 $\mathbf{G}$ 是 $\ell^\infty(\mathcal{F})$ 上的 Borel 可测胎紧高斯随机元 $\mathbf{G}$, 使得

(a) $E[\mathbf{G}(\pi_t)]=0,\quad t\in\mathbf{S}\times I_+$;

(b) $$E[\mathbf{G}(\pi_{t_1})\mathbf{G}(\pi_{t_2})]=E[(\pi_{t_1}\circ j(\overline{\mathrm{co}}X)-E[\pi_{t_1}\circ j(\overline{\mathrm{co}}X)])\times(\pi_{t_2}\circ j(\overline{\mathrm{co}}X)]-E[\pi_{t_2}\circ j(\overline{\mathrm{co}}X)])],\quad t_1,t_2\in\mathbf{S}\times I_+.$$

A.3.3 模糊集值鞅

称 $\mathbf{F}_c(\mathbf{R}^d)$ 值随机变量序列 $\{X^n,\mathbf{A}_n:n\in\mathbf{N}\}$ 是模糊集值鞅 (分别地上鞅, 下鞅), 如果它满足

(1) $X^n \in L^1[\Omega, \mathbf{A}_n, \mu; \mathbf{F}_c(\mathbf{R}^d)]$, $\forall n \in \mathbf{N}$;

(2) $X^n =$ (分别地 $\geqslant$, $\leqslant$) $E[X^{n+1}|\mathbf{A}_n]$, $\forall n \in \mathbf{N}$.

例 A.3.1　取实值一致可积鞅 $\{M^k_{n,\alpha}, \mathbf{A}_n : n \in \mathbf{N}\}$, $k = 1, 2$, $\alpha \in I_+$, 使得对 $0 < \alpha \leqslant \beta \leqslant 1$, $M^1_{n,\alpha} \leqslant M^1_{n,\beta}$, $M^2_{n,\alpha} \geqslant M^2_{n,\beta}$, $M^k_{n,\alpha}$ 关于 $\alpha \in I_+$ 是左连续的, 且满足

$$M^1_{n,\alpha}(w) \leqslant M^2_{n,\alpha}(w), \quad n \in \mathbf{N},\ \alpha \in I_+, \quad \text{a.e..}$$

则对任意 $\alpha \in \mathbf{Q} \cap (0, 1]$, 有 $M^k_{\infty,\alpha}(w) = \lim_{n\to\infty} M^k_{n,\alpha}(w)$, $\quad k = 1, 2$. 对任意 $\alpha \in I_+$, 定义 $M^k_{\infty,\alpha}(w) = \lim_{\beta\uparrow\alpha, \beta\in\mathbb{Q}\cap[0,1]} M^k_{\infty,\beta}(w)$. 定义

$$X^n(w)(x) = \sup\{\alpha \in I_+ : x \in [M^1_{n,\alpha}(w), M^2_{n,\alpha}(w)], \quad n \in \mathbf{N} \quad x \in \mathbf{R}^1$$

$$X^\infty(w)(x) = \sup\{\alpha \in I_+ : x \in [M^1_{\infty,\alpha}(w), M^2_{\infty,\alpha}(w)], \quad x \in \mathbf{R},$$

则 $\{X^n, \mathbf{A}_n : n \in \mathbf{N}\}$ 是模糊集值鞅, 且在 $\mathbf{H}_1$ 距离意义下几乎处处收敛于模糊集值随机变量 X^∞.

例 A.3.2　设 $\{f_n, \mathbf{A}_n : n \in \mathbf{N}\}$ 是 $\mathbf{R}^d$ 值有界鞅, 取有界闭凸集 $B \subset \mathbf{R}^d$, 且是吸收的, 即 $\bigcup_{n\in\mathbf{N}} nB = \mathbf{R}^d$. 现在取一族正的有界鞅 $\{r_n^{(\alpha)}, \mathbf{A}_n : n \in \mathbf{N}\}_{\alpha\in I_+}$, 它与 $\{f_n\}$ 独立, 且使得 $r_n^{(\alpha)} \geqslant r_n^{(\beta)}$, $0 < \alpha \leqslant \beta \leqslant 1$, $r_n^{(\alpha)}$ 关于 $\alpha \in I_+$ 是右连续的. 令

$$X^n_\alpha = f_n + r_n^{(\alpha)} B, \quad n \in \mathbf{N}, \quad \alpha \in I_+,$$

$$X^n(w)(x) = \sup\{\alpha \in I_+ : x \in X^n_\alpha(w)\}, \quad w \in \Omega, \quad x \in \mathbf{R}^d.$$

则 $\{X^n, \mathbf{A}_n : n \in \mathbf{N}\}$ 是模糊集值鞅.

下面来构造 $\{r_n^{(\alpha)}\}$ 满足上面的性质. 取正鞅 $\{Y^k_n, \mathbf{A}_n : n \in \mathbf{N}\}_{k\in\mathbf{N}}$, 使得

$$0 < Y_n^{2k-1}(w) \leqslant Y_n^{2k}(w) \leqslant 1 \quad \text{a.e.}(\mu), \quad k, n \in \mathbf{N}.$$

对 $\forall \alpha \in I_+$, 有 $\alpha = \sum\limits_{k=1}^{\infty} \dfrac{\alpha_k}{2^{k-1}}$. 令

$$r_n^{(\alpha)} = \sum_{k=1}^{\infty} \frac{\alpha_k}{2^{k-1}} Z^k_n,$$

其中

$$Z^k_n(w) = \begin{cases} Y_n^{2k-1}(w) & \alpha_k = 1, \\ Y_n^{2k}(w) & \alpha_k = 0. \end{cases}$$

显然 $r_n^{(\alpha)}$ 关于 α 是递减的, 且在 I_+ 上连续.

定理 A.3.8　设 $\{X^n, \mathbf{A}_n : n \in \mathbf{N}\}$ 是模糊集值鞅满足 $X^n = E[X|\mathbf{A}_n]$ $(\forall n \geqslant 1)$, $X \in L^1[\Omega, \mathbf{A}, \mu; \mathbf{F}_{kc}(\mathbf{R}^d)]$, 则 $\lim_{n\to\infty} \mathbf{H}_\infty(X^n(w), X^\infty(w)) = 0$, $\quad$ a.e., 其中 $X^\infty = E[X|\mathbf{A}_\infty]$.

定理 A.3.9 设 $\{X^n, \mathbf{A}_n : n \geqslant 1\}$ 是 $L^1[\Omega, \mathbf{A}, \mu; \mathbf{F}_{kc}(\mathbf{R}^d)]$ 中的模糊集值鞅 (分别地, 下鞅), 且 $\sup_n \int_\Omega \|X^n(w)\|_{\mathbf{F}} \mathrm{d}\mu < \infty$, 则存在某个 $X^\infty \in L^1[\Omega, \mathbf{A}, \mu; \mathbf{F}_{kc}(\mathbf{R}^d)]$ 使得

$$\lim_{n\to\infty} \mathbf{H}_\infty(X^n, X^\infty) = 0 \quad \text{a.e.}.$$

称模糊集值鞅 (分别地, 下鞅, 上鞅)$\{X^n, \mathbf{A}_n : n \in \mathbf{N}\}$ 具有右闭元, 如果存在 $X_\infty \in L^1[\Omega, \mathbf{A}_\infty, \mu; \mathbf{F}_c(\mathbf{R}^d)]$, 使得 $X^n = E[X_\infty|\mathbf{A}_n]$ (分别地, "$\leqslant$", "$\geqslant$").

称一列模糊集值随机变量 $\{X^n : n \in \mathbf{N}\}$ 是一致可积的, 如果

$$\lim_{\lambda\to\infty} \sup_{n\in N} \int_{\{\|X^n(w)\|_{\mathbf{F}} > \lambda\}} \|X^n(w)\|_{\mathbf{F}} \mathrm{d}\mu = 0,$$

其中 $\|X^n(w)\|_{\mathbf{F}} = \mathbf{H}_\infty(X^n(w), \chi_0)$. 易知如果 $\{X^n : n \in \mathbf{N}\}$ 是一致可积的, 则对任意 $\alpha \in I_+$, $\{X^n_\alpha : n \in \mathbf{N}\}$ 及 $\{X^n_{0+} : n \in \mathbf{N}\}$ 是一致可积集值随机变量. $\{X^n : n \in \mathbf{N}\}$ 是一致可积的当且仅当它满足条件

(1) $\sup_n \int_\Omega \|X^n(w)\|_{\mathbf{F}} \mathrm{d}\mu < \infty$;

(2) 对任意给定的 $\varepsilon > 0$, 存在 $\delta > 0$, 使得对任意 $A \in \mathbf{A}$, $\mu(A) < \varepsilon$, 均有 $\int_A \|X^n(w)\|_{\mathbf{F}} \mathrm{d}\mu < \varepsilon$, $n \in \mathbf{N}$.

定理 A.3.10 设 $\{X^n, \mathbf{A}_n : n \in \mathbf{N}\}$ 是 $L^1[\Omega, \mathbf{A}, \mu; \mathbf{F}_{kc}(\mathbf{R}^d)]$ 中模糊集值鞅 (分别地, 下鞅) 则以下命题等价:

(1) $\{X^n, \mathbf{A}_n : n \in \mathbf{N}\}$ 有右闭元;

(2) $\{X^n, \mathbf{A}_n : n \in \mathbf{N}\}$ 是一致可积的;

(3) 存在唯一的 $X^\infty \in L^1[\Omega, \mathbf{A}_\infty, \mu; \mathbf{F}_{kc}(\mathbf{R}^d)]$, 使得 X^∞ 是 $\{X^n\}$ 的右闭元, 且同时有

$$\lim_{n\to\infty} \mathbf{H}_\infty(X^n, X^\infty) = 0 \ \text{a.e.}, \quad \lim_{n\to\infty} E[\mathbf{H}_\infty(X^n, X^\infty)] = 0.$$

定理 A.3.11 设 $\{X^n, \mathbf{A}_n : n \in \mathbf{N}\}$ 是 $L^1[\Omega, \mathbf{A}, \mu; \mathbf{F}_{kc}(\mathbf{R}^d)]$ 中模糊集值上鞅, 若 $\sup_n E[d(0, X^n_1)] < \infty$, 则存在 $X^\infty \in L^1[\Omega, \mathbf{A}_\infty, \mu; \mathbf{F}_{kc}(\mathbf{R}^d)]$ 使得

$$\lim_{n\to\infty} \mathbf{H}_\infty(X^n, X^\infty) = 0 \ \text{a.e.},$$

又若 $\{d(0, X^n_1) : n \geqslant 1\}$ 一致可积, 则 X^∞ 是 $\{X^n\}$ 的右闭元.

注 A.3.4 关于模糊集值鞅 (上鞅、下鞅) 的定理的证明可参见文献 [103], [199], [281].

参 考 文 献

[1] Ahmed N U. Nonlinear stochastic differential inclusion on Banach space, Stochastic Anal. Appl., 12(1994), (1), 1~10

[2] Aló R A, de Korvin A and Roberts C. The optional sampling theorem for convex set valued martingales, J. Reine Angew. Math., 310(1979), 1~6

[3] Aló R A, de Korvin A and Roberts C. p-Integrable selectors of multimeasures, Int. J. Math. Sci., 2(1979), 202~221

[4] Aló R A, de Korvin A and Roberts C. On some properties of continuous multimeasures, J. Math. Anal. Appl., 75 (1980), 402~410

[5] Amir D and Lindenstrauss J. The structure of weakly compact sets in Banach spaces, Ann. of Math., 88(1968), 35~46

[6] Arrow K L and Hahn F H. General Competitive Analysis, Holden-Day, San Francisco, 1971

[7] Artstein Z. Set-valued measures, Transactions. Amer. Math. Soc., 165 (1972), 103~125

[8] Artstein Z. A note on Fatou's lemma in several dimension, J. Math. Econom., 6 (1979), 277~282

[9] Artstein Z. Weak convergence of set-valued functions and control, SIAM. J. Control, 13 (1975), 865~878

[10] Artstein Z and Hart S. Law of large numbers for random sets and allocation processes, Math. Oper. Research, 6 (1981), 482~492

[11] Artstein Z and Hansen J C. Convexification in limit laws of random sets in Banach spaces, Ann. Probab., 13 (1985), 307~309

[12] Artstein Z and Prikry K. Caratheodory selection and the Scorza Dragono property, J. Math. Anal. Appl., 127 (1987), 540~547

[13] Artstein Z and Vitale R A. A strong law of large numbers for random compact sets, Ann. Probab., 3 (1975), 879~882

[14] Attouch, H., Variational Convergence for Function and Operators. Boston: Pitman, 1984

[15] Attouch H, Lucchetti R and Wets R. The topology of the ρ-Hausdorff distance, Ann. Mat. Pura. Appl. (to appear.)

[16] Aubin J P. Viability Theory. Boston: Birkhäuser, 1991

[17] Aubin J P and Cellina A. Differentail Inclusions. Leyden: Noordhoff, 1984

[18] Aubin J P and Frankowska H. Set-Valued Analysis. Birkhauser, 1990

[19] Aubin J P and Da Prato G. The viability theorem for stochastic differential inclusions, Stoch. Anal. Appl. 16 (1996), No.1, 1~15

[20] Aumann R J. Integrals of set valued functions, J. Math. Anal. Appl., 12 (1965), 1~12

[21] Aumann R J. Existence of competitive equilibria in markets with a continuum of traders, Econometrica, 34 (1966), 1~17

[22] Aumann R J. Measurable utility and the measurable choice theorem, Proc. Int. Colloq. La Decision, C.N.R.S., Aix-en-Provence, 1967, 15~26

[23] Aumann R J and Shapley L S. Values of Non-Atomic Games. Princeton: Princeton University Press, 1974

[24] Austin D, Edgar G, Inoescu Tulcea A. Pointwise convergence in term of expectations, Z. Wahr. View. Geb., 30 (1974), 17~26

[25] Bagchi S. On a.s. convergence of classes of multivalued asymptotic martingales, Ann. Inst. H. Poincare Probab. Statist., 21 (1985), No. 4, 313~321

[26] Balder E J. Fatou's lemma in infinite dimensions, J. Math. Anal. Appl., 136 (1988), 450~465

[27] Balder E J and Hess C. Fatou's lemma for multifunctions with unbounded values, Math. Oper. Res., 20 (1995), 175~188

[28] Ban J. Radon–Nikodym theorem and conditional expectation of fuzzy valued measure, Fuzzy Sets and Syst., 34 (1990), 383~392

[29] Ban J. Ergodic theorems for random compact sets and fuzzy variables in Banach spaces, Fuzzy Sets and Syst., 44 (1991), 71~82

[30] Banks H T and Jacobs M Q. A differential calculus for multifunctions, J. Math. Anal. Appl., 29 (1970), 246~272

[31] Barcenas D and Urbina W. Measurable multifunctions in nonseparable Banach spaces, SIAM J. Math. Anal., 28 (1997), 1212~1226

[32] Baronti M and Papini P L. convergence of sequences of sets, in Functional analysis and approximation theory, Bombay, 1985, in Inter. Series Num. Math. 76, Basel: Birkhäuser, 1986

[33] Beck A. On the strong law of large large numbers, Ergodic Theory (F.B. Wright ed.), New York: Academic Press, 1963, 21~53

[34] Beer G. Metric spaces on which continuous functions are uniformly continuous and Hausdorff distance, Proc. Amer. Math. Soc., 95 (1985), 653~658

[35] Beer G. More about metric spaces on which continuous functions are uniformly continuous, Bull. Austral. Math. Soc., 33 (1986), 397~406

[36] Beer G. On Mosco convergence of convex sets, Bull. Austral. Math. Soc., 38 (1988), 239~253

[37] Beer G. Convergence of continuous linear functionals and their level sets, Arch. Math., 52 (1989), 482~491

[38] Beer G. Support and distance functionals for convex sets, Numer, Funct. Anal. Optim., 10 (1989)

[39] Beer G. A Polish topology for the closed subsets of a polish, Proc. Amer. Math. Soc., 113 (1991), No. 4, 1123~1133

[40] Beer G. Topologies on Closed and Closed Convex Sets, Kluwer Academic Publishers, 1993

[41] Beer G and Borwein J M. Mosco convergence and reflexivity, Proc. Amer. Soc., 109 (1990), 427~436

[42] Beer G and Borwein J M. Mosco and slice convergence of level sets and graphs of linear functionals, J. Math. Anal. Appl., 175 (1993), 53~69

[43] Beer G and Diconcilio A. Uniform continuity on bounded sets and the Attouch-Wets topology, Proc. Amer. Math. Soc., 112 (1991), No. 1, 235~243

[44] Beer G, Rockafellar R T and Wets R. A characterization of epi-convergence in terms of convergence of level sets, Proc. Amer. Math. Soc., 116 (1992), 753~761

[45] Bellow A. Uniform amarts: a class of asymptotic martingales for which strong almost sure

convergence obtains, Z. Wahrscheinlichkeitsth. Verw. Geb., 41 (1978), 177~191

[46] Bellow A. Some aspects of the theory of the vector-valued amarts, "Vector Space Measure and Applications I" (ed. R. Aron and S. Dineen), Lect. Notes Math., 644 (1978), 57~67

[47] Bellow A. Uniform amarts: A class of asymptotic martingales for which strong almost sure convergence obtains. Z. Wahrscheinlichkeitstheorie verw. Gebiete, 41 (1978), 177~191

[48] Bellow A and Egghe L. Generalized Fatou Inequalities, Ann. Inst. H. Poincare, 18 (1982), 335~365

[49] Berge C. Espaces Topologiques, Dunod, Paris, Transl. E.M. Patterson, Topological Spaces Oliver and Boyd, Edinburgh, 1963

[50] Billingsley P. Convergence of Probability Measures. New York: Willey, 1968.

[51] Blume L. New techniques for the study of stochastic equlibrium processes, J. Math. Econom., 9 (1982), 61~70

[52] Borwein J M and Fitzpatrick S. Mosco convergence and the Kadec property, Proc. Amer. Math. Soc., 106 (1989), No. 3, 843~851

[53] Breiman L. Probability, Addison-Wesley, 1968

[54] Brunel L and Sucheston L. Sur les amarts faibles a valeurs vectorielles, CRAS Paris, 282 (1976), 1011~1014

[55] Brunel L and Sucheston L. Sur les amarts a valeurs vectorielles, CRAS Paris, 283 (1976), 1037~1040

[56] Butnariu D. Measurability concepts for fuzzy mapping, Fuzzy Sets and Syst., 31 (1989), 77~82

[57] Byrne C L. Remarks on the set-valued integrals of Debreu and Aumann, J. Math. Anal. Appl., 62 (1978), 243~246

[58] Castaing C. Sur les multi-applications mesurables, Rev. Franc. Inform. Rech. Operat., 1 (1967), 91~126

[59] Castaing C. Le théorème de Dunford-Pettis généralisé, C. R. Acad. Sci. Paris Sér. A, 268 (1969), 327~329

[60] Chatterji S D. Martingales of Banach-valued random variables, Bull. Amer. Math. Soc., 66 (1960), 395~398

[61] Chatterji S D. A note on the convergence of Banach-space valued martingales, Math. Ann., 153 (1964), 142~149

[62] Chatterji S D. Martingale convergence and the Radon–Nikodym theorem in Banach spaces, Math. Scand., 22 (1968), 21~41

[63] Castaing C and Valadier M. Convex Analysis and Measurable Multifunctions, Lect. Notes in Math., 580 (1977), Berlin, New York: Springer–Verlag

[64] Chacon R and Sucheston L. On convergence of vector valued asymptotic martingales, Z. Wahr. verw. Geb., 33 (1975), 55~59

[65] Chang C L. Fuzzy topological spaces, J. Math. Anal. Appl., 24 (1968), 182~190

[66] Choquet C. Theory of capacities, Ann. Inst. Fourier, 5 (1955), 131~295

[67] Choukairi-Dini A, Convergence M, et regularitedes martingales multivoques: Epi-martingales, J. Multivariate Anal., 33 (1990), 49~71

[68] Choukairi-Dini A. On almost sure convergence of vector valued pramarts and multivalued pramarts, J. Convex Anal., 3 (1996), 245~254

[69] Chung K L. Probability and Mathematical Statistics: A Course in Probability Theory. INC: Academic Press, 1974

[70] Colubi A, López-Díaz M, Dominguez-Menchero J S and Gil M A. A generalized strong law of large numbers, Probab. Theory and Rel. Fields, 114 (1999), 401~417

[71] Costé A. Sur les multimeasures à valeurs fermées bornées d'un espace de Banach, C. R. Acad. Sci. Paris Sér. A, 280 (1975), 567~570

[72] Costé A. La propriété de Radon–Nikodym en intégration multivoque. C. R. Acad. Sci. Paris Sér. A, 280 (1975), 1515~1518

[73] Costé A. Sur les martingales multivoques, C. R. Acad. Sci. Paris, 290 (1980), 953~956

[74] Costé A and Pallu de La Barrière R. Un théorème de Radon–Nikodym pour les multimeasures à valeurs convexes fermées localement compactes sans droite, C. R. Acad. Sci. Paris Sér. A, 280 (1975), 255~258

[75] Cressie N. A strong limit theorem for random sets, Suppl. Adv. in Appl. Probab., 10 (1978), 36~46

[76] Cressie N. A central limit theorem for random sets, Z. Wahrsch. Verw. Gebiete, 49 (1979), 37~47

[77] Da Prato G and Frankowska H. A stochastic Filippov theorem, Stoch. Anal. Appl. 12(1994), No.4, 409~426

[78] Daffer P Z and Taylor R L. Tightness and strong laws of large numbers in Banach spaces, Bull. Inst. Math. Acad. Sinica 10 (1982)(3), 251~263

[79] Dam B K and Tien N D. On the multivalued asymptotic martingales, ACTA Math. vietnamica, Tom6, 1 (1981), 77~87

[80] Daures J P. Convergence presque sure des martingales multivoques à valeurs dans les convexes compacts d'un espace de Fréchet séparable, C. R. Acad. Sci. Paris, 274 (1972), 1735~1738

[81] Daures J P. Version multivoque du théorème de Doob. Ann. Inst. H. Poincaré, 9 (1973)(2), 167~176

[82] De Blasi F and Myjak J. Weak convergence of convex sets in Banach spaces, Arch. Math., 47 (1986), 448~456

[83] Debreu G. Integration of correspondences, in Proc. Fifth Berkeley Symposium Math. Stat. and Probab. II, Part I, Berkeley: Univ. Calif. Press, 1966: 351~372

[84] Debreu G and Schmeidler D. The Radon–Nikodym derivative of a correspondence, in Proc. Sixth Berkeley Symposium Math. Stat. and Probab., Berkeley: Univ. Calif. Press, 1975: 41~56

[85] De Luca A and Termini S. Algerbraic properties of fuzzy sets, J. Math. Anal. Appl., 40 (1972), 373~386

[86] Diamond P and Kloeden P. Characterization of compact subsets of fuzzy sets, Fuzzy Sets and Syst., 29 (1989), 341~348

[87] Diamond P and Kloeden P. Metric spaces of fuzzy sets, Fuzzy Sets and Syst., 35 (1990), 241~249

[88] Diestel J. Sequences and series in Banach space, Graduate Texts in Math., 92 (1984), New York, Berlin: Springer-Verlag

[89] Diestel J and Uhl Jr J J. The Radon–Nikodym theorem for Banach space valued measures. Rocky Mt. J. Math., 6 (1976), 1~46.

[90] Diestel J and Uhl Jr J J. Vector measures. Math. Surveys., Amer. Math. Soc., 15 (1977)

[91] Dong W and Wang Z. On representation and regularity of continuous parameter multivalued martingales, Proc. Amer. Math. Soc., 126 (1998), 1799~1810

[92] Dubois D and Prade H. Fuzzy Sets and Systems: Theory and Applications, New York: Academic Press, 1980

[93] Dunford N and Schwartz J T. Linear Operators, Part 1: General Theory, Interscience, New York, 1985

[94] Edgar G A and Sucheston L. Amarts: A class of asympotic martingales A. Discrete parameter. J. Multi. Anal., 6 (1976), 193~221.

[95] Edgar G A and Sucheston L. Amarts: A class of asympotic martingales A. continuous parameter. J. Multiv. Anal., 6(1976), 572~591

[96] Edgar G A and Sucheston L. The Riesz decomposition for vector-valued amarts, Z. Wahr. verw. Gebiete. 36 (1976), 85~92

[97] Effros E. Convergence of closed subsets in a topological space, Proc. Amer. Math. Soc., 16 (1965), 929~931

[98] Egghe L. Stopping Times Techniques for Analysts and Probabalists, Cambridge University Press, 1984

[99] Eggleston H G. Convexity, Cambridge Tracts in Math. and Math. Physics, 47, Cambridge: Cambridge Univ. Press, 1958

[100] Fell J. A Hausdorff topology for the closed subsets of a locally compact non-Hausdorff space, Proc. Amer. Math. Sco., 13 (1962), 472~476

[101] Feng Y. Guanssian fuzzy random variables, Fuzzy Sets and Syst. 111(2000), 325~330

[102] Feng Y. Sum of independent fuzzy random variables, Fuzzy Sets and Syst. 123(2001), 11~18

[103] Feng Y. On the convergence of fuzzy martigales, Fuzzy Sets and Syst. 130(2002), 67~73

[104] Féron R. Ensembles aléatoire flous, C. R. Acad. Sci. Paris Ser. A, 182 (1976), 903~906

[105] Féron R and Kambouzia M. Ensembles aéatoire et ensembles flous, Publ. Économétriques, 9 (1976), 1~23

[106] Francaviglia S, Lechicki A and Levi S. Quasi-uniformization of hyperspaces and convergence of nets of semicontinuous multifunctions, J. Math. Anal. Appl., 112 (1985), 347~370

[107] Frangos N E. On regularity of Banach-valued processes, Ann. Probab., 13 (1976), 985~990

[108] Frangos N E. On convergence of vector valued pramart and subpramarts, Canad. J. Math., 37 (1985), 260~270

[109] Gao Y and Zhang W X. Theory of selection operators on hyperspaces and multivalued stochastic processes, Sci. China Ser. A 37 (1994), 897~908

[110] Ghoussoub N. Banach lattices valued amarts, Ann Inst. H. Poincare, Sect. B, 1977, 159~169

[111] Ghoussoub N. Orderamarts: a class of asymptotic martingales J. Multiv. Anal., 1979, 165~172

[112] Gine E and Hahn M G. Characterization and domains of attraction of p-stable random compact sets, Ann. Probab., 13 (1985), 447~468

[113] Giné E, Hahn G and Zinn J. Limit theorems for random sets: an application of probability in Banach space results, Lect. Notes in Math., 990 (1983), 112~135

[114] Giné E, Hahn G and Vatan P. Max-infinitely divisible and max-stable sample continuous processes, Probab. Th. Relat. Fields, 87 (1990), 139~165

[115] Godet-Thobie C. Sélections de multimeasures, Application à un théorème de Radon–Nikodym

multivoque, C. R. Acad. Sci. Paris Sér. A, 279 (1974), 603~606

[116] Godet-Thobie C. Some results about multimeasures and their selectors, Lect. Notes in Math., 794 (1980), Berlin: Springer-Verlag

[117] Goodman I R. Fuzzy sets as equivalence classes of random sets, in Recent Developments in Fuzzy Sets and Possibility Theory (R. Yager, Ed.), Pergamon, Elmsford, 1980

[118] Greenwood P. The martintote, Ann. Probab., 2 (1974), 84~89

[119] Guan L and Li S. Laws of large numbers for weighted sums of fuzzy set-valued random variables, International Journal of Uncertainty, Fuzziness and Knowledge-based Systems, 12(2004), 811~825

[120] Halmos P R. Measure Theory, D. Van Nostrand Company, INC, 1954

[121] Handa K, Kalukottege P and Ogura Y. A probabilistic interpretation of the degree of fuzziness, J. Appl. Probab., 31 (1994), 1034~1148

[122] Hansell R W. Extended Bochner measurable selectors, Math. Ann., 277 (1987), 79~94

[123] Harris T E. On a class of set-valued Markov processes, Ann. Probab., 4 (1976), 175~199

[124] Hausdorff F. Set Theory(transl. from German), New York: Chelsea, 1962.

[125] Hermes H. Calculus of set-valued functions and control, J. Math. and Mech., 18 (1968), 47~59

[126] Hess C. Théeorème ergodique et loi forte des grands nombers pour des ensembles aléatoires, C. R. Acad. Sci. Paris Sér. A 288 (1979), 519~522

[127] Hess C. Loi de probabilité des ensembles aléatoires à valeurs fermées dans un espace métrique séparable, C. R. Acad. Sci. Paris Sér. A 296 (1983), 883~886

[128] Hess C. Loi de probabilité et indépendance des ensembles aléatoires à valeurs dans un espace de Banach, Sénminaire d'Analyse Convexe, Montpellier, Exposé n° 7, 1983

[129] Hess C. Contrinutions à l'ètude de la measurabilité, de la loi probabilité, et de la convergence des multifunctions, Thèse d'état, Univ. Montpellier II, 1986

[130] Hess C. Measurability and integrability of the weak upper limit of a sequence of multifunctions, J. Math. Anal. Appl., 153 (1990), 226~249

[131] Hess C. On Multivalued martingales whose values may be unbounded: martingale selectors and Mosco Convergence, J. Multiva. Anal., 39 (1991), 175~201

[132] Hess C. Convergence of conditional expectations for unbounded random sets, integrands, and integral functionals, Math. Oper. Research, 16 (1991), 627~649

[133] Hess C. Multivalued strong laws of large numbers in the slice topology. Application to integrands, Set-Valued Anal., 2 (1994), 183~205

[134] Hess C. Conditional expectation and martingales of random sets, Pattern Recognition, 32 (1999), 1543~1567

[135] Hiai F. Radon–Nikodym theorem for set-valued measures, J. Multiva. Anal., 8 (1978), 96~118

[136] Hiai F. Strong laws of large numbers for multivalued random variables, Multifunctions and Integrands (G. Salinetti, ed.), Lect. Notes in Math., 1091 (1984), Berlin: Springer-Verlag, 160~172

[137] Hiai F. Convergence of conditional expectations and strong laws of large numbers for multivalued random variables, Trans. Amer. Math. Soc., 291 (1985)(2), 613~627

[138] Hiai F and Umegaki H. Integrals, conditional expectations and martingales of multivalued functions, J. Multi. Anal., 7 (1977), 149~182

[139] Hildenbrand W. Core and Equilibria of a Large Economy, Princeton: Princeton Univ. Press,

1974

[140] Hildenbrand W and Kirman A P, Equilibrium Analysis, North-Holland, 1991

[141] Hildenbrand W and Mertens J F. On Fatou's lemma in several dimensions, Z. für Wahrsch. Verw Gebiete, 17 (1971), 151～155

[142] Hill L S. Properties of certain aggregate functions, Amer. J. Math., 49 (1927), 419～432

[143] Himmelberg C J. Measurable relations, Fund. Math., 87 (1975), 53～72

[144] Himmelberg C J, Parthasarathy T and Van Vleck F S. On measurable relations, Fund. Math., 111 (1981), 161～167

[145] Himmelberg C J and Van Vleck F S. Some selection theorems for measurable functions, Canad. J. Math., 21 (1969), 394～399

[146] Himmelberg C J and Van Vleck F S. Existence of Solutions for generalized differential equations with unbounded right-hand side, J. Differential Equations, 61 (1986), 295～320

[147] Hirota K. Concepts of probabilistic set, Fuzzy Sets and Syst., 5 (1981), 31～46

[148] Hoffmann-Jorgensen J. Probability in Banach Space, Lect. notes in Math., 598 (1977), Berlin: Springer-Verlag, 1～186

[149] Hoffmann-Jorgensen J. Probability and geometry of Banach spaces, Functional Analysis (D. Butkovic et al. eds), Lect. Notes in Math., 948 (1982), Berlin: Springer-Verlag, 164～229

[150] Hoffmann-Jorgensen J. The law of large numbers for non-measurable and non-separable random elements, Colloque en l'honneur de L.Schwartz, Astersque 131, Paris: Hermann, 1985, 299～356.

[151] Hoffmann-Jorgensen J and Pisier G. The law of large numbers and the central limit theorem in Banach spaces, Ann. Probab., 4 (1976), 587～599

[152] Holmes R. Geometric Functional Analysis and Its Applications, Graduate Texts in Mathematics, Vol. 24, Berlin: Springer-Verlag, 1975

[153] Hörmander L. Sur les fonction d'appui des ensembles convexes dans une espace localement convexe, Arkiv för Mat. 3 (1954), 181～186

[154] Hu S and Papageorgiou N S. Handbook of Multivalued Analysis, Kluwer Academic Publishers, 1997

[155] Ichiishi T. Some generic properties of smooth economies, Ph.D. Thesis, Univ. Calif. Berkely, 1974

[156] Inoue H and Taylor R L. A SLLN for arrays of rowwise exchangeable fuzzy random variables, Stoch. Anal. Appl., 13 (1995), 461～470

[157] Inoue H. A strong law of large numbers for fuzzy random sets, Fuzzy Sets and Syst., 41 (1991), 285～291

[158] Jacobs M Q. On the approximation of integrals of multi-valued functions, SIAM J. Control, 7 (1969), 158～177

[159] Jain N C and Marcus M B. Central limit theorems for C(S)-valued random variables, J. Funct. Anal., 19 (1975), 216～231

[160] Jung E J and Kim J H. On set-valued stochastic integrals, Stoch. Anal. Appl. 21(2003), No.2, 401～418

[161] Kaleva O. On the convergence of fuzzy sets, Fuzzy Sets and Syst., 17 (1985), 54～65

[162] Karatzas I and Shreve S E. Brownian Motion and Stochastic Calculus, Springer-Verlag, 1991

[163] Kelley J L. General Topology, Graduate Texts in Math., 27 (1955), Springer-Verlag

[164] Kendall D G. Foundations of a Theory of Random Sets, In Stochastic Geometry, John Wiley & Sons, 1973

[165] Kim B K. Kim J H. Stochastic integrals of set-valued processes and fuzzy processes, J. Math. Anal. Appl., 236 (1999), 480～502

[166] Kim T, Prikry K and Yannelis N C. Caratheodorytype selections and random fixed point theorems, J. Math. Anal. Appl., 122 (1987), 393～407

[167] Kisielewicz M. Set valued stochastic integrals and stochastic inclusions, Discuss. Math., 13 (1993), 119～126

[168] Kisielewicz M. Properties of solution set of stochastic inclusions, J. Appl. Math. Stoch. Anal., 6 (1993), No.3, 217～236

[169] Kisielewicz M. Existence theorem for nonconvex stochastic inclusions, J. Appl. Math. Stoch. Anal., 7 (1994), No.2, 151～159

[170] Kisielewicz M. Set-valued stochastic integrals and stochastic inclusions, Stoch. Anal. Appl. 15 (1997), No.5, 783～800

[171] Kisielewicz M. Quasi-retractive representation of solusion sets to stochastic inclusions, J. Appl. Math. Stoch. Anal., 10 (1997), No.3, 227～238

[172] Kisielewicz M. Weak compactness of solution sets to stochastic differential inclusions with non-convex right-hand sides, Stoch. Anal. Appl. 23(2005), 871～901

[173] Kisielewicz M, Michta M and Motyl J. Set valued to stochastic control part I (existence and regularity properties), Dynamic Systems and Applications, 12 (2003), 405～432

[174] Kisielewicz M, Michta M and Motyl J. Set valued to stochastic control part II (viability and semimartingale and issues), Dynamic Systems and Applications, 12 (2003), 433～466

[175] Kim B K and Kim J H. Stochastic integrals of set-valued processes and fuzzy processes, J. Math. Anal. Appl., 236(1999), No.2, 480～502

[176] Klee V L. Convex sets in linear spaces, 2. Duke Math. J. 18(1951), 875～883

[177] Klein E and Thompson A C. Theory of Correspondences Including Applications to Mathematical Economics, John Wiley & Sons, 1984

[178] Klei H A. Le theorems de Radon Nikodympour des multimeasures a valeurs Faiblement compacts, C. R. Acad. Sci. Paris, 297 (1983), 643～646

[179] Klement E P, Puri M L and Ralescu D A. Limit theorems for fuzzy random variables, Proc. Roy. Soc. Lond. A., 407 (1986), 171～182

[180] Klir G and Folger T A. Fuzzy Sets, Uncertainty and Information, Prentice Hall, Englewood Cliffs, 1988

[181] Kloeden P E. Fuzzy dynamical systems, Fuzzy Sets and Syst., 7 (1982), 275～296

[182] Koruin A and Kleyle R M. Goal uncertainty and the supermartingale property in an information feedback loop. stoc. Anal. Appl., 7 (1989), 291～307

[183] de Korvin A and Kleyle R. A convergence theorem for convex set valued supermatingales, Stoch. Anal. Appl. 3 (1985), 433～445

[184] Kruse R. The strong law of large numbers for fuzzy random variables, Inform. Sci., 28 (1982), 233～241

[185] Kudo H. Dependent experiments and sufficient statistics, Natural Science Report, Ochanomizu University, 4 (1953), 151～163

[186] Kuratowski K. Les functions semi-continus dans l'éspace des ensembles fermés, Fund. Math.,

18, 1932, 148~160

[187] Kuratowski K. Topology, Vol. 1 (Trans. From French), New York: Academic Press, 1966

[188] Kuratowski K. Topology, Vol. 2 (Trans. by A. from French), New York: Academic Press, 1968

[189] Kuratowski K and Ryll-Nardzewski C. A general theorem on selectors, Bull. Acad. Polon. Sci., 13 (1965), 397~403

[190] Kwakernaak H. Fuzzy random variables: definition and theorems, Inform. Sci., 15 (1978), 1~29

[191] Kwakernaak H. Fuzzy random variables: Algorithms and examples for the discrete case, Inform. Sci., 17 (1979), 253~278

[192] Ledonx M and Talagrand M. Probability in Banach spaces, Springer-Verlag, 1991

[193] Li L. Random fuzzy sets and fuzzy martingales, Fuzzy Sets and Syst., 69 (1995), 181~192

[194] Li S and Ogura Y. Fuzzy random variables, conditional expectations and fuzzy martingales. J. Fuzzy Math. 4 (1996), 905~927

[195] Li S and Ogura Y. An optional sampling theorem for fuzzy valued martingales, in the Proceedings of IFSA'97 (Prague), 4 (1997), 9~13

[196] Li S and Ogura Y. Convergence of set valued sub- and super-martingales in the Kuratowski–Mosco sense, Ann. Probab., 26 (1998), 1384~1402

[197] Li S and Ogura Y. Convergence of set valued and fuzzy valued martingales. Fuzzy Sets and Syst. 101 (1999), 453~461.

[198] Li S and Ogura Y. Convergence in graph for fuzzy valued martingales and smartingales, in Statistical Modeling, Analysis, and Management of Fuzzy Data, C. Bertoluzza, A.M. Gil and D. A. Ralescu (eds.) (2002), 72~89.

[199] Li S and Ogura Y. A convergence theorem of fuzzy-valued martingales in the extended Hausdorff Metric $\mathbf{H}_\infty$, Fuzzy Sets and Syst., 135(2003), 391~399.

[200] Li S and Ogura Y. Strong laws of large numbers for independent fuzzy set-valued random variables, Fuzzy Sets and Syst. 157(2006), 2569~2578

[201] Li S, Ogura Y and Kreinovich V. Limit Theorems and Applications of Set-Valued and Fuzzy Sets-Valued Random Variables, Kluwer Academic Publishers, 2002

[202] Li S, Ogura Y and Nguyen H T. Gaussian processes and martingales for fuzzy valued variables with continuous parameter, Inform. Sci., 133 (2001), 7~21

[203] Li S, Ogura Y, Proske F N and Puri M L. Central limit theorems for generalized set-valued random variables, J. Math. Anal. Appl., 285 (2003), 250~263

[204] Liggett T M. Interacting Particle Systems, New York: Springer, 1985

[205] López-Díaz M and Gil M A. Approximating integrably bounded fuzzy random variables in terms of the 'generalized' Hausdorff metric, Inform. Sci., 74 (1998), 11~29

[206] Lowen R. Convex fuzzy sets, Fuzzy Sets and Syst., 3 (1980), 291~310

[207] Lucchetti R. Convergence and approximation results for measurable multifunction, Proc. Amer. Soc., Vol. 100, 3(1987) 551~556

[208] Luu D Q. Representations and regularity of multivalued martingales, Acat Math. Vietn., 6 (1981), 29~40.

[209] Luu D Q. On the multivalued asymptotic martingales, Acta Math. Vietn., 6 (1981), No. 1, 29~40

[210] Luu D Q. Multivalued quasi-martingales and uniform amarts, Acta Math. Vietn., 7 (1982)(2),

3~25

[211] Luu D Q. Applications of set-valued Radon–Nikodym theorems to convergence of multivalued L^1-amarts, Math. Scard., 54 (1984), 101~114

[212] Luu D Q. Quelques resultats des amarts uniform nultivoques dans les espaces de Banach, Paris: CRAS, 300 (1985), 63~65

[213] Luu D Q. Representation theorems for multi-valued (regular) L^1-amarts, Math. Scand., 58 (1986), 5~22

[214] Lyashenko N N. On limit theorems for sums of independent compact random subsets in the Euclidean space, J. Soviet Math., 20 (1982), 2187~2196

[215] Lyashenko N N. Statistics of random compacts in Euclidean space, J. Soviet Math., 21 (1983), 76~92

[216] Ma M. On embedding problems of fuzzy number space: part 5, Fuzzy Sets and Syst., 55 (1993), 313~318

[217] Matheron G. Random Sets and Integral Geometry, John Wiley and Sons, 1975

[218] Manton K G, Woodbury M A and Tolley H D. Statistical Applications Using Fuzzy Sets, John Wiley & Sons, Inc., 1994

[219] Mase S. Random compact comvex sets which are infinitely divisible with respect to Minkowski addition, Adv. Appl. Prob., 11 (1979), 834~850

[220] Michael E. On the continuity of the Young-Fenchel transform, J. Math. Anal. Appl., 35 (1951), 518~535

[221] Michael E. Continuous selections I, Ann. Math., 63 (1956), 361~382

[222] Michael E. Continuous selections II, Ann. Math., 64 (1956), 562~580

[223] Michael E. Selected theorems, Amer. Math. Monthly, 63 (1956), 233~238

[224] Michael E. A survey of continuous selections, in W. M. Fleischman (ed.) Set-Valued Mappings, Selections and Topological Properties of 2^X, Lect. Notes in Math. 171, Berlin, New York: Springer, 1970

[225] Michta M. Note on the Seletion Properties of Set-Valued Semimartingales. Discu. Math. Diff. Incl., 16 (1996), 161~169

[226] Michta M. Stochastic inclusions with multivalued integrators, Stoch. Anal. Appl. 20 (2002), No.4, 847~862

[227] Michta M and Rybinski L E. Seclections of set-valued stochastic processes, J. Appl. Math. Stoch. Anal., 11 (1998), No.1, 73~78

[228] Michta M and Motyle J. Second Order Stochastic Inclusion. Stoch. Anal. and Appl., 22 (2004), 701~720

[229] Millet A and Sucheston L. Convergence of classes of amarts indexed by directed sets, Can. J. Math., 32 (1980), 86~125

[230] Miyakoshi M and Shimbo M. A strong law of large numbers for fuzzy random variables, Fuzzy Sets and Syst., 12 (1984), 133~142

[231] Molchanov I S. Limit Theorems for Unions of Random Closed Sets, Lect. Notes in Math., 1561 (1993), Springer-Verlag

[232] Molchanov I S. Theory of Random Sets, Springer, 2005

[233] Moore R L. Concerning upper semi-continuous collections of continua, Trans. Amer. Math. Soc., 27 (1925), 416~428

[234] Mosco U. Convergence of convex set and of solutions of variational inequalities, Advances Math., 3 (1969), 510～585

[235] Mosco U. On the continuity of the Young–Fenchel transform. J. Math. Anal. Appl., 35 (1971), 518～535

[236] Motyl J. On the solution of stochastic differential inclusion, J. Math. Anal.Appl., 192 (1995), 117～132

[237] Motyl J. Note on strong solutions of a stochastic inclusion, Appl. Math. Stoch. Anal., 8 (1995), No.3, 291～297

[238] Motyl J. Stability problem for stochastic inclusion, Stoch. Anal. Appl. 16 (1998), No.5, 933～944

[239] Motyl J. Existence of solutions of set-valued Ito equation, Bull. Acad. Pol. Sci., 46 (1998), 419～430

[240] Motyl J. Viability of set-valued Ito equation, Bull. Acad. Pol. Sci., 47 (1999), 157～176

[241] Mourier E. L-randon elements and L^*-random elements in Banach spaces, Proc. Third Berkley Symp. Math. Statist. and Probab., 2 (1956), 231～242, University California Press

[242] Mrowka S. On the convergence of nets of sets, Fund. Math., 45 (1958), 237～246

[243] Nahmias S. Fuzzy variables, Fuzzy Sets and Syst., 1 (1978), 97～110

[244] Negoita C V and Ralescu D A. Applications of Fuzzy Sets to Systems Analysis, New York: Willey, 1975

[245] Neveu J. Convergence presques sure de martingales multivoques, Ann. Inst. H. Poincaré B, 8(1972)(4), 1～7

[246] Neveu J. Discrete-Parameter Martingales, New York: North-Holland, 1975

[247] Nguyen H T. On fuzziness and linguistic probabilities, J. Math. Anal. Appl. 61 (1977), 658～671

[248] Niculescu S P and Viertl R. Bernoulli's law of large numbers for vague data, Fuzzy Sets and Syst., 50 (1992), 167～173

[249] Nie Z and Zhang W. Doob decomposition of set valued sub-(super-)martingales, ACTA Math. Sinica, 35 (1992), 53～62

[250] Norberg T. Convergence and existence of random set distributions, Ann. Probab., 12 (1984)(3), 726～732

[251] Norberg T. Random capacities and their distributions, Probab. Th. Rel. Fields, 73 (1986), 281～297

[252] Ogura Y and Li S. Separability for graph convergence of sequences of fuzzy valued random variables, Fuzzy Sets and Syst., 123 (2001), 19～27

[253] Ogura Y, Li S and Ralescu D A. Set defuzzification and Choquet integral, J. Uncertainty, Fuzziness and Knowledge-Based Systems, 9 (2001), 1～12

[254] Pales Z. Characterization of L^1-closed decomposable sets in L^∞, J. Math. Anal. Appl., 238(1999), 291～515

[255] Papageorgiou N S. On the theory of Banach space valued multifunctions. 1. integration and conditional expectation, J. Multiva. Anal., 17 (1985), 185～206

[256] Papageorgiou N S. On the theory of Banach Space valued multifunctions. 2. set valued martingales and set valued measures, J. Multi. Anal., 17 (1985), 207～227

[257] Papageorgiou N S. On the efficiency and optimality ofallocations, SIAM. J. Control. Optim.,

24 (1986), 452~479

[258] Papageorgiou N S. Integral functionals on souslin locally convex spaces, J. Math. Anal. Appl., Vol. 173 (1986), No. 1, 148~162

[259] Papageorgiou N S. A convergence theorem for set valued supermartingales with values in a separable Banach space, Stoch. Anal. Appl., 5 (1987), 405~422

[260] Papageorgiou N S. A relaxtion theorem for differential inclusions in Banach spaces, Tohoku Math. J., 39 (1987), 505~517

[261] Papageorgiou N S. Convergence theorems for Banach space valued integrable multifunctions, Intern, Intern. J. Math and Math. Sci., 10 (1987), 433~442

[262] Papageorgiou N S. Contributions to the theory of set valued functions and set valued measures, Tran Amer. Math. Soc., 304 (1987), No. 1, 245~265.

[263] Papageorgiou N S. Decomposable sets in the Lebesgue-Bochner space, Comm. Math. Univ. Sancti. Paul., 37 (1988), No. 1, 49~62

[264] Papageorgiou N S. Convergence and representation theorems for set valued random processes, Stoc. Anal. Appl., 7 (1989), 187~210

[265] Papageorgiou N S. Properties of the relaxed trajectories of evolution equations and optional control, SIAM. J. Contr and opti., 27 (1989), No. 2, 267~288

[266] Papageorgiou N S. Measurable multifunctions and their applications to convex integral functionals, Internet. J. Math. and Math Sci., 12 (1989), 175~192

[267] Papageorgiou N S. Differential inclusions with state constraints, Proce. Edinburgh Math. Soc., 32 (1989), 81~98

[268] Papageorgiou N S. Existence of best approximations in spaces of random sets, Comm. Math. Univ. Sancti. Paul., 38 (1989), No. 1, 1~10

[269] Papageorgiou N S. Randon-Nikodym theorems for multimeasures and transition multimeasures, Proc. Amer, Math. Soc., 111 (1990), No. 2, 465~475

[270] Papageorgiou N S. Convergence and representation theorems for set valued random processes, J. Math. Anal. Appl., 150 (1990), 129~145

[271] Papageorgiou N S. On the conditional expectation and convergence properties of random sets, Trans. Amer. Math. Soc., 347 (1995), 2495~2515

[272] Parthasarathy K R. Probability Measures On Metric Spaces, New York: Academic Press, 1967

[273] Phelps R R. Dentability and extreme points in Banach space, J. Funct. Anal., 16 (1974), 78~90

[274] Przeslawski K and Yost D. Lipschitz retracts, selectors and extensions Michigan, Math. J, 42 (1995),555~571

[275] Pucci P and Vitillaro G. A representation theorem for Aumann integrals, J. Math. Anal. Appl., 102 (1984), 86~101

[276] Puri M L and Ralescu D A. Integration on fuzzy sets, Advan. Appl. Math., 3 (1982), 430~434

[277] Puri M L and Ralescu D A. Strong law of large numbers for Banach space valued random sets, Ann. Probab., 11 (1983), 222~224

[278] Puri M L and Ralescu D A. Differentials of fuzzy functions, J. Math. Anal. Appl., 91 (1983), 552~558

[279] Puri M L and Ralescu D A. The concept of normality for fuzzy random variables, Ann.

Probab., 13 (1985), 1373~1379

[280] Puri M L and Ralescu D A. Fuzzy random variables, J. Math. Anal. Appl., 114 (1986), 409~422

[281] Puri M L and Ralescu D A. Convergence theorem for fuzzy martingales, J. Math. Anal. Appl., 160 (1991), 107~121

[282] Rådström H. An embedding theorem for spaces of convex sets, Proc. Amer. Math. Soc., 3 (1952), 165~169

[283] Ralescu D A. Radon–Nikodym theorem for fuzzy set-valued measures, Fuzzy Sets Theory and Applications (A. Jones et al), (1986), 39~50

[284] Rao K M. Quasi-martigales, Math. Scard., 24 (1969), 79~92

[285] Robbin H E. On the measure of random set, Ann. Math. Statist., 15 (1944), 70~74

[286] Robbin H E. On the measure of random set II, Ann. Math. Statist., 16 (1945), 342~347

[287] Rockafellar R T. Measurable dependence of convex sets and functions on parameters, J. Math. Anal. Appl., 28 (1969), 4~25

[288] Rockafellar R T. Convex Analysis, Princeton: Princeton Univ. Press, 1970

[289] Rockadellar R T. Integral Functionals, Normal Integrand and Measurable Selections, Lect. Notes in Math., 543 (1976), 157~207

[290] Rockafellar R T and Wets R. Variational systems, an introduction. In: Multifunction and integrands, Lecture Notes in Math., 1091 (1984), Berlin-Heidelberg-New York

[291] Rockadellar R T and Wets R J -B. Variational Analysis, Springer, 1998

[292] Rokhlin V A. Decomposotion of dynamicalsystems into transitive components, Mat. Sbornik, 25 (1949), 235~249

[293] Saint-Beuve M F. Some topological properties of vector measures with bounded variations and its application, Ann. Mat. Pura. Appl. CXVI, (1978), 317~379

[294] Salinetti G and Wets R J -B. On the relations between two types of convergence for convex functions, J. Math. Anal. Appl., 60 (1977), 211~226

[295] Salinetti G and Wets R J -B. On the convergence of sequences of convex sets infinite dimensions, J. Math. Anal. Appl., 21 (1979), 18~33

[296] Salinetti G and Wets R J -B. On the convergence of closed-valued measurable multifunctions, Trans. Amer. Math. Soc., 226 (1981), 275~289

[297] Salinetti Gand Wets R J -B. On the convergence in distribution of measurable multifunctions (random sets), normal integrands, stochastic processes infima, Math. Opera. Res., 11 (1986), 385~419

[298] Scalora F S. A astract martingale convergence, the orems. Pacific J. Math., 11 (1961), 347~374

[299] Schmeidler D. Fatou's lemma in several dimensions, Proc. Amer. Math. Soc., 24 (1970), 300~306

[300] Schmidt K D. On Radstroms embedding theorem, In: Methods of Operations research, 46 (1983), Konigstein, Athenaum, 335~338

[301] Schwarz L. Geometry and Probability in Banach Spaces, Lect. Notes in Math., 852 (1981), Berlin: Springer-Verlag

[302] Shephard G C and Webster R J. Metrics for sets of convex bodies, Mathematika, 12 (1985), 73~88

[303] Slaby M. Convergence of submartingales and amarts in Banach lattices, Bull. Acad. Polon.

Sci. Ser. Math., 30 (1982), 291~299

[304] Stegall C. The Random-Nikodym property in conjugate Banach space, Trans. Amer. Math. Sco., 206 (1975), 213~223

[305] Stein W E and Talati K. Convex fuzzy random variables, Fuzzy Sets and Syst., 6 (1981), 277~283

[306] Stojaković M. Fuzzy conditional expectation, Fuzzy Sets and Syst., 52 (1992), 53~60

[307] Stojaković M. Fuzzy valued measure, Fuzzy Sets and Syst., 65 (1994), 95~104

[308] Stojaković M. Fuzzy martingales – a simple form of fuzzy processes, Stoch. Anal. Appl., 14 (1996), 355~367

[309] Talagrand M. The Glivenko–Cantelli problem, Ann. Probab., 15 (1987), 837~870

[310] Taylor R L. Stochastic Convergence of Weighted Sums of Random Elements in Linear Spaces, Lect. Notes Math., 672 (1978), Berlin: Springer

[311] Taylor R L and Inoue H. Convergence of weighted sums of random sets, Stochastic Anal. Appl., 3 (1985), 379~396

[312] Taylor R L and Inoue H. A strong law of large numbers for random sets in Banach spaces. Bull. Inst. Math. Acad. Sinica, 13 (1985), 403~409

[313] Taylor R L and Inoue H. Laws of large numbers for random sets. In Random Sets: Theory and Applications, edited by J. Goutsias, R. P. S. Mahler and H. T. Nguyen, New York: Springer, 1997, 347~360

[314] Troyanski S L. On locally uniformly convex and differentiable norms in certain non-separable Banach spaces, Studia Math., 37 (1971), 173~180

[315] Tsukada M. Convergence of closed convex sets and σ-fields, Z. Wahrsch. Verw. Gebiete, 62 (1983), 137~146

[316] Tsukada M. Convergence of best approximations in smooth Banach space, J. Approx. Theory, 40 (1984), 301~309

[317] Uemura T. A law of large numbers for random sets, Fuzzy Sets and Syst., 59 (1993), 181~188

[318] Uhl Jr J J. Application of Radon–Nikodym theorems to martingale convergence, Trans. Amer. Math. Soc., 145 (1969), 271~285

[319] Uhl Jr J J. The range of a vector-valued measure, Proc. Amer. Math. Soc., 23 (1969), 158~163

[320] Umegaki H and Bharucha-Reid A T. Banach space valued random variables and tensor products of Banach spaces, J. Math. Appl., 31 (1970), 49~67

[321] Valadier M. Sur l′espérance conditionelle multivoque non convexe, Ann. Inst. Henri Poincaré Sect. B, 16 (1980), 109~116

[322] Valadier M. On conditional expectation of random sets, Ann. Mat. Pura. Appl., 1981, 81~91

[323] van der Vaart A W and Wellner J A. Weak Convergence and Empirical Processes, Springer, 1996

[324] Van Cutsem B. Martingales de multiapplications à valeurs convexes compactes. C. R. Acad. Sci. Paris, 269 (1969), 429~432

[325] Van Cutsem B. Martingales de convexes fermés aléatoires en dimension finie, Ann. Inst. H. poincaré B, 8 (1972)(4), 365~385

[326] Victoris L. Bereiche zweiter Ordnung, Monatsh. für. Math. und Phys., 31 (1921), 173~204

[327] Victoris L. Kontinua zweiter Ordnung, Monatsh. für. Math. und Phys., 33 (1923), 49~62

[328] Vitale R A. Some developments in the theory of random sets. Bull. Inst. Intern. Statist., 50

(1983), 863~871

[329] Vitale R A. On Gaussian random sets. In Stochastic Geometry, Geometric Statistics, Stereology, (edited by R. V. Ambartzumian and W. Weil), Teubner, Leipzig. Teubner Texte zur Mathematik, B.65. 1984, 222~224

[330] Vitale R A. Lp metrics for compact, convex sets, J. Approx. Theory, 45 (1985), 280~287

[331] Vitale R A. The Brunn-Minkowski inequality for random sets, J. Multivariate Anal., 33 (1990), 286~293

[332] Vitale R A. The translative expectation of a random set, J. Math. Anal. Appl., 160 (1991), 556~562

[333] Wagner D H. Survey of measurable selection theorems, SIAM J. Contr. Optim. 15 (1977)(5), 859~903

[334] Wagner D H. Survey of measurable selection theorems: an update. In: Measurable theory-Oberwolfach 1979, Lecture Notes in Math. 794 (1980), Berlin: Springer

[335] Wang R and Wang Z P. Set-valued stationary processes, J. Multivariate Anal., 63 (1997), 180~198

[336] Wang Z P and Xue X. On convergence and closedness of multivalued martingales, Trans. Ameri. Math. Soc., 341 (1994), 807~827

[337] Wei D and Taylor R L. Convergence of weighted sums of tight random elements, J. Multivariate Anal., 8 (1978), 282~294

[338] Weil W. An application of the central limit theorem for Banach space valued random variables to the theory of random sets. Z. Wahrscheinlichkeitsth. Verw. Geb., 60 (1982), 203~208

[339] Wets R. Convergence of convex functions, variational inequalities and convex optimization problems. In Variational inequalities and Complementary Problems. Chichester: Wiley, 1980

[340] Wijsman R A. Convergence of sequences of convex set, cones and function, Bull. Amer. Math. Soc., 70 (1964), 186~188

[341] Wijsman R A. Convergence of sequences of convex sets, cones and fuctions, part 2, Trans. Amer. Math. Soc., 123 (1966), 32~45

[342] Woyczynski W A. Geometry and martingale in Banach spaces, Lect. Notes in Math., 472 (1975), 229~275

[343] Woyczynski W A. Geometry and martingale in Banach spaces, Part II: independent increments, Probability on Banach Spaces (J. Kuelbs, ed.). New York: Dekker, 1978: 265~517

[344] Wu J, Xue X and Wu C. Radon-Nikodym theorem and Vitali-Hahn-Saks theorem on fuzzy number measures in Banach spaces, Fuzzy Sets and Syst., 117 (2001), 339~346

[345] Wu W. Interrelations for convergence of sequences of sets, J. of Math. (P.R. China), 15 (1995), 469~476

[346] Xue M. Set-valued Markov processes and their representation theorem. Northeast. Math. J., 12 (1996), 171~182

[347] Xue X, Ha M and Wu C. On the extension of fuzzy number measures in Banach spaces: Part I: representation of the fuzzy number measures, Fuzzy Sets and Syst., 78 (1996), 347~356

[348] Yager R R, Ovchinnikov S, Tong R M and Nguyen H T. Fuzzy Sets and Applications: Selected Papers by L.A. Zadeh, John Wiley & Sons, Inc, 1987

[349] Yan J A. An Introduction Course for Martingales and Stochastic Integrals, Shanghai Scientific Press, 1981

[350] Yan J A. A remark on conditional expectations, Chinese Science Bulletin, 35 (1990), 719~722
[351] Yan J A. Measure Theory, China Science Press, (1998)
[352] Yang X and Li S. The D_p-metric space of set-valued random variables and its application to covariances, Inter. J. Innovative Computing and Control, 1 (2005), 73~82
[353] Yannelis N C. Fatou's lemma in infinite-dimensional space, Proc. Amer. Math. Soc., 102 (1988), 303~310
[354] Yannelis N C. Weak sequential convergence in $L^p(\Omega, X)$, J. Math. Anal. Appl., 141 (1989), 72~83
[355] Yovitz M C, Foulk C and Rose L. Information flow and analysis: Theory, simulation and experiment. Part I: Basic theoretical and conceptual development, Amer. Soc. Inform. Sci., 32 (1981), 187~202
[356] Zadeh L A. Fuzzy Sets, Inform. and Control, 8 (1965), 338~353
[357] Zadeh L A. Probability measures of fuzzy events, J. Math. Anal. Appl., 68 (1968), 421~427
[358] Zadeh L A. Similarity Relations and fuzzy orderings, Inform. Sci., 3 (1971), 177~200
[359] Zadeh L A. The concept of a linguistic variables and its application to approximate reasoning, Parts 1~3, Inform. Sci., 8 (1975), 199~249
[360] Zhang W and Li T. A representation theorem of set valued measures, ACTA Math. Sinica, 31 (1988), 201~208
[361] Zhang W and Ma G. A Lebesgue decomposition theorem of set valued measures, Statist. Appl. Probab. (in Chinese), 4 (1989), 336~340
[362] Zhang W, Ma G and Li A. The extension of a compact set valued measure, J. Math. Research and Exposition, 110 (1992), 35~43
[363] Zhang W and Gao Y. A convergence theorem and Riesz decomposition for set valued supermartingales, ACTA Math. Sinica, 35 (1992), 112~120
[364] Zimmermann H -J. Fuzzy Set Theory and Its Applications, Kluwer Academic Publishers, 1996
[365] 王梓坤. 随机过程论. 科学出版社, 1965
[366] 王梓坤. 超过程的若干新进展. 数学进展, 1991, 20(3): 311~325
[367] 严士键. 无穷粒子马尔可夫过程引论. 北京师范大学出版社, 1989
[368] 吴智泉, 王向忱. 巴氏空间上的概率论. 吉林大学出版社, 1990
[369] 何声武. 随机过程导论. 华东师范大学出版社, 1989
[370] 钱敏平. 随机过程引论. 北京大学出版社, 1990
[371] 胡迪鹤. 随机过程概论. 武汉大学出版社, 1986
[372] 汪嘉冈. 现代概论基础. 复旦大学出版社, 1988
[373] 严加安. 测度论讲义 (第二版). 科学出版社, 2004
[374] 严加安. 数理金融 (手稿), 2007
[375] 严加安. 鞅与随机积分引论. 上海科学技术出版社, 1981
[376] 龙瑞麟. HP 鞅论. 北京大学出版社, 1985
[377] 定光桂. 巴拿赫空间引论. 科学出版社, 1984
[378] 余鑫泰. Banach 空间几何理论. 华东师范大学出版社, 1986
[379] 史树中. 凸分析. 上海科学技术出版社, 1990
[380] 张文修. 集值测度与随机集. 西安交通大学出版社, 1989
[381] 张文修, 王国俊, 刘旺金, 方锦暄. 模糊数学引论. 西安交通大学出版社, 1991

[382] 张文修, 李腾. 集值测度的表示定理. 数学学报, 1988(2): 201~208
[383] 张文修, 高勇. 集值上鞅收敛定理与 Riesz 分解. 数学学报, 1992(1): 112~120
[384] 聂赞坎, 张文修. 集值上 (下) 鞅的 Doob 分解, 数学学报, 1992(1): 53~62
[385] 高勇, 张文修. 关于集值 Pramart 的某些结果. 应用概率统计. 1992, 9(2)
[386] 张文修, 马计丰, 李爱洁. The extension of a compact set valued measure, J. Math. Reseach and exposition, 1992, 110(1): 35~43
[387] 李华贵, 张文修. Convergence theorem for the sequence of random sets with respect to the topology, Science Bulletin. 1987, 33(5): 360~363
[388] 张文修, 聂赞坎, 高勇. 集值随机过程 —— 一般理论与集值鞅, 工程数学学报, 1991(3): 1~21
[389] 王灏, 张文修. 集值条件期望不等式及其应用. 工程数学学报, 1991(3): 29~35
[390] 戴宁, 张文修. 集值随机过程的可分性与可测性. 工程数学学报, 1991(3): 36~44
[391] 张文修, 马计丰. 集值测度的 Lebesgue 分解定理. 数理统计与应用概率, 1989, 4(2): 336~340
[392] 乐惠玲, 张文修. R^n 中的随机闭集与随机闭凸集的充要条件. 西安交通大学学报, 1984, 18(2): 1~10
[393] 李腾, 张文修. 关于集值测度的 Radon-Nikodlm 导数. 西安交通大学学报, 1985, 23(1)
[394] 汪振鹏. 集值 Supermartingale 的一个收敛定理. 科学通报, 1991(10): 724~727
[395] 李世凯. 集值映射积分的收敛性. 科学通报, 1987(6): 550~556
[396] 周华任, 许桂玲, 李世凯. 集值局部平方可积鞅. 模糊系统与数学, 2005(2)

《现代数学基础丛书》已出版书目

1　数理逻辑基础(上册)　1981.1　胡世华　陆钟万　著
2　数理逻辑基础(下册)　1982.8　胡世华　陆钟万　著
3　紧黎曼曲面引论　1981.3　伍鸿熙　吕以辇　陈志华　著
4　组合论(上册)　1981.10　柯　召　魏万迪　著
5　组合论(下册)　1987.12　魏万迪　著
6　数理统计引论　1981.11　陈希孺　著
7　多元统计分析引论　1982.6　张尧庭　方开泰　著
8　有限群构造(上册)　1982.11　张远达　著
9　有限群构造(下册)　1982.12　张远达　著
10　测度论基础　1983.9　朱成熹　著
11　分析概率论　1984.4　胡迪鹤　著
12　微分方程定性理论　1985.5　张芷芬　丁同仁　黄文灶　董镇喜　著
13　傅里叶积分算子理论及其应用　1985.9　仇庆久　陈恕行　是嘉鸿　刘景麟　蒋鲁敏 编
14　辛几何引论　1986.3　J.柯歇尔　邹异明　著
15　概率论基础和随机过程　1986.6　王寿仁　编著
16　算子代数　1986.6　李炳仁　著
17　线性偏微分算子引论(上册)　1986.8　齐民友　编著
18　线性偏微分算子引论(下册)　1992.1　齐民友　徐超江　编著
19　实用微分几何引论　1986.11　苏步青　华宣积　忻元龙　著
20　微分动力系统原理　1987.2　张筑生　著
21　线性代数群表示导论(上册)　1987.2　曹锡华　王建磐　著
22　模型论基础　1987.8　王世强　著
23　递归论　1987.11　莫绍揆　著
24　拟共形映射及其在黎曼曲面论中的应用　1988.1　李　忠　著
25　代数体函数与常微分方程　1988.2　何育赞　萧修治　著
26　同调代数　1988.2　周伯壎　著
27　近代调和分析方法及其应用　1988.6　韩永生　著
28　带有时滞的动力系统的稳定性　1989.10　秦元勋　刘永清　王　联　郑祖庥　著
29　代数拓扑与示性类　1989.11　［丹麦］I. 马德森　著
30　非线性发展方程　1989.12　李大潜　陈韵梅　著

31 仿微分算子引论 1990.2 陈恕行 仇庆久 李成章 编

32 公理集合论导引 1991.1 张锦文 著

33 解析数论基础 1991.2 潘承洞 潘承彪 著

34 二阶椭圆型方程与椭圆型方程组 1991.4 陈亚浙 吴兰成 著

35 黎曼曲面 1991.4 吕以辇 张学莲 著

36 复变函数逼近论 1992.3 沈燮昌 著

37 Banach 代数 1992.11 李炳仁 著

38 随机点过程及其应用 1992.12 邓永录 梁之舜 著

39 丢番图逼近引论 1993.4 朱尧辰 王连祥 著

40 线性整数规划的数学基础 1995.2 马仲蕃 著

41 单复变函数论中的几个论题 1995.8 庄圻泰 杨重骏 何育赞 闻国椿 著

42 复解析动力系统 1995.10 吕以辇 著

43 组合矩阵论(第二版) 2005.1 柳柏濂 著

44 Banach 空间中的非线性逼近理论 1997.5 徐士英 李 冲 杨文善 著

45 实分析导论 1998.2 丁传松 李秉彝 布 伦 著

46 对称性分岔理论基础 1998.3 唐 云 著

47 Gel'fond-Baker 方法在丢番图方程中的应用 1998.10 乐茂华 著

48 随机模型的密度演化方法 1999.6 史定华 著

49 非线性偏微分复方程 1999.6 闻国椿 著

50 复合算子理论 1999.8 徐宪民 著

51 离散鞅及其应用 1999.9 史及民 编著

52 惯性流形与近似惯性流形 2000.1 戴正德 郭柏灵 著

53 数学规划导论 2000.6 徐增堃 著

54 拓扑空间中的反例 2000.6 汪 林 杨富春 编著

55 序半群引论 2001.1 谢祥云 著

56 动力系统的定性与分支理论 2001.2 罗定军 张 祥 董梅芳 著

57 随机分析学基础(第二版) 2001.3 黄志远 著

58 非线性动力系统分析引论 2001.9 盛昭瀚 马军海 著

59 高斯过程的样本轨道性质 2001.11 林正炎 陆传荣 张立新 著

60 光滑映射的奇点理论 2002.1 李养成 著

61 动力系统的周期解与分支理论 2002.4 韩茂安 著

62 神经动力学模型方法和应用 2002.4 阮 炯 顾凡及 蔡志杰 编著

63 同调论 —— 代数拓扑之一 2002.7 沈信耀 著

64 金兹堡-朗道方程 2002.8 郭柏灵 黄海洋 蒋慕容 著

65 排队论基础 2002.10 孙荣恒 李建平 著
66 算子代数上线性映射引论 2002.12 侯晋川 崔建莲 著
67 微分方法中的变分方法 2003.2 陆文端 著
68 周期小波及其应用 2003.3 彭思龙 李登峰 谌秋辉 著
69 集值分析 2003.8 李 雷 吴从炘 著
70 强偏差定理与分析方法 2003.8 刘 文 著
71 椭圆与抛物型方程引论 2003.9 伍卓群 尹景学 王春朋 著
72 有限典型群子空间轨道生成的格(第二版) 2003.10 万哲先 霍元极 著
73 调和分析及其在偏微分方程中的应用(第二版) 2004.3 苗长兴 著
74 稳定性和单纯性理论 2004.6 史念东 著
75 发展方程数值计算方法 2004.6 黄明游 编著
76 传染病动力学的数学建模与研究 2004.8 马知恩 周义仓 王稳地 靳 祯 著
77 模李超代数 2004.9 张永正 刘文德 著
78 巴拿赫空间中算子广义逆理论及其应用 2005.1 王玉文 著
79 巴拿赫空间结构和算子理想 2005.3 钟怀杰 著
80 脉冲微分系统引论 2005.3 傅希林 闫宝强 刘衍胜 著
81 代数学中的 Frobenius 结构 2005.7 汪明义 著
82 生存数据统计分析 2005.12 王启华 著
83 数理逻辑引论与归结原理(第二版) 2006.3 王国俊 著
84 数据包络分析 2006.3 魏权龄 著
85 代数群引论 2006.9 黎景辉 陈志杰 赵春来 著
86 矩阵结合方案 2006.9 王仰贤 霍元极 麻常利 著
87 椭圆曲线公钥密码导引 2006.10 祝跃飞 张亚娟 著
88 椭圆与超椭圆曲线公钥密码的理论与实现 2006.12 王学理 裴定一 著
89 散乱数据拟合的模型、方法和理论 2007.1 吴宗敏 著
90 非线性演化方程的稳定性与分歧 2007.4 马 天 汪宁宏 著
91 正规族理论及其应用 2007.4 顾永兴 庞学诚 方明亮 著
92 组合网络理论 2007.5 徐俊明 著
93 矩阵的半张量积:理论与应用 2007.5 程代展 齐洪胜 著
94 鞅与 Banach 空间几何学 2007.5 刘培德 著
95 非线性常微分方程边值问题 2007.6 葛渭高 著
96 戴维-斯特瓦尔松方程 2007.5 戴正德 蒋慕蓉 李栋龙 著
97 广义哈密顿系统理论及其应用 2007.7 李继彬 赵晓华 刘正荣 著
98 Adams 谱序列和球面稳定同伦群 2007.7 林金坤 著

99 矩阵理论及其应用 2007.8 陈公宁 编著
100 集值随机过程引论 2007.8 张文修 李寿梅 汪振鹏 高 勇 著
101 偏微分方程的调和分析方法 2008.1 苗长兴 张 波 著
102 拓扑动力系统概论 2008.1 叶向东 黄 文 邵 松 著
103 线性微分方程的非线性扰动(第二版) 2008.3 徐登洲 马如云 著
104 数组合地图论(第二版) 2008.3 刘彦佩 著
105 半群的 S-系理论(第二版) 2008.3 刘仲奎 乔虎生 著
106 巴拿赫空间引论(第二版) 2008.4 定光桂 著
107 拓扑空间论(第二版) 2008.4 高国士 著
108 非经典数理逻辑与近似推理(第二版) 2008.5 王国俊 著
109 非参数蒙特卡罗检验及其应用 2008.8 朱力行 许王莉 著
110 Camassa-Holm 方程 2008.8 郭柏灵 田立新 杨灵娥 殷朝阳 著
111 环与代数(第二版) 2009.1 刘绍学 郭晋云 朱 彬 韩 阳 著
112 泛函微分方程的相空间理论及应用 2009.4 王 克 范 猛 著
113 概率论基础(第二版) 2009.8 严士健 王隽骧 刘秀芳 著
114 自相似集的结构 2010.1 周作领 瞿成勤 朱智伟 著
115 现代统计研究基础 2010.3 王启华 史宁中 耿 直 主编
116 图的可嵌入性理论(第二版) 2010.3 刘彦佩 著
117 非线性波动方程的现代方法(第二版) 2010.4 苗长兴 著
118 算子代数与非交换 L_p 空间引论 2010.5 许全华 吐尔德别克 陈泽乾 著
119 非线性椭圆型方程 2010.7 王明新 著
120 流形拓扑学 2010.8 马 天 著
121 局部域上的调和分析与分形分析及其应用 2011.4 苏维宜 著
122 Zakharov 方程及其孤立波解 2011.6 郭柏灵 甘在会 张景军 著
123 反应扩散方程引论(第二版) 2011.9 叶其孝 李正元 王明新 吴雅萍 著
124 代数模型论引论 2011.10 史念东 著
125 拓扑动力系统——从拓扑方法到遍历理论方法 2011.12 周作领 尹建东 许绍元 著
126 Littlewood-Paley 理论及其在流体动力学方程中的应用 2012.3 苗长兴 吴家宏 章志飞 著
127 有约束条件的统计推断及其应用 2012.3 王金德 著
128 混沌、Mel'nikov 方法及新发展 2012.6 李继彬 陈凤娟 著
129 现代统计模型 2012.6 薛留根 著
130 金融数学引论 2012.7 严加安 著
131 零过多数据的统计分析及其应用 2013.1 解锋昌 韦博成 林金官 著

132　分形分析引论　2013.6　胡家信　著

133　索伯列夫空间导论　2013.8　陈国旺　编著

134　广义估计方程估计方程　2013.8　周　勇　著

135　统计质量控制图理论与方法　2013.8　王兆军　邹长亮　李忠华　著

136　有限群初步　2014.1　徐明曜　著

137　拓扑群引论(第二版)　2014.3　黎景辉　冯绪宁　著

138　现代非参数统计　2015.1　薛留根　著